国家能源集团
CHN ENERGY

技术技能培训系列教材

电力产业（火电）

电气工程一次

国家能源投资集团有限责任公司　组编

中国电力出版社
CHINA ELECTRIC POWER PRESS

内 容 提 要

本系列教材根据国家能源集团火电专业员工培训需求，结合集团各基层单位在役机组，按照人力资源和社会保障部颁发的国家职业技能标准的知识、技能要求，以及国家能源集团发电企业设备标准化管理基本规范及标准要求编写。本系列教材覆盖火电主专业员工培训需求，本系列教材的作者均为长期工作在生产第一线的专家、技术人员，具有较好的理论基础、丰富的实践经验。

本教材为《电气工程一次》分册，共十六章，系统地讲述了火电厂电气技术人员应熟悉、掌握的电气设备。详述了火电厂电气系统及主接线知识、电力变压器知识、高压断路器及 GIS 设备知识、中压及低压开关柜知识、互感器和避雷器知识、母线及绝缘子知识、电力电缆和接地装置知识、汽轮发电机知识、柴油发电机组知识、电动机知识、直流系统及电源装置知识、无功补偿装置知识等，重点阐述电气设备的结构原理、设备日常维护及检修注意事项，并通过设备故障案例的分析提高专业人员技术水平。

本教材可以作为国家能源集团电气专业人员的培训和自学教材，也可作为各级各类电气专业相关岗位技术、管理人员学习、技术比武等参考用书。

图书在版编目（CIP）数据

电气工程一次/国家能源投资集团有限责任公司组编. —北京：中国电力出版社，2024.11. —（技术技能培训系列教材）. — ISBN 978-7-5198-8999-9

Ⅰ. TM

中国国家版本馆 CIP 数据核字第 20241MK692 号

出版发行：中国电力出版社
地　　址：北京市东城区北京站西街 19 号（邮政编码 100005）
网　　址：http://www.cepp.sgcc.com.cn
责任编辑：宋红梅　安小丹　杨芸杉
责任校对：黄　蓓　郝军燕　于　维
装帧设计：张俊霞
责任印制：吴　迪

印　　刷：三河市万龙印装有限公司
版　　次：2024 年 11 月第一版
印　　次：2024 年 11 月北京第一次印刷
开　　本：787 毫米×1092 毫米　16 开本
印　　张：33
字　　数：641 千字
印　　数：0001—4500 册
定　　价：138.00 元

技术技能培训系列教材编委会

主　　任　王　敏
副 主 任　张世山　王进强　李新华　王建立　胡延波　赵宏兴

电力产业教材编写专业组

主　　编　张世山
副 主 编　李文学　梁志宏　张　翼　朱江涛　夏　晖　李攀光
　　　　　蔡元宗　韩　阳　李　飞　申艳杰　邱　华

《电气工程一次》编写组

编写人员　（按姓氏笔画排序）
　　　　　刘海青　李会东　吴宏亮　熊　峰

序　言

习近平总书记在党的二十大报告中指出，教育、科技、人才是全面建设社会主义现代化国家的基础性、战略性支撑；强调了培养造就更多大师、战略科学家、一流科技领军人才和创新团队、青年科技人才、卓越工程师、大国工匠、高技能人才的重要性。党中央、国务院陆续出台《关于加强新时代高技能人才队伍建设的意见》等系列文件，从培养、使用、评价、激励等多方面部署高技能人才队伍建设，为技术技能人才的成长提供了广阔的舞台。

致天下之治者在人才，成天下之才者在教化。国家能源集团作为大型骨干能源企业，拥有近25万技术技能人才。这些人才是企业推进改革发展的重要基础力量，有力支撑和保障了集团公司在煤炭、电力、化工、运输等产业链业务中取得了全球领先的业绩。为进一步加强技术技能人才队伍建设，集团公司立足自主培养，着力构建技术技能人才培训工作体系，汇集系统内煤炭、电力、化工、运输等领域的专家人才队伍，围绕核心专业和主体工种，按照科学性、全面性、实用性、前沿性、理论性要求，全面开展培训教材的编写开发工作。这套技术技能培训系列教材的编撰和出版，是集团公司广大技术技能人才集体智慧的结晶，是集团公司全面系统进行培训教材开发的成果，将成为弘扬"实干、奉献、创新、争先"企业精神的重要载体和培养新型技术技能人才的重要工具，将全面推动集团公司向世界一流清洁低碳能源科技领军企业的建设。

功以才成，业由才广。在新一轮科技革命和产业变革的背景下，我们正步入一个超越传统工业革命时代的新纪元。集团公司教育培训不再仅仅是广大员工学习的过程，还成为推动创新链、产业链、人才链深度融合，加快培育新质生产力的过程，这将对集团创建世界一流清洁低碳能源科技领军企业和一流国有资本投资公司起到重要作用。谨以此序，向所有参与教材编写的专家和工作人员表示最诚挚的感谢，并向广大读者致以最美好的祝愿。

2024 年 11 月

前　言

近年来，随着我国经济的发展，电力工业取得显著进步，截至2023年底，我国火力发电装机总规模已达12.9亿kW，600MW、1000MW燃煤发电机组已经成为主力机组。当前，我国火力发电技术正向着大机组、高参数、高度自动化方向迅猛发展，新技术、新设备、新工艺、新材料逐年更新，有关生产管理、质量监督和专业技术发展也是日新月异。现代火力发电厂对员工知识的深度与广度，对运用技能的熟练程度，对变革创新的能力，对掌握新技术、新设备、新工艺的能力，以及对多种岗位工作的适应能力、协作能力、综合能力等提出了更高、更新的要求。

我国是世界上少数几个以煤为主要能源的国家之一，在经济高速发展的同时，也承受着巨大的资源和环境压力。当前我国燃煤电厂烟气超低排放改造工作已全面开展并逐渐进入尾声，烟气污染物控制也由粗放型的工程减排逐步过渡至精细化的管理减排。随着能源结构的不断调整和优化，火电厂作为我国能源供应的重要支柱，其运行的安全性、经济性和环保性越来越受到关注。为确保火电机组的安全、稳定、经济运行，提高生产运行人员技术素质和管理水平，适应员工培训工作的需要，特编写电力产业技术技能培训系列教材。

本教材为《电气工程一次》，是以火电厂电气设备结构、设备日常维护与设备检修的现行有效的国家标准和电力行业标准为基础，阐述了电气工程设备基本概念、工作原理、基本结构和运行维护知识，以及点检定修要求、设备异常处理等内容。就电气工程设备维护而言，能够覆盖煤炭、电力、冶金、建材及化工等行业的基本使用需求。

本教材将基本知识、专业知识和检修技术要求有机地结合起来，重点阐述了设备的维护方法和设备先进技术、设备技术管理知识，有利于培养学员的实际操作能力，提高检修人员的设备维护水平，具有很强的基础性和实用性。本教材不仅可作为电气设备维护和管理人员的技术技能培训教材，也可作为高校学生和工程技术人员的参考用书。

编写组
2024年6月

目　录

第一章　概　述

第一节　火电厂电气系统

一、发电机及电气系统的工作流程

发电过程首先从高温高压的蒸汽开始，这种蒸汽通常是通过燃烧化石燃料（如煤炭、天然气）等产生的热能得到的。随后，高温高压的蒸汽在汽轮机中由热能转换成动能，汽轮机转子与发电机转子为刚性连接，带动发电机转子转动，同时由发电机励磁系统产生的直流电通过电刷送至转子绕组中，产生旋转磁场，由于电磁感应作用，会在发电机定子绕组中产生同步交流电，就完成了动能至电能的转换工作。发电机产生的电能，一部分经高压厂用变压器降压送至厂用电系统，一部分经过励磁变压器降压送至励磁系统，绝大部分经过主变压器升压送至变电站，之后通过输电线路送至电网。输电线路可以跨越数百甚至数千公里，最后将电能分配给用户，以满足人类生产生活的各种需要。

二、电气系统

国内常见的变电站电压等级一般分为：国家级 1000、800、750、500、330kV，省级 220kV，地级 110、66、35、10kV。

（一）发电机—变压器组系统

1. 系统的作用

发电机将汽轮机的动能转变为电能，通过主变压器升压至电网和厂用高压变压器降压后送至厂用电系统。

2. 系统的主要组成设备

包括发电机、主变压器起用备用变压器、发电机出口断路器、厂用高压变压器、励磁系统、中性点接地变压器、封闭母线、电压互感器、电流互感器、避雷器、保护及自动装置等设备。

3. 系统的工艺流程

汽轮机驱动发电机转子以同步速 3000r/min 转动，发电机励磁系统将直流电通过电刷送至发电机转子绕组中，在汽轮机驱动下，产生旋转磁场，固定在定子铁芯内的定子三相绕组切割旋转磁场，感应出同步交变三相电动势，完成由动能到电能的转换。发电机发出的电能分为三部分：大部分通过主变压器升压并经升压站输送至电网；小部分通过厂用高压变压器降压后送至厂用电系统；自并励机组部分经励磁变压器降压后送至励磁系统整流成直流电，向发电机转子提供励磁电流。

（二）励磁系统

1. 系统的作用

发电机正常运行时向发电机提供可自动调节的励磁电流；故障时向发电机提供强励电流，发电机解列时灭磁，向系统提供无功功率，保障系统安全稳定运行。

2. 系统的主要设备

包括励磁变压器（或励磁机）、励磁母线、整流柜、调节柜、磁场开关、电刷等。

3. 系统的工艺流程

发电机出口交流电能经励磁变压器降压后送至整流柜，经整流后的直流电在励磁调节装置的作用下，根据发电机机端电压调整整流柜励磁电流的输出，经过电刷送至发电机的转子绕组。

（三）变电站系统

1. 系统的作用

电厂与电网的连接枢纽，汇集和分配本厂电能，也可将电网电能反送至电厂。

2. 系统的主要组成设备

由母线单元、馈线单元、电源单元组成，具体包括：母线、断路器、隔离开关及接地开关、电流互感器、电压互感器、避雷器等设备及二次系统（保护及自动装置、网络监控系统、五防机）。

3. 系统的运行方式

正常运行方式：发电机出口（一般不设发电机出口断路器）电能经主变压器升压至高电压后，经过发电机—变压器组单元的断路器、隔离开关后送至升压站母线。其中绝大部分经出线单元将电能输送至电网，一小部分经高压厂用变压器单元将电能输送至厂用电系统的公用系统。

（四）厂用电系统

1. 系统的作用

为电厂自用负荷提供交流电源，分为高压 3、6、10kV 和低压 400V 系统。

2. 系统的主要设备

包括母线、断路器、电压互感器、低压厂用变压器、柴油发电机、保护及自动装置等。

发电厂在启动、运行、停役、检修过程中，有大量以电动机驱动的机械设备，用以保证机组的主要辅机设备和输煤、碎煤、除灰、除尘及水处理等辅助设备的正常运行。这些电动机以及全厂的运行、操作、试验、检修、照明等用电设备都属于厂用负荷，统称为厂用电。

3. 高压厂用电系统接线及其运行方式

高压厂用电系统接线为：发电机出口接高压厂用变压器，高压厂用变压器带高压配电母线，母线连接一般采用封闭母线、高压电缆或浇注母线。高压厂用电通常采用单元式设置，各台机组单元（包括机、炉、电）的厂用电系统必须是独立的，而且采用多段单母线供电。

4. 低压厂用电系统接线及其运行方式

低压厂用电系统按布局分为主厂房和辅助厂房两部分。主厂房400V配电系统为机、炉房设备提供电源，辅助厂房400V配电系统为燃料、化水、脱硫、除尘、灰渣等电气设备提供电源。其工作电源取自低压厂用变压器，每一段低压动力中心（power center，PC）、电动机控制中心（motor control center，MCC）还设置有备用电源，其备用电源有明备用和暗备用两种形式。

5. 保安电源

保安电源用来满足机组停运后部分设备继续运转，保护机、炉设备不致损坏。在采用单元接线方式的机组中，保安段的工作电源取自机组厂用400V配电盘PC段，其备用电源取自柴油发电机组。

（1）与一般低压厂用电源比较，保安电源具有以下特点：

1）保安电源必须具有相对独立性。

2）保安电源要十分可靠。

3）保安电源应具有快速投入的性能。

（2）保安段供电的负荷类型。

1）机组正常运行中、停机过程中、停机后一段时间内都要求能有可靠的电源，以避免设备损坏的机炉负荷，如给水泵润滑油泵、锅炉空气预热器等。

2）发电机停机过程中或停机后仍须运转的设备，如润滑油泵、顶轴油泵、盘车电动机、密封油泵等。

3）蓄电池组的充电设备。

（3）不间断电源设备（uninterruptible power system，UPS）系统。

1）UPS系统的作用。为单元机组的分散控制系统、自动装置、热工保护、智能装置、调节装置等不能停电负荷提供不间断且频率、电压稳定的交流220V电源。

2）系统的主要设备。包括隔离变压器、整流器、逆变器、静态开关、馈线柜等。

3）系统的运行方式。包括主路供电、直流供电、旁路供电。

6. 直流系统

（1）系统的作用。向全厂直流控制、保护、自动装置、热控、信号、UPS、事故照明、直流电动机等提供直流电。

（2）系统的主要设备。包括蓄电池、充电单元、微机监控单元、绝缘监察单元等。

（3）系统的运行方式。包括正常运行方式、交流电源失去、蓄电池退出、高频开关检修。

第二节　电气主接线

电气主接线在电厂设计时就根据机组容量、电厂规模及电厂在电力系统中的地位等，从供电的可靠性、运行的灵活性和方便性、经济性、发展和扩建的可能性等方面，经综合比较后确定。它的接线方式能反映正常和事故情况下的供送电情况。

电气主接线又称电气一次接线图，是由电气一次设备按电力生产的顺序和要求连接的电路，可以表示电能的产生、汇集、分配和传输关系。

一、电气主接线的基本要求

电气主接线的基本要求包括安全性、可靠性、灵活性、经济性。安全性和可靠性是电气主接线首先应考虑的要求。

1. 安全性

主接线系统必须保证在任何可能的运行方式和检修状态下人员及设备的安全。

2. 可靠性

主接线系统应保证供电的可靠性，特别是保证对重要负荷的供电。

3. 灵活性

主接线系统应能灵活地适应各种工作情况，特别是当一部分设备检修或工作情况发生变化时，能够通过电气操作，做到调度灵活，不中断向用户供电。在扩建时，应能很方便地从初期建设到最终接线。

4. 经济性

主接线系统还应保证运行操作的方便，以及在保证满足技术条件的要求下，做到经济合理，尽量减少占地面积，节省投资。如简化接线、减少电压层级等。

二、电气主接线基本形式

电气主接线的接线形式分为有母线和无母线。母线也称汇流母线，起汇集和分配电能的作用。

（一）有汇流母线接线

电源和引出线之间连接方便、接线清晰、接线形式多、运行灵活、维护方便、便于安装和扩建；但开关电器多，配电装置占地面积大，投资大。

1. 单母线接线

单母线接线示意图如图 1-1 所示，单母线接线是所有出线都连接在同一条母线上面，其接线清晰简单、设备少、操作方便、投资便宜、可扩性好；但可靠性和灵活性差。单母线接线只能用于出线回数较少、供电可靠性要求不高的小容量发电厂和变电站中。

（1）单母线分段接线。单母线分段接线示意图如图 1-2 所示，分段数量以 2～3 段为宜，接线简单清晰、经济性好，有一定的灵活性，可靠性提高。单母线分段接线适用于中、小容量发电厂和变电站的 6～10kV 配电装置和出线回路较少的 35～220kV 配电装置母线故障或检修时，分段可以减小停电范围，任一断路器检修时，其所在回路停运；母线故障时仅停故障段；母线或母线侧隔离开关检修时仅停检修段。当母线故障或检修时，首先跳开分段断路器。对于某些重要回路，可以从不同段母线分别引出回路保证其不间断供电。

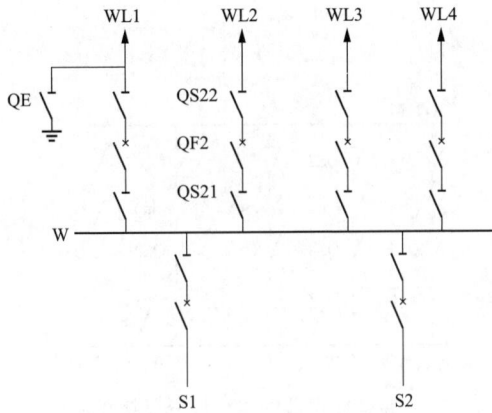

图 1-1　单母线接线示意图

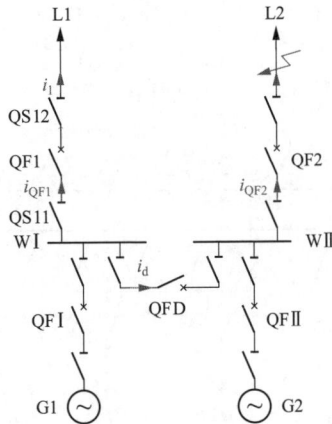

图 1-2　单母线分段接线示意图

（2）带旁路母线的单母线分段接线。旁路母线在正常工作时不带电（冷备用），作用是不停电检修出（进）线断路器。带旁路母线的单母线分段接线示意图如图 1-3 所示。用于 110kV 出线在 6 回及以上，220kV 出线在 4 回及以上。

旁路断路器代替被检修断路器的功能，实现不停电检修断路器。检修一出（进）线断路器时不中断对该回路的供电；母线故障时仅停故障段；母线或母线侧隔离开关检修时仅停检修段；配电装置面积增大，接线复杂，投资增大（断路器不宜设置旁路）。

2. 双母线接线

双母线接线示意图如图 1-4 所示。双母线接线共有两组母线，运行方式灵活，有多种运行方式。双母线接线有如下特点。

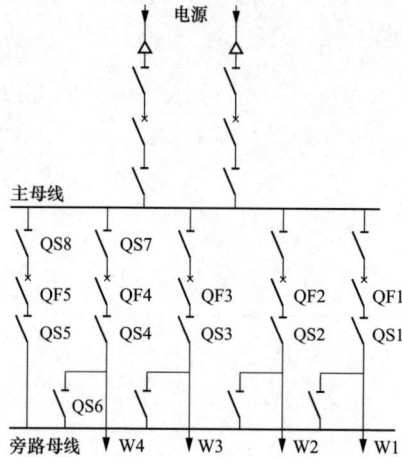

图 1-3　带旁路母线的单母线分段接线示意图

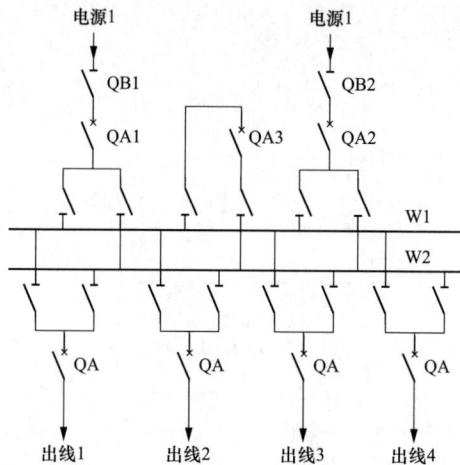

图 1-4　双母线接线示意图

（1）最常用的运行方式：母联断路器处于合闸状态，两组母线同时运行，回路平均分配在两组母线上，在此运行方式下，具有单母线分段接线的特点。检修任一回路断路器时该回路仍需停电（增设跨条检修断路器会出现短时停电）。

（2）可靠性高：任一母线检修时不中断供电；检修任一回路母线隔离开关时只中断该回路的供电；任一母线故障时仅短时停电（迅速恢复供电）。

（3）变更运行方式时，要用各回路的母线侧隔离开关进行电气操作（倒母线操作：先通后断），步骤复杂，易误操作。

（4）增加了大量的母线隔离开关和母线长度，双母线配电装置结构复杂，占地面积大，投资大。

（5）双母线存在全部停电的可能（如母联断路器故障或一母线检修另一运行母线故障）。

（6）双母线接线适用于可靠性要求较高，出线回路数较多的 $6\sim220kV$ 配电装置中。

双母线接线有双母线分段接线和双母线带旁路母线接线。

（1）双母线分段接线。具备双母接线的所有优点，可靠性更高。母线故障时缩小了停电范围；投资较大，多用于 220kV 配电装置。双母线分段接线示意图如图 1-5 所示。

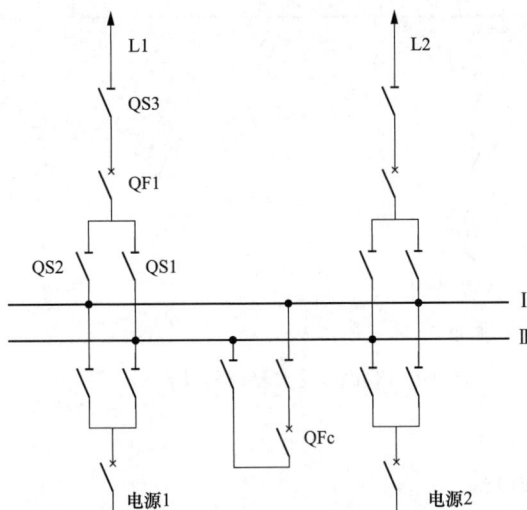

图 1-5　双母线分段接线示意图

（2）双母线带旁路母线接线。检修任一回路断路器时，该回路不停电；任一组母线检修或母线隔离开关检修时不中断供电；任一组母线故障时仅短时停电所用电气设备数量较多，操作、接线及配电装置较复杂，占地面积较大，经济性较差，适用于 220kV 出线在 4 回及以上、110kV 出线在 6 回及以上时，宜采用有专门旁路断路器的旁路母线接线。双母线带旁路母线接线示意图如图 1-6 所示。

3. 一台半断路器接线

一台半断路器接线又称作 3/2 接线，供电可靠性最高。每 2 个元件（回路）经过 3 台断路器接于两组母线上，构成一串。正常运行时所有断路器均合闸。多环路供电，可靠性高。任一母线故障或检修时，只断开与此母线相连的所有断路器，所有回路都不会停电；任一断路器检修时，所有回路都不停电（因为每个回路都经过两台断路器供电）；检修隔离开关，部分回路停电；一组母线检修另一组母线故障或两组母线同时故障的极端情况下，也不中断供电；隔离开关只用作隔离电器，避免了复杂的电气操作和误操作。一台半断路器接线适用于大型电厂和变电站的 500～1000kV 配电装置，其接线示意图如图 1-7 所示。

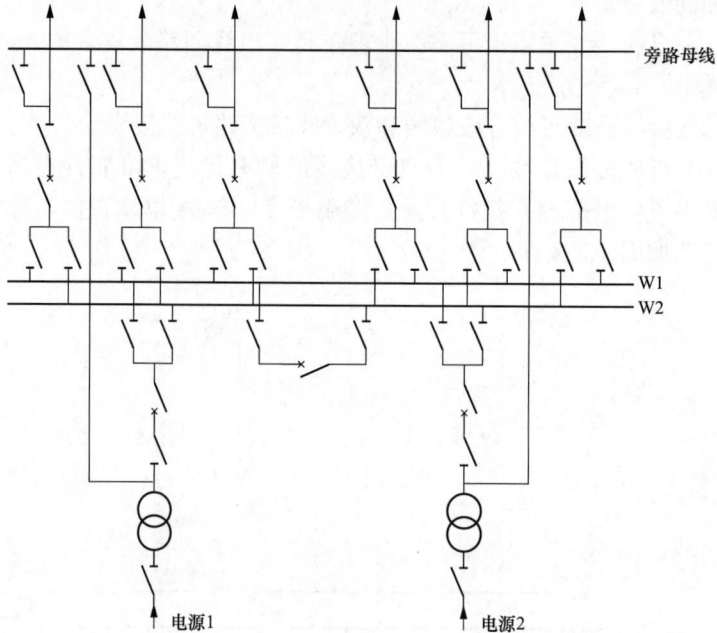

图 1-6　双母线带旁路母线接线示意图

（1）优点。

1）运行调度灵活。

2）操作检修方便。

3）有高度的供电可靠性。

（2）缺点。

1）投资大，继电保护复杂。

2）检修的工作量大。

（二）无汇流母线接线

无汇流母线接线开关电器少，占地面积小，投资少；缺点是难以扩建。

无汇流母线接线方式是指没有设单独母线的接线方式，主要以单元接线形式为主，即每台机组的发电机、变压器作为一个整体与电力系统相连。其接线方式包括以下几种：

1. 桥形接线

桥形接线简单清晰，没有母线；所用断路器数量最少（平均每回线路用的断路器数），经济性好；易于发展过渡为单母线分段或双母线接线；可靠性和灵活性不够高。

桥形接线一般用于两变配两线的中小型发电厂和变电站。分为内桥接线和外桥接线。桥形接线示意图如图1-8所示。

（1）内桥接线。桥断路器靠近变压器侧，适用于变压器不需要经常切换（穿越功率小）、线路较长（方便切除线路故障）的场合。

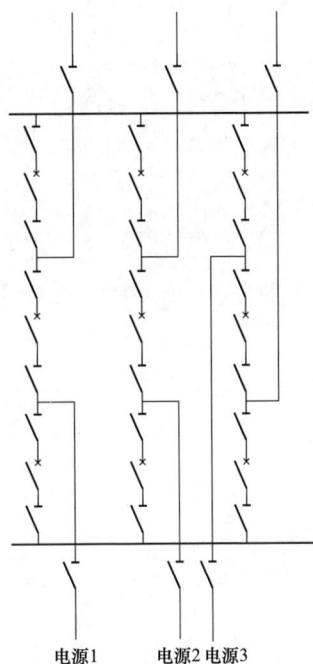

图 1-7　3/2接线示意图　　　　图 1-8　桥形接线示意图

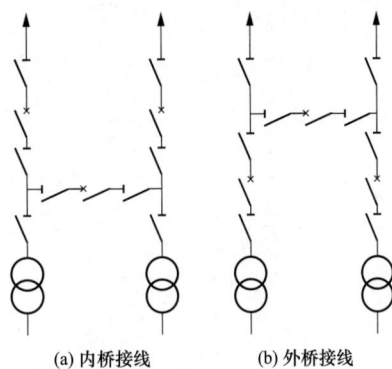

电源1　　电源2　电源3　　　　(a) 内桥接线　　(b) 外桥接线

（2）外桥接线。桥断路器靠近线路侧，适用于线路较短、主变压器需要经常投切（穿越功率大、环网）的场合。

2. 角形接线

无汇流母线接线形式中，角形接线可靠性最高。任一断路器检修时不停电，仅闭环运行状态转为开环；隔离开关不作为操作电器；接线简单清晰，无母线；所用断路器数量少，经济性好；难于发展扩建；继电保护复杂。

角形接线角数等于断路器台数，也等于进出线回路总数。角形接线最多六角，适用于进出线回路数不多，且发展规模明确的场合，常用在中小型水电厂的110kV及以上配电装置中。六角形接线示意图如图1-9所示。

3. 单元接线

各单元的电气元件直接串联连接，其间没有任何横向联系的接线，再经断路器接至高压母线。单元接线包括发电机—变压器单元接线、变压器—线路单元接线、线路—变压器单元接线等。前两种多用于发电厂和有自备电厂的大型电力用户，后一种多用于降压变电站。单元接线示意图如图 1-10 所示。

（1）单元接线的主要优点。由于接线简单，减少了电气设备数量，减少了发生故障的可能性，从而提高了工作的可靠性；由于简化了配电装置的结构，因此节约了建设投资，减少了占地面积。

（2）单元接线的主要缺点。单元中任一设备故障或检修时，都会使整个单元停电。

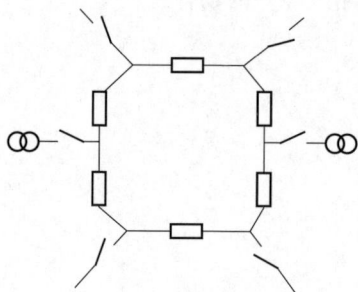

图 1-9　六角形接线示意图　　　　图 1-10　单元接线示意图

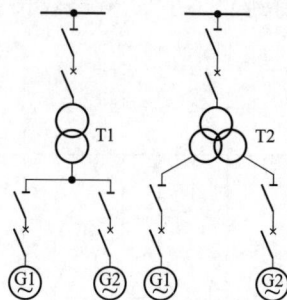

第二章 电力变压器

变压器在整个电力系统中是一种应用广泛的电气主设备，一般来说，从发电、供电一直到用电，需要经过 3～5 次的变压过程，发电厂、电力系统示意图如图 2-1 所示。发电机输出的电压由于受发电机绝缘水平的限制，通常为 6.3、10.5kV，最高不超过 27kV，为了实现电能的远距离输送，就需要将发电机的输出电压通过升压变压器将电压升高到几万伏或几十万伏，以降低输电线电流，从而减少输电线路上的损耗；输电线路将几万伏或几十万高压电能送到负荷区后，又要经降压变压器将高电压变为用户所需要的各级使用电压，满足用户需要。所以，无论是在发电厂或变（配）电站，都可以看到各种型式和不同容量的升压、降压变压器的应用。

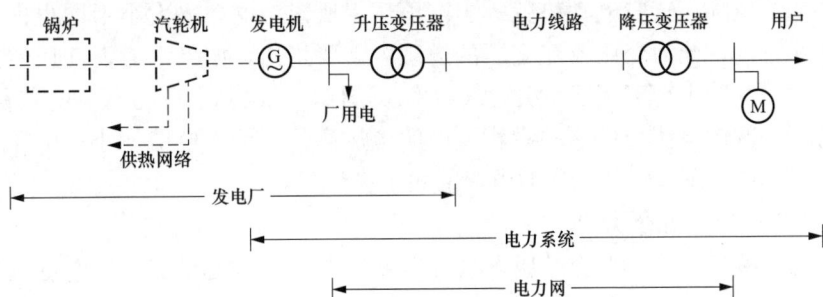

图 2-1 发电厂、电力系统示意图

第一节 变压器基本原理与基本参数

一、电力变压器的基本原理

（一）电力变压器的工作原理

变压器是一种静止的电器，它利用电磁感应原理把一种交流电压转换成相同频率的另一种交流电压。其变压原理离不开"电生磁、磁生电"这个基本的电磁现象。以双绕组变压器为例，在闭合的铁芯上绕有两个互相绝缘的绕组，其中，接入电源接收交流电能的一侧叫一次绕组，可以是高压侧，也可以是低压侧，跟负载连接输出电能的一侧叫二次绕组，变压器原理如图 2-2 所示。

变压器的一次绕组接通交流电源后，一次绕组就有励磁电流 $\dot{I}_0$ 流过，其频率和外施电压的频率一致，该电流在铁芯中可产生一个交变的主磁通 $\dot{\Phi}$（电生磁），$\dot{\Phi}$ 在铁芯中同时交链一、二次侧绕组，由于电磁感应作用，分别在一、二次绕组产生频率相同的感应电动势 $\dot{E}_1$ 和 $\dot{E}_2$（磁生电）。电动势的大小与匝数成正比，可以用式（2-1）表示。

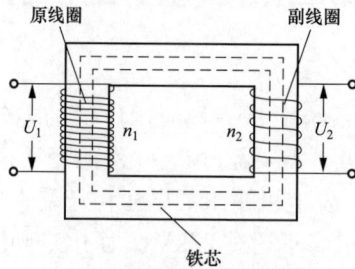

图 2-2　变压器原理示意图

$$E = 4.44fN\Phi_{\mathrm{m}} \qquad (2\text{-}1)$$

式中：E 为电动势有效值；f 为频率；N 为匝数；Φ_{m} 为主磁通的最大值。

由于一、二次绕组匝数不同，感应电动势 E_1、E_2 的大小也不同。若忽略内阻抗压降，感应电动势就等于端电压。所以，电动势大小不同也即电压大小不同，此为变压器能变压的道理。需要指出，如果不考虑变压器的损耗，二次输出功率等于一次输入功率。这样，二次侧电压与电流的乘积，就等于一次侧电流与电压的乘积。说明电压高的一侧，电流就小；电压低的一侧，电流就大。故变压时电流的大小也在变。

（二）变压器分类

（1）按用途分：电力变压器（升压变压器、降压变压器、配电变压器等）、仪用变压器（用在电流、电压互感器等上）、特殊用途变压器。特殊用途变压器是根据不同用户的具体要求而设计制造的专用变压器。它主要包括整流变压器、试验变压器、中频变压器、测量变压器和控制变压器等。

（2）按变压器的相数分：三相变压器和单相变压器。在三相电力系统中，一般使用三相变压器。

（3）按每相绕组数分：双绕组变压器、三绕组变压器及自耦变压器等型式。双绕组变压器是适用性强、应用最多的一种变压器。

（4）按冷却介质分：油浸式变压器、干式变压器（环氧树脂绝缘干式变压器、气体绝缘干式变压器、H 级绝缘干式变压器）。

（5）按冷却方式分：干式自冷变压器、干式风冷变压器、油浸自冷变压器、油浸风冷变压器、强迫油循环风冷变压器、强迫油循环水冷变压器等。

（6）按线圈导线使用材质分：铝线变压器、铜线变压器。

（7）按调压方式分：无励磁调压变压器、有载调压变压器。

（8）按铁芯与绕组的组合结构不同分：芯式变压器和壳式变压器。

（9）按绕组排列方式分：同心式变压器、交叠式变压器。

（10）按中性点绝缘水平分：全绝缘变压器、半绝缘（分级绝缘）变压器。

二、电力变压器的基本参数

(一) 变压器铭牌标志及其含义

1. 变压器的铭牌

变压器的铭牌包含了变压器的基本信息，因此，要了解和掌握一台变压器特征，必须正确认识和理解铭牌标志及其含义。变压器铭牌上除标出变压器名称、型号、产品代号，制造厂名（包括国名）、出厂序号，制造年月等以外，还需标出变压器相应的技术数据，见表2-1。

表 2-1　　　　　　　　　　　电力变压器铭牌所标出的项目

项目	标准项目	附加说明
所有情况	相数（单相、三相）	
	额定容量（kVA 或 MVA）	多绕组变压器应给出每个绕组的额定容量
	额定频率	
	各绕组额定电流（A）	三绕组自耦变压器应注出公共绕组中长期允许电流
	联结组标号，绕组联结示意图	6300kVA 以下的变压器可不画联结示意图
	额定电流下的阻抗电压	实测值
	冷却方式	有几种冷却方式时，还应以额定容量百分数表示相应的冷却容量
	使用条件	户外、户内，使用超过或低于 1000m 海拔等
	总质量（kg 或 t）	
	绝缘油质量（kg 或 t）	
某些情况	绝缘的温度等级	油浸或变压器 A 级绝缘可不标出
	温升	当温升不是标准规定值时
	联结图	当联结组标号不能说明内部的全部情况时
	运输质量（kg 或 t）	
	器身吊重、上节油箱重（kg 或 t）	器身吊重在变压器超过 5t 时标出，上节油箱在钟罩式油箱时标出
	绝缘液体名称	在非矿物油时标出
	有关分接的详细说明	8000kVA 及以上变压器
	空载电流	实测值
	空载损耗和负载损耗	

2. 变压器型号

变压器型号采用汉语拼音的大写字母表示，为了表达出变压器的所有特征，往往用多个合适的字母；同时，用阿拉伯数字表示产品性能水平代号或设计序号和规格代号。图 2-3 给出了电力变压器产品型号的组成。

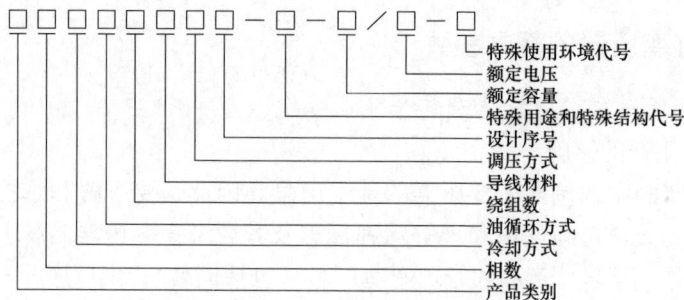

图 2-3 电力变压器产品型号的组成

例如：变压器型号 SCB11-630/6.3 中，S 代表三相，C 代表树脂浇注，B 代表箔式线圈，11 为设计序号，容量为 630kVA，高压绕组额定电压 6.3kV 电力变压器，双绕组变压器。

又如 SFFZ9-63000/220 型号变压器表示三相式油浸风冷、分裂绕组、有载调压变压器，额定容量为 63000kVA，电压等级 220kV，设计序号为 9。再如 SFF9-63000/20 型号变压器表示三相油浸式风冷分裂绕组无载调压变压器，其额定容量为 63000kVA，电压等级为 20kV，设计序号为 9，双绕组变压器。

3. 额定容量

变压器额定容量是指变压器的视在功率，表示变压器在额定条件下的最大输出功率。

变压器额定容量与绕组额定容量有所区别：双绕组变压器的额定容量即为绕组的额定容量；多绕组变压器应对每个绕组的额定容量加以规定，其额定容量为最大的绕组额定容量；当变压器冷却方式变更时，则额定容量是指最大的容量。例如某电厂高压厂用变压器冷却方式 ONAN/ONAF，对应的容量 70%/100%。

4. 相数与频率

变压器分单相和三相两种。变压器额定频率是所设计的变压器的运行频率，也是输变电网络的频率，在我国为 50Hz。

5. 额定电流

变压器的额定电流是指绕组的额定容量除以该绕组的额定电压及相应的相系数（单相为 1，三相为 $\sqrt{3}$）而算得的流经线端的电流。因此，绕组为星形连接时，变压器的额定电流就是各绕组的额定电流，是指线电流，以有效值表示，但是，组成三相组的单相变压器，如绕组为三角形连接，绕组的额定电流以线电流为分子，$\sqrt{3}$ 为分母，例如 $500/\sqrt{3}$ A。变压器的额定电流是允许长期通过的电流。

对单相变压器

$$I_{1N} = S_N / U_{1N} \tag{2-2}$$

$$I_{2N} = S_N / U_{2N} \tag{2-3}$$

对三相变压器

$$I_{1N} = S_N / \sqrt{3} U_{1N} \tag{2-4}$$

$$I_{2N} = S_N / \sqrt{3} U_{2N} \tag{2-5}$$

6. 联结组别

运行中的变压器的同侧绕组按一定的联结顺序构成了联结组，对于单相变压器而言，没有绕组的外部联结，所以其联结符号用 I 表示。

对于三相变压器，则存在星形、三角形、曲折形连接，高压绕组分别用 Y、D、Z 表示，中压和低压绕组则用 y、d、z 表示。有中性点引出则分别用 YN、ZN 和 yn、zn 表示。自耦变压器有公共部分的两绕组中额定电压低的一个用符号 a 表示。

变压器同侧绕组联结后，不同侧相间电压相量有角度差——相位移，这种相位移作用是指绕组各相应端子与中性点间的电压相量角度差，在变压器中以时钟法来表示，称为联结组别。

联结组和联结组别合一起就是铭牌上所标注的联结组标号。

单相变压器不同侧绕组相位移为 0° 或 180°，因而其联结组别只有 0 和 6 两种，但是通常绕组的绕向相同，端子标志一致，所以电压相量为同一方向，因此双绕组单相变压器的实用联结组标号只有 Ii0。三相双绕组变压器的相位移为 30° 的倍数，所以有 0、1、2、…、11 共 12 种组别。同样由于绕组绕向相同，端子标志一致，联结组别仅为 0、11 两种。因此三相双绕组使用的联结组标号为 Yyn0、Yzn11、Yd11、YNd11、Dyn11 等。

三相变压器并联运行时，每台变压器的联结组别必须完全一致。

7. 阻抗电压

双绕组变压器当二次绕组短接，一次绕组流通额定电流而施加的电压称为阻抗电压 U_k，多绕组变压器则有任意一对绕组组合的 U_k。

铭牌上标注的变压器的阻抗电压为实测值，它是变压器并联运行的条件之一，因而必须引起重视。

8. 冷却方式

变压器的冷却方式由冷却介质种类及其循环方式来标志，一般由两个或四个字母代号标志，依次为线圈冷却介质及其种类，外部冷却介质及其循环种类。冷却方式的代号标志见表 2-2。

表 2-2　　　　　　　　　　冷却方式的代号标志

冷却方式	代号标志	冷却方式	代号标志
干式自冷式	AN	强油风冷式	OFAF
干式风冷式	AF	强油水冷式	OFWF
油浸自冷式	ONAN	强油导向风冷和水冷式	ODAF 或 ODWF
油浸风冷式	ONAF		

9. 绝缘水平

变压器的绝缘水平也称绝缘强度，即变压器绕组耐受电压。耐受电压包括雷电冲击耐受电压（LI）、工频耐受电压（AC）和操作冲击耐受电压（SI），在变压器铭牌上按照高压、中压和低压绕组的线路端子和中性点端子顺序列出（冲击电压在前），其间用斜线分开。分级绝缘的中性点端子与线路端子绝缘水平不同时应分别列出。

10. 质量

在变压器的安装与运输过程中，因为载重及吊装设备的需要，要了解变压器的质量值。在小型变压器中，由于不需要拆卸运输，因而只给出了总质量及变压器油（油浸式变压器）的参考质量。在容量大于 8000kVA 的变压器中，还给出了运输质量，同时器身质量超过 5t 时还要标出器身质量。对于钟罩式油箱，铭牌上还有上节油箱质量及添加油质量等。

11. 附加项目

在变压器的容量大于 8000kVA 时，除前面 10 项外，还要标出变压器的空载电流、空载损耗、负载损耗的实测值。此外，还需要给出变压器的端子位置示意图。

（二）其他标志

1. 接地标志

变压器的外壳必须接地，一般通过在油箱下部的接地螺栓来实现，在接地螺栓的旁边，给出显著的接地标识。大型变压器的铁芯和夹件大都单独引出至变压器下部，便于接地电流的检测。

2. 变压器的接线端子

变压器的接线端子是变压器能量输入和输出的通道，一般用英文字母 A、B、C 表示高压，A_m、B_m、C_m 表示中压，a、b、c 表示低压端子，中性点用阿拉伯数字 0 表示。各端子的布置与绕组及铁芯的分布相一致，一般为面对高压侧，自左向右依次为 A、B、C。

第二节　电力变压器的结构及主要附件

一、油浸式变压器

（一）油浸式变压器基本结构

油浸式变压器的结构如图 2-4 所示。其中，绕组和铁芯是变压器实现电磁转换的核心部分，而油箱、引线及各种附件是保证油浸式变压器运行所必需的。

变压器的主要部件有：

（1）器身：包括铁芯、绕组、绝缘部件及引线。

（2）油箱：油箱本体、附件（包括储油柜、油门闸阀等）。

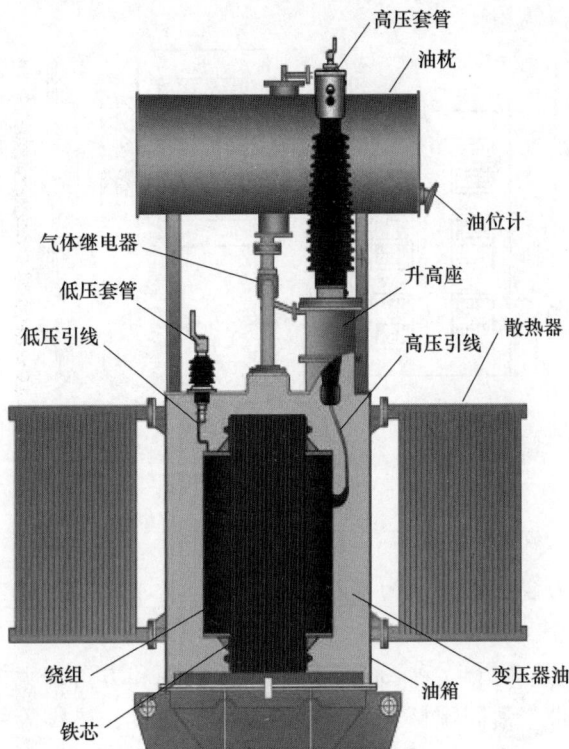

图 2-4　油浸式变压器结构

（3）调压装置：即分接开关，分为无励磁调压和有载调压。

（4）冷却装置：包括散热器、风扇、油泵等。

（5）保护装置：包括防爆阀、气体继电器、测温元件、呼吸器等。

（6）出线装置：包括套管等。

（二）变压器的铁芯

1. 铁芯的作用

铁芯是变压器的基本部件。从工作原理方面讲，铁芯是变压器的导磁回路，它把两个独立的电路用磁场紧密联系起来，电能由一次绕组转换为磁场能后经铁芯传递至二次绕组，在二次绕组中再转换为电能。从结构方面讲：铁芯一般都是一个机械上可靠的整体，在铁芯上套装线圈，铁芯夹件可以支撑引线，变压器内部几乎所有的部件都安装或固定在铁芯上。

2. 铁芯的结构

铁芯分为铁芯柱和铁轭两部分。铁芯柱上套绕组，铁轭将铁芯柱连接起来，使之成为闭合磁路。

变压器铁芯的基本结构有两种，一种叫壳式铁芯，另一种叫芯式铁芯，如图 2-5 所示。由于芯式变压器结构比壳式简单，且绕组与铁芯间的绝缘易处理，故电力变压器铁芯一般都制成芯式，我国变压器制造厂普遍采用芯式结构。芯式铁芯又可分为单相双柱、单相三柱、三相三柱、三相五柱式

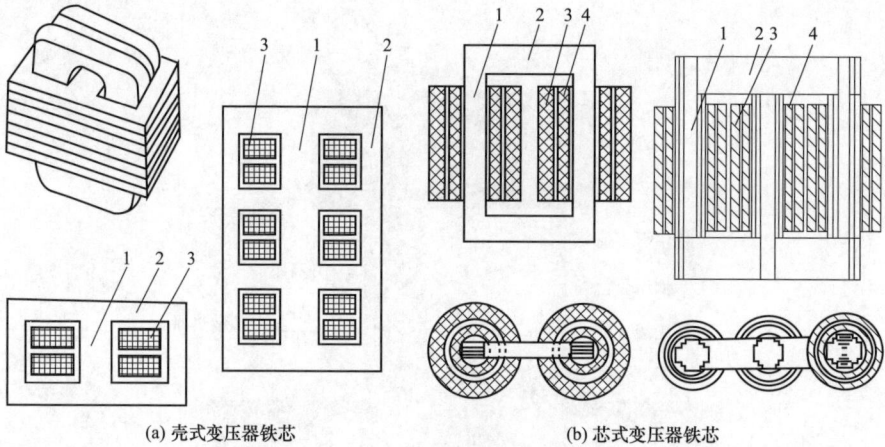

(a) 壳式变压器铁芯　　　　　　　　　(b) 芯式变压器铁芯

图 2-5　变压器的铁芯构造

1—铁芯柱；2—铁轭；3、4—绕组

等。大多数电力变压器通常为三相一体形式，常常采用三相三柱或三相五柱式铁芯。

变压器铁芯结构有多种形式，但其紧固结构和方法却大体相似，由夹件、铁芯绑扎带、紧固螺杆（拉板）绝缘件、横梁、垫脚等将叠积的硅钢片绑扎固定成为一个牢固的整体，作为变压器器身装配的骨架。典型的变压器铁芯结构示意图如图 2-6 所示。

变压器运行过程中，铁芯中有交变的磁场，该磁场在铁芯中会产生涡流损耗（变压器空载损耗的主要部分），大型变压器的铁芯发热量较大，为防止铁芯过热，可在铁芯叠片中设置冷却油道，一般情况下冷却油道由绝缘材料制成。

3. 铁芯的夹紧装置

铁芯的夹紧装置是使整个铁芯构成一个整体的紧固结构。它在结构上应满足如下要求：夹紧装置一般是框架式，此夹持装置在结构上要承受铁芯本体的夹紧力、起吊器身的重力和变压器在短路时所产生的电动机械力，并确保冷轧硅钢片的电磁性能不减弱。夹紧装置上的构件主要承受拉伸、弯曲应力，尽量避免承受剪切应力。

4. 铁芯的绝缘

铁芯的绝缘与变压器其他绝缘一样，占有重要的地位。铁芯绝缘不良，将影响变压器的安全运行。铁芯的绝缘有两种，即铁芯片间的绝缘以及铁芯片与结构件间的绝缘。

在大型变压器中，为避免铁芯叠片中因感应电位累加而放电，在铁芯叠片中每隔一定厚度应放置 0.5～1mm 厚的绝缘纸板，把铁芯分隔为几个部分。此外，铁芯片与结构件的短路可以造成多点接地，可能产生短路回路而烧毁接地片甚至铁芯，因此铁芯片与夹件、侧梁、垫脚、拉板等结构件之间必须有良好的绝缘。

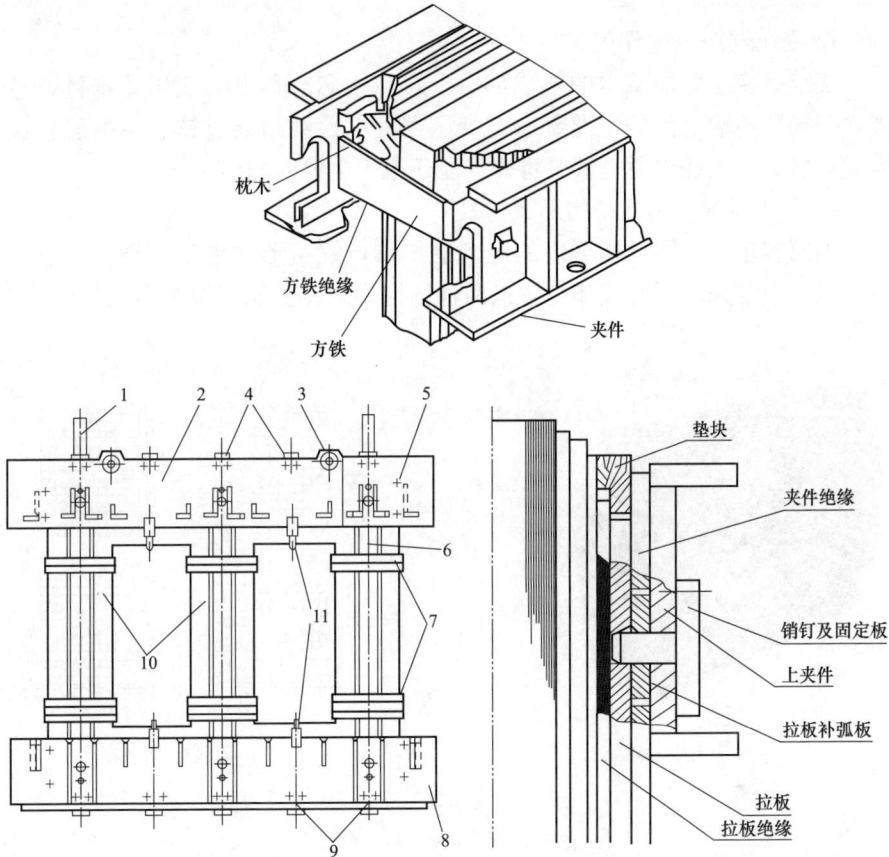

图 2-6　典型的变压器铁芯结构示意图

1—上部定位件；2—上夹件；3—上夹件吊轴；4—横梁；5—拉紧螺杆；
6—拉板；7—环氧绑扎带；8—下夹件；9—垫脚；10—铁芯叠片；11—拉带

5. 铁芯的接地

铁芯及其金属结构件由于所处的电场及磁场位置不同，产生的电位和感应电动势也不同，当两点的电位差达到能够击穿两者之间的绝缘时，便相互之间产生放电，放电的结果使变压器油分解，并容易将固体绝缘破坏，导致事故的发生。为了避免上述情况的出现，铁芯及其他金属结构件（夹件、绕组的金属压板等）必须接地，使它们处于等电位（零电位）。需要注意的是，铁芯油道、片间绝缘纸板等两侧的铁芯片必须用金属接线片短接，以保证整个铁芯可靠接地。

铁芯的接地必须是一点接地。当铁芯两点（或多点）接地时，若两个（或多个）接地点处于不同的叠片级上，因处于交变电磁场中，两个接地点之间的铁芯片将有一定的感应电动势，并经大地形成回路产生一定的电流，这个电流将导致局部过热，严重时将烧毁接地片甚至铁芯，影响变压器的安全运行。

（三）变压器的绕组

1. 变压器绕组的作用

绕组是变压器最基本的组成部分，它与铁芯合称电力变压器本体，是建立磁场和传输电能的电路部分。变压器的一次绕组通过铁芯将电能转换为磁场能，二次绕组通过铁芯将磁场能还原为电能并输出。

2. 变压器常采用的结构形式

不同容量、不同电压等级的电力变压器，绕组形式也不一样。一般电力变压器中常采用同心式和交叠式两种结构形式。变压器绕组形式如图 2-7 所示。

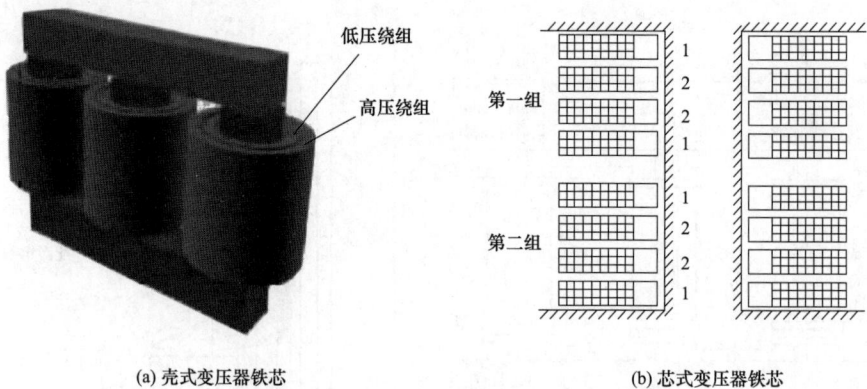

(a) 壳式变压器铁芯　　　　　　　　　　(b) 芯式变压器铁芯

图 2-7　变压器绕组形式
1—低压绕组；2—高压绕组

同心式绕组是把高压绕组与低压绕组套在同一个铁芯上，一般是将低压绕组放在里边，高压绕组套在外边，以便绝缘处理。绕组与铁芯间和高低压绕组之间均用绝缘隔开，高低压绕组间还留有冷却油道，既便于散热，又加强了绝缘。同心式绕组结构简单、绕制方便，故被广泛采用。按照绕制方法的不同，同心式绕组又可分为圆筒式、螺旋式、连续式、纠结式等几种。

交叠式绕组又叫交错式绕组，在同一铁芯上，高压绕组、低压绕组交替排列、间隙较多、绝缘较复杂、包扎工作量较大。它的优点是力学性能较好，引出线的布置和焊接比较方便、漏电抗较小。

3. 同心式绕组常见结构

电力变压器同心式绕组根据结构形式分为层式绕组和饼式绕组两大类。线圈的线匝沿其轴向按层依次排列的为层式线圈；线圈的线匝在辐向形成线饼（线段）后，再沿轴向排列的为饼式线圈。层式线圈主要有圆筒式和箔式两种结构，饼式线圈主要有连续式、纠结式、内屏蔽式、螺旋式等结构。各种线圈在结构、电气和机械性能、绕制工艺等方面有很大区别，以下简单介绍几种常见的线圈结构及其特点。

（1）圆筒式线圈。圆筒式线圈是目前配电变压器高、低压绕组的主要结构形式。圆筒式线圈又可分为单圆筒式、双层（四层）圆筒式、多层圆筒式、分段圆筒式等。其共同的结构特点是线圈一般沿其辐向有多层，每层内线匝沿其轴向呈螺旋状前进（见图 2-8 和图 2-9）。圆筒式线圈层间有油道作为绝缘，垂直布置的层间油道的冷却效果优于水平油道。同时，圆筒式线圈层间紧密接触，层间电容大，在冲击电压下，有良好的冲击分布，因此，多层圆筒式线圈可应用于高电压产品上。但是圆筒式线圈的抗短路能力相对较差，在大容量电力变压器上鲜见应用。

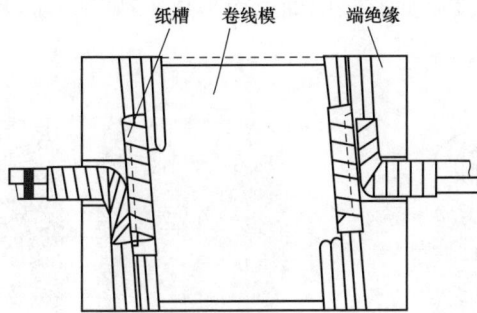

图 2-8　单层圆筒式线圈的结构

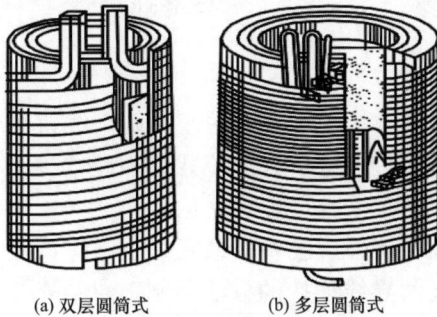

(a) 双层圆筒式　　　　　(b) 多层圆筒式

图 2-9　多层圆筒式线圈的结构

（2）箔式线圈。箔式线圈由铜箔或铝箔代替导线绕制而成。将绝缘材料和导电材料一起放在专用的箔式绕线机上连续绕制，每一层为一匝，每层铜或铝箔之间用绝缘材料隔开。绝缘的宽度大于铜箔或铝箔的宽度，两侧所差的尺寸，用与导电箔材厚度相同的绝缘带同时卷入形成端绝缘。箔式线圈的安匝分布均匀，辐向漏磁少，轴向电动力小，机械稳定性较好。其层间绕制紧密，层间电容远大于对地电容，在冲击电压下电压梯度分布均匀。箔式线圈目前主要用于变压器的低压绕组，也有厂家采用分段箔式结构增加匝数将箔式绕组用于高压绕组。

（3）连续式线圈。连续式线圈是最常见的饼式线圈之一。饼式线圈的主要特点是把导线沿绕组的辐向排列成圆饼状，而后把各个圆饼状的线饼用不同的方式串联起来构成不同型式的绕组，各个线饼之间放置作为饼间绝缘和构成饼间冷却油道的绝缘件。饼式线圈的机械强度要好于圆筒式，因而在大中型变压器中被广泛采用。

连续式线圈是典型的饼式线圈，一般用扁导线绕制，线段数为 30～100 段，采用特殊的工艺方法（倒饼）连续绕成，饼间没有焊接头，所以称为连续式线圈，其结构示意如图 2-10 所示。连续式结构在大型变压器中应用较多，既可用于低压绕组，也可全部或部分用于高压绕组中。

（4）螺旋式线圈。简单地说，螺旋式线圈就好似一支弹簧，其匝数一般为 10～150。虽然螺旋式线圈本质上应看作是多根导线叠、并绕的单层圆筒式线圈，但由于其匝间有辐向油道而形成了线饼，所以将其结构归为饼式。螺旋式线圈如图 2-11 所示。

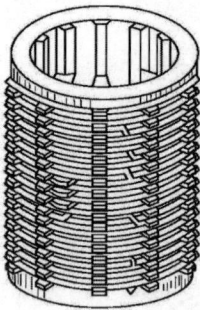

图 2-10 连续式线圈　　　　　　图 2-11 螺旋式线圈

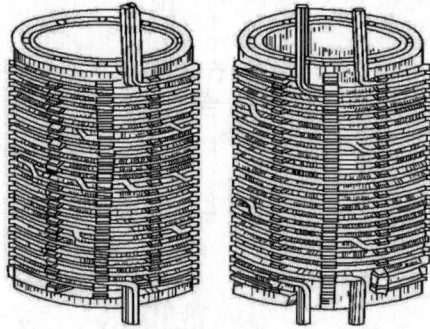

一匝为一个线饼的称为单螺旋，一匝为两个线饼的称为双螺旋，一匝为四个线饼的称为四螺旋式线圈。螺旋式线圈匝数少、并绕导线多，一般用于低电压、大电流的变压器的低压绕组。

（5）纠结式线圈。从外形上看纠结式线圈与连续式线圈基本相同，区别仅在于相邻线圈之间导线连接的方法不同。纠结式线圈的线匝是在相邻数序线匝间插入不相邻数序的线匝。原连续式线圈段间线匝须借助于纠结换位，交错纠连形成纠结线段，从而形成纠结线圈。纠结式线圈常以两段组成纠结单元，称为双段纠结。双段纠结中按每段匝数的奇、偶数的不同，分为双—双、单结等。纠结式绕组绕制过程中不可避免要焊接导线，对制作工艺水平要求较高。但纠结式线圈的匝间电容和饼间电容大于连续式线圈，在冲击电压作用下的电压分布比连续式好得多。因此在大型变压器的高压绕组中经常使用。

（6）内屏蔽式线圈。内屏蔽式线圈也称插入电容连续式绕组。它是通过增大线段的串联电容来达到改善冲击电压分布的目的，其结构特点是将厚度较小的导线作为附加电容（屏蔽）线匝，直接绕于连续式线段内部，并将端头包好绝缘悬空，所以电容不参与变压器的正常运行，只在冲击电压下起作用。内屏蔽式线圈在超高压变压器绕组中，采用分区补偿时，由于调节串联电容方便而多被采用。

（四）变压器的器身

变压器的铁芯、绕组、绝缘件和引线装配成为器身。器身绝缘的布置与变压器的电压等级有关，并随线圈结构（圆筒式或饼式）、线圈个数（双绕组或三绕组）、出线方式（端部或中部出线）、压紧方式（拉螺杆或压板）、调压方式（无励磁或有载）的不同而不同。图 2-12 为某高压 110kV级分级绝缘端部出线的器身绝缘结构（低压不大于 45kV）。

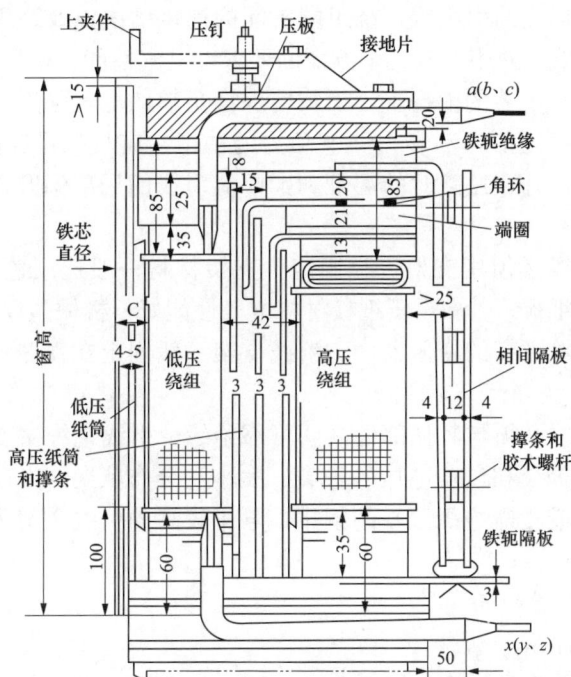

图 2-12　某高压 110kV 级分级绝缘端部出线的器身绝缘结构（单位：mm）

从图 2-12 中可以看到，低压绕组和高压绕组同心套装在铁芯上，绕组的下部有水平托板作为支撑，上部有压板和压钉压紧，整个器身被紧固成一个机械上稳定的整体。铁芯、低压绕组、高压绕组三者之间用撑条纸板间隔填充成为绝缘，绕组上、下端部用角环、端圈做绝缘，引线由绕组端部引出并用皱纹纸包裹，各带电部分之间、带电部分与接地部分间必须保持足够的绝缘距离。

变压器的绝缘分主绝缘和纵向绝缘两大部分。主绝缘是指绕组对地之间、相间和同一相而不同电压等级的绕组之间的绝缘；纵向绝缘是指同一电压等级的一个绕组，其不同部位之间，例如层间、匝间、绕组对静电屏之间的绝缘。主绝缘应承受工频试验电压和全波冲击试验电压的作用，因此，主绝缘结构应保证在相应电压级试验电压作用下，具有足够的绝缘强度并保持一定的裕度。

为改善绕组端部电场的分布，在 110kV 以上的绕组端部，都放置静电屏。同一相不同电压的绕组之间或不同相的各电压绕组之间的主绝缘采用薄纸筒小油隙结构，这种结构具有击穿电压值高的优点。最外层的绕组与油箱之间的主绝缘，电压在 110kV 及以下时依靠绝缘油的厚度为主绝缘；电压在 220kV 及以上时，增加纸板围屏来加强对地之间的主绝缘。

（五）变压器的引线

变压器中连接绕组端部、开关、套管等部件的导线称为引线，它将外部电源电能输入变压器，又将传输电能输出变压器。引线一般有三类：绕组线端与套管连接的引出线、绕组端头间的连接引线以及绕组分接与开关相连的分接引线。对引线有三个方面的要求：电气性能、机械强度和温升。在尽量减小器身尺寸的前提下，引线应保证足够的电气强度；为承受运输的颠簸、长期运行的振动和短路电动力的冲击，应具有足够的机械强度；对长期运行的温升、短路时的温升和大电流引线的局部温升，不应超过规定的限值。

变压器引线必须用支架可靠固定，支架材料一般选用色木、水曲柳、层压木或层压纸板。其中层压纸板材料电气性能好，机械强度也满足要求，一般用于电压等级高的变压器中。引线支架一般固定在铁芯夹件或下节油箱上。

变压器引线必须与其他部件之间可靠绝缘，引线绝缘主要取决于所连接绕组的电压等级和试验电压的种类、大小和分布状况。电压较低的引线可以是裸露（或覆盖绝缘漆）的铜排，电压较高的引线一般采用多层皱纹纸迭包的厚绝缘。

（六）变压器的油箱

1. 油箱的作用

油浸式变压器的油箱是保护变压器器身的外壳和盛装变压器油的容器，又是变压器外部结构件的装配骨架，同时通过变压器油将器身损耗产生的热量以对流和辐射的方式散至大气中。

2. 油箱的基本要求

作为盛装变压器油的容器，油箱的第一个要求就是要密封而无渗漏，它包含两个方面的含义：

（1）所有钢板和焊线不得渗漏，这决定于钢板的材质，焊接技术工艺水平和焊接结构的设计是否合理。

（2）机械连接的密封处不漏油，这决定于密封材料的性能和密封结构的合理性。其次，作为保护外壳支持外部结构件的骨架，油箱应有一定的机械强度和安装各外部构件所需要的一些必备的零部件。

3. 油箱的结构形式

变压器油箱按其结构形式一般可分为桶式和钟罩式两种。

（1）桶式油箱的特点是下部是长方形或椭圆形（单相小容量变压器也有用圆形）的油桶结构，箱沿设在油箱的顶部，顶盖与箱沿用螺栓相连，顶部为平顶箱盖。桶式油箱的变压器大修时需要吊芯检修，对大型变压器而言工作难度较大，以前主要在小型变压器及配电变压器上应用。随着变压器质量水平提升和定期检修概念的淡化，大型变压器也越来越多地开始采用桶式结构的油箱。

（2）钟罩式油箱常见的几种纵剖面的形状如图 2-13 所示。典型的结构特点是箱沿设在油箱的下部。

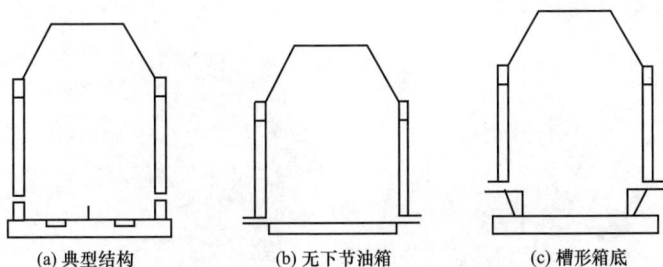

(a) 典型结构　　　　　(b) 无下节油箱　　　　　(c) 槽形箱底

图 2-13　钟罩式油箱常见纵剖面形状示意图

其中图 2-13（a）为钟罩式油箱的典型结构。为了适应运输外限的要求，顶部做成三个部分（顶盖、高压侧盖、低压侧盖）呈"屋脊"形。下节油箱较小，只包含一部分下轭，除去钟罩后绕组部分可完全外露。当采用强油循环导向油冷却结构时，常利用箱底上两条长轴方向的加强槽钢兼做导油通道。

图 2-13（b）为油箱无下节油箱，钟罩直接与箱底用螺栓连接密封。其优点是当吊开钟罩后，器身完全暴露。缺点是降低了箱底的结构刚性，另外当拆除上罩后，残存的变压器油将从箱底四周溢出，造成油的损失且污染周围环境。

图 2-13（c）为槽形箱底的钟罩式油箱，而且有时可利用槽形箱底的侧壁紧固下轭。铁芯完成后先装入槽形箱底再套装绕组，绕组就坐落在槽形箱底的平板上，这种结构很紧凑，可省掉一些结构件，减少变压器油用量，从而减轻变压器的总重量。但是绕组端部坐落在大面积的钢板上，会增加结构损耗，并且在冲击电压下，使绕组端部钢板充磁。

（七）保护类装置

1. 气体继电器

气体继电器是油浸式变压器及油浸式有载分接开关所用的一种保护装置。气体继电器安装在变压器箱盖与储油柜的联管上，在变压器内部故障而使油分解产生气体或造成油流冲动时，气体继电器的触点动作，以接通指定的控制回路，并及时发出信号或自动切除变压器。

气体继电器用于 800kVA 及以上的变压器中，它可以在变压器内部发生故障时产生气体或油面过度降低时发出报警信号，严重时将变压器电源切断。

根据结构及动作原理不同可分为开口杯挡板型、浮球型气体继电器。

浮球型气体继电器分为单浮球气体继电器和双浮球气体继电器。单浮子气体继电器仅有一个开关系统，双浮子气体继电器有一个上开关系统和一个下开关系统。双浮球气体继电器内部主要由浮球、恒磁磁铁、开关管、框架、测试机械以及挡板组成，其结构如图 2-14 所示。220kV 以上的变压器本体使用双浮球气体继电器，配有充氮灭火的变压器使用具有联动功能的双浮球气体继电器。

图 2-14　双浮球气体继电器的结构

1—上浮球；2—上浮球恒磁磁铁；3—上系统开关管；4—下浮球；5—下浮球恒磁磁铁

双浮球气体继电器安装在变压器本体与储油柜之间的连接管道上，正常的工作状态下，继电器内充满了变压器油，浮球处于最高位置。下面从变压器发生以下故障情况来说明继电器的工作原理：

(1) 变压器内部轻微故障或强迫油循环变压器潜油泵负压区漏油。变压器内部轻微故障时，绝缘油中分解出的气体向储油柜方向流动；或当强迫油循环变压器潜油泵负压区发生漏油缺陷时，外部空气将进入变压器内部，并向储油柜方向流动，气体聚集在气体继电器内迫使绝缘油液面降低，继电器上浮球随之下降，当继电器内气体集聚量达到整定值（如 300mL）时，上浮球恒磁铁带动上系统开关管（轻瓦斯）触点动作，作用于告警，如图 2-15 所示。

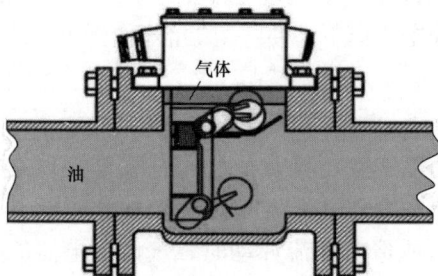

图 2-15　轻瓦斯触点动作示意图

(2) 变压器油意外流失。当排油注氮灭火装置误动或变压器本体密封部位发生严重漏油缺陷时，变压器绝缘油将流失，随着油液面下降，首先使气体继电器上浮球下降，带动上系统开关管（轻瓦斯）触点动作，作用于告警。随着绝缘油液面继续下降，气体继电器内绝缘油将被排空，下浮球随之下降，带动下浮球恒磁铁使下系统开关管（重瓦斯）触点动作，作用于跳闸，如图 2-16 所示。

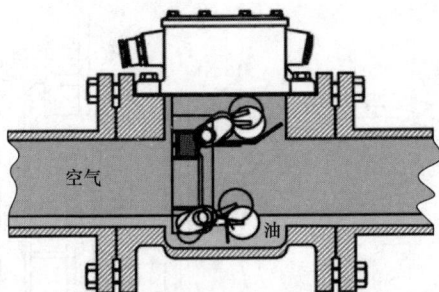

图 2-16 重瓦斯触点动作示意图

（3）变压器内部严重故障。当变压器内部严重故障时，绝缘油将被快速分解，使变压器内部压力突增，并形成向储油柜方向快速流动的油流，固定在下浮子侧面的挡板即向流动方向移动，使下浮子下沉移到整定位置，和下浮子连在一起的永久磁铁接通干簧继电器触头，发出跳闸信号，如图 2-17 所示。

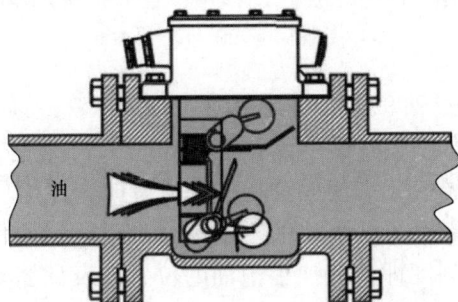

图 2-17 挡板转动重瓦斯触点动作示意图

2. 油位计

油位计也称油表，用来监视变压器的油位变化，主要分为管式、板式和表盘式几种形式。板式油表结构简单，由法兰盘、反光镜、玻璃板、密封垫圈、衬垫及外罩组成，一般用于小容量的变压器和电容式套管的储油器上。

指针式油位计（以下简称油位计）适用于油浸式电力变压器储油柜和有载分接开关储油柜油面的显示以及最低和最高极限油位的报警，也适用于各种敞开式或内压力小于 245kPa 的压力容器液位的显示和报警。当变压器储油柜的油面升高或下降时，油位计的浮球或储油柜的隔膜随之上下浮动，使摆杆作上下摆动运动，从而带动传动部分转动，通过耦合磁钢使报警部分的磁钢（或凸轮）和显示部分的指针旋转，指针指到相应位置，当油位上升到最高油位或下降到最低油位时，磁铁吸合（或凸轮拨动）相应干簧触点开关（或微动开关）发出警报信号。指针式油位计分为磁铁式（浮球式）和铁磁式两种，磁铁式油位计如图 2-18 所示。

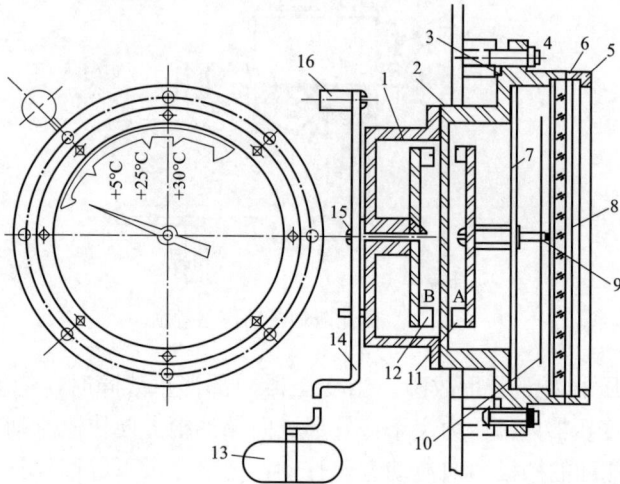

图 2-18　磁铁式油位计

1—端盖；2—表座；3、6—密封垫圈；4—螺栓；5—表盖；7—表盘；8—玻璃板；
9—轴；10—指针；11—永久磁铁 A；12—永久磁铁 B；13—玻璃或紫铜浮子；
14—连杆；15—轴；16—平衡锤

永久磁铁 A 通过轴 9 与指针 10 相连，永久磁铁 B 通过轴 15 与连杆 14 相接，连杆的两端分别装有浮子和平衡锤。

当变压器的油温变化而使储油柜油面升降时，浮子也随着升降，通过连杆使永久磁铁 B 转动，并驱动永久磁铁 A 转动，从而带动指针转动，指针在表盘上指出的刻度即是储油柜中油的位置，表盘上刻有温度线并标上温度值。

铁磁式油位计以全密封储油柜中的密封隔膜为感受元件，通过连杆与隔膜上稳定板的铰链相连，连杆随隔膜做垂直升降运动，连杆的另一端连接表体传动机构，把油面上下线位移变成连杆绕固定轴的角位移，再通过齿轮副、磁偶等传动机构使指针转动，从而间接地显示出油位，如图 2-19 所示。

3. 压力释放阀

（1）简述。压力释放阀是用来保护油浸式电力设备，如变压器、有载分接开关、电容器等的安全装置，可以避免油箱因压力过大变形或爆裂，安装在油箱盖上、油箱上部侧壁上、升高座上。

当油箱内压力升高到释放阀的开启压力时，释放阀会在 2ms 内迅速开启，使油箱内压力很快降低，当降到关闭的压力值时，释放阀即可靠关闭。这样使油箱内永远保持正压，有效防止外部空气、水分和其他杂质进入油箱。

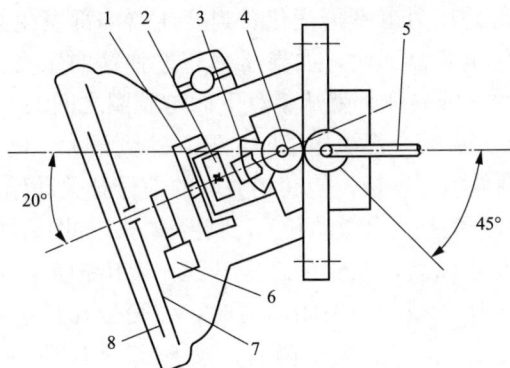

图 2-19 铁磁式油位计

1—从动磁铁；2—主动磁铁；3—伞齿轮副；4—正齿轮副；5—连杆；6—报警机构；
7—刻度盘；8—指针

压力释放阀又称为释压阀，其型号用字母及数字表示为 YSF□-□/
□□。其中，YSF 代表压力释放阀；从左至右，第一个方框表示设计序号，
第二个方框表示压力释放阀的开启压力，第三个方框代表有效喷油口径，
第四个方框表示报警信号方式及环境条件。例如：YSF8-55/130KJ（TH），
即为喷油口径 130mm，开启压力 55kPa，带机械电气报警信号，湿热带适
用，第八次设计的压力释放阀。

（2）结构及原理。压力释放阀结构及工作原理如图 2-20（a）所示，其
中膜盘是用金属材料压制而成的，在膜盘上面压着控制弹簧，弹簧的上部
在护盖的下面，护盖则通过螺杆固定在底座上。膜盘通过密封用胶圈，被
弹簧的压力压在底座上，底座由密封圈密封后，被固定在变压器的箱顶上。
所以，变压器内部的油，全部充满至膜底下面。调整护盖的高度，当高度

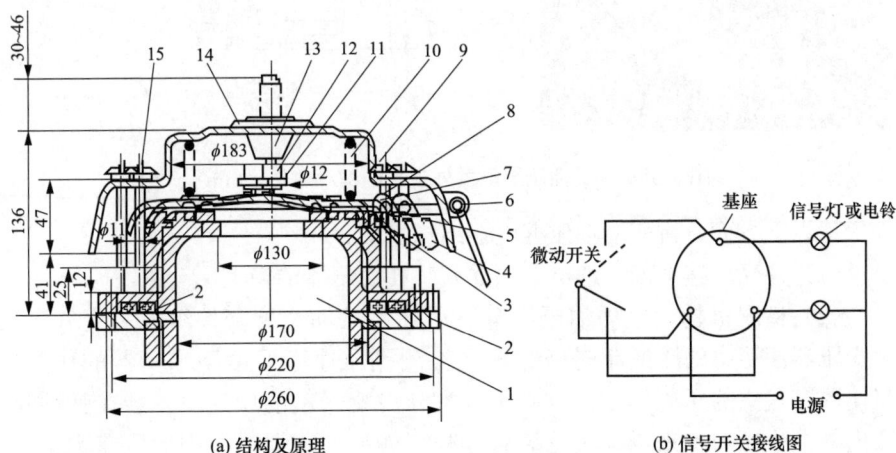

(a) 结构及原理　　　　(b) 信号开关接线图

图 2-20 压力释放阀（单位：mm）

1—底座；2—密封圈；3、8—胶圈；4—复位扳手；5—锁板；6—接线盒；7—膜盘；9—护盖；
10—弹簧；11—锁垫；12—标志杆；13—胶套；14—铭牌；15—螺杆

一定时，弹簧膜盘的压力也不再变化。当变压器内部发生故障时，产生很高的压力，压力传至膜盘下面，如果压力超过弹簧的压力，膜盘即被向上顶起，于是压力油（或气体）就从膜盘下面与胶圈之间的开口处喷向外部，压力即被释放掉。当弹簧全部被压缩时，开口达到最大，压力释放最快。阀动作后，膜盘外圆处顶起锁板，使其相关联的信号开关动作，由接线盒的电缆传输出去。信号开关是一个微动开关，其接线方式如图 2-20(b) 所示。

压力释放阀动作以后，动作标志杆升起，突出护盖，表明压力释放阀已动作。当油箱中压力减小到关闭压力时，弹簧带动膜盘复位密封，由于标志杆仍在动作位置上，当排除故障后，投入运行前，可手动复位。

4. 速动油压继电器

速动油压继电器又称压力突变继电器，是为防止变压器油箱在故障中爆裂而研制的一种新型的变压器压力保护装置，如图 2-21 所示。当变压器内部有严重故障产生电弧时，油分解产生大量的气体，压力迅速升高，速动油压继电器测量油箱内动态压力增长。

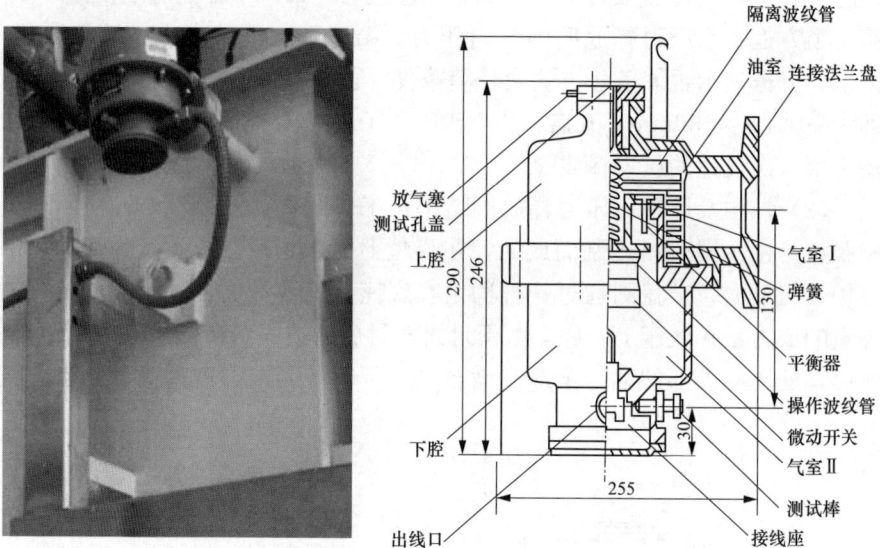

图 2-21　速动油压继电器外观、结构（单位：mm）

从以下方面分析速动油压继电器结构特征：

（1）外壳。速动油压继电器独立安装在变压器油箱上。

（2）检测机构。速动油压继电器用弹性元件及配套件组成可变气室，对变压器油箱中的压速率进行检测。检测到压速率后由于平衡器的作用，将使固定气室的压速率增高，固定气室与可变气室的压速率差会在弹性膜盒内外产生压力差来推动发信装置动作，如果变压器油箱中的压速率小于2.5kPa/s，由于二室内压速率相同，无法在膜盒内外建立压差，速动油压继电器不会动作。随着时间的延长油箱中的压力逐渐增加，但由于油箱中的压速率不变，速动油压继电器不启动，当油箱内压力达到压力释放阀开启压力，压力释放阀开启泄压。当油箱内压速率超过 2.5kPa/s 时，速动油压继电器二室的压速率形成的差值在膜盒中产生推动膜片移动的压差，推动发信装置启动对变压器油箱进行保护。

（3）断流阀。断流阀如图 2-22 所示，通常安装在变压器气体继电器与储油柜之间的水平联管中，当变压器内部出现故障或其他问题引起油的大量外溢、泄漏时，断流阀具有"一排油即关闭"的功能，可立即切断储油柜与变压器油箱间的油路，使储油柜不再给油箱补油，并发出电信号，是油浸电力变压器理想的安全保护装置。

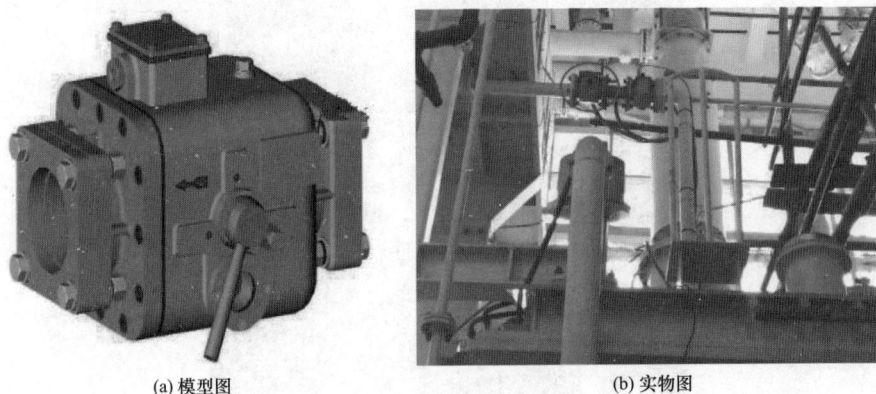

(a) 模型图　　　　(b) 实物图

图 2-22　断流阀

（八）测温装置

油浸式变压器温度控制器是用于测量电力变压器内变压器油温的测量仪表，其采用复合传感器技术，即仪表温包推动弹性元件的同时，能同步输出 Pt100 热电阻信号，此信号可远传到数百米以外的控制室，通过 XMT 系列数显温控仪同步显示并控制变压器油温。也可通过 XMT 系列数显仪表，将 Pt100 热电阻信号转换成与计算机联网的直流标准信号（$0\sim5$V、$4\sim20$mA）输出。仪表采用外置接线盒，方便用户接线。

变压器用绕组温度控制器（简称绕组温控器）是专为油浸式电力变压器设计的，采用"热模拟"方法间接测量变压器绕组温度的专用仪表。

（九）油保护装置

1. 变压器储油柜

（1）简介。储油柜又称油膨胀器，是一个与变压器本体连通的储油容器，装设在高于箱盖的位置，当变压器温度变化引起变压器油体积变化时，储油柜可以容纳或对本体补充变压器油，从而保证本体内变压器油处于正常压力并且充满状态。同时，储油柜的采用减小了变压器油与空气的接触面，从而减缓了油的劣化速度。储油柜的侧面还装有油位计，可以监视油位的变化。目前常用的储油柜大致可分为普通型（敞开式）和密封型两大基本类型。

密封型储油柜是加装了防油老化装置的与外界空气完全隔离的结构型式，包括薄膜密封式储油柜和金属波纹式储油柜。薄膜密封式储油柜，分为胶囊式和隔膜式储油柜。金属波纹式储油柜，分为外油式和内油式储油柜。

普通型（敞开式）储油柜中不加任何防油老化装置，如图 2-23 所示，其油面通过呼吸器（吸湿器）或呼吸孔和大气接触。其中，小容量的变压器储油柜是由薄钢板制成的简单圆筒，一端使用圆板封头焊接，另一端采用法兰与端盖连接的可打开方式，在法兰上装有油位表，便于打开清理内部油污。

图 2-23　普通型（敞开式）储油柜

（2）内油式金属波纹储油柜。内油式金属波纹储油柜如图 2-24 所示，其波纹管补偿元件为椭圆形，几个波纹管并列立式放置在底盘上，波纹管内部装绝缘油，外部加防尘罩，波纹管随着变压器油温变化而膨胀或缩小、上下移动，灵活、自动补偿变压器油因温度改变产生的体积变化，外观形状大多为立式长方体。

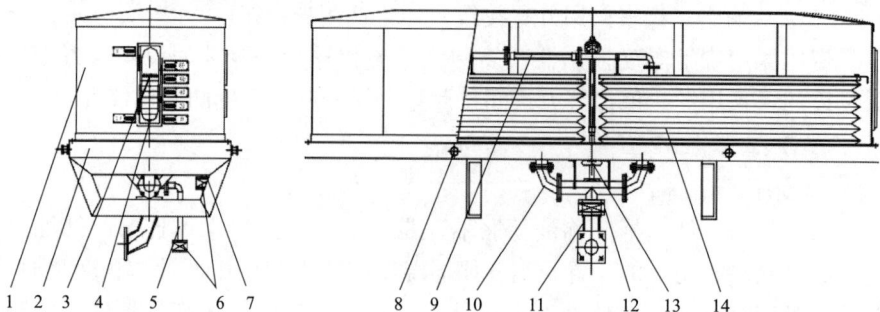

1　2　3　4　　5　　6　7　　　8　9　10　　11　　12　13　14

图 2-24　内油式金属波纹储油柜

1—柜罩；2—柜座；3—油位指示；4—视窗；5—注油管；6—DN40 蝶阀；7—排气管；
8—吊柄；9—排气软联管；10—输油管路；11—输油软连接管；12—DN80 蝶阀；
13—接线盒（语音报警）；14—波纹膨胀芯体

优点：储油柜波纹管内与油接触，用不锈钢材料做体积补偿组件，不需要呼吸器，全密封，不受空气和水的污染。采用不锈钢材料做体积补偿组件，工作寿命长、灵敏度高，实现免维护，有效地减少了电力系统不必要的停电和运行维护费用。油位计指针安装在波纹管上面，波纹管随着变压器油温的变化而上下移动，指针也随其升高或降低，油位指示直观、准确、无假油位。根据用户需要可配置多功能油位信号远传装置，可实现远程计算机监控。储存油量大，安装方便，注油简便，容易操作。

缺点：储油柜中的波纹管，要求每个波纹管单元的伸缩刚性必须一致，不然会导致波纹体不均匀变形或突然变形，势必会影响气体继电器、压力释放阀的正确动作。为防止波纹失稳，需装设导轨及导向轮，一定时间后容易产生腐蚀卡涩。波纹管内波纹壁的来回运动是靠导向滚轮进行动作的，在运行较长时间后，由于诸如机械磨损等不可预知的原因，极易造成导向滚轮卡涩，影响气体继电器、压力释放阀的正确动作。

2. 吸湿器

吸湿器又叫呼吸器，其典型结构如图 2-25 所示。上端通过联管接到变压器的储油柜上，下端有孔与大气相通，其主体为玻璃管，内部盛有变色硅胶（或活性氧化铝）作为干燥剂。其下部带有油杯（盛油器），作为空气进口处的过滤装置，当变压器由于负载或环境温度的变化而使变压器油体积发生胀缩时，储油柜内的气体通过吸湿器来吸气和排气，呼吸器内的干燥剂吸收空气中的水分，对空气起过滤作用，从而保障储油柜内的空气干燥而清洁。呼吸器内的干燥剂变色超过 2/3 时应及时更换。内油式金属波纹式储油柜没有呼吸器。

图 2-25　吸湿器的典型结构

（十）变压器的冷却装置结构和作用

油浸式变压器冷却装置包括散热器和冷却器，不带强油循环的为散热器，带强油循环的称为冷却器。散热器和冷却器应有足够的冷却能力，所有冷却装置应能承受变压器油箱泄漏试验。

1. 油浸式电力变压器的冷却方式

按冷却方式和负荷能力分类：

（1）油浸自冷式（ONAN）。油浸式变压器容量小于 6300kVA 时采用，绕组和铁芯中的热油上升，油箱壁上或散热器中冷油下降而形成循环冷却。散热能力为 500W/m² 左右，由于维护简单，目前也在大容量变压器上使用。

（2）油浸风冷式（ONAF）。油浸式变压器容量在 8000～31500kVA 时采用，以吹风加强散热器的散热能力。空气流速为 1～1.25m/s 时可散热 800W/m² 左右，但风扇功率占变压器总损耗的 1.5% 左右，且需要维护。

（3）强油风冷式（OFAF）。220kV 及以上的油浸式变压器采用，以强迫风冷却器的油泵使冷油由油箱下部进入绕组间，热油由油箱上部进入冷却器吹风冷却。当空气流速为 6m/s、油流量为 25～40m³/h 时，可散热 1000W/m² 左右，但风扇和油泵等辅机损耗约占总损耗的 3%，且增加了运行维护工作量。

（4）强油导向风冷（ODAF）。这种冷却方式与强油风冷不同之处在于，它在变压器绕组内设置了导向油道，将冷油直接导向绕组的线段内，线段的热量可以很快带走，使绕组最热点温度下降，提高绕组的温升限值（5K），但变压器绝缘结构复杂。

2. 片式散热器

片式散热器由上、下两个集油管与一组焊在集油管上的散热片组成，散热片一般由 1.2～1.5mm 厚的低碳钢板制成，如图 2-26 所示。

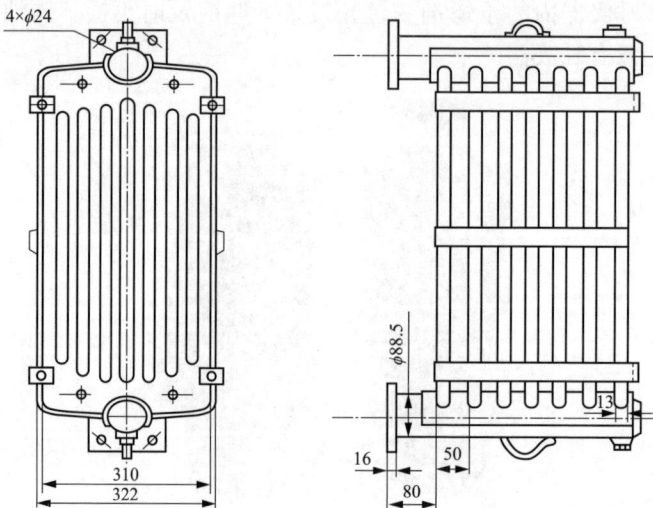

图 2-26　片式散热器（单位：mm）

3. 强迫油循环风冷却器

强迫油循环风冷却器是对油浸变压器运行中所产生的热量进行冷却的装置，与风冷散热器的区别主要在于强迫油进行循环。其构成主要有风冷却器本体、油泵、风扇、油流继电器等，如图 2-27 所示。

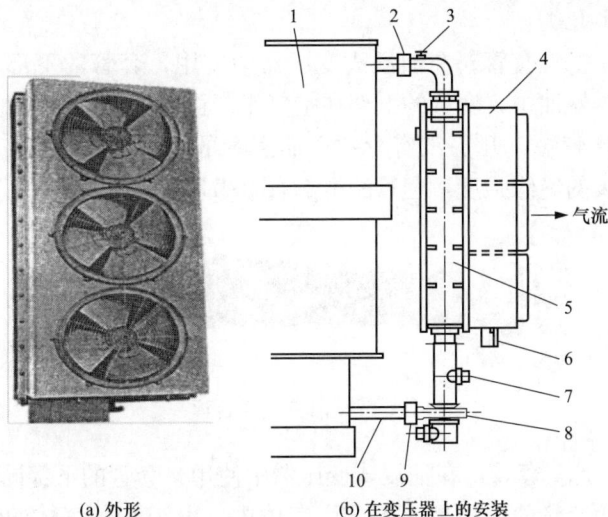

(a) 外形　　　　　　(b) 在变压器上的安装

图 2-27　风冷却器的外形及在变压器上的安装

1—变压器；2、9—蝶阀；3—放气塞；4—风扇箱；5—冷却管；6—端子箱；
7—油流指示器；8—油泵；10—排污阀

主变压器采用的是强迫油循环风冷却方式。变压器上部的热油从变压器油箱上部导入冷却器的冷却管内，在流动时被空气冷却，再从下部经油泵压入变压器油箱内。冷却用空气由风机从冷却器本体送至风扇箱一侧，吸取变压器油的热量从冷却器前面释放。强迫油循环冷却器由冷却器本体和风机组成。冷却器是通过将镀锌翅片插在冷却管上，通过扩管机拉动圆锥形扩管头，使冷却管与翅片紧密地结合在一起，保证了良好的导热性。

冷却器运行时需要达到以下标准：变压器投入或退出运行时，工作冷却器均可通过控制开关投入与停止；当运行中的变压器顶层油温或变压器负荷达到规定值时，辅助冷却器应自动投入运行；冷却器冷却系统按负荷情况自动或手动投入或切除相应数量的冷却器。

变压器冷却器因长期使用，空气入口处表面会附着昆虫或灰尘，这样会导致冷却器性能降低，因此，必须定期清扫。

（十一）绝缘套管

1. 简介

变压器的绝缘套管将变压器内部的高、低压引线引到油箱的外部，不但作为引线对地的绝缘，而且担负着固定引线的作用。套管由带电部分和绝缘部分组成。带电部分包括导电杆、导电管、电缆或铜排。套管绝缘部分分为外绝缘和内绝缘：外绝缘为瓷管；内绝缘为变压器油、附加绝缘和电容性绝缘。根据使用条件，套管需要满足使用的绝缘（内绝缘和外绝缘）、载流（额定或过载）、机械强度（稳定和地震）等各方面的要求。

在变压器中使用的套管，其主绝缘有电容式和非电容式两种。绝缘介质有变压器油、空气和 SF_6 气体。根据套管使用时的外部绝缘介质，套管可以分为以下几类：

（1）油—空气套管。在油浸式变压器中使用，套管的下部在变压器油箱内部的变压器油中，套管的上部在空气中。由于变压器油的绝缘强度高，套管的下部比较短，几乎没有伞裙；而套管的上部在空气中，长度很长，为了保证雨天的绝缘强度，套管的上部有伞裙，见图2-28。

图 2-28　油—空气套管

（2）油—SF_6套管。在油浸式变压器中使用，套管的下部同油—空气套管的下部，而套管的上部是处于SF_6气体中。由于SF_6气体的绝缘强度很高，油—SF_6套管的上部也是很短的，而且没有伞裙，见图2-29。

图 2-29　油—SF_6套管

（3）油—油套管。在油浸式变压器中使用，用于变压器出线端子也处于变压器油中的情况，例如电缆引出等，见图2-30。

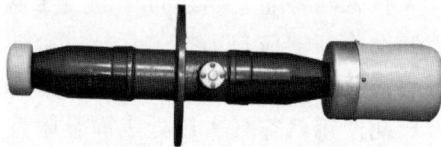

图 2-30　油—油套管

2. 套管标志代号的含义

套管的型号标志采用一连串字母、符号和数字组成，其字母排列顺序及含义见表2-3。

表 2-3　　　　　　　　变压器套管型号中字母的含义

顺序	字母符号和代表的含义
1	B：变压器用
2	F：复合瓷绝缘；D：单体瓷绝缘；J：有附加绝缘；R：电容式
3	Y：充油式；L：穿缆式；D：短尾，长尾不表示
4	L：可装电流互感器的（后面小写数字代表可装电流互感器的数量）

顺序	字母符号和代表的含义
5	W：耐污型，普通型不表示，W后数字表示爬电比距
6/7	数字/数字：额定电流（A）

3. 纯瓷套管

40kV 及以下电压级的变压器绝缘套管一般以瓷质或主要以瓷质作为对地绝缘，由瓷套、导电杆和一些零部件组成，特点是结构简单。纯瓷套管可分为复合式、单体式、带附加绝缘的瓷套管和充油式套管等。

（1）复合式（BF 型）瓷套管的额定电压在 1kV 以下，额定电流为 300～4000A。套管由上瓷套、下瓷套组成绝缘部分，导电杆由瓷套中心穿过，利用导电杆下端焊接的定位件和上端的螺母将上下瓷套串在变压器安装孔周围的箱盖上。

（2）单体式瓷套管只有一个瓷套，瓷套中部有固定台，以便卡装在变压器的箱盖上，瓷件用压板或压脚及焊在箱盖上的螺杆将瓷套固定在变压器的箱盖上。穿缆式套管上部有一个固定槽，而穿杆式则在下部有固定槽，以便在连接引线时导杆不致转动。

（3）带附加绝缘的瓷套管也有导杆式（BJ 型）和穿缆式（BJL 型），其结构就是在单体瓷绝缘或套管上增加了绝缘而形成的。由于单体式瓷套管径向电场不均匀，瓷套的介电系数大，而空气或变压器油的介电系数小，电位降主要分布在空气或变压器油上。为了改善电场分布，需要在导电杆外面套有绝缘管或在电缆上包以 3～4mm 厚的绝缘纸以加强绝缘。常用于 35kV 电压等级中。在套管最下部一个瓷伞至安装固定台之间的瓷套外表面涂以半导体漆（含锌或铝粉），以改善接地处的电场。其安装方式与单体式瓷套管安装方式相同。

（4）充油式套管常用于 66kV 有小容量的变压器中，没有下部瓷套，其瓷绝缘体结构也与单体式相似。套管内的油从变压器油箱内进入瓷套内，套管下部伸入油箱内部相对较短，用油和绝缘纸筒组成绝缘屏障作为主绝缘，中间穿过铜管，在铜管的下端有均压球，焊有导电杆的引线电缆从铜管中间穿过。

4. 电容式套管

电容式套管应用于 60kV 级以上的变压器中，一般 60kV 级以上电容式套管的典型结构如图 2-31 所示。在图 2-31 中，L 是套管的总高度，与套管的电压等级、全部结构以及套管的外绝缘有关；L_1 是上部外绝缘高度；L_2 是中间接地法兰高度，与套管上安装的套管电流互感器数量和型号有关；L_3 是下部绝缘高度。通常套管的上部和下部绝缘都用瓷绝缘。

其各部分结构及作用如下：

（1）套管上部接线头。它是将变压器绕组引线连接到外部电力线路用，其结构与额定电流的大小有关。

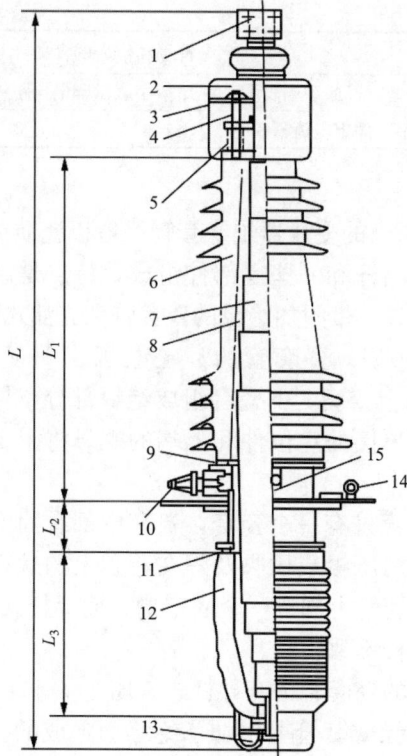

图 2-31 电容式套管

1—接线端子；2—均压罩；3—压圈；4—螺栓及弹簧；5—储油柜；6—上节瓷套；
7—电容芯子；8—变压器油；9、11—密封垫圈；10—测量端子（电容末屏）；
12—下节瓷套；13—均压罩；14—吊环；15—放油塞

（2）套管的储油柜。其作用和变压器的储油柜作用一样，为了补偿套管内部变压器油随温度变化而引起体积的变化。

（3）导电结构。油浸式电容套管的导电结构可分为穿缆式和导杆式两种。

1）穿缆式套管。穿缆式套管一般指本身不含有贯穿套管的载流导体，使用时需引用电缆用以载流的套管，一般载流量相对较小，国内大型变压器厂家一般额定电流在 630A 及以下的采用该结构较多。它的特点是可以在接线时给定电缆长度，电缆引入套管后采用冷压方式与套管头部导杆连接，方便操作。该结构套管顶部密封要求可靠，否则产品运行时有可能出现雨水通过套管进入变压器内部的情况，早期的变压器产品出现过多例因套管漏水导致烧毁的情况。

2）导杆式套管。导杆式套管一般指本身含有贯穿套管的载流导体，比如铜材质导杆，该结构导电杆一般与套管头部固定，适合载流量在 1250A 及以上的产品；由于引线直径较大，操作难度较大，接线时需要注意套管法兰安装孔与变压器油箱的相对位置，否则容易造成变压器内部引线以及出线母线与套管头部母排配合安装困难。

（4）电容芯子。电容式套管的内绝缘是电容式结构，以高压电缆纸和导电铝箔组成油纸电容芯子，在套管中心，铜导电管处于额定电压电位，而其最外侧接近接地法兰处是地电位，电位必须由中心的高电位降低到最外侧的地电位。

（5）测量端子和电压抽头。在中间接地法兰布了测量端子或电压抽头。测量端子是从电容芯子最外层电容屏通过绝缘套管引出的，该层电容屏主要用来测量电容套管的介质损耗因数和电容量。在局部放电测量时，用该电容屏对中间法兰的电容和电容芯子主电容形成分压器，用来测量变压器的局部放电，该端子对地电容比较少，且受变压器布置的影响。

5. 其他类型的套管

除上述结构的套管外，套管还有干式变压器用的环氧浇注式套管，硅橡胶绝缘的油纸电容式套管及环氧浸纸式油—SF_6绝缘套管等。

（十二）调压装置

1. 简介

变压器的调压方式分为无励磁调压和有载调压两种。需停电后才能调整分接头电压的称为无励磁调压；可以带电调整分接头电压的称为有载调压。分接开关的作用是保证电网电压在合理范围内变动。

（1）分接开关分接头引出的绕组。从理论上讲，分接头从哪一侧绕组引出都可以，但一般都从高压侧引出。

（2）分接开关分接头引出的部位。从调压的角度来讲，分接头从变压器绕组首端、中部或末端引出都可以。但从绝缘的角度考虑，一般按分接头引出部位将调压开关的对地绝缘水平分为两类，见表 2-4。

表 2-4　　　　　　　　　分接开关对地绝缘水平分类

类别	用途
I	用于绕组的中性点
II	用于除绕组中性点以外的部位

（3）常见的绕组分接头级电压及调压范围。

1）无励磁调压：一般无励磁调压分接范围不超过±5％，6～10kV 一般为 3 挡，调压范围为±5％；35kV 及以上一般为 5 挡，调压范围为±2×2.5％。对于电网结构不尽合理，按上述调压范围选择不能满足要求时，可以扩大其调压范围。

2）有载调压：一般 10（6）～35kV 电力变压器，选用 7～9 级，每级电压为线电压的 1.25％；110kV 级以上电力变压器，选用±8 级较多，每级电压为线电压 1.25％。电网结构不尽合理，按上述调压范围选择不能满足要求时，可以扩大调压范围。

2. 无励磁分接开关

（1）无励磁分接开关原理接线。常见的两种无励磁分接开关原理接线如图 2-32 所示。

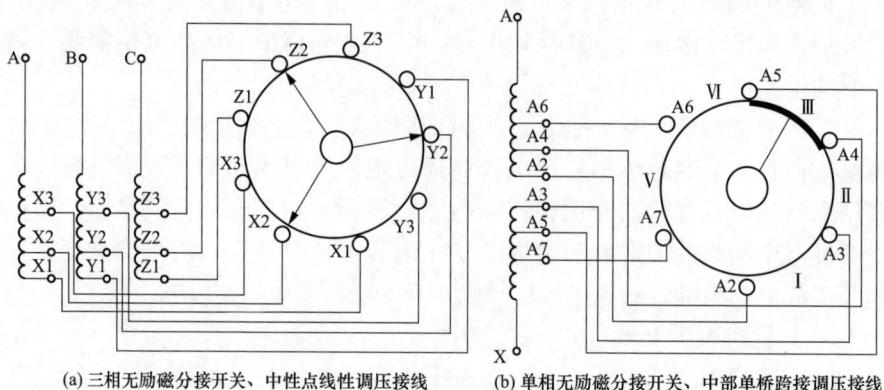

(a) 三相无励磁分接开关、中性点线性调压接线　　(b) 单相无励磁分接开关、中部单桥跨接调压接线

图 2-32　常见的无励磁分接开关原理接线图

图 2-32（a）为一个三相无励磁分接开关、中性点线性调压方式接线图，动触头每转动一个挡位，就同时将变压器三相分接绕组从一个分接头调整至另一个分接头从而实现调压。图 2-32（b）为单相无励磁分接开关、中部单桥跨接调压方式接线图，分相依次转动动触头，即可以实现调压绕组分接头 A2A3、A3A4、A4A5、A5A6、A6A7 的跨接，从而实现调压。

（2）无励磁分接开关的分类。

1）分类和标识代号。

a. 按结构方式共分五类，其结构方式的标志代号见表 2-5。

表 2-5　　　　　　　　　无励磁分接开关结构方式分类

结构方式	结构特征	代号
盘形	分接端子分布在一个圆形盘上，立式布置	P
鼓形	分接引线柱沿圆周方向均布，并置于一绝缘筒内	G
条形	分接端子分布在一条直线上	T
笼形	分接端子分布在笼式绝缘杆上	L
筒形（管形）	在笼形开关上引进了绝缘筒和纯滚动动触头	C

下面以常使用的鼓形结构无励磁分接开关（见图 2-33）为例进行介绍。

鼓形结构无励磁分接开关通常是单相结构，开关的静触头柱为圆柱形，动触头是圆环形，在圆环形的动触头内装有盘形弹簧，在开关调换时，允许动触头相对中心轴有位移，触头压力由动触头相对中心轴的位移大小决定。调换结束后，动触头处于稳定位置。鼓形结构无励磁分接开关一般用于绕组中部调压。

b. 按相数分为三相（代号 S）、单相（代号 D）和特殊设计的两相（代号 L）；三个单相无励磁分接开关组合可由一个操动机构进行机械联动。

c. 按调压方式分为线性调（星形连接或三角形连接）、正反调（星形连接或三角形连接）、单桥跨接（中部）、双桥跨接。

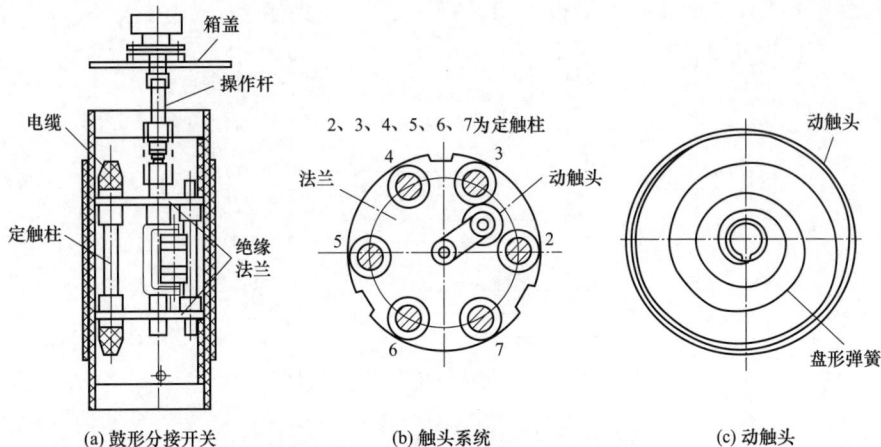

(a) 鼓形分接开关　　　　(b) 触头系统　　　　(c) 动触头

图 2-33　鼓形结构无励磁分接开关

d. 按操动方式分为手动操作（无标识）和电动操作（代号 D）两类。电动操作按其电动机构与无励磁分接开关连接方式分为复合式（头部电动）和分开式（箱壁安装）。

e. 按触头结构分为夹片式（代号 A）、滚动式（代号 B）和楔形式（代号 C）。

f. 按安装结构分为立式（L）和卧式（W）。

g. 按安装方式分为箱顶式和钟罩式。

h. 按调压部位分为中性点调压、中部调压和线端调压三类。调压方式和调压部位的标志代号见表 2-6。

表 2-6　　　　无励磁分接开关调压方式和调压部位的标志代号

结构方式	调压方式				
	线性调	中性点调压	正反调	单桥跨接	双桥跨接
盘形无励磁分接开关	Ⅰ	Ⅲ	—	Ⅱ	—
条形无励磁分接开关	—	Ⅲ	—	Ⅱ	—
鼓形无励磁分接开关	Ⅰ	—	Ⅵ	Ⅱ	Ⅲ
笼形无励磁分接开关	Ⅳ	—	Ⅱ	Ⅴ	Ⅶ
筒形无励磁分接开关	Ⅰ	—	Ⅵ	Ⅱ	Ⅲ

2）型号含义。国内生产的无励磁分接开关的型号如图 2-34 所示，由基本型号、额定通过电流、额定电压等级、分接头数、分接位置数、特殊环境代号及企业注册代号等七部分组成。注意：国外厂家生产的无励磁分接开关的型号不遵循以上规定。

（3）常用无励磁分接开关的接线方式。无励磁分接开关基本接线方式分为线性调（星形连接或三角形连接）、单桥跨接（中部）、双桥跨接、正反调（星形连接或三角形连接）四种，如图 2-35 所示。

图 2-35 中，图 2-35(a) 为线性调压接线，特点为基本绕组加上线性调

W S L □ V 500 Δ/35-6×5 A L D （配置模块）

- 电动操作
- 立式结构
- 夹片式触头
- 分接位置5挡
- 分接抽头6根
- 额定电压35kV
- 三角形接线
- 额定电流500A
- 单桥跨接
- 工厂设计序号
- 笼式结构
- 三相
- 无励磁开关

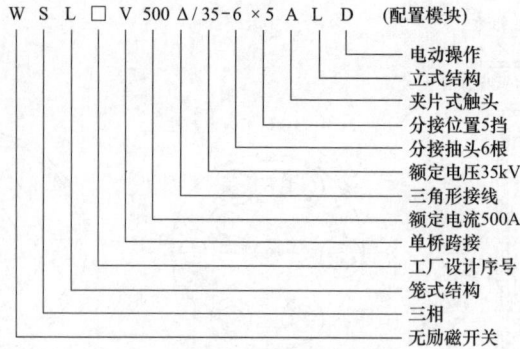

图 2-34　无励磁分接开关型号说明

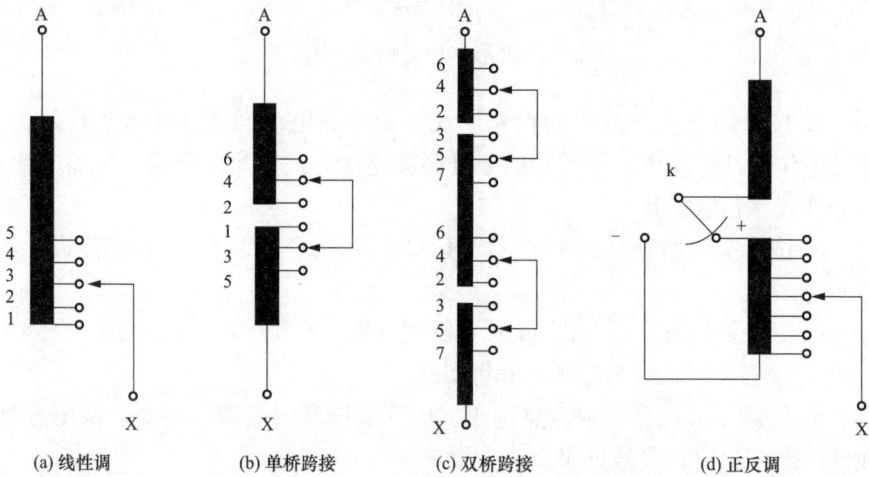

(a) 线性调　(b) 单桥跨接　(c) 双桥跨接　(d) 正反调

图 2-35　无励磁分接开关基本接线图

压绕组，调压范围一般为 10%，通常用于电压为 35kV 及以下配电变压器或电力变压器。图 2-35（b）为单桥跨接调压接线，实质是中部调压电路，也是无励磁调压常用的调压接线方式，主要适用于电力变压器。图 2-35（c）双桥跨接接线，实质是中部并联调压方式，适用于容量较大的电力变压器。图 2-35（d）为正反调压接线，正反调为基本绕组加上可正接或反接的调压绕组，在相同的调压绕组上，调压范围增加了一倍，或在相同的调压范围下，可减少调压绕组抽头数目，一般适用于电力变压器或配电变压器的无励磁调压。

3. 有载调压分接开关

（1）简介。有载调压分接开关也称带负荷调压分接开关，其基本原理是在变压器的绕组中引出若干分接抽头，通过有载调压分接开关，在保证不切断负荷电流的情况下，由一个分接头切换到另一个分接头，以达到变换绕组的有效匝数，即改变变压器变比的目的。有载调压分接开关是在变压器励磁状态下变换分接位置的设备，它必须满足两个基本条件：

1）在变换分接过程中，保证电流的连续，也就是不能开路。

2）在变换分接过程中，保证分接间不能短路。因此，在切换分接的过程中必然要在某一瞬间同时连接（桥接）两个分接，以保证负载电流的连续性。而在桥接的两个分接间，必须串入阻抗以限制循环电流，保证不发生分接间短路，开关就可由一个分接过渡到下一个分接。该电路称为过渡电路，该阻抗称为过渡阻抗。过渡电路的原理就是有载分接开关的原理。其阻抗是电抗的，称为电抗式有载分接开关；其阻抗是电阻的，称为电阻式有载分接开关。另外，调压变压器绕组有多个分接头，这就需要有一套电路来选择这些分接头，该电路称为选择电路。而不同的调压方式就要求有不同的调压电路。

（2）有载开关的基本工作原理。有载开关的基本电路主要由过渡电路、选择电路和基本调压电路组成，它们分别对应的主要元件为切换开关、分接选择器和转换选择器。分析有载开关的基本工作原理，重点是分析这三部分电路及元件的工作原理。下面以 M 型有载开关为例分析其工作原理。

1）过渡电路的工作原理：M 型有载开关采用双电阻过渡电路，双电阻过渡电路为对称双臂接线，通常 M 型有载开关触头接通按"1—2—1—2—1—2—1"程序变换，过渡电路切换过程如图 2-36 所示。

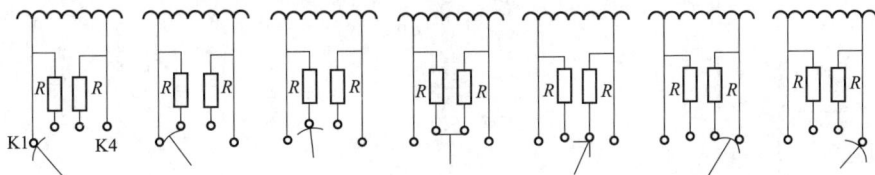

图 2-36　M 型有载开关的"1—2—1—2—1—2—1"过渡电路切换过程

2）选择电路的工作原理：选择电路是为选择绕组分接头所设计的一套电路，其对应的元件是有载开关的分接选择器。选择电路示意图如图 2-37 所示。

组合式有载开关的分接选择器设置单、双数触头组，并分别对应切换开关的单、双数侧。有载开关变换操作在两个转换方向交替组合，如图 2-38 所示。假定有载开关原运行于 4 挡，双数侧分接选择器触头 4 运行，设单数侧分接选择器触头 3 已接通。此时若要将有载开关从 4 挡调至 3 挡，切换过程分接选择器不动，切换开关从双数侧切换至单数侧即可。此时若要将有载开关从 4 挡调至 5 挡，切换过程分接选择器单数侧首先从 3 切换至 5，切换开关再从双数侧切换至单数侧即可完成操作。

组合式有载开关分接选择器的特点是：结构上采用笼式结构，圆周旋转切换方式，结构简便，易实现分接头按单、双数两层设置，动触头与中心环相连，级进转动切换犹如人的双腿，依次选择相邻分接头。

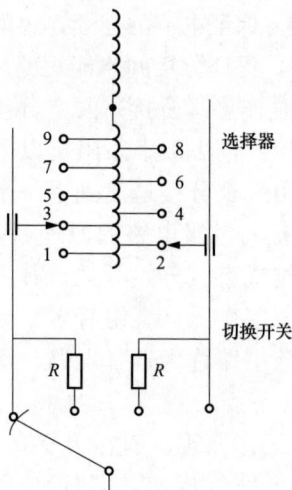

图 2-37　选择电路示意图

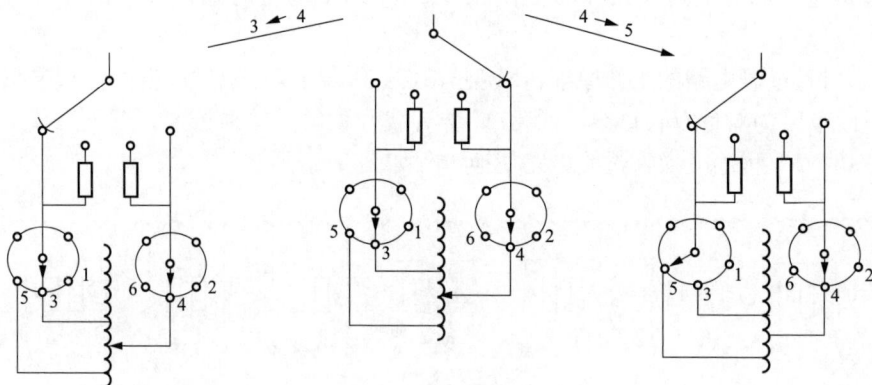

图 2-38　分接选择器动作顺序

（3）有载开关基本调压电路的工作原理。基本调压电路分为线性调、正反调和粗细调三种。线性调如图 2-39（a）所示，基本绕组连接调压绕组，无转换选择器，调压范围一般不大于 15%。正反调如图 2-39（b）所示，基本绕组与极性选择器连接，可正接或反接调压绕组，调压范围增大 1 倍。粗细调如图 2-39（c）所示，基本绕组上有一粗调段，用于"+"或"−"接分接绕组，调压范围扩大 1 倍。从绝缘方面看，绕组布置复杂，绝缘强度要求较高。粗细调以节能、安匝易平衡和抗短路能力强等优点在电力变压器和工业变压器上获得应用。

（4）有载开关的分类。

1）按整体结构分为组合式和复合式两大类。

a. 组合式有载开关的结构特点：切换开关和分接选择器功能独立，分步完成。即分接选择器触头是在无负载电流的状况下选择分接头之后，切换开关触头再进行切换把负荷电流转换到已选的另一个分接头上。

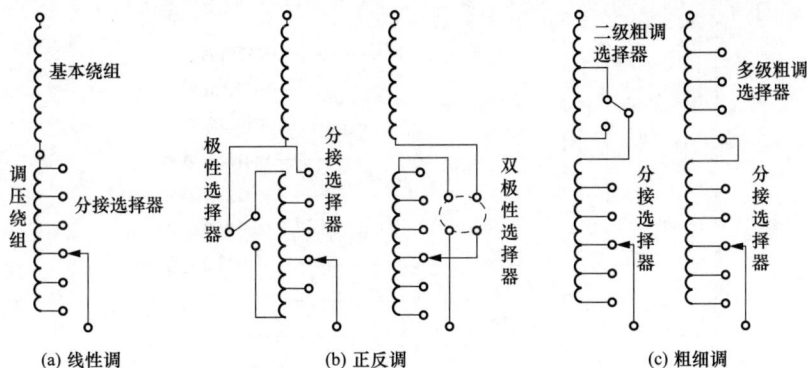

图 2-39 三种基本调压电路

b. 复合式有载开关的结构特点：把分接选择器和切换开关功能结合在一起，其触头是在带负荷状况下一次性完成选择切换分接头的任务。

2）按过渡阻抗分为电阻式和电抗式两种。国内生产的有载开关均为电阻式，按过渡电阻的数量又分为单电阻过渡式、双电阻过渡式、四电阻过渡式、六电阻过渡式。

3）按绝缘介质和切换介质分为油浸式有载开关、油浸式真空有载开关、干式有载开关。干式有载开关按其绝缘介质和灭弧介质又分为干式真空、干式 SF_6 气体和空气式有载开关。

4）按相数分为单相、三相和特殊设计的（Ⅰ＋Ⅱ）相。

5）按调压方式分为线性调压、正反调压和粗细调压三种。

6）按触点方式分为有触点与无触点两种。无触点有载开关也称为电子式有载开关，负载从一个分接转换到另一分接时由晶闸管这类电力电子器件来完成，因而无电弧产生，从根本上解决了有载开关电气寿命短的问题。

（5）油中灭弧组合（M）型有载分接开关。

1）组合（M）型有载分接开关概述。M 系列有载开关适用于额定电压35、63、110kV 及 220kV，最大额定通过电流三相 600A、单相 800、1200A，频率 50Hz 的电力变压器或整流变压器，在负载下变换分接头以达到调节电压的目的，三相有载分接开关用于星形接法中性点调压，单相有载分接开关则用于任意的调压方式。M 型有载分接开关是一种典型的组合式有载分接开关，它由油室、切换开关本体及分接选择器三大部分组成。M 有载分接开关借助于开关头部法兰安装于变压器箱盖上，通过其上的蜗轮蜗杆减速器，伞齿轮盒（附件）与控制箱 MA_7 联结，以达到分接切换的目的。

M 有载开关不带极性选择器时，最大分接位置为 17；带极性选择器时，分接位置数可达 35（特殊设计除外）M 型有载分接开关型号说明，如图 2-40 所示。

开关调压级数表示方法：

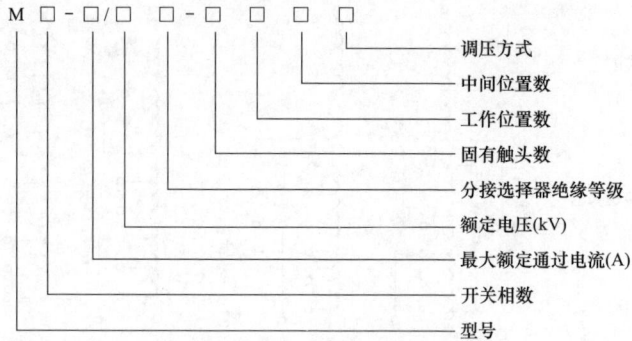

图 2-40　M 型有载分接开关型号说明

a. 线性调压：用 5 位数字表示。如：14140 表示工作触头数 14，工作位置数为 14，中间位置数为 0 的线性调压开关。

b. 正反调压：5 位数字后加一字母 W，如某厂使用的 MIII350-123/C-10193WR（R 表示带连接电阻）。10193 表示工作触头数为 10，工作位置数为 19，中间位置数为 3 的正反调压开关。

c. 粗细调压：5 位数字后加一字母 G，14131 表示工作触头数为 14，工作位置数为 13，中间位置数为 1 的粗细调压开关。

2）M 有载分接开关的结构。M 有载分接开关为埋入型组合式有载分接开关，由切换开关本体，切换开关油室（简称油室）和分接选择器（带或不带极性选择器）组成，如图 2-41 所示。

(a) 有载开关外形图　　　　　(b) M有载开关透视图

图 2-41　M 有载开关

3）分接开关主要参数。

a. 触头各单触点的接触电阻不大于 $500\mu\Omega$。

b. 切换开关的油中切换时间（直流示波检查）为 $0.035\sim0.05\mathrm{s}$。

c. 分接开关经 $5\times10^4\mathrm{Pa}$ 油压 24h 密封试验无渗漏。

d. 切换开关油压大于 2×10^5Pa，爆破盖能起超压保护。

e. 切换开关油箱应承受 4×10^6Pa 压力试验。

f. 分接开关在最大额定通过电流下，各长期载流触头及导电部件对油的温升不超过 20K。

g. 分接开关在 1.5 倍最大额定电流从第一位置连续变换半周，其过渡电阻温升的最大值不超过 350K（油中）。

h. 分接开关应能承受额定级容量下负载切换，其触头电气寿命不低于 5 万次。

i. 分接开关应能承受 2 倍额定级容量下 100 次开断能力试验。

j. 分接开关的机械寿命不低于 50 万次。

二、干式变压器

干式变压器是指铁芯和绕组不浸渍在绝缘液体中的变压器。在结构上可分为固体绝缘绕组和不包封绕组。高、低压线圈之间放置绝缘筒增加电气绝缘，并由垫块支撑和约束线圈。

（一）环氧树脂绝缘干式变压器概述

环氧树脂是一种难燃、阻燃的材料，而且具有优越的电气性能，用环氧树脂浇注或浸渍作包封的干式变压器称为环氧树脂干式变压器，见图 2-42。

图 2-42　环氧树脂绝缘干式变压器

环氧浇注的干式变压器是配电系统中重要的电力设备。由于环氧树脂是难燃、阻燃、自熄的固体绝缘材料，安全又洁净。所以环氧树脂浇注的干式变压器具有无油、难燃、运行损耗低、防灾能力突出等特点，被广泛应用。相对于油浸式变压器，干式变压器因没有了油，也就没有火灾、爆炸、污染等问题，损耗和噪声降到了新的水平，更为变压器与低压屏置于同一配电室内创造了条件。

（二）环氧树脂绝缘干式变压器结构

干式变压器（见图 2-43）的主要部件有：器身（包括铁芯、绕组、绝缘部件及引线）、调压装置（即分接开关，分为无励磁调压和有载调压）、冷却装置（包括风扇、温度控制器等）、出线装置（包括套管等）。

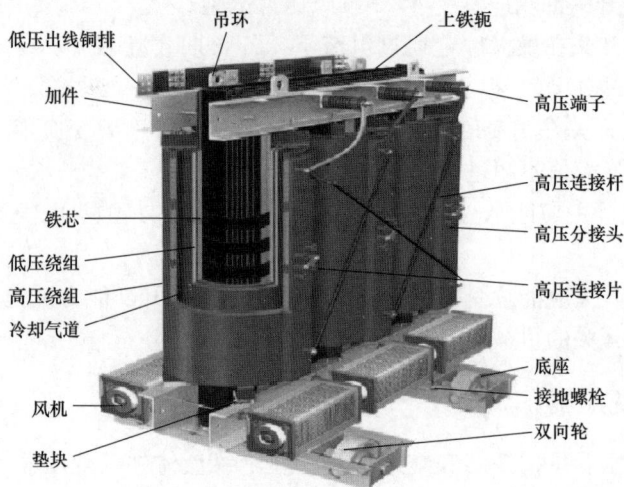

图 2-43 干式变压器结构

1. 铁芯

铁芯是变压器的磁路，由硅钢片及夹紧装置等组成。铁芯材质采用优质冷轧晶粒配向硅钢片，45°全斜接缝结构心柱用绝缘带绑扎，表面用特殊树脂密封。铁芯必须是一点接地，否则会形成环流增大损耗。变压器的空载损耗主要是铁芯的损耗。

降低变压器的空载损耗主要措施如下：

（1）降低变压器铁芯磁密；

（2）选取优质铁芯硅钢片材料；

（3）减少铁芯片厚度；

（4）采用全斜接缝结构。

2. 绕组

绕组是干式变压器的最重要组成部分，主要由导线（铜线）和绝缘结构（树脂）组成。绕组的结构决定额定容量、额定电压和使用条件等。

励磁变压器高、低压绕组间需设置静电隔离屏蔽并接地。在变压器投入和高压侧暂态过电压时，通过励磁变压器高、低压绕组间的分布电容，在励磁变压器低压绕组上产生过电压。为减少此时励磁变压器低压侧的过电压，在励磁变压器高、低压绕组之间需设置静电屏蔽并与变压器铁芯一起接地，以避免过电压威胁励磁变压器的安全。静电屏蔽尚可减少变压器低压绕组的高次谐波以及过电压对高压绕组及电网的影响，提高励磁变压器的电磁兼容性。

对于浇注干式变压器，高压绕组用树脂在模具内浇注，低压绕组端部用树脂封装。

绕组材质主要是铜材和铝材。铝绕组干式变压器存在机械强度差、对焊接质量要求高等缺点。

用于干式变压器绕组的导体主要有线形和箔形两大类。干式变压器绕组型式主要有层式绕组和箔式绕组。

层式绕组主要用于高压绕组，由扁或圆导体叠层后按螺旋线绕制而成可以绕成若干个线层，每层线匝之间设置层间绝缘或通风道。依靠模具并采用专用浇注设备，在真空状态下使绕组浇注并固化成型。生产过程：叠层旋绕→放入模具→真空浇注。

箔式绕组由薄而宽的导体叠层绕制而成每层1匝，层间绝缘同时是匝间绝缘箔式绕组一般采用轴向气道：绕制时将引拔条在相应的匝数位置一同绕入，之后取出，形成轴向风道在箔绕机上绕好后只要加热固化成形即可，不需要模具与浇注。

3. 温控装置

温控仪有温度监测、信号处理、输出控制三部分。铂电阻传感器测温点如图2-44所示，信号处理电路处理信号，控制器实现输出，实现风扇启停、超温报警、超温跳闸的功能。

图 2-44　铂电阻传感器测温点

三、电抗器

（一）电抗器的基本结构

1. 变电站电抗器

变电站电抗器的结构形式多种多样。如用混凝土将绕好的电抗器绕组装成一个牢固的整体，则称为水泥电抗器；如用绝缘压板和螺杆将绕好的绕组拉紧，则称为夹持式变电站电抗器；如将绕组用玻璃丝包绕成牢固整体，则称为绕包式变电站电抗器。变电站电抗器通常是干式的，也可以是油浸式结构。

（1）水泥电抗器。它是一个无导磁材料的变电站电感线圈。电抗器的绕组是用导线在同一平面上绕成螺线形的饼式线圈叠成，沿线圈圆周均匀对称的位置上设有支架并浇灌水泥成为水泥支柱作为管架，将饼式线圈固定在管架上。

（2）干式变电站电抗器。干式变电站电抗器的优点是：维护简单，运行安全；无导磁材料，不存在铁磁饱和，电感值不会随电流变化而变化；线性度好；采用铝合金星形吊臂结构，机械强度高，涡流损耗小，可满足绕组分数匝的要求；所有接头全部焊接到上、下吊架的铝接线臂上，一般不用螺栓连接，以保证绕组的高度可靠性；并可避免油浸式电抗器漏油、易燃等缺点。其结构是：

1）线圈的导线截面可分成许多绝缘的小截面铝导线，多股导线平行绕制可以进一步降低匝间电压；匝间绝缘强度高，可降低由谐波引起的涡流和漏磁损耗，具有高品质因数。

2）采用多层并联绕组结构，层间有通风道，线圈层间采用聚酯玻璃纤维引拔棒作为轴向散热气道，对流自然，冷却散热好，由于电流分布在各层，更能满足动、热稳定的要求。

3）根据需要，电抗器绕组的电感可以做成带抽头可调或者连续可调，电感的变化可达 $\pm 5\%$ 或更大，绕组外部由环氧树脂浸透的玻璃纤维包封整体高温固化，整体性强，噪声水平低于 60dB，机械强度比铝、铜高几倍，可耐受大短路电流的冲击。

4）电抗器外表面涂以三层特殊抗紫外线、抗老化的硅有机漆，能承受户外恶劣的气象条件，使用寿命可达 30 年。

2. 铁芯电抗器

铁芯电抗器也有单相与三相、油浸式与干式之分。铁芯带气隙是铁芯电抗器的特点。由于衍射磁道包括很大的横向分量，它将在铁芯和绕组中引起极大的附加损耗。因此，为减小衍射磁通，需将总气隙用硅钢片卷成的铁饼划分为若干个小气隙，铁饼的高度通常为 50~100mm，视电抗器的容量大小而定，与铁轭相连的上下铁芯柱的高度应不小于铁饼的高度。铁芯柱气隙是靠垫在铁饼间的绝缘垫板形成的，绝缘垫板的材质可选用绝缘纸板、玻璃布板、石板等。由于各个铁饼被绝缘垫板隔开，所以必须把它们用接地片连接起来，并把它们连接在下部铁芯柱上，上部铁芯柱与上端第一个铁饼之间不用接地片连接，便于调节气隙大小时拆卸上部铁芯。为了使带气隙的铁芯形成一个牢固的整体，可以采用拉螺杆结构将上下铁轭夹件拉紧，为了使铁饼形成一个整体，通常采用穿芯螺杆结构。铁芯电抗器铁芯结构如图 2-45 所示。

较大容量的铁芯电抗器，为了减少气隙处横向磁通在铁饼中所引起的附加损耗，通常采用辐射型铁芯，如图 2-46 所示。电抗器绕组、器身绝缘、引线及外壳等结构与电力变压器基本相同。

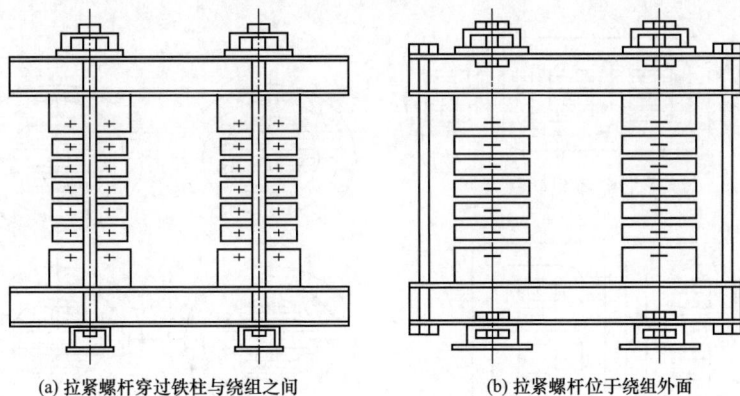

(a) 拉紧螺杆穿过铁柱与绕组之间　　　　(b) 拉紧螺杆位于绕组外面

图 2-45　铁芯电抗器铁芯结构

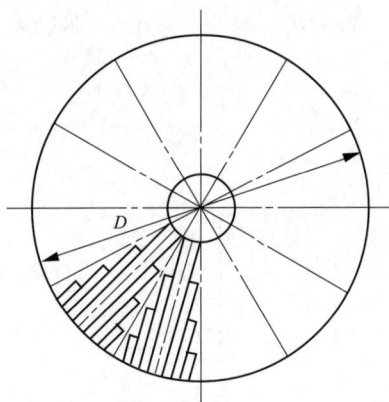

图 2-46　辐射形铁芯电抗器结构

3. 饱和电抗器与自饱和电抗器

（1）饱和电抗器。

1）单相饱和电抗器的两个铁芯可以如图 2-47(a) 和图 2-47(b) 所示排列。

图 2-47(a) 和图 2-47(b) 中，在两个铁芯的相邻铁柱上绕一个公共的直流绕组，这样可比图 2-48 中双铁芯饱和电抗器的两个分开的直流绕组省铜。但大容量饱和电抗器为了制造方便，每个铁芯有时仍有各自的直流绕组，如图 2-47(c) 所示。

此时，为了减小单个直流绕组的基波感应电动势，两个铁芯的相邻铁柱上的直流绕组可以分层交叉串联。

根据饱和电抗器的性能要求，铁芯的 B-H 曲线应在饱和以前尽量陡、饱和以后尽量平，为此，最好采用冷轧硅钢片的卷铁芯，但大型铁芯一般仍用叠积式。

2）三相饱和电抗器结构如图 2-49 所示。六铁芯式三相饱和电抗器由三个单相双铁芯饱和电抗器组成，三铁芯式三相饱和电抗器由三个单相单铁芯饱和电抗器构成。每个铁芯为单柱旁轭式，三个铁芯中磁通的波形相同

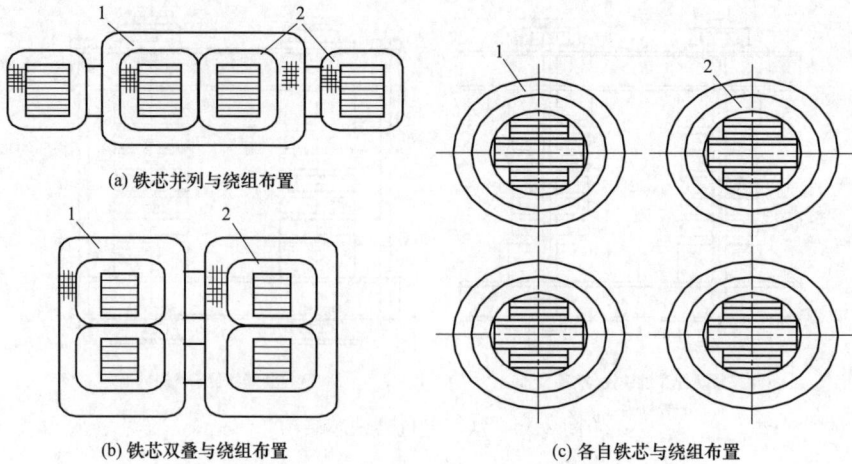

(a) 铁芯并列与绕组布置

(c) 各自铁芯与绕组布置

(b) 铁芯双叠与绕组布置

图 2-47 单相双铁芯饱和电抗器的铁芯和绕组布置

1—直流绕组；2—交流绕组

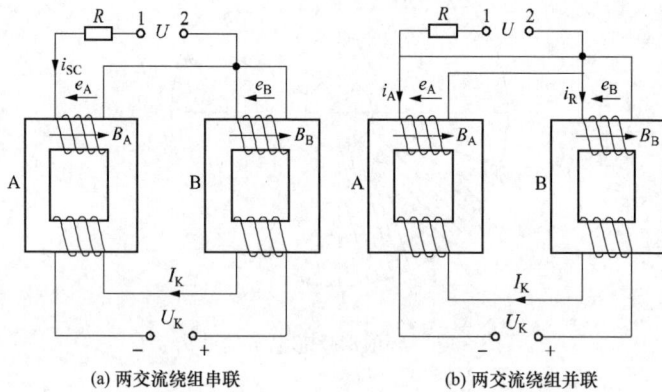

(a) 两交流绕组串联

(b) 两交流绕组并联

图 2-48 双铁芯饱和电抗器原理

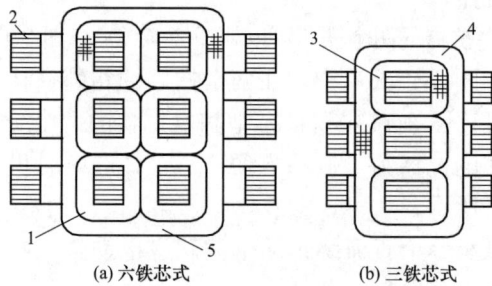

(a) 六铁芯式

(b) 三铁芯式

图 2-49 三相饱和电抗器结构示意图

1、3—交流绕组；2—铁芯；4、5—直流绕组

而相位彼此相差 120°电角度，由此引起的控制绕组中的基波感应电动势互相抵消，只剩下三次谐波。为削弱三次谐波对控制回路的影响，也可加设一个包绕三个铁芯的短路绕组，使三次谐波电流能在其中流通。

（2）自饱和电抗器。自饱和电抗器结构如图 2-50 所示。自饱和电抗器的铁芯采用冷轧硅钢片卷成环形铁芯卷后退火，为了散热和制造方便，铁芯是分断的，多个铁芯叠在一起。因电流大，交流绕组是用铜管做成单匝贯通式；如果交流绕组是多匝的，则采用铜排绕制而成，有时还设偏移绕组。偏移绕组的磁通势方向与交流绕组同向而与控制绕组反向，其目的是减小最小压降和改善控制特性。

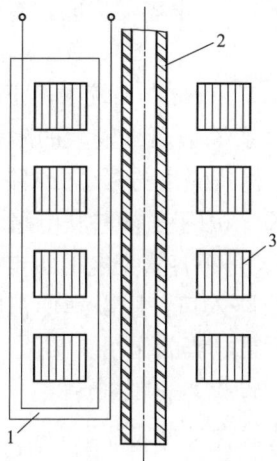

图 2-50　自饱和电抗器结构示意图
1—直流控制绕组；2—交流工作绕组；3—铁芯

（二）电抗器的原理、用途及分类

电抗器是在电路中用作限流、稳流、无功补偿、移相等的一种电感元件。

从用途上看，电抗器主要可分为两种：①限流电抗器，用于限制系统的短路电流；②补偿电抗器，用于补偿系统的电容电流。

按结构类型，电抗器可分为三大类：①带铁芯的电抗器，称为铁芯电抗器；②不带铁芯的电抗器，称为变电站电抗器；③除交流工作绕组外还有直流控制绕组的电抗器，称为饱和电抗器与自饱和电抗器。

电抗器的接线又分串联和并联两种方式。串联连接电抗器的作用是在电网发生短路故障时限制短路电流不超过一定的限值，以减轻相应输配电设备的负担，从而可以选择轻型电气设备，节省投资。在母线上装设并联连接电抗器，当发生短路故障时，电压降主要发生在电抗器上，起无功补偿作用，这样可保持母线一定的电压水平。

下面列举常见的几种电抗器：

（1）限流电抗器（XKK）。串联连接在系统上，在系统发生故障时用以限制短路电流，将短路电流降低至其后接设备允许的容许值。

（2）串联电抗器（CKK、CKKT）。在并联补偿电容器装置中与并联电容器串联连接，用以抑制高次谐波，减少系统电压波形畸变和限制电容器回路投入时的冲击电流。

（3）并联电抗器（BKK）。并联连接在 220kV 及以上变电站低压绕组侧，用于长距离轻负载输电线路的电容无功补偿。

（4）滤波电抗器（LKK、LKKT、LKKDT）。与并联电容器组串联使用，组成谐振回路，滤除指定的高次谐波。

（5）中性点接地限流电抗器（ZJKK）。接在系统中性点和地之间，用于将系统接地故障时相对地电流限制在适当数值的单相电抗器。

（6）阻尼电抗器（ZKK）。与电容器串联，专门用来限制电容器组投入交流电网时的涌流。

（7）分裂电抗器（FKK）。在配电系统中，正常运行时分裂电抗器电感很低，一旦出现故障，则对系统呈现出较大的阻抗，以限制故障电流。分裂电抗器使用在所有情况下保持隔离的两个分离馈电系统。

（8）均荷电抗器（JKK）。用于平衡并联电路的电流。

（9）防雷线圈（FLQ）。是小容量变电站雷电防护特种电抗器绕组，与电力线路串连接于变电站线路入口，用以降低雷电侵入波陡度，限制雷电流幅值，同时还兼有限制短路电流的作用。

（三）电抗器各种标志的意义和识别方法

电抗器产品型号字母代表含义见表 2-7。

表 2-7　　　　　　　　　　电抗器产品型号字母代表含义

序号	分类	含义	代表字母
1	类型	"并"联电"抗"器 "串"联电"抗"器 "分"裂电"抗"器 "滤"波电"抗"器（调谐电抗器） 中性点"接"地电"抗"器 "限"流电"抗"器 "平"波电"抗"器 "消""弧"线圈	BK CK FK LK JK XK PK XH
2	相数	"单"相 "三"相	D S
3	绕组外绝缘介质	变压器油 空气（"干"式） 浇注"成"型固体	— G C
4	冷却装置种类	自然循环冷却装置 "风"冷却装置 "水"冷却装置	— F S
5	油循环方式	自然循环 强"迫"油循环	— P
6	结构特征	铁芯 "空"芯	— K
7	绕组导线材质	铜 "铝"	— L

电抗器的铭牌上标示出它的额定电压、各分接头的额定电流、额定容量、油面温升、工作时限等参数。电抗器型号组成如图 2-51 所示。

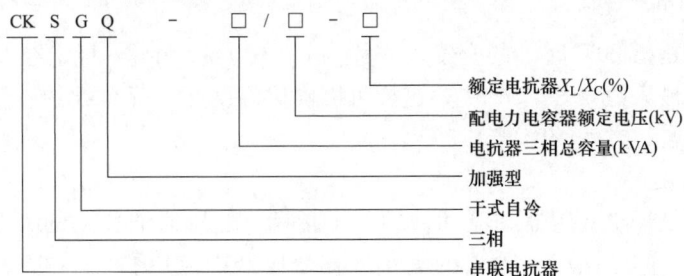

图 2-51 电抗器型号组成

第三节 变压器油

变压器油是变压器的重要组成部分，具有质地纯净、绝缘性能良好、理化性能稳定、黏度较小的特点。变压器油在变压器中起到绝缘和冷却的作用，在有载分接开关中的还起着灭弧作用，其性能的优劣直接影响变压器运行状况。变压器油是从石油中制取的，其成分中碳氢化合物（烃）的占比达 95％以上，其余部分为非烃化合物。对变压器油执行的相关标准如下：

（1）变压器油的选用按照《电力变压器用绝缘油选用导则》（DL/T 1094）的规定进行。

（2）新变压器油的验收按照《电工流体 变压器和开关用的未使用过的矿物绝缘油》（GB 2536）的规定进行。

（3）变压器油中溶解气体分析按照《变压器油中溶解气体分析和判断导则》（DL/T 722）的规定进行。

（4）运行中矿物变压器油的维护管理按照《变压器油维护管理导则》（GB/T 14542）的规定执行。

（5）500kV 及以上电压等级变压器油中颗粒度应达到的技术要求、检验周期按照《变压器油中颗粒度限值》（DL/T 1096）的规定执行。

一、变压器油的性能

（一）变压器油的物理和化学性能

1. 颜色、透明度及气味

可依据油的外观颜色、透明度及气味大致判断出油质的优劣。新变压器油颜色淡黄、透明，从一定角度上油面呈蓝色。随着变压器油使用时间的增长，油将逐渐老化，油中的氧化物及油泥将增加，油色逐渐加深，透明度也随之下降，油面蓝色消失。当油中含有较多水分时，油色就变得浑浊发白。新变压器油有轻微的煤油味，经长时间运行老化的油，气味则变得酸辣。变压器故障后的油则有一股焦臭味。

2. 密度

密度是指 20℃时油的密度，一般为 0.8～0.9g/cm³。规定在 20℃时的极限密度最大为 0.895g/cm³，这样可以确保温度必须降至大约−20℃时油的密度才会超过冰的密度。

3. 黏度

黏度是评价变压器油流动性的一个指标。变压器油黏度的大小，实质上就是分子间摩擦产生阻力的大小。在变压器中应用黏度小的变压器油，流动性好，便于冷却散热。变压器油黏度的大小与温度关系很大，油的温度越高，其黏度就越小。

4. 凝固点

变压器油的黏度随着温度的降低而逐渐加大，当油开始凝结并失去流动性时，此时温度称为凝固点。根据 GB 2536，我国变压器油按凝固点分为 10、25、45 号三个等级，国产变压器油的牌号数就是其凝固点的温度数，常用的变压器油牌号有 10、25、45 号，它们所表征的凝固点分别是−10、−25、−45℃。

5. 闪点

油加热时所产生的蒸汽与空气的混合气体，在接触火焰时发生闪火，以开始发生闪火时的温度作为闪点。运行中的变压器油要求其闪点不应低于 135℃，油的闪点越高，油蒸气挥发越少，油使用起来就越安全。在运行中变压器油闪点降低，除了油性能原因外，还可能是由于变压器本身故障产生可燃气体造成的。

6. 酸值及 pH 值

中和 1g 油所需要的氢氧化钾（KOH）的毫克数称为酸值，单位为 mg·KOH/g。

新油的酸值主要表现为环烷酸的含量。经过运行一段时间的变压器油的酸值是油中全部酸性产物的总表现。由于各种酸性产物的存在，都会导致金属受到腐蚀，油的绝缘性能也会有所降低。因此，规定新油的酸值应小于 0.03mg·KOH/g，运行中变压器油酸值应小于 0.01mg·KOH/g。变压器油的酸性物质包括油溶性酸和水溶解性酸。水溶性酸比较活泼，有较大的腐蚀性，特别对纤维材料腐蚀严重，并能加速油的劣化，降低油的绝缘强度。新的变压器油其 pH 值一般不低于 5.4，规定运行中的变压器油的 pH 值不低于 4.2。

（二）变压器油的电气性能

1. 电气强度

变压器油电气强度试验即变压器油的耐压试验，从耐压值的大小可以间接地判断出油中含杂质（水分、纤维及微生物等）的多少，以及变压器油绝缘性能的优劣。其中，以水分和纤维对油绝缘性能的影响最大，特别二者同时存在时尤为严重。35kV 及以下电压等级的变压器用油只做电气强度试验就可以了；35kV 以上电压等级的变压器用油除了电气强度试验外，还需要再进行其他试验项目来判断其绝缘性能，这是因为电气强度试验的准确度不高，受杂质在油中分布情况的影响较大。如水分沉积于设备底部或溶解状时，对油击穿电压可能没有明显的影响。

2. tanδ

tanδ 是一项对油的品质极为敏感的指标，也是一项最基本、最重要的绝缘性能指标。一般来说，变压器油受到污染、水分等杂质增加、老化程度加深等使油的品质下降，都会使油 tanδ 增大。tanδ 升高的变压器油，会使变压器整体损耗增大、整体的 tanδ 上升、绝缘电阻下降。变压器油 tanδ 与油击穿电压之间没有直接的内在联系，有时 tanδ 值较大的油其击穿电压可能很高，这是因为变压器油 tanδ 值的大小主要是表征油质的变化，而击穿电压的高低则主要反映油中所含杂质程度和污染情况。所以，对 35kV 电压等级以上使用的变压器油，除了做油耐压试验外，还需要用 tanδ 试验进一步判断油的绝缘性能。

3. 水分

电力变压器常因受潮而使绝缘水平下降。受潮的原因主要是变压器密封不严或因呼吸作用而进水，其次是变压器油和纤维等绝缘材料长期受热以及在电场等的作用下会逐渐老化，这时会分解出微量的水分。这些水分在变压器油中以三种状态存在：溶解于油中、悬浮在油中、沉积于设备的底部，其中以悬浮在油中的水分对变压器油绝缘性能的影响最大，而油中极性杂质的存在也会助长水分对绝缘性能的影响。另外，在变压器油的自然或强迫循环过程中，油中的水分渐渐地被固体绝缘材料所吸收，从而使变压器器身固体绝缘材料的绝缘下降。因此，需要测定变压器油中的含水率。在测定变压器油中水分时，要注意变压器内部温度对其的影响。当变压器器身温度升高时，器身绝缘溶解中的水分向油中扩散，使油中水分增加；当器身温度下降时，器身绝缘材料就从油中吸收水分，使油中水分下降。变压器油中的水分会影响油的击穿电压值和油 tanδ 值的大小，但当油中水分处于溶解状态或沉积于设备的底部时，则对它们没有明显的影响。

4. 含气量

变压器油中的含气量是指溶解在油中的所有气体的总量，用气体体积占油体积的百分数表示。变压器油溶解气体的能力是很强的，且油中溶解气体的主要来源是空气。氢和烃类气体只是在对变压器做试验时以及在变压器运行中，由变压器油裂解而生成；一氧化碳和二氧化碳是在固体绝缘自然老化和遭受电、热破坏时被释放到油中，这些气体的生成量在变压器出现较重故障时顶多为万分之几，新变压器油中不含氢和烃类气体。所以，通常所说的含气量实际上是指空气含量。

变压器油中溶解空气不是很多时,对油本身的绝缘性能并无明显的危害。然而,油中溶解的氧气却是变压器油氧化老化的直接因素,同时它还会加速固体绝缘材料的老化;另外,当空气含量较高时,部分气体以气泡的形式出现,导致局部放电,危害油和固体绝缘。

二、变压器油的净化处理

变压器油在长期使用过程中,由于各种因素的影响和氧化作用,使变压器受到不同程度的污染和劣化。轻度劣化的变压器油采用净化与再生工艺处理,使其恢复和达到变压器油原有的使用性能和技术指标,从而可以继续使用。变压器油的净化处理方法就是用滤油机过滤油的水分和机械杂质,恢复油的电气绝缘强度,使油达到洁净的标准。对劣化的变压器油主要采用真空滤油机进行净化处理,其工作原理如下:

(1)滤油机工作时,油液在内外压差的作用下经入口进入初滤器,从而将大颗粒杂质滤除。

(2)油液经多级红外线加热后,进入特制个性化的真空分离器中,在真空分离器中先形成雾状,再形成膜状,使其在真空中的接触面积扩大为原来的数百倍,油中的水分在高热、高真空度、大表面,高抽速的条件下得到快速汽化并由真空分离器上部排出。

(3)排出的水蒸气,首先经冷凝器降温除湿后,进入冷却器中再次冷却,冷凝水进入储水器中排出,经两次冷凝除湿后的气体,最后由真空泵排向空中。

(4)真空分离器中经真空汽化脱水后的干燥油液,经输油泵由负压升为正压,经过滤后,净油从出油口排出,完成整个净油过程。

三、变压器油试验

变压器油试验包括油质试验和色谱分析两部分。油质试验又分为物理性能、化学性能和电气性能试验,而色谱分析则是通过分析油中溶解气体含量进而判断变压器是否存在故障以及故障性质、严重程度等,其最大优势在于能够在第一时间发现设备潜伏性故障和发展趋势,以决定其能否继续运行;同时,对检修给予科学合理的指导,可以在确保安全的前提下最大限度地提高经济效益。正因如此,色谱分析已成为目前电气性能监督的一项十分重要而有效的检测手段。

(一)变压器油的检查周期

根据《电力变压器检修导则》(DL/T 573)的规定,变压器油化试验属定期检查,各项目的检查周期见表2-8。

(二)变压器油采样

1. 取样的位置和数量

取样部位应注意所取的油样能代表油箱本体的油。一般应在设备下部的取样阀门取油样，在特殊情况下，可在不同的取样部位取样。取样量，对大油量的变压器、电抗器等可为 50~80mL，对少油量的设备要尽量少取，以够用为限。

表 2-8 变压器油检查周期

项目	周期	项目	周期
外观	1~3 年	油中溶解气体分析	新投运 24h、3d、1 周、3 个月、6 个月后进行；以后定期进行，220kV 及以下变压器为 6 个月，330~500kV 及以上变压器为 3 个月，750kV 及以上变压器为 1 个月
耐压	35kV 及以下变压器为 3 年，66kV 及以上变压器为 1 年	含水量	330~500kV 变压器为 1 年，其他为必要时
酸值测定	1~3 年	介质损耗因数	330~500kV 变压器为 1 年，其他为必要时
含气量	330~500kV 变压器，新投运 24h 内取油样分析，以后每年进行	体积电阻率	330~500kV 变压器为 1 年，其他为必要时

2. 取油样的容器

应使用密封良好的玻璃注射器取油样。当注射器充有油样时，芯子能按油体积随温度的变化自由滑动，使内外压力平衡。

3. 取气样的方法

取气样时应在气体继电器的放气嘴上套一小段乳胶管，乳胶管的另一头接一个小型金属三通阀与注射器连接（要注意乳胶管的内径，乳胶管、气体继电器的放气嘴与金属三通阀连接处要密封）。操作步骤和连接方法如图 2-52 所示：转动三通阀，用气体继电器内的气体冲洗连接管路及注射器（气量少时可不进行此步骤）；转动三通阀，排空注射器；再转动三通阀取气样。取样后，关闭放气嘴，转动三通阀的方向使之封住注射器口，把注射器连同三通阀和乳胶管一起取下来，然后再取下三通阀，立即改用小胶头封住注射器（尽可能地排尽小胶头内的空气）。取气样时应注意不要让油进入注射器，并注意人身安全。

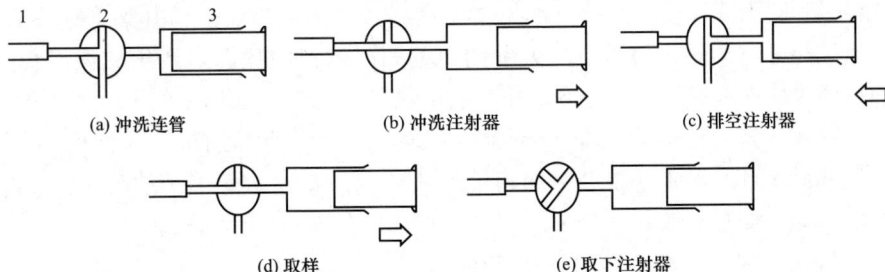

(a) 冲洗连管　　(b) 冲洗注射器　　(c) 排空注射器

(d) 取样　　(e) 取下注射器

图 2-52 用注射器取样示意图

1—连接软管；2—三通阀；3—注射器

4. 样品的保存和运输

油样和气样应尽快进行分析，为避免气体逸散，油样保存期不得超过4d，气样保存期应更短些。在运输过程及分析前的放置时间内，必须保证注射器的芯子不卡涩。

第四节　变压器干燥技术

一、概述

变压器干燥的目的是除去变压器绝缘材料中的水分，增加其绝缘电阻，提高其闪络电压。在现场条件下，大型电力变压器绝缘的干燥通常是在自身的油箱中进行，220kV级及以上的大型变压器必须采用高真空的干燥技术。较低电压的中、小型变压器的绝缘干燥，根据油箱的抽真空强度可以抽低真空进行。多年来的现场实践证明：热油循环真空干燥法、热油喷淋干燥法、涡流加热和热风真空干燥法、零序短路干燥法是可行的干燥方法。

现场对变压器绝缘进行干燥时有三种情况：

（1）变压器绝缘表面轻微受潮、绝缘特性降低较轻、绝缘电阻偏低和绝缘系统的介质损耗因数偏高。此时可使用热油循环真空干燥法。

（2）绝缘件局部更新、保留大部分浸过油的部件混合干燥时，对绝缘施加的温度保持在（95±10）℃。此时可使用热油喷淋法。

（3）若器身绝缘经全新改造，它所采用的干燥温度可达110℃，以便使绝缘尽快排水并使绝缘处在最佳状态。此时可使用热油喷淋法、涡流加热连续热风真空干燥法。

二、热油循环真空干燥法

（一）概述

热油循环真空干燥法是现场最容易实现的方法，对去除老化物质及杂质有较好效果，所以对被确认为有污染的变压器（例如故障后）和运行已久的变压器应选用此干燥方法。处理过程中绝缘中的水分被热油携带进入真空滤油机脱气罐进行真空脱水并滤去污染物，或变压器顶部留出一定空间抽真空，油经过管路由变压器下部抽出，经过加热器（加热）和油泵，由变压器顶部注入油箱进行循环。为了减少由于油箱壁和冷却器的热辐射产生的热损耗，油箱应采取保温措施，并把冷却器与油箱之间的上、下部阀门关闭。

这种干燥方法需要具备外部加热系统，包括真空滤油机（净油能力不小于6000L/h）和加热器或一组将油加热至85℃的电加热器和油泵。

（二）工艺过程

热油循环干燥系统如图2-53所示。

（1）注油或放油至油面距油箱顶部200～300mm（或浸没绝缘50mm），不耐全真空的油箱不得低于储油柜最低油位。

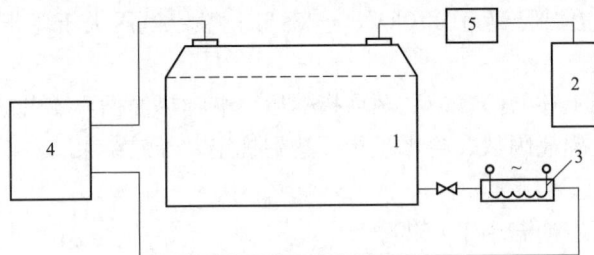

图 2-53　热油循环干燥系统

1—油箱；2—真空泵；3—加热器；4—真空滤油机；5—过渡罐

（2）先打开热油循环系统进、出油阀门，然后开动真空滤油机，再投入加热器进行加热。油从变压器下部注放油阀抽出，再从油箱顶部进入本体。真空滤油机（或油泵—加热系统）出口油温控制在95℃，最高不超过105℃。注意油路运转情况，如有异常需要停机，必须先切断加热器，后停泵。

（3）当回油温度高于环境温度15～20℃时启动真空泵打开真空阀门，对本体抽真空，全真空油箱应逐级提高真空度到规定真空，一般按下列规定进行：抽至0.053MPa（残压0.048MPa）保持2h；抽至0.08MPa（残压0.021MPa）保持2h；抽至0.09MPa（残压0.011MPa）保持2h。然后提高真空度到表2-9所列值，如果影响到循环油泵排油，可适当降低真空度。

表 2-9　　　　　　　不同电压等级变压器热油循环油面最高真空

额定电压等级		真空度
不大于 66kV		0.05MPa
110kV	半真空	0.063MPa
	全真空	0.1MPa
220kV		残压不大于 260Pa
330～500kV		残压不大于 133Pa

（4）循环油温度的控制：主要是测量变压器进、出口处油流温度，故应在变压器进油及回油口处放置温度计。由于真空滤油机及油泵—加热器组的出油口和回油口离变压器进、出口有一定距离，故变压器的进油口温度会低于滤油机出口温度，而变压器回油口温度会高于滤油机回油口温度，两者之间有一定差别。

（5）油循环：连续进行热油循环加温（并抽真空）直到回油温度（即变压器出口油温）达到70～75℃，保持此温度继续连续循环。

（6）测量冷凝水量：每12h测量1次，连续12h无冷凝水时，可判定干燥基本结束。

（7）测量绝缘电阻：当油箱出口油温（回油温度）达到70～75℃时，如果接有测量绕组绝缘电阻的测量线时，应定时测量一次各绕组的绝缘电阻（对地及对其他绕组间），绝缘电阻的曲线随干燥时间下降，然后上升至稳定（额定电压小于等于 110kV，连续 6h；额定电压大于等于 220kV，连续 12h 不变）。

（8）满足上述（6）、（7）两项指标后，继续热油循环 48h。取油样，击穿电压、介质损耗因数、含水量指标达到规定，干燥结束。

（三）注意事项

（1）变压器油温小于 95℃。

（2）顶层油温达 80～90℃ 的连续循环干燥应小于 48h，如仍达不到要求，需采用其他方法。

（3）因为真空度和水沸点的关系，真空度为 0、54、80、97.3、100kPa 时，水沸点分别为 100、80、61.5、29.5、10℃，所以滤油机真空度应大于 97.3kPa。

三、热油喷淋真空干燥法

（一）概述

热油喷淋真空干燥法类似变压器制造厂中的煤油气相干燥法。煤油气相干燥法被认为是超高压大容量变压器最合理的干燥方法，采用一种汽化点高于水的煤油蒸气作载热介质。热油喷淋法是用热变压器油从变压器顶部喷淋到变压器器身上，热量由喷射的油流扩散至整个器身，同时对油箱抽真空，绝缘内部水分蒸发成水蒸气，被抽出油箱外。热油喷淋法不需分阶段抽真空，而是器身在较高且较稳定的温度下连续地抽真空将绝缘中水分排出。由于干燥是在高真空无氧的条件下进行，所以绝缘温度可适当提高，较热油循环真空干燥法或热油循环排油真空干燥法的干燥速度更快、更好、更彻底。

热油喷淋真空干燥法适用于油箱能承受高真空的所有变压器。对绝缘受潮较严重，现场更换绕组和施工期限紧急的变压器采用此法最好。

（二）工艺过程

热油喷淋循环干燥系统如图 2-54 所示。

首先进行变压器的密封检漏，然后向变压器油箱内注入适量合格的变压器油。注入的油通过循环油泵和真空滤油机进行循环（要注意循环油泵与真空滤油机的油流量匹配），由外装的加热器和真空滤油机内的内加热器对油进行加热，注入变压器喷淋的油温最好能达到 90℃，不能低于 80℃。如果进入变压器中的油达不到 80～90℃ 的要求，则需增加热源，可以在油箱底部用电热器加热。为保持油箱底部温度均匀，应在电热器和油箱底部之间放入薄钢板，油箱底部表面的温度控制在 100℃ 左右，以防止铁芯垫脚与油箱底之间的绝缘纸板老化。

（1）器身预热阶段。只喷淋可不抽真空，热油带出的水分经过真空滤油机脱水，待进口油温达到 85～90℃，回油温度不低于 65～75℃ 时，保持 2～3h。

（2）停止喷淋只抽真空。在监控器身温度时，可采用测量绕组直流电阻的办法来推算绕组平均温度。连续抽真空 8～12h，如果器身温度（绕组温度）

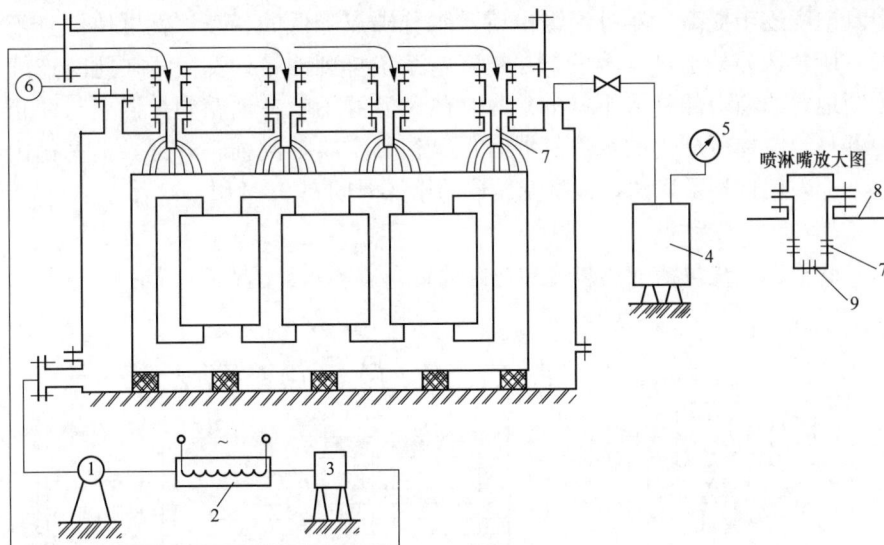

图 2-54 热油喷淋循环干燥系统
1—油泵；2—电加热器；3—真空滤油机；4—真空泵；5—真空表；
6—麦氏真空计；7—喷淋嘴；8—油箱；9—2mm 小孔

降低到 40℃左右，即使连续抽真空的时间不足 8h，也要停止抽真空。

（3）停止抽真空再次喷淋，给器身升温。待循环的变压器油（进口）温达 90℃，回油温度 75℃左右时保持 2～3h。

（4）第二次停止喷淋，抽真空 8～12h。如此往复循环 3～4 个周期即可完成干燥。

（5）"热油喷淋—抽真空"一个循环都要测量绕组的绝缘电阻。为测量准确常需降低真空或解除真空（为防潮要吸入干燥空气）。

（6）用热油喷淋干燥法时，少量的热油可能有所老化，其介质损耗因数要增大，故必须进行油质化验，经认定合格时才能继续使用，否则需要将油经吸附处理合格才能继续使用。

（三）注意事项

（1）油加热的温度应不超过 100℃，以减少油在高温下的老化。

（2）要经常注意监视喷淋热油化学性质的变化，注意油的劣化。

四、涡流加热和热风真空干燥法

（一）概述

为了提高干燥速度，提高器身温度和油箱内真空度，大型变压器可以采用涡流加热连续热风真空干燥法。其原理是：在油箱壁上缠以涡流线圈后，利用涡流线圈产生的磁通，在油箱壁和铁芯中产生涡流损耗，引起发热，再加送热风，此热量可以加到器身和绝缘中。在完成器身的预热阶段后停止送风，即可启动真空系统并逐步地提高油箱中的真空度，依据油箱中真空度逐步提高、器身绝缘中所含水分沸点降低的特点，就可使器身绝缘中所含水分易于汽化蒸发，并被真空系统排到油箱外部。若在此时连续不断地向油箱内部补入干燥的热风，热风源源不断在油箱中扩散，与油箱内器身绝缘物所产生的水蒸气混合后又被真空泵抽到油箱外部，提高排出速度。采用这种干燥法，大型变压器的干燥时间在 9～11d。

（二）工艺装置

此干燥系统包括加热装置和连续抽真空装置，如图 2-55 所示。

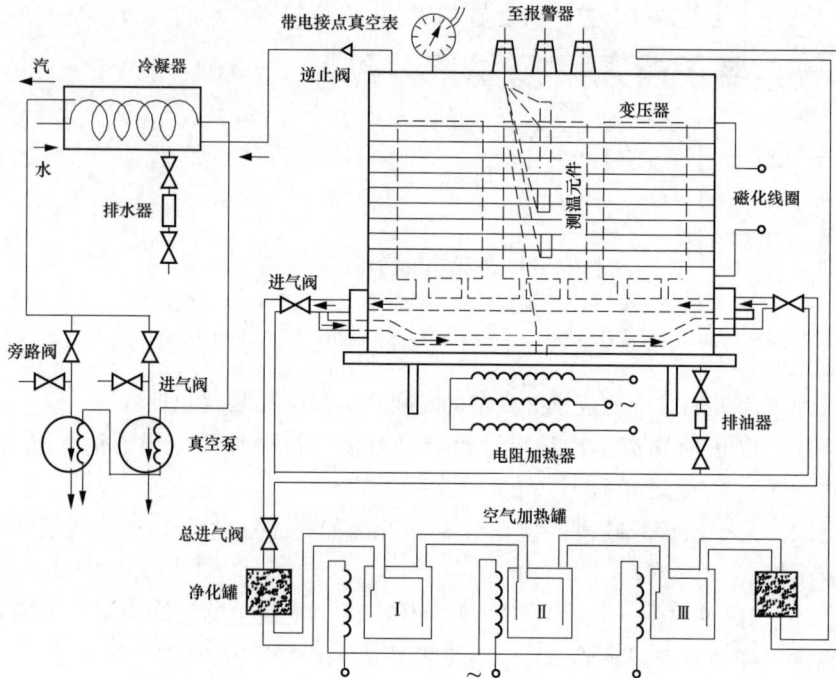

图 2-55　变压器涡流加热连续热风真空干燥系统

1. 加热装置

（1）产生涡流损耗的涡流线圈。加热电源可以采用三相四线，也可以采用单相，单相的绕组在油箱下部 1/3 高所布匝数约占总匝数的 50％，中部 1/3 高占 20％，上部 1/3 高则占 30％。在油箱中、下部的邻近处，涡流线圈应备有供可调整的匝数，以调整电流的大小。三相电源可以将 U、V、W 三相绕在上、中、下部位，V 相绕组的绕向与 U、W 相绕向相反，V 相匝数可略少几匝。

（2）油箱底部加热器。使器身底部受热均匀，此加热器距油箱底部 100～150mm，加热功率为 2.5～3kW/m² 较合适。

（3）热风加热。被加热的空气由变压器油箱下部经隔板导向后，输入到器身内部，对内部的器身和绝缘物进行加热，热风温度控制在 90～100℃。热风是靠抽真空进入油箱中的。热空气与水蒸气混合，把潮气抽出带走，从而提高干燥速度。

（4）保温设施。油箱壁外加保温层，再绕涡流线圈，再包绝缘层。

2. 连续抽真空装置

连续抽真空装置由抽真空装置、破真空系统和冷凝结水收集装置三部分组成。

（1）抽真空装置采用 2 台真空泵并联使用，当真空度达到预定值时，可停掉 1 台泵作为备用。此时可调节油箱下部的进气阀达到规定真空度，在此真空度下稳定运行。抽真空的管道接在油箱体的最高点，一般接于气体继电器的联管处。

（2）破真空系统主要由空气加热罐、干燥净化罐和进气管道系统三部分组成。

（3）冷凝结水收集装置包括冷凝器和集水罐。

在干燥变压器过程中，绕组绝缘电阻是先下降后上升的。如在 $90\sim100℃$ 范围内，绝缘电阻 12h 保持不变，吸收比或极化指数大于 1.3；或在规定的最高真空度下，绕组温度稳定在额定值下无凝结水，油的工频耐压不低于 40kV，则可判定变压器干燥完毕。

3. 注意事项

（1）由于油箱壁较薄，功率因数很低，因此绕制涡流线圈时应尽量靠近油箱壁。在绕制涡流线圈时，应事先清除油箱壁上的油污，而后再包保温层并绕制涡流线圈，以防止油污燃烧。

（2）为减少干燥时的局部过热，对于油箱壁和距器身最近的部位以及缠绕涡流线圈较密集并紧贴箱壁的部位（加强油箱的圆弧部分及直立加强铁部位），均应装设温度计，并限制这些箱壁部位的温度不超过 120℃。

五、其他现场干燥方法

其他现场干燥方法，还有零序短路干燥法、涡流感应加热法、零序电流加热法、短路干燥法及热风加热干燥法等。

（一）零序短路干燥法

三相绕组变压器可以采用零序短路干燥法。如 YNynd 连接的变压器，可在中压加零序电压 400V，其零序电流约为 $30\%I_N$，其接线如图 2-56 所示。这种方法使热量集中在器身上，温升较快，油箱发热量小，不需保温，所需功率也小。

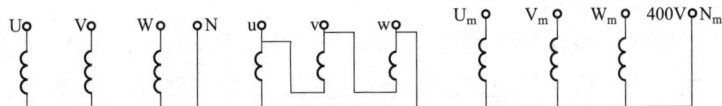

图 2-56　零序短路干燥法接线图

零序短路干燥法的注意事项如下：

（1）除了要严格控制通过零序电流绕组的温度（一般为 $100\sim105℃$）外，在短路绕组的附近以及钢夹件、压板和油箱各处的温度也应按此数值严格控制。

（2）要求对油箱进行认真的保温，以缩小绕组与铁芯两者间温度差异。

（二）涡流感应加热法

油箱涡流感应加热法是在油箱外表面加石棉等绝热保温层，再绕上导线通以交流电而加热的方法。由于交流电的感应作用，使箱壁产生涡流而发热，从而可使箱内空间的温度升高到 90～110℃，达到干燥的温度。通常电流为 150A 左右，导线截面积为 40mm² 左右，电压为 400V 或 220V，缠绕的匝数不宜过多，所组成的磁化绕组应备有调整的匝数。

（三）零序电流加热法

零序电流加热法适用于中、小型芯式变压器。零序电流加热法是把变压器自身一侧的三相绕组依次串联或并联起来，通入电压为 220V 或 400V 的单相交流电，而其余绕组开路，如图 2-57 所示。这样，三相铁芯的磁通是同向的零序磁通，在三柱芯式铁芯中（只适用于这种铁芯）无回路而经油箱闭合。油箱因涡流发热使保温的箱内空间温度升高，而铁芯中也因涡流而发热，通电的绕组也产生热量，均起到加热作用。

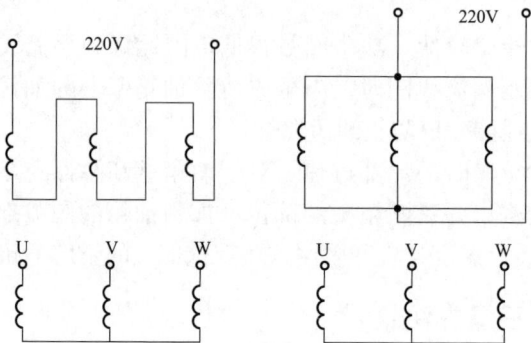

图 2-57　零序电流加热法接线图

绕组中通过零序电流，使零序磁通经过铁芯、夹件和油箱产生涡流而发热。Yyn 接线不用改变绕组的连接，Yd 接线则需拆开 d 接线，较繁杂。

零序电流干燥法的注意事项：

（1）壳式铁芯变压器的漏磁通能经铁轭而闭合，热量小，不宜采用此法。

（2）器身中的热量不易传出，温度不好控制，要加强温度的监视，防止升温不均衡而损害绝缘。

（四）短路干燥法

短路干燥法也叫铜损干燥法，适用于小型变压器带油干燥。变压器一侧绕组施加电压，另一侧短路；若是三绕组变压器，则有一侧绕组开路。

短路干燥法的注意事项：

（1）升温快，但温度控制不好，可能产生局部过热，有时施加电压高，不安全。

（2）当绕组平均温度超过 75℃ 时应断续供电，达 85～95℃ 时应停止短路加热。

（3）绕组平均温度应以直流电阻换算值为准。

（4）套管型电流互感器应拆除，防止升高座有冷凝水使互感器受潮。

（五）热风加热干燥法

热风加热干燥法是将干燥热空气送入真空罐，用来加热器身，使器身内部均匀受热，并提高温度，以达到蒸发水分的目的。对于大容量变压器，加热和抽真空需反复交替进行。如先用热风加热 40h，抽真空 10~15h，再加热 10~20h，抽真空 10~15h，如此反复进行。所反复的次数取决于电压等级，电压等级越高，反复次数越多。这是由于超高压变压器绝缘件多、引线包扎厚，因此油道间隙更小的缘故。

当内部温度升高到一定程度时，水分大量蒸发，油隙中的湿度较大，继续通热风难以进入器身内部，绝缘体温度就会显著下降，热风循环加热效果很小。在此情况下抽真空，降低气压，绝缘件和油隙间的水分得到较快的蒸发，就可使绝缘体中的水汽浓度下降。达到一定程度时，再次进行热风加热，就可保持变压器内部的温度下降不会太大，且下降后又较快得到恢复，因而得到较好的干燥效果。

其真空管路系统连接如图 2-58 所示。由于真空罐的真空度要求较高（10~133Pa），真空管路中应选配二级真空泵。这样既可达到真空要求，又可缩短抽真空时间。一般前级泵选取 H-9 滑阀式真空系，后级宜选 ZF1200 机械增压系泵。为保证整个真空管路系统的密封性，选配各种规格的高真空阀门 GIGD 型。在抽真空时，为防止潮湿气体进入真空泵凝结成水，特配制冷凝器，泵前泵后配制水油分离器。

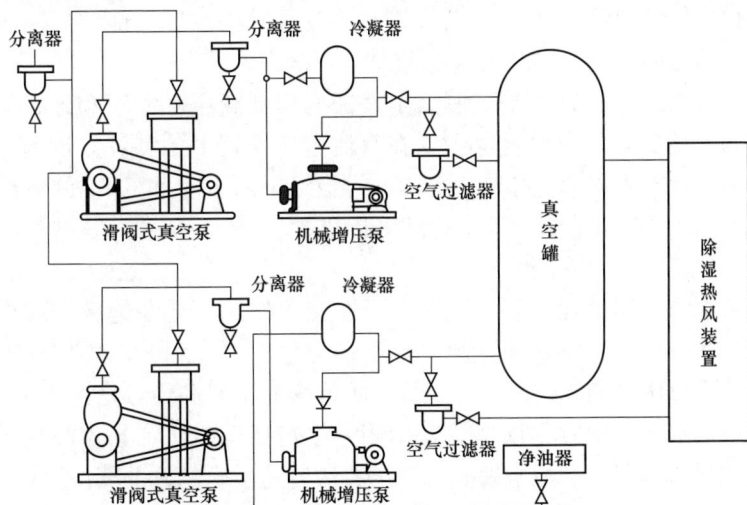

图 2-58 热风真空干燥真空管路系统连接示意图

热风干燥法的注意事项：

（1）热风最高温度小于 105℃。

（2）热风应从下至上均匀吹向油箱各方，不直接吹向器身。

（3）热风进、出口处应装设温度计，器身上适当埋入热电偶。

第五节 变压器的检测与预防性试验

一、变压器检测

变压器故障的检测技术是准确诊断故障的主要手段，传统检测手段主要包括油中可燃性气体的色谱分析、直流电阻检测、绝缘电阻及吸收比、极化指数检测、绝缘介质损失角正切检测、油质检测、局部放电检测及绝缘耐压试验（包括感应耐压）等；随着技术的进步，有许多新的技术得到了发展和应用，如红外测温、绕组变形或低电压下短路阻抗测量、糠醛分析或绝缘纸聚合度的测量、内窥镜直接检测变压器内部状况等。

（一）变压器基本检测项目

1. 基本电气试验项目

对于过热性故障，为了查明故障部位在导电回路还是在磁路上，需要做线圈直流电阻、铁芯接地电流、铁芯对地绝缘电阻试验，甚至空载试验（有时还需作单相空载试验）、负载试验等；对于放电性故障，为了查明放电部位和放电强度，需做局部放电试验、超声波探测局部放电、检查潜油泵以及有载调压油箱等；当认为变压器可能存在匝、层间短路故障时，还应进行变压比和低压励磁电流测量等试验。

（1）绕组直流电阻检测。绕组直流电阻是考查变压器绕组纵绝缘和电流回路连接状况的试验，能够反映绕组匝间短路、绕组断股、分接开关接触状态以及导线电阻的差异和接头接触不良等缺陷故障，能够判断各项绕组直流电阻是否平衡、调压开关挡位是否正确等。

（2）绝缘电阻检测。绝缘电阻是表征变压器高压对低压和地、低压对高压和地、高压和低压对地等绝缘在直流电压作用下的特性。试验时，测量 60s 的绝缘电阻 R_{60}，同时测量 15s 的绝缘电阻 R_{15} 和 600s 的绝缘电阻 R_{600}，并计算吸收比值 R_{60}/R_{15} 和极化指数 PI（R_{600}/R_{15}），这些都有助于判断变压器绝缘是否受潮。

（3）绝缘介质损耗检测。绝缘介质在交流作用下会在绝缘介质内部产生损耗，其中包括介质极化损耗、介质沿面放电损耗和介质内部局部放电损耗等，可以用来判断绝缘是否良好、绝缘介质工艺和绝缘是否受潮等。

（4）局部放电检测。局部放电检测方法包括电气法和超声波法，用于检测变压器内部存在的放电缺陷，超声波法有助于确定放电部位。

2. 变压器油气相色谱分析

（1）变压器油中溶解气体的气相色谱分析主要依据 GB/T 17623《绝缘油中溶解气体组分含量的气相色谱测定法》和 DL/T 722 进行。

（2）气相色谱分析是一种物理分离分析技术，分析程序是先将取样变压器油经真空泵脱气装置将溶解在油中的气体分离出来，用注射器定量注入色谱分析仪，形成了色谱图，再通过色谱图对被分析的气体既定性又定量分析，计算出各气体组分的浓度。其在绝缘监督中具有很重要的作用：

1）可检测设备内部故障，预报故障的发展趋势，使实际存在的故障得到有计划且经济的检修，避免设备损坏和无计划的停电；

2）当确诊设备内部存在故障时，要根据故障的危害性、设备的重要性、负荷要求和安全及经济来制定合理的故障处理措施，确保设备不发生损坏；

3）对于已发生事故的设备，有助于了解设备事故的性质和损坏程度，以指导检修。

（3）气相色谱判断故障的常用方法：

1）按油中溶解特征气体含量与注意值比较进行初步判断。特征气体主要包括总烃（$C_1 + C_2$）、氢气（H_2）等。由于变压器油在不同故障下产生的气体有不同的特征，因此，可以根据气相色谱检测结果和特征气体的注意值等对变压器故障性质做出初步判断。

a. 变压器内部裸金属过热引起油裂解的特性气体主要是甲烷、乙烯，其次是乙炔。正常的变压器油中很少或没有这种低烃类气体，如果油中这类气体含量大增，可能是属于裸金属过热，如分接开关接触不良，引线焊接不良等。

b. 变压器内部放电性故障的特征气体是乙炔，正常的变压器油中不含这种气体，若在分析中发现这种气体，应密切监视发展情况，若增长很快，说明变压器内存在放电性故障。若变压器内氢气和甲烷含量高，总的烃类气体不高，甲烷是总烃中的主要成分，有可能存在局部放电性故障。

c. 若气体组分中乙炔和氢气的含量较高，总的烃类气体不高，则该变压器内可能存在火花放电性故障。

d. 若变压器内总的烃类气体很高，氢气含量也高，乙炔是总烃的主要成分，则有可能有电弧放电性故障。

2）根据故障点的产气速率判断。当变压器油中气体含量虽低于注意值，如含量增长迅速，也应引起注意。产气速率对反应故障的存在、严重程度及其发展趋势更加直接和明显，可以进一步确定故障的有无和性质。变压器内的固体绝缘材料在故障引起的高温下裂解，会产生大量的一氧化碳和二氧化碳气体。变压器在长期的正常运行中，由于固体绝缘材料的老化，也会产生同样气体，属正常老化现象，并不是故障。是否为故障，要根据气体的增长速率来判定。有时还应结合电气性能试验、化学试验和运行检修情况进行综合分析，判断故障类型。

3）用三比值法进行判断。当根据各组分含量的注意值或产气速率判断可能存在故障时，可用三比值法来判断故障类型。

3. 其他

当怀疑故障可能涉及固体绝缘或绝缘过热发生热老化时，可进行油中糠醛含量测定；当发现油中氢组分单一增高，怀疑设备进水受潮时，应测定油中的水分；当油总烃含量很高时，应检测油的闪点，看其是否有下降的迹象，绝缘油有无炭粒、纸屑，并注意油样有无焦的臭味。

表 2-10 给出了基本检测项目及其可能发现的故障类型，在故障分析时根据实际情况选择相应的试验项目。

表 2-10　　　　变压器基本检测项目及其可能发现的故障类型

序号	检测项目	可能发现的故障类型				
		整体故障	由电极间桥路构成的贯穿性故障	局部故障	磨损与污闪故障	电气强度降低
1	油色谱分析	受潮、过热、老化故障	高温、火花放电	较严重局部放电	沿面放电	放电故障
2	直流电阻	线径、材质不一	分接开关不良	接头焊接不良	分接开关触头不良	不能发现
3	绝缘电阻及泄漏电流	受潮等贯穿性缺陷	随试验电压升高而电流的变化能发现	不能发现	能发现	配合其他试验判断
4	吸收比	发现受潮程度灵敏	灵敏度不高	灵敏度不高	灵敏度不高	不能发现
5	极化指数	发现受潮程度灵敏	能发现	灵敏度不高	灵敏度不高	不能发现
6	介质损耗	能发现受潮及离子性缺陷	大体积试品不灵敏	大体积试品不灵敏	能发现	配合其他试验判断
7	局部放电	能发现游离变化	不能发现	能发现电晕或火花放电	能发现沿面放电	能发现
8	油耐压	能发现	不能发现	不能发现	能发现	能发现
9	耐压试验	能发现	有一定有效性	有效性不高	有效性不高	能发现
10	红外测温	套管接线、漏磁形成的涡流造成箱体局部过热、套管及储油柜的油位				
11	绕组变形或低电压下短路阻抗测量	绕组受电动力的冲击或外力冲击发生局部变形或整体位移				
12	糠醛分析或绝缘纸聚合度的测量	内部过热涉及纸绝缘、纸绝缘寿命终点的判断				
13	内窥镜直接检测变压器内部状况	对变压器内部状况的直观检测、异物的查找				

（二）变压器在线监测技术

1. 油中溶解气体在线监测技术

电力变压器在运行过程中，其绝缘油在过热、放电、电弧等作用下会产生故障特征气体，故障特征气体的成分、含量及增长速率与变压器内部故障的类型及故障的严重程度有密切关系。因此，通过监测变压器油中溶解的故障特征气体，可以实现对变压器内部故障的在线监测。

油中溶解气体在线监测，能够连续监测油浸式变压器内部绝缘油中所溶解的氢、油分解气体和水的含量，及时发现变压器的绝缘状况、早期故障和其发展趋势，从而减少或避免非计划停电和灾难性事故的发生，为设备检修提供科学依据。油中溶解气体在线装置能够连续监测运行变压器油中的甲烷、乙烷、乙烯、乙炔等气体组分的含量，并可实现自动点火、在线自动脱气、自动控制操作程序等技术，自动化程度高，分析速度快，用油量少，便于维护。

油中溶解气体在线监测系统由色谱数据采集器、数据处理器、应用软件、载气及通信电缆等组成。监测系统在微处理器的控制下，进行气体采集、流路切换与清洗、柱箱和检测器的恒温控制、样气的定量与进样、基线的自动调节、数据采集与处理、定量分析与故障诊断等分析流程，并定期进行自动校准。其工作原理如下：

溶解在变压器油中的故障特征气体经特制的油气分离装置分离后，在内置微型气泵的作用下，进入电磁六通阀的定量管，定量管中的故障特征气体在载气作用下流过色谱柱，然后气体检测器按气体出峰顺序分别将油中组分气体变换成电压信号。色谱数据采集器将采集到的电压信号上传给安装在控制室的数据处理器，数据处理器根据仪器的标定数据进行定量分析，计算出各组分和总烃的含量以及各自的增长率，再由故障诊断专家系统对变压器故障进行诊断，从而实现变压器故障的在线监测。

220kV及以上变压器宜装设在线油色谱监测装置，如果装设在线油色谱监测装置，每年应至少进行一次与离线检测数据的比对分析，比对结果合格后装置可继续运行。

2. 局部放电在线监测技术

变压器的绝缘材料中存在着气隙和油隙，当介质的电场强度达到一定程度时，它们将被击穿而发生局部放电。局部放电逐步发展必将导致绝缘损坏，造成停电事故甚至变压器的解体，给国家带来巨大的经济损失。

变压器局部放电检测是在线检测较有效的方法之一。变压器正常运行中局部放电量较小，近年生产的110kV及以上变压器出厂局部放电量都控制在100pC以下。当变压器发生绝缘劣化或绝缘击穿故障前期，变压器局部放电量会成十、成百地增加。利用价廉而简化的在线监测设备监测变压器局部放电量的变化并进行绝缘故障监测报警，如发现有报警后，结合其他试验进行综合故障分析，准确分析变压器绝缘状况，有效地起到应有的监测作用。

3. 光声光谱在线监测技术

光声光谱是基于光声效应的一种检测技术，测量的是光声室内气体吸收光能的能力。实验检测时需确定每一种气体特定的分子吸收光谱特性和确定气体吸收能量后退激产生的压力波强度与气体浓度之间的比例关系。所以，选取适当的波长，既可以对气体进行定性分析，也可以进行定量检测，比气相色谱仪精密度和稳定性高，跟红外检测仪比起来，可以检测氢气，而且受反射、散射光的干扰也较小。

4. 振动监测技术

电力变压器由于其铁芯松动、位移以及绕组变形等问题，引发一系列变压器故障。通过对变压器振动信号的监测与分析，及时发现铁芯绕组松动、变形及位移引起的异常振动，并且能够在故障发生时准确帮助工程人员定位故障发生点，快速、有效地解决变压器问题。

5. 红外测温技术

红外热像技术是利用红外探测器接收被测目标的红外辐射信号，经过放大处理转换成标准视频信号，然后通过电视屏或监视器显示红外热图像。当变压器接线接触不良、过负荷运行等情况时，都会引起导电回路局部过热，铁芯多点接地也会引起铁芯过热。

6. 绕组温度指示检测技术

绕组温度指示器就是用于监测变压器绕组的温度，给出越限报警，并在需要时启动跳闸保护。目前已开发出一种用于大型变压器绕组温度检测的技术，即将一条光缆埋入变压器绕组，以便直接测量绕组的实时温度，达到实时监测变压器绕组温度状态的目的。

二、变压器预防性试验

变压器预防性试验是保证电力变压器安全运行的重要措施，对变压器故障诊断具有确定性影响，通过各种试验项目获取准确、可靠的试验结果，是正确诊断变压器故障的基本前提。变压器预防性试验以停电试验为主，在线监测试验仅做参考。部分试验项目和试验方法应符合《电力设备预防性试验规程》（DL/T 596）的规定。

（一）油浸式电力变压器

油浸式电力变压器试验项目、周期和要求见表 2-11。

（二）干式变压器、接地变压器

干式变压器、接地变压器试验项目、周期和要求见表 2-12。电力变压器绕组直流泄漏电流见表 2-13。

（三）变压器油试验项目及要求

（1）新变压器油（电抗器）或经过 A 级检修的变压器（电抗器），通电投运前，变压器油例行试验项目及要求见表 2-14，其油品质量应符合表 2-14 中"投入运行前的油"的要求。

表2-11 油浸式电力变压器试验项目、周期和要求

序号	试验项目	周期	要求	说明条款
1	红外测温	1) 330kV及以上：1个月。 2) 220kV：3个月。 3) 110kV及以下：6个月。 4) 必要时	检测变压器箱体、套管、引线接头及电缆、端子箱和控制箱内部等，引线接头应无异常温升现象，红外热像图显示无异常诊断应用规范》(DL/T 664)	
2	油中溶解气体分析（色谱）	1) A、B级检修后，66kV及以上电压等级变压器，应在投运后1、4、10、30d。 2) 运行中发电机组：120MVA及以上发电厂主变压器为6个月；8MVA及以上变压器为1年；8MVA以下的油浸式变压器自行规定。 3) 必要时	按DL/T 722判断是否符合要求。 1) 新装变压器油中H$_2$与烃类气体含量（μL/L）任一项不宜超过下列数值： 500kV及以上时，总烃：10；H$_2$：10；C$_2$H$_2$：0.1。 330kV及以下时，总烃：20；H$_2$：30；C$_2$H$_2$：0.1。 2) 运行中油中H$_2$与烃类气体含量（μL/L）超过下列任一项值应引起注意。 总烃：150。 H$_2$：150。 C$_2$H$_2$：5（35～220kV），1（330kV及以上）。 3) 烃类气体总的产气速率大于6mL/d（开放式）和12mL/d（密封式），或相对产气速率大于10%/月则认为设备有异常（对乙炔小于0.1μL/L，总烃的绝对速率可不做分析）。氢气的产气速率大于5mL/d（开放式）和10mL/d（密封式），则认为设备有异常	1) 烃类气体含量较高时，应计算总烃的产气速率，总烃含量低的设备不宜采用相对产气速率进行判断。 2) 取样及测量程序参考DL/T 722，同时注意设备技术文件的特别提示（如有）。 3) 当怀疑有内部缺陷（如听到异常声响），气体继电器有信号，经历了过负荷运行以及发生了出口或近区短路故障，应进行分析。 4) 如气体分析虽已出现异常，但判断不至于危及绕组和铁心安全时，可在超过注意值较大的情况下运行。 5) 在线监测数据有异常变化时，应及时取样进行比对测试。 6) 变压器频繁过负荷运行，应适当缩短色谱检测周期。 7) 总烃包括CH$_4$、C$_2$H$_6$、C$_2$H$_4$和C$_2$H$_2$四种气体
3	绝缘油试验	见表2-14	见表2-14	见表2-14
4	油中糠醛含量	1) 10年。 2) 必要时	1) 含量超过以下数值时，一般为非正常老化，需跟踪检测。	变压器油经过处理后，油中糠醛含量会不同程度地降低，在作出判断时要注意这一情况。

续表

序号	试验项目	周期	要求	说明条款
4			运行年限为1~5年时，糠醛含量0.1mg/L；运行年限为5~10年时，糠醛含量0.2mg/L；运行年限为10~15年时，糠醛含量0.4mg/L；运行年限为15~20年时，糠醛含量0.75mg/L。 2）跟踪检测时，注意增长率。 3）测试值大于4mg/L时，认为绝缘老化比较严重	
5	铁芯、加夹件接地电流	1）1个月。 2）必要时	≤100mA	采用带电或在线测量
6	绕组直流电阻	1）A、B级检修后。 2）330kV及以上：≤3年。 3）220kV及以下：≤6年。 4）必要时	1）1600kVA以上变压器，各相绕组电阻相互间的差别不应大于三相平均值的2%，无中性点引出的绕组，线间差别不应大于三相平均值的1%。 2）1600kVA及以下的变压器，相间差别不应大于三相平均值的4%，线间差别不应大于三相平均值的2%。 3）与以前相同部位测得值比较，其变化不应大于2%	1）如电阻相间相互差在出厂时超过规定，制造厂已说明了这种偏差的原因，按要求中3）执行。 2）有载分接开关在所有分接处测量，无载分接开关在运行分接锁定后测量。 3）不同温度下电阻温度修正按下式进行： $$R_2 = R_1\left(\frac{T_k + t_2}{T_k + t_1}\right)$$ 式中：R_1、R_2 分别表示温度为 t_1、t_2 时的电阻；T_k 为常数，铜绕组 T_k 取235，铝绕组 T_k 取225。 4）封闭式电缆出线或绝缘封闭组合电器（gas insulated switchgear, GIS）出线的变压器，电缆、GIS侧绕组可不进行定期试验
7	绕组连同套管的绝缘电阻、吸收比或极化指数测量	1）A、B级检修后。 2）330kV及以上：≤3年。 3）220kV及以下：≤6年。 4）必要时	1）绝缘电阻换算至同一温度下，与前一次测试结果相比应无显著变化，不宜低于上次值的70%或不低于10000MΩ。	1）测量时，铁芯、外壳及非测量绕组应接地，测量绕组应短路，套管表面应清洁、干燥。 2）采用5000V绝缘电阻表测量。 3）测量宜在顶层油温低于50℃时进行，并记录顶层油温。绝缘电阻受温度的影响按下式进行近似修正：

续表

序号	试验项目	周期	要求	说明条款
7			2) 电压等级为35kV及以上且容量400kVA及以上时，应测量吸收比。吸收比与产品出厂值比较无明显差别，在常温下应不小于1.3（注意值）；当 R_{60S} 大于3000MΩ时，吸收比可不作要求。 3) 电压等级220kV及以上或容量在120MVA及以上时，宜用5000V绝缘电阻表测量极化指数。测量值与产品出厂值比较无明显差别，在常温下应不小于1.5（注意值）；当 R_{60S} 大于10000MΩ（20℃）时，极化指数可不作要求	$$R_2 = R_1 \times 1.5^{(t_2-t_1)/10}$$ 式中：R_1、R_2 分别表示温度为 t_1、t_2 时的绝缘电阻。 4) 吸收比和极化指数不进行温度换算，绝缘电阻下降显著时，应结合介质损耗因数及油质试验进行综合判断。测试方法参考 DL/T 474.1《现场绝缘电阻及吸收比和极化指数试验》。 5) 封闭式电缆出线或GIS出线的变压器，电缆、GIS侧绕组可在中性点测量。 6) 当绝缘油例行试验中水分分偏高，或者怀疑箱体密封被破坏，也应进行本项试验
8	套管试验	见表2-15	见表2-15	见表2-15
9	绕组连同套管的介质损耗因数及电容量测量（20℃）	1) A、B级检修后。 2) 330kV及以上：≤3年。 3) 220kV及以下：≤6年。 4) 必要时	1) tanδ（20℃）不大于下列数值： 750kV：0.005； 330~500kV：0.006； 110~220kV：0.008； 35kV：0.015。 2) 介质损耗因数值与出厂试验或历年数值比较无明显变化，变化量一般小于等于30%。 3) 电容量值与出厂试验或历年的数值比较无明显变化，变化量一般小于等于3%。 4) 试验电压 绕组电压10kV及以上时，为10kV； 绕组电压10kV以下时，为 U_n	1) 当变压器电压等级为35kV及以上且容量在8000kVA及以上时，应测量介质损耗因数。 2) 测量宜在顶层油温低于50℃且高于0℃时进行，测量时记录顶层油温和空气相对湿度，非测量被测绕组对其他绕组及外壳接地，分别测量绕组对地。测量方法可参考《现场绝缘试验》（DL/T 474.3）。 3) 测量绕组电容介质损耗因数明显变化，若电容量值发生明显变化，应注意检查变压器出口及绕组放电是否存在变形损伤可能，注意变形测试。 4) 分析时应注意温度对介质损耗因数的影响。不同温度下的 tanδ 值按下式换算：

续表

序号	试验项目	周期	要求	说明条款
9				5) 当本体 tanδ 有明显增大且排除进水受潮时，应测量绝缘油 tanδ。 6) 封闭式电缆出线或 GIS 出线的变压器、电缆、GIS 侧绕组可在中性点加压测量 $$\tan\delta_2 = \tan\delta_1 \times 1.3^{(t_2-t_1)/10}$$ 式中：$\tan\delta_1$，$\tan\delta_2$ 分别为温度 t_1、t_2 时的 tanδ 值。
10	感应电压试验	1) A 级检修后。 2) 330kV 及以上：≤3 年。 3) 220kV 及以下：≤6 年。 4) 必要时	感应耐压为出厂试验值的 80%	加压程序按照《电力变压器 第 3 部分：绝缘水平、绝缘试验和外绝缘空气间隙》(GB/T 1094.3) 执行
11	局部放电测量	110kV 及以上： 1) A 级检修后。 2) 必要时	局部放电测量电压为 1.58U_n/√3 时，局部放电水平增量不超过 50pC，在试验期间 20min 局部放电水平无突然持续增加；局部放电测量电压为 1.2U_n/√3 时，放电量不应大于 100pC；试验电压无突然下降	加压程序按照 GB/T 1094.3 执行
12	铁芯及夹件绝缘电阻	1) A、B 级检修后。 2) 330kV 及以上：≤3 年。 3) 220kVA 及以下：≤6 年。 4) 必要时	1) 66kV 及以上：不宜低于 100MΩ。 2) 35kV 及以下：不宜低于 10MΩ。 3) 与试验前测试结果相比无显著差别。 4) 运行中铁芯接地电流不宜大于 0.1A。运行中夹件接地电流不宜大于 0.3A	1) 绝缘电阻测量采用 2500V 绝缘电阻表，对老旧变压器或怀疑有缺陷的铁芯，为便于查找，可采用 1000V 绝缘电阻或较低电压表计，除注意绝缘电阻的大小外，要特别注意绝缘电阻的变化趋势。 2) 夹件引出接地的，应分别测量铁芯对夹件及铁芯、夹件对地的绝缘电阻
13	穿心螺栓、铁轭夹件、绑扎钢带、铁芯、绕组压环等的绝缘电阻	A、B 级检修时	1) 220kV 及以上：不宜低于 500MΩ。 2) 110kV 及以下：不宜低于 100MΩ	1) 用 2500V 绝缘电阻表。 2) 连接片不能拆开可不进行

续表

序号	试验项目	周期	要求	说明条款
14	变压器有载分接开关检查		以下步骤可能会因制造商或型号的不同有所差异，必要时参考设备技术文件。 每年检查一次的项目： 1) 储油柜、呼吸器和油位指示器，应按其技术文件要求检查。 2) 在线滤油机构，应按其技术文件要求检查滤芯。 3) 打开电动机构箱，检查是否有任何松动、生锈；检查加热器是否正常。 4) 记录动作次数。 5) 如有可能，通过操作1步再返回的方法，检查电机和计数器的功能。 6) 油质试验：要求耐受电压 35kV 变压器：≥25kV，110kV 及以上变压器：≥30kV；如果装备有在线滤油器，要求油耐受电压不小于 40kV。不满足要求时，需要对油进行过滤处理，或者换新油。 每3年检查一次的项目： 1) 变压器带电前应进行换挡过程试验，检查切换开关的全部动作顺序，测量过渡电阻阻值，三相同步偏差，切换时间的数值，正反相切换时间偏差均符合制造厂技术要求。其中电阻值的初始值差不超过±10%。由于变压器结构及接线原因无法测量的，不进行该项试验。 2) 在变压器无电压下，手动操作不少于2个循环，电动操作不少于5个循环。其中电动操作时电源电压为额定电压的85%及以上。操作无卡涩或连动，电气和机械限位正常。 3) 循环操作后进行绕组连同套管在所有分接下直流电阻测量，结果应符合本表序号6的要求。 4) 在变压器带电条件下进行有载调压开关电动操作，动作应正常。操作过程中，各侧电压应在系统电压允许范围内。 5) 在变压器注入切换开关油箱前，其击穿电压应满足： 500kV：≥65kV； 66～220kV：≥45kV； 35kV 及以下：≥40kV； 6) 测量二次回路绝缘电阻，≥1MΩ。	

续表

序号	试验项目	周期	要求	说明条款
15	测温装置及其二次回路试验	1) A、B级检修后。2) 330kV及以上：≤3年。3) 220kVA及以下：≤6年。4) 必要时	1) 校验测温装置，符合 JJF 1909《压力式温度计校准规范》的要求。2) 如一台变压器有两只油温计，要求两只温度计显示温度偏差不大于5℃。3) 二次回路绝缘电阻一般不小于 1MΩ。4) 检查温度控制器控制、信号接点，各接点整定值应正确，远方、就地显示误差不大于2℃	1) 密封良好，温度指示正确。2) 可与标准温度计比对，或按制造商推荐方法进行，结果应符合设备技术文件要求。3) 采用 1000V 绝缘电阻表测量二次回路的绝缘电阻
16	气体继电器及其二次回路试验	1) A、B级检修后。2) 330kV及以上：≤3年。3) 220kVA及以下：≤6年。4) 必要时	1) 气体继电器无异常。2) 二次回路绝缘电阻一般不小于 1MΩ	1) 检查气体继电器（轻瓦斯）整定值，应符合运行规程和技术文件要求，动作正确。2) 测量气体继电器二次回路的绝缘电阻，应采用 1000V 绝缘电阻表测量
17	冷却装置及其二次回路试验	1) A、B级检修后。2) 330kV及以上：≤3年。3) 220kVA及以下：≤6年。4) 必要时	1) 潜油泵电动机、风扇电动机及二次回路绝缘电阻不大于 1MΩ。2) 潜油泵转动试验，开启潜油泵后，运转平稳，无异常声音，电动机三相电流基本平衡。3) 风扇转动试验，风扇转动后，转动方向正确，运转平稳，无异常声音，电动机三相电流平衡	绝缘电阻应采用 1000V 绝缘电阻表测量
18	压力释放装置检查	1) A、B级检修后。2) 330kV及以上：≤3年。3) 220kV及以下：≤6年。4) 必要时	1) 动作值与铭牌值相差在±10%范围内或符合制造厂规定。2) 二次回路绝缘电阻不应低于 1MΩ	绝缘电阻应采用 1000V 绝缘电阻表测量

注 对运行 10 年以上的变压器必须进行一次油中糠醛含量测试，加强油质管理，对运行中油应严格执行有关标准，对不同油种的混油应慎重。

表 2-12　　　干式变压器、接地变压器试验项目、周期和要求

序号	试验项目	周期	要求	说明条款
1	红外测温	1）6个月。2）必要时	按 DL/T 664 执行	1）用红外热像仪测量。2）测量套管和接头部位
2	绕组、铁芯绝缘电阻	1）A级检修后。2）不大于6年。3）必要时	绝缘电阻换算至同一温度下，与前一次测试结果相比应无显著变化，不宜低于上次值的70%	绝缘电阻测量采用2500V或5000V绝缘电阻表
3	绕组直流电阻	1）A级检修后。2）不大于6年。3）必要时	1）1600kVA以上变压器，各相绕组电阻相互间的差别不应大于三相平均值的2%，无中性点引出的绕组，线间差别不应大于三相平均值的1%。2）1600kVA及以下的变压器，相间差别不应大于三相平均值的4%，线间差别不应大于三相平均值的2%。3）与以前相同部位测得值比较，其变化不应大于2%。	不同温度下电阻温度修正按下式进行：$$R_2 = R_1\left(\frac{T_k + t_2}{T_k + t_1}\right)$$式中：R_1、R_2 分别为示表温度为 t_1、t_2 时的电阻；T_k 为常数，铜绕组 T_k 为235，铝绕组 T_k 为225
4	交流耐压试验	1）A级检修后。2）必要时（怀疑有绝缘故障时）	一次绕组按出厂试验电压值的0.8倍	1）10kV变压器高压侧绕组按 35kV×0.8＝28kV 进行。2）额定电压低于1000V的绕组可用2500V绝缘电阻表代替绝缘电阻测量绝缘电阻
5	局部放电测量	1）A级检修后。2）必要时	按《电力变压器》（GB/T 1094.11）规定执行	施加电压的方式和流程按照 GB/T 1094.11 的规定执行
6	穿心螺栓、铁轭夹件、绑扎钢带、铁芯、绕组压环及屏蔽等的绝缘电阻	必要时	220kV及以上：不宜低于500MΩ；其他自行规定	1）用2500V绝缘电阻表。2）连接片不能拆开可不进行

续表

序号	试验项目	周期	要求	说明条款
7	测温装置及其二次回路试验	1) A、B级检修后。 2) 不大于6年。 3) 必要时	1) 按制造厂的技术要求。 2) 指示正确，测温电阻值应和出厂值相符。 3) 二次回路绝缘电阻一般不小于1MΩ	

表 2-13 电力变压器绕组直流泄漏电流

额定电压 (kV)	试验电压峰值 (kV)	在下列温度时的绕组泄漏电流值 (μA)							
		10℃	20℃	30℃	40℃	50℃	60℃	70℃	80℃
3	5	11	17	25	39	55	83	125	178
6~10	10	22	33	50	77	112	166	250	356
20~35	20	33	50	74	111	167	250	400	570
110~220	40	33	50	74	111	167	250	400	570
500	60	20	30	45	67	100	150	235	330

表 2-14 变压器油例行试验项目及要求

序号	项目	周期	要求		说明
			投入运行前的油	运行油	
1	酸值 (mgKOH/g)	1) 不超过3年。 2) A级检修后。 3) 必要时	不大于0.03	不大于0.10	按《变压器油、汽轮机油酸值测定法（BTB法）》（GB/T 28552）或《石油产品酸值测定法》（GB/T 264）的有关要求进行试验
2	水分 (mg/L)	1) 330kV及以上：1年。 2) 220kV及以下：3年。 3) A级检修后。 4) 必要时	1) 330kV及以上：≤10。 2) 220kV：≤15。 3) 110kV及以下：≤20	1) 330kV及以上：≤15。 2) 220kV：≤25。 3) 110kV及以下电压等级：≤35	1) 按《运行中变压器油和汽轮机油水分测定法》（GB/T 7601）或《运行中变压器油水分含量（气相色谱法）》（GB/T 7600）中的有关要求进行试验。 2) 运行中设备测量时注意温度影响，尽量在顶层油温高于50℃时采样

续表

序号	项目	周期	要求		说明
			投入运行前的油	运行油	
3	介质损耗因数（90℃）	1）330kV及以上：1年。2）220kV及以下：3年。3）A级检修后。4）必要时。	1）500kV及以上：≤0.005。2）330kV及以下：≤0.01	1）500kV及以上：≤0.020。2）330kV及以下：≤0.040	按《液体绝缘材料　相对电容率、介质损耗因数和直流电阻率的测量》（GB/T 5654）中的有关要求进行试验
4	击穿电压/kV	1）330kV及以上：1年。2）220kV及以下：3年。3）A级检修后。4）必要时。	1）750kV：≥70。2）500kV：≥65。3）66～220kV：≥45。4）35kV及以下：≥40	1）750kV：≥65。2）500kV：≥55。3）330kV：≥50。4）66～220kV：≥40。5）35kV及以下：≥35	1）按《绝缘油　击穿电压测定法》（GB/T 507）中的有关要求进行试验 2）该指标为平板电极测定值，其他电极可按《运行中变压器油质量》（GB/T 7595）及GB/T 507中的有关要求进行试验
5	油中含气量（体积分数）/%	1）不超过3年。2）A级检修后。3）必要时。	≤1	1）750kV：≤2。2）330～500kV：≤3。3）电抗器：≤5	按《绝缘油中含气量测定方法　真空压差法》（DL/T 423）或《绝缘油中含气量的气相色谱测定法》（DL/T 703）中的有关要求进行试验

（2）运行中变压器油的试验项目、周期及方法见表2-14，其油品质量应符合表2-14中"运行油"的要求。

（3）变压器油取样容器及方法按照《电力用油（变压器油、汽轮机油）取样方法》（DL/T 432）的规定执行。油中颗粒污染度测定方法按照《电力用油中颗粒度测定方法》（GB/T 7597）的规定执行。

（四）高压套管例行试验项目及要求

高压套管例行试验项目及要求见表2-15。

表 2-15　高压套管例行试验项目及要求

序号	试验项目	周期	要求	说明
1	主绝缘及电容型套管末屏对地绝缘电阻	1) A级检修后。 2) 330kV 及以上：≤3 年。 3) 220kV 及以下：≤6 年。 4) 必要时	1) 主绝缘的绝缘电阻值：≥10000MΩ（注意值）。 2) 末屏对地的绝缘电阻值：≥1000MΩ（注意值）。 3) 套管有分压抽头（如果有）对地绝缘电阻值：≥1000MΩ（注意值）	测量套管主绝缘的绝缘电阻应采用 5000V 或 2500V 绝缘电阻表，测量末屏对地绝缘电阻和分压抽头对地绝缘电阻应采用 2500V 绝缘电阻表测量
2	电容型套管电容量和介质损耗因数测量	1) A级检修后。 2) 330kV 及以上：≤3 年。 3) 220kV 及以下：≤6 年。 4) 必要时	1) 电容值与出厂值或上一次试验值的差别超出 ±5%（警示值）时，应查明原因。 2) 环境温度 20℃时介质损耗因数不应大于下表数值： 详见下表	1) 对于变压器套管，被测套管所属绕组短路加压，其他绕组短路接地，末屏接电桥，正接线测量。 2) 测量前应注意套外绝缘表面清污的影响。 3) 20kV 以下纯瓷套管及与变压器油连通的油压式套管不测 $\tan\delta$

电压等级（kV）		20~35	66~110	220~500
A级检修后	充油型	0.030	0.015	—
	油纸电容型	0.010	0.010	0.008
	充胶型	0.030	0.020	—
	胶纸电容型	0.020	0.015	0.010
	胶纸型	0.025	0.020	—
运行中	充油型	0.035	0.015	—
	油纸电容型	0.010	0.010	0.008
	充胶型	0.035	0.020	—
	胶纸电容型	0.030	0.015	0.010
	胶纸型	0.035	0.020	—

续表

序号	试验项目	周期	要求	说明
3	末屏（如有）介质损耗因数（电容型）测量	1～3年	$\tan\delta \leq 0.020$（注意值）	当电容型套管末屏对地绝缘电阻小于1000MΩ时，应测量末屏对地介质损耗
4	油中溶解气体分析	1) B级检修后。 2) 330kV及以上：≤3年。 3) 220kV及以下：≤6年。 4) 必要时	油中溶解气体组分含量（体积分数）超过下列任一值应引起注意： 1) H_2：500μL/L。 2) CH_4：100μL/L。 3) C_2H_2：220kV及以上，2μL/L。 4) 330kV及以上：1μL/L	
5	红外测温	1) 330kV及以上：1个月。 2) 220kV：3个月。 3) 110kV及以下：6个月。 4) 必要时	检测套管本体、引线接头等；红外热像图显示应无异常温升，温差和（或）相对温差；检测和分析方法参考DL/T 664	

第六节　电力变压器的技术监督

一、变压器的选型、验收

（1）应选择具有良好运行业绩和成熟制造经验生产厂家的产品。订货所选变压器厂必须通过同类型产品的突发短路试验，并向制造厂索取做过突发短路试验变压器的试验报告和抗短路能力动态计算报告；在设计联络会前，应取得所订购变压器的抗短路能力计算报告。

（2）变压器套管外绝缘不仅要提出与所在地区污秽等级相适应的爬电比距要求，也应对伞裙形状提出要求。重污区可选用大小伞结构瓷套。不得订购有机黏结接缝过多的瓷套管和密集形伞裙的瓷套管，防止瓷套出现裂纹断裂和外绝缘污闪、雨闪故障。

（3）变压器要求有可靠的密封措施，确保防止变压器进水或受潮。

（4）220kV 及以上电压等级的变压器应赴厂监造和验收，监造验收工作结束后，赴厂人员应提交监造报告，并作为设备原始资料存档。重点的监造项目包括：

1）原材料（硅钢片、电磁线、绝缘油等）的原材料质量保证书、性能试验报告。

2）组件（套管、分接开关、气体继电器等）的质量保证书、出厂或型式试验报告，压力释放阀、气体继电器等还应有工厂校验报告。

3）局部放电试验。

4）感应耐压试验。

5）转动油泵时的局部放电测量（500kV 变压器）。

（5）工厂试验时应将供货的套管安装在变压器上进行试验；所有附件在出厂时均应按实际使用方式经过整体预装。出厂试验的局部放电达到合格标准。出厂局部放电试验的要求：

1）110kV 及以上变压器，测量电压为 $1.5U_{\mathrm{m}}/\sqrt{3}$（$U_{\mathrm{m}}$ 为设备最高电压）时，自耦变压器中压端不大于 200pC，其他不大于 100pC。

2）500kV 变压器应分别在油泵全部停止和全部开启时（除备用油泵）进行局部放电试验。

二、变压器的运输、安装和交接试验

（1）变压器、电抗器在装卸和运输过程中，不应有严重的冲击和振动。电压在 220kV 及以上且容量在 150MVA 以上的变压器和电压在 330kV 及以上的电抗器均应按照相应规范安装具有时标且有合适量程的三维冲击记录仪，冲击允许值应符合制造厂及合同的规定。到达目的地后，制造厂、运输部门、用户三方人员应共同验收，记录纸和押运记录应提供用户留存。

（2）变压器在运输和现场保管时必须保持密封。对于充气运输的变压器，运输中油箱内的气压应保持在 0.01～0.03MPa，干燥气体的露点必须低于−40℃，变压器、电抗器内始终保持正压力，并设压力表进行监视。现场存放时，负责保管单位应每天记录一次密封气体压力。安装前，应测定密封气体的压力及露点（压力不小于 0.01MPa，露点为−40℃），以判断固绝缘是否受潮。当发现受潮时，必须进行干燥处理，合格后方可投入运行。干式变压器在运输途中，应采取防雨和防潮措施。

（3）安装施工单位应严格按制造厂"电力变压器安装使用说明书"的要求和《电气装置安装工程　电力变压器、油浸电抗器、互感器施工及验收规范》（GB 50148）的规定进行现场安装，确保设备安装质量。

（4）安装在供货变压器上的套管必须是进行出厂试验时该变压器所用的套管。油纸电容套管安装就位后，110～220kV 套管应静放 24h，330～500kV 套管应静放 36h 后，方可带电。

（5）安装结束后，应按《电气装置安装工程　电气设备交接试验标准》（GB 50150）、订货技术要求、调试大纲及《防止电力生产事故的二十五项重点要求》（国能发安全〔2023〕22 号）的规定进行交接验收试验。交接验收试验重点监督项目如下：

1）局部放电试验。

2）交流耐压试验。

3）频响法和低电压短路阻抗法绕组变形试验。

4）绝缘油试验。

（6）新投运的变压器油中气体含量的要求：在注油静置后与耐压和局部放电试验 24h 后，两次测得的氢、乙炔和总烃含量应无明显区别；气体含量应符合（DL/T 722）的要求。

（7）新油在注入设备前，应首先对其进行脱气、脱水处理。新油注入设备后，为了对设备本身进行干燥、脱气，一般需进行热油循环处理。

（8）在变压器投用前应对其油品做一次全分析，并进行气相色谱分析，作为交接试验数据。

三、变压器的试验监督

（1）变压器预防性试验的项目、周期、要求应符合 DL/T 596 的规定及制造厂的要求。

（2）变压器红外检测的方法、周期、要求应符合 DL/T 664 的规定：

1）新建、改建或大修后的变压器，应在投运带负荷后不超过 1 个月内（但至少在 24h 后）进行一次检测。

2）220kV 及以上变压器每年不少于两次检测，其中一次可在大负荷前，另一次可在停电检修及预试前。110kV 及以下变压器每年检测一次。

3）宜每年进行一次精确检测，做好记录，将测试数据及图像存入红外数据库。

（3）变压器现场局部放电试验：

1）运行中变压器油色谱异常，怀疑设备存在放电性故障，必要时可进行现场局部放电试验。

2）220kV及以上电压等级变压器在大修后，必须进行现场局部放电试验。

3）更换绝缘部件或部分线圈并经干燥处理后的变压器，必须进行现场局部放电试验。

（4）变压器绕组变形试验。变压器在遭受出口短路、近区多次短路后，应做低电压短路阻抗测试及用频响法测试绕组变形，并与原始记录进行比较，同时应结合短路事故冲击后的其他电气试验项目进行综合分析。

（5）对运行年久（10年及以上）、500kV变压器和电抗器及150MVA以上升压变压器投运3～5年后，可进行油中糠醛含量测定，以确定绝缘老化的程度；必要时可取纸样做聚合度测量，进行绝缘老化鉴定。

（6）事故抢修所装上的套管，投运后的首次计划停运时，应进行套管介损测量，必要时可取油样做色谱分析。

（7）停运时间超过6个月的变压器在重新投入运行前，应按预防性试验规程要求进行有关试验。

（8）改造后的变压器应进行温升试验，以确定其负荷能力。

（9）变压器油试验：

1）新变压器和电抗器在投运和变压器大修后按下列规定进行色谱分析：66kV及以上的变压器和电抗器至少应在投运后1、4、10、30天各做一次检测。

2）在运行中按检测周期进行油色谱分析：

a. 330kV及以上变压器和电抗器，或容量240MVA及以上的发电厂升压变压器为3个月。

b. 220kV或容量120MVA及以上的变压器和电抗器为6个月。

c. 66kV及以上或容量8MVA及以上的变压器和电抗器为1年。

d. 8MVA以下的其他油浸式变压器自行规定。

3）变压器和电抗器油简化分析的重点项目：

a. 330kV和500kV变压器、电抗器油每年进行一次微水测试和油中含气量（体积分数）测试。

b. 66kV及以上的变压器、电抗器和1000kVA及以上站、厂用变压器油，每年进行一次油击穿电压试验。

c. 35kV及以下变压器油试验周期为3年进行一次油击穿电压试验。

（10）有载分接开关的试验。分接开关新投运1～2年或分接变换5000次，切换开关或选择开关应吊罩检查一次。运行中分接开关油室内绝缘油，每6个月～1年或分接变换2000～4000次，至少采样1次进行微水及击穿电压试验。分接开关检修超周期或累计分接变换次数达到所规定的限值时，应安排检修，并对开关的切换时间进行测试。

四、变压器的运行监督

（1）应根据《变压器运行规程》（DL/T 572）等相关规定结合本单位机组特点制定现场变压器运行规程并严格执行。

（2）变压器的例行巡视检查：变压器的日常巡视，每天至少一次，每周进行一次夜间巡视。变压器的巡视检查一般包括变压器本体及套管油位、温度、各部位渗漏油情况，吸湿器中干燥剂的颜色，变压器的噪声等情况。

（3）强油循环冷却的变压器应定期进行冷却装置的自动切换试验。

（4）定期测量铁芯和夹件的接地电流。

（5）检查变压器气体继电器内应无气体，压力释放器及安全气道应完好无损。

（6）有载分接开关的分接位置及电源指示应正常。

（7）变压器在下列情况下应对变压器进行特殊巡视检查，增加巡视检查次数：

1）新设备或经过检修、改造的变压器在投运 72h 内。

2）有严重缺陷时。

3）气象突变（如大风、大雾、大雪、冰雹、寒潮等）时。

4）雷雨季节特别是雷雨后。

5）高温季节、高峰负载期间。

（8）变压器运行中其他注意事项：

1）冷却器应根据运行温度的规定，及时启停，将变压器的温升控制在比较稳定的水平。

2）运行中油流继电器指示异常时，应及时处理，并检查油流继电器挡板是否损坏脱落。

3）变压器在运行中滤油、补油、换潜油泵或更换净油器的吸附剂或当油位计的油面异常升高或呼吸系统有异常现象，需要打开放气或放油阀门时，应将其重瓦斯改接信号，此时其他保护装置仍应接跳闸。

4）对于油中含水量超标或本体绝缘性能不良的变压器，如在寒冬季节停运一段时间，则投运前要用真空加热滤油机进行热油循环，按 DL/T 596 试验合格后再带电运行。

5）加强潜油泵、储油柜的密封监测，如发现密封不良应及时处理，应特别注意变压器冷却器潜油泵负压区出现的渗漏油。

6）变压器内部故障跳闸后，应切除油泵，避免故障产生的游离碳、金属微粒等异物进入变压器的非故障部位。

7）为保证冷却效果，变压器冷却器每 1～2 年应进行一次冲洗，变压器的风冷却器每 1~2 年用压缩空气或水进行一次外部冲洗，宜安排在大负荷来临前进行。

8）运行在中性点有效接地系统中的中性点不接地变压器，在投运、停运以及事故跳闸过程，为防止出现中性点位移过电压，必须装设可靠的过电压保护。在投切空载变压器时，中性点必须可靠接地。

9）当运行中铁芯、夹件环流异常增长变化时，应尽快查明原因，严重时应检查处理并采取措施，例如铁芯多点接地而接地电流较大，又无法消除时，可在接地回路中串入限流电阻作为临时性措施，将电流限制在 300mA 左右，并加强监视。

10）对于装有金属波纹管储油柜的变压器，如发现波纹管焊缝渗漏，应及时更换处理。要防止异物卡涩导轨，保证呼吸顺畅。

11）当怀疑变压器有载分接开关油室因密封缺陷而渗漏，致使油室油位异常升高、降低或变压器本体绝缘油的色谱气体含量超标时，应暂停分接变换操作，调整油位，进行追踪分析。

五、变压器的检修监督

（1）变压器检修的项目、周期、工艺及其试验项目按 DL/T 573 的有关规定和制造厂的要求执行。

（2）定期对套管进行清扫，防止污秽闪络和大雨时闪络。在严重污秽地区运行的变压器，可在瓷套上涂防污闪涂料等措施。

（3）气体继电器应定期校验，消除因接点短接等造成的误动因素。

（4）大修后的变压器应严格按照有关标准或厂家规定真空注油和热油循环，真空度、抽真空时间、注油速度及热油循环时间、温度均应达到要求。对有载分接开关的油箱应同时按照相同要求抽真空。

（5）变压器在吊检和内部检查时应防止绝缘受伤。安装变压器穿缆式套管应防止引线扭结，不得过分用力吊拉引线。如引线过长或过短，应查明原因予以处理。检修时，严禁蹬踩引线和绝缘支架。

（6）检修中需要更换绝缘件时，应采用符合制造厂要求，检验合格的材料和部件，并经干燥处理。

（7）在检修时应测试铁芯绝缘，如有多点接地应查明原因，消除故障。

（8）在大修时，应注意检查引线、均压环（球）、木支架、胶木螺钉等是否有变形、损坏或松脱。注意去除裸露引线上的毛刺及尖角，发现引线绝缘有损伤的应予修复。对线端调压的变压器要特别注意检查分接引线的绝缘状况。对高压引出线结构及套管下部的绝缘筒应在制造厂代表指导下安装，并检查各绝缘结构件的位置，校核其绝缘距离及等电压连接线的正确性。

（9）大修时应检查无励磁分接开关的弹簧状况、触头表面镀层及接触情况、分接引线是否断裂及紧固件是否松动，机械指示到位后触头所处位置是否到位。

（10）变压器安装和检修后，投入运行前必须多次排除套管升高座、油管道中的死区、冷却器顶部等处的残存气体。强油循环变压器在投运前，要启动全部冷却设备使油循环，停泵排除残留气体后方可带电运行。更换或检修各类冷却器后，不得在变压器带电情况下将新装和检修过的冷却器直接投入，防止安装和检修过程中在冷却器或油管路中残留的空气进入变压器。

（11）在安装、大修吊罩或进入检查时，除应尽量缩短器身暴露于空气的时间外，还要防止工具、材料等异物遗留在变压器内。进行真空油处理时，要防止真空滤油机轴承磨损或滤网损坏造成金属粉末或异物进入变压器。为防止真泵停用或发生故障时，真空泵润滑油被吸入变压器本体，真空系统应装设逆止阀或缓冲罐。

（12）大修、事故检修或换油后的变压器，在施加电压前静止时间不应少于以下规定：

1）110kV 及以下 24h。

2）220kV 及以下 48h。

3）500kV 及以下 72h。

（13）除制造厂有特殊规定外，在安装变压器时应进入油箱检查清扫，必要时应吊罩检查、清除箱底异物。导向冷却的变压器要注意清除进油管道和联箱中的异物。

（14）变压器安装或更换冷却器时，必须用合格绝缘油反复冲洗油管道、冷却器和潜油泵内部，直至冲洗后的油试验合格并无异物为止。如发现异物较多，应进一步检查处理。

（15）变压器潜油泵的轴承应采取 E 级或 D 级，禁止使用无铭牌、无级别的轴承。对已运行的变压器，其高转速潜油泵（转速大于 1500r/min）宜进行更换。

第七节　变压器故障分析

一、油浸式变压器故障分析

（一）变压器故障类型

油浸式电力变压器的故障常被分为内部故障和外部故障两种。

（1）外部故障为变压器油箱外部绝缘套管及其引出线上发生的各种故障，其主要类型有：绝缘套管闪络或破碎而发生的接地（通过外壳）短路，引出线之间发生相间故障等。

（2）内部故障为变压器油箱内发生的各种故障，其主要类型有：各相绕组之间发生的相间短路、绕组的匝间短路、层间短路和单相接地（带电部分碰壳）短路等。变压器的内部故障从性质上一般又分为热故障和电故障两大类。

1）热故障通常为变压器内部局部过热、温度升高。根据其严重程度，热故障常被分为低温过热（150～300℃）、中温过热（300～700℃）、高温过热（大于700℃）三种故障情况。

2）电故障通常指变压器内部在高电场强度的作用下，造成绝缘性能下降或劣化的故障。根据放电的能量密度不同，电故障又分为局部放电、低能量放电（即火花放电）和高能量放电（即电弧放电）三种故障类型。

（二）运行中变压器的故障识别

变压器油和纤维绝缘材料受到水分、氧气、热量以及铜和铁等材料催化作用会老化分解，生成 H_2、CO、CO_2、CH_4、C_2H_2、C_2H_4、C_2H_6 等气体并溶解于油中，这些气体被称为故障特征气体。正常运行情况下，变压器油中产生气体的速率是相当缓慢的，当变压器内部存在初期的故障或形成新的故障条件时，油中这些气体的含量会明显增加，因此，对变压器油中溶解气体进行分析是发现与判断变压器内部故障的有效手段。为了识别故障，提出了气体含量和产气速率的注意值。注意值是指特征气体的含量或增量需引起关注的值，不是划分设备状态等级的标准。

故障的判断应依据 DL/T 722 进行，判断程序为检查色谱分析数据的有效性→收集历史色谱数据→判定有无故障→分析故障的严重程度和可能的部位→提出处理意见和相应的反事故措施。

1. 新设备投运前油中溶解气体含量要求

依据 DL/T 722 的规定，新设备投运前油中溶解气体含量应符合表 2-16 的要求，而且投运前、后的两次检测结果不应有明显的区别。

表 2-16　　　　　　　　新设备投运前油中溶解气体含量的要求

设备	气体组分	气体组分含量（μL/L）	
		330kV 及以上	220kV 及以下
变压器和电抗器	氢气	<10	<30
	乙炔	<0.1	<0.1
	总烃	<10	<20
套管	氢气	<50	<50
	乙炔	<0.1	<0.1
	总烃	<10	<10

2. 运行中设备油中溶解气体含量注意值

依据 DL/T 722 的规定，当运行电气设备中油中溶解气体含量超过表 2-17 所列数值时，应引起注意。

在识别设备是否存在故障时，不仅要考虑油中溶解气体含量的绝对值，还应注意：

（1）注意值不是划分设备有无故障的唯一标准。当气体浓度达到注意

表 2-17　　　　　　　　运行中设备油中溶解气体含量注意值

设备	气体组分	气体组分含量（μL/L）	
		330kV 及以上	220kV 及以下
变压器和电抗器	氢气	150	150
	乙炔	1	5
	总烃	150	150
	一氧化碳	见本节一、（三）中"3. 对一氧化碳和二氧化碳的判断"	
	二氧化碳		
套管	氢气	500	500
	乙炔	1	2
	总烃	150	150

值时，应进行追踪分析，查明原因。

（2）对 330kV 及以上的电抗器，当出现痕量（小于 1μL/L）乙炔时也应引起注意；如气体分析虽已出现异常，但判断不至于危及绕组和铁芯安全时，可在超过注意值较大的情况下运行。

（3）影响电容式套管油中氢气含量的因素较多，有的氢气含量虽低于表中的数值，但有增长趋势，也应引起注意；有的只是氢气含量超过表中数值，若无明显增长趋势，也可判断为正常。

（4）当气体浓度达到注意值时，还应注意排除有载调压变压器中切换开关油室的油向变压器本体油箱渗漏，或选择开关在某个位置动作时，悬浮电位放电的影响；设备曾经有过故障，而故障排除后绝缘油未经彻底脱气，部分残余气体仍留在油中；设备带油补焊，原注入的油中就含有某些气体等可能性。

（5）对于故障检修后的设备，特别是变压器和电抗器，即使检修后已对油进行了真空脱气处理，但是由于油浸绝缘纸中吸附气体和残油，残油中溶解的故障特征气体会释放至本体油中，所以在跟踪分析初期，故障特征气体含量的增长有可能较快，这时不能武断地认为设备出现了新的故障。

（6）在某些情况下，有些气体可能不是设备故障造成的，如油中含有水，可以与铁作用生成氢；过热的铁芯层间油膜裂解也可生成氢；新的不锈钢中也可能在加工过程中或焊接时吸附氢而又慢慢释放至油中；在温度较高、油中有限溶解氧时，设备中某些油漆（醇酸树脂），在某些不锈钢的催化下，甚至可能产生大量的氢；有些油初期会产生氢气（在允许范围左右）以后逐步下降。应根据不同的气体性质分别予以处理。

3. 运行设备油中溶解气体含量增长率的注意值

因为故障常以低能量的潜伏性故障开始，若不及时采取措施，可能会发展成较高能量的严重故障。所以，仅仅根据分析结果的绝对值是很难对故障的严重性做出正确判断的，必须根据产气速率来诊断故障的发展趋势。产气速率与故障消耗能量大小、故障部位、故障点的温度等情况有直接关系，因此，计算产气速率，既可以进一步明确设备内部有无故障，又可以对故障的严重性做出初步判断。

DL/T 722 中推荐了两种表示产气速率的方式。

（1）绝对产气速率。绝对产气速率是指每运行日产生某种气体的平均值，计算公式为：

$$\gamma_a = \frac{C_{i,2} - C_{i,1}}{\Delta t} \cdot \frac{m}{\rho} \tag{2-1}$$

式中：γ_a——绝对产气速率，mL/d；

　　$C_{i,1}$——第一次取样测得油中 i 组分气体的含量，μL/L；

　　$C_{i,2}$——第二次取样测得油中 i 组分气体的含量，μL/L；

　　Δt——两次取样时间间隔内的实际运行时间，d；

　　m——设备中总油量，t；

　　ρ——油的密度，t/m^3。

DL/T 722 中推荐的变压器和电抗器油中气体绝对产气速率注意值见表 2-18。当产气速率达到注意值时，应缩短检测周期，进行追踪分析。

表 2-18　　　　　　变压器和电抗器油中气体绝对产气速率注意值

气体组分	产气速率（mL/d）	
	密封式	开放式
氢气	10	5
乙炔	0.2	0.1
总烃	12	6
一氧化碳	100	50
二氧化碳	200	100

（2）相对产气速率。相对产气速率是指每运行月（或折算到月）某种气体组分含量增加原有值的百分数的平均值，单位为%/月。计算公式为：

$$\gamma_r = \frac{C_{i,2} - C_{i,1}}{C_{i,1}} \cdot \frac{1}{\Delta t} \times 100\% \tag{2-2}$$

式中：γ_r——相对产气速率，%/月；

　　$C_{i,1}$——第一次取样测得油中 i 组分气体的含量，μL/L；

　　$C_{i,2}$——第二次取样测得油中 i 组分气体的含量，μL/L；

　　Δt——两次取样时间间隔内的实际运行时间，月。

相对产气速率也可以用来判断充油电气设备内部的状况。总烃的相对产气速率大于 10% 时，应引起注意。对总烃起始含量很低的设备，不宜采用此判据。考察产气速率时的跟踪分析时间间隔应以 1～3 个月为宜，且必须采用相同的试验条件进行气体含量分析。

绝对产气速率能直接反映出故障的发展程度，包括故障源的能量、温度和面积等。不同设备的绝对产气速率具有可比性，不同性质故障的绝对产气速率也有其独特性，因此，绝对产气速率已在国内得到了广泛应用。

相对产气速率对同一设备能看出故障的发展趋势；但对于不同设备，由于容量与油量的不同，缺乏可比性。

将试验结果的几项主要指标（总烃、乙炔、氢）与表 2-17 列出的油中溶解气体含量注意值作比较，同时注意产气速率，与表 2-18 列出的产气速率注意值作比较。短期内各种气体含量迅速增加，但尚未超过表 2-17 中的数值，也可判断为内部有异常状况；有的设备因某种原因使气体含量基值较高，超过表 2-17 的注意值，但增长速率低于表 2-18 产气速率的注意值，仍可认为是正常设备。

（三）故障类型的判断

1. 特征气体法

易于形成感性认识的判断方法是故障气体的组合特征，这是过渡到三比值法的基础，不同故障类型所形成的气体组合特征见表 2-19，表 2-20 中所列的改进特征气体法可作为参考。

表 2-19　　　　　　　　　　不同故障类型产生的气体

故障类型	主要气体组分	次要气体组分
油过热[①]	CH_4、C_2H_4	H_2、C_2H_6
油和纸过热[②]	CH_4、C_2H_4、CO	H_2、C_2H_6、CO_2
油纸绝缘中局部放电[③]	H_2、CH_4、CO	C_2H_2、C_2H_4、C_2H_6
油中火花放电[④]	H_2、C_2H_2	
油中电弧放电[⑤]	H_2、C_2H_4、C_2H_6	CH_4、C_2H_6
油和纸中电弧	H_2、C_2H_2、C_2H_4、CO	CH_4、C_2H_6、CO_2
进水受潮或油中气泡可能使氢含量升高。		

① 油过热：至少分为两种情况，即中低温过热（低于 700℃）和高温（高于 700℃）以上过热。如温度较低（低于 300℃），烃类气体组分中 CH_4、C_2H_6 含量较多，C_2H_4 较 C_2H_6 少甚至没有；随着温度升高，C_2H_4 含量增加明显。

② 油和绝缘纸过热：固体绝缘材料过热会生成大量的 CO、CO_2，过热部位达到一定温度，纤维素逐渐碳化并使过热部位油温升高，才使 CH_4、C_2H_6 和 C_2H_2 等气体增加。因此，涉及固体绝缘材料的低温过热在初期烃类气体组分的增加并不明显。

③ 油纸绝缘中局部放电：主要产生 H_2、CH_4。当涉及固体绝缘材料时产生 CO，并与油中原有 CO、CO_2 含量有关，以没有或极少产生 C_2H_4 为主要特征。

④ 油中火花放电：一般是间歇性的，以 C_2H_2 含量的增长相对其他组分较快，而总烃不高为明显特征。

⑤ 油中电弧放电：高能量放电，产生大量的 H_2 和 C_2H_2，以及相当数量的 CH_4 和 C_2H_4。涉及固体绝缘材料时，CO 显著增加，纸和油可能被碳化。

从表 2-19、表 2-20 中不难看出，通过故障气体的组合特征虽然能对产生的故障性质和类型做出判断，但对于两种类型之间的故障则不易掌握。因此，还需要考察它们在数量上的比例关系。这种判断方法就是在罗杰斯三比值法的基础上改良的三比值法。

2. 三比值法

DL/T 722 中推荐使用改良的三比值法（五种气体的三对比值），作为判断充油电气设备故障类型的主要方法，其准确率高于其他三比值法。

表 2-20　　　　　　　　　　改进的特征气体法

序号	故障性质	特征气体的特点
1	过热（低于500℃）	总烃较高，$CH_4 > C_2H_4$，C_2H_2 占总烃的 2% 以下
2	严重过热（高于500℃）	总烃高，$C_2H_4 > CH_4$，C_2H_2 占总烃的 6% 以下，H_2 一般占氢烃总量的 27% 以下
3	局部放电	总烃不高，$H_2 > 100\mu L/L$，并占氢烃总量的 90% 以上，CH_4 占总烃的 75% 以上
4	火花放电	总烃不高，$C_2H_2 > 10\mu L/L$，并且一般占总烃的 25% 以上，H_2 一般占氢烃总量的 27% 以上，C_2H_4 占总烃的 18% 以下
5	电弧放电	总烃较高，C_2H_2 占总烃的 18%～65%，H_2 占氢烃总量的 27% 以上
6	过热兼电弧放电	总烃较高，C_2H_2 占总烃的 6%～18%，H_2 占氢烃总量的 27% 以下

（1）编码规则和判断方法。改良三比值法是用不同的编码表示三对比值，编码规则和故障类型判断方法见表 2-21 和表 2-22。

表 2-21　　　　　　　　　　三比值法编码规则

气体比值范围	比值范围的编码		
	C_2H_2/C_2H_4	CH_4/H_2	C_2H_4/C_2H_6
<0.1	0	1	0
0.1～1	1	0	0
1～3	1	2	1
≥3	2	2	2

表 2-22　　　　　　　　　　故障类型判断方法

编码组合			故障类型判断	典型故障（参考）
C_2H_2/C_2H_4	CH_4/H_2	C_2H_4/C_2H_6		
0	0	0	低温过热（低于150℃）	纸包绝缘导线过热，注意 CO 和 CO_2 增量和 CO_2/CO 比值
	2	0	低温过热（150～300℃）	分接开关接触不良、引线连接不良、导线接头焊接不良、股间短路引起过热、铁芯多点接地、矽钢片间局部短路等
	2	1	中温过热（300～700℃）	
	0，1，2	2	高温过热（高于700℃）	
0	1	0	局部放电	高湿、气隙、毛刺、漆瘤、杂质所引起的低能量密度的放电
2	0，1	0，1，2	低能量放电	不同电压之间的油中火花放电、引线对电压未固定的部件之间连续火花放电、分接抽头引线和油隙闪络或悬浮电压之间的火花放电
	2	0，1，2	低能量放电兼过热	

编码组合			故障类型判断	典型故障（参考）
C_2H_2/C_2H_4	CH_4/H_2	C_2H_4/C_2H_6		
1	0, 1	0, 1, 2	电弧放电	线圈匝间、层间放电，相间闪络；分接头引线间油隙闪络、分接开关拉弧；引线对箱壳或其他接地体放电
	2	0, 1, 2	电弧放电兼过热	

同时，DL/T 722 还列出了利用三对比值的另一种判断故障类型的方法，即溶解气体分析解释表和解释简表，见表 2-23 和表 2-24。

表 2-23　　　　　　　　　　溶解气体分析解释表

情况	故障类型	C_2H_2/C_2H_4	CH_4/H_2	C_2H_4/C_2H_6
PD	局部放电[①②]	NS[③]	<0.1	<0.2
D1	低能量放电	>1	0.1～0.5	>1
D2	高能量放电	0.6～2.5	0.1～1	>2
T1	热故障 $t<300℃$	NS	>1, 但 NS	<1
T2	热故障 $300℃<t<700℃$	<0.1	>1	1～4
T3	热故障 $t\geqslant700℃$	<0.2[④]	>1	>4

注 1. 在某些国家，使用比值 C_2H_2/C_2H_6 而不是 CH_4/H_2。而其他一些国家，使用的比值极限值会有所不同。

2. 以上比值在至少有一种特征气体超过正常值并超过正常增长率时计算才有意义。

① 在互感器中，$CH_4/H_2<0.2$ 为局部放电；在套管中，$CH_4/H_2<0.7$ 为局部放电。

② 有报告称，过热铁芯叠片中的薄油膜在 140℃ 及以上发生分解产生气体的组分类似于局部放电所产生的气体。

③ NS 表示数值无意义。

④ C_2H_2 的总量增加，表明热点温度增加，高于 1000℃。

表 2-23 将所有故障类型分为 6 种情况，这 6 种情况适合于所有类型的充油电气设备，气体比值的极限根据设备的具体类型，可能稍有不同。D1 和 D2 两种故障类型之间既有重叠，又有区别，这说明 D1 和 D2 放电的能量有所不同，因此，必须对设备采取不同的措施。

表 2-24 对局部放电、低能量或高能量放电以及热故障给出了粗略的解释。

表 2-24　　　　　　　　　　溶解气体分析解释简表

情况	特征故障	C_2H_2/C_2H_4	CH_4/H_2	C_2H_4/C_2H_6
PD	局部放电		<0.2	
D	低能量或高能量放电	>0.2		
T	热故障	<0.2		

（2）三比值法应用原则。为了避免改良三比值法应用中出现误判断，DL/T 722 中提出了应用三比值法判断设备故障类型时应遵循的以下原则：

1）只有根据气体各组分含量的注意值或气体增长率的注意值有理由判断设备可能存在故障时，气体比值才是有效的，并应予计算。对气体含量正常，且无增长趋势的设备，比值没有意义。

2）假如气体的比值与以前的不同，可能有新的故障重叠在老故障或正常老化上。为了得到仅仅相应于新故障的气体比值，要从最后一次的分析结果中减去上一次的分析数据，并重新计算比值（尤其是在 CO 和 CO_2 含量较大的情况下）。在进行比较时，要注意在相同的负荷和温度等情况下和在相同的位置取样。

3）由于溶解气体分析本身存在的试验误差，导致气体比值也存在某些不确定性，对气体浓度大于 $10\mu L/L$ 的气体，两次的测试误差不应大于平均值的 10%，而在计算气体比值时，误差提高到 20%。当气体浓度低于 $10\mu L/L$ 时，误差会更大，使比值的精确度迅速降低。因此，在使用比值法判断设备故障性质时，应注意各种可能降低精确度的因素。尤其是对正常值普遍较低的电压互感器、电流互感器和套管，更要注意这种情况。

此外，三比值法不适于对气体继电器放气嘴取出的气样的分析判断，应将气样实测的组分浓度换算成该组分溶解于油中的理论值，再按此理论值应用三比值判断。

4）操敦奎等人提出，当三比值编码组合为 000 时，一般判断为正常。但是，如果特征气体组分浓度很高，而三比值编码组合却为 000 时，则不应轻易认为正常。这时，应用其他诊断方法进行综合判断，并应注意 CO 和 CO_2 的含量。在诊断实践中，三比值编码组合为 000 时，确有低温过热的实例，例如引线外包绝缘老化、变脆，绕组油道堵塞，铁芯局部短路等。

5）有人认为，在改良三比值法中，C_2H_2/C_2H_4 比值编码为 1 时，表征高能量放电故障；而编码为 2 时，反而表征低能量放电故障，这是不合理的。其理由是，编码 2 对应的 C_2H_2/C_2H_4 比值比编码 1 对应的 C_2H_2/C_2H_4 高，放电能量越高，所产生的特征气体 C_2H_2 的浓度则越高，因此，高能量放电故障对应的编码应该是 2，而低能量放电故障对应的编码才应该是 1，这种看法也是错误的。因为三比值法的特点就在于是按气体组分浓度相对值来诊断的，所以，不应以气体组分浓度绝对值的概念来理解三比值。同样，应该把编码规则、编码组合和故障类型诊断三者统一起来，而不是分割开来理解。事实上，高能量放电故障时，虽然产生的特征气体 C_2H_2 的浓度值比低能量放电故障时高得多，但是高能量放电故障时，产生的总烃较高，其中 C_2H_4 尤其突出，因此，C_2H_2/C_2H_4 的值自然就降低了；反之，低能量放电主要特征气体是 C_2H_2，但因为总烃不高，其中 C_2H_4 也较低，所以这时 C_2H_2/C_2H_4 比值反而较高。

3. 对一氧化碳和二氧化碳的判断

用 CO 和 CO_2 含量进行电气设备故障判断时，应注意结合具体变压器的结构特点（如油保护方式）、运行温度、负荷情况、运行检修等情况加以分析。在实际工作中，可以参考 DL/T 722 中对 CO 和 CO_2 的判断。

（1）当 $CO_2/CO<3$ 时，CO 的生成量比 CO_2 更多，一般认为是故障状态下固体绝缘材料热裂解导致。

（2）当 $CO_2/CO>7$ 时，CO_2 的生成量比 CO 更为突出，可以认为是固体绝缘整体正常老化产生的。

（3）当 CO_2/CO 比值在 3～7 时，也可能存在固体绝缘正常老化现象，但不严重。

固体绝缘的正常老化过程与故障情况下的劣化分解均表现在油中 CO 和 CO_2 的含量上，一般没有严格的界限，规律也不明显。这主要是因从空气中吸收的 CO_2、固体绝缘老化及油的长期氧化形成 CO 和 CO_2 的基值过高而造成的。开放式变压器溶解空气的饱和量为 10%，设备里可以含有来自空气中的 $300\mu L/L$ 的 CO_2。在密封设备里，空气也可能经泄漏进入设备油中，油中的 CO_2 浓度将以空气中的比率存在。因此，在进行判断时应从最后一次的测试结果中减去上一次的测试数据，重新计算比值，以确定故障是否涉及固体绝缘。

当怀疑纸或纸板过度老化时，应适当地测试油中糠醛含量或在可能的情况下测试纸样的聚合度。

4. 对气体继电器中气体的判断（平衡判据法）

使用平衡判据法对气体继电器中积聚的气体进行分析判断，其原理如下：

故障的产气速率均与故障释放的能量大小和能量密度密切相关。对于能量较低、气体释放缓慢的故障（如低温热点或局部放电），所生成的气体大部分溶解于油中。对于能量较大（如铁芯过热）的故障，造成故障气体释放较快，当产气速率大于溶解速率时，会形成气泡；在气泡上升的过程中，一部分气体溶解于油中（并与已溶解于油中的气体进行交换），改变了所生成气体的组分和含量；未溶解的气体和油中被置换出来的气体，最终进入继电器而积累下来。对于有高能量的电弧性放电故障，大量气体迅速生成，所形成的大量气泡迅速上升并聚集在继电器里，引起继电器报警；这些气体与油的接触时间很短，因而远没有达到平衡。如果气体长时间留在继电器中，某些组分，特别是电弧性故障产生的乙炔，很容易落于油中，而改变继电器里的游离气体组成，甚至导致错误的判断结果。因此，当气体继电器发出信号时，除应立即取气体继电器中的游离气体进行色谱分析外，还应同时取油样进行溶解气体分析，并比较油中溶解气体与继电器中的游离气体的浓度，以判断游离气体与溶解气体是否处于平衡状态，进而可以判断故障的持续时间。

比较方法为检测游离气体和油中溶解气体中各组分的浓度值，利用各组分的奥斯特瓦尔德系数计算出平衡状态下油中溶解气体含量的理论值，再与从油样检测中得到的溶解气体组分的含量值进行比较。油中溶解气体含量的理论值计算公式为：

$$C_{o,i} = k_i C_{g,i} \tag{2-3}$$

式中：$C_{o,i}$——在平衡条件下，溶解在油中组分 i 的浓度，$\mu L/L$；

$\quad k_i$——组分 i 的奥斯特瓦尔德系数；

$\quad C_{g,i}$——在平衡条件下，气相中组分 i 的浓度，$\mu L/L$。

游离气体的平衡判断方法如下：

（1）如果理论值与油中溶解气体的实测值近似相等，可以认为气体是在平衡条件下释放出来的。这时，如果故障气体各组分浓度都很低，说明设备内部是正常的，应当查明这些非故障气体的来源和气体继电器动作的原因；如果油中溶解气体实测浓度略高于依据游离气体测定浓度换算至油中溶解气体的理论值，说明设备内部确实存在故障。

（2）当根据气体继电器中的游离气体浓度换算至油中的溶解气体浓度的理论值明显超过油中溶解气体的实测浓度时，说明释放气体较多，速度较快，设备内部存在发展较迅速的故障。这时应计算气体各组分的产气速率，并诊断其故障类型和状况。

（四）故障处理

1. 内部过热性故障的处理

（1）若判断变压器内部存在过热性故障时，应加强对该变压器油的色谱跟踪分析，根据气体各组分含量的注意值或气体增长率的注意值决定变压器是否马上停止运行。

（2）经色谱分析判断故障类型为过热，一般有分接开关接触不良、引线接头螺栓松动或接头焊接不良、涡流引起铜过热、铁芯漏磁、局部短路、层间绝缘不良、铁芯多点接地等故障存在。此时还应注意 CO 和 CO_2 的含量及 CO_2/CO 值，如判断过热涉及固体绝缘，变压器应及早停运处理。应采取加强油色谱跟踪、调整变压器负载、开展电气绝缘试验和铁芯的绝缘电阻及绕组直流电阻等试验，直至安排变压器进行吊罩或吊芯检查，以查找变压器内部过热性故障并处理。

2. 内部放电性故障的处理

（1）若判定变压器内部存在放电性故障，首先应判定是否涉及固体绝缘，有条件时可进行局部放电的超声波定位检测，初步判断放电部位。如果放电涉及固体绝缘，变压器应及早停运进行其他检测和处理。

（2）若在判断变压器存在放电性故障的同时，发现变压器存在受潮或进空气等缺陷，在判明未损伤变压器绝缘的前提下，应首先对变压器进行干燥和脱气处理。

（3）不涉及固体绝缘的放电，可能来自悬浮放电、接触不良和磁屏蔽的放电等，应区别放电程度和发展速度，决定停电处理的时机。

3. 内部电弧放电兼过热故障的处理

若经色谱分析判断变压器故障类型为电弧放电兼过热，一般故障表现为线圈匝间、层间短路，相间闪络、分接头引线间油隙闪络、引线对箱壳放电、线圈熔断、分接开关飞弧、因环路电流引起电弧、引线对接地体放电等。对于这类放电，一般应立即安排变压器停运，进行其他检测和处理。

变压器的故障多种多样，但这些故障和缺陷往往都伴随着一些体表现象的变化，可根据变压器的声音、振动、气味、颜色、负荷、温度及其他现象对变压器故障做出初步判断，并根据油色谱含量情况，运用 DL/T 722，结合变压器历年的试验（如绕组直流电阻、空载特性试验、绝缘试验、局部放电测量和微水测量等）的结果，以及变压器的结构、运行、检修等情况进行综合分析，才能较为准确地找出故障原因，判明故障的性质及部位，从而采取有针对性的处理措施（如缩短试验周期、加强监视、限制负荷、近期安排内部检查或立即停止运行等）。

二、干式变压器故障分析

干式变压器常见故障统计及分析见表 2-25。

表 2-25　　　　　干式变压器常见故障统计及分析

序号	故障现象	故障分析
1	电压升高时内部有轻微放电声	接地片断裂
2	线圈绝缘电阻下降	线圈受潮
3	铁芯声音不正常	铁芯紧固件松动，铁芯迭片多余或缺少，夹紧件下的铁芯松动
4	套管间放电	套管间有杂物
5	套管对地放电	套管表面污损或有裂纹
6	分接开关（连片）触头表面灼伤	接触不良，弹簧力不够等
7	分接开关（连片）相间触头放电或分接头放电	触头或分接头处有灰尘或绝缘受潮
8	电气连接处有过热痕迹	连接处的螺栓松动，接触面氧化
9	变压器温度偏高及报警	风机故障或风机温度自动控制失灵
10	风机声音异常	风机震动，风叶松动，轴承损坏
11	温控仪无显示	温控仪电源线未接好
12	运行过程中温控显示三相温度不平衡	正常 B 相稍高（与其他两相相差不大于 10℃），若相差较大则可能因为：①温控仪插头未插到位；②三相负荷不平衡
13	温控仪 PV 显示 Er	测量回路接线有误
14	温控仪 PV 显示 OP	接线回路开路（接线端子未拧紧或者测温线断裂）

第八节　变压器故障处理

变压器非标准项目的检修，是因为其在运行中不正常而被迫进行的，是为了消除危及安全运行的严重缺陷，其次也是运行中发生事故之后的恢复性大修。而对于那些不适于系统中运行的变压器（如结构的不适应或电压等级不适应等）进行的更新改造的大修也属此范畴。

一、油浸式变压器故障检修

（一）运行中出现异常情况的检修

在下列情况出现时，变压器应该停止运行进行检查和修理：

（1）指示表计发现有不正常的剧烈摆动。

（2）在运行中出现不正常的运行声响，如在变压器内部有撕裂声响。

（3）在正常冷却及正常负载下，变压器温度出现不正常的升高。

（4）变压器的压力释放阀或安全气道动作或爆破。

（5）严重漏油或严重缺油。

（6）油质严重劣化（变色，发现游离碳和水，闪点较前次降低5℃以上）。

（7）套管上出现裂纹、潜行放电或闪络痕迹。

（8）油中色谱监测时的数据有明显变化。

非标准项目的检修常依据变压器内绕组、部件的损伤情况或检修或更新（换），因而在工作量和内容上往往较标准项目检修为多。而在进行非标准项目检修时，照例应将标准项目的检修项目全部实施。

在多数情况下，非标准项目的检修工作，往往会涉及变压器结构中主要部分的检修或更换，这时一定会牵涉是否拆除上铁轭及附件，此时在思想准备和条件准备上都要有足够认识。因为无论更动到绕组（整体的或局部的）或是更动到铁芯本身、甚至上下部端绝缘等，都需拆除铁轭后方能进行。

（二）故障检查项目

变压器发生故障后，必须从外部开始详细检查，进行必要的电气试验，根据检查和试验的结果具体分析，找出故障原因，确定必要的检修项目，切不可草率从事、盲目拆卸。

（1）查看运行记录并进行分析。

（2）根据继电保护动作情况分析故障原因。如果气体继电器动作，表明变压器内产生了大量气体，应首先检查气体继电器内的油面和变压器内的油面高度。若气体继电器内已充有气体，则须察看气体的多少，并迅速鉴别气体的颜色、气味和可燃性，从而初步判断变压器故障的性质和原因。若差动继电器动作，应在其保护范围内进行检查，并配合电气试验分析故障原因。

1. 外部检查

发现变压器出现故障，首先应从外部详细检查，同时做必要的试验，分析和判定故障可能原因，并提出检修方案：

（1）检查储油柜的油面是否正常。

（2）安全气道的防爆膜是否爆破。

（3）套管有无炸裂。

（4）变压器外壳温度如何。

（5）油箱渗漏油情况如何。

（6）一次侧引线是否松动，有无发热现象。

（7）根据仪表指示和运行记录进行分析。

（8）根据气体继电器动作情况收集气样，鉴定气体的可燃性，对气体颜色进行分析。如果气体呈黄色，不燃烧，则是木质材料过热；如果气体呈淡灰色，有强烈臭味，则是绝缘纸过热；如果气体呈灰色或黑色，气体易燃，则是变压器油过热故障。

（9）根据差动保护的动作，配合试验进行一系列深入的分析。

2. 电气试验

（1）绝缘电阻的测定。为了判断变压器绕组是否接地，应用 1000V 及以上的绝缘电阻表来测量绕组的绝缘电阻。测量时应将高、低压侧的引线拆开，并将套管擦拭干净，以免影响准确性（若测量相间绝缘电阻，还必须将中性点断开），然后轮流测量高、低压绕组间以及分别测量高、低压绕组对箱壳的绝缘电阻。若其数值很低（或接近于零），则可判断有接地或短路；若测得数值低于前次测量值（换算至相同温度）的 70％时，则应测出其吸收比，以判断其受潮程度。当所测吸收比等于或大于 1.3，表明绝缘干燥。

（2）直流泄漏和交流耐压试验。在故障的变压器中，常有绝缘被击穿之后，由于变压器油的流出而出现绝缘恢复的假象，用 1000V 绝缘电阻表检查很难得出正确的结果。必须采用直流泄漏和交流耐压试验，将试验结果与交接试验数据相比较，以判明情况，如有显著变化则说明绝缘有问题。

（3）绕组直流电阻的测定。为了判明绕组是否发生匝间、层间短路或分接开关、引线有无断线现象，可分别测量各相的直流电阻，如果三相直流电阻不相同，且各相绕组电阻相互间的差别超过三相平均值的 $\pm 4\％$（1.6MVA 及以下变压器）或 $\pm 2\％$（1.6MVA 以上变压器）并与上次所测得数据相差超过 2％时，便可判定该相绕组有故障。

（4）变比测定。变比测定是校对绕组匝间短路的一种方法。若怀疑某相绕组短路，可用较低的电压接在高压侧进行变比测定，若变比读数异常，则可判定绕组短路。如果油箱顶盖是卸开的，就可以看见短路电流在短路匝中产生的高热使附近的变压器油分解而冒出的黑烟和气泡，可判明故障相的所在。

（5）开路试验。变压器耐压试验之后，还可能有潜在的缺陷，再进行开路试验，可显示缺陷，消除隐患。在变压器高压侧（或低压侧）加上额定电压，而在低压侧（或高压侧）开路，测其励磁电流。试验时应注意三相励磁电流是否稳定，并与上次试验数据相比较，若每相励磁电流大出很多或一相很大时，则说明故障存在。

（6）绝缘油样试验。变压器发生故障后，应立即取出油样进行观察和试验，判断能否继续使用。

（三）铁芯多点接地故障的检查与处理

1. 故障的原因

（1）箱顶上运输用的定位件没有翻转过来或拆除掉。

（2）硅钢片翘曲触及夹件等结构件。

（3）穿芯螺栓绝缘套过短或破损，使穿芯螺栓与硅钢片短接。

（4）油箱底部有异物，使硅钢片与油箱短路。

（5）铁芯绝缘受潮、有油泥或损伤。

（6）铁芯接地引线过长，且未采取绝缘包扎措施。

2. 故障的现象

（1）色谱异常。

（2）运行中用钳形电流表测量变压器铁芯接地电流，接地电流大于100mA。

（3）停电时，用绝缘电阻表测量铁芯绝缘电阻较低（如几千欧姆）或为零。

3. 故障的处理

（1）变压器无法停电检修，若接地电流大于 300mA 时，应采取加限流电阻办法进行限流至 100mA 以下，并适时安排停电处理。

（2）电容放电法。

1）铁芯绝缘电阻较低（如几千欧姆），可在变压器充油状态下采用电容放电方法进行处理。

2）采用电容放电冲击法排除，电容充放电电路如图 2-59 所示，电容 C 为 50MF 左右，直流电压发生器输出电压大约为 1000V。

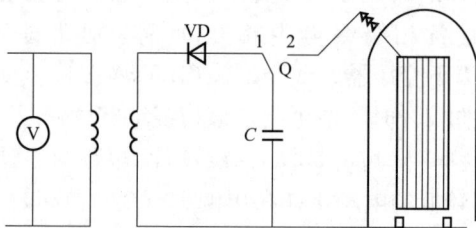

图 2-59　电容充放电电路

3）首先合双向开关 Q 到 1 侧，对电容 C 充电，充电后快速把开关 Q 合到 2 侧，对变压器故障点放电，反复进行几次，故障即可消除。

（3）检查油箱顶盖上运输用的定位钉应翻转过来或拆除掉，否则导致铁芯与箱壳相碰。如定位钉与油箱绝缘，则不需要翻转过来或拆除掉，检查定位钉与油箱间的绝缘应无损坏，否则也应拆除。

（4）若不能消除故障，则应进入油箱或吊芯检修。

（四）绕组直流电阻不平衡率超标故障的检查与处理

1. 故障的原因

（1）引线连接不紧密。

（2）分接开关触头接触不良或烧毁。

（3）引线电阻的差异较大。

（4）绕组并联导线断股。

（5）引线焊接松脱、虚焊、假焊。

2. 故障的现象

变压器绕组直流电阻不平衡率超标，不包括由于变压器结构原因引起绕组直流电阻不平衡率超标。变压器绕组直流电阻不平衡率的判断标准：

（1）1.6MVA 以上变压器，各相绕组电阻相互间的差别不应大于三相平均值的 2%；无中性点引出的绕组，线间差别不应大于三相平均值的 1%。

（2）1.6MVA 及以下的变压器，相间差别一般不大于三相平均值的 4%，线间差别一般不大于三相平均值的 2%。

（3）与以前相同部位测得值比较，其变化不应大于 2%。

3. 故障的处理

（1）检查引线接线片和套管接线板间连接是否紧密，有无过热性变色和烧损情况，如有，应进行以下处理：

1）拧开引线接线片和套管接线板间的紧固螺母。

2）清除引线接线片和套管接线板表面的氧化层。

3）清除氧化层要做好防范措施，防止金属屑落入变压器中。

4）拧紧引线接线片与套管接线板间紧固螺母，使其接触良好。

5）如有低压套管手孔盖板，可通过手孔进行检修。

（2）检查分接引线接线片与分接开关触头连接有无松动、有无过热性变色和烧损情况，如有，应进行以下处理：

1）拆开已松动的分接开关接线片，用砂纸清除分接引线接线片与分接开关触头表面的氧化层。

2）正确紧固分接引线接线片与分接开关触头，使其接触良好。

3）检查分接开关动静触头接触应良好，否则进行检修。触头有氧化膜，则来回切换开关，以除去氧化膜。

（3）引线电阻的差异较大、绕组断股、虚焊等故障应返厂检修。

（五）渗漏油的检查与处理

1. 渗漏油的类型

（1）密封件渗漏油。

（2）焊缝渗漏油。

2. 渗漏油的原因

（1）密封件质量不符合使用要求。

（2）密封件损坏或老化。

（3）密封件选用尺寸不当或位置不正。

（4）在装配时，对密封垫圈过于压紧，超过了密封材料的弹性极限，使其产生永久变形（变硬）而起不到密封作用或套管受力时使密封件受力不均匀。

（5）密封面不清洁（如焊渣、漆瘤或其他杂物）或凹凸不平，密封垫圈与其接触不良，导致密封不严。

（6）在装配时，密封件没有压紧到位而起不到密封作用。

（7）密封环（法兰）装配时，将每个螺栓一次紧固到位，造成密封环受力不均而渗油。

（8）焊缝出现裂纹或有砂眼。

（9）内焊缝的焊接缺陷，油通过内焊缝从螺孔处渗出。

（10）焊接较厚板时没有坡口或坡口不符合焊接要求，有假焊现象。

（11）平板钻透孔焊螺杆时，背面焊接不好造成渗漏油。

（12）非钻透平板发生钻透现象。

（13）箱盖或法兰在装配时与连接件间产生应力而翘曲变形，出现密封不严。

3. 渗漏油的处理

（1）密封件渗漏油的处理方法。

1）由于密封件原因引起的渗漏油，一般采用更换密封件的方法进行处理。

2）更换的密封件材料应选用丁腈橡胶。

3）更换的密封件尺寸与原密封槽和密封面的尺寸应相配合，清洁密封件并检查应无缺陷，矩形密封件其压缩量应控制在正常范围的 1/3 左右，圆形密封件其压缩量应控制在正常范围的 1/2 左右。

4）在更换新的密封件前，所有大小法兰的密封面和密封槽均应清除锈迹和修磨凸起的焊渣、漆膜等杂质，以及补平砂孔沟痕，要保证密封面平整光滑清洁。

5）对于无密封槽的法兰，密封件安装过程中要用密封胶把密封件固定在法兰的密封面上。

6）所有法兰、盖板装配时，紧固螺栓、螺母不得一次完成紧固，应按图 2-60～图 2-62 所示的顺序均匀地循环紧固，至少循环 2 或 3 次，特别是最后一次紧固应用手动完成。

（2）焊缝渗漏油的处理方法。

1）对因焊接或钢材本身缺陷造成的渗漏油，可使用带油补焊的方法进行处理。

2）补焊前后均应采油样做油的色谱分析，以免误认为可燃性气体含量增高是变压器故障所引起的。

3）清除焊缝渗漏处表面的污物、油迹、水分、锈迹等。

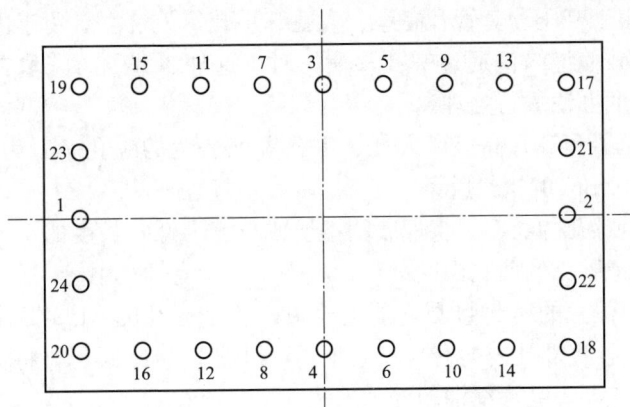

图 2-60　长方形盖板紧固螺栓顺序

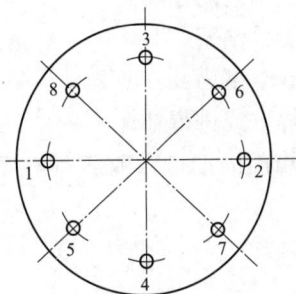

图 2-61　圆形法兰密封紧固
螺栓顺序

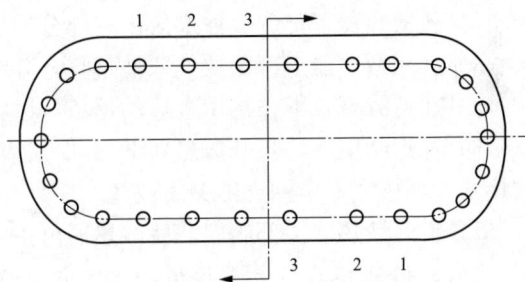

图 2-62　箱沿密封紧固螺栓顺序

4）补焊点应在油面 100mm 以下。

5）使变压器内油面处于箱顶以下 100～150mm。

6）利用箱顶上的阀门接好真空管道进行抽真空，并维持真空度为 0.05MPa。

7）在持续真空下，选用合适的焊条，以电弧焊方式进行补焊，焊条采用 ϕ3.2mm 及以下焊条。

8）补焊时应由上往下运焊，要在引弧后一次快速焊死漏处，焊接速度要快，一般控制点焊时间在 6s 以内。

9）因加强筋盖住了下面焊缝，处理时就要把部分加强筋挖孔进行焊缝、漏点补焊。

10）准备好合适消防器材，施工场地附近地面不能有易燃物，易溅进火花处用铁板挡好。

11）补焊完毕后仍需持续 0.05MPa 真空 30min。

12）如渗漏点在油箱顶部，则在本体储油柜的吸湿器联管处抽真空，使油箱内真空度均匀提升到 0.035～0.04MPa，进行带油补焊，补焊完毕后仍需持续 0.035～0.04MPa 真空 30min。

（3）法兰螺孔渗漏油的处理方法。

1）适用于变压器套管升高座、人孔、手孔等处法兰，由于内圈焊接有砂眼、裂纹致使绝缘油通过螺孔渗漏，对于这种渗漏油可采取在螺孔内垫密封橡胶头的办法进行处理。

2）变压器套管升高座、人孔、手孔等处法兰的螺孔一般为 M12 的螺孔，采用 ϕ10mm 的密封胶条。

3）测量螺孔的长度，将橡胶圆条切成长度为螺孔长度的 1/2 的密封橡胶头，密封橡胶头的两端面应平整、水平，在所有螺孔中垫入密封橡胶头。

4）更换法兰的密封垫圈，盖上盖板，用全螺纹的 M12 螺柱替代原来的 M12 螺栓，将螺孔内的密封胶条压紧，再拧上 M12 螺母，将盖板压紧。

（4）散热器焊缝渗漏油的处理方法。

1）采用带油补焊的方法进行处理。

2）关闭散热器上下阀门，使散热器中的油与油箱内的油隔断。

3）从散热器下部的放油塞放出一部分油后关闭放油塞。

4）利用散热器上部的放气塞抽真空，并维持真空度为 0.05MPa。

5）在持续真空下，选用合适的焊条，以电弧焊方式进行补焊。

6）补焊结束后，打开散热器下部阀门，使油箱内的油进入散热器，待散热器上部放气塞出油立即关闭放气塞。

7）打开散热器上部阀门，使散热器可正常运行。

（六）储油柜油位异常故障的检查与处理

变压器储油柜油位可能是假油位也可能是真实油位。

1. 假油位

（1）故障的原因。

1）敞开式油柜假油位形成的原因。敞开式储油柜常配置侧装（玻璃）管式油位计、板式油位计、磁针式油位计等，其中侧装（玻璃）管式油位计、板式油位计采用的是压力平衡原理。运行中的变压器侧装（玻璃）管式油位计、板式油位计出现假油面的原因可能有油标管堵塞、呼吸器堵塞等。

磁针式油位计是一种通过在表盘上的指针来显示油浸式变压器类产品中油位的装置。一般通过浮球或伸缩杆来带动指针的转动。在运行中磁针式油位计出现假油位的原因可能有：连杆脱落或弯曲、浮球进油、指针脱落或松动、机械卡塞等。

2）金属波纹式储油柜油位异常的原因。金属波纹式储油柜按结构分为内油式、外油式两类。

a. 内油式储油柜假油位产生的原因：金属波纹（内油）内部有残存气体、导向滚轮卡涩等。

b. 外油式储油柜油位异常可能原因：储油柜中混杂有气体、导向滚轮卡涩、波纹管破裂进油、油位计与波纹管标尺连杆脱落。

（2）故障的现象。

1）变压器本体储油柜油位计油位显示异常。

2）用红外热像仪测量的实际油位与油位计显示不符。

（3）假油位故障的处理。

1）敞开式储油柜。

a. 检查储油柜的吸湿器应无堵塞，否则检修或更换吸湿器。

b. 检查油位表是否卡塞，必要时更换油位表。

2）金属波纹式储油柜。

波纹膨胀储油柜注油有两种方法，第一种是真空注油法，第二种是排气注油法。变压器厂家应优选真空注油法，也可采用排气注油法；现场安装储油柜采用排气注油法，有条件的应优选真空注油法。

a. 检查储油柜中是否混有气体。现场采用排气注油法排除内部残存气体。内油式储油柜可打开排气管进行排气；外油式储油柜可从呼吸孔充干燥空气或氮气，打开排气管排气；当排气管内有稳定油流流出时，关闭排气口阀门，并按该变压器的油温油位曲线将油位调整到正确的高度。

b. 检查导向滚轮有无卡塞，必要时更换导向轮。

c. 检查外油式储油柜波纹管是否破裂进油，更换破裂的波纹管或更换储油柜。

d. 检查外油式储油柜油位计与波纹管标尺连杆是否脱落，修复标尺与油位表的连接。

2. 变压器本体真实油位油位过高或过低的检查与处理

（1）油位过高。油位因油温升高而高出最高油位线，有时油位到顶而看不到油位。油位过高的原因如下：

1）变压器过负荷及变压器冷却器运行不正常，使变压器油温升高，油受热膨胀，造成油位上升。如果油位过高是因冷却器运行不正常引起，则应检查冷却器表面有无积灰堵塞，油管上、下阀门是否打开，管道是否有堵塞，风扇、潜油泵运转是否正常合理，冷却介质温度是否合适，流量是否足够。

2）变压器加油时油位高较多，一旦环境温度明显上升，引起油位过高。如果油位过高是因加油过多引起，应放油至适当高度；若油位看不到，应判断为油位确实高出最高油位线，再放油至适当高度。

（2）油位过低。当变压器油位较当时油温对应的油位显著下降，油位在最低油位线以下或看不见时，应判断为油位过低。造成油位过低的原因如下：

1）变压器漏油；如因漏油严重使油位明显降低，应禁止将瓦斯保护由跳闸改为信号，消除漏油，并使油位恢复正常。若大量漏油，油位低至气体继电器以下或继续下降，应立即停用该变压器。

2）变压器原来油位不高，遇有变压器负荷突然下降或外界环境温度明显降低时，使油位过低。

油位过低，会造成轻瓦斯保护动作，若为浮子式继电器，还会造成重瓦斯保护跳闸。严重缺油时，变压器铁芯和绕组会暴露在空气中，这不但容易受潮降低绝缘能力，而且可能造成绝缘击穿。因此，变压器油位过低或油位明显降低，应尽快补油至正常油位。

3. 有载开关油位异常

（1）故障特征。分接开关储油柜油位异常升高或降低直至变压器储油柜油位，甚至经过有载开关呼吸器向外出油。调整分接开关储油柜油位后，仍继续出现类似故障现象。变压器本体油样色谱中乙炔、乙烯等特征气体含量增高。

（2）故障原因。

1）分接开关外部渗漏，如分接开关顶盖、连管、加放油管、阀门等附件渗油造成分接开关油位减低。

2）油室密封缺陷，如油室内放油螺栓未拧紧、桶壁上的静触头松动、绝缘筒上部与本体油箱连接部位密封不良等，也会造成渗油。造成油室中的油与变压器本体的油相互渗油。

（3）检查与排除方法。

1）检查有载开关连接管、气体继电器、开关上顶盖等易出现渗油的部是否有渗油，紧固渗漏部位的法兰或更换密封垫，消除外部渗漏。

2）油室密封缺陷需停电、放油、分接开关揭盖查找渗漏点，如无渗漏，则应吊出芯体，抽尽油室中绝缘油，擦净并清理干净，仔细检查绝缘筒法兰、静触头、传动轴、油室内放油螺栓等部位，然后更新密封件或进行密封处理。有放气孔或放油螺栓的应紧固螺栓，更换密封垫。

（七）冷却器故障的检查与处理

1. 故障的原因

（1）冷却器的风扇、潜油泵、油流继电器故障。

（2）风冷控制箱故障造成冷却器停运。

（3）风冷却器散热器风道间有堵塞。

2. 故障的现象

（1）冷却器的风扇、潜油泵故障停运。

（2）油流继电器不能正确指示油流方向。

（3）油温异常升高。

3. 故障的处理

（1）主变压器不停电更换故障潜油泵。

1）在更换潜油泵前，关闭潜油泵进出口阀门，拧开潜油泵放油孔，将潜油泵及管道内的剩油放入油桶中。如果潜油泵进出口阀门关不严，则不能不停电更换油泵，只能在变压器停电检修时采取抽真空更换油泵。

2）更换潜油泵时应使用专用工具拆除潜油泵接线、潜油泵进出口法兰螺栓，将潜油泵拆下。

3）更换新油泵，调换潜油泵密封件，潜油泵进出口法兰螺栓要从对角线的位置依次紧固。

4）更换好潜油泵后，复装潜油泵接线，保证潜油泵接线盒和电缆接口密封应良好。

5）打开潜油泵进出口阀门对潜油泵和管道放气注满油，应先打开潜油泵放气阀，再略微打开潜油泵出油阀，使变压器油缓慢注入潜油泵和管道内，待放气阀出油后，关闭放气阀；随后打开潜油泵的出油阀和进油阀，注意阀门打开后应检查蝶阀杆固定锁牢，以防止在运行中阀门自动关闭，造成油回路故障。

6）检查潜油泵本体、放油孔、各平面接口及潜油泵进出口法兰应无渗漏油。

（2）主变压器不停电更换故障风扇。

1）在更换风扇前，应检查确认风扇电源应拉开，拉开风扇控制回路小开关和熔丝。

2）拆开风扇防护罩，拆卸风叶，拆去风扇电动机接线和电动机固定螺栓，用专用滑轮和绳子将电动机扎牢并吊下，再将新电动机调换上。

3）调整电动机的同心度，左、右间隙不对时可直接移动电动机，高低不对时可调整底脚垫片。调整好电动机同心度后，紧固电动机底脚螺栓，并接好电动机接线，检查电动机引线各桩头螺栓应紧固，接线盒应密封好，可用密封胶进行密封。

4）装上风扇叶子，螺栓应均匀紧固，并检查风叶与风筒间隙上下左右应相等，最后装上风扇护罩。

5）合上冷却风扇电源，检查风扇转向应正确。

6）测量风扇三相电压，偏差应在380V（1±5%）以内。

7）测量风扇三相电流应基本平衡，三相电流差值不超过平均值10%，三相电流值不超过电动机额定电流值。

（3）主变压器不停电更换故障油流继电器。

1）在更换前首先要将冷却系统切换开关放至停用并拉开电源空气开关、控制回路小开关和熔丝。

2）关闭油流继电器两侧阀门，松开油流继电器的4个螺栓，将油流继电器内的剩油放入油桶中。若油流继电器两侧阀门关不死，则不能不停电更换，只能在变压器停电检修时采取抽真空更换油流继电器。

3）将油流继电器接线拆下，并做好记录，更换油流继电器及密封件，油流继电器螺栓要从对角线位置依次紧固。

4）按拆卸时的记号接好油流继电器接线，用万用表检测接线应正确，用绝缘电阻表检测绝缘应良好，一副动断触点和一副动合触点要按分控电气接线图接正确。

5）先打开油流继电器的放气阀，再打开油泵进油阀使变压器油进入油流继电器及管道，待放气阀出油后立即关闭放气阀，然后打开油泵出油阀，检查所有关闭过的阀门应在打开位置，检查阀门应有止动装置且可靠。

6）启动潜油泵，检查油流继电器指针应指在流动位置且无晃动，检查冷却器工作信号灯应亮，检查应无渗漏油，检查其他放至备用状态的部件应无启动。停用潜油泵时，油流继电器指针应指在停止位置。

（4）风冷控制箱常见故障的处理方法。

1）风冷控制箱常见故障为热继电器动作或空气开关跳闸，热继电器一般用作过载和缺相保护，空气开关一般用作短路保护。

2）将自动投入运行的备用冷却器组改投到"运行"位置。

3）如果是空气开关跳闸，应检查回路中有无短路故障点，可将故障冷却器组投到"停用"位置，重新合上空气断路器；若再次跳闸，则说明从空气断路器到冷却器组控制箱之间的电缆有故障。若空气开关合上后未再次跳闸，则说明冷却器组控制箱及电动机之间的回路有问题。

4）如果是热继电器动作，可在恢复热继电器位置时，弄清是潜油泵电动机还是风扇电动机过载。再次短时投入冷却器组，观察油泵和风扇的电动机，并作如下处理：

a. 整组冷却器组不启动，应检查三相电压是否正常，是否缺相。

b. 若潜油泵过载，应稍等片刻，再恢复热继电器位置。

c. 若发现某个风扇声音异常，摩擦严重，可在控制箱内将故障风扇的电动机端子接线取下，恢复热继电器位置，然后试投入该冷却器组。

d. 如果气温很高，可能引起热继电器动作，可打开控制箱门冷却片刻，再次投入。

e. 若潜油泵声音异常，冷却器组不能继续运行，应更换潜油泵。

f. 检查热继电器 RJ 触点接触情况，如果热继电器损坏，应由检修人员及时更换。

5）检查风冷却器散热器风道间有无隙堵塞，如有应用高压水枪（水压一般为 0.3～0.5MPa）清洗冷却器组管，清洗工艺如下：

a. 清洗前，使冷却器停止运行，拆下风扇保护罩和风扇叶片，这样冷却器的前后都能彻底清洗。

b. 先用吸尘器在进风侧从上至下吸掉灰尘、杂物。

c. 用高压水枪冲洗，由出风侧往进风侧方向冲洗，勿使杂物进入中间管簇，以免杂物落入死区。

（八）吸湿器故障的检查与处理

1. 故障的原因

（1）吸湿器滤网堵塞或封盖没打开。

（2）吸湿器油杯内变压器油不足或玻璃容器、呼吸管道密封不严。

2. 故障的现象

（1）变压器储油柜油位计显示异常。

（2）吸湿器内硅胶受潮变色较快，或从上至下变色。

3. 故障的处理

（1）吸湿器滤网检查和处理方法：

1）呼吸器堵塞（油杯无可见气泡产生），将重瓦斯改为信号。

2）缓慢打开吸湿器，防止放出残气时引起瓦斯动作。

3）将吸湿器内的硅胶倒出。

4）检查吸湿器底部的滤网有无堵塞现象，如有则进行检修或更换。

5）在吸湿器中倒入合格的硅胶。

（2）检查玻璃容器、呼吸管道密封情况，必要时更换呼吸器或管道密封垫。

（3）检查吸湿器底部油杯内的油位应高于呼吸口，否则应添加变压器油。

二、干式变压器故障检修

（一）变压器温度异常升高

1. 处理方法

（1）检查温控器、温度计是否失灵。

（2）检查吹风装置和室内通风情况是否正常。

（3）检查变压器的负载情况和温控器探头插入情况排除温控器、吹风装置故障，在正常负载条件下，温度不断上升，应确认是变压器内部发生故障，应停止运行，进行检修。

2. 引起温度异常升高的原因

（1）变压器绕组局部层间或匝间的短路，内部触点有松动，接触电阻加大，二次线路上有短路情况等。

（2）变压器铁芯局部短路、夹紧铁芯用的穿芯螺栓绝缘损坏。

（3）长期过负荷运行或事故过负荷。

（4）散热条件恶化等。

（二）铁芯对地绝缘电阻低

铁芯对地绝缘电阻低主要是由于环境空气湿度较大，干式变压器受潮导致绝。

处理方法：用碘钨灯放置在低压线圈下连续烘烤12h，包括铁芯、高低压线圈，只要是因受潮导致绝缘电阻偏低的，绝缘电阻值都会相应地有所提高。

（三）铁芯对地绝缘电阻为零

铁芯对地绝缘电阻为零，说明金属之间实连接，可能是由于毛刺、金属丝等，被漆带到铁芯上，两端搭接在铁芯与夹件之间；底脚绝缘破损造成铁芯与底脚相连；有金属物掉入低压线圈内，造成拉板与铁芯相连。

处理方法：用铅丝顺低压线圈铁芯级之间的通道往下捅，确定无异物后，检查底脚绝缘情况。

第九节 变压器故障案例分析

一、变压器分接开关触头接触不良案例

案例：某电厂 240MVA、220kV 主变压器（SFP-24000/220）自投运以来其内部产气速率较高，经常发生轻瓦斯动作，每年都需要进行脱气处理。经吊罩大修，在变压器内部清除了油泥杂质，并用油冲洗，在变压器内部更换了部分密封件，该变压器在随后 2 年中内部产气速率明显下降，乙炔含量一直维持在 $1\mu L/L$ 以下。然而，在 2 年后对该变压器的色谱分析中，乙炔含量升至 $5.9\mu L/L$，氢由 8 月的 $66\mu L/L$ 下降至 $54\mu L/L$，乙烯由 $35\mu L/L$ 上升至 $44\mu L/L$，其他气体含量没有明显变化。但是分析认为故障性质还不明显，同时考虑到色谱试验结果有分散性，决定不急于将该主变压器退出运行，而继续运行加强监视。不到十天，再次取样进行分析，乙炔含量由 $5.9\mu L/L$ 下降到 $1.3\mu L/L$，氢由 $54\mu L/L$ 下降至 $43\mu L/L$，乙烯由 $35\mu L/L$ 下降至 $26\mu L/L$，其他气体含量下降较小。在 1~2 个月内继续取样分析，其气体含量基本不变。当时曾怀疑主变压器乙炔含量是否可能由潜油泵的轴承损坏而引起的，因此对每台潜油泵分别取样进行色谱分析，其气体含量与变压器本体取样结果相同，排除了潜油泵轴承损坏的可能性。

经对照分析，发现乙炔含量与主变压器负荷大小有关，见表 2-26。

表 2-26　　　　乙炔含量与主变压器负荷大小的关系

主变压器负荷（MVA）		色谱分析		主变压器负荷（MVA）		色谱分析	
平均负荷	最大负荷	乙炔含量（μL/L）	取样时间	平均负荷	最大负荷	乙炔含量（μL/L）	取样时间
180	240			110	180	5.5	10：30
160	240	6.5	9：30	80	120	4.2	10：00
120	180	5.8	21：30	60	150	3.3	9：30
170	200						

可能部位是 220kV 分接开关。为了确定变压器内部故障的性质，采用 AE-PD-4 型超声波局部放电测试仪器进行放电超声波定位测量。在探测过程中，当变压器负荷改变时，放电信号的幅值随之改变，并发现 220kV 分接开关在负荷增加到 80MVA 以上时，荧光屏上出现十分明显的电弧放电脉冲，而在负荷下降到 60MVA 以下时则完全消失。通过超声波局部放电测量，判断该主变压器的故障是 A 相分接开关局部接触不良，在负荷电流大的情况下出现电弧放电。

在大修中，将该主变压器的油放完后，从人孔进入检查，果然发现 A 相选择开关最上面的一个动触头上部有一黄豆大的烧伤痕迹，用干布将其

擦净并转动了位置。在大修之后，再对该变压器进行色谱跟踪分析，没有再发现乙炔含量，说明该故障已被确认和处理。

二、变压器绕组直流电阻不平衡率超标案例

案例：某公司一台 SSZ9-63000/110 主变压器采用组合式有载开关，该开关吊芯检修后，开关切换波形正常，但直流电阻试验不合格，直流电阻值见表 2-27。从有载开关的接线图分析，从分接 1 切换到分接 9，直流电阻值应有规律地递减，而从分接 9 切换到分接 17，直流电阻值应有规律地递增，差值为 5～6MΩ（环境温度约 3℃）。从表 2-27 的数据来看，分接 3 的直流电阻值大于分接 2 的直流电阻值，分接 5 的直流电阻值大于分接 4 的直流电阻值，对应的分接 13 的直流电阻值也大于分接 14 的直流电阻值，存在明显缺陷。

表 2-27　　　　　　　　　　　　直流电阻值　　　　　　　　　　　　Ω

分接	A-O	B-O	分接	A-O	B-O
1	0.2875	0.2873	10	0.2514	0.2516
2	0.2824	0.2822	11	0.2571	0.2555
3	0.2844	0.2861	12	0.2628	0.2620
4	0.2767	0.2735	13	0.2734	0.2785
5	0.2797	0.2822	14	0.2704	0.2716
6	0.2619	0.2626	15	0.2793	0.2816
7	0.2585	0.2618	16	0.2819	0.2820
8	0.2531	0.2517	17	0.2878	0.2876
9（a, b, c）	0.2450	0.2442			

（一）原因分析

（1）检查试验接线回路无接触不良现象。

（2）对该有载开关再次吊芯，测量切换开关动触头与中性点触头间的电阻，最大电阻值 257μΩ，最小电阻值 51μΩ，符合要求。由此可见，有载开关的切换开关状态良好。

（3）切换开关经吊芯检修状态良好，需吊芯检查有载开关，重点检查以下部件：

1）检查切换开关绝缘筒外三相输出端子引线和中性点输出端子引线的紧固情况。

2）检查选择开关三相引线的紧固情况（见图 2-63 "Ⅰ"处）。

3）检查选择开关静触头（见图 2-63 "Ⅱ"处）应无氧化现象。

（二）检查处理/措施

（1）放尽变压器油，打开人孔，吊芯检查有载开关。

（2）重新紧固切换开关绝缘筒外侧的三相输出端子引线和中性点输出端子引线，测量 A 相分接 1 到分接 9 的直流电阻，分接 3 的直流电阻值仍然大

于分接 2 的直流电阻值，分接 5 的直流电阻值仍然大于分接 4 的直流电阻值。

图 2-63 组合式有载开关

（3）重新紧固选择开关三相引线（见图 2-63"Ⅰ"处），发现该处紧固引线的 6 个内六角螺栓都有松动现象，重新紧固。测量 A 相分接 1 到分接 9 的直流电阻，直流电阻值已满足从分接 1 到分接 9 递减的规律，但差值变化很大，最小差值仅 2MΩ。

（4）从该有载开关的结构来看，选择开关各部件中可能影响变压器直流电阻的就剩下选择开关的动静触头的接触电阻，从以上情况分析，选择开关的动静触头可能存在氧化现象，因此对所有的静触头进行表面处理。

（5）选择开关静触头表面处理后，复测直流电阻值，符合要求。

三、变压器铁芯多点接地故障案例

案例：某 2000kVA、35kV 主变压器轻瓦斯动作频繁，每运行一周左右，气体继电器内就积聚约 2/3 容积的气体。主变压器温升较正常时偏高，但电气试验未发现绝缘不良或受潮。经采用集气袋收集气体继电器中的气体，并进行变压器油色谱分析其结果见表 2-28。

表 2-28 油色谱试验数据 μL/L

气体	氢气	甲烷	乙烷	乙烯	乙炔	总烃	一氧化碳	二氧化碳
试验数据	60	139	21	430	4.6	594.6	35	711

（一）原因分析

（1）色谱反映出甲烷（CH_4）、乙烯（C_2H_4）超标，总烃（C_1+C_2）超标，乙炔（C_2H_2）已接近注意值 $5\mu L/L$，氢（H_2）及乙烷（C_2H_6）都有明显增长，但 CO、CO_2 增长不明显，说明故障点不是固体绝缘材料分解而致。

（2）集气袋里面的气体易燃，更说明此主变压器存在故障，不是油中溶解的空气因天气变热而析出那么简单。

采用三比值编码法判断：

$\dfrac{C_2H_2}{C_2H_4}=\dfrac{4.6}{430}<0.1$，编码为 0。

$\dfrac{CH_4}{H_2}=\dfrac{139}{60}$ 其值在 1～3 之间，编码为 2。

$\dfrac{C_2H_4}{C_2H_6}=\dfrac{430}{21}>3$，编码为 2。

三比值编码组合为 0、2、2，且有乙炔（C_2H_2）产生，说明此主变压器内部可能存在 $1000℃$ 以上高温点，由于 CO、CO_2 不多，估计高温点属裸金属过热，或为接头接触不良，或为铁芯多点接地环流发热。

（二）检查处理/措施

经吊芯检查，接线头及分接开关均接触良好，无过热现象。用 2500V 绝缘电阻表测铁芯对地绝缘（接地铜片已解），发现铁芯仍接地，经进一步摇测上下铁芯的夹件、穿芯螺杆、底部垫脚对铁芯的绝缘，发现底部垫脚对铁芯的绝缘电阻很低，引起铁芯两点接地，产生铁芯与外壳间的环流造成高温发热。更换绝缘垫脚，并用真空滤油机对变压器油脱水脱气处理，投运后运行正常。

四、变压器多次过电流重合动作绕组变形案例

案例：某 31.5MVA、110kV 变压器（SFSZ8-31500/110）发生短路事故，重瓦斯保护动作，跳开主变压器三侧开关。返厂吊罩检查，发现 C 相高压绕组失圆，C 相中压绕组严重变形，并挤破围板造成中、低压绕组短路；C 相低压绕组被烧断二股；B 相低压、中压绕组严重变形；所有绕组匝间散布很多细小铜珠、铜末；上部铁芯、变压器底座有锈迹。

事故发生的当天有雷雨。事故发生前，曾多次发生 10、35kV 侧线路单相接地。13 点 40 分 35kV 侧过电流动作，重合成功；18 点 44 分 35kV 侧再次过电流动作，重合闸动作，同时主变压器重瓦斯保护跳主变压器三侧开关。经查 35kV 侧距变电站不远处 B、C 相间有放电烧损痕迹。

（一）原因分析

根据国家标准《电力变压器 第 5 部分：承受短路的能力》（GB 1094.5）规定 110kV 电力变压器的短路视在容量为 800MVA，应能承受最大非对称短路电流系数约为 2.55。该变压器编制的运行方式如下：①电网

最大运行方式 110kV 三相出口短路的短路容量为 1844MVA；②35kV 三相出口短路为 365MVA；③10kV 三相出口短路为 225.5MVA。

事故发生时，实际短路容量尚小于上述数值。据此计算变压器应能承受此次短路冲击。事故当时损坏的变压器正与另一台 31500/110 变压器并列运行，经受同样短路冲击，而另一台变压器却未损坏。因此事故分析认为导致变压器 B、C 相绕组在电动力作用下严重变形并烧毁，由于该变压器存在以下问题：

（1）变压器绕组松散。高压绕组辐向用手可摇动 5mm 左右。从理论分析可知，短路电流产生的电动力可分为辐向力和轴向力。外侧高压绕组受的辐向电磁力，从内层至外层呈线性递减，最内层受的辐向电磁力最大，两倍于绕组所受的平均圆周力。当绕组卷紧时，内层导线受力后将一部分力转移到外层，结果造成内层导线应力趋向减小，而外层导线应力增大，内应力关系使导线上的作用力趋于均衡。内侧中压绕组受力方向相反，但均衡作用的原理和要求一致。绕组如果松散，就起不到均衡作用，从而降低了变压器的抗短路冲击的能力。

外侧高压绕组所受的辐向电动力是使绕组导线沿径向向外胀大，受到的是拉张力，表现为向外撑开；内侧中压绕组所受的辐向电动力是使绕组导线沿径向向内压缩，受到的是压力，表现为向内挤压。这与该变压器的 B、C 相高、中压绕组在事故中的结果一致。

（2）经吊罩检查发现该变压器撑条不齐且有移位、垫块有松动位移。这样大大降低了内侧中压绕组承受辐向力和轴向力的能力，使绕组稳定性降低。从事故中的 C 相中压绕组辐向失稳向内弯曲的情况，可以考虑适当增加撑条数目，以减小导线所受辐向弯曲应力。

（3）绝缘结构的强度不高。由于该变压器中、低压绕组采用的是围板结构，而围板本身较软，经真空干燥收缩后，高、中、低绕组之间呈空松的格局，为了提高承受短路的能力，宜在内侧绕组选用硬纸筒绝缘结构。

（二）处理措施

这是一起典型的因变压器动稳定性能差而造成的变压器绕组损坏事故，应吸取的教训和相应措施包括：

（1）在设计上应进一步寻求更合理的机械强度动态计算方式；适当放宽设计安全裕度；内绕组的内衬，采用硬纸筒绝缘结构；合理安排分接位置，尽量减小安匝不平衡。

（2）制造工艺上可从加强辐向和轴向强度两方面进行，措施主要有：采用立式绕线机绕制绕组，采用先进自动拉紧装置卷紧绕组；牢固撑紧绕组与铁芯之间的定位，采用整体套装方式；采用垫块预密化处理、绕组恒压干燥方式；绕组整体保证高度一致和结构完整；强化绕组端部绝缘；保证铁轭及夹件紧固。

（3）要加强对大中型变压器的质量监制管理，在订货协议中应强调对中、小容量的变压器在型式试验中作突发短路试验，大型变压器要做缩小模型试验，提高变压器的抗短路能力，同时加强变电站 10kV 及 35kV 系统维护，减少变压器遭受出口短路冲击概率。

五、变压器出口近区短路绕组变形烧毁案例

案例：某电厂 500MVA、24kV 厂用变压器（SFF7-50000/24）因外部近区短路造成厂用变压器差动、压力释放等保护动作，厂用变压器发生严重损坏，发生发电机组被迫停机事故。

现场检查发现该 8 号厂用变压器外壳四周明显外鼓，焊接处多处漏油，变压器下部大法兰与箱壁焊接处油漆剥落。由于发生事故时喷油严重，估计变压器内部基本处于无油状态。事故后对此厂用变压器进行了频响法变压器绕变形测试，测试结果如图 2-64 所示，与原始测试结果比较表明，该变压器二次绕组二段变形最严重，一次绕组次之。

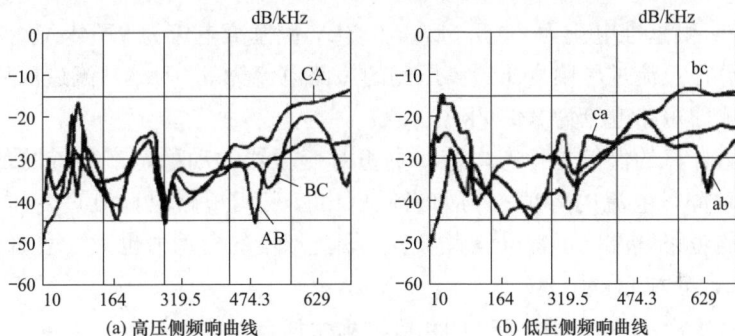

图 2-64 频响曲线

(一) 吊罩吊芯检查结果

低压侧二段：a、b 二相第一、第二段铜线散开，A 相低压侧位移约为 15mm；c 没有散开，位移为 2～8mm；a、b 二相围屏下部二层全部散开，第三层向上有位移；a、b 相垫块有位移。

高压侧二段：B 相下部导线位移；A 相下部压板出口有三饼移出；B 相高压引出线烧断；B、C 相的下夹件表面有约 450mm 电弧烧伤痕迹；油箱内油发黑，到处是铜末。铁芯下部约有 6 处被电弧烧伤的痕迹，深度约 5m，长度约 150mm。

(二) 原因分析

造成事故的原因是该厂用变压器低压侧 6kV 凝结水泵开关柜 A 相动静触头严重接触不良，产生电弧，电弧烧穿隔离套筒，引起空气电离，逐步发展成 A、B 相间短路，并迅速发展致使三相短路。三相短路稳态电流计算电气原理图如图 2-65 所示。

假设基准容量为 100MVA，则：

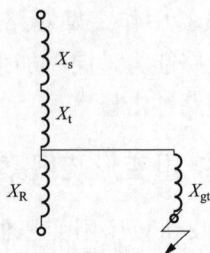

图 2-65　三相短路稳态电流计算电气原理图

X_s—系统短路阻抗（除 7 号及 8 号机外）；X_t—8 号主变压器短路阻抗；

X_R—8 号发电机短路阻抗；X_{gt}—8 号厂用变压器短路阻抗

$X_s = 0.01625$

$X_1 = 0.035$（$U_k = 14\%$，400MVA）

$X_g = 0.0567$（$X_d^n = 0.22$，330MVA，$\cos\varphi = 0.85$）

$X_{gt} = 0.38$（$U_k = 19\%$，50MVA）

24kV 侧基准电流为 2405.6kA，6.3kV 侧基准电流为 9164kA。

计算得：流过厂用变压器高压侧的短路电流为 5.91kA，流过厂用变压器低压侧的短路电流为 22.52kA。

以上计算的仅仅是稳态电流，真正对变压器的动稳定产生威胁的主要是短路时暂态电流的峰值；例如当低压出口三相短路时，流过变压器高、低压侧的短路电流比正常电流大得多，因此产生的电动力也大大增加。

（三）处理措施

通过这次事故教训应采取的相应措施包括：

(1) 加强低压出口配套设备的改进及管理。

(2) 选用动稳定性好的变压器。并优先选用已通过突发短路试验的变压器，进一步提高厂用变压器的抗短路能力。对新订货的变压器，虽然 GB/T 1094 系列标准对系统短路容量有明确的规定，但针对厂用变压器的特殊重要地位，用户可适当提高短路容量的要求。拟选用的变压器，不管是否通过突发短路试验，用户皆应要求制造厂家提供短路电动力的计算报告单，该计算报告单内容一般应包括短路电流和短路应力及耐受强度的计算等。绕组导线应力和垫块承受压力等是通常的验算项目，计算的重点是低压绕组的机械失稳，而机械失稳计算的安全系数以取 1.8～2.0 为宜。

(3) 加强继电保护管理，提高保护动作的正确性。针对厂用电系统的特殊性，其承受短路冲击的可能性比较大，尤其对大容量机组的高压厂用变压器来说，所承受的短路电流也比较大，即使保护正确动作，由于保护时间的级差问题，动作时间相对较长（大于 1.3s），变压器能否承受多次的短路冲击而不留下不可恢复的机械变形是值得怀疑的。所以为了高压厂用变压器的安全，很有必要增加 6kV 厂用电的母线保护，以缩短过电流保护动作时间。

六、变压器套管内部严重缺油造成事故案例

案例：某 SSPSL-150000/220/Y0/Y0/D 高压备用变压器 220kV 侧 W 相套管爆炸着火。主控制室警铃、警报响，中央信号盘"主机、主变压器掉牌"信号表示，高压备用变压器盘"压力下降""瓦斯回路故障""轻瓦斯动作""通风回路故障"信号表示，开关掉闸。高压备用变压器 220kV 侧 W 相套管着火，人员迅速打 119 报警，同时拉开高压备用变压器三侧开关、隔离开关，组织救火，接到报警后，相关人员将火扑灭。

事故原因分析如下：

事故直接原因：由于变压器 W 相套管内部严重缺油，加之有潮气侵入，（该地区持续下雨）在套管内部导电杆上部电容芯上边缘处，电场分布不均匀、电场强度大、对地电位高，先产生电晕和局部放电，然后沿电容芯表面爬电，最后经套管法兰和箱体及地线放电击穿（变压器器身接地线已熔断），造成 W 相套管接地性故障，并引起套管爆炸，引发套管绝缘油的燃烧起火。对变压器本体产生高温烘烤，使得变压器 W 相附近局部温度急剧升高，在高温作用下氧化、分解而析出各种成分的气体，内部形成气流，造成矽胶罐密封薄弱处向外喷油，与此同时高压备用变压器重瓦斯保护动作。造成 W 相套管烧损的主要原因是该套管缺油，潮气侵入或可能进水而引发沿面放电击穿，最后导致套管爆炸。

事故间接原因如下：

（1）检修维护不到位，高压备用变压器于 2009 年 6 月 5 日进行了春检预防性试验工作，并未发现任何异常情况，但没有对变压器进行全面的检查。多年来，高压备用变压器未进行过大修，电气检修人员对设备底数不清，最终导致高压备用变压器损坏事故发生。

（2）化学对油质监督不力。应定期进行绝缘油的分析工作，但高压备用变压器套管从未进行过油质分析，致使变压器套管缺油状况未能及时被发现。

七、变压器绝缘受潮过热案例

案例：某 240MVA、220kV 主变压器（SFPS7-240000/220）在周期性油色谱分析中发现氢气、乙炔含量有增大趋势。经跟踪监测，氢气含量为 49.9μL/L，而乙炔含量为 10.2μL/L，已超过正常注意值。两天后停电检修，检修前氢气含量达 43.6μL/L，乙炔含量达 10.9μL/L，色谱变化情况见表 2-29，绝缘介质损耗 tanδ% 变化见表 2-30。

表 2-29			变压器绝缘受潮色谱试验数据					μL/L
气体	氢气	乙炔	甲烷	乙烷	乙烯	总烃	一氧化碳	二氧化碳
前五天	30.1	5.2	17.1	2.2	5.5	30	596	1086
前二天	49.9	10.2	23.6	2.8	6.2	42.8	654	1393

气体	氢气	乙炔	甲烷	乙烷	乙烯	总烃	一氧化碳	二氧化碳
检修前	43.6	10.9	20.1	3.2	7.2	41.4	668	1424
检修后	0	0.17	1.2	0.1	0.11	1.58	26	62

表 2-30 绝缘介质损耗 $\tan\delta\%$ 变化

测试绕组	正常时	色谱异常时	检修后
高压	小于 0.1	1.5	小于 0.1
中压	小于 0.1	1.75	小于 0.1
低压	小于 0.61	1.7	小于 0.1

停电检修放油后的重点检查项目是：绕组压板、压钉有无松动，位置是否正常；铁芯夹件是否碰主变压器油箱顶部或油位计座套；有无金属件悬浮高电位放电；邻近高电场的接地体有无高电位放电；引线和油箱升高座外壳距离是否符合要求，焊接是否良好；油箱内壁的磁屏蔽绝缘有无过热；中压侧分接开关接触是否良好。

检查中发现：中压侧油箱上的磁屏蔽板绝缘多块脱落；中压侧 B 相引线靠近升高座处白布带脱落且绝缘有轻微破损；B 相分接开关操作杆与分接开关连接处有许多炭黑。

（一）原因分析

规程规定 220kV 变压器 20℃时，$\tan\delta\%$不得大于 0.8，且一般要求相对变化量不得大于 30%，根据表 2-29 的数据反映变压器绝缘受潮。

按照 DL/T 722 推荐的三比值法：$C_2H_2/C_2H_4=10.9/7.2=1.51$；编码为 1；$CH_4/H_2=20.1/43.6=0.46$；编码为 0；$C_2H_4/C_2H_6=7.2/3.2=2.25$；编码为 1。组合编码为 1，0，1，对应的故障性质为主变压器内部有绝缘过热或低能放电现象。

氢气、乙炔含量高的可能原因如下：

（1）主绝缘慢性受潮。主绝缘受潮后，绝缘材料含有气泡，在高电压强电场作用下将引起电晕而发生局部放电，从而产生 H_2；在高电场强度作用下，水和铁的化学反应也能产生大量的 H_2，使 H_2 在总烃含量中所占比重大。主绝缘受潮后，不但电导损耗增大，同时还会产生夹层极化，因而介质损耗大大增加。

（2）磁屏蔽绝缘脱落后的影响。正常时，高、中压绕组的漏磁通主要有三条路径：一是经高、中压绕组—磁屏蔽板闭合；二是经高、中压绕组—油箱—高、中压绕组闭合；三是经高、中压绕组—油箱—磁屏蔽板—高、中压绕组闭合，并在箱壳和磁屏蔽板中感应电动势。磁屏蔽板的绝缘脱落后，将使磁屏蔽一点或多点接地，从而形成感应电流闭合回路导致发热，如果绝缘脱落后，磁屏蔽板和箱壳的接触不好，还有可能形成间隙放电或火花放电。

（3）B相引线的白布带脱落和绝缘有碰伤痕迹，可能发生对套管升高座放电。

（4）中压侧B相分接开关与操动杆接触不良，可能会产生悬浮电位放电。

变压器运行时出现内部故障的原因往往不是单一的，在存在热点的同时，有可能还存在着局部放电，而且热点故障在不断地发展成局部放电，由此又加剧了高温过热，形成恶性循环。

（二）处理措施

对B相引线绝缘加固，加强磁屏蔽绝缘，检修调整分接开关，同时对主变压器本体主绝缘加热抽真空干燥。具体措施是用履带式加热器在主变压器底部加热，主变压器顶部及侧面用硅酸铝保温材料保温，主变压器四周用尼龙布拉成围屏，以保证主变压器底部不通风，以达到进一步保温的目的。加热器加热时，使主变压器外壁温度保持在60~70℃，加热72h后，采用负压抽真空（抽真空时加热不中断），抽真空后，继续加热24h，再抽真空，这样反复3~4次以后，再做介质损耗试验，试验结果合格。同时，进油时对油中气体经真空脱气，色谱分析正常，各项试验数据全部合格，变压器投入后运行正常。

八、变压器绕组匝间击穿事故案例

案例：某50MVA、220kV变压器（SFPFZ-50000/220）低压为双分裂绕组结构；投运时220kV侧首先合闸，但差动保护、重瓦斯保护动作，经取油样色谱分析，乙炔高达82μL/L，色谱分析数据见表2-31。

表2-31　　　　　变压器绕组匝间击穿色谱试验数据　　　　　μL/L

氢气	甲烷	乙烯	乙烷	乙炔	总烃	一氧化碳	二氧化碳
29.0	26.3	27.0	1.8	82.4	137.5	522.9	98.3

原因分析与处理如下。

故障后的电气试验，低压绕组的直流电阻 R 变化数据见表2-32。

表2-32　　　　　　　低压绕组的直流电阻值　　　　　　　Ω

绕组	ab	bc	ca	$\Delta R\%$
低压一	0.004099	0.004139	0.004105	0.97
低压二	0.004273	0.004256	0.004452	4.5

从表2-32中的数据，初步确定低压绕组二a相故障。经吊罩检查，沿该绕组油道内侧匝间分别在第5饼与14饼及第16饼与6饼间绝缘烧损露铜，由下往上第10饼处，共12股并绕导线中一股烧断，如图2-66所示，使直流电阻增大。从该变压器分裂绕组的结构可以看出，油道两侧相邻匝间电压比较高，如以绕组总匝数为25匝计算，正常运行时，图2-66中5饼与6饼间的电压约为匝电压的19倍。若匝间绝缘薄弱，或存在薄弱点（如

导线有毛刺等），则在过电压作用下极易发生匝间击穿。因此，制造厂更换了所有低压绕组。

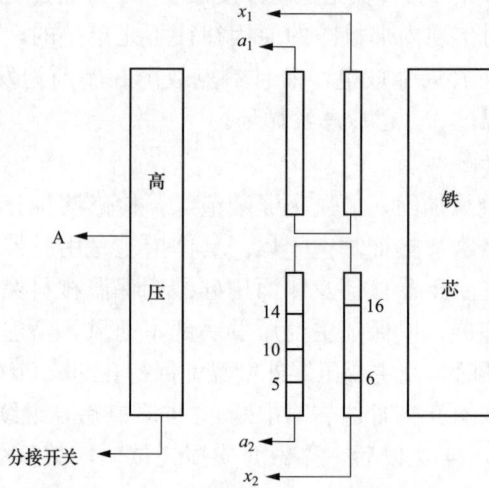

图 2-66　绕组损坏部位及排列结构示意图

九、变压器电容套管热击穿爆炸事故案例

案例：某电厂 60MVA、210kV 单相主变压器（DFL3-60000/220）更换 220kV 和 110kV 电容套管投运 4 年后，A 相高压套管突然爆炸起火。爆炸前三个月，三相高压套管介质损耗试验 $\tan\delta\%$ 正常，且 4 年来没有变化，电容量变化也不大。爆炸前一年套管油色谱分析甲烷、乙炔和氢气三个指标均未超标，但 A、B 两相氢气较投运前增长，甲烷也有增加，其中 A 相套管油色谱分析数据（见表 2-33）。

表 2-33　　　　　变压器电容套管热击穿爆炸色谱试验数据　　　　　$\mu L/L$

项目	氢气	甲烷	乙炔
投运前	1.75	4.49	0
爆炸前一年	104	29	0
标准	500	100	1

原因分析与检查如下：

套管爆炸的事故前一天，该厂 220kV 出线遭受两次雷击，但主变压器避雷器的计数器未动作。事故后对该套管进行解体检查：上瓷套炸碎，下瓷套完好，末电屏连接良好。电容芯的中部位置处（在末电屏焊点以上 14cm 处）有两个孔（见图 2-67）；一个孔外形 $80\times30\text{mm}^2$，深达中心铜管，还有三层绝缘纸完好；另一孔外形 $40\times20\text{mm}^2$，尚存较厚的绝缘纸，两孔呈内大、外小的形状，且在同一水平线上。孔边的绝缘纸已烧焦，但中心铜管无电弧痕迹，说明不像电击穿，而是一种热击穿。

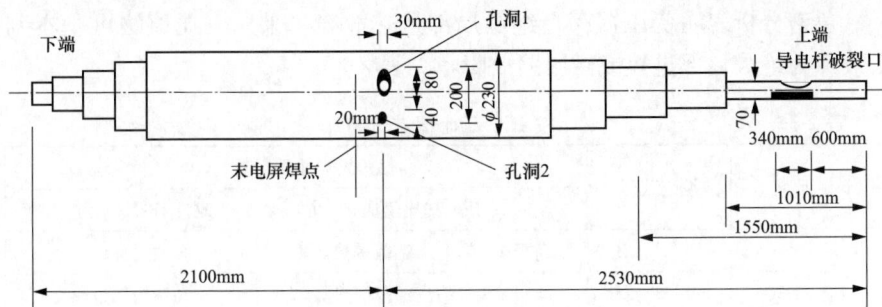

图 2-67 220kV 套管电容芯子

事故后制造厂来人实地调查，分析认为该电容套管芯子由于在卷制时已存在着局部薄弱环节，且在事故前一天，遭受雷击过电压，局部电容屏间发生击穿，经一天时间的积累，进一步恶化，电容屏间的热击穿产生的气化压力，使上瓷套炸裂。由于套管内的压力突然被释放，故障处的纸绝缘向外"放炮"，炸成孔洞，类似爆竹爆炸，由于电气保护跳闸在先，虽然孔洞几乎已经贯通，但尚不可能产生电弧。

该变压器放在掩体内，不受雨水侵袭，运行条件较好。因此，今后线路遭受雷击之后，应注意对电气设备加强巡回检查和运行分析，及时发现隐患，降低事故的发生率。

十、变压器绕组变形油道堵塞绝缘过热案例分析

案例：某公司 110kV 变电站 1 号主变压器 1998 年 5 月预防性试验中发现油中总烃含量超过注意值，经进行吊罩检查，但未能发现故障点，然后对该主变压器进行色谱追踪监测，在 1998 年 11 月 17 日以前，偶有几次总烃略高于国家标准注意值，但从 1998 年 11 月 24 日起，总烃一直超标，且有明显增大趋势，追踪分析结果见表 2-34。

表 2-34　　变压器绕组变形油道堵塞绝缘过热色谱跟踪数据　　μL/L

取油日期	CH_4	C_2H_6	C_2H_4	C_2H_2	C_1+C_2	H_2	CO	CO_2	备注
1997-12-26	1.9	0	1.5	0	6.4	23.7	140	1198.3	投运一天后
1998-05-20	73.9	25.0	152.2	0	252.3	73.8	409.9	2686.8	1998 年预防性试验
1998-07-28	1.2	0.8	2.1	0	4.1	15.8	9.0	5343	大修后投运前
1998-11-30	90.6	26.0	175.1	0	292.5	62.4	390.7	2541.4	追踪
1998-12-16	65.4	35.8	191.0	0	285.4	92.8	357.2	3698.2	追踪
1998-12-22	68.9	43.0	209.7	0	321.6	93.0	484.8	3727.6	追踪
1999-01-14	69.4	40.8	203.3	0	313.5	94.6	515.2	3979.3	追踪
1999-02-21	103.5	46.2	237.1	0	386.8	97.4	602.3	4227.2	追踪

原因分析与检查如下：

色谱分析表明变压器存在绝缘局部过热故障，采用三比值法可基本判定故障为绝缘局部过热或磁回路故障，见表 2-35。

表 2-35　　　　　　　　　　按 IEC 三比值法分析

试验日期	编码代号	故障性质判断	
		IEC 三比值法	改良 IEC 三比值法
1998-05-20	0、2、2	高于 700℃ 的高温范围热故障	高温局部过热
1998-11-30	0、2、2	高于 700℃ 的高温范围热故障	高温局部过热
1998-12-16	0、2、2	高于 700℃ 的高温范围热故障	高温局部过热
1998-12-22	0、2、2	高于 700℃ 的高温范围热故障	高温局部过热
1999-01-14	0、2、2	高于 700℃ 的高温范围热故障	高温局部过热
1999-02-21	0、2、2	高于 700℃ 的高温范围热故障	高温局部过热

根据油色谱分析数据中的总烃含量较高，甲烷和乙烯是气体主要成分、未见乙炔成分变化，表明变压器存在绝缘局部过热故障。通过对变压器运行情况分析，确定油中气体来源于故障点，排除了气体的其他来源。

为确定故障性质，厂方于 1999 年 4 月对该变压器在停电后，进行各项电气试验，包括高压出厂试验，各种试验结果都无故障显示，说明电路本身无故障。

由以上分析结果可基本判断变压器存在绝缘局部过热或磁回路故障，由于第一次吊罩未能找到故障点，认为故障在绕组围屏内部或铁芯中下部，将该变压器再次吊罩进行详细检查发现：

（1）B 相低压绕组最下部两饼变形，导线向内收缩，匝间垫条脱落，油道严重阻塞。

（2）B 相低压绕组最下一饼、下数第十七饼导线变形，油道挤死。

（3）B 相调压绕组斜端圈下部第二循环匝的导线倒摞。

对 A、C 两相各绕组以及铁芯检查（包括把铁芯从箱底吊出），均未发现其他故障点。至此，确定故障的来源是由于部分线匝间油道堵塞、固体绝缘散热不良而造成变压器局部绝缘过热，引起油中溶解气体异常。

色谱分析与吊罩检查结果发现的局部绕组变形、油道堵塞、固体绝缘散热不良的缺陷情况基本相吻合。

第三章　高压断路器

第一节　高压断路器结构及主要技术参数

断路器在电力系统中起着两方面的作用：一是控制作用，即根据电力系统运行需要，将一部分电力设备或线路投入或退出运行；二是保护作用，即在电力设备或线路发生故障时，通过继电保护装置作用于断路器，将故障部分从电力系统中迅速切除，保证电力系统无故障部分的正常运行。

一、断路器简介

按灭弧介质不同，断路器可分为油断路器、压缩空气断路器、SF_6 断路器、真空断路器、固体产气断路器及磁吹断路器等。最常用的是 SF_6 断路器。

国内 SF_6 断路器一般采用 LW 和 LN 编码，LW 是指高压户外安装 SF_6 断路器；LN 是指高压户内安装 SF_6 断路器。

SF_6 断路器按总体结构分为瓷柱式和落地罐式。①瓷柱式。其灭弧装置安装在支持瓷套的顶部，由绝缘杆进行操纵。这种结构的优点是系列性好，用不同个数的标准灭弧单元和支持瓷套，即可组装成不同电压等级的产品；其缺点是稳定性差，不能加装电流互感器。②落地罐式。其总体结构类似于多油断路器，它的火弧系统用绝缘体支撑在接地金属罐的中心，借助于套管引线，基本上不改装用于全封闭组合电器之中。这种结构便于安装电流互感器，抗震性能好，但系列性差。

断路器从结构功能上包含导电回路、灭弧装置、绝缘系统、操动机构和基座五个部分。

（一）导电回路

断路器的导电回路包括动静触头、中间触头以及各种形式的过渡连接。断路器在运行中要长期通过额定电流而发热不超过允许值，还要考虑到通过数值很大的短路电流而其动热稳定不受到破坏。

（二）灭弧装置

灭弧装置在断路器开断过程中可快速熄灭电弧，减少燃弧时间。灭弧装置既要考虑能可靠开断数值很大的额定短路电流，又要考虑提高熄灭小电容性和电感性电流的能力，要求开断小电感性电流不产生截流或造成的过电压不超过允许值，开断小电容性电流不产生重燃。

（三）绝缘系统

断路器在电网运行中，应保证三个方面的绝缘处于良好的状态。第一是导电部件对地之间绝缘，由支持绝缘子或瓷套、绝缘杆件（包括绝缘拉杆和提升杆）以及绝缘介质组成；第二是同相断口间绝缘；第三是相间绝缘，各相独立的断路器相间绝缘通常是空气间隙。

（四）操动机构

除了断路器本体外，一般均附设操动机构来实现断路器的操作或分别保持其相应的分合闸位置。对操动机构要求动作要高度可靠，运动系统能高速和极好地制动，合闸和分闸要在规定时间内完成且十分稳定，按要求在规定时间内根据指令完成一整套合、分闸操作，即操作顺序具备自由脱扣、防跳跃功能和连锁功能。

（五）基座

用于支撑断路器绝缘支撑件和传动结构的底座。

二、高压断路器的主要参数

（一）断路器主要电气性能参数

1. 额定电压

额定电压指高压断路器所在系统的最高电压，其标准值如下：

（1）范围Ⅰ。额定电压 252kV 及以下的为 3.6～7.2～12～24～40.5～72.5～126～252kV。

（2）范围Ⅱ。额定电压 252kV 及以上的为 363～550～750～1100kV。

2. 额定频率

额定频率的标准值为 50Hz。

3. 额定电流

额定电流是在规定的使用和性能条件下能持续通过的电流的有效值。

4. 额定短时耐受电流（热稳定电流）

额定短时耐受电流（热稳定电流）是指在规定的使用条件下，在规定的短时间内，断路器设备在合闸状态下能够承载的电流的有效值。断路器的额定短时耐受电流等于其额定短路开断电流。

5. 额定短时持续时间（t_k）

额定短时持续时间是指断路器设备在合闸状态下能够承载的额定短时耐受电流的时间间隔。550～1100kV 断路器设备的额定短路持续时间为 2s，252～363kV 断路器设备的额定短路持续时间为 3s，126kV 及以下断路器设备的额定短路持续时间为 4s。

6. 额定峰值耐受电流

额定峰值耐受电流是指在规定的使用条件下，断路器设备在合闸状态下能够承载的额定短时耐受电流的第一个大半波的电流峰值电流。额定峰值耐受电流等于额定短路关合电流，且应等于 2.5 倍额定短时耐受电流的数值。按照系统的特性，可能需要高于 2.5 倍额定短时耐受电流的数值。

7. 额定短路开断电流

额定短路开断电流是指在规定的使用和性能条件下，断路器所能开断的最大短路电流。

8. 额定短路关合电流

额定短路关合电流是指在规定的使用和性能条件下，断路器关合操作时，在电流出现后的瞬态过程中，流过断路器一极的电流的第一个大半波的峰值。断路器的额定短路关合电流是与额定电压和额定频率相对应的。

（二）断路器主要机械性能参数

1. 分闸时间

分闸时间是指从接到分闸指令开始到所有极弧触头都分离瞬间的时间间隔。

2. 合闸时间

合闸时间是指从接到合闸命令开始到最后一极弧触头接触瞬间的时间间隔。在以前的有关标准中，合闸时间又称为固合时间。

3. 合分时间

合分时间是指合闸操作中，某一极触头首先接触瞬间和随后的分闸操作中所有极弧触头都分离瞬间之间的时间间隔。合分时间又称金属短接时间。对 126kV 及以上断路器合—分时间应不大于 60ms，推荐不大于 50ms。

4. 断路器（三相）分闸时间

断路器（三相）分闸时间是指分闸操作中，从分闸命令开始到最后分闸相的首先分闸断口的分闸时刻的时间间隔。

5. 断路器（相）分闸时间

断路器（相）分闸时间是指分闸操作中，从分闸命令开始到该相首先分闸断口的分闸时刻的时间间隔。

6. 断路器（断口）分闸时间

断路器（断口）分闸时间是指分闸操作中，从分闸命令开始到分闸断口的刚分时刻的时间间隔。

7. 合闸时间（断路器）

合闸时间（断路器）是指合闸操作中，从合闸命令开始到最后合闸相的最后合闸断口合上的时间。

8. 合闸时间（相）

合闸时间（相）是指合闸操作中，从合闸命令开始到最后合闸断口合上的时间。

9. 合闸时间（断口）

合闸时间（断口）是指合闸操作中，从合闸命令开始到断口刚合上的时间。

10. 合闸同期（断路器）

合闸同期（断路器）是指合闸操作中，最先和最后合闸相合闸时刻之间的时间差值。

11. 合闸同期（相）

合闸同期（相）是指合闸操作中，最先和最后合闸断口合闸时刻之间的时间差值。

12. 分闸同期（断路器）

分闸同期（断路器）是指分闸操作中，最先和最后分闸相分闸时刻之间的时间差值。

13. 分闸同期（相）

分闸同期（相）是指分闸操作中，最先和最后分闸断口分闸时刻之间的时间差值。

14. 额定开断时间

额定开断时间是指断路器接到分闸命令开始到断路器开断后，三相电弧完全熄灭的时间，包括分闸时间和燃弧时间。

15. 关合—开断时间

关合—开断时间是指合闸操作中第一极触头出现电流时刻到随后的分闸操作时燃弧时间终了时刻的时间间隔，其可能随着预击穿时间的变化而不同。

16. 操作顺序规定

断路器有以下两种操作顺序：

（1）O—t—CO—t'—CO。$t = 3\text{min}$，对应于不用作快速自动重合闸的断路器。$t = 0.3\text{s}$，对应于用作快速自动重合闸的断路器（无电流时间）。其中：$t' = 3\text{min}$［用作快速自动重合闸的断路器时也可采用 $t' = 15\text{s}$（当额定电压小于等于 40.5kV）或 $t' = 1\text{min}$］。O 代表一次分闸操作；CO 代表一次合闸操作后紧跟一次分闸操作；t、t'、t'' 为连续操作之间的时间间隔。

（2）CO—t''—CO。$t'' = 15\text{s}$，对应于不用作快速自动重合闸的断路器。

第二节　高压 SF_6 断路器

一、SF_6 气体的特性

（一）物理性质

SF_6 为无色、无味、无毒、不易燃烧的惰性气体，具有优良的绝缘性能，且不会老化变质，密度约为空气的 5.1 倍，在标准大气压下，-62℃ 时液化。

（二）化学性质

SF_6 是一种极不活泼的惰性气体，具有很高的化学稳定性。在一般情况下，与氧气之类的各种气体、水分以及碱性之类的各种化学药品均不反应。所以，在常规使用情况下，完全不会使材料劣化；但是在高温和放电的情况下，就有可能发生化学变化，便会产生含有 S 或 F 的有毒物质，即可与各种材料起反应。

（三）灭弧性能

（1）SF_6 气体是一种理想的灭弧介质，它具有优良的灭弧性能，SF_6 气体的介质绝缘强度恢复快，约比空气快 100 倍，即它的灭弧能力为空气的 100 倍。

（2）弧柱的电导率高，燃弧电压很低，弧柱能量较小。

（3）SF_6 气体的绝缘强度较高。

（4）传热性能。SF_6 气体的热传导性能较差，其导热系数只有空气的 2/3。但 SF_6 气体的比热容是氮气的 3.4 倍，因此其对流散热能力比空气大得多。可见，SF_6 气体的实际导热能力比空气好，接近于氦、氢等热传导较好的气体，因此，SF_6 断路器的温升问题不会比空气断路器的严重。

（5）SF_6 气体具有优良的绝缘性能，在同一气压和温度下，SF_6 气体的介质强度约为空气的 2.5 倍，而在 3 个大气压时，就与变压器油的介质强度相近。

（6）SF_6 气体具有负电性，即有捕获自由电子并形成负离子的特性。这是其具有较高的击穿强度的主要原因，因此，也能够促使弧隙中绝缘强度在电弧熄灭后能快速恢复。

二、SF_6 气体的灭弧特性及原理

SF_6 气体的灭弧特性及原理如下：

（1）SF_6 分子中完全没有碳元素，这是作为灭弧介质的优点之一。

（2）SF_6 气体中没有空气，这可以避免触头氧化，大大延长了触头的电寿命。

（3）SF_6 在电弧作用下所形成的全部化学杂质在电弧熄灭后极短的时间内又能重新合成，这样既可消除对人体的危害，又可保证处于封闭中的 SF_6 气体的纯度和灭弧能力。

（4）SF_6 气体是一种最好的电负性气体，能很快地吸附自由电子而结合成带负电的离子，又容易与正离子复合成中性粒子，去游离能力强。

（5）SF_6 气体的分解温度（2000K）比空气（主要是氮气）的分解温度（7000K 左右）低，而所需要的分解能高，因此，SF_6 气体分子分解时吸收的能量多，对弧柱的冷却作用强。

（6）SF_6 气体中电弧的熄灭原理和空气电弧、油中电弧是不同的，不是依靠气流的冷却作用，而主要是利用 SF_6 气体特异的热化学性和强电负性等特性，因而使 SF_6 气体具有强的灭弧能力。对于灭弧来说，提供大量新鲜的 SF_6 中性分子，并使之与电弧接触是有效的方法。

三、SF_6 断路器的特点

SF_6 断路器的特点包括：

（1）断口电压高，适用于高压、超高压和特高压领域，结构更简单，可靠性更高，体积小，无火灾危险。

（2）开断能力强，开断性能好，可以开断 80～100kA 的短路电流，开断时间短。由于 SF_6 气体具有强负电性，离解温度低，离解能大，电弧在 SF_6 气体中可以形成有利于熄弧的"电弧弧柱结构"，熄弧时间短，一般为 5～15ms；同时，对其他类型断路器反应较为沉重的开断任务，如反相开断、近区故障、空载长线路、空载变压器等开断性能也很好。开断小的感性电流时截流电流值小，操作过电压低。

（3）寿命长，可以开断 20～40 次额定短路电流而不用检修，额定负荷电流可以开断 3000～6000 次，机械寿命可达 10000 次以上。现在的产品一般可以做到 20～30 年不用检修。

（4）品种多、系列性好，有瓷柱式（GCBP）和罐式（GCBT）两大系列，以 SF_6 断路器为基础，发展了 GIS、混合式气体绝缘金属封闭开关设备（hybrid gas insulated metal enclosed switchgear，HGIS）等多种产品。

（5）没有燃烧危险。SF_6 气体不燃烧，也不支持燃烧，运行更安全；不含碳分子，在电弧反应中没有碳或碳化物生成；绝缘和灭弧性能好；允许开断次数多；检修周期长。

SF_6 气体在 1997 年全球变暖京都议定书中被列为受限制的温室气体，世界上每年有一半左右的 SF_6 气体是用于高压开关设备，控制和减少使用 SF_6 气体是高压开关设备应用中的一项重要任务。在没有更好的替代物之前，提高 SF_6 高压开关设备的断口电压、降低漏气率、减少废气排放、进行回收利用是减低 SF_6 使用量的重要措施。

四、SF_6 断路器主要附件

（一）绝缘子支柱

绝缘子支柱在瓷柱式高压断路器中起机械支撑作用，承担对地绝缘和机械传动作用。一般由多节瓷柱组成，绝缘拉杆下部有直动密封组件，中部和上部有导向元件。瓷柱有两类，一类是瓷柱与灭弧室不连通的；另一类是瓷柱与灭弧室气体连通形成一个气室的。

（二）并联电容器

并联电容器（也称均压电容）和并联电阻（也称合闸电阻）都是与断路器灭弧室断口相并联的、改善断路器工作特性的重要附件。一般在有两个及两个以上灭弧室断口的断路器需要装设并联电容，在 330kV 及以上电压等级的电网中，根据断路器操作时线路过电压的水平和电网的结构确定是否要装设合闸电阻。330kV 及以上电压等级的多断口断路器可能既装设并联电容器，又装设合闸电阻。

1. 多断口装设并联电容器

断路器在采用多断口结构后，每个断口在开断位置的电压分配和开断过程中的电压分配是不均匀的，取决于断路器断口电容和断路器对地电容的大小。由于每个断口的工作条件不同，加在每个断口上的电压相差很大，甚至相差近 1 倍，为了充分发挥每个灭弧室的作用，降低灭弧室的成本，应尽量使每个断口上的电压分配基本相等。通常在每个断口上并联一个适当容量的电容器，用以改善在不同工作条件下每个断口的电压分配。同时，为了降低断路器在开断近区故障时灭弧断口的恢复电压上升速度，提高断路器开断近区故障的能力。

2. 并联电容器的作用

并联电容器在高压断路器中的主要作用如下：

（1）在多断口断路器中，改善断路器在开断位置时各个断口的电压分配，使之尽量均匀，且使开断过程中每个断口的恢复电压尽量均匀分配，以使每个断口的工作条件接近相等。

（2）在断路器的分闸过程时电弧过零后，降低断路器触头间隙的恢复电压的上升速度，提高断路器开断近区故障的能力。

断路器断口上的并联电容，应该能够耐受 2 倍的断路器额定电压 2h，其绝缘水平应该与断路器断口间的耐受电压水平相同。

（三）并联电阻

在超高压和特高压电网中，由于这一等级电网设备的绝缘水平（即允许过电压水平）为 2.0（标幺值），在正在建设的特高压电网中，为进一步降低设备绝缘方面的造价，节约成本，特高压电网允许的过电压水平进一步降低到 1.7（标幺值）。因此，在超高压和特高压电网中需要采取措施抑制断路器操作时产生的过电压，包括在 $330\sim550kV$ 断路器上装设合闸电阻，也包括在特高压断路器中装设分闸电阻和在特高压隔离开关上装设限制重击穿过电压的并联电阻。

大部分过电压是断路器操作引起的。提高断路器的灭弧能力和动作的同期性，加装合闸电阻是限制操作过电压的有效措施。降低工频稳态电压，加强电网建设，合理装设高压电抗器，合理操作，消除和削弱线路残余电压，采用同步合闸装置，使用性能良好的避雷器等也是限制操作过电压的有效办法。但是，断路器装设合闸电阻仍是限制断路器操作过电压可靠、最有效的方法。

1. 并联电阻的作用

并联电阻的作用是降低断路器操作过电压和隔离开关操作时的重击穿过电压。并联电阻一般由碳化硅电阻片叠加而成，有的是金属无感电阻，阻值为 $400\sim600\Omega(1\pm5\%)$，属中值电阻。合闸时并联电阻的提前接入时间为 $7\sim12ms$，并联电阻的热容量要求在 1.3 倍额定相电压下合闸 $3\sim4$ 次。合闸电阻为瞬时工作，不能长期通过大电流。一般用于接通和断开合闸电阻的断口不具备灭弧功能。并联电阻结构图如图 3-1 所示（辅助断口与合闸电阻在同一瓷套内，图 3-1 中为合闸状态）。

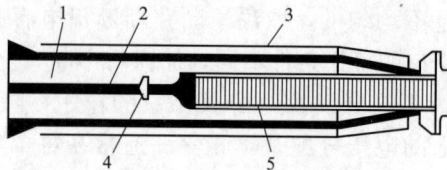

图 3-1　并联电阻结构图
1—触指；2—动触头；3—瓷套；4—静触头；5—电阻

2. 并联电阻工作原理

并联电阻按照工作原理可分为三类：

（1）先合后分式。合闸电阻相当于串联在灭弧室断口的两侧，辅助断口与灭弧室在同一个瓷套内。开断时，主断口灭弧过程完成后分合闸电阻，合闸电阻相当于串联，合闸时合闸电阻先接入。该类型断路器在合闸电阻在断路器合闸后，被导电系统所短接。在分闸后恢复断开状态，并准备下一次合闸。

（2）瞬时接入式。断路器在合闸电阻在合闸和分闸状态时，其合闸电阻都是断开的，仅在断路器的合闸过程中，合闸电阻辅助断口合上。合闸电阻先接入；合闸过程中，合闸电阻辅助触头的复归弹簧被压缩，然后断路器主断口合上，将合闸电阻短接；此时合闸电阻辅助触头在复归弹簧的作用下迅速分开，回到合闸之前状态，为下一次合闸做准备。断路器合闸运行时，合闸电阻是断开的。对这些类型的断路器，要注意在断路器合分操作时合闸电阻的退出时间与主断口的配合关系，一般应保证合闸电阻提前主断口 5ms 以上分闸。

（3）随动式。并联电阻提前合、提前分，与主断口同时动作。与第二种不同的地方就是在合闸以后合闸电阻辅助断口并不分开，而是等到分闸时电阻断口提前分闸。而此时整个电路被主断口短路，不存在灭弧问题。

五、SF_6 断路器的气体监视装置

SF_6 断路器的绝缘和灭弧能力在很大程度上取决于 SF_6 气体的密度和纯度，所以对 SF_6 气体的监测十分重要。

（一）对 SF_6 气体微水检测的要求

SF_6 气体作为一种绝缘介质，在电力行业的高压开关设备中广泛使用。SF_6 气体的微水含量是影响其绝缘性能的一个重要参数。因此，对 SF_6 气体进行微水检测非常重要，以确保电力系统的安全和可靠运行。SF_6 气体微水检测的目的主要包括：确保 SF_6 气体的绝缘性能、预防设备老化、保证设备运行效率等。

SF_6 气体微水检测流程步骤如下：

（1）采样：从 SF_6 气体绝缘设备中取样，通常使用专用的采样器，以确保样本的代表性和准确性。

（2）根据所使用的检测仪器的要求，进行必要的准备工作，如校准仪器、设置检测参数等。

（3）检测：采用合适的检测方法对样本中的微水含量进行检测。常见的检测方法有露点法、电化学法等。露点法是通过测量气体中水蒸气凝结成露点的温度来确定水分含量。电化学法是利用水分与电化学传感器反应产生的电流变化来测定水分含量。

（4）进行数据分析：根据检测结果分析 SF_6 气体的微水水平，判断是否在安全和规定的范围内。

（5）记录和报告：将检测结果进行记录，并根据需要制作检测报告。如果检测结果表明 SF_6 气体中水分超标，需要采取相应措施，如干燥处理或更换气体，以确保设备的安全运行。注意：需要定期重复上述检测过程，监控 SF_6 气体的微水含量变化，确保长期内的绝缘性能和设备安全。

通过上述步骤，有效地监控和控制 SF_6 气体的微水含量，保障电力系统的稳定和安全运行。

（二）对 SF_6 气体的监视要求

（1）每个封闭压力系统（隔室）应设置密度监视装置，制造厂应给出补气报警密度值，对断路器还应给出闭锁断路器分、合闸的密度值。低气（液）压和高气（液）压闭锁装置应整定在制造厂指明的合适的压力极限上（或内）动作。

（2）密度监视装置可以是密度表，也可以是密度继电器。压力（或密度）监视装置应装在与本体环境温度一致的位置，并设置运行中可更换密度表（密度继电器）的自封触头或阀门。在此部位还应设置抽真空及充气的自封触头或阀门，并带有封盖。当选用密度继电器时，还应设置真空压力表及气体温度压力曲线铭牌，在曲线上应标明气体额定值、补气值曲线。在断路器隔室曲线图上还应标有闭锁值曲线，各曲线应用不同颜色表示。

（3）密度监视装置可以按 GIS 的间隔集中布置，也可以分散在各隔室附近。当采用集中布置时，管道直径要足够大，以提高抽真空的效率及真空极限。

（4）密度监视装置、压力表。自封触头或阀门及管道均应有可靠的固定措施。

（5）应防止内部故障短路电流发生时在气体监视系统上可能产生的分流现象。

（6）气体监视系统的接头密封工艺结构应与 GIS 的主件密封工艺结构一致。

（三） SF_6 气体闭锁信号装置设置

（1） SF_6 气体压力降低信号，也称补气报警信号，一般它比额定工作气体压力低 $5\%\sim10\%$。

（2）分、合闸闭锁及信号回路。当压力降到某数值时，它就不允许进行合闸和分闸操作，一般该值比额定工作气压低 $8\%\sim15\%$。

（四）SF_6 气体压力监测装置的类型

SF_6 气体压力监测装置中，SF_6 气体的压力随温度变化，但 SF_6 密度不变。为了监视 SF_6 气体压力的变化情况，应装设密度继电器、压力表或密度表。密度监视装置可以是密度表也可以是密度继电器，当选用密度继电器时，还应装设压力表。应附有"SF_6 气体压力—温度曲线"铭牌，在曲线上应表明气体的额定值、补气值、闭锁值，应设置在运行中可更换表计的自封触头或阀门，并自带封盖。一般生产厂家的 SF_6 断路器，既装设压力表，又装设密度继电器；部分厂家只装设密度表（兼密度继电器）。

SF_6 断路器对 SF_6 气体密度的监测是通过密度继电器、密度表或压力表来实现的，密度继电器具备保护作用，可以输出控制和报警信号。密度表和密度继电器只有在断路器退出运行时，即 SF_6 断路器的内部温度和环境温度一致时，才能够准确地测量 SF_6 气体的密度值；而当向 SF_6 断路器充入 SF_6 气体时或断路器投入运行后，其测量值就不一定准确。由于密度表是根据环境温度进行补偿的，对于负荷电流带来的内部温升则不起作用。

密度监视装置按工作原理分为有指针和刻度/数字的密度表、带电触点或能实现控制功能的密度继电器；按结构形式分为弹簧管式、波纹管式、数字式；按安装方式分为径向安装、轴向安装、其他方式安装。

六、净化装置

在每一相 SF_6 断路器或 HGIS、GIS 等高压开关设备中都装设有净化装置。不同厂家、不同结构的断路器，净化装置的安装位置也不相同，有的安装在灭弧室的上部，有的安装在灭弧室的下部，其主要由过滤罐和吸附剂组成。净化装置的作用是吸附 SF_6 气体中的水分子和 SF_6 气体、水分及其他物质与高温电弧反应后生成的某些化合物，主要作用是吸附 SF_6 气体中的水分子。有两种吸附方式：

（1）静吸附。其固体吸附剂和被净化气体同置于一个容器内，靠气体的自然扩散与固体吸附剂接触进行吸附，这种吸附剂主要用在 SF_6 断路器、HGIS、GIS 等设备中。

（2）动吸附。强制需要净化的气体通过固定的吸附剂床，或将吸附剂与气体连续地逆向或者同向送入吸附剂床。

一般 SF_6 高压开关设备中的 SF_6 气体净化都采用静吸附的方法，对 SF_6 气体回收处理装置中的 SF_6 气体净化则采用动吸附的方法。工业上一般使用的吸附剂有活性炭、分子筛、氧化铝、硅胶等。

一般吸附剂应满足以下要求：

（1）具有良好的机械强度，具有足够的平衡吸附能量。

（2）对水分和多种杂质有足够的吸附能力。

（3）具有耐受高温和电弧冲击的能力。

（4）吸附剂的成分中不含导电性和介电常数低的物质，以防粉尘影响 SF_6 气体的绝缘性能。

一般 SF_6 高压开关设备中使用的吸附剂主要是分子筛和氧化铝。

七、SF_6 高压断路器灭弧特性及工作原理

SF_6 断路器中 SF_6 气体压力为 $0.3\sim0.6MPa$，而在灭弧时则是利用压力较高的 SF_6 气体。获得高压 SF_6 气体的方式一般有双压式和单压式两种类型。

双压式 SF_6 断路器是在断路器内设置有两种压力的 SF_6 气体系统（高压区和低压区），该方式使得断路器内部结构比较复杂，目前已很少使用。

单压式 SF_6 断路器是在断路器内部只有一种压力较低的 SF_6 气体，在开断过程中，利用触头与活塞的运动所产生的压气作用，在触头喷口间产生气流吹弧。分断动作完成之后，压气作用将立即停止，触头间又恢复为低气压，因此称为单压式，单压式断路器内部结构比较简单。

自能式 SF_6 断路器是在压气式基础上发展起来的，它利用电弧能量建立灭弧所需的压力差，因而固定活塞的截面积比压气式要小。

（一）自能式

自能式 SF_6 断路器包括旋弧式和热膨胀式，在中压领域普遍使用，灭弧原理都是利用电弧自身的能量来熄灭电弧。旋弧式是利用电弧电流流过线圈产生的磁场，电弧在磁场的驱动下高速旋转，电弧在旋转的过程中不断接触新鲜 SF_6 气体，受到冷却，熄灭电弧。热膨胀式是利用电弧本身的能量，加热灭弧室压气缸内 SF_6 气体，建立高压力，形成压力差，从而达到灭弧的目的。自能式断路器存在临界开断电流，大电流灭弧能力强，而在小电流时难以熄弧。因此，一般需要装设辅助助推装置。

（二）压气式

压气式 SF_6 断路器利用预压缩行程压缩 SF_6 气体，在喷口打开时吹弧；有预压缩过程，需要较大操作功和较长的故障切除时间。该类型 SF_6 高压断路器技术最为成熟，性能也最为稳定，开断时间短，开断能力强。可以配用液压、气动、弹簧等各种操作机构，相比自能式断路器而言，其所需要的操作功较大，一般配用液压或者气动机构。目前制造厂生产量最大、系统中使用量最多的仍然是液压机构，液压弹簧机构和弹簧机构有后来居上的趋势。

（三）混合式

混合吹弧方式有多种形式，如旋弧＋热膨胀，压气＋热膨胀，压气＋旋弧，旋弧＋热膨胀＋助吹。混合吹弧能提高灭弧效能，增大开断电流，

减少操作功，避免出现临界电流难以开断的情况，在 SF_6 断路器的发展应用上有重大意义，尤其在中压领域应用非常丰富，在高压、超高压领域也有大量应用。现在的超高压断路器也大都应用了一些自能灭弧原理，提高了开断效率，降低了操作功。

八、3AQ1 系列和 DT2-550F 系列 SF_6 断路器

本节以 3AQ1 系列和 DT2-550F 系列断路器为例做详细介绍，图 3-2 为它们的外观图。

(a) 3AQ1型220kV单断口断路器外观图   (b) DT2-550F型双断口断路器外观图

图 3-2 两种断路器外观图

（一）3AQ1 220kV 型断路器

3AQ1 220kV 型断路器为三极单柱式结构，呈立式布置。所配液压操动机构水平布置，通过操作连杆与灭弧室直连。可实现单极操作或三极机械联动操作，具有机械防跳跃、电气防跳跃装置，以及 SF_6 低气压闭锁、SF_6 气体密度控制装置和三极不同期合闸保护装置。断路器为每极单断口结构，每极包括灭弧室、操动机构，每极配用液压操动机构（可选用弹簧机构），主变压器、启动/备用变压器及母联断路器操动机构为三相机械联动操动机构，三相同时分、合闸；线路断路器为分相操动机构，可进行三相分、合闸，并能单相跳闸和单相自动重合闸。断路器内充有 0.7MPa（$7kg/cm^2$）的 SF_6 气体。3AQ1 型断路器主要参数见表 3-1。

表 3-1   3AQ1 型断路器主要参数

名称	数据
额定电流	4000A
额定短路开断电流	50kA
额定关合电流	125kA
操作顺序	O—0.3s—CO—3min—CO（IEC）
额定工频耐受电压（有效值）	460kV

续表

名称	数据
额定雷电冲击耐受电压峰值（1.2/50μs）	1050kV
对地空气绝缘距离	2200mm
对地爬电距离	6300mm
合闸时间	（105±5）ms
分闸时间	普通线圈（36±3）ms，快速线圈（24±3）ms
每台断路器 SF$_6$ 气体重量	19.7kg

（二）DT2-550F 型断路器

DT2-550F 型断路器为三极分相卧式结构，配用弹簧操动机构，可实现单极操作或三极电气联动操作，具有机械防跳跃、电气防跳跃装置，以及 SF$_6$ 低气压闭锁、SF$_6$ 气体密度控制装置和三极不同期合闸保护装置。断路器为每极双断口结构，每极包括灭弧室、操动机构。每极配用弹簧操动机构，主变压器、启动/备用变压器及母联断路器操动机构为三相电气联动操动机构，三相同时分、合闸；线路断路器为分相操动机构，可进行三相分、合闸，并能单相跳闸和单相自动重合闸。DT2-550F 型断路器主要参数见表 3-2。

表 3-2　　　　　　　　**DT2-550F 型断路器主要参数**

名称	数据
额定电流	3000A
额定短路开断电流	63kA
额定关合电流	170kA
操作顺序	O—0.3s—CO—3min—CO（IEC）
额定工频耐受电压（有效值）	860kV
额定雷电冲击耐受电压峰值（1.2/50μs）	1800kV
对地空气绝缘距离	4240mm
对地爬电距离	14935mm
合闸时间	90～100ms
分闸时间	26～31ms
每台断路器 SF$_6$ 气体重量	525kg
灭弧介质 SF$_6$（20℃时额定气压）	0.65MPa

（三）灭弧室

灭弧室以自能热膨胀熄弧原理为主，结合压气灭弧原理，由静触头系统、动触头系统、绝缘拉杆、直动密封等组成。3AQ1 型采用定开距、双吹结构，如图 3-3 所示；变开距、双吹结构灭弧室如图 3-4 所示。

（四）断路器配用的操作机构

为了使断路器能够可靠地工作，所配用的操作机构起着举足轻重的作用。最常见的操作机构有液压弹簧操作机构、全弹簧操作机构和气动弹簧操作机构。

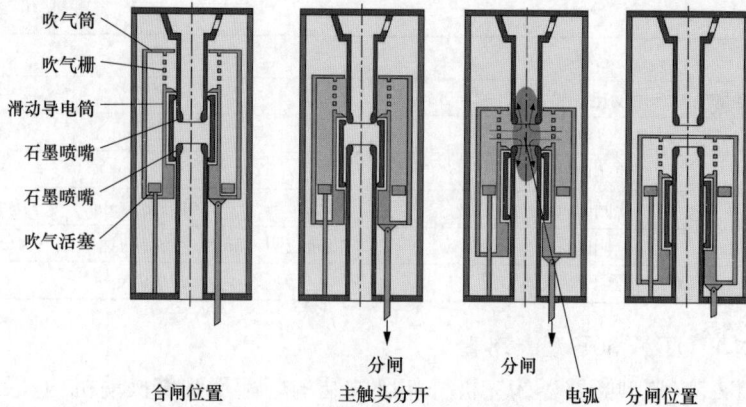

图 3-3 3AQ1 型定开距、双吹结构灭弧室

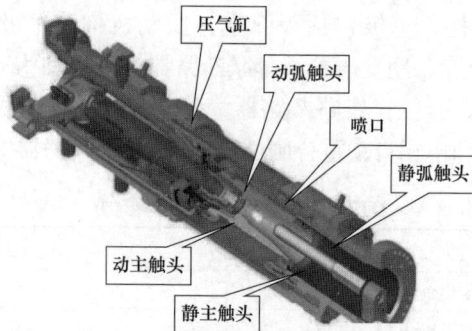

图 3-4 变开距、双吹结构灭弧室

1. 液压弹簧操作机构

液压弹簧操作机构可以方便地获得大的操作功，制造精度要求高，适用于操作功大的场合或设备。液压操动机构以液体为介质进行液压传动，以实现高压开关的分闸动作和合闸动作。液压传动系统中的动力设备，即液压泵（油泵），将原动机的机械能转为液体的压力能，然后通过管路及控制元件，借助执行元件，即工作缸，通过断路器的绝缘拉杆将液体压力能转为动能，驱动灭弧室的动触头进行分合闸操作。

液压操动机构的特点是能量密度大，可以在结构上实现紧凑型布置。液压操动机构是用液压油为工作介质，工作时几乎没有磨损。由于液压油的压缩性可以忽略不计，并且运动质量轻，使得操作噪声较低。液压弹簧操动机构则是以碟形弹簧储能代替了传统的压缩氮气储能，避免了环温变化使得操作特性更加稳定可靠；弹簧为储能器，弹簧力经过储能活塞转换为液压力推动工作活塞实现力的传递，各功能元件完全模块式集成连接，密封全部采用密封圈，节省了空间，减少了密封点，无渗漏油的隐患；该机构有两套各自独立的分闸控制阀，最大可能地保证了操作可靠性。图 3-5为液压弹簧操动机构机芯外形图。

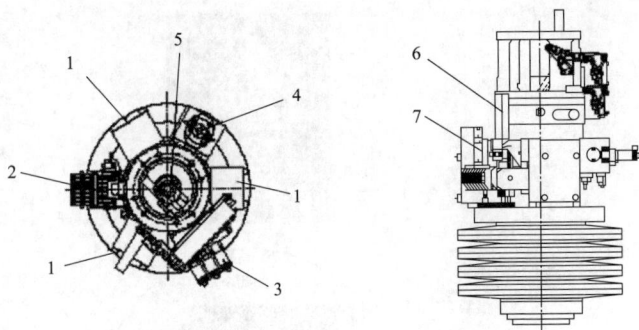

图 3-5 液压弹簧操动机构机芯外形图

1—储能模块；2—监测模块；3—控制模块；4—打压模块；5—工作模块；

6—泄压阀操作手柄；7—弹簧储能位置指示器

（1）储能。当储能电机接通时，油泵将低压油箱的油压入高压油腔，三组相同结构的储能活塞在液压的作用下，向下压缩碟簧而储能。图 3-6 为储能电机的未储能和已储能状态示意图。

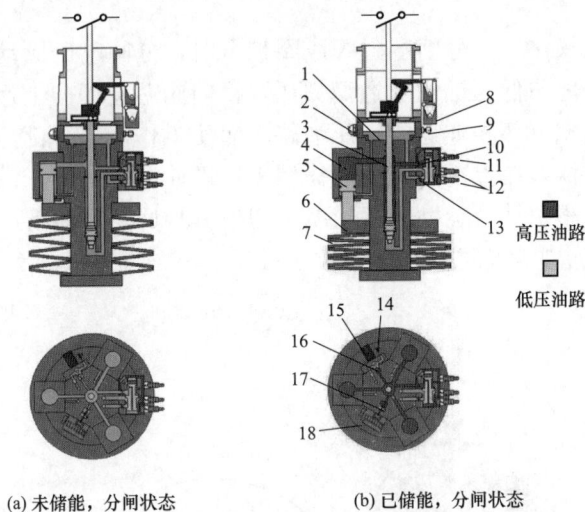

(a) 未储能，分闸状态   (b) 已储能，分闸状态

图 3-6 储能电机的未储能和已储能状态示意图

1—低压油箱；2—油位指示器；3—工作活塞杆；4—高压油腔；5—储能活塞；6—支撑环；

7—碟簧；8—辅助开关；9—注油孔；10—合闸节流阀；11—合闸电磁阀；12—分闸电磁阀；

13—分闸节流阀；14—排油阀；15—储能电机；16—柱塞油泵；17—泄压阀；

18—行程开关

（2）合闸操作。当合闸电磁阀线圈带电时，合闸电磁阀动作，高压油进入换向阀的上部，在差动力的作用下，换向阀芯向下运动，切断了工作活塞下部原来与低压油箱连通的油路，而与储能活塞上部的高压油路接通。这样，工作活塞在差动力的作用下，快速向上运动，带动断路器合闸。在合闸过程中带动辅助开关切换，断开合闸回路，为分闸做好准备。图 3-7 为储能电机的合闸操作。

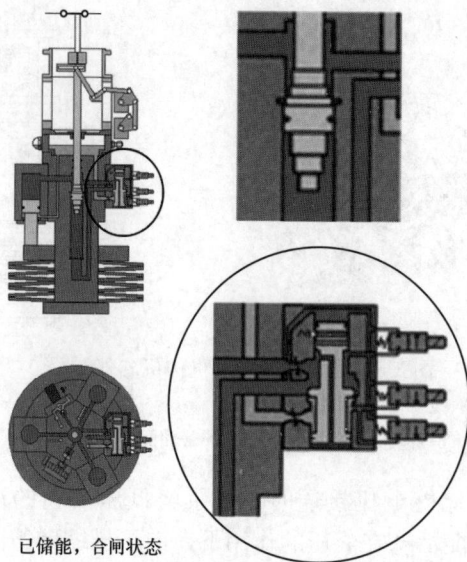

已储能，合闸状态

图 3-7　储能电机的合闸操作

（3）分闸操作。当分闸电磁阀线圈带电时，分闸电磁阀动作，换向阀上部的高油压腔与低压油箱导通而失压，换向阀芯立即向上运动，切断了原来与工作活塞下部相连通的高压油路，而使工作活塞下部与低油油箱连通失压。工作活塞在上部高压油的作用下，迅速向下运动，带动断路器分闸。在分闸过程中带动辅助开关切换，切断分闸回路，为下次合闸做好准备。图 3-8 为储能电机的分闸操作。

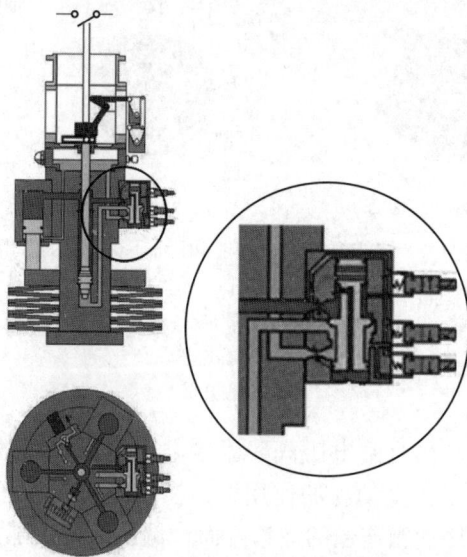

图 3-8　储能电机的分闸操作

（4）机械防慢分：图 3-9（a）为机构正常工作状态，图 3-9（b）为失压状态。断路器处于合闸位置时，一旦机构液压系统出现失压故障，支撑环5受到弹簧力的作用，向上运动h_2，推动连杆3，连杆3带动拐臂1顺时针转动h_3，支撑住向下慢分的活塞杆，使断路器始终保持在合闸位置。待机构的故障排除后重新储能，在储能活塞的作用下，支撑环5向下运动压缩碟簧，连杆3在复位弹簧力的作用下，带动拐臂1逆时针转动，脱离活塞杆，产品又恢复正常工作状态。

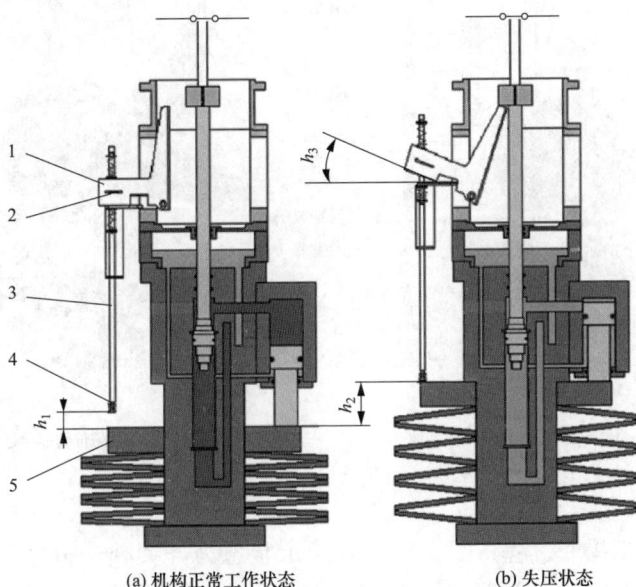

(a) 机构正常工作状态　　　　(b) 失压状态

图3-9　储能电机的正常工作状态和失压状态

1—拐臂；2—弹性开口销；3—连杆；4—调整螺栓；5—支撑环

2. 全弹簧操作机构

全弹簧操作机构的输出功较小，适合于采用自能灭弧结构的SF_6断路器。弹簧操动机构是一种以弹簧作为储能元件的机械式操动机构。弹簧的储能借助电动机通过减速装置来完成，并经过锁扣系统保持在储能状态。开断时，锁扣借助磁力脱扣，弹簧释放能量，经过机械传递单元使触头运动。弹簧操动机构结构简单，可靠性高，分合闸操作采用两个螺旋压缩弹簧实现。储能电机给合闸弹簧储能，合闸时合闸弹簧的能量一部分用来合闸，另一部分用来给分闸弹簧储能。合闸弹簧一释放，储能电机立刻给其储能，储能时间不超过15s（储能电机采用交直流两用电机）。运行时分合闸弹簧均处于压缩状态，而分闸弹簧的释放有一独立的系统，与合闸弹簧没有关系。这样设计的弹簧操动机构具有高度的可靠性和稳定性，既可满足O—0.3s—CO—180s—CO操作循环，又可满足CO—15s—CO操作循环。

（1）分闸操作过程。图3-10（a）所示状态为开关处于合闸位置，合闸弹簧已储能（同时分闸弹簧也已储能完毕）。此时储能的分闸弹簧使主拐臂受到偏向分闸位置的力，但在分闸触发器和分闸保持掣子的作用下将其锁住，开关保持在合闸位置。

图 3-10（b）所示状态为分闸信号使分闸线圈带电并使分闸撞杆撞击分闸触发器，分闸触发器以顺时针方向旋转并释放分闸保持掣子，分闸保持掣子也以顺时针方向旋转释放主拐臂上的轴销 A，分闸弹簧力使主拐臂逆时针旋转，断路器分闸。

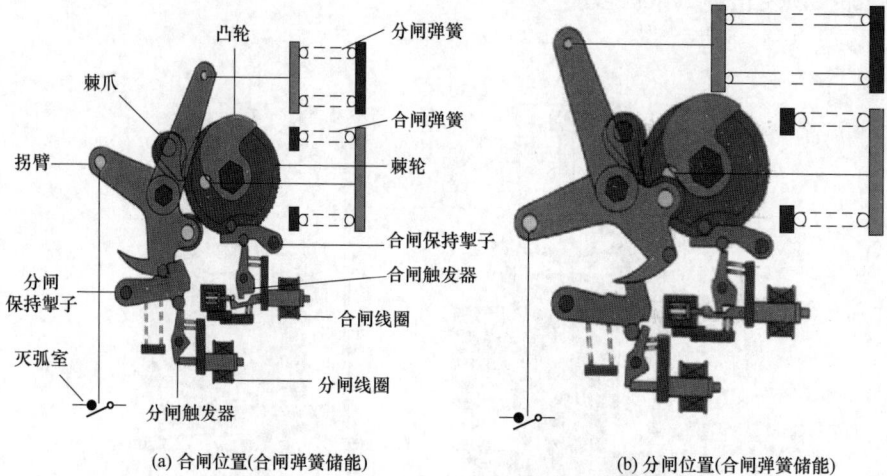

(a) 合闸位置(合闸弹簧储能)　　　　　　　　　　(b) 分闸位置(合闸弹簧储能)

图 3-10　合闸位置和分闸位置（合闸弹簧储能）

（2）合闸操作过程。图 3-10（b）所示状态为开关处于分闸位置，此时合闸弹簧为储能（分闸弹簧已释放）状态，凸轮通过凸轮轴与棘轮相连，棘轮受到已储能的合闸弹簧力的作用存在逆时针方向的力矩，但合闸触发器和合闸弹簧储能保持掣子的作用下使其锁住，开关保持在分闸位置。合闸信号使合闸线圈带电，并使合闸撞杆撞击合闸触发器。合闸触发器以顺时针方向旋转，并释放合闸弹簧储能保持掣子，合闸弹簧储能保持掣子逆时针方向旋转，释放棘轮上的轴销 B。合闸弹簧力使棘轮带动凸轮轴以逆时针方向旋转，使主拐臂以顺时针旋转，断路器完成合闸。并同时压缩分闸弹簧，使分闸弹簧储能。当主拐臂转到行程末端时，分闸触发器和合闸保持掣子将轴销 A 锁住，开关保持在合闸位置。

（3）合闸弹簧储能过程。图 3-11 所示状态为开关处于合闸位置，合闸弹簧释放（分闸弹簧已储能）。断路器合闸操作后，与棘轮相连的凸轮板使限位开关（33HB）闭合，磁力开关（88M）带电，接通电动机回路，使储能电机启动，通过一对锥齿轮传动至与一对棘爪相连的偏心轮上，偏心轮的转动使这一对棘爪交替蹬踏棘轮，使棘轮逆时针转动，带动合闸弹簧储能，合闸弹簧储能到位后由合闸弹簧储能保持掣子将其锁定。同时凸轮板使限位开关（33HB）切断电动机回路。合闸弹簧储能过程结束。

3. 气动弹簧操作机构

气动弹簧操作机构是分闸气动、合闸弹簧操作，结构简单，制造精度

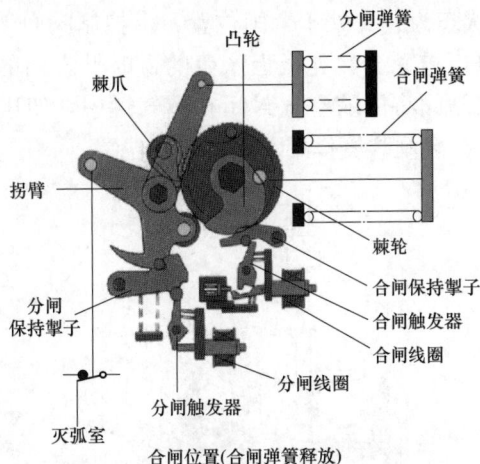

图 3-11 合闸位置（合闸弹簧释放）

要求不高。气动弹簧操动机构是一种以压缩空气做动力进行分闸操作，辅以合闸弹簧作为合闸储能元件的操动机构。压缩空气靠产品自备的压缩机进行储能，分闸过程中通过气缸活塞给合闸弹簧进行储能，同时经过机械传递单元使触头完成分闸操作，并经过锁扣系统使合闸弹簧保持在储能状态。合闸时，锁扣借助磁力脱扣，弹簧释放能量，经过机械传递单元使触头完成合闸操作。气动弹簧操动机构结构简单，可靠性高，分闸操作靠压缩空气做动力，控制压缩空气的阀系统为一级阀结构。合闸弹簧为螺旋压缩弹簧。运行时分闸所需的压缩空气通过控制阀封闭在储气罐中，而合闸弹簧处于释放状态。这样分、合闸各有一独立的系统。储气罐的容量能满足这样设计的弹簧操动机构具有高度的可靠性和稳定性，可满足 O—0.3s—CO—180s—CO 操作循环，气动弹簧操动机构是由活塞和气缸组成的驱动机构，还包括控制压缩空气的控制阀，由电信号操纵的合闸和分闸电磁铁，以及合闸弹簧、缓冲器、分闸保持掣子、脱扣器等其他零部件。气动弹簧的合闸位置、分闸过程和分闸位置如图 3-12 所示。

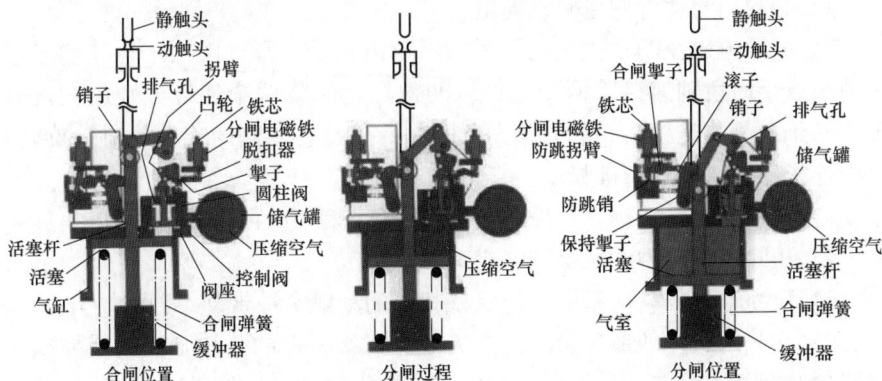

图 3-12 气动弹簧的合闸位置、分闸过程和分闸位置

图 3-13 所示状态为开关处于合闸位置，由控制阀内弹簧在连板上产生的顺时针方向的力矩被掣子在连板上产生的逆时针方向的力矩抵消，使控制阀不能动作，控制阀将压缩空气封闭在储气罐中，使压缩空气罐内的压缩不能通过。产品在合闸弹簧作用下保持合闸位置。

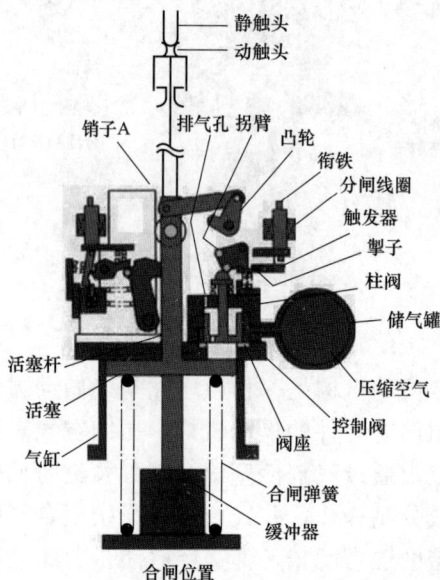

图 3-13　气动弹簧的合闸位置

（1）分闸操作。分闸信号使分闸线圈带电，并使分闸撞杆撞击分闸触发器，分闸触发器顺时针方向旋转，带动锁扣掣子逆时针方向旋转。这样由控制阀内弹簧在连板上产生的顺时针方向的力矩将控制阀打开，将在储气罐中的压缩空气释放，压缩空气进入气缸，迫使活塞向下运动，通过传动系统打开动触头完成分闸操作，断路器分闸。图 3-14 为气动弹簧的分闸过程，图 3-15 为气动弹簧的分闸位置。

分闸操作过程如下：

1）分闸信号使分闸电磁铁通电。

2）分闸电磁铁的动铁芯向下运动，撞击掣子。掣子由两个连杆和三根短轴组成，白色轴连接着两个连杆，两根黑色轴将两个连杆分别连在机架上。掣子右侧的连杆在铁芯的撞击下顺时针旋转，左侧的连杆反时针旋转，因而连板和掣子的约束被释放。

3）连板顺时针转动，使控制阀在其内部弹簧力的作用下打开。

4）压缩空气罐内的压缩空气进入气缸。

5）压缩空气推动活塞向下与活塞相连的动触头被带动，断路器分闸。

6）在分闸操作的最后阶段，连板被与活塞相连的凸轮下压，使控制阀又回到合闸位置状态。气缸内的空气通过排气口排出。最后轴"A"被分闸保持掣子锁住，断路器分闸操作完成。在分闸操作时，合闸弹簧由活塞做功储能。

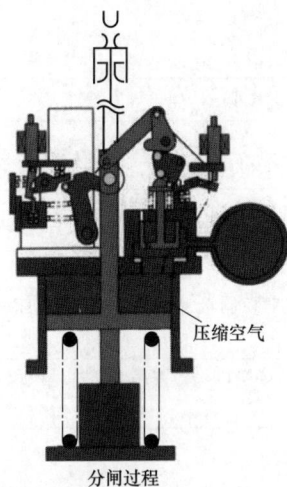

图 3-14　气动弹簧的分闸过程　　图 3-15　气动弹簧的分闸位置

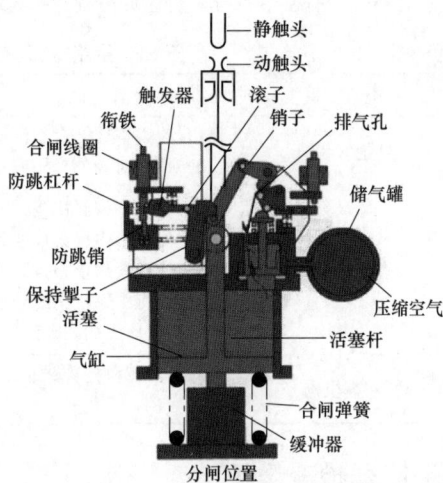

（2）合闸操作。图 3-15 所示状态为开关处于分闸位置。在分闸位置，断路器是由通过连接在机架上的分闸保持掣子在机械上锁住。分闸保持掣子受到由合闸弹簧力产生的反时针方向的力矩作用，此时其又与脱扣器和自身轴销构成"死点"结构产生顺时针方向力矩，保持产品的分闸状态。触头合闸需要的功是从合闸弹簧取得的。当轴"A"3 被释放，活塞由合闸弹簧驱动向上经传动系统使动触头闭合。

合闸操作过程如下：

1）合闸信号使合闸电磁铁通电。

2）合闸电磁铁的铁芯向下撞击脱扣器。

3）脱扣器和分闸保持掣子之间的"死点"状态解除。

4）分闸保持掣子反时针转动，轴"A"从分闸保持掣子的约束中释放。

5）活塞和动触头由合闸弹簧驱动向上完成合闸。

4．重合闸操作

断路器的重合闸操作是依靠断路器分闸后，其气动机构的传动系统与控制回路能迅速地恢复到准合闸状态，然后在重合闸继电器（在主控室）的控制下断路器再次合闸。如果短路故障已经解除，则重合闸成功，断路器继续正常运行，如果短路故障尚未解除，则关合后立即（但不小于40ms）分闸，进行一次不成功的重合闸操作。

第三节　高压 SF₆ 断路器日常维护

一、断路器本体检查维护

断路器本体检查维护主要包括：①断路器瓷套检查；②传动部件检查、

维护；③SF$_6$气体压力检查，必要时补气；④法兰面连接螺栓检查。

高压 SF$_6$ 断路器日常巡检项目见表 3-3。

表 3-3 　　　　　　　　　高压 SF$_6$ 断路器日常巡检项目

序号	检修项目	工艺步骤
1	外绝缘检查	1）检查瓷套外表积污情况。 2）每月对瓷外套拍照，每年对比年初和年尾的积污增长情况
2	检查各螺接部位	1）控制柜密封检查。 2）控制柜内接线检查。 3）接地线螺栓检查。 4）运行中每月用红外热像仪对控制箱、一次电流回路和瓷套进行检查，应无明显过热
3	检查机构	检查液压机构管路有无渗油，弹簧机构检查压力弹簧上的保养油有无变色、老化失效

二、断路器检查维护

断路器机构检查维护主要包括：①断路器功能检查（防跳功能、强迫三相动作功能、分合闸闭锁功能、氮气泄漏报警闭锁功能）；②信号检查；③线圈回路电阻测量；④低电压动作检查；⑤SF$_6$密度计的校验；⑥二次回路绝缘检查；⑦主回路直流电阻测量；⑧如需要配合保护电气传动；⑨机械特性测试。

三、断路器电气及机械特性

断路器电气及机械特性检查以液压机构为例主要包括：①照明、加热器检查；②二次接线紧固检查；③脱扣器紧固螺栓检查；④控制箱、机构箱进水情况检查；⑤液压系统检查，必要时补油；⑥液压系统压力值校验；⑦微动开关动作情况检查；⑧油泵排气、液压系统排气；⑨分、合闸状态保压检查。

四、常见故障及处理方式

（一）SF$_6$ 气体压力低

首先检查 SF$_6$ 气体压力表压力，并将其换算到当时环境温度下，如果低于报警压力值，则为 SF$_6$ 气体泄漏，否则可排除气体泄漏的可能。在以往的工作中总结出了一些情况可以导致 SF$_6$ 气体压力低。

（二）SF$_6$ 气体泄漏

检查最近气体填充后的记录，如气体密度以大于 0.01MPa/年的速度下降，必须用检漏仪检测，更换密封件和其他已损坏的部件。具体方法是：如泄漏很快，可充气至额定压力，查看压力表，同时用检漏仪查找管路接头漏点；另外，可以用包扎法逐相逐个密封部位查找漏点。

主要泄漏部位及处理方法如下：

（1）焊缝。处理方法为补焊。

（2）支持瓷套与法兰连接处、法兰密封面等。处理方法为更换法兰面密封或瓷套。

（3）灭弧室顶盖、提升杆密封、三连箱盖板处。处理方法为处理密封面、更换密封圈。

（4）管路接头、密度继电器接口、压力表接头。处理方法为处理接头密封面更换密封圈，或暂时将压力表拆下。

（5）如发现 SF_6 气体泄漏应检测微水含量。

（三）二次回路或密度继电器故障

依次检查密度继电器信号触点及二次回路相应触点，部分厂家生产的密度继电器在密封上不好，出现受潮或进水现象，导致内部节点短路。处理方法可改变密度继电器安装位置，对密度继电器接头部位涂密封胶。

电气回路故障可能有以下五个方面原因。

（1）若合闸操作前红、绿指示灯均不亮，说明控制回路断线或无控制电源（如控制保险断）。可检查控制电源和整个控制回路上的各个元件是否正常，如操作电压是否正常，熔丝是否熔断，防跳继电器是否正常，断路器辅助触点是否良好，有无气压降低闭锁等。

（2）当操作合闸后红灯不亮，绿灯闪光且事故喇叭响时，说明操作手柄位置和断路器的位置不对应，断路器未合上。其常见原因有合闸回路熔断器的熔丝熔断或接触不良；合闸接触器未动作；合闸线圈发生故障。

（3）当操作断路器合闸后，绿灯熄灭，红灯亮，但瞬间红灯又灭绿灯闪光，事故喇叭响，说明断路器合上后又自动跳闸。其原因可能是断路器合闸后在故障线路上造成保护动作跳闸或断路器机械故障不能使断路器保持在合闸状态。

（4）若操作合闸后绿灯熄灭，红灯不亮，但电流表计已有指示，说明断路器已经合上。可能的原因是断路器辅助触点或控制开关触点接触不良，或跳闸线圈断开使回路不通，或控制回路熔丝熔断，或指示灯泡损坏。

（5）分闸回路直流电源两点接地。

（四）SF_6 气体含水量超标

SF_6 断路器内水分严重超标将危害绝缘，影响灭弧，并产生有毒物质。断路器含水量较高时，很容易在绝缘材料表面结露，造成绝缘下降，严重时发生闪络击穿。含水量较高的气体在电弧作用下被分解，SF_6 气体与水分产生多种水解反应，产生三氧化钨（WO_3）、氟化铜（CuF_2）等粉末状绝缘物，其中 CuF_2 具有强烈的吸湿性，附在绝缘表面，使沿面闪络电压下降，氢氟酸、亚硫酸等具有强腐蚀性，对固体有机材料和金属有腐蚀作用，缩短设备寿命。水分超标有以下几方面：

（1）新气水分不合格。处理方法为对于放置半年以上的气体，充气前检测新气含水量应不超过 $65\mu L/L$。

（2）充气时带入水分。原因是工艺不当，如充气时气瓶未倒立，管路、接口未干燥，装配时暴露在空气中时间过长等。

（3）绝缘件带入的水分。原因是在长期运行中，有机绝缘材料内部所含的水分慢慢释放出来，导致含水量增加。

（4）吸附剂带入的水分。原因是吸附剂活化处理时间过短，安装时暴露在空气的时间过长。

（5）透过密封件渗入的水分。原因是大气中水蒸气分压为设备内部的几十倍甚至几百倍，在压差作用下水分渗入。

（6）设备渗漏。原因是充气接口、管路接头、铸铝件砂孔等处空气中的水蒸气渗透到设备内部，造成微水升高。

五、断路器导电回路直流电阻的测量

断路器导电回路电阻主要取决于断路器动、静触头之间的接触电阻。导电回路电阻是检验断路器安装、检修质量的重要手段。

（一）导电回路电阻测试方法

导电回路电阻测量应在断路器合闸状态下进行。规程规定，测试断路器导电回路电阻应采用直流压降法，电流不小于100A。现在成套的导电回路电阻测试仪操作简单、测量精度高，已广泛应用于各生产现场。

（二）导电回路电阻测量时的注意事项

（1）测量时电压线接在断口的触头端，电流线接在电压线的外侧，接触应紧密良好。

（2）通常在电动合闸数次后进行测量，以消除动静触头表面氧化膜的影响。

（3）测量值大时应分段测试，以确定不良部位。

六、断路器的机械特性试验

本节介绍了断路器分合闸时间和同期性、分合闸速度及分合闸动作电压的定义及测试方法。

（一）分合闸时间和同期性测定

1. 定义

（1）分闸时间：由发布分闸命令（指分闸回路接通）起到所有触头刚分离的一段时间。

（2）合闸时间：由发布合闸命令（指合闸回路接通）起到所有触头刚接触为止的一段时间。

（3）分闸和合闸同期性：分闸和合闸时三相时间之差。

2. 测试意义

分合闸时间及同期性是断路器的重要参数之一。动作时间的长短关系到分合故障电流的性能；如果分合闸严重不同期，将造成线路或变压器的非全相接入或切断，从而可能出现危害绝缘的过电压。

3. 测试方法

时间特性应在额定操作电压（气压或液压）下进行，测试断路器时间及同期性的方法很多，现在普遍使用的是成套的开关综合测试仪，不但使用方便，而且测量数据准确；一台测试仪可以测量各种参数。图 3-16 为开关综合测试仪示意。

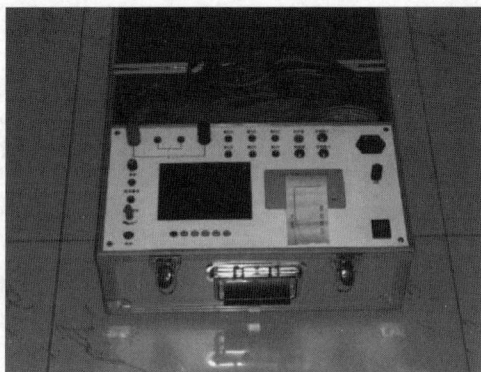

图 3-16　开关综合测试仪

4. 判断依据

（1）合、分指示正确；辅助开关动作正确；合、分闸时间，合、分闸不同期，合、分时间满足技术文件要求且没有明显变化；必要时，测量行程特性曲线做进一步分析。

（2）除制造厂另有规定外，断路器的分、合闸同期性应满足下列要求：相间合闸不同期不大于 5ms；相间分闸不同期不大于 3ms；同相各断口间合闸不同期不大于 3ms；同相各断口间分闸不同期不大于 2ms。

（二）分合闸速度测定

1. 定义

（1）分闸速度：断路器分闸过程中，动触头与静触头分离瞬间的运动速度（刚分后 0.01s 内平均速度）。

（2）合闸速度：断路器合闸过程中，动触头与静触头接触瞬间的运动速度（刚合前 0.01s 内平均速度）。

2. 测试意义

分、合闸速度是断路器的一项重要参数，尤其油断路器。分、合闸速度直接影响断路器分合短路电流的能力。

3. 测试方法和判断依据

断路器的速度，现场一般不需要测量。如果断路器特性有了问题或检修后，必须进行测量。测量时使用成套的开关综合测试仪，测量方法和测量结果应符合制造厂规定。

（三）分合闸动作电压测量

1. 测试意义

分合闸动作电压是关系到断路器能否正常运行的重要数据。一方面是由于断路器动作的无规律，在每次小修中也应进行分合闸动作电压测量，以验证其动作性能是否有明显变化；另一方面是保证其动作电压处于合格范围内，以防止拒动和误动事故。

2. 测试方法

采用突然加压法测量，使用成套的开关综合测试仪。

3. 判断依据

（1）并联合闸脱扣器应能在其额定电压的 85％～110％ 范围内可靠动作；并联分闸脱扣器应能在其额定电源电压 65％～110％（直流）或 85％～110％（交流）范围内可靠动作；当电源电压低至额定值的 30％ 时不应脱扣。

（2）在使用电磁机构时，合闸电磁铁线圈的端电压为操作电压额定值的 80％（关合电流峰值大于 50kA 时为 85％）时应可靠动作。

（四）涉及反措相关内容

（1）断路器出厂试验、交接试验及例行试验中，应进行三相不一致、防跳、压力闭锁等二次回路动作特性检查，并保证在模拟手合于故障条件下断路器不会发生跳跃现象。

（2）新安装 252kV 及以上断路器每相应安装独立的密度继电器。三相分箱的 GIS 母线及断路器气室，不应采用管路连接。

（3）断路器和 GIS 内部的绝缘件装配前应通过工频耐压试验和局部放电试验，单个绝缘件的局部放电量不大于 3pC。GIS 内部的绝缘件装配前应通过 X 射线探伤试验。

（4）为防止机组并网断路器单相异常导通造成机组损伤，252kV 及以下机组并网的断路器（含发电机断路器）应选用三相机械联动式结构。新订货 252kV 母联（分段）断路、主变压器、高压电抗器断路器宜选用三相机械联动设备。

第四节　案例分析

一、220kV 某站某断路器非全相跳闸故障分析报告

故障简述：某月 16 日 13 时 57 分，220kV 某站执行 220kV 某Ⅱ线转运行的操作。在合上 220kV 某Ⅱ线某断路器时，发现 C 相合后即分闸，非全相动作致三相跳闸。运行人员检查现场及故障滤波图确认无故障后第二次试送，发现 B、C 相合后即分闸，非全相动作致三相跳闸。

（一）故障发生过程

某月某日 13 时 57 分，220kV 某站执行 220kV 某Ⅱ线转运行的操作。

在合上中间断路器 2722 后，继续执行 220kV 某 Ⅱ 线 2733 断路器合闸操作时，发现断路器未能正常合闸。运行人员现场检查开关机构外观无异常，三相均为分闸位置，无保护动作信息，故障录波显示 C 相跳闸后非全相动作跳开三相断路器。在确认断路器及线路无故障后运行人员进行第二次试送，发现断路器仍未能正常合闸，现场再次检查开关机构外观无异常，三相均为分闸位置，无保护动作信息，故障录波显示 B、C 相跳闸后非全相动作跳开三相断路器。

（二）现场检查及处理情况

1. 缺陷设备基本信息

①开关型号：LTB245E1 配 BLK222 机构；②生产厂家：某高压开关设备有限公司；③投运日期：某年 10 月。

2. 一次部分检查情况

检修专业技术人员首先检查开关机构外观无异常，三相均为分闸位置。打开机构箱后，机械传动部分均正常。主要检查合闸拐臂位置正确、无裂纹，辅助断路器位置正常、固定底板无松动，辅助断路器连杆无变形、转轴无裂纹。在进行机械特性试验时，跳合闸均正常、无偷跳现象出现。试验数据中，分合闸不同期、时间、速度均正常，分合闸线圈低电压动作值正常。基本上排除操作机构的机械部分偷跳的可能。

3. 保护检查情况及保护信息

（1）回路检查情况：检查 2733 断路器保护装置、某 Ⅱ 线两套微机保护装置（RCS-931，PSL-602）均无保护动作信号，无相应时间段的跳闸出口报告。排除保护装置误动或故障跳闸的可能。

（2）检查 2733 断路器端子箱及机构端子排无异常，没有过热、烧损、受潮进水现象。分别检查 101 端子、201 端子与 137A、137B、137C、237A、237B、237C 的绝缘，其阻值均在 200MΩ 以上。排除电缆绝缘降低造成断路器跳闸的可能。

（3）故障录波信息：检查 220kV 故障录波器发现有两次故障报告，时间分别为 13 时 57 和 14 时 01 分，与值班人员的两次合闸操作时间基本吻合。

（三）故障处理

1. 故障录波报告分析

第一次报告为合闸后 C 相跳闸，非全相出口跳开 A、B 相断路器。第二次报告为合闸后 B、C 相断路器跳开，非全相出口跳开 A 相断路器。两次故障报告没有两套线路微机保护装置和 2733 断路器保护装置的动作报告，可以进一步断定两套线路保护装置和 2733 断路器保护装置与 2733 断路器偷跳无关。同时，从录波图中可以看出，每次偷跳前都有 3ms 的非全相出口小方波出现。

考虑到录波报告中每次偷跳前的 3ms 非全相出口小方波出现为非正常现象，在排除其他导致断路器偷跳的可能后，只能怀疑非全相继电器存在误动可能。同时，ABB 技术人员在故障分析到这一步时，也隐约指出该断路器在其他地区已经有过非全相继电器误动导致断路器偷跳的案例。

2. 非全相保护动作情况分析

2733 断路器的非全相保护采用断路器本体就地配置，通过安装于 B 相断路器非全相保护箱中的非全相继电器来实现，如图 3-17 所示。原理图如图 3-18 所示。

图 3-17　非全相保护安装示意图

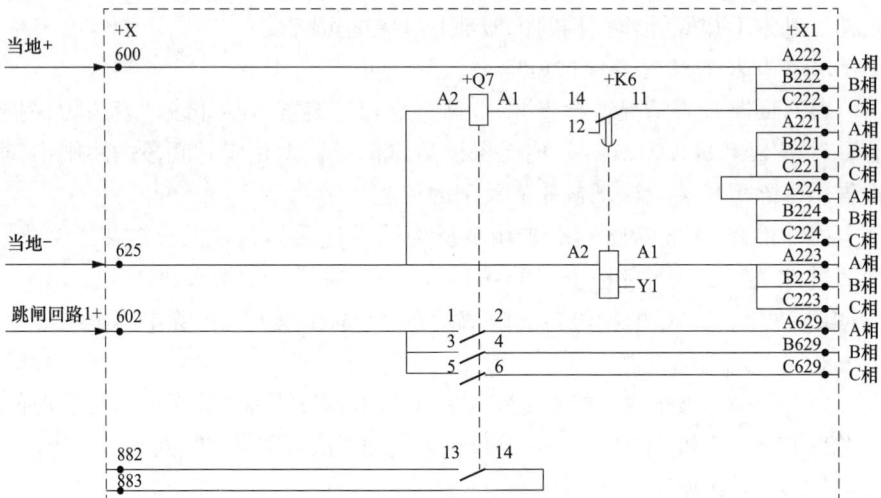

图 3-18　非全相保护回路原理图

图 3-18 中非全相接触器 Q7 线圈带电后，1—2、3—4、5—6 触点接通，相应相别的断路器跳闸，同时 13—14 触点闭合启动故障录波。而异常震动时，即使 Q7 线圈不带电，也可导致 1—2、3—4、5—6 个别触点瞬时接通、相应相别的断路器跳闸。

为验证三相跳闸的原因，调查人员进行了故障还原测试。按照故障发生时的实际情况，对断路器进行了三次电动分合闸。为便于观察断路器的跳合情况，将非全相接触器线圈端子解开，保证非全相不再动作跳开三相断路器。在分合闸过程中，现场人员能够明显观察到装设于断路器本体的非全相保护箱及内部非全相接触器的剧烈震动。在进行第三次合闸操作时，发现 B、C 相合后即分，A 相正常合闸。本次试验中 A 相没有分闸，原因在于虽然 B、C 相分闸后非全相启动的条件已经满足，但由于非全相接触器线圈端子已经解开，接触器没有启动。本次试验初步验证了三相跳闸的原因为非全相接触器误动的推论。

为进一步验证断路器合闸后偷跳的原因，调查人员将非全相接触器跳 B 相的节点解开，再次进行传动试验。同样在进行第三次合闸操作时，发现 C 相合后即分，而故障频繁的 B 相本次没有发生偷跳。虽然本试验带有一定的分散性，但本次试验进一步验证了断路器偷跳原因为非全相接触器误动的推论。

3. 故障还原

结合以上分析，将故障还原如下：7 月 16 日 13 时 57 分，在执行 2733 断路器合闸操作时，由于断路器合闸引起震动，导致非全相接触器铁芯误动。此时非全相接触器的跳 C 相节点（5—6）瞬时接通，经 26ms（断路器正常分闸时间）后 C 相跳闸。非全相接触器正确启动，经约 2.3s（现场整定值稍偏大，实际应整定为 1.8s，对本次跳闸无影响）延时后动作于三相跳闸。在非全相继电器铁芯第一次误动同时，非全相继电器故障录波节点（13—14）瞬时接通，启动故障录波。值得一提的是，如该节点碰巧没有误动接通，故障录波不会提前启动，将为缺陷分析带来较大困难。

在进行第二次合闸操作时，由于断路器震动导致的接触器误动带有极大的分散性，非全相接触器的跳 B、C 相节点（3—4、5—6）瞬时接通，造成第二次偷跳现象的发生。

4. 结论

综合以上分析，2733 断路器在合闸过程中偷跳的原因如下：

（1）某高压开关设备有限公司生产的 LTB245E1 断路器（配 BLK222 机构）设计存在缺陷，将非全相接触器安装在断路器本体上，不能承受断路器正常分合闸引起的震动干扰。断路器正常分合闸过程中，在机构水平方向震动力的作用下（与接触器动作方向一致），非全相接触器中的跳闸节点瞬间闭合，造成单相或多相分闸，非全相启动最终导致三相跳闸。

（2）从该公司为改进非全相保护箱的安装位置、准备的成型的安装支架来看，该公司已经知晓该产品存在的设计缺陷，但没有向用户及时通报，导致了这次本该避免的设备故障的发生。

5. 缺陷处理情况

在明确了断路器偷跳原因为非全相接触器安装位置不当导致运行中误动后，调查组与该公司协商对 2733 断路器进行了整改。一是采取防震动措施，根据该公司建议，将非全相保护箱与本体脱离，使用专用支架落地安装；二是将非全相所用接触器更换为较为可靠的新型继电器。

（四）整改措施

（1）该公司负责对所有在运 LTB245E1 断路器（配 BLK222 机构）进行整改。一是使用专用支架将非全相保护用接触器全部改造为落地布置，脱离本体，避免断路器分闸的震动力导致接触器误动；二是更换非全相保护用接触器为可靠的电子式继电器。

（2）对在运的其他 220kV 断路器进行普查，存在上述情况的一律整改。

（3）在新设备招标技术规范书中予以明确，要求断路器生产厂家将非全相继电器全部实现落地布置。

（4）经查阅资料，相关电业局对于就地三相不一致保护继电器频繁发现的防震性能差、动作时间偏移、动作电压不满足反措要求等问题已经高度注意，并制定了相应的管理制度。

二、500kV 某站 A 相断路器带电检测异常分析

（一）缺陷发现情况

某年某月 21—23 日，专业人员在对某 500kV 变电站带电检测中，发现 1 号主变压器 5001A 相断路器 SF_6 分解产物异常，出现微量 SO_2 和 H_2S，数据时有时无且不稳定，SO_2 最大达到 $1\mu L/L$、H_2S 最大达到 $0.7\mu L/L$，超声局部放电无异常。该设备为某公司 2014 年 8 月出厂 LW30-550 型罐式断路器，额定电流 4000A，额定短路开断电流 63kA，2015 年 10 月投运。图 3-19 所示为 1 号主一次 A 相罐式断路器。

图 3-19　1 号主一次 A 相罐式断路器

为避免设备事故，将异常设备停运。12 月 25 日，对停运设备再次进行分解物测试，SO_2 和 H_2S 组分消失，分析设备内部存在低能量放电，联系

制造厂准备开盖检查。

（二）现场开盖检查情况

12月27—28日，现场进行开盖检查。打开非机构侧罐体侧盖板发现灭弧单元的静侧绝缘台屏蔽环与端盖支撑法兰的搭接部位底部出现黑色放电粉尘，如图3-20所示。

图3-20　端盖支撑法兰与绝缘台屏蔽环之间粉尘

打开非机构侧手孔发现，端盖侧罐体底部出现黑色放电粉尘，如图3-21所示。

图3-21　端盖侧罐体底部粉尘

（三）厂内解体检查情况

1月8—10日，异常设备在开关厂内解体检查，具体情况如下：

端盖拆下后，面向机构侧，绝缘台屏蔽环底部及右侧接近1/2圆周有放电烧蚀痕迹，如图3-22所示。

图 3-22　绝缘台屏蔽环放电痕迹

　　端盖支撑法兰对应部位也发现放电痕迹，正下部烧蚀最重，如图 3-23
所示。图 3-24 为连接结构示意图。

图 3-23　端盖支撑法兰放电痕迹

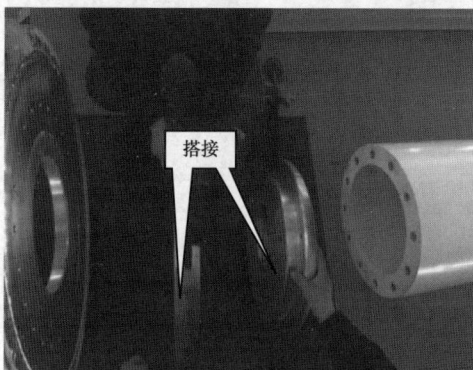

图 3-24　连接结构示意

　　罐体内其他部位未发现异常，从放电现象看，放电部位为地电位侧，
符合接触不良悬浮放电的特征。

　　为查明接触不良的原因，在拆解检查过程中，对紧固端盖、紧固灭弧
单元以及其零部件的所有螺栓进行力矩检查，未发现异常，力矩标线清晰

明显。力矩检查如图 3-25 所示。

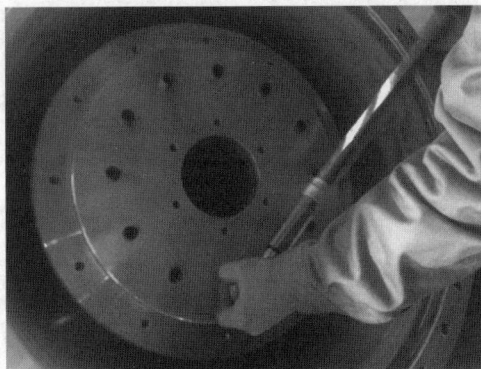

图 3-25　力矩检查

测量非机构侧绝缘台屏蔽环外径为 $\phi 409.6$mm（标准 $\phi 410^{-0.2}_{-0.5}$），端盖支撑法兰内径 $\phi 410.5$mm（标准 $\phi 410^{+0.5}_{+0.2}$），符合设计标准。

利用三维坐标仪对绝缘台屏蔽环和端盖支撑法兰进行圆度检验，屏蔽环最大与最小直径差 0.031mm，支撑法兰最大与最小直径差 0.052mm，符合设计标准（0.1mm）。

利用激光水平仪检测灭弧单元总装直线度，发现灭弧单元由中心向右侧（端盖直视方向）偏移约 4mm。图 3-26 为灭弧室总装偏移测量。

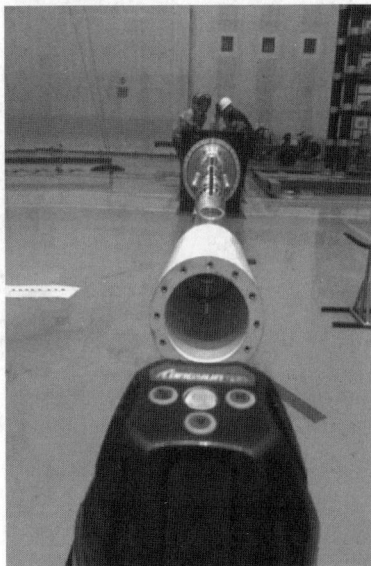

图 3-26　灭弧室总装偏移测量

分解灭弧单元，对各部件逐个进行尺寸测量，发现与静侧绝缘台连接的导电管端面垂直度最高点 1263.56mm、最低点 1263.48mm，偏差为 0.08mm，设计标准 0.05mm，出现超差问题。图 3-27 为导电管端面垂直度超差测量。

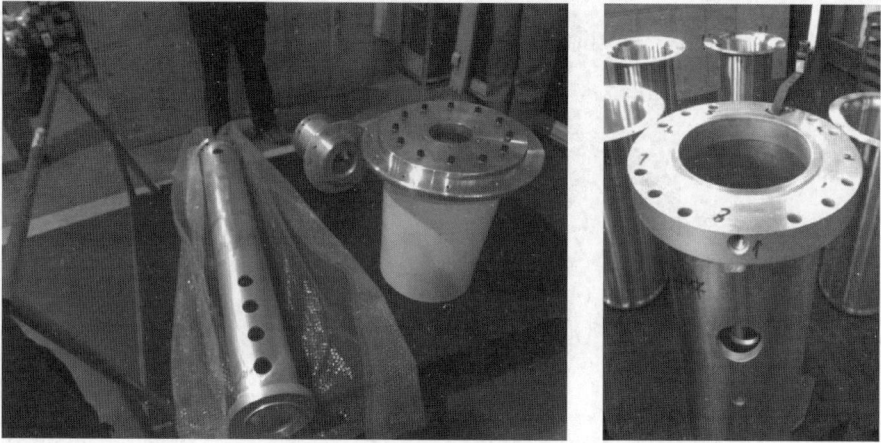

图 3-27　导电管端面垂直度超差测量

（四）其他设备检查情况

异常设备上一次带电检测时间为 2016 年 7 月 6 日，当时无异常。

该间隔 B、C 两相断路器 SF_6 分解产物未发现异常。但 1 月 11—12 日现场开盖检查也发现了同类异常，但粉尘数量较 A 相轻微。图 3-28 为开盖检查情况。

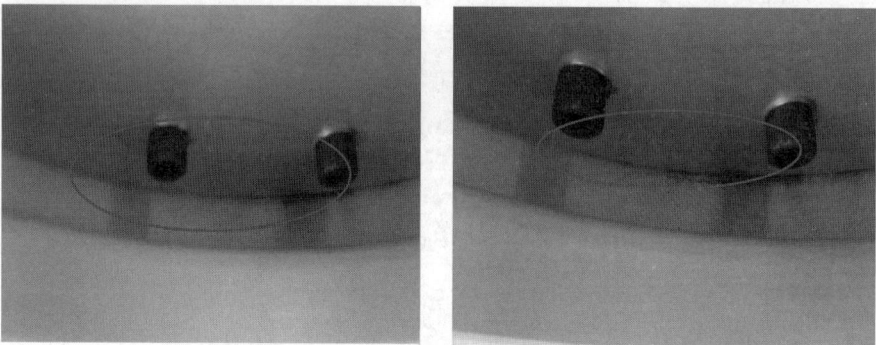

(a) B相开盖检查情况　　　　　　　　　　(b) C相开盖检查情况

图 3-28　开盖检查情况

（五）缺陷原因分析

500kV 某变电站 1 号主变压器 5001 断路器异常为悬浮电位放电，LW30-550 型罐式断路器灭弧单元静侧绝缘台屏蔽环和端盖支撑法兰之间为直接搭接结构，对加工工艺和装配精度要求较高。由于返厂设备灭弧单元对中装配偏差较大（4mm），运行震动导致金属硬摩擦，并产生悬浮电位，震动产生的间隙被击穿发生放电。

（六）整改防范措施

（1）同意断路器厂制定的"在静侧绝缘台屏蔽环与端盖支撑法兰搭接

处加装聚四氟乙烯材质的屏蔽环，以消除金属硬摩擦"和"在屏蔽环与壳体之间加装软接地铜带，使屏蔽环始终接地，避免悬浮电位"的整改措施。

（2）在运设备整改工作由该公司现场无偿实施，不论有无明显放电，灭弧单元静侧绝缘台屏蔽环要与端盖支撑法兰、盖板一同更换，现场不允许进行打磨处理，整个拆解、更换过程要在防尘棚内完成，每台设备处理时三相同时进行。

第四章 隔离开关

第一节 隔离开关结构及原理

一、隔离开关的原理

隔离开关是高压开关电器中使用最多的一种电器，隔离开关的设计使得它在闭合状态下，两个接触体通过绝缘材料分开，允许电流在其间流动，形成通路。而在断开状态时，接触体相互靠近并紧密接触，从而断开电路，阻止电流流过。这种设计确保了在没有外部干预的情况下，电路是无法闭合的，从而保证了设备的安全性和可靠性。隔离开关的主要特点是无灭弧能力，只能在没有负荷电流的情况下分、合电路。

二、隔离开关的主要作用

（1）分闸后，建立可靠的绝缘间隙，将需要检修的设备或线路与电源用一个明显断开点隔开，以保证检修人员和设备的安全。

（2）根据运行需要，换接线路。

（3）可用来分、合线路中的小电流，如母线、连接头、短线路的充电电流，开关均压电容的电容电流，双母线换接时的环流以及电压互感器的励磁电流等。

（4）根据不同结构类型的具体情况，可用来分、合一定容量变压器的空载励磁电流。

三、隔离开关基本结构

隔离开关由底座、绝缘子、导电部分、电动机构及接地开关组成等部分组成。结构外形图如图 4-1 所示。结构示意图如图 4-2 所示。

四、隔离开关型号及参数

（1）GN-数字。户内高压隔离开关，数字代表额定电压、设计序号和额定电流；

（2）GW-数字。户外高压隔离开关，数字代表额定电压、设计序号和额定电流。

举例说明：

GW-110（Ⅲ）W-630：G 代表隔离开关；W 代表户外使用；110 代表适用于额定电压为 110kV 的系统中；（Ⅲ）代表Ⅲ型（设计序号）；630 代表适用于额定电流在 630A 以下的系统中。

图 4-1　隔离开关结构外形图

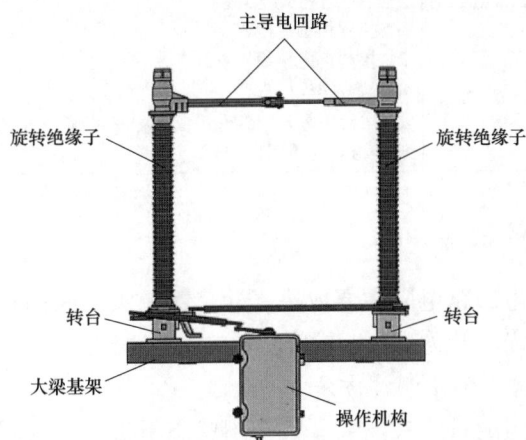

图 4-2　隔离开关结构示意图

GN22-10/2000：G 代表隔离开关；N 代表户内使用；22 代表设计序号；2000 代表适用于额定电流在 2000A 以下的系统中。

第二节　隔离开关日常维护

一、隔离开关日常维护

隔离开关日常维护与巡检包括：

（1）清除导电部分尘垢，触指与触头接触面清理干净后，涂上一薄层电接触导电膏，在检修时若发现接触表面有电弧烧痕，影响导电性能时，应加以修整，严重时则要更换。检查触指弹簧，若弹力不足应更换（单个

161

触指的接触压力应不小于 50N)。

（2）清除支柱绝缘子表面污垢，仔细检查绝缘子是否破损，法兰胶装是否破损。

（3）检查各销轴、轴承座及转动部分是否灵活，并在转动部分涂适应使用地区气候条件的润滑油脂。

（4）各连接紧固螺栓，是否有松动。

（5）隔离开关的平衡弹簧及其他表面涂漆的零件，至少两年要涂刷一次新油漆。

（6）机构及附装的电磁锁，分、合操作是否灵活，位置正确。辅助开关能否动作并切换正常，分合接触是否良好，电磁锁开、闭灵活可靠。

隔离开关日常巡检见表 4-1。

表 4-1　　　　　　　　　　　隔离开关日常巡检

序号	检修项目	工艺步骤
1	外绝缘检查	1）检查瓷套外表积污情况。 2）每月对瓷外套拍照，每年对比年初和年尾的积污增长情况
2	检查各螺接部位	1）控制柜密封检查。 2）控制柜内接线检查。 3）地线螺栓检查。 4）运行中每月用红外热像仪对控制箱、一次电流回路和瓷套进行检查，应无明显过热

二、隔离开关的试验

隔离开关导电回路电阻主要取决于动、静触头之间的接触电阻。导电回路电阻是检验隔离开关安装、检修质量的重要手段。

（一）导电回路电阻测试方法

导电回路电阻测量应在隔离开关合闸状态下进行。规程规定，测试隔离开关导电回路电阻应采用直流压降法，电流不小于 100A。现在成套的导电回路电阻测试仪操作简单、测量精度高，已广泛应用于各生产现场。

（二）导电回路电阻测量时的注意事项

（1）测量时电压线接在断口的触头端，电流线接在电压线的外侧，接触应紧密良好。

（2）通常在电动合闸数次后进行测量，以消除动静触头表面氧化膜的影响。

（3）测量值大时应分段测试，以确定不良部位。

三、隔离开关常见故障的处理

（一）接触部分过热的处理

发现隔离开关触头、接线板过热时，应设法减少或转移负荷，加强监视，必要时申请停电检修处理。处理方法主要如下：

（1）触头发热。一般要更换静触头弹簧夹和烧伤触指，清除动静触头氧化层，清洗动静触头，涂凡士林，紧固螺栓，彻底的办法是更换触头。

（2）接线板发热。检查发热点情况，对接触面进行清洗、打磨、涂导电膏、紧固螺栓等。

发热处理前、后测量回路电阻以量化检查处理效果。

（二）传动机构失灵

隔离开关电动操作失灵后，首先检查操作有无差错，然后检查操作电源回路、动力电源回路是否完好，熔断器是否熔断或松动，电气闭锁回路是否正常。

（三）隔离开关触头熔焊变形、绝缘子破损、严重放电

遇到这些情况，应立即停电处理，在停电前应加强监视。

（四）隔离开关合闸不到位

隔离开关合不到位，多数是机构锈蚀、卡涩、检修调试未调好等原因引起的，发生这种情况，可拉开隔离开关再合闸。必要时应申请停电处理。

（五）隔离开关拒绝分、合闸

（1）由于轴销脱落、楔栓退出、铸铁断裂等机械故障，或因为电气回路故障，可能发生刀杆与操作机构脱节，从而引起隔离开关拒绝合闸，此时应用绝缘棒进行操作，或在保证人身安全的情况下，用扳手转动每相隔离开关的转轴。

（2）拒绝分闸：当隔离开关拉不开时，如系操动机构被冰冻结，可以轻轻摇动，并观察支持绝缘子和机构的各部分，以便根据何处发生变形和变位，找出障碍地点。如果障碍地点发生在隔离开关的接触部分，则不应强行拉开，否则支持绝缘子可能受破坏而引起严重事故，此时只能改变设备的运行方式加以处理。

第三节　案例分析

一、220kV 某变电站 5611-1 隔离开关故障分析

（一）故障简述

某年 12 月 19 日，某公司 220kV（隔离开关型号：GN22-10/2000）10kV Ⅰ 段母线母差保护动作，5611 断路器跳闸，5611-1 隔离开关 B、C 相刀口烧毁，C 相隔离开关绝缘子上有对地放电痕迹，如图 4-3～图 4-5 所示。

（二）故障原因分析

综合分析认为，5611-1 隔离开关胀紧机构调整不当，长期运行中过热烧毁，是造成此次故障的主要原因。

图 4-3 某变电站 5611-1 隔离开关

图 4-4 5611-1 隔离开关 C 相刀口烧毁且对地放电

图 4-5 C 相隔离开关胀紧机构烧融

由于 GN22 系列隔离开关的夹紧原理独特，不同于其他型号隔离开关是利用触指弹簧的压缩或拉伸来实现动静触头可靠接触，而 GN22 隔离开关没有触指弹簧，是利用胀紧小机构（见图 4-6），驱动动触头两侧的钢片（见图 4-7），来夹紧动静触头，这种原理是为通过大电流（2000～5000A）而设计的，所以对于 GN22 系列隔离开关，调整合格的话，可以正常通过大电流，而一旦调整不当，就会造成动静触头虚接，引起过热，导致隔离开关烧毁。

（三）故障暴露出的问题及反事故措施

GN22 隔离开关与传统结构产品不同之处在于：解决了接触压力与操作

图 4-6　GN22 隔离开关胀紧小机构

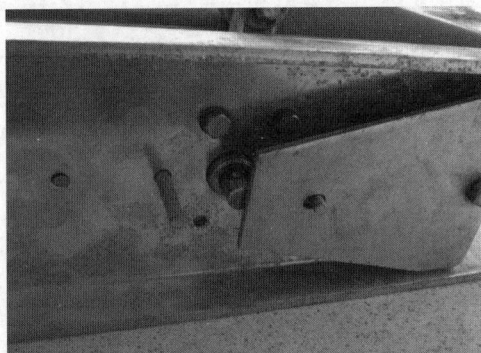

图 4-7　隔离开关动触头两侧的钢片

力矩之间的矛盾，采用了合闸—锁紧两步动作原理，即主轴传动的前约 80°角位移为合闸角，用于传动触刀，使之从开断极限位置运动到合闸极限位置；主轴传动的后 10°角位移为接触角，用于锁紧机构动作，通过滑块带动连杆运动，从而使两侧顶杆推出，磁锁板起杠杆作用，将顶杆的推力放大约 5.5 倍后压紧在触刀上，形成接触压力。两步动作的转换，由挡块—摇杆—顶销—限动销构成的定位—限动机构，保证触刀在合闸到位后再转入锁紧运动，使断路器准确灵活地推出第一步动作（合闸）转入第二步动作（形成接触压力），完成整个合闸操作。分闸操作，其动作过程与上述合闸过程相反。

　　针对 GN22 隔离开关独特的设计原理，判断隔离开关胀紧机构动静触头夹紧与否，一定要用 0.05mm 的塞尺检查动静触头之间的间隙，应不能塞入塞尺，或者隔离开关合闸后用手推拉动触头，胀紧机构应当没有丝毫的移动。

二、500kV 升压站 50116 隔离开关故障分析

（一）事故经过

某年 4 月 14 日 20 时 26 分巡检人员发现 500kV 升压站 1 号主变压器高

压侧 50116 隔离开关 B 相有发热现象，经红外测温显示最高温度为 480℃，机组降负荷至 270MW，经使用望远镜及长镜头高清单反相机检查发现 50116 隔离开关 B 相动触头与导电臂连接部位附近发热，不具备带电处理条件，申请调度同意，1 号机组于 23 时 44 分停机，检修人员办理工作票进行抢修，4 月 15 日 3 时 50 分隔离措施执行完毕，4 时 50 分许可工作票，开始对 50116 隔离开关 B 相进行检查。

（二）检查情况

1. 设备简介

某电厂隔离开关为某高压开关有限责任公司生产的 GW11-550DW 双柱水平伸缩式隔离开关，额定导通电流 3150A，隔离开关距地面高度为 9310mm，结构如图 4-8 所示，动触头主要由触片、支持架、导电板及固定螺栓等组成，触片由碟形垫片压接在导电板上，触片与导电板的压紧力通过碟形垫片及其上部的压紧螺母调节压力，触片与导电板接触为点接触，即在触片上有 3 个凸起点，突起点压接在导电板的平面部位，在触点及导电板表面有镀银层来降低接触电阻。

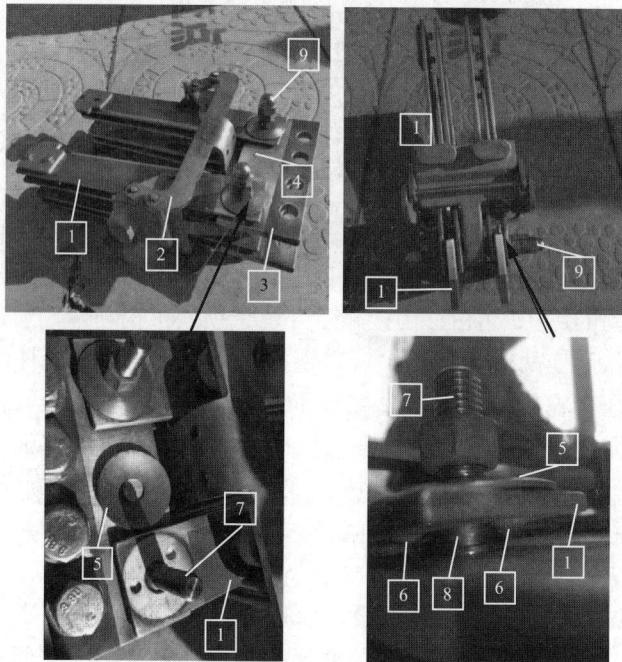

图 4-8　隔离开关结构

1—触片；2—支持架；3—导电板；4—镀银层；5—碟形垫片；6—触点；7—固定螺栓；
8—橡胶套，防止螺栓晃动；9—固定螺母，由外向内分别是末端螺母、防松螺母、压紧螺母

2. 检查情况

在故障后，对 50116 隔离开关 B 相动触头进行拆解检查，如图 4-9 所示。压紧螺母、防松螺母及末端螺母无松动现象，动触头右侧上部触片、

碟形垫片及固定螺栓有过热痕迹，触点有过热烧损痕迹，导电板上对应触点位置有过热烧损痕迹，导电板及触片触点上镀银层有氧化情况，支持架上轴销连接部位有过热现象。

图4-9　50116隔离开关B相动触头进行拆解检查

（三）原因分析

（1）内因：检查压紧螺母、防松螺母及末端螺母无松动情况，右侧螺栓及上部触片烧损较为严重，判断为右侧上部碟形垫片压紧力不足，导致触片上触点与导电板接触不良，触点过热烧损，通流能力下降，部分电流通过螺栓及动触头支持架形成回路，造成螺栓过热烧损。

（2）诱因：在某年9月15日50116隔离开关投入运行后至故障发生期间，经过多次红外成像测试未发现有过热现象，进入4月以来，电厂所处地区长期大风天气，并伴随较强阵风，在碟形垫片压紧力不足的情况下，造成触点与导电板接触不良，促使该隔离开关动触头发生过热故障。

（四）暴露问题及整改措施

（1）检修人员对隔离开关检修技能不足，对动触头上的触片固定螺栓紧力调整掌握不够，缺乏检修经验。

（2）500kV隔离开关检修规程及检修文件包中检修项目不全面，检修标准不明确，没有动触头上固定螺栓、碟形垫片及其他弹性部件的检查内容及验收标准，缺乏有效验收的手段。

（3）对500kV隔离开关的检修技术研究不深不透，隐患排查不彻底、设备评估不到位，对检修工作缺乏有效的监督及管理。

第五章 GIS 设备

第一节 GIS 设备结构

GIS 由断路器、隔离开关、接地开关、互感器、避雷器、母线、连接件和出线终端等组成，这些设备按电气主接线的连接方式组合在一起，全部封闭在金属接地的外壳中，在其内部充有一定压力的 SF_6 绝缘气体，故也称 SF_6 全封闭组合电器。

GIS 采用的气体是绝缘性能和灭弧性能优异的 SF_6，与传统敞开式配电装置相比，占地面积更小。表 5-1 为 GIS 设备与敞开式设备占地对比。

表 5-1 GIS 设备与敞开式设备占地对比

电压（kV）	设备种类	占地面积（m^2）	对比百分数（%）
500	敞开式设备	4944	25.02
	GIS 设备	1237	
330	敞开式设备	2989	28.77
	GIS 设备	860	
220	敞开式设备	1105	37.01
	GIS 设备	409	
110	敞开式设备	358	45.81
	GIS 设备	164	

（一）GIS 的优点

（1）大量节省配电装置所占面积和空间，电压越高，效果越显著。

（2）运行可靠性高。暴露的外绝缘少，因而绝缘事故少；内部结构简单，机械故障机会减少；外壳接地，无触电危险；SF_6 为非燃性气体，无火灾危险；气压低，爆炸危险性也小。

（3）运行维护工作量小。平时不需对绝缘子清洗，设备检修周期长，几乎在使用寿命内不需要解体检修。

（4）环境保护好。尤其电感应和电晕干扰，噪声水平低。

（5）适应性强。因为重心低、元件少，所以抗震性能好；因为是全封闭，不受外界环境影响，还可用于高海拔地区和污染地区。

（6）安装调试容易。因为制造厂在厂内经过充分的性能试验，以组件形式出厂，又是单元整体运输，所以现场只需整装调试，安装方便，建设速度快。

（二）GIS 的缺点

（1）GIS 对材料性能、加工精度和装配工艺要求极高，工件上的任何毛刺、油污和纤维都会造成电场不均。当个别点电场强度达到气体放电的电场强度时，就会发生局部放电，甚至可导致个别部位的击穿。绝缘气体的气压越高，则局部放电降低击穿电压或沿面放电电压的影响越强烈。

（2）需要专门的 SF_6 气体系统和压力监视装置，且对 SF_6 的纯度和水分都有严格的要求。

（3）金属消耗量大。

（4）造价较高。

（三）HGIS 的特点

除了 GIS 外，还有一种设备，即 HGIS，它介于 GIS 和敞开设备之间。HGIS 俗称为混合型 GIS 或半 GIS，其主要特点是扩建方便，运行方式灵活，同时将故障率较高的断路器、隔离开关等密封在 SF_6 气体中，将故障率相对较低的母线、避雷器等敞开布置，降低了设备成本，占地面积较 GIS 站要大，但较敞开式变电站少一半左右。

500kV HGIS 布置方式一般采用一个半接线方式，以断路器为单元，3 台断路器单元连成一个整体或通过软导线连接，构成一个完整串。220kV 及以下 HGIS 一般采用一体化设计，因而体积大大减小，节省占地面积。HGIS 设备外观图如图 5-1 所示，HGIS 设备整体结构示意图如图 5-2 所示。

图 5-1 HGIS 设备外观图

图 5-2 HGIS 设备整体结构示意图

（四）GIS安装工艺流程

GIS安装工艺流程中最重要的注意事项是设备的清理，主要是导体的清理、绝缘件的清理、密封面的清理、断路器的清理。整个GIS安装过程如下：

（1）导体的清理：在安装前，要选择好天气，GIS安装对空气湿度是有严格要求的，湿度不能超过80％，所以GIS设备间需要配备一个温湿度计随时监控温度和湿度，地面要清洁，并铺上塑料布，在未组装之前要将管口用塑料布密封好，防止灰尘进入。导电杆要擦拭干净，再装入母线内。

（2）绝缘件的清理：在出厂的时候为了防止生锈，在上面涂了一层黄油，在安装前需要用香蕉水或者酒精擦拭干净。

（3）母线的清理：用吸尘器将里边的灰尘吸附干净，若里边存有灰尘，会引起在试验过程中绝缘子放电。

（4）导电杆的安装：安装过程中要特别小心，防止灰尘、杂质和潮气进入GIS本体内部，内部安装、清理时要戴上塑料手套。母线筒内导体为三角形布置，盘式绝缘子通过导体和触头将三相母线固定在一定的位置上，并起对地绝缘作用。

（5）密封：采用简单的密封方法，密封面＋O形圈＋密封槽＋密封胶，法兰之间的连接，必须用密封环进行密封。若法兰之间不能很好地配合，可调整波纹管来补偿，波纹管的长度为395～400mm，调整后将波纹管法兰外侧用螺母拧紧，并用锁紧螺母拴紧。

（6）主母线的连接：GIS的断路器、隔离开关、互感器、避雷器等元件是通过主母线进行连接，即通过导电连接件和GIS其他元件接通，满足不同主接线方式来汇集分配传送电能。

（7）抽真空：断路器在出厂之前为了防潮充满氮气，GIS气室在充SF_6气体之前，需要抽高真空，其值133.3Pa以下，原因是气室中的真空度越高，水分的蒸发温度越低，在高真空的环境中，常温下就可以使水分蒸发。正常的情况下每个间隔中断路器需要抽7～8h，由于山上天气潮湿，在这种湿气重的情况下至少要抽12h。

第二节　GIS设备主要技术参数

东芝500kV GSR-500GIS主要技术参数见表5-2。西安西电开关电气有限公司220kV GIS（ZF9-252）主要参数见表5-3。

表5-2　　　　东芝500kV GSR-500GIS主要技术参数

序号	名称	单位	数据
1	额定参数		
	1）额定电压	kV	550

续表

序号	名称	单位	数据
1	2）额定频率	Hz	50
	3）额定电流		
	母线电流	A	4000
	进线电流	A	4000
	出线电流	A	4000
	4）额定短路开断电流	kA	63
	5）额定动稳定电流（峰值）	kA	157
	6）额定热稳定电流及其持续时间额定值	kA/s	63/3
	7）额定工频耐受电压		
	相对地（1min）	kV	680
	断口间（1min）	kV	790
	零表压下相对地（5min）	kV	1.1 倍相电压
	8）额定雷电冲击耐受电压		
	相对地（1.2/50μs）	kV	1550
	断口间（1.2/50μs）	kV	1550＋315
	9）额定操作冲击耐受电压		
	相对地（250/2500μs）	kV	1175
	断口间（250/2500μs）	kV	1050＋450
2	辅助回路		
	控制回路（直流）	V	110
	信号系统（直流）	V	110
	电热器回路交流 50Hz（三相四线制）	V	380/220
	电压波动范围	%	±10
3	SF_6 气体		
	额定工作气压（20℃）表压	MPa	0.55/0.5
	最高工作气压（20℃）表压	MPa	0.73/0.65
	最低工作气压（20℃）表压	MPa	0.50/0.45
	报警信号气压（20℃）表压	MPa	0.525/0.475
	闭锁气压（20℃）表压	MPa	0.5
	年漏气率（每气隔）	%/年	不大于 1
	补气的时间间隔	年	不小于 10
	SF_6 气体湿度验收值（有电弧分解物气室/无电弧分解物气室）	μL/L	250
	SF_6 气体湿度含量允许值（有电弧分解物气室/无电弧分解物气室）	μL/L	500
	SF_6 气体空气含量允许值（质量分数）	%	
	投产时		不大于 0.05%
	工作后		不大于 0.1%

序号	名称		单位	数据
4	绝缘子			
	1）局部放电试验			
		试验电压	kV	350
		时间	min	1
		放电量：每个元件不大于	pC	不大于 3
		每个完整三相间隔不大于	pC	不大于 10
	2）最高相电压下最大电场强度		kV/mm	14
	3）机械强度			
		破坏压力（平均值）表压	MPa	3.1
		最低破坏压力（不多于抽样的1%）	MPa	3.1
		试验压力表压	MPa	2.6
		工作压力表压	MPa	2.1
		安全系数		不小于 4.5
5	断路器			
	1）断路器型式与时间参量			
		额定电压	kV	550
		额定频率	Hz	50
		额定电流	A	4000
		额定操作顺序		
		开断时间	ms	不大于 40
		分闸时间	ms	不大于 20
		合闸时间	ms	不大于 100
		合分时间	ms	不大于 50
		重合闸无电流间隔时间	ms	0.3s 及以上可调
		分闸不同期性：相间	ms	不大于 3
		同相断口间	ms	不大于 2
		合闸不同期性：相间	ms	不大于 5
		同相断口间	ms	不大于 3
	2）额定绝缘水平			
		额定工频1min耐受电压（断口、对地）	kV	790 680
		额定雷电冲击耐受电压（断口、对地）	kV	1550＋315 1550
		额定操作冲击耐受电压（断口、对地）	kV	1050＋450 1175
	3）开断能力参数			
		额定短路开断电流	kA	63
		首相开断系数		1.3
		额定出线端故障的瞬态恢复电压特性		2kV/μs
		额定热稳定电流和持续时间	kA，s	63/2

续表

序号	名称	单位	数据
5	额定动稳定电流	kA	157
	额定关合电流	kA	157
	近区故障的开断能力	kA	额定短路开断电流的90%和75%
	额定线路充电开断电流	kA	6～20
	额定失步开断电流	kA	15.75
	额定小电感开断电流	A	0.5
	4）噪声水平		85dB
	5）无线电干扰电压（RIV）（μV）		小于500
	6）并联电容器		
	每节电容器的额定电压	kV	550/2
	每节电容的电容量（包括允许偏差）	pF	380
	每相电容器的电容量	pF	190
	7）允许不经检验的连续操作次数	次	10000
	开断额定开断电流的次数		不小于20
	开断额定电流的次数（3150A）		不小于5000
	8）断路器主回路的电阻值（Ω）		小于145×10^{-6}
	9）操动机构的型式		液压（电气联动）
	10）操动机构合闸回路的额定参数		
	电压	V	DC110
	每相合闸线圈的只数	个	1
	每只合闸线圈的稳态电流	A	1.7/相
	每只合闸线圈的直流电阻	Ω	67
	11）操动机构分闸回路的额定参数		
	电压	V	DC110
	每相分线圈只数	个	2
	每只分闸线圈的稳态电流	A	1.8
	每只分闸线圈的直流电阻	Ω	60
	12）液压操动机构的工作压力		
	最高	MPa	33.5
	正常	MPa	31.5
	最低	MPa	25.5
	报警压力	MPa	27.5
	闭锁压力	MPa	25.5（分）/27.5（合）
	13）液压泵电动机		
	电压	V	AC380
	驱动电流	A	3.7
	液压机构油泵不启动下的允许操作次数	次	CO×2
	备用触点		10a/10b
	14）SF_6气体灭弧介质压力（表压）		

续表

序号	名称	单位	数据
5	最高	MPa	0.73
	正常	MPa	0.55
	最低	MPa	0.50
	报警气压	MPa	0.525
	闭锁气压	MPa	0.5
	15）断路器内 SF$_6$ 气体湿度验收值（μL/L），长期运行允许值（μL/L）		150/300
	16）SF$_6$ 气体断路器的年漏气率	%/年	不大于1%
6	隔离开关		
	1）隔离开关的型式		三相联动
	2）操动机构的型式		电动弹簧机构
	三相联动或分相操作		三相联动
	电动、手动或其他		电动/手动
	备用触点数目		6a/6b
	3）额定参数		
	额定电压	kV	550
	额定频率	Hz	50
	额定电流	kA	4000（母线回路），4000（进、出线回路）
	额定动稳定电流	kA	157
	额定热稳定电流及持续时间	kA，s	63/3
	分、合闸时间（参考）	s	8（电动时间）
	分、合闸平均速度（参考）	m/s	分（1.6m/s）合（1.3m/s）
	4）额定绝缘耐受水平		
	额定工频1min耐受电压（对地、断口）	kV	680 790
	额定雷电冲击耐受电压（对地、断口）	kV	1550 1550＋315
	额定操作冲击耐受电压（对地、断口）	kV	1175 1050＋450
	开合母线转移电流的能力	A	1600
	开合电容电流的能力	A	0.5
	开合电感电流的能力	A	1
7	接地开关		
	1）分闸时间	s	8（电动时间）
	2）合闸时间	s	8（电动时间）
	3）开合电容电流	kA	
	4）开合小电感电流	kA	
	5）合闸时触头速度	m/s	1.8

续表

序号	名称	单位	数据
7	6）分闸时触头速度	m/s	1.8
	7）额定动稳定电流	kA	157
	8）额定热稳定电流及持续时间	kA，s	63/3
8	快速接地开关		
	1）合闸时间（触头动作时间）	s	电动8（100ms）
	2）分闸时间	s	电动8
	3）开断电容电流	A，kV	25/25
	4）开断电感电流	A，kV	200/25
	5）刚合闸时触头速度	m/s	2
	6）开合额定短路电流的次数	次	2
9	电流互感器		
	1）额定频率	Hz	
	2）额定一次电流	kA	
	3）额定二次电流	A	
	4）额定输出容量	VA	
	5）准确限值系数		
	6）仪表保安系数		
	7）标准准确级		
10	电压互感器		
	1）一次侧额定电压	kV	
	2）局部放电	pC	
	3）负载功率因数 $\cos\varphi$		
	4）低压线圈绝缘水平		
	工频1min耐压	kV	
	5）二次侧额定电压	V	
	输出容量	VA	
	6）准确级		
11	壳体		
	1）材质		GCB：钢/不锈钢 其余壳体：铝合金
	2）外壳损耗		无
	3）内部燃弧烧穿时间		
	当开断电流100％时	s	0.3
	当开断电流50％时	s	0.8
	当开断电流25％时	s	1.6
	4）断路器壳体机械强度		不小于2.5MPa
	5）设计压力		
	3min例行试验压力	MPa	1.1/0.76
	30min验漏试验压力	MPa	0.73/0.51
	运行压力	MPa	0.55/0.4

序号	名称	单位	数据
11	安全系数		大于 4
	6）接地方式		多点接地
12	套管		
	1）额定电流	A	4000
	2）额定短时耐受电流	kA	63
	额定短时耐受电流持续时间	s	3
	3）额定峰值耐受电流	kA	157
	4）爬电距离	mm	18755
	5）伞间距和伞伸出之比		大于 0.9
	6）机械负荷		
	水平方向	N	不小于 2500
	垂直方向	N	不小于 2500
	静态安全系数		大于 2.5
	7）额定电压	kV	550
	8）材质		电工陶瓷
	9）绝缘水平		
	1min 工频耐受电压	kV	680
	操作冲击耐受电压	kV	1175
	雷电冲击耐受电压	kV	1550
13	避雷器		
	1）系统标称电压	kV	550
	2）避雷器额定电压	kV	444
	3）避雷器标称放电电流（8/20μs）	kA	20
	4）避雷器冲击残压		
	陡波冲击残压	kV	1238
	雷电冲击残压	kV	1106
	操作冲击残压	kV	907
	5）冲击通流容量试验		
	雷电冲击通流	A	800
	大电流冲击耐受（4/10μs）（2次）	kA	100
	6）电流冲击耐受试验：耐受长持续时间电流冲击18次不击穿	次	18
	7）压力释放等级	kA	5级
14	绝缘介质		初级 SF$_6$ 气体，次级环氧树脂
	额定电流		一次电流根据所需规格二次电流 1A，5A
	容量	VA	30
	精度等级		5P20、0.5、0.2、0.2S

续表

序号	名称	单位	数据
15	电压互感器		
	型式		电磁式（单相）
	准确级次及额定容量		0.5 级/3P100VA/90VA
16	母线		
	主母线外壳型式/支母线外壳形式		全三相共箱式/三相分箱式
	外壳材料		铝
	导体材料		铝合金/铜
17	GIS 终端元件		充气套管

表 5-3　西安西电开关电气有限公司 220kV GIS（ZF9-252）主要参数

序号	名称	单位	数据
1	额定参数		
	1）额定电压	kV	252
	2）额定频率	Hz	50
	3）额定电流		
	进出线、母线设备间隔设备的额定电流	A	3150
	母联间隔设备的引线额定电流	A	3150
	4）额定短时耐受电流（有效值）	kA	50
	5）额定短路耐受持续时间	s	3
	6）额定峰值耐受电流	kA	125
	7）额定短路开断电流（有效值）	kA	50
	A：额定 1min 工频耐受电压（有效值）		
	相对地/相间	kV	460
	断路器断口间	kV	460
	隔离断口	kV	530
	B：额定雷电冲击耐压（峰值）		
	相对地/相间	kV	1050
	断路器断口间	kV	1050
	隔离断口	kV	1050＋206
	8）额定操作冲击耐受电压		
	相对地（250/2500μs）	kV	1175
	断口间（250/2500μs）	kV	1050＋450
	9）每个气隔室的气体湿度含量（体积比）（20℃）		
	断路器室（交接验收值）	μL/L	不大于 150
	其他气室（交接验收值）	μL/L	不大于 250
	10）局部放电量（电压：1.1×252/$\sqrt{3}$＝160kV）		
	每间隔	pC	不大于 10
	单独绝缘件	pC	不大于 3

续表

序号	名称	单位	数据
1	电流互感器、电压互感器、套管	pC	不大于 10
	11）密封性		
	每个气隔室的 SF_6 气体年泄漏率		不大于 1‰
	吸潮剂寿命	年	不小于 30
	12）断路器额定操作顺序		O—0.3s—CO—180s—CO
	13）额定 SF_6 气压值（20℃）		
	A：断路器室		
	表压	MPa	0.5
	报警	MPa	0.45
	闭锁	MPa	0.40
	B：其他气室		
	表压	MPa	0.4
	报警	MPa	0.30
	闭锁	MPa	—
	14）接线方式		双母线
2	LWG9-252 断路器额定参数		
	1）型式		单断口
	2）灭弧方式		压气自能组合式
	3）相数		三相
	4）额定电压	kV	252
	5）额定电流	A	3150
	6）额定短时耐受电流（有效值）	kA	50
	7）额定短路耐受持续时间	s	3
	8）额定峰值耐受电流	kA	125
	9）额定操作顺序		O—0.3s—CO—180s—CO
	10）相间不同期性		
	合闸	ms	不大于 5
	分闸	ms	不大于 3
	11）合闸时间	ms	不大于 100
	12）分闸时间	ms	不大于 30
	13）全开断时间	ms	不大于 50
	14）金属短接时间	ms	不大于 45±10
	15）燃弧时间段	ms	不大于 9
	16）额定绝缘水平		
	A：额定 1min 工频耐受电压（有效值）		
	相对地	kV	460
	断路器断口	kV	460
	B：额定雷电冲击耐受电压（峰值）		

续表

序号	名称	单位	数据			
	相对地	kV	1050			
	断路器断口	kV	1050＋206			
	断路器应在允许的最低 SF_6 密度下进行绝缘试验；SF_6 为零表压时，断路器应能承受 1.3 倍最高相电压 5min					
	17）短路开断及关合能力					
	额定对称短路开断电流（有效值）	kA	50			
	额定对称短路关合电流（峰值）	kA	125			
	首相开断系数		1.5			
	18）开断空载变压器励磁电流能力					
	施加电压	kV	$1.3×252/\sqrt{3}$			
	额定励磁电流	A	0.5～15			
	不重燃，过电压倍数	标幺值	不大于 2.5			
	19）近区故障开断能力					
	A：波阻抗	Ω	450			
	B：电压	kV	$252/\sqrt{3}$			
	开断短路电流百分比	100％	60％	30％		
	暂态恢复电压上升率（kV/μs）	2.0	3.0	5.0		
2	暂态恢复电压峰值（kV）	364	390	450		
	20）短路开断特性					
	开断短路电流百分比	100％	60％	30％	10％	
	直流分量百分比	40％				
	上升率（kV/μs）	2	3	5	7	
	振幅系数	1.4	1.5	1.5	1.5	
	21）开、合电缆充电电流的能力					
	施加电压：$1.3×252/\sqrt{3}$ kV		电流：250A （O—0.3s—CO10 次）	在开断空载电缆时不得重击穿		
	22）开、合架空线路充电电流的能力					
	施加电压：$1.3×252/\sqrt{3}$ kV		电流：125A （O—0.3s—CO10 次）	在开断空载线路时不得重击穿		
	失步状态下的开断能力：失步开断电流为额定短路开断电流的 25％，工频恢复电压为额定电压的 2 倍					
	23）操作寿命：（不检修连续操作次数）					
	开断 100％额定短路开断电流次数	次	不小于 20			
	开断 3150A 额定电流	次	不小于 6000			
	机械寿命	次	不小于 10000			
	24）操动机构（CYA3 液压弹簧操作机构）					
	灭弧方式		压气自能组合式			

续表

序号	名称	单位	数据
2	操动机构应具有防跳跃功能		
	三相断路器操动机构数量	个	3
	操作方式		断路器为三相分相操动机构，可三相联动
	电动机电源电压	V	DC110
	控制回路电源电压	V	DC110
	辅助回路		
	线圈回路个数：分闸 2 个，合闸 1 个		合闸线圈在直流额定电压 85%～110%内正确动作
	辅助开关触点数量：每相 12 对常开 12 对常闭备用触点（供用户使用，不包括断路器操作机构本身自用）		分闸线圈在直流额定电压 65%～110%内正确动作，实现分闸
	辅助开关触点开断容量：DC110V，5A		当电源电压低至其额定值的 30%时，可靠不动作
	设可靠防误操作闭锁保护装置		
3	GWG5-252 隔离开关额定参数		
	1）额定电压	kV	252
	2）额定电流	A	3150
	3）额定短时耐受电流及持续时间	kA	50
		s	3
	4）额定峰值耐受电流	kA	125
	5）在额定电压下可靠开、合容性电流	A	0.5
	6）在额定电压下可靠开、合感性电流：能切断电压互感器回路		
	7）具有开、合母线转移电流的能力（电压为 100V，开合 0.8 倍额定电流，300 次）		
	8）CJG2 操动机构		
	型式		电动机构，操作方式为电动及手动
	电动机电源电压	V	DC110
	操动机构控制回路电源电压	V	DC110
	加热器额定电压	V	AC220
	在机械无调整，不检修和不更换零部件情况下，连续机械操作 3000 次		

额定绝缘水平	
额定 1min 工频耐受电压（有效值）（kV）	额定雷电冲击耐受电压（峰值）（kV）
相对地：460	相对地：1050＋206

续表

序号	名称	单位	数据
4	JWG2-252 I 检修接地开关额定参数		
	1）额定电压	kV	252
	2）额定短时耐受电流及持续时间	kV	50
		s	3
	3）额定峰值耐受电流	kA	125
	4）CJG2 操动机构		
	操作方式：电动机构，操作方式为电动及手动		
	电动机电源电压：DC110V；额定电流：1.3A；启动电流：最大9A（250ms）		
	操动机构控制回路电源电压：DC110V		
	在机械无调整，不检修和不更换零部件情况下，连续机械操作3000次		
	额定绝缘水平		
	额定1min工频耐受电压（有效值）（kV）	额定1min工频耐受电压（有效值）（kV）	
	相对地：460	相对地：460	
5	JWG2-252 II 快速检修接地开关额定参数		
	1）额定电压	kV	252
	2）额定电流	A	3150
	3）额定短时耐受电流及持续时间	kA	50
		s	3
	4）额定峰值耐受电流	kA	125
	5）额定对称短路关合电流（峰值）	kA	125
	6）可开、合50kA短路电流次数	次	2
	7）CTG2 操动机构		
	操作方式		电动机构，操作方式为电动及手动
	电动机电源电压	V	DC110
	操动机构控制回路电源电压	V	DC110
	在机械无调整，不检修和不更换零部件情况下，连续机械操作3000次		
	额定绝缘水平		
	额定1min工频耐受电压（有效值）（kV）	额定雷电冲击耐受电压（峰值）（kV）	
	相对地：460	相对地：1050＋206	
	能承受最大短路电流部件无损伤、触头不熔化、温升不超过允许值，允许开断短路电流次数不少于2次		
6	BS电流互感器额定参数		
	1）线路出线电流互感器额定电流比、精度、容量、仪表保安系数、对称短路电流倍数： 2×1250/1A0.2S10VA（二次侧带中间抽头）F.S.≤5 2×1250/1A5P4020VA 2×1250/1A5P4020VA 断路器： 2×1250/1A5P4020VA		

续表

<table>
<tr><th>序号</th><th>名称</th><th>单位</th><th>数据</th></tr>
<tr><td rowspan="8">6</td><td colspan="3">2×1250/1A5P4020VA
2×1250/1A0.510VA（二次侧带中间抽头）F.S.≤5
1250/1ATPY20VA，Kssc=40，T_p=0.06s
1250/1ATPY20VA，Kssc=40，T_p=0.06s</td></tr>
<tr><td colspan="3">2）母联电流互感器额定电流比、精度、容量、仪表保安系数、对称短路电流倍数：
2×1250/1A0.510VA（二次侧带中间抽头）F.S.≤5
2×1250/1A5P4020VA
2×1250/1A5P4020VA
断路器：
2×1250/1A5P4020VA
2×1250/1A5P4020VA
2×1250/1A5P4020VA</td></tr>
<tr><td colspan="3">3）启动/备用变压器出线电流互感器额定电流比、精度、容量、仪表保安系数、对称短路电流倍数：
2×1250/1A0.2S10VA（二次侧带中间抽头）F.S.≤5
2×1250/1A5P4020VA
2×1250/1A5P4020VA
断路器：
2×1250/1A5P4020VA
2×1250/1A5P4020VA
2×1250/1A5P4020VA</td></tr>
<tr><td colspan="3">4）发电机进线电流互感器额定电流比、精度、容量、仪表保安系数、对称短路电流倍数：
2×1250/1A0.2S10VA（二次侧带中间抽头）F.S.≤5
2×1250/1A5P4020VA
2×1250/1A5P4020VA
断路器：
2×1250/1ATPY20VA，Kssc=40，T_p=0.06s
2×1250/1ATPY20VA，Kssc=40，T_p=0.06s
2×1250/1A5P4020VA</td></tr>
<tr><td rowspan="2">5）任意变比下的额定短时耐受电流及持续时间</td><td>kA</td><td>50</td></tr>
<tr><td>s</td><td>3</td></tr>
<tr><td>6）局部放电</td><td>pC</td><td>不大于 10</td></tr>
<tr><td>7）任意变比下的额定峰值耐受电流</td><td>kA</td><td>125</td></tr>
<tr><td rowspan="7">7</td><td colspan="3">JDQX8-220ZHA 电压互感器额定参数</td></tr>
<tr><td>1）接线方式</td><td></td><td>Y/Y/Y/Y/Δ</td></tr>
<tr><td>2）额定电压比</td><td>kV</td><td>$\frac{220}{\sqrt{3}}/\frac{0.1}{\sqrt{3}}/\frac{0.1}{\sqrt{3}}/\frac{0.1}{\sqrt{3}}/$0.1kV</td></tr>
<tr><td>3）精确度</td><td></td><td>0.2/0.5/0.5/3P</td></tr>
<tr><td>4）二次负载容量</td><td>VA</td><td>50/100/100/100</td></tr>
<tr><td>5）过电压系数</td><td></td><td>1.5（标幺值）30s
1.2（标幺值）连续</td></tr>
<tr><td>6）额定绝缘水平</td><td></td><td></td></tr>
</table>

续表

序号	名称	单位	数据
	一次绕组绝缘水平		
	额定 1min 工频耐受电压（有效值）（kV）		额定雷电冲击耐受电压（峰值）（kV）
	相对地，相间：460		相对地，相间：1050
7	当一次绕组准备接地的端子与箱壳或底架绝缘时，应能承受额定短时工频耐受电压 3kV（方均根值）		
	二次绕组绝缘的额定短时工频耐受电压应为 3kV（方均根值）		
	绕组匝间绝缘的额定耐受电压应为 4.5kV（峰值）		
	局部放电	pC	不大于 10
8	$Y_{10}WF5$-204/520 罐式无间隙金属氧化物避雷器额定参数		
	1）额定电压	kV	204
	2）标准放电电流	kA	10
	3）额定气压（20℃）	MPa	0.392
	4）持续运行电压	kV	159
	5）直流 1mA 参考电压	kV	296
	6）持续电流（阻性）	μA	250
	7）避雷监测器型号		JCQ1-10/800
9	$NGKSF_6$ 出线套管额定参数		
	1）额定电压	kV	252
	2）额定电流	A	3150
	3）额定短时耐受电流及持续时间	kA	50
		s	3
	4）额定峰值耐受电流	kA	125
	5）水平拉力：纵向 2000N，横向 2000N；垂直拉力：2000N；安全系数 2.5		
	6）爬电距离	mm	不小于 9040
10	绝缘子额定参数		
	1）1.1 倍额定相电压下局部放电量	pC	不大于 3
	2）盆式绝缘子破坏压力与运行压力之比，即安全系数		大于 3.5
	3）1.1 倍额定相电压下，最大电场强度	kV/mm	不大于 2.7（三相共箱）及 2.5（三相分箱）
11	母线额定参数		
	1）材质		铝合金
	2）额定电流	A	3150
	3）短时耐受电流及持续时间	kA	50
		s	3
	4）额定峰值耐受电流	kA	125

第三节 GIS 设备日常维护

一、GIS 设备日常维护与巡检

（一）GIS 抽气和充气工作流程

SF$_6$ 气体的抽气和充气工作是在高压电力设备的维护、检修或运输过程中经常进行的操作。这些操作旨在保持或恢复设备的绝缘性能，确保设备安全可靠地运行。SF$_6$ 气体抽气和充气的目的包括：维护绝缘性能、确保检修人员的安全、减少泄漏导致的气体损失、控制 SF$_6$ 气体的排放等。

GIS 抽气和充气流程如下：

（1）做好安全措施及准备工作。

（2）回收 MDJ5 气室 SF$_6$ 气体。

（3）回收相邻气室 SF$_6$ 气体。

（4）解体气室瓷套及导体。

（5）检查处理解体气室。

（6）更换气室密封胶圈。

（7）装配恢复瓷套及导体。

（8）气室抽真空至 133Pa、静止 5h。

（9）抽真空检漏，如果检测压力小于等于 133Pa 时、就可以充 SF$_6$ 气体至额定压力。但是如果检测压力大于等于 133Pa，就需要重新回收相邻气室 SF$_6$ 气体。

（10）静止 24h 后测含水量，如果含水量不大于 250ppm，就施工结束，清理现场。如果含水量不小于 250ppm，就做气室气体回收，然后重新气室抽真空至 133Pa。

流程图如图 5-3 所示。

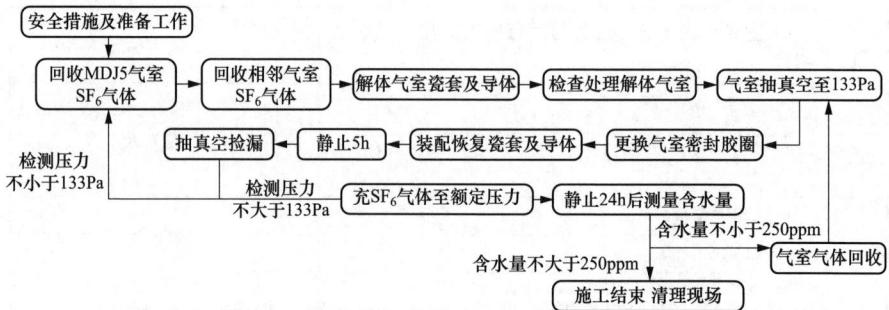

图 5-3 GIS 抽气和充气流程

通过严格遵循这些步骤，可以确保 SF$_6$ 气体的抽气和充气操作安全、高效，并符合环保要求。

（二）GIS 设备检修周期

GIS 设备检修周期见表 5-4。

表 5-4　　　　　　　　　　　　GIS 设备检修周期

序号	检修类别	检修周期
1	巡回检查	每天巡视气压和油压是否正常
2	定期检查	每隔 3 年或 1000 次空载操作，需进行停电维护
3	定期检修	每 12 年进行 1 次检修
4	临时检修	1）断路器出现不正常时； 2）开断 20 次额定开断电流（50kA）后； 3）开断 2000 次额定正常电流后； 4）在 3000 次空载或小电流闭合操作后

（三）检修项目

1. 巡回检查（设备外部检查）项目

巡回检查（设备外部检查）项目包括：

（1）指示器、指示灯是否正常。

（2）各气室密度继电器压力指示是否正常。

（3）断路器、避雷器的指示动作次数是否正常。

（4）隔离开关、接地开关从窥视孔检查其触头接触是否正常。

（5）有无任何异常该声音或气味发生。

（6）端子上有无过热变色现象。

（7）瓷套有无开裂、破坏或污损情况。

（8）接地线或支架是否有生锈或损伤情况。

（9）对液压机构油位及密封的检查。

（10）对加热器的检查。

（11）储能电机整流子表面清扫。

2. 小修项目

小修项目主要包括：

（1）3～5 年期检查，小修时不要随便解体设备。

（2）SF_6 气体的补充、干燥、过滤，由 SF_6 气体处理车进行。

（3）密度继电器，压力表的校验。

（4）导电回路接触电阻的测量。

（5）吸附剂的更换。

（6）液压油的补充更换。

（7）控制装置检查。

3. 临时检查项目

临时检查项目主要包括：

（1）断路器本体检修。

（2）新投产的 GIS 设备，在运行 3～6 个月内检查 SF_6 气体含水量、含酸量与运行时对比是否有明显的变化，增加的速度是否合理。

（3）控制装置检修。

（4）动作特性测试（功能检查）。

4. 定期检修（12 年期检修）项目

定期检修（12 年期检修）项目包括：

（1）断路器本体外部检修。

（2）断路器壳体内部灭弧室检修。

（3）断路器本体操作机构的检修。

（4）隔离开关及接地开关的检修。

（5）更换密封、磨损的零部件。

（6）断路器机械特性的测试。

二、GIS 设备试验

GIS 试验包括元件试验、主回路电阻测量、SF_6 气体微水含量和检漏试验、交流耐压试验以及在线局部放电量检测等。

GIS 各元件安装完成后，一般在抽真空充 SF_6 气体之前进行主回路电阻测量。测量主回路的电阻，可以检查主回路中的联结和触头接触情况，应采用直流压降法测量，测试电流不小于 100A。

（一）GIS 元件试验及连锁试验

1. 断路器

断路器的检查主要包括：

（1）测量断路器的分、合闸时间，必要时测量断路器的分、合闸速度。

（2）测量断路器分、合闸同期性及配合时间。

（3）测量断路器合闸电阻投入时间。

（4）测量断路器分合闸线圈的绝缘电阻及直流电阻。

（5）进行断路器操作机构的性能试验。

（6）检查断路器操作机构的闭锁性能。

（7）检查断路器操作机构的防跳及防止非全相合闸辅助控制装置的动作性能。

（8）检查操作机构分、合闸线圈的最低动作电压。

（9）断路器辅助和控制回路绝缘电阻及工频耐压试验。

2. 隔离开关和接地开关

（1）检查操作机构分、合闸线圈的最低动作电压。

（2）操作机构的试验。

（3）测量辅助回路和控制回路绝缘电阻及工频耐压试验。

3. 电压互感器和电流互感器

（1）极性检查。

（2）变比测试。

（3）二次绕组间及其对外壳的绝缘电阻及工频耐压试验。

4. 金属氧化物避雷器

金属氧化物避雷器主要是测量如下部分：

（1）测量绝缘电阻。

（2）测量工频参考电压或直流参考电压。

（3）测量运行电压下的阻性电流和全电流。

（4）检查放电计数器动作情况。

（二）连锁试验

GIS 的元件试验完成后，还应检查所有管路接头的密封，螺钉、端部的连接，以及接线和装配是否符合制造厂的图纸和说明书。应全面验证电气的、气动的、液压的和其他连锁的功能特性，并验证控制、测量和调整设备（包括热的、光的）动作性能。GIS 的不同元件之间设置的各项连锁应进行不少于 3 次的试验，以检验其功能是否正确。现场应验证以下连锁功能特性：

（1）接地开关与有关隔离开关的互相连锁。

（2）接地开关与有关电压互感器的互相连锁。

（3）接地开关与有关断路器的互相连锁。

（4）隔离开关与有关隔离开关的互相连锁。

（5）双母线接线中的隔离开关倒母线操作连锁。

三、GIS 设备常见故障及处理

GIS 设备的常见故障可分为以下两大类：

（1）与常规设备性质相同的故障，如断路器操动机构的故障等。

（2）GIS 的特有故障，如 GIS 绝缘系统的故障等。

GIS 设备常见故障的处理见表 5-5。

表 5-5　　　　　　　　　　**GIS 设备常见故障的处理**

故障现象	故障原因	处理方法
设备内部绝缘放电	1）绝缘件表面破坏，绝缘件浇注时有杂质； 2）绝缘件环氧树脂有气泡，内部有气孔； 3）绝缘件表面没有清理干净； 4）吸附剂安装不对，粉尘粘在绝缘件上； 5）密封胶圈润滑硅脂油过多，温度高时融化掉在绝缘件上； 6）绝缘件受潮； 7）气室内湿度过大，绝缘件表面腐蚀	1）原材料进厂时严格控制质量； 2）加工过程时控制工艺； 3）零部件装配时清理清理； 4）库房、过程管理，真空包装

续表

故障现象	故障原因	处理方法
主回路导体异常	1）导体表面有毛刺或凸起； 2）导体表面没有擦拭干净； 3）导体内部有杂质； 4）导体端头过渡、连接部分倒角不好，导致电场不均匀； 5）屏蔽罩表面不光滑，对接口不齐； 6）螺栓表面不光滑，螺栓为内六角的，六角内毛刺关系不大，外表有毛刺时有害； 7）导线、母线断头堵头面放电，一般为球断头	1）控制尖角、磕碰、毛刺、划伤； 2）清洁度
罐体内部异常	1）罐体内部有凸起，焊缝不均匀； 2）盆式绝缘子与法兰面接触部分不正常； 3）罐体内没有清洁干净； 4）运动部件运动时可能脱落粉尘	1）认真清理，打磨焊缝； 2）增加运动部件运动试验次数，增加磨合200次； 3）所有打开部件必须严格处理
电阻过大、发热，固定接触面面积过大	1）接触面不平整、凸起； 2）接触面对口不平整、有凸起，接触不良； 3）镀银面有局部腐蚀； 4）螺栓紧固	1）打磨； 2）涂防腐； 3）按缩紧力矩要求把紧螺栓
插入式接触电阻大	1）触头弹簧装设不良； 2）插入式长度小，接触深度不够； 3）触头直径不合适，对接不好； 4）镀银腐蚀问题	
导体本身电阻大	1）材质本身杂质超标； 3）焊接部分不均匀，有气孔	
SF$_6$漏气	1）金属密封面表面有磕碰、划伤； 2）铸件针孔，损伤； 3）铝合金面时间长老化、腐蚀； 4）加工时表面擦出不足	
水分超标	1）吸附剂安装不对； 2）橡胶、绝缘子的气室可能会有烃气，用露点法仪器检测时，烃气干扰，导致测量误差； 3）抽真空不足； 4）存在空腔； 5）保管不够，环境影响； 6）部件受潮	1）运输、安装工艺； 2）加吸附剂； 3）抽真空尽量越低越好，国家标准为133Pa，工业上用50％，即67Pa； 4）阴雨天湿度大不允许安装

第四节 案例分析

一、GIS设备隔离开关接地故障

某年某月某日23时55分，220kV某站在检修后送电过程中隔离开关气室发生C相GIS线路侧接地故障，线路保护跳C相断路器，重合闸动作，C相接地故障未消除，线路保护重合后加速动作，跳三相断路器，短路电流23.87kA。220kV某站C相GIS线路侧接地故障如图5-4所示。

图5-4 220kV某站C相GIS线路侧接地故障

（一）故障设备简况

GIS设备情况如下：

（1）生产厂家：某电气股份有限公司。

（2）型号：××11。

（3）出厂日期：2007年5月。

（4）投运日期：2008年7月。

（二）故障前情况

（1）某变电站概况：220kV某变电站为户外GIS变电站，110kV GIS、220kV GIS全部安装于地面之上，皆为双母接线、套管进出线，同为某电气股份有限公司生产的产品。

（2）天气情况：晴转多云，25～30℃，风力3级。

（3）故障当天现场工作情况：某日此间隔因对端停电，配合对其进行年检预试工作。

（三）故障现象及原因分析

某日某时某分，某站某线路在送电后发生C相线路接地故障，某线路保护跳开某线路C相断路器，重合闸动作，C相仍有接地故障，某线路保护重合后加速动作，某线路三相断路器跳闸，不重合。短路故障发生在恢复送电后的 1min20s，短路电流约 23.87kA，第一次短路电流持续时间约 55ms，重合后短路电流持续时间约 65ms。

1. 现场检查情况

短路事故发生后，运行人员查看隔离开关及接地开关位置正确，检查各气室压力表指示正确。

检查发现某线 C 相的线路（高位，下同）隔离开关、工作接地开关、线路接地开关的观察窗上及内部有泥状分解飞溅物，初步判定短路故障的部位位于线路隔离开关气室（包含元件：电流互感器、工作接地开关、线路隔离开关、线路接地开关）内部。

现场对某隔离开关气室检查，发现其隔离开关处的观察孔处的玻璃上有放电痕迹及白色粉末。准备对其气室内的气体进行 SF_6 气体成分进行检测，当打开其测试接口时喷出白色粉末状物质，当把仪器接上进行检测时，白色粉末状物质把测试管路堵塞，未能进行测试，怀疑此隔离开关气室内有放电现象。观察孔上泥状物质如图 5-5 所示。

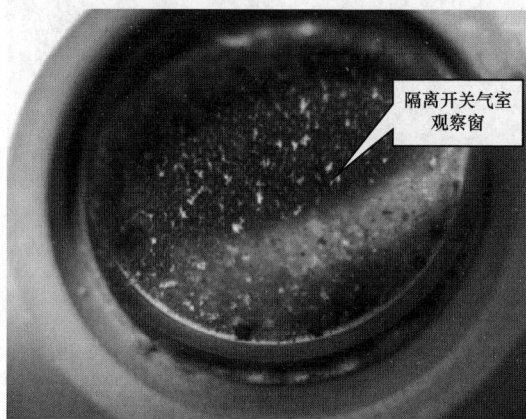

图 5-5　观察孔上泥状物质

2. 解体检查情况

某日，现场对故障 GIS 进行了解体检查分析，检查情况如下：

（1）工作接地开关、线路接地开关位置正常（接地开关分闸、隔离开关合闸），动、静触头没烧蚀痕迹。

（2）此间隔 C 相隔离开关、接地开关组合装配内（包括零部件上）有大量的分解物，分解物呈泥块状，非粉末状。图 5-6 为故障隔离开关内分解物。

（3）工作接地开关、线路隔离开关间绝缘盆子烧蚀严重，如图 5-7 所示。

（4）故障隔离开关静触头电连接上、动触头座上有电弧游走过的痕迹，动触头电连接屏蔽罩电弧烧蚀成洞，如图 5-8 所示。

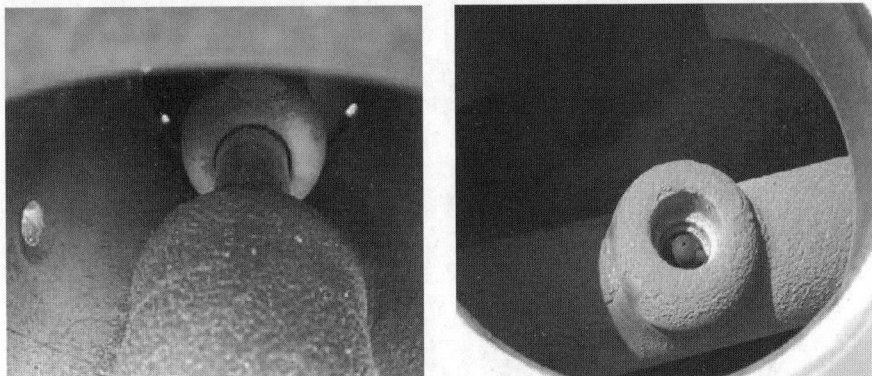

图 5-6 故障隔离开关内分解物

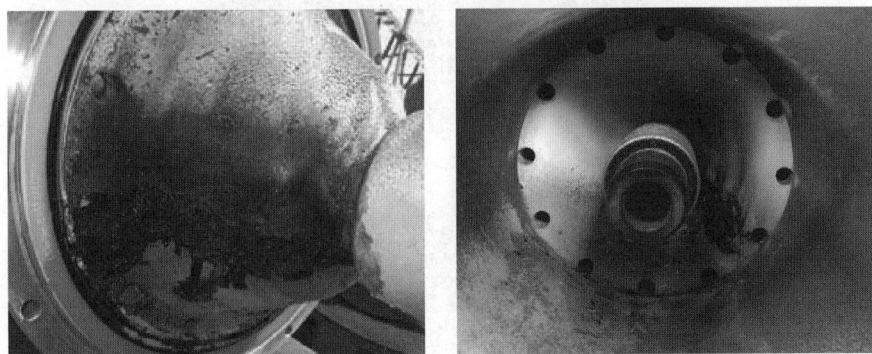

(a) 绝缘盆子烧蚀处

(b) 绝缘盆子烧穿

图 5-7 绝缘盆子烧蚀严重

(a) 屏蔽罩烧穿

(b) 触头有电弧痕迹

图 5-8 屏蔽罩和触头烧蚀严重

（5）隔离开关外金属筒体内壁上与动触头电连接屏蔽罩电弧烧蚀成洞相对应的位置有放电痕迹，如图 5-9 所示。

（6）故障隔离开关绝缘操作杆上有金属飞溅物，如图 5-10 所示。

（7）波纹管与工作接地开关间绝缘子表面有油膜，如图 5-11 所示。工作接地开关、线路隔离开关间绝缘子表面及连通透气孔中有油迹，如

图 5-12 所示。

（8）内部镀银部位及铜质零部件表面变黑，如图 5-13 所示。

（9）接地开关标记油迹雾化状，如图 5-14 所示。

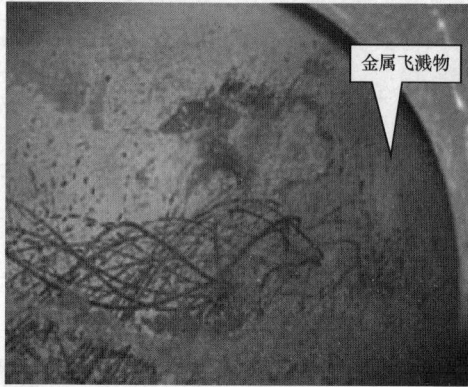

图 5-9　金属筒体有放电痕迹

图 5-10　隔离开关操作杆上有金属飞溅物

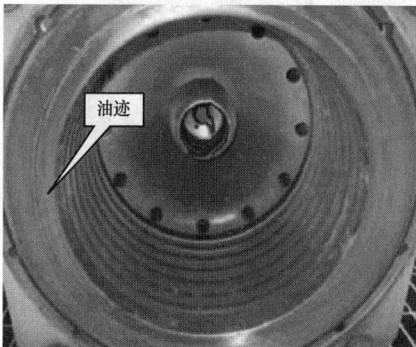

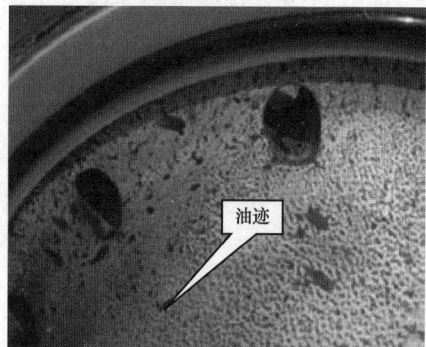

(a) 波纹管处油膜　　　　　　　　　(b) 绝缘子表面油膜

图 5-11　波纹管和绝缘子油膜

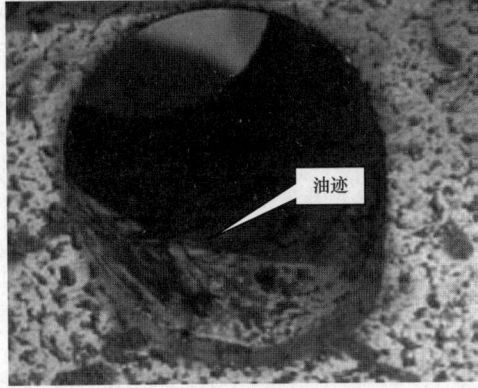

图 5-12　连通透气孔中油迹

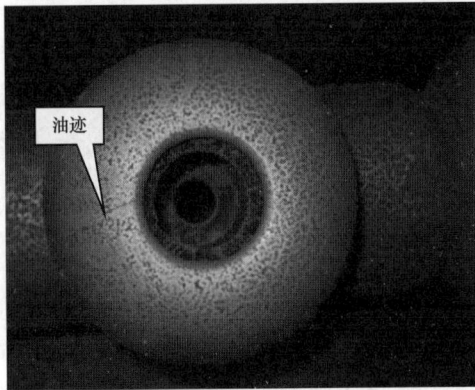

图 5-13　镀银部位变黑

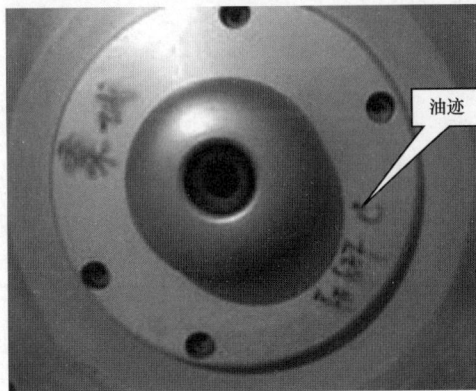

图 5-14　接地开关标记油迹

（10）故障气室的充气接头变色，如图 5-15 所示。

3. 对分解物的检测情况

送检物中含有大量的 C 元素，少量的 Al、F、S 等元素，其主要成分是油。

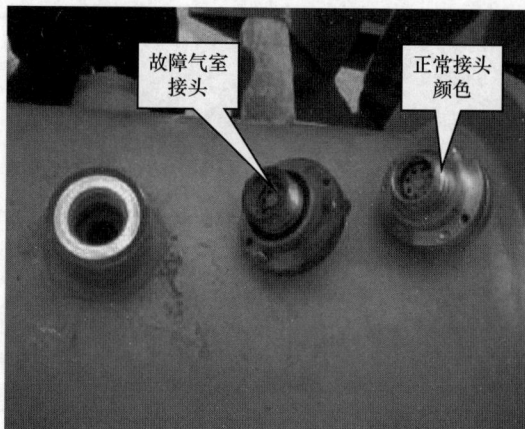

图 5-15　充气接头变色

4. 故障原因分析

（1）故障现象原因：由解体检查结果可以得出，开关侧接地开关、线路隔离开关间绝缘子的沿面闪络及线路隔离开关动触头电连接屏蔽罩对筒体内壁的放电，是故障相内部发生短路事故的直接原因。

1）故障隔离开关间绝缘子的沿面闪络发生在凸面（朝向线路隔离开关侧）。

2）故障隔离开关动触头电连接屏蔽罩对筒体内壁的放电只是短路后电弧转移的结果，短路电流的主通道是工作接地开关、线路隔离开关间绝缘子的沿面。隔离开关绝缘操作杆上有金属飞溅物是动触头电连接屏蔽罩对筒体内壁放电时飞溅上去的。

（2）故障原因分析如下：

1）从解体检查结果以上各方面分析来看：隔离开关、接地开关组合装配内部有油。绝缘盆子上的油造成局部放电量大，局部放电累积到一定程度造成绝缘击穿故障。

2）产品为 SF_6 组合电器，内部结构是无油的，安装调试过程中也不需要油。因此内部的油应该是组装或安装过程中造成的。安装工作中使用的回收装置、真空泵中有油。在回收装置、真空泵工作时突然断电，当电磁阀不起作用或没电磁阀时将导致真空泵油倒灌的现象。

3）由图 5-16 可知，C 相气室处有油迹而 A、B 相无油迹，说明抽真空时应是单相抽真空时进油的。

4）结论：可以判定故障隔离开关内部的油是在厂内组装或现场安装真空处理时进入的（真空处理设备没电磁阀或电磁阀不起作用，设备供电突然中断时倒灌进入的）。

5. 短路过程描述

真空处理过程中，设备供电突然中断时，因气室内部已是真空状态，真空处理设备没电磁阀或电磁阀不起作用，真空泵油在压差的作用下倒灌

图 5-16　仅 C 相气室阀门处有油迹

进入的气室内部；而又因压差的作用和气室的突然增大，真空泵油是呈雾状、以气体的形式倒灌入气室的。

真空泵油呈雾状、以气体的形式倒灌入气室后，均匀的散布在内部零部件表面，包括绝缘件（其中有盆式绝缘子）表面。

均匀散布在零部件表面［包括绝缘件（其中有盆式绝缘子）］的真空泵油，随着时间的推移，沿外表面向下流淌、堆积。同时造成局部放电增大，对于绝缘件（其中有盆式绝缘子），堆积到达一定程度时，局部放电到一定程度时，发生沿面闪络，造成短路事故。

对于故障 C 相的线路隔离开关、接地开关组合装配，充气接头距工作接地开关、线路隔离开关间盆式绝缘子凸面最近，其表面散布的真空泵油也最多；随着时间的推移，真空泵油沿外表面向下流淌、堆积；特别是进入夏天后，环境温度升高，产品温度也升高，真空泵油向下流淌、堆积的速度加快，局部放电的累积最终造成了工作接地开关、线路隔离开关间绝缘子凸面的沿面闪络和短路事故的发生。

（四）故障暴露出的问题及反事故措施

1. 安装阶段

（1）加强施工人员的技术培训工作，让施工人员了解在抽真空时突然断电会造成的严重后果，加强施工中的责任心。最好抽真空工作由专业人员负责。

（2）加强对抽真空设备的维护，禁止使用电磁阀关闭不严或没有电磁阀的抽真空设备。

（3）加强抽真空过程中的监理到位。

2. 运行阶段

（1）运行阶段需采取抽真空工艺时，参照安装阶段。

（2）在运行过程中应积极采取超高频方法测量局部放电，对局部放电有异常的及时安排停电处理，避免故障的发生。

二、GIS 设备气室放电导致一机组跳闸

(一)事件简介

2016 年 8 月 13 日 10 时 43 分,某电厂 500kV 1 号母线差动保护动作,1 号发电机—变压器组出口 5001 断路器、某 I 线 5051 断路器、母联 5012 断路器跳闸,1 号机组跳闸。17 时 54 分,某电厂 500kV 2 号母线差动保护动作,01 号启动备用变压器出口 5000 断路器、某 II 线 5052 断路器跳闸。全厂厂用电丧失,紧急启动备用电源。根据母线保护装置报文及故障录波情况分析,两次故障判断为 C 相单相接地故障,分别位于 1 号母线和 2 号母线(或母联间隔) C 相。对 C 相所有气室进行了 SF_6 气体分解物检测,其中 50122 隔离开关气室 SO_2:145.4μL/L、CO:156.2μL/L、H_2S_5:4μL/L;I 段母线东侧气室 SO_2:58μL/L、CO:3.3μL/L、H_2S:0μL/L。判断这两个气室内部发生放电。故障点位置确定为:500kV I 段母线 C 相东侧气室、50122 隔离开关 C 相气室。

(二)原因分析

(1)50122 隔离开关 C 相气室故障可能原因:

1)在 50122 隔离开关分闸过程中产生持续的拉弧现象,破坏气体成分,致使绝缘降低,发生放电。

2)触头间残留金属异物,隔离开关分闸时,在分闸电弧的作用下,金属异物悬浮放电,最终导致隔离开关拉杆触头对壳体放电。隔离开关拉杆触头对壳体放电情况如图 5-17 所示。

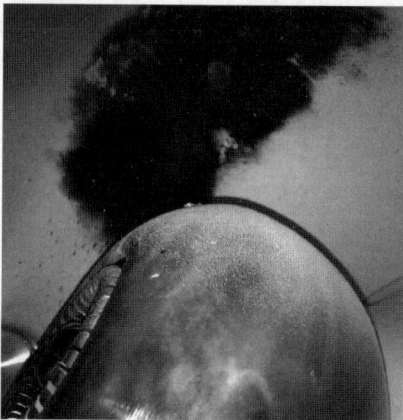

图 5-17 隔离开关拉杆触头对壳体放电情况

(2)500kV I 段母线 C 相东侧气室故障原因:GIS 扩建端预留接口端部设计屏蔽罩为插接结构,受屏蔽罩的自重,加上 GIS 设备通电运行时以及断路器机构动作时产生的振动,插接触指紧固力不够,屏蔽罩脱落导致放电,属于产品设计缺陷。插接触指与屏蔽罩脱离如图 5-18 所示。

图 5-18　插接触指与屏蔽罩脱离

第六章　中压开关柜

第一节　中压开关柜结构

一、中压开关柜定义及分类

3.6～40.5kV 电压等级的高压成套开关设备，简称中压开关柜。中压开关柜主要分为手车式和固定式两大类。固定式开关柜的主要一次元件（如断路器、隔离开关等）为固定安装；手车式即断路器（或其他主要一次元件）做成可移动手车。按柜体结构还可分为金属封闭铠装式、金属封闭间隔式和金属封闭箱式结构。铠装式：即母线室、断路器室、电缆室、仪表室之间全部用接地的金属封板隔离，安全性较好。间隔式：即断路器室或其他隔室用绝缘板封隔，安全性次之。箱式：即柜的四周及上下用金属板封闭，除仪表室外，柜内部却没有分隔，安全性较差。

（一）环氧树脂固体绝缘开关柜（简称固体柜）

此类产品大多采用环氧树脂对真空灭弧室 APG 浇注固封式、采用强制绝缘的方式。环氧树脂应用于电工领域有黏接性良好、机械强度高、电气绝缘性能优良的特点，但其缺点也相当明显：

（1）脆性大，抗开裂性能差，产品浇注后开裂，存放期开裂，低温开裂，在线路运行中开裂，脆性往往导致设备性能不达标。

（2）局部放电不达标，耐冷热冲击不达标，动热稳定性不达标，绝缘子抗弯力不达标等。

（3）绝缘老化问题突出，电场分布不均，表面无屏蔽，产生静电集肤效应。

（4）同时该类产品虽为免维护，但也无法维护，一旦出现故障，只能更换整机，故固体绝缘柜体积越小隐患就越大。

因此，环氧树脂固体绝缘开关柜使用较少。

（二）SF_6 充气式中压开关柜

SF_6 充气式中压开关柜（简称 SF_6 柜）以 SF_6 气体作为绝缘介质，在风电和化工企业以及高海拔地区比真空断路器开关柜使用更安全。

（三）空气绝缘小型化开关柜

该产品采用真空断路器配合隔离开关等多种方案，满足安全相间距、无 SF_6 技术、绿色环保，柜体采用敷铝锌板组装结构，外形美观、体积小巧，比传统的高压开关柜节省 50% 以上，是一种低消耗、高环保、安全方便、质量可靠的高压成套设备。

火电厂厂用电以 6kV 和 10kV 电气系统为主，其厂用电系统以真空断路器和真空接触器开关柜为主，本章以 ABB 的 6kV 真空开关柜介绍开关柜的使用维护。

二、ABBZS1 型 6kV 开关柜的结构

6kV 高压开关柜中配用的 VD4 型真空断路器形式较多，本文以 ABBZS1 型 6kV 高压开关柜为例介绍结构原理、检修工艺要求。

（一）开关柜组成

开关柜由固定的柜体和可移开部件两大部分组成，根据柜内电气设备的功能，柜体用隔板分成不同的功能单元，母线室 A、断路器室 B、低压室 D。柜体的外壳和各功能单元之间的隔板均采用薄钢板构件组装而成的装配式结构。各小室设有独立的通向柜顶的排气通道，当柜内由于意外原因压力增大时，柜顶的盖板将自动打开，使压力气体定向排放，以保护操作人员和设备的安全。开关柜接地开关和接地开关的操动机构及其机械联锁设在手车室右侧中部。

（二）开关柜内的隔室

1. 母线室

串接于柜体之间的主母线采用的是铜质矩形母线，根据实际需要也可以采用"D"形截面的主母线。根据电流的大小，可采用单根或双根母线。主母线由矩形的分支母线支撑，并可由穿墙套管板支撑，无须特殊的联结夹。所有主母线和分支母线都用热缩套管覆盖，母线连接处螺栓用绝缘罩罩住（见图 6-1）。套管板和母线套管形成柜体母线室之间的间隔。

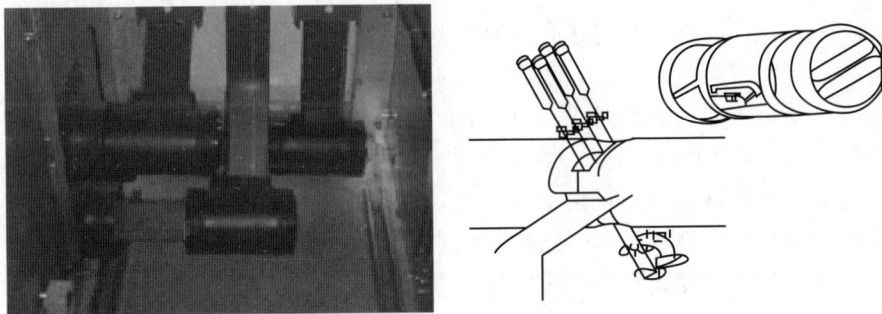

图 6-1　绝缘罩安装示意图

2. 断路器室

断路器室（见图 6-2）包括与手车部件操作相关的必要装置。像母线室一样，断路器室为金属全封闭，放置静触头的触头盒安装在主安装板上。

断路器室还包括遮盖触头盒的金属活门。手车移向运行位置过程中，活门被手车上的驱动块和联杆顶开，手车移开后活门自动关闭。手车在试验/隔离位置时，活门将手车与主回路隔离。手车在试验/隔离位置时，二

次插头不用拔下就可进行测试。

图 6-2　断路器室

1—控制线插座；2—上活门；3—右侧线槽盖板；4—下活门；

5—右导轨；6—接地开关操作机构，驱动轴

在试验/隔离位置时，手车仍然完全处在开关柜内且断路器室门可关闭。即使断路器位于运行位置，断路器上的分、合闸按钮，分、合闸和弹簧储能/未储能的指示器仍然可以通过观察窗察看。主开关操作在门关闭的情况下进行。

（三）手车

手车由底盘和 VD4 型断路器及其操动机构组成，推进机构安装在底盘内部。底盘两侧面各装有 2 个轮子，内装滚针轴承，使得手车在推进、拉出时轻便灵活。手车推进机构与柜体的连接装置设在开关柜前左右立柱中部。

手车在柜内移动和定位是靠矩形螺纹和螺杆实现的。手车在结构上可分为固定和移动两部分。当手车由运载车装入柜体完成连接后，手车的固定部分与柜体前框架连接为一体，此时断路器手车处于试验位置。用专用摇把顺时针转动矩形螺杆，推动手车向前移动可到达工作位置，若在逆时针转动矩形螺杆，手车退出工作位置，放回到试验位置。开关柜控制面板上的指示灯分别显示手车所处的两个位置情况。

手车室与主母线室和电缆室的隔板上安装有主回路静触头盒，当手车不在工作位置时主回路静触头盒由接地薄钢板制成的活动帘板盖住，以保证手车室内工作人员的安全。当手车进入工作位置时，活动帘板自动打开使动静触头顺利接通。

三、开关柜的联锁功能

（一）"五防"功能

1. 防止误分、合断路器

仪表室面板上的断路器分、合闸控制开关加锁。只有用专用钥匙开锁

后才能操作断路器。手车在实验或工作位置时，断路器才能合闸。

2. 防止带负荷操作隔离开关或隔离插头

靠手车底盘与操动机构的机械联锁，达到只有当手车上的断路器处于分闸位置时，手车才能从试验位置（冷备用位置）移向工作位置（运行位置），反之也一样。

3. 防止带电合接地开关

开关柜装有强制闭锁型带电指示器，接地开关安装闭锁电磁铁，将带电指示器的辅助触点接入接地开关闭锁电磁铁回路。只有当断路器手车在试验位置（冷备用位置）及线路无电时，接地开关才能合闸。同时，手车处于试验位置（冷备用位置），接地开关操作孔上的滑板才能按动自如。

4. 防止接地开关合上时送电

接地开关合闸时，无法将手车移入工作位置（运行位置）。

5. 防止误入带电间隔

断路器手车拉出后，开关柜静触头帘板被自动关上，隔离高压带电部分。接地开关与电缆室门板实现机械联锁，在线路侧无电且手车处于试验位置（冷备用位置）时合上接地开关，此时可打开电缆室门板。检修后电缆室门板未盖时，接地开关传动杆被卡住，使接地开关无法分闸。

（二）其他联锁

开关柜的二次线与手车的二次线联络用的航空插头，只有当手车处于试验/隔离位置（冷备用位置）时，才能插上或拔下插头。手车处于工作位置（运行位置）时，插头被锁定，不能解下。

第二节　中压断路器

一、VD4 型真空断路器

（一）VD4 型真空断路器的结构

本文以 VD4 型真空断路器进行讲解，VD4 型真空断路器是由 ABB 公司设计制造的新一代真空断路器，断路器与操动机构一体化制造，具有体积小、性能优良的优点，其外形和结构如图 6-3 所示。

（二）VD4 型真空断路器在设计上的优势

真空灭弧室极柱采用整体浇注绝缘。图 6-4 所示为真空断路器结构图，图 6-5 所示为被整体浇注在极柱中的免维护的真空灭弧室。

ABB 公司采用先进的技术，将真空灭弧室以及主回路导电件，用环氧树脂进行整体浇注，使整个极柱成为一个整体部件，可以实现免维护。同时，由于整个极柱是个整体部件，就简化了真空断路器极柱的检修装配工艺和过程，最大限度降低极柱装配过程中可能出现的误差，使真空断路器整体性能和可靠性得到进一步提高。

(a) VD4型真空断路器的外形

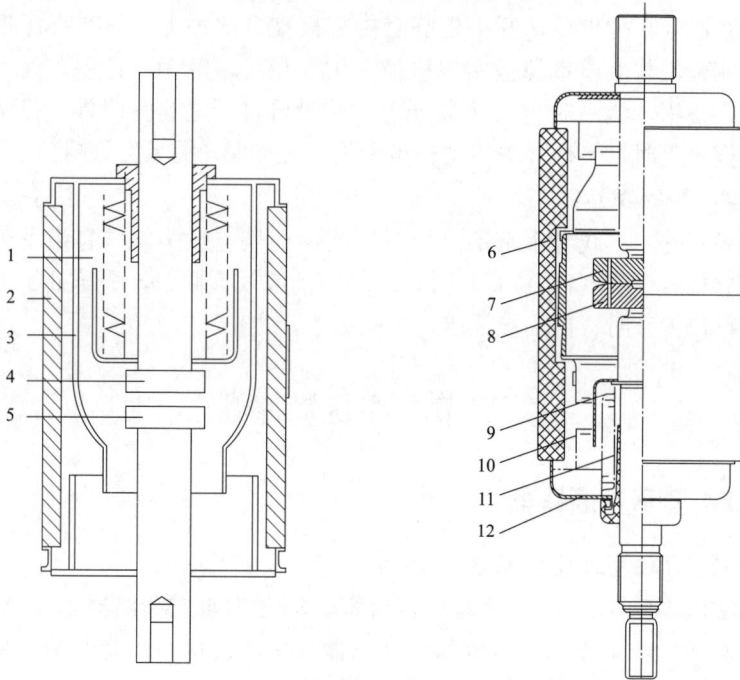

(b) VD4型真空断路器真空剖面图

图 6-3　VD4 型真空断路器的外形和结构

1—密封波纹管；2、6—陶瓷外壳；3—金属屏蔽罩；4、8—动触头；5、7—静触头；
9—金属波纹管；10—屏蔽罩；11—导向圆柱套；12—筒盖

　　由于主回路包括真空泡被环氧树脂浇注成一个整体，灭弧室表面和极柱内表面的绝缘成为内绝缘，内绝缘不再有爬电的问题，可以完全满足在 DL/T 593 标准规定的 Ⅱ 级污秽条件下使用的要求。

　　弹簧操动机构实现模块化。如果内部某零件损坏，可快速、简便地更

图 6-4　真空断路器结构图

A—电气插件；B—端子排；C—辅助开关；

D—储能电机；E—储能弹簧；F—手动储能；

G—分合闸指示；H—闭锁电磁铁；I—脱扣器

图 6-5　整体浇注极柱的结构

换该零件模块。当 VD4 型断路器配上触臂和隔离触头、可摇出式手车底盘、控制线和航空插头等，就可以装配到中置式高压开关柜中，同时还要配备机械防跳装置和防误操作闭锁装置等。

（三）真空断路器开关工作原理

（1）合闸过程：当操动机构的合闸线圈通电，合闸铁芯被吸合，通过拐臂及连杆使真空灭弧室的动导电杆运动，将断路器合闸。

（2）分闸过程：当操动机构的分闸线圈通电，分闸铁芯被吸合，使锁口释放，断路器在分闸弹簧的作用下迅速分断。

（3）灭弧过程：真空断路器的动静触头上开有螺旋槽，在电弧的轴向上外加一横向磁场，当驱动电弧（对于大容量的真空断路器为纵向磁场），使电弧高速旋转，避免触头过热。因为燃弧过程中所产生的金属蒸汽，电子和电离能以很短的时间扩散并被吸附到触头和屏蔽罩上，所以其绝缘恢复速度很快，从而在电流过零时迫使电弧熄灭。

（四）高压断路器的三种位置

（1）工作位置：断路器与一次设备有联系，合闸后，功率从母线经断路器传至输电线路。

（2）试验位置：二次插头可以插在插座上，获得电源。断路器可以进行合闸、分闸操作，对应指示灯亮；断路器与一次设备没有联系，可以进行各项操作，但是不会对负荷侧有任何影响，所以称为试验位置。

（3）检修位置：断路器与一次设备（母线）没有联系，失去操作电源（二次插头已经拔下），断路器处于分闸位置，接地开关在合闸状态。

（五）真空断路器开关参数

电源断路器主要技术参数见表 6-1，厂用变压器断路器主要技术参数见表 6-2。

表 6-1 电源断路器主要技术参数

序号	项目	单位	技术参数
1	额定电压	kV	7.2
2	额定频率	Hz	50
3	额定电流	A	4000
4	额定短路开断电流	kA	50
5	额定雷电冲击耐受电压	kA	75
6	额定短路持续时间	s	4
7	额定短路开断电流的直流分量	%	40
8	额定电缆充电开断电流	A	25
9	额定操作顺序	—	O—0.3s—CO—180s—CO
10	分闸线圈	—	110VAC/DC
11	合闸线圈	—	110VAC/DC
12	储能电机	—	110VAC/DC

表 6-2 厂用变压器断路器主要技术参数

序号	项目	单位	技术参数
1	额定电压	kV	12
2	额定频率	Hz	50
3	额定电流	A	1250
4	额定短路开断电流	kA	50
5	额定雷电冲击耐受电压	kA	75
6	额定短路持续时间	s	4
7	额定短路开断电流的直流分量	%	40
8	额定电缆充电开断电流	A	25
9	额定操作顺序	—	O—0.3s—CO—180s—CO
10	分闸线圈	—	110VAC/DC
11	合闸线圈	—	110VAC/DC
12	储能电机	—	110VAC/DC

（六）检修及维护工艺要求

1. 配 VD4 型真空断路器高压开关柜的检查项目

（1）检查开关柜外观、引线等。

（2）对断路器进行手动及电动分、合闸操作是否正常。

（3）根据存在问题，检查有关部位。例如，接地开关闭锁装置、上下活门等。

（4）对开关手车从试验位置移至工作位置的操作，检查各传动部件的动作是否正常，检查各连锁装置动作是否正常。

2. 作业过程及标准

对于 VD4 型真空断路器及其高压开关柜的检查、维护作业过程及标准见表 6-3，重点介绍了 VD4 型真空断路器的故障检查与处理。

表 6-3 **VD4 型真空断路器及其高压开关柜的检查、维护作业过程及标准**

序号	作业内容/项目	作业方法或标准
1	全体工作人员就位	分工明确，任务落实到人，安全措施明了
2	安全器具的检查	安全设施齐全、符合要求
3	检修前检查断路器预备检修状态	断路器在分闸位置；断路器安放在检修平台上，手车应稳固无歪斜，手车卡销应在平台销口中
4	绝缘件清扫、检查	绝缘件表面无灰尘及污垢，绝缘件表面应完好，无开裂变色等异常现象
5	紧固件、开口销检查	各部紧固件，应齐全紧固。开口销、弹簧销齐全，开口销必须开口
6	传动部分检查	各传动系统加注适当润滑油
7	螺栓检查紧固	检查外插头与开关接线端子连接处，接触良好，螺栓齐全紧固
8	插头，触指检查处理	手车式开关外插头应完整，触指清理后，涂薄薄一层凡士林
9	手动储能检查	手动储能，检查预储能圈数满足自动重合闸的要求
10	闭锁电磁铁 Y1 检查	VD4 开关，检查闭锁电磁铁 Y1 的闭锁功能
11	分合闸操作检查计数器检查	分合闸操作检查计数器动作正常
12	辅助开关检查	检查辅助开关动作性能是否正确
13	闭锁功能检查	在专用检修平台上试验，合闸状态下断路器手车不能移动（手摇动）的闭锁功能
14	二次线及加热器检查	辅助开关动作灵活接触良好，二次接线连接接触良好，无松动、发热现象，加热器检查完好
15	电气试验（每相导电回路电阻）	不大于 $21\mu\Omega$
16	开关的动作电压、分合闸回路测量	1）分合闸动作电压（30~65）U_N%； 2）分、合闸线圈绝缘电阻不小于 $2M\Omega$； 3）储能电动机绝缘电阻大于 $1M\Omega$
17	断路器分合闸试验（包括重合闸试验）	断路器分合闸试验（包括重合闸试验）动作正确，无卡涩，无拒动，无跳跃
18	接地装置及部件固定螺栓检查。接地开关闭锁情况检查	接地部分接触良好，无严重锈蚀，螺栓齐全紧固。必要时进行除锈防锈处理。接地开关的机械、电磁闭锁正确可靠
19	扫尾工作及自验收	1）检查各部件是否完好无损坏，各部位螺栓齐全并紧固； 2）检查开关本体三相灭弧室极柱绝缘外壳完好、清洁； 3）按相关规定，关闭检修电源

二、VSC 真空接触器

（一）概述

VSC 真空接触器是适用于交流配电系统的电气开关设备，尤其适合于频繁操作场合。VSC 真空接触器配置的永磁操动机构，已在 ABB 中压真空断路器上得到了广泛应用。这些成熟经验的积累，使得 VSC 真空接触器有着更广阔的发展前景。

ABB 凭借在中压真空断路器中使用"MABS"型永磁操动机构取得的成功经验，开发出了性能更优异的中压接触器用双稳态"MAC"型永磁操动机构。永磁操动机构由宽电源稳压模块供电，不同的电源模块可根据功能模块及辅助电源电压的要求选择。

电源电压可以选择在其工作频率下允许范围内的任意值。VSC 真空接触器可选型号见表 6-4。

表 6-4   VSC 真空接触器型号   kV

型式	额定电压
固定式	7.2
	12
可抽出式	7.2
	12

以上可选用的型号，均包括下述两种操作模式：

（1）SCO（单命令操作）：当辅助电源向接触器供电时合闸；当接触器接到分闸命令时辅助电源被切断或辅助电源电压不足时分闸。

（2）DCO（双命令操作）：接触器接收以脉冲方式发出的合闸命令时合闸；同样，接触器接收以脉冲方式发出的分闸命令时分闸。

（3）VSC 真空接触器（见图 6-6）作为电气控制开关设备，可广泛应用于发电厂、工业、服务、海运等行业中。真空灭弧室优异的开断性能，使得 VSC 接触器能在特别恶劣的条件下运行。

图 6-6   VSC 真空接触器

（4）接触器适合控制和保护电动机、变压器、电容器组、开关系统等。

配合适当的熔断器，能在短路容量高达 1000MVA 的网络中使用。

（二）灭弧原理

主触头的动作在真空灭弧室（见图 6-7 和图 6-8）中进行（真空度高达 1.3×10^{-4} Pa）。开断时每相接触器灭弧室内的动、静触头快速分离。在触头分离过程中高温产生的金属蒸汽，当电弧在电流第一次过零时熄灭。电流过零后，金属蒸汽快速复合或凝聚，将在断口产生高的介电强度以耐受不断升高的恢复电压。对电动机开合，截流值小于 0.5A 并有效限制产生的过电压。

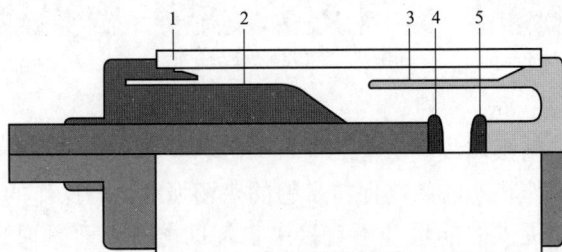

图 6-7　真空灭弧室结构

1—陶瓷外壳；2—密封波纹管；3—金属屏蔽罩；4—动触头；5—静触头

图 6-8　真空灭弧

（三）"MAC" 永磁操动机构

永磁操动机构具有更精确的动作特性曲线，非常适应在接触器上应用。永磁操动机构为双稳态系统，配置独立的分合闸线圈。两个线圈可单独励磁，分别驱动移动电枢完成分、合闸操作。实心的驱动轴与可移动电枢相连，被保持在由两个永磁铁形成的区域中［见图 6-9（a）］。与永磁体铁芯在合闸位置［见图 6-9（a）］产生与磁场相反的线圈励磁，产生磁场［见图 6-9（b）］，吸引并将电枢移动到相反位置［见图 6-9（c）］。

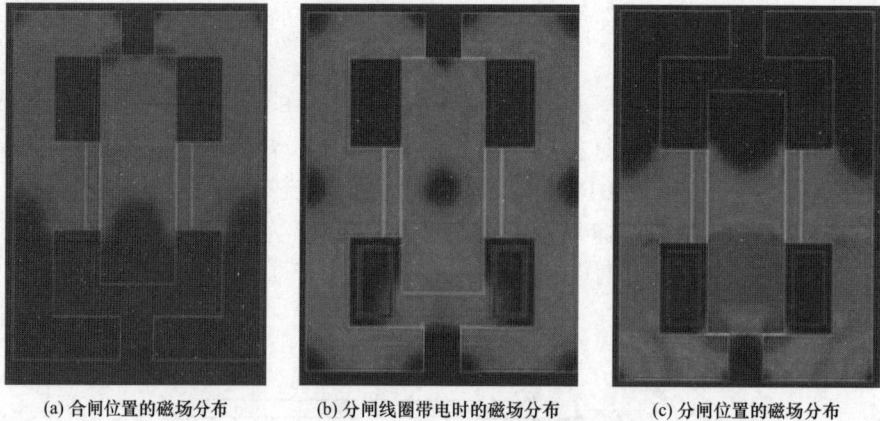

(a) 合闸位置的磁场分布　　　　(b) 分闸线圈带电时的磁场分布　　　　(c) 分闸位置的磁场分布

图 6-9　永磁体铁芯磁场分布

每一次分合闸操作线圈都会产生一个磁场与永磁铁产生的磁场相对应，这样有利于在工作状态时始终保持足够的磁场强度，与操作的次数无关。

为机构操作提供的能量并不直接来自辅助电源，而是通过储能的电容器来提供。这样就能保证每次操作时的速度和时间保持恒定不变，而不会受到电源电压波动的影响。辅助电源的唯一目的只是给电容器充电，从而使得运行中消耗的功率最小。维持电容器充电电压消耗的功率小于 5W。在一次操作后，使电容器中的能量恢复到额定值需要几十毫秒，消耗 15W 的启动功率。因此，无论操作方式选择 DCO 或 SCO 都只需要保持功率 5W（在每次动作后几毫秒内功率值可达到 15W）的辅助电源回路来为电容器充电。综合电源输出有着很高的稳定性和可靠性，不受周围环境和邻近元件产生的电磁干扰影响。

（四）电源模块

作为标准配置，电子控制模块与接线端子固定在同一电路板上，通过接线端子与辅助回路连接，电源模块见图 6-10。

图 6-10　电源模块

（五）VSC 真空接触器标准配置

VSC 真空接触器配置见图 6-11。

图 6-11 VSC 真空接触器配置

1—MAC 永磁操动机构用储能电容；2—辅助触点宽电压电源模块；

3—插接式接线端子盒；4—分合闸指示器

1. 熔断器支架（只适用于 VSC/P 和 VSC/F）

根据需要，可配置不同的熔断器支架，以安装 DIN 型或 BS 型熔断器。熔断器支架配有特殊的闭锁机构，用以当任何一相熔断器熔断后接触器分闸，或当缺少任何一相熔断器时禁止接触器合闸。

2. 带手车闭锁装置（只适用于抽出式接触器）

手车闭锁装置可防止接触器在合闸状态时将手车从隔离位置摇到开关设备中，并能防止手车从隔离位置到工作位置之间时操作接触器合闸。

3. 操作计数器

机械式操作计数器适用于固定式接触器，可抽出式接触器配有电子式操作计数器。VSC-S 接触器均配有电子式操作计数器。

（六）VSC 附件

1. 联锁轴

联锁轴可作为接触器与其他开关元器件操作时实现互锁和/或提供信号的接口。联锁轴长度为 36mm，其装配位置要求见图 6-12。

图 6-12 联锁轴装配位置

2. 低电压脱扣功能（适用 DCO）

VSC 真空接触器配有低电压脱扣保护功能（见图 6-13），有 0、0.3、1、2、3、4、5s 的延迟选择。

3. 熔断器的适配器

熔断器适配器（见图 6-14）组件与所选择的熔断器的规格相对应，当按 DIN 标准熔断器的尺寸 e 小于 442mm 或按 BS 标准熔断器的尺寸 L 小于 553mm 时，需要加配适配器组件。

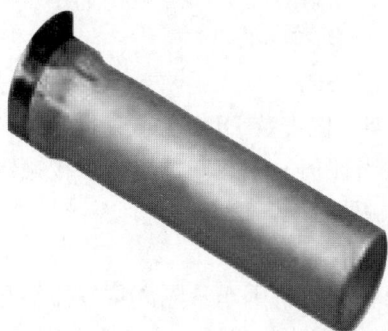

图 6-13　VSC 真空接触器配低电压脱扣功能

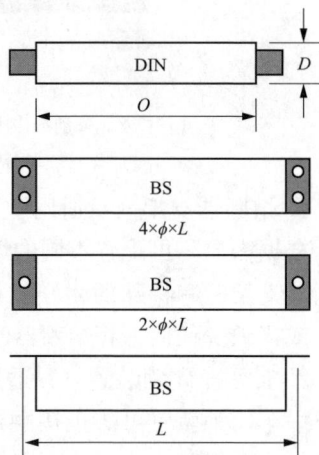

图 6-14　熔断器适配器

适配器组件有下列几种规格：

3A 适用于 DIN 标准尺寸 e＝192mm 的熔断器；

3B 适用于 DIN 标准尺寸 e＝292mm 的熔断器；

3C 适用于 BS 标准的熔断器（2×8×L＝235mm）；

3D 适用于 BS 标准的熔断器（4×10×L＝305mm）；

3E 适用于 BS 标准的熔断器（4×10×L＝410mm）；

3F 适用于 BS 标准的熔断器 L＝454mm。

4. 熔断器短接铜排

熔断器短接铜排如图 6-15 所示，附件包括 3 个扁铜母排和固定螺栓，当不需要熔断器时可以安装。此附件可直接安装在熔断器支架上。

图 6-15　熔断器短接铜排

5. 门闭锁装置

用于 ZS1 开关柜或动力箱上的门闭锁装置见图 6-16，可避免接触器在柜门打开的情况下摇入工作位置。此闭锁只有在开关柜或隔室上的门也装配相应的互锁装置时才能使用。

图 6-16　门闭锁装置

6. 手车闭锁磁铁

手车闭锁磁铁见图 6-17，可保证可抽出式接触器只有在电磁铁得电而且接触器分闸的情况下才能摇入摇出隔室。

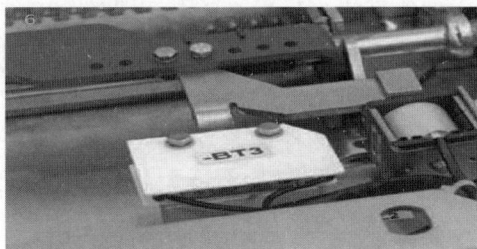

图 6-17　手车闭锁磁铁

不同额定电流的闭锁防护（只适用于可抽出式接触器，见图 6-18）可防止当接触器误推进断路器的开关柜中或将航空插头插入插座时通电合闸。此闭锁在 ZS1 开关柜上强制使用，根据需要也可用于其他隔室或开关柜。

7. 电动机驱动手车

电动机驱动手车见图 6-19，可实现远方控制接触器在开关柜中电动摇进/摇出。

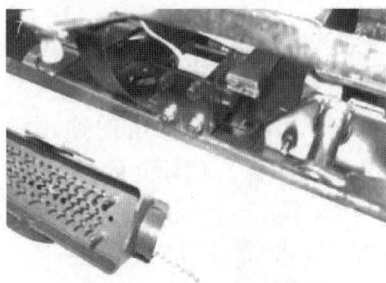

图 6-18　不同额定电流的闭锁　　　　图 6-19　电动机驱动手车

8. 熔断器的选择

电动机控制和保护一般采用低压供电，功率可达 630kW 以上。为了降低成本并减小回路中元件的尺寸，近年来采用中压电源（3～12kV）的越来越多。VSC 真空接触器可适用于电压为 2.2～12kV、负载功率高达 5000kW 的电动机控制和保护，这得益于它采用了简单而稳固的永磁操动机构以及具有长电寿命设计的主触头。

VSC 真空接触器与合适的限流式熔断器组合，在短路故障的发生时可对电动机实施有效保护。这种解决方案不仅可以降低负载侧元器件（电缆、电流互感器、母线和电缆夹等）的成本，还可使用户仅通过对开关设备的扩容而实现电网的扩容。

用于电动机保护的熔断器，必须依据其使用条件进行选择，需要考虑如下参数：①电源电压；②启动电流；③启动时间；④每小时启动次数；⑤电动机满负荷电流；⑥运行时的短路电流。

找到能与 VSC 的其他保护脱扣装置配合合理的熔断器脱扣器（撞针），可以使接触器、电流互感器、电缆、电动机本身及回路上的其他元器件在长期过载或通过特定的能量值（I_{2t}）高于其耐受能力可能造成损害的情况下得到充分保护，这也是熔断器的选择标准之一。

短路保护通过熔断器来实现，熔断器通常选用比电动机更高的额定电流，以躲过启动电流的影响。这种选择方法不适用于过载保护（此过载电流保护并不由熔断器来实现），尤其不适用于熔断特征曲线起始的非连续（虚线）段。

过载保护的动作通常需要一个反时限或定时限的继电器控制。过载保护必须与熔断器保护之间很好地协调配合，因此过载保护的动作曲线与熔断器的熔断曲线交点应满足以下要求：

（1）接触器用于保护电动机由于过载、单相运行、转子停转和反复启动所产生的过电流。此保护通过接触器上具有反时限或定时限的带延时动作中间继电器来实现。

（2）当相间或对地故障电流值较低（在接触器的开断范围内）时，故障电流的保护通过接触器上具有反时限或定时限带延时动作的脱扣器实现。

（3）当回路的故障电流高于接触器的最大开断电流时，保护由熔断器实现。

熔断器和脱扣器（撞针）的尺寸必须符合相关标准规定的通用尺寸，依据《高压熔断器额定电压 3.6 至 36kV 熔断体》（High-voltage fuses rated voltages 3.6 to 36kV fuse-links）（DIN 43625）规定，熔断器最大长度 $e = 442$mm；依据 BS 2692 标准规定，熔断器最大长度 $L = 553$mm；同时，熔断器的电气特性必须符合《高压熔断器　第 1 部分：限流熔断器》（High-voltage fuses-Part 1：Current-limiting fuses）（IEC

60282-1）标准的要求。

（七）VSC真空接触器维护

1. 日常维护

日常维护的工作是在开关柜正常运行条件下，对开关柜进行巡查，开关柜不需停电。

在日常运行中，对开关柜进行巡视：

（1）控制电源、储能电源电压、极性是否正常，可以跟ABB公司提供的原理图对照。

（2）断路器的状态和位置指示器、接地开关状态指示器等指示是否正常。

（3）电流、电压表计指示是否正确。

（4）保护继电器电源指示是否正常，如保护继电器有故障，请尽快和ABB公司联系。

（5）各预报警或报警指示是否正常。

（6）开关柜内是否有异常的声音或异味、辉光等。

（7）检查柜内加热器电源及其指示灯是否正常。

若出现上述有异常现象，请及时分析原因，排除故障或更换元器件。

2. 定期维护

开关柜停电进行定期维护工作，需隔离要进行工作的区域，并保证电源不会被重新接通，做好接地工作，有专人监护。

定期维护工作按如下进行：

（1）打开主母线室，检查每一颗连接螺栓的紧固情况。

（2）检查主母线和分支母线有无受潮生锈。

（3）检查各侧板有无受潮生锈。

（4）检查主母线室有无杂物。

（5）检查静触头紧固情况及表面状况。

（6）打开电缆室，检查电缆的连接情况。

（7）检查一、二次电缆孔的密封情况。

（8）检查加热器是否正常加热。

（9）检查小车室和电缆室有无杂物。

（10）检查电流互感器的二次接线是否上紧。

（11）检查低压小室内的电流端子，保证二次电流回路不开路，同时确保保护继电器、电流表、电能表等电流互感器二次负荷投入使用。

（12）对各开关柜进行单体传动和整体传动。

（13）校验保护继电器各种功能是否正常。

（14）校验中间继电器线圈完好，触点接触正常。

（15）给柜内的滑动部分和轴承表面上润滑油脂，请参照各开关装置的使用手册。

（16）清除柜内的污染物，特别是各绝缘材料表面。

（17）检查小车二次航空插头和插座内的插针是否有松动的现象。

第三节　中压开关柜日常维护

中压开关柜日常维护检修工艺步骤及质量标准见表6-5。

表 6-5　　　　中压开关柜日常维护检修工艺步骤及质量标准

序号	检修项目	工艺步骤	质量标准
1	准备工作	开工作票；准备好工具、备件及材料；工作前进行验电	开工前认真核对措施
2	开关清扫	打开开关盖板；用吸尘器清扫开关灰尘；检查紧固开关各部螺栓；开关防误闭锁检查	清洁无灰尘；螺栓紧固无松动；开关与接地开关、开关与柜体闭锁完好
3	开关本体检修	梅花触头检查；触指检查；触指压紧弹簧检查；开关静触头座检查；开关真空泡检查；外绝缘护套检查；一次保险检查；触头清洁后涂导电膏	无磨损过热现象；无过热变形；弹簧无变形压紧良好；完好无裂纹；无裂纹放电痕迹；完好无变形；熔断器完好无裂纹
4	开关机构检修	机构各部连杆检查；机构各部分轴销卡簧检查螺栓紧固、复涂润滑脂；绝缘拉杆检查；储能电机检查；分合闸线圈电磁铁检查；转换开关检查；计数器、位置指示器检查；控制回路引线紧固；开关二次插头检查；辅助触点检查	无损伤变形；动作灵活无卡涩，轴销齐全完好无裂纹；电机接线无松动，储能正常；动作正常；开关转换正确；指示位置正确；接线紧固；二次插头插针接触良好；插针无松动掉落；动作正常
5	开关柜检修	打开开关柜后盖板和上盖板；用吸尘器或吹尘器清扫开关灰尘；检查紧固开关柜各部螺栓；电缆清扫接线检查；开关柜内孔洞查封堵；用2500V绝缘电阻表测量电缆绝缘；开关柜接地线检查；开关柜母线挡板机构检查；开关柜二次线挡板检查；开关柜五防检查；小车推进机构及其联锁情况	清洁无灰尘；螺栓紧固无松动；连接良好；绝缘电阻大于10MΩ；动作灵活；闭锁良好

续表

序号	检修项目	工艺步骤	质量标准
6	母线检修	主母线清扫连接螺栓紧固；垂直母线清扫连接螺栓紧固；母线绝缘子清扫检查；母线绝缘支撑件清扫检查；母线绝缘护套检查；静触头检查	连接良好无过热现象；完好无裂纹；无裂纹放电痕迹；完好无变形；无烧伤过热痕迹
7	接地开关检修	接地开关动静触头检查；接地开关机构检查；接地开关各部螺栓紧固	接地良好无损伤变形；动作灵活无卡涩；轴销齐全；连接良好
8	避雷器检修	避雷器清扫外观检查；避雷器试验	外观良好；绝缘电阻大于$1000M\Omega$；$10.5kV < U_{1MA} < 12.95kV$；泄漏电流小于$50\mu A$
9	互感器检修	电流互感器外观检查；电流互感器绝缘电阻测试；电压互感器外观检查；电压互感器试验	外观完好；绝缘电阻大于$1000M\Omega$；外观良好；绝缘、直阻、空载符合规程要求
10	开关柜回装	检查开关柜无遗留物品；母线后盖板上盖板回装；电气试验	清洁无遗留物；盖板安装紧固；绝缘电阻大于$1000M\Omega$，交流耐压26kV/min
11	工作票结束	确认检修中所做的设备措施均已恢复，打开的设备内无遗留物品，盖板已盖上，并且密封良好；工作票结束前进行技术交底，向当值运行人员作技术交底。以上各工序已完成，检修记录齐全，文字、图表清晰，各质检点均已验收合格；现场卫生良好，达到文明生产要求；确认各项工作已完成，工作负责人在办理工作票结束手续之前应询问相关班组的工作班成员其检修工作是否结束，确定所有工作确已结束后办理工作结束手续；办理工作单、隔离单结束手续，同运行人员按照规定程序办理结束工作票手续	

中压开关柜的试验项目、周期、要求见表6-6。

表 6-6

中压开关柜的试验项目、周期、要求

序号	项目	周期	判据	方法及说明
1	红外测温	1) ≤1年。 2) 必要时	红外热像图显示无异常温升、温差和相对温差，符合 DL/T 664 的要求	1) 红外测温采用红外成像仪测试，夜晚负荷高峰、重大节日增加检测。 2) 测试应尽量在负荷高峰、夜晚进行。 3) 在大负荷和重大节日增加检测
2	绝缘电阻	1) A、B 级检修后。 2) 必要时	1) 整体绝缘电阻参照产品技术文件要求或自行规定。 2) 断口和用有机物制成的拉杆的绝缘电阻不应低于下表中的数值： 试验类别 (kV)：<24 / 24~40.5 / ≥72.5 A 级检修后 (MΩ)：1000 / 2500 / 5000 运行中或 B 级检修后 (MΩ)：300 / 1000 / 3000	
3	耐压试验	1) A 级检修后。 2) <6年。 3) 必要时	断路器在分、合闸状态下分别进行，试验电压值按 DL/T 593 的规定值	
4	辅助回路和控制回路交流耐压试验	1) A 级检修后。 2) <6年。 3) 必要时	试验电压为 2kV	
5	机械特性	1) A 级检修后。 2) <6年。 3) 必要时	合闸时间和分闸时间、合闸的同期性、触头开距、合闸时的弹跳时间应符合产品技术文件要求，有条件时测行程特性曲线满足产品技术文件要求	用于投切电容器组的真空断路器试验周期可适当缩短

续表

序号	项目	周期	判据	方法及说明
6	导电回路电阻		不大于 1.1 倍出厂试验值，且应符合产品技术文件规定值。同时应进行相间比较，不应有明显的差别	用直流压降法测量，电流不小于 100A
7	操动机构分、合闸电磁铁的动作电压	1) A 级检修后。 2) 必要时	1) 并联合闸脱扣器在合闸装置额定电源电压 85%～110%，交流时在合闸装置的额定电源频率下应这正确地动作。当电源电压等于或小于额定电源电压的 30% 时，并联合闸脱扣器不应脱扣。 2) 并联分闸脱扣器在装置的额定电源电压的 65%～110%（直流）或 85%～110%（交流）范围内，开关装置直到它回的额定短路开断电流的操作条件下都应正确地动作。当电源电压等于或小于额定电源电压的 30% 时，并联分闸脱扣器不应脱扣	
8	合闸接触器和分、合闸电磁线圈的绝缘电阻和直流电阻	1) A 级检修后。 2) <6 年。 3) 必要时	1) 绝缘电阻不应小于 $2M\Omega$。 2) 直流电阻应符合产品技术文件要求	1) 采用 1000V 绝缘电阻表。 2) 若线圈无法测量，此项可不做要求
9	灭弧室真空度的测量	1) A 级检修后。 2) 必要时	应符合产品技术文件要求	有条件时进行
10	检查动触头连杆上的软联结夹片有无松动	1) A 级检修后。 2) 必要时	应无松动	
11	密封试验	1) A 级检修后。 2) 必要时	年漏气率不大于 0.5%	适用于 SF_6 气体作为对地绝缘的断路器
12	密度继电器（包括整定值）检验	1) A 级检修后。 2) <6 年。 3) 必要时	参照 JB/T 10549 执行	适用于 SF_6 气体作为对地绝缘的断路器

第四节　中压开关柜故障分析与处理

6kV 开关柜常见缺陷、故障原因分析与处理详见表 6-7。

表 6-7　　6kV 开关柜常见缺陷、故障原因分析与处理

故障类别	故障现象或原因	故障处理
手车无法从试验位置摇入工作位置	横梁定位销未到位	将横梁定位销复位
	断路器未分闸	将断路器分闸
	接地开关未分闸	将接地开关分闸
	断路器室门未关闭	将断路器室门关闭
	手车位置闭锁电磁铁未解锁	检查原因或更换电磁铁
接地开关舌片不能按下	手车未在试验位置或未拉出柜外	将手车置于试验位置或拉出柜外
	闭锁电磁铁未解锁	检查原因或更换电磁铁
接地开关分闸后舌片无法弹回原位	接地开关驱动轴未到位	插入操作曲柄，逆时针旋转曲柄至极限位置，拔出曲柄后表示分闸的机械指示应处于操作孔的正下方
电缆室门无法关闭	接地开关在分闸位	将接地开关合闸
断路器室门无法开启	断路器手车没有摇到试验位置	将断路器手车摇到试验位置
开关拒合	无故障现象	再合一次
	1）有关二次控制回路及辅助触点是否完好。 2）操作方式选择开关位置不正确。 3）控制电源开关未投或直流电源消失或电压过低。 4）开关操动机构交流电源消失或电压过低	检查回路及逻辑，满足合闸条件，再次合闸
	1）机构故障不能合闸。 2）二次控制回路或合闸线圈断线。 3）开关的辅助触点、继电器触点接触不好或卡住	汇报值长，设备转检修状态（工艺见检修文件包）
开关拒分	1）有关二次控制回路及辅助触点是否完好。 2）直流电源消失或电压过低。 3）开关操动机构交流电源消失或电压过低	检查回路及逻辑，满足合闸条件，再次手动分闸

续表

故障类别	故障现象或原因	故障处理
开关拒分	1）继电保护装置拒动。 2）控制、跳闸回路或与跳闸有关的继电器线圈、跳闸线圈断线或烧损。 3）开关辅助触点、各有关继电器触点接触不良。 4）开关机构卡住，传动部分销子脱落，机构失灵等	立即向值长汇报，设备转检修状态 （工艺见检修文件包）
	短时间内不能恢复故障开关，又需停电时	按值长令，改变运行方式，手动断开故障开关
断路器无法储能	辅助电源未送上	辅助电源投入
	航空插头未插上	插上航空插头
	储能限位开关损坏	如有异常，需更换
	储能电机损坏	如有异常，需更换
断路器无法合闸	辅助电源未送上	辅助电源投入
	航空插头未插上	插上航空插头
	断路器未在试验位置或运行位置	将断路器摇到试验位置或运行位置
	控制回路接线松动或航空插针脱落	卡紧松动的连线或插紧航空插针
	合闸脱扣器故障	如有异常，需更换
	合闸闭锁电磁铁故障	如有异常，需更换
	整流桥故障	如有异常，需更换
	合闸闭锁辅助开关动作不到位	如有异常，需更换
断路器无法分闸	分闸脱扣器损坏	如有异常，需更换
	辅助开关触点损坏	如有异常，需更换
	控制回路接线松动或航空插针脱落	卡紧松动的连线或插紧航空插针
	整流桥损坏	如有异常，需更换

第五节　案例分析

一、某电厂 6kV 工作电源进线断路器故障导致机组跳闸

（一）事件经过

某电厂 2011 年 4 月 1 日 16 时 58 分，2 号发电机并网。17 时 59 分倒厂用电操作，运行人员在将 6kV 62B 断路器由试验位置摇至工作位置时 6kV 62B 断路器柜内打火，发电机—变压器组保护"厂用变压器 B 零序 t1"动作跳 6kV 62B 断路器、"厂用变压器 B 零序 t2"动作启动全停，2 号机组

跳闸，启动备用变压器保护"B 零序过电流 t1"动作跳开 6kV 备 2B 断路器，造成 6kV 2B 段母线失电，2 号机组跳闸。

（二）原因分析

检查发现 6kV 62B 断路器下口动触头弹簧已断，梅花触指已松散、变形且盘柜 A 相下口静触头外盘面有放电现象，造成对地放电保护动作。断路器触头损坏情况见图 6-20。

图 6-20 损坏的断路器动触头

（三）防范措施

定期检查断路器的触头及附件，防止因触头上弹簧失效导致断路器故障。

二、某电厂 4 号机组 4B1 段工作电源进线断路器故障停机

（一）事件经过

2018 年 12 月 4 日 19 时 40 分，某电厂 4 号机组锅炉 MFT，汽轮机跳闸，程序逆功率保护动作，发电机跳闸，跳闸首出为"给水泵全停"。6kV 4B1 段工作电源进线断路器跳闸，母线失电。

（二）原因分析

4B1 段工作电源进线断路器拉出断路器间隔，发现断路器 A 相触头以及开关柜母线侧 A、B 相静触头烧损严重，母线室内弧光保护探头烧损。分析根本原因是 A 相断路器动触头压紧弹簧断裂导致开关故障。断路器 A 相触头损坏情况见图 6-21。

（三）防范措施

检修期间对断路器动触头压紧弹簧进行检查定期更换。同时，检查断路器的附件，防止发生类似事件。

图 6-21　断路器 A 相触头烧损情况

第七章 低压开关柜

第一节 低压开关柜的结构

一、低压成套开关设备的定义

由一个或多个低压开关电器和相应的控制、保护、测量、信号、调节装置，以及所有内部的电气、机械的相互连接和结构部件组成的成套配电装置，称为低压成套开关设备。低压成套开关设备种类繁多，使用场所广泛，在整个低压电网的各级配电系统中都要用到。相应的国家标准是《低压成套开关设备和控制设备》（GB/T 7251）系列标准。

（一）按供电系统的要求和使用的场所分类

（1）一级配电设备统称为动力配电中心，俗称为低压开关柜，也叫低压配电屏。它们集中安装在配电室，把电能分配给不同地点的下级配电设备。这一级设备紧靠降压变压器，故电气参数要求较高，输出电路容量也较大（例如 MNS、GCS、GCK、GGD 等）。

（2）二级配电设备是动力配电柜和 MCC 的统称。这类设备安装在用电比较集中、负荷比较大的场所，如生产车间、建筑物等场所，对这些场所进行统一配电，即把上一级配电设备某一电路的电能分配给就近的负荷。动力配电柜适用于负荷比较分散、回路较少的场合（例如 JHPD、E-MNS）。电动机控制中心（MCC）用于负荷集中、回路较多的场合（例如 MNS、GCS、GCK）。这级设备应对负荷提供控制、测量和保护。

（3）末级配电设备是照明配电箱和动力配电箱的统称。它们远离供电中心，是分散的小容量配电设备，对小容量用电设备进行控制、保护和监测（例如 JHPD、E-MNS）。

（二）按结构特征和用途分类

（1）固定面板式开关柜常称开关板或配电屏。它是一种有面板遮栏的开启式开关柜，正面有防护作用，背面和侧面仍能触及带电部分，防护等级低，只能用于对供电连续和可靠性要求较低的工矿企业变电站（现已不太使用）。

（2）封闭式开关柜指除安装面外，其他所有侧面都被封闭起来的一种低压开关柜。这种开关柜的开关、保护和监测控制等电气元件，均安装在一个用钢材或绝缘材料制成的封闭外壳内，可靠墙或离墙安装。柜内每条回路之间可以不加隔离措施，也可以采用接地的金属板或绝缘板进行隔离（例如 GGD 等）。

（3）抽出式开关柜这类开关柜采用钢板制成封闭外壳，进出线回路的电器元件都安装在可抽出的抽屉中，构成能完成某一类供电任务的功能单元。功能单元与母线或电缆之间，用接地的金属板或塑料制成的隔板隔开，形成母线、功能单元和电缆三个区域，每个功能单元之间也有隔离措施。抽出式开关柜有较高的、可靠性、安全性和互换性，它们适合于对供电可靠性要求较高的低压供配电系统中作为集中控制的配电中心（例如 MNS、GCS、GCK）。

（4）动力、照明配电控制箱多为封闭式垂直安装，因使用场合不同，外壳防护等级也不同。它们主要作为用电现场的配电装置（例如 JHPD）。

二、低压开关柜类型

国内主要的低压开关柜有 GGD、GCK、GCS、MNS。其中，GGD 是固定柜，GCK、GCS、MNS 是抽屉柜。GCK 柜和 GCS、MNS 柜抽屉推进机构不同；GCS 和 MNS 柜最主要的区别是 GCS 柜只能做单面操作柜，柜深 800mm，MNS 柜可以做双面操作柜，柜深 1000mm。总体而言，抽出式柜较省地方，维护方便，出线回路多，但造价贵；而固定式的相对出线回路少，占地较大。

1. GGD 型交流低压开关柜

该开关柜具有结构合理、安装维护方便、防护性能好、分断能力高、容量大、分段能力强、动稳定性强、电器方案适用性广等优点，可作为换代产品使用。

缺点：回路少，单元之间不能任意组合且占地面积大，不能与计算机联络。GGD 型交流低压配电柜适用发电厂、变电站、厂矿企业等电力用户作为交流 50Hz，额定工作电压 400V，额定工作电流至 3150A 的配电系统。作为动力、照明及配电设备的电能转换，分配与控制之用，开关柜的型式见图 7-1。

图 7-1　GGD 型交流低压开关柜

（1）GGD 型交流低压配电柜的柜体采用通用柜形式，构架用 8MF 冷弯型钢局部焊接组装而成，并有 20 模的安装孔，通用系数高。

（2）GGD 柜充分考虑散热问题。在柜体上下两端均有不同数量的散热槽孔，当柜内电器元件发热后，热量上升，通过上端槽孔排出，而冷风不断地由下端槽孔补充进柜，使密封的柜体自下而上形成一个自然通风道，达到散热的目的。

2. GCK 开关柜

该开关柜具有分断能力高、动热稳定性好、结构先进合理、电气方案灵活、系列性、通用性强、各种方案单元任意组合。一台柜体，具有容纳的回路数较多、节省占地面积、防护等级高、安全可靠、维修方便等优点。GCK 系列电动机控制中心，主要由一些组合式电动机控制单元及其他功能单元组合而成。本系列产品适合于交流 400、690V，频率为 50Hz，最大工作电流至 3150A 的配电系统中，作为动力配电、电动机控制及照明灯配电设备的电能转换、分配和控制之用，GCK 开关柜的型式见图 7-2。

图 7-2　GCK 开关柜

（1）整柜采用拼装式组合结构，模数孔安装，零部件通用性强，适用性好，标准化程度高。柜体上部为母线室、前部为电器室、后部为电缆进出线室，各室间有钢板或绝缘板作隔离，以保证安全。

（2）MCC 柜抽屉小室的门与断路器或隔离开关的操作手柄设有机械联锁，只有手柄在分断位置时门才能开启。受电开关、联络开关及 MCC 柜的抽屉具有三个位置：接通位置、试验位置、断开位置。

3. GCS 低压抽出式开关柜

该开关柜为新型低压抽出式开关柜，具有分断、接通能力高、动热稳定性好、电气方案灵活、组合方便、系列性实用性强、结构新颖、防护等级高等特点。GCS 适合发电厂、石油、化工、冶金、高层建筑等行业的配电系统以及大型发电厂、石化系统等自动化程度高，要求计算机接口的场所。作为三相交流，50（60）Hz，额定工作电压 400、690V，额定工作电流 4000A 及以下的发、供电系统中的配电、电动机集中控制，无功功率补偿等用户使用，GCS 低压抽出式开关柜的型式见图 7-3。

图 7-3 GCS 低压抽出式开关柜

（1）框架采用 8MF 型开口型钢，主构架上安装模数为 $E=20\text{mm}$ 和 100mm 的 $\phi 9.2\text{mm}$ 的安装孔，使得框架组装灵活方便。

（2）开关柜的各功能室相互隔离，其隔室分为功能单元室、母线室和电缆室。各室的作用相对独立。水平母线采用柜后平置式排列方式，以增强母线抗电动力的能力，是使主电路具备高短路强度能力的基本措施。电缆隔室的设计使电缆上、下进出均十分方便。

（3）抽屉高度的模数为 160mm。抽屉改变仅在高度尺寸上变化，其宽度、深度尺寸不变。相同功能单元的抽屉具有良好的互换性。单元回路额定电流 400A 及以下；抽屉面板具有分、合、试验、抽出等位置的明显标志。抽屉单元设有机械联锁装置。抽屉单元为主体，同时具有抽出式和固定性，可以混合组合，任意使用。

4. MNS 开关柜

设计紧凑：以较小的空间能合纳较多的功能单元。结构通用性强，组装灵活：以 25mm 为模数的 C 形型材能满足各种结构形式、防护等级及使用环境的要求。采用标准模块设计：分别可组成保护、操作、转换、控制、调节、指示等标准单元，用户可根据需要任意选用组装。装配方便。MNS 组合式低压开关柜系统，适用于所有发电、配电和电力使用的场所。适用于 5000A 以下的低压系统，MNS 具有高度的灵活性，可根据需求和不同的使用场合灵活混装，可以满足全方位的需求，开关柜的型式见图 7-4。

（1）MNS 型组合式低压开关柜的每一个柜体分隔为三个室，即水平母线室（在柜后部），抽屉小室（在柜前部），电缆室（在柜下部或柜前右边）。室与室之间用钢板或高强度阻燃塑料功能板相互隔开，上下层抽屉之

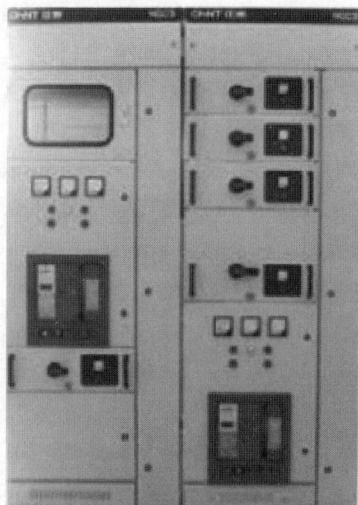

图 7-4　MNS 开关柜

间有带通风孔的金属板隔离，以有效防止开关元件因故障引起的飞弧或母线与其他线路短路造成的事故。

（2）MNS 型低压开关柜的结构设计可满足各种进出线方案要求：上进上出、上进下出、下进上出、下进下出。

（3）各种大小抽屉的机械联锁机构符合标准规定，有连接、试验、分离三个明显的位置，安全可靠。

（4）采用标准模块设计：分别可组成保护、操作、转换、控制、调节、测定、指示等标准单元，可以根据要求任意组装。

（5）8E/4 及 8E/2 抽屉的操作由装在仪表板上的手柄开关来实现，该手柄有五个位置功能，具有电气及机械联锁。

开关手柄位置说明详见表 7-1。

表 7-1　　　　　　　　　　　　　开关手柄位置说明

开关手柄位置图	开关位置	抽屉位置	主回路和控制回路
	合闸	在柜中	主回路和控制回路都接通
	分闸可以用三把挂锁锁住	在柜中	主回路和控制回路都分断

续表

开关手柄位置图	开关位置	抽屉位置	主回路和控制回路
	测试可以用三把挂锁锁住	在柜中	主回路分断、控制回路接通
	抽出（插入）位置	在柜中；隔离位置；不在柜中	主回路和控制回路都分断
	隔离位置可以用三把挂锁锁住	在抽出抽屉开关柜30mm处	主回路和控制回路都分断，达到隔离柜体

第二节 低压电器元器件

低压电器是一种能根据外界的信号和要求，手动或自动地接通、断开电路，以实现对电路或非电对象的切换、控制、保护、检测、变换和调节的元件或设备。控制电器按其工作电压的高低，以交流 1200V、直流 1500V 为界，可划分为高压控制电器和低压控制电器两大类。总的来说，低压电器可以分为配电电器和控制电器两大类，是成套电气设备的基本组成元件。常用的低压电器有框架断路器、刀开关、熔断器、继电器、接触器、主令电器。

一、刀开关

（一）刀开关定义

刀开关又名闸刀，一般用于不需经常切断与闭合的交、直流低压（不大于 500V）电路，在额定电压下其工作电流不能超过额定值。在机床上，刀开关主要用作电源开关，它一般不用来接通或切断电动机的工作电流。刀开关分单极、双极和三极，常用的三极刀开关长期允许通过电流有 100、200、400、600A 和 1000A 五种。目前生产的产品型号有 HD（单投）和 HS（双投）等系列。

（二）工作原理

刀开关是带有动触头（即闸刀），并通过它与底座上的静触头（即刀夹座）相锁合或分离，以接通或分断电路的一种开关，如图 7-5 所示。

图 7-5　刀开关示意图

（三）组成分类

1. 组成

刀开关通常由绝缘底板、动触刀、静触座、灭弧装置、安全挡板和操动机构组成。

2. 分类

（1）根据工作原理、使用条件和结构形式的不同，刀开关可分为刀形转换开关、开启式负荷开关（胶盖瓷底刀开关）、封闭式负荷开关（铁壳开关）、熔断器式刀开关和组合开关等。

（2）根据刀的极数和操作方式，刀开关可分为单极、双极和三极。常用的三极开关额定电流有 100、200、400、600、1000A 等。通常，除特殊的大电流刀开关用电动机操作外，一般都采用手动操作方式。

其中，以熔断体作为动触头的，称为熔断器式刀开关。

（四）刀开关主要技术参数

刀开关的主要技术参数有额定电压、额定电流、通断能力、机械寿命和电气寿命。

（五）刀开关的作用

（1）隔离电源，以确保电路和设备维修的安全；或作不频繁地接通和分断额定电流以下的负载用。

（2）分断负载，如不频繁地接通和分断容量不大的低压电路或直接启动小容量电机。

（3）刀开关处于断开位置时，可明显观察到，能确保电路检修人员的安全。

（六）使用范围

适用于交流 50Hz、额定电压至 380V、交流电压至 380V、直流电压至

440V、额定电流至1500A的成套配电装置中，作为不频繁地手动接通和分断交、直流电路或作隔离开关用。其中：

（1）中央手柄式的单投和双投刀开关主要用于变电站，不切断带有电流的电路，作隔离开关之用。

（2）侧面操作手柄式刀开关主要用于动力箱中。

（3）中央正面杠杆操动机构刀开关主要用于正面操作、后面维修的开关柜中，操动机构装在正前方。

（4）侧方正面操作机械式刀开关主要用于正面两侧操作、前面维修的开关柜中，操动机构可以在柜的两侧安装。

（5）装有灭弧室的刀开关可以切断电流负荷，其他系列刀开关只作隔离开关使用，不能乱用。

（七）注意事项

（1）刀开关没有灭弧装置，仅利用胶盖遮护防止电弧灼伤人手，因而不宜带负荷操作。若需要带一般性负荷操作时，动作要快，使电弧尽快熄灭。二极刀开关适用于低压小电流的照明、电热控制回路；三极刀开关适用于3kW以下小型电动机手动不频繁操作的直接启动和分断，但其额定电流应为电动机额定电流的2.5倍以上。

（2）刀开关在电路中要求能承受短路电流产生的电动力和热的作用。因此，在刀开关的结构设计时，要确保在很大的短路电流作用下动触刀不会弹开、焊牢或烧毁。对要求分断负载电流的刀开关，则应装有快速刀刃或灭弧室等灭弧装置。

二、熔断器

（一）熔断器的定义

熔断器又称电流保护器，是当电流超过规定值时，以本身产生的热量使熔体熔断而断开电路的一种电器。熔断器广泛应用于高低压配电系统和控制系统以及用电设备中，作为短路和过电流的保护器，是应用最普遍的保护器件之一。

（二）工作原理

熔断器利用金属导体作为熔体串联于电路中，当过载或短路电流通过熔体时，因其自身发热而熔断，从而分断电路。熔断器结构简单，使用方便，广泛用于电力系统、各种电工设备和家用电器中作为保护器件。熔断器示意图如图7-6所示。

（三）结构特点

1. 结构特点

熔断器由绝缘底座（或支持件）、触头、熔体等组成，熔体是熔断器的主要工作部分，熔体相当于串联在电路中的一段特殊的导线，当电路发生短路或过载时，电流过大，熔体因过热而熔化，从而切断电路。熔体常做成丝状、栅状或片状。熔体材料具有相对熔点低、特性稳定、易于熔断的特点。一般采用铅锡合金、镀银铜片、锌、银等金属。在熔体熔断切断电路的过程中会产生电弧，为了安全有效地熄灭电弧，一般均将熔体安装在熔断器壳体内，采取措施，快速熄灭电弧。

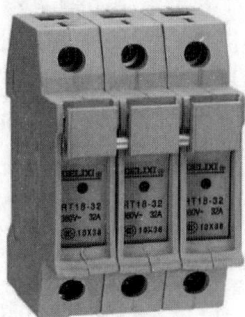

图 7-6　熔断器示意图

2. 结构特性

熔体额定电流不等于熔断器额定电流，熔体额定电流按被保护设备的负荷电流选择，熔断器额定电流应大于熔体额定电流，与主电器配合确定。

3. 安秒特性

熔断器的动作是靠熔体的熔断来实现的，熔断器有个非常明显的特性，就是安秒特性。

对熔体来说，其动作电流和动作时间特性即熔断器的安秒特性，也叫反延时特性，即过载电流小时，熔断时间长；过载电流大时，熔断时间短。

（四）熔断器分类

根据使用电压可分为高压熔断器和低压熔断器。根据保护对象可分为保护变压器用和一般电气设备用的熔断器、保护电压互感器的熔断器、保护电力电容器的熔断器、保护半导体元件的熔断器、保护电动机的熔断器和保护家用电器的熔断器等。

常见种类：

1. 插入式熔断器

插入式熔断器常用于 380V 及以下电压等级的线路末端，作为配电支线或电气设备的短路保护用。

螺旋式熔断器：熔体的上端盖有一熔断指示器，一旦熔体熔断，指示器马上弹出，可透过瓷帽上的玻璃孔观察到，常用于机床电气控制设备中。螺旋式熔断器分断电流较大，可用于电压等级 500V 及其以下、电流等级 200A 以下的电路中，作短路保护。

2. 封闭式熔断器

封闭式熔断器分有填料熔断器和无填料熔断器两种。有填料熔断器一般用方形瓷管，内装石英砂及熔体，分断能力强，用于电压等级 500V 以下、电流等级 1kA 以下的电路中。无填料密闭式熔断器将熔体装入密闭式圆筒中，分断能力稍小，用于电压等级 500V 以下、电流等级 600A 以下电力网或配电设备中。

3. 快速熔断器

快速熔断器主要用于半导体整流元件或整流装置的短路保护。由于半导体元件的过载能力很低。只能在极短时间内承受较大的过载电流，因此要求短路保护具有快速熔断的能力。快速熔断器的结构和有填料封闭式熔断器基本相同，但熔体材料和形状不同，它是以银片冲制的有 V 形深槽的变截面熔体。快速熔断器通常简称"快熔"，其特点是熔断速度快、额定电流大、分断能力强、限流特性稳定、体积较小。

4. 自复熔断器

采用金属钠作熔体，在常温下具有高电导率。当电路发生短路故障时，短路电流产生高温使钠迅速汽化，气态钠呈现高阻态，从而限制了短路电流。当短路电流消失后，温度下降，金属钠恢复原来的良好导电性能。自复熔断器只能限制短路电流，不能真正分断电路。其优点是不必更换熔体，能重复使用。

（五）熔断器优缺点

1. 熔断器的主要优点和特点

（1）选择性好。上下级熔断器的熔断体额定电流只要符合国家标准和 IEC 标准规定的过电流选择比 1.6∶1 的要求，即上级熔断体额定电流不小于下级的该值的 1.6 倍，就视为上下级能有选择性切断故障电流。

（2）限流特性好，分断能力高。

（3）相对尺寸较小。

（4）价格较便宜。

2. 熔断器的主要缺点和弱点

（1）故障熔断后必须更换熔断体。

（2）保护功能单一，只有一段过电流反时限特性，过载、短路和接地故障都用此防护。

（3）发生一相熔断时，对三相电动机将导致两相运转的不良后果，当然可用带有报警信号的熔断器予以弥补，一相熔断可断开三相。

（4）不能实现遥控，需要与电动刀开关、断路器组合才有可能。

三、继电器

（一）继电器定义

继电器是一种电控制器件，可以给予规定输入量并保持足够长的时间，在电气输出电路中使被控量发生预定的阶跃变化。当输入量降至一定程度并保持足够长的时间后，再恢复到初始状态。

继电器是具有隔离功能的自动开关元件，广泛应用于遥控、遥测、通信、自动控制、机电一体化及电力电子设备中，是最重要的控制元件之一。

（二）继电器工作原理

继电器是当输入量达到规定值时，使被控制的输出导通或断开的电器，可分为电气量（如电流、电压、频率、功率等）继电器及非电气量（如温度、压力、速度等）继电器两大类，具有动作快、工作稳定、使用寿命长、体积小等优点，广泛应用于保护、控制、测量和通信等装置中。继电器示意图如图 7-7 所示。

图 7-7　继电器示意图

（三）继电器的作用

继电器一般都有能反映一定输入变量（如电流、电压、功率、阻抗、频率、温度、压力、速度、光等）的感应机构（输入部分）；有能对被控电路实现"通""断"控制的执行机构（输出部分）；在继电器的输入部分和输出部分之间，还有对输入量进行耦合隔离、功能处理和对输出部分进行驱动的中间机构（驱动部分）。

（1）扩大控制范围：例如多触点继电器控制信号达到某一定值时，可以按触点组的不同形式，同时换接、开断、接通多路电路。

（2）放大：例如灵敏型继电器、中间继电器等，用一个很微小的控制量，可以控制很大功率的电路。

（3）综合信号：例如当多个控制信号按规定的形式输入多绕组继电器时，经过比较综合，达到预定的控制效果。

（4）自动、遥控、监测：例如自动装置上的继电器与其他电器一起，可以组成程序控制线路，从而实现自动化运行。

（四）继电器分类

1. 按照工作原理和结构分类

（1）电磁继电器：利用输入电路内电流在电磁铁铁芯与衔铁间产生的吸力作用而工作的一种电气继电器。

（2）固体继电器：指电子元件履行其功能而无机械运动构件的，输入和输出隔离的一种继电器。

（3）温度继电器：当外界温度达到给定值时而动作的继电器。

（4）舌簧继电器：利用密封在管内，具有触电簧片和衔铁磁路双重作用的舌簧动作来开，闭或转换线路的继电器。

（5）时间继电器：当加上或除去输入信号时，输出部分需延时或限时到规定时间才闭合或断开其被控线路继电器。

（6）高频继电器：用于切换高频，射频线路且具有最小损耗的继电器。

（7）极化继电器：由极化磁场与控制电流通过控制线圈所产生的磁场综合作用而动作的继电器。继电器的动作方向取决于控制线圈中流过的电流方向。

（8）其他类型的继电器：如光继电器、声继电器、热继电器、仪表式继电器、霍尔效应继电器、差动继电器等。

2. 按用途分类

（1）信号继电器：信号继电器是指用于信号放大、隔离和转换的继电器。它通常用于电路的信号放大和隔离控制。

（2）保护继电器：保护继电器是指用于电气设备保护的继电器。它通常用于电机过载保护、变压器保护、线路保护等方面。

（3）控制继电器：控制继电器是指用于电气控制的继电器。它通常用于电路的开关控制、时间控制、循环控制等方面。

（五）继电器主要产品技术参数

（1）额定工作电压：是指继电器正常工作时线圈所需要的电压。根据继电器的型号不同可以是交流电压，也可以是直流电压。

（2）直流电阻：是指继电器中线圈的直流电阻，可以通过万用表测量。

（3）吸合电流：是指继电器能够产生吸合动作的最小电流。在正常使用时，给定的电流必须略大于吸合电流，这样继电器才能稳定地工作。而对于线圈所加的工作电压，一般不要超过额定工作电压的 1.5 倍，否则会产生较大的电流而把线圈烧毁。

（4）释放电流：是指继电器产生释放动作的最大电流。当继电器吸合状态的电流减小到定程度时，继电器就会恢复到未通电的释放状态，这时的电流远远小于吸合电流。

（5）触点切换电压和电流：是指继电器允许加载的电压和电流。它决定了继电器能控制电压和电流的大小，使用时不能超过此值，否则很容易损坏继电器的触点。

（六）常用的三种继电器

1. 电磁式继电器

在控制电路中用的继电器大多数是电磁式继电器。电磁式继电器具有结构简单，价格低廉，使用维护方便，触点容量小，触点数量多且无主辅之分，无灭弧装置，体积小，动作迅速、准确，控制灵敏、可靠等特点，广泛地应用于低压控制系统中。常用的电磁式继电器有电流继电器、电压继电器、中间继电器以及各种小型通用继电器等。

电磁式继电器主要由电磁机构和触点组成，其结构和工作原理与接触器相似。电磁式继电器有直流和交流两种。在线圈两端加上电压或通入电流，产生电磁力，当电磁力大于弹簧反力时，吸动衔铁使动合/动断触点动作；当线圈的电压或电流下降或消失时衔铁释放，触点复位。

2. 热继电器

热继电器主要是用于电气设备（主要是电动机）的过负荷保护。热继电器是一种利用电流热效应原理工作的电器，它具有与电动机容许过载特性相近的反时限动作特性，主要与接触器配合使用，用于对三相异步电动机的过负荷和断相保护三相异步电动机在实际运行中，常会遇到因电气或机械原因等引起的过电流（过载和断相）现象。如果过电流不严重，持续时间短，绕组不超过允许温升，这种过电流是允许的；如果过电流情况严重，持续时间较长，则会加快电动机绝缘老化，甚至烧毁电动机。因此，在电动机回路中应设置电动机保护装置。常用的电动机保护装置种类很多，使用最多、最普遍的是双金属片式热继电器。双金属片式热继电器均为三相式，有带断相保护的和不带断相保护的两种。

3. 时间继电器

时间继电器在控制电路中用于时间的控制。其种类很多，按其动作原理可分为电磁式、空气阻尼式、电动式和电子式等，按延时方式可分为通电延时型和断电延时型。空气阻尼式时间继电器是利用空气阻尼原理获得延时的，它由电磁机构、延时机构和触头系统三部分组成。电磁机构为直动式双 E 形铁芯，触头系统借用 I-X5 型微动开关，延时机构采用气囊式阻尼器。

四、接触器

（一）接触器定义

接触器是指除手动操作外，只有一个休止位置，能关合、承载及开断正常电流及规定的过载电流的开断和关合装置。

（二）接触器分类

（1）按主触点连接回路的形式分为直流接触器、交流接触器。

（2）按操作机构分为电磁式接触器、永磁式接触器。

接触器分为交流接触器（电压 AC）和直流接触器（电压 DC），它应用于电力、配电与用电场合。接触器广义上是指工业电中利用电流流过线圈产生磁场，使触头闭合，以达到控制负载的电器。其实接触器是一种可以用于配电系统中，作为一个可以进行远距离控制和频繁操作交直流电路和大容量控制电路的自动控制开关电器。交流接触器又可分为电磁式（CJ）和真空式（CZ）。

（三）工作原理

交流接触器的工作原理为：当线圈通电时，静铁芯产生电磁吸力，将动铁芯吸合，由于触头系统是与动铁芯联动的，因此动铁芯带动三条动触片同时运行，触点闭合，从而接通电源。当线圈断电时，吸力消失，动铁芯联动部分依靠弹簧的反作用力而分离，使主触头断开，切断电源。

直流接触器的工作原理为：当接触器线圈通电后，线圈电流产生磁场，使静铁芯产生电磁吸力吸引动铁芯，并带动交流接触器触点动作：动断触点断开，动合触点闭合，两者是联动的。当线圈断电时，电磁吸力消失，衔铁在释放弹簧的作用下释放，使触点复原：动合触点断开，动断触点闭合。

接触器示意图如图 7-8 所示。

图 7-8　接触器示意图

（四）接触器的结构

接触器主要由三个部分组成，即电磁机构、触点系统、灭弧装置。

（1）电磁系统：吸引线圈，动、静铁芯，带动动触头接通主电路。

（2）触头系统：主触头用于主电路的通断；辅助触头（动合 NO、动断 NC）用于二次控制电路。

（3）灭弧装置：交流接触器在断开大电流或高电压时，在动、静触点之间会产生很强的电弧，灭弧装置用以熄灭触点分断时产生的电弧，容量在 10A 以上的接触器都有灭弧装置。

（五）接触器基本参数

（1）额定电压：指主触点额定工作电压，应等于负载的额定电压。

（2）额定电流：接触器触点在额定工作条件下的电流值。在 380V 三相电动机控制电路中，额定工作电流可近似等于控制功率的两倍。

（3）通断能力：可分为最大接通电流和最大分断电流。最大接通电流是指触点闭合时不会造成触点熔焊时的最大电流值；最大分断电流是指触点断开时能可靠灭弧的最大电流。一般通断能力是额定电流的 5~10 倍。

（4）动作值：可分为吸合电压和释放电压。吸合电压是指接触器吸合前，缓慢增加吸合线圈两端的电压，接触器可以吸合时的最小电压。释放电压是指接触器吸合后，缓慢降低吸合线圈的电压，接触器释放时的最大电压。一般规定，吸合电压不低于线圈额定电压的 85％，释放电压不高于线圈额定电压的 70％。

（5）吸引线圈额定电压：接触器正常工作时，吸引线圈上所加的电压值。

（6）操作频率：接触器在吸合瞬间，吸引线圈需消耗比额定电流大 5～7 倍的电流，如果操作频率过高，则会使线圈严重发热；直接影响接触器的正常使用。为此，规定了接触器的允许操作频率，一般为每小时允许操作次数的最大值。

（7）寿命：包括电寿命和机械寿命。目前接触器的机械寿命已达一千万次以上，电气寿命是机械寿命的 5％～20％。

（六）交流接触器的选择

（1）持续运行的设备。接触器按 67％～75％算，即 100A 的交流接触器，只能控制最大额定电流是 75A 以下的设备。

（2）间断运行的设备。接触器按 80％算，即 100A 的交流接触器，只能控制最大额定电流是 80A 以下的设备。

（3）反复短时工作的设备。接触器按 116％～120％算，即 100A 的交流接触器，只能控制最大额定电流是 120A 以下的设备。

五、主令电器

（一）主令电器定义

主令电器是用作接通、分断及转换控制电路，以发出指令或用于程序控制的开关电器。常用的主令电器有按钮、万能转换开关、主令控制器等。

（二）按钮开关

1. 按钮开关定义

按钮开关是一种结构简单，应用十分广泛的主令电器。在电气自动控制电路中，用于手动发出控制信号以控制接触器、继电器、电磁启动器等。

2. 按钮开关分类

按钮开关的结构种类很多，可分为普通揿钮式、蘑菇头式、自锁式、自复位式、旋柄式、带指示灯式、带灯符号式及钥匙式等，有单钮、双钮、三钮及不同组合形式，一般是采用积木式结构，由按钮帽、复位弹簧、桥式触头和外壳等组成，通常做成复合式，有一对动断触头和动合触头，有的产品可通过多个元件的串联增加触头对数。还有一种自持式按钮，按下后即可自动保持闭合位置，断电后才能打开。

（三）万能转换开关

1. 万能转换开关定义

万能转换是一种多挡位、多段式、控制多回路的主令电器，当操作手柄转动时，带动开关内部的凸轮转动，从而使触点按规定顺序闭合。万能转换开关是由多组相同结构的触点组件叠装而成的多回路控制电器，由操动机构、定位装置和触点等三部分组成。

2. 万能转换开关的作用

万能转换用于各种控制线路的转换、电压表、电流表的换相测量控制、配电装置线路的转换和遥控等，并可用于直接控制小容量电动机的启动、调速和换向。

（四）主令控制器

主令控制器（又称主令开关）主要用于电气传动装置中，按一定顺序分合触头，达到发布命令或其他控制线路联锁、转换的目的。主令控制器动作原理与万能转换开关相同，都是靠凸轮来控制触头系统的关合。但与万能转换开关相比，它的触点容量大些，操纵挡位也较多。主令控制器示意图如图 7-9 所示。

图 7-9　主令控制器示意图

第三节　低压断路器

低压断路器又称自动空气开关或自动空气断路器，是一种不仅可以接通和分断正常负荷电流和过负荷电流，还可以接通和分断短路电流的开关电器。低压断路器在电路中除起控制作用外，还具有一定的保护功能，如过负荷、短路、欠压和漏电保护等。低压断路器的分类方式很多，按使用类别分，有选择型和非选择型，按灭弧介质分，有空气式和真空式，但国产多为空气式。低压断路器容量范围很大，最小为 4A，而最大可达 5000A。低压断路器广泛应用于低压配电系统各级馈出线，各种机械设备的电源控制和用电终端的控制和保护。

一、低压断路器的结构

低压断路器由触头、灭弧装置、操作机构和保护装置等组成。低压断路器原理如图 7-10 所示。

可实现短路、过载、失压保护

锁钩

过流脱扣器

欠压脱扣器

释放弹簧

主触头手动闭合

连杆装置

衔铁释放

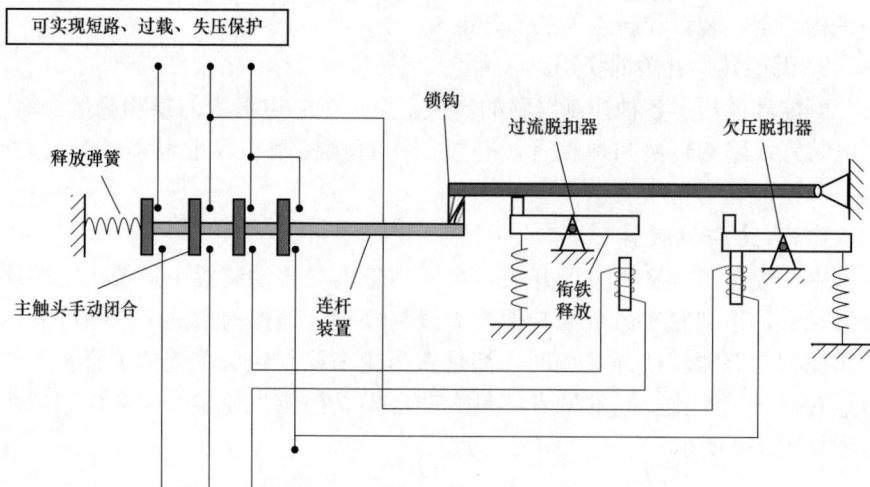

图 7-10　低压断路器原理图

（一）触头系统

触头（静触头和动触头）在断路器中用来实现电路接通或分断。触头的基本要求如下：

（1）能安全可靠地接通和分断极限短路电流及以下的电路电流。

（2）长期工作制的工作电流。

（3）在规定的电寿命次数内，接通和分断后不会严重磨损。

常用断路器的触头型式有对接式触头、桥式触头和插入式触头。对接式和桥式触头多为面接触或线接触，在触头上都焊有银基合金镶块。大型断路器每相除主触头外，还有副触头和弧触头。

断路器触头的动作顺序是：断路器闭合时，弧触头先闭合，然后是副触头闭合，才是主触头闭合；断路器分断时却相反，主触头承载负荷电流，副触头的作用是保护主触头，弧触头是用来承担切断电流时的电弧烧灼，电弧只在弧触头上形成，从而保证了主触头不被电弧烧蚀，能够长期稳定地工作。

（二）灭弧系统

灭弧系统用来熄灭触头间在断开电路时产生的电弧。灭弧系统包括两个部分：一是强力弹簧机构，使断路器触头快速分开；二是在触头上方设有灭弧室。

（三）操动机构

断路器操动机构包括传动机构和脱扣机构两大部分。

1．传动机构

按断路器操作方式不同可分为手动传动、杠杆传动、电磁铁传动、电动机传动；按闭合方式可分为储能闭合和非储能闭合。

2．自由脱扣机构

自由脱扣机构的功能是实现传动机构和触头系统之间的联系。

（四）保护装置

断路器的保护装置由各种脱扣器来实现。

断路器的脱扣器型式有欠压脱扣器、过电流脱扣器、分励脱扣器等。过电流脱扣器还可分为过载脱扣器和短路脱扣器。

欠压脱扣器用来监视工作电压的波动，当电网电压降低至 35%～70% 额定电压或电网发生故障时，断路器可立即分断，在电源电压低于 35% 额定电压时，能防止断路器闭合。带延时动作的欠压脱扣器，可防止因负荷陡升引起的电压波动，而造成断路器不适当地分断。延时时间可为 1、3s 和 5s。

分励脱扣器用于远距离遥控或热继电器动作分断断路器。

过电流脱扣器用于防止过载和负载侧短路。

一般断路器还具有短路锁定功能，用来防止断路器因短路故障分断后，故障未排除前再合闸。在短路条件下，断路器分断，锁定机构动作，使断路器机构保持在分断位置，锁定机构未复位前，断路器合闸机构不能动作，无法接通电路。

二、低压断路器的功能作用

低压断路器是一种不仅可以接通和分断正常负荷电流和过负荷电流，还可以接通和分断短路电流的开关电器。低压断路器在电路中除起控制作用外，还具有一定的保护功能，如过负荷、短路、欠压和漏电保护等。如：

（1）用于低压配电电路非频繁通断控制。

（2）在电路发生短路、过载或欠电压等故障时，自动分断电路。

三、低压断路器工作原理

低压断路器由操作机构、触点、保护装置（各种脱扣器）、灭弧系统等组成，可实现短路、过载、失压保护。

断路器用作合、分电路时，依靠扳动其手柄（或通过外部转动手柄）或采用电动机操作机构使动、静触头闭合。在正常情况下，触头能接通和分断额定电流；当出现过载（过负荷）时，双金属元件受热（或通过它的近旁的发热元件发热的传导、辐射或双金属元件与发热元件串联通电发热）产生变形、弯曲、碰、顶断路器的牵引杆（脱扣杆），使锁扣脱钩，断路器跳闸，如线路（或电动机）短路，则一定值的短路电流会使过电流脱扣器（电磁铁）的动铁芯（衔铁）被吸合，带动牵引杆使断路器分断。在线路出现欠电压、欠电压脱扣器在电压低于 70%U_e（额定电压）时，其衔铁释放，触动牵引杆；要远距离控制断路器的跳闸，可采用分励脱扣器，分励脱扣器通电时，它的衔铁被吸合，使牵引杆逆时针运动，断路器断开。

四、低压断路器的主要技术参数

（1）额定电压：是指与能断能力及使用类别相关的电压值。对多相电路是指相间的电压值。

（2）额定电流：是脱扣器能长期通过的电流。对带可调式脱扣器的断路器是可长期通过的电流。

（3）通断能力：是指断路器在规定的电压、频率以及规定的线路参数（交流电路为功率因数，直流电路为时间常数）下，所能接通和分断的短路电流值。

（4）分断时间：是指断路器切断故障电流所需的时间。

五、低压断路器的分类

低压断路器可分为框架、塑壳和微型断路器三种。

（1）框架式断路器：作配电网络的保护开关，用在额定电流比较大或有选择性保护要求时。

（2）塑料外壳式断路器：除作配电网络的保护开关外，还可用作电动机、照明电路及电热器的控制开关，用在短路电流不太大的场合。

（3）微型断路器：适用于交流 50/60Hz 额定电压 230/400V，额定电流至 63A 线路的过载和短路保护之用，也可以在正常情况下作为线路的不频繁操作转换之用。

低压断路器是低压配电系统中重要的保护电器。在低压交、直流配电电路中，可用于不频繁接通和断开电路，并可用于欠电压、过载和短路保护。

六、常用低压断路器的技术性能

1. 框架式低压断路器

框架式低压断路器有一个框架式底座，所有的组件（如触头系统、脱扣器、保护装置）均装在此框架上，主要用于低压配电系统中作过载、短路及欠电压保护用，额定电流一般在 200～4000A。

2. 塑壳式低压断路器

塑料外壳是低压断路器的显著特点，触头、灭弧系统、脱扣器、操动机构都安装在一个封闭的塑料外壳内，只有板前引出的接线导板和操作手柄露在壳外。绝缘基座和盖板都采用绝缘性能良好的热固定性塑料制作，触头使用导电性能好，耐高温又耐磨的合金材料制作，通过大电流时不会发生熔焊现象。灭弧室多采用去离子栅片式，操动机构则为连杆式。操作时瞬时闭合，瞬时断开，与操作者的速度无关。自动开关的保护装置装有复式脱扣器，即同时具有电子脱扣器和热脱扣器。

施耐德 MT 框架空气断路器检修项目内容、质量标准、检修工艺及注意事项详见表 7-2。

表 7-2　　　　　施耐德 **400V-MT** 系列空气断路器检修工艺

项目	质量标准	检修工艺及注意事项
1. 初步检查清扫		
1) 清扫表面积灰尘	清洁无垢	
2) 检查各紧固件	弹簧、销子、垫圈齐全无脱落、紧固	
3) 检查引线		
4) 绝缘底座检查		
2. 触头检修		
1) 拆下消弧罩	消弧罩完好灭弧栅片无烧损脱落	1) 做好记号以便装复。 2) 灭弧栅片有烧灼或罩内有熏黑等现象时，用锉刀砂纸修理砂光并清理干净。 3) 灭弧栅片烧伤严重无法修理时应更换新，用白布蘸酒精清洗各触头
2) 检查触头	1) 触头接触面清洁光滑。 2) 触头接触线长度不小于触头宽度的 80%，接触线的中心线应尽量和静触头的中心线一致	
3. 操作机构		
1) 摇进机构	灵活，位置指示正确，闭锁可靠	活动部分加润滑油，重点是丝杆加油
2) 操作机构	表面清洁，灵活不卡，手动储能正常；手动合分闸机构灵活；电机储能正常；二次插头位置准确	用白布蘸酒精清理，转轴处加机油
4. 抽屉		
1) 表面检查	无灰尘	清扫
2) 一次插头	螺栓紧固不发热	有发热现象重新处理
3) 可动部分	有润滑油，灵活	加润滑油
5. 电动分合闸试验		
分合闸试验	动作良好正常	

第四节　低压开关柜的日常维护

一、日常维护的内容

低压开关柜日常维护的内容包括：

（1）定期检查各柜内是否有虫鼠活动的痕迹，进行诱杀。

（2）检查各警告牌、检修牌摆放位置是否正确。

（3）检查应急工具、灯具是否齐全、正常，摇把及熔断器手柄是否齐全。

（4）检查电缆接头有无发热变色（一般都为银色），接地线有无锈蚀（焊接点是否正常）。

（5）检查电容柜内的电容器外壳是否良好，有无渗漏、膨胀情况，指示灯是否良好。

（6）检查各电容器外壳接地线接触情况。

（7）做好各柜体的保洁除尘工作。

（8）检查各柜体的风扇工作情况。

低压开关柜的检修周期一般按照：

（1）A 级检修，一般 4～6 年一次，随机组 A 级检修进行。

（2）C 级检修，每年至少一次，随着设备可靠性的提高，可以根据实际延长检修时间间隔。

开关柜的大修和小修项目详见表 7-3。

表 7-3　　　　　　　　　　　开关柜的大修和小修项目

大修项目	小修项目
1）整体的清扫及外观检查。 2）母线清扫检查试验，接引螺栓紧固。母线夹件及绝缘支撑件的紧固。 3）电缆的检修与试验。 4）电压互感器的外观检查与试验。 5）电流互感器的外观检查与试验。 6）二次控制回路的检查与试验。 7）操作开关、按钮检修。 8）信号灯具、端子排检修。 9）控制电缆检修。 10）继电器检修	1）整体的清扫及外观检查。 2）母线清扫检查试验，接引螺栓紧固。 3）电缆的检查与试验。 4）二次控制回路的检查。 5）操作开关、按钮检修。 6）信号灯具、端子排检修。 7）控制电缆检修。 8）继电器检修

二、低压开关柜检修工艺要求

（一）低压开关柜 PC 段的检修工艺

低压开关柜 PC 段的检修工艺见表 7-4。

表 7-4　　　　　　　　　　低压开关柜 PC 段的检修工艺

项目	质量标准	检修工艺及注意事项
1. 开关柜壳体		
1）检查正面上下开关柜门。 2）检查开关柜壳体。 3）清扫开关柜壳体	1）门铰链完好，动作灵活，门不变形，门销插销可靠。 2）隔板、边板、隔网完整，各支架固定牢靠。 3）整洁、无杂物和遗留物	1）若发现铰链有卡涩，应上机油润滑。 2）门变形应校正，门销不好应进行修理或更换。 3）锈蚀严重应油漆
2. 隔离开关		
1）检查动静触片、触头。 2）检查触片压簧。 3）检查绝缘底板。 4）检查隔离开关机构。 5）隔离开关调试。 6）检查隔离开关上下引线及接头	1）应无发热痕迹，无氧化。 2）压簧弹性适中，固定螺栓紧固。 3）无放电痕迹，清洁，绝缘合格。 4）各铰接部分完好，螺栓紧固，开口销完好，拉合到位。 5）拉合到位，动触头拉开角度在 70°～85°。 6）螺栓紧固，接触面无发热现象	1）用金相砂皮砂后涂凡士林。 2）压簧弹性不足应更换。 3）若绝缘不合格，底板应烘干并刷绝缘清漆，直至绝缘合格。 4）拉合不到位应进行调整。 5）角度调整，调整拉杆长短。 6）若接触面发热，用酒精清洗后去掉氧化层涂凡士林

续表

项目	质量标准	检修工艺及注意事项
3. 电流、电压互感器		
1) 清扫本体。 2) 检查一、二次绕组。 3) 检查引线、接线头	1) 本体清洁，绝缘良好。 2) 绕组不短路、不断路。 3) 引线完好，接线头不发热不氧化	1) 绝缘不合格应处理。 2) 绕组损坏应更换。 3) 接线头发热应处理
4. 熔断器		
1) 检查瓷座。 2) 检查引接线。 3) 检查熔芯	1) 瓷座不断裂，垫底纸箔完好，安装牢靠。 2) 接头不发热，不氧化，引接线可靠。 3) 熔芯完好	1) 瓷座断裂应更换。 2) 若接头发热应处理
5. 接触器		
1) 外观检查。 2) 检查主触头。 3) 检查吸合线圈。 4) 检查吸合铁芯。 5) 检查机构、铁芯弹簧。 6) 检查辅助触点	1) 外壳、消弧罩完整，不破裂、固定可靠；进出接线牢靠，接头不发热。 2) 主触头不发热、不烧毛，组装可靠，压簧弹性适中，分闸时主触头开度在 5mm 以上，合闸时主触头接触可靠。 3) 接线完好，不断路不短路，接线头不发热。 4) 铁芯组装可靠，断口清洁无灰尘、不锈蚀，短路环完好，吸合时断口对齐。 5) 弹簧弹性适中，组装可靠，机构动作灵活，分合闸到位。 6) 触点不发热，不烧毛，弹簧弹性适中动作可靠	1) 外壳消弧罩破裂应进行更换，接线发热应进行处理。 2) 主触头发热严重或烧损达五分之一以上时应更换，触头毛刺用小锉刀锉平，注意不要损坏镀银层。 3) 用万用表测量，线圈阻值不对时应更换。 4) 断口锈蚀应除锈，断口吸合不齐应调整。 5) 弹簧弹性不足应更换，机构动作不灵活应调整。 6) 辅助触点烧损达五分之一及以上者应及时更换，更换时小弹簧一定要安装牢固，手动合分闸检查辅触点切换情况
6. 热继电器		
1) 外部及接线检查。 2) 触点检查。 3) 整定调节	1) 主副接头接线不发热，螺栓紧固，外壳不破裂。 2) 二次线不松动，手动调节钮调节正确，复位按钮正确。 3) 整定电流为额定电流（一般情况）	1) 若发现接头发热应及时处理，外壳损坏应更换。 2) 触点不通时应更换。检查结束时应最后按一次复位按钮。 3) 热继电刻度电流选择根据电动机额定电流的 85%～120% 为宜
7. 电缆		
1) 检查电缆头。 2) 检查引线及线鼻子	1) 电缆引线不积灰，不发热。电缆外壳接地线完好并可靠接地。 2) 引线绝缘不破损，不与支架等产生摩擦；线鼻子不发热，接头不氧化不发热，接线螺栓紧固	1) 接地不好、发热时应处理。 2) 穿零序 TA 的接地线正确，电缆卡绝缘良好引线绝缘包扎损坏用相色带重新包扎，引线鼻子、接线头发热应及时处理
8. 母线配制		

续表

项目	质量标准	检修工艺及注意事项
1）母线截面选择。 2）弯制。 3）打眼。 4）接触面处理。 5）接触面搪锡。 6）母线螺栓、弹簧垫圈、平垫圈	1）三相匀称，弯制角在同水平面线上或同一垂直面线上。 2）眼孔必须与纵向中心线对称，不能太靠边，孔边离边线一个螺栓直径距离，孔径大小根据母线宽度、载流量大小而定，孔径大于螺栓直径0.5mm。 3）接触面平整无毛刺紫铜排应搪锡或镀银，电流大于1000A时最好滚花镀银。 4）接触面满搪，锡面平整均匀。 5）应使用镀锌螺栓、弹簧垫圈、平垫圈。平垫圈厚度2.5～3.5mm，螺栓紧固后端部露出2～3扣为宜	根据母线通过的电流大小来选择母线截面积。 1）母线开始弯曲处距最近绝缘子母线支持夹板边缘不应大于0.25L（L为母线两支点间的距离，单位为mm），但不得小于50mm。 2）母线开始弯曲处距母线连接位置不应小于50mm。 3）弯曲处不得有裂纹和显著折皱。 4）多片母线弯曲度应一致。 宽度在50mm及以下，每个接触面在纵向打两个眼（小电流可打一个眼），宽度在60mm及以上，每个接触面纵向打两排或多排眼，眼数应根据载流量大小而定。 用铰刀铰去孔边毛刺后用锉刀倒角，将接触面锉平，平面不能出现圆弧，锉刀只能在接触面上来回平行推行。 母线宽度在60mm及以下的端部接触面，可采用锡锅搪锡，将锡锅放在电炉上加热使锅内锡全部熔化，将处理加工好的端部接触面涂上焊锡膏，然后浸入锡锅，待接触面全部吸上锡后取出，立即用棉纱头或白布将接触面抹平，去掉多余的锡。 母线宽度在80mm及以上（锡锅放不下）的端部接触面，母线中部接触面的搪锡，采用风焊或用喷灯将接触面加热超过焊锡熔化温度，然后在接触面上均匀涂上焊锡膏，再将焊锡丝放在接触面上用铜丝刷将锡涂均匀，用棉纱头抹平，去掉多余的锡。 螺栓应对角均匀拧紧，紧至弹簧垫圈平为止。平置母线，螺栓应由下向上穿
9. 400V母线清扫		
1）母线清灰。 2）检查母线接头。 3）检查母线绝缘子。 4）检查隔离开关。 5）检查各分路熔断器。	1）母线清洁。 2）螺栓紧固，无发热现象。 3）绝缘子清洁、无裂纹无放电痕迹。	1）用刷子或吸尘器。 2）螺栓未紧固应复紧，接头发热应处理。 3）有裂纹和放电痕迹应更换。

续表

项目	质量标准	检修工艺及注意事项
6）检查400V开关及接触器。 7）检查电流、电压互感器。 8）检查热继电器。 9）检查电缆。 10）测母线绝缘。 11）最后检查	4）动静触头无发热现象，刀片弹簧弹性适中，传动机构动作灵活可靠，拉合闸到位，开合角度在60°～85°，上下接线桩头接线螺栓紧固，无发热现象。 5）瓷座无裂纹，衬垫纸箔完好，动静触头弹簧弹性适中，动静触头无发热现象。 6）开关及接触器表面清洁，无明显缺陷。 7）线圈无断、短路现象，引线完好绝缘合格，接线牢靠且无发热现象，外观清洁，无遗留杂物。 8）热继电器表面清洁，接线可靠且不发热。 9）引线绝缘完好，鼻子接头不发热，油浸电缆不渗油。 10）绝缘电阻500MΩ以上。 11）无遗留工具、杂物在装置或母线上	4）若发现发热部位应处理，隔离开关动作角度调整应调整拉杆，动静触头用酒精清洗，涂上凡士林。 5）发现瓷座有裂纹应更换。 6）详细彻底检查不在扫母线范围。 7）用500V绝缘电阻表测量回路绝缘电阻在1MΩ以上。 8）2500V绝缘电阻表测量。 9）清点工具及用品，检查无遗留物后终结工作票

（二）低压开关柜MCC段检修工艺

低压开关柜MCC段检修工艺见表7-5。

表7-5　　　　　　　　　　低压开关柜MCC段检修工艺

项目	质量标准	检修工艺及注意事项
1. 开关柜壳体		
1）检查前开关柜门。 2）检查开关柜壳体。 3）清扫开关柜壳体	1）门铰链完好，动作灵活，门不变形，门销插销可靠。 2）表面清洁、不变形、无锈迹。 3）整洁、无杂物和遗留物	1）若发现铰链有卡涩，应上机油润滑。门销不可靠时修理。 2）锈蚀严重应油漆
2. 抽屉单元		
1）检查动静插头。 2）检查一次回路接线子。 3）检查开关、接触器、熔断器、热继电器、各类中间继电器、互感器、变送器绝缘外壳。 4）二次回路。 5）接触器触头检查。 6）指示灯。 7）检查机构。 8）操作把手。 9）隔离开关调试	1）应无发热痕迹，无氧化。螺栓紧固。 2）不变色。螺栓紧固。 3）无放电痕迹，完整。固定牢固。 4）接线端子螺栓不松动；绝缘不破损；按钮完整灵活；指示灯完好。 5）接触器、互感器、继电器线圈直流电阻合格；检查触头同期、触头烧损程度。 6）桩头接线牢固。 7）机构完好、灵活。 8）操作把手完整不变形。 9）各铰接部分完好，螺栓紧固，开口销完好，拉合到位；不变形、不缺损；拉合到位，力量适中，声音正常	1）用金相砂皮砂后涂凡士林。如有发热现象应处理。 2）复紧所有螺栓。缺损时更换。 3）全面紧固桩头。 4）用螺栓刀逐一紧固。用万用表测量线圈电阻。 5）更换烧损严重的触头。用螺栓刀逐一紧固。 6）变形、缺损时需更换。 7）发现异常时查明原因

项目	质量标准	检修工艺及注意事项
3. 电流、电压互感器		
1）清扫本体。 2）检查一、二次绕组。 3）检查引线、接线头	1）本体清洁，绝缘良好。 2）线圈不短路、不断路。 3）引线完好，接线头不发热不氧化	1）绝缘不合格应处理。 2）线圈损坏应更换。 3）接线头发热应处理
4. MT 系列空气开关	详见 MT 空气开关检修工艺规程	
5. 接触器		
1）外观检查。 2）检查主触头。 3）检查吸合线圈。 4）检查辅助触点	1）外壳、消弧罩完整，不破裂、固定可靠；进出接线牢靠，接头不发热。 2）主触头不发热、不烧毛，组装可靠，压簧弹性适中，分闸时主触头开度在 5mm 以上，合闸时主触头接触可靠。 3）接线完好，不断路、不短路，接线头不发热。直流电阻合格。 4）弹簧弹性适中，组装可靠，机构动作灵活，分合闸到位。 5）触点不发热，不烧毛	1）接线发热应进行处理。 2）主触头发热严重或烧损达五分之一以上时应更换，触头毛刺用小锉刀锉平，注意不要损坏镀银层。 3）用万用表测量线圈电阻，线圈损坏时应更换。 4）接触不好时更换，机构动作不灵活应调整
6. 热继电器		
1）外部及接线检查。 2）内部检查。 3）整定调节	1）主副接头接线不发热，螺栓紧固，外壳不破裂。 2）二次触点完好，不发热不烧毛，且动作可靠；手自动调节螺栓调节正确，手动复归按钮完好。 3）整定电流为额定电流（一般情况）	1）若发现接头发热应及时处理，外壳损坏应更换。 2）热继电刻度电流选择根据电动机额定电流的 85%～120% 为宜
7. 电缆		
1）检查电缆头。 2）检查引线及线鼻子	1）电缆头不积灰，不发热。电缆外壳接地线完好并可靠接地。 2）引线绝缘包扎牢靠，不与支架等产生摩擦；线鼻子不发热，接头不氧化不发热，接线螺栓紧固	1）接地不好发热时及时处理。 2）穿零序 TA 的接地线正确，引线鼻子、接线头发热应及时处理
8. 400V 母线清扫		
1）母线清灰。 2）检查母线接头。 3）检查母线绝缘子。 4）检查隔离开关。 5）检查各分路熔断器。 6）检查 400V 开关及接触器。 7）检查电流、电压互感器。	1）母线清洁。 2）螺栓紧固，无发热现象。 3）绝缘子清洁、无裂纹无放电痕迹。 4）动静触头无发热现象，刀片弹簧弹性适中，传动机构动作灵活可靠，拉合闸到位，上下接线桩头接线螺栓紧固，无发热现象。 5）瓷座无裂纹，衬垫纸箔完好，动静触头弹簧弹性适中，动静触头无发热现象。	1）用刷子或吸尘器。 2）螺栓未紧固应复紧，接头发热应处理。 3）绝缘子有裂纹和放电痕迹应更换。 4）若发现发热部位应处理，动静触头用酒精清洗，涂上凡士林。 5）发现瓷座有裂纹应更换。 6）详细彻底检查不在扫母线范围

续表

项目	质量标准	检修工艺及注意事项
8）检查热继电器。 9）检查电缆。 10）测母线绝缘。 11）最后检查	6）开关及接触器表面清洁，无明显缺陷。 7）线圈无断路、短路现象，引线完好绝缘合格，接线牢靠且无发热现象，外观清洁，无遗留杂物。 8）表面清洁，接线可靠且不发热。 9）引线绝缘完好，鼻子接头不发热。 10）绝缘电阻 500MΩ 以上。 11）无遗留工具、杂物在装置或母线上	7）用 500V 绝缘电阻表测量回路绝缘电阻在 1MΩ 以上。 8）2500V 绝缘电阻表测量。 9）清点工具及用品，检查无遗留物后总结工作票

第五节　案例分析

一、380V 盘柜故障

（一）事件经过

2018 年 8 月 4 日，某电厂小机润滑油主油泵跳闸，小机润滑油辅助油泵联启正常，但润滑油母管压力降至低油压动作值，导致小机跳闸，汽动给水泵跳闸，触发锅炉 MFT，发变组逆功率保护，机组解列，厂用电切换正常。

（二）原因分析

汽机 380V PC A 段 7 号柜内母线绝缘夹表面积累的灰尘在潮湿空气作用下绝缘强度降低击穿短路，母线电压降低（瞬间恢复，母线未跳闸），造成 MCC 抽屉开关内接触器线圈失磁返回，小机主油泵跳闸。盘柜母线烧毁情况如图 7-11 所示。

图 7-11　盘柜母线烧毁情况

（三）处理措施

加强电气盘柜的清扫检查工作，尤其加强 380V PC、MCC 电气盘柜清扫检查。

在主油泵跳闸切换至辅助油泵启动过程中，未起到短时保持系统油压稳定作用，造成速关油压快速降低，速关阀关闭，小机跳闸。为此，将主、辅油泵增加硬接线回路联启，缩短辅助油泵启动间隔时间。

二、低压开关内部绝缘故障

（一）事件经过

2017 年 2 月 8 日 20 时 07 分，某电厂 1 号炉除尘 411 断路器过电流保护动作，除尘备用（以下简称除备）411 断路器自投成功。20 时 13 分，除备 410 断路器过电流保护动作，400V 除尘 II 段母线失电，1 号炉 A 列电除尘电场跳闸。21 时 24 分，降负荷后隔离 A 侧烟气系统，停运 11 号引风机，11 号送风机。检修人员现场检查，A 列电除尘 1 号低压控制柜内馈线塑壳断路器引上线母排短路烧毁，柜内部分元器件损坏。断路器故障位置如图 7-12 所示。

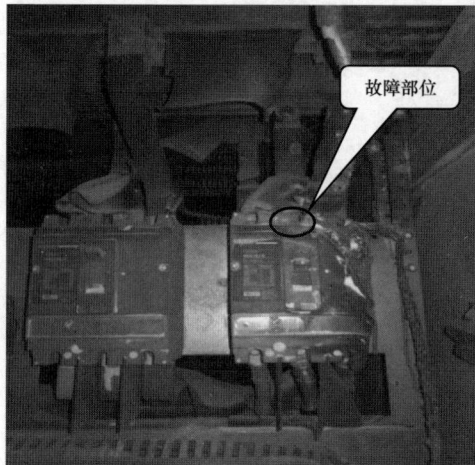

图 7-12　断路器故障位置

（二）原因分析

1 号炉 A 列电除尘 1 号低压控制柜内塑壳断路器运行中最初发生放电故障，除尘 411 断路器过电流保护动作。除备 411 断路器备自投成功后，塑壳断路器放电点逐步发展为相间短路故障，导致 400V 除尘 II 段母线失电，A 列电除尘电场跳闸。此外，400V 除尘段母线断路器保护定值设置不合理，导致除备 411 断路器未动作，除备 410 断路器越级动作。

（三）防范措施

（1）小型终端设备应加强检修质量管控，在检修文件包中应包含断路器、母排连接螺栓紧固情况的检查及验收环节。

（2）应重视 400V 母线及负荷断路器保护定值的管理，确保保护整定值正确，级差配合合理。

（3）在日常巡点检中，应对电气设备接线端子进行红外测温工作。

第八章　互感器

第一节　电压互感器结构及主要技术参数

一、电压互感器介绍

(一) 电压互感器工作原理

电压互感器（TV）和变压器类似，是用来变换电压的仪器。变压器变换电压的目的是方便输送电能，而不是输送电能，因此，电压互感器容量很大，一般都是以千伏安或兆伏安为计算单位；而电压互感器变换电压的目的，主要是给测量仪表和继电保护装置供电，用来测量线路的电压、功率和电能，或者用来在线路发生故障时保护线路中的贵重设备、电机和变压器，因此，电压互感器的容量很小，一般都只有几伏安、几十伏安，最大也不超过 1000VA。

电压互感器的高压绕组并联在系统一次电路中，二次电压 U_2 与一次电压成比例，反映了一次电压的数值。一次额定电压 U_{1N} 多与电网的额定电压相同，二次额定电压 U_{2N} 一般为 100V、$100/\sqrt{3}$ V、100/3V。

电压互感器的一、二次绕组额定电压之比，称为电压互感器的额定变比 K_n，则：

$$K_n = \frac{U_{1N}}{U_{2N}} \approx \frac{U_1}{U_2} \approx \frac{N_1}{N_2} \tag{8-1}$$

式中：N_1、N_2——电压互感器一、二次绕组的匝数。

由式（8-1）知，若已知二次电压 U_2 的数值，便能计算出一次电压 U_1 的近似值，为 $U_1 = K_n \times U_2$。

电压互感器一次侧的电压 U，即电网额定电压，不受互感器二次侧负荷的影响，并且大多数情况下，其负荷是恒定的。电压互感器的二次负载是一些高阻抗的测量仪表和继电保护的电压绕组，二次电流很小，因而内阻抗压降很小，相当于变压器空载运行，所以，二次电压基本上就等于二次电动势。

由于电压互感器的一次绕组是并联在一次电路中，在正常工作时二次电压高，电压互感器内阻抗很小。因此与电力变压器一样，电压互感器二次侧不能短路，否则会产生很大的短路电流，烧毁电压互感器。同样，为了防止高、低压绕组绝缘击穿时，高电压窜入二次回路造成危害，必须将电压互感器的二次绕组、铁芯及外壳接地。

(二) 电压互感器分类

电压互感器的种类很多，分类方法也很多，主要有以下几类：

（1）按相数分，有单相和三相电压互感器。

（2）按绕组数分，有双绕组、三绕组及四绕组电压互感器。

（3）按绝缘介质分，有干式、浇注式、油浸式和气体绝缘电压互感器。

（4）按使用条件分，有户内型和户外型电压互感器。

（5）按工作原理划分，还可分为电磁式电压互感器，电容式电压互感器和电子式电压互感器。

（三）电压互感器主要技术参数

（1）设备的额定电压及额定一次电压。设备的额定电压与电压互感器运行的系统额定电压相同。电压互感器的额定一次电压是指运行时一次绕组所承受的电压。用在相与相之间的单相电压互感器及三相电压互感器，其额定一次电压与设备额定电压相同；用在相与地间的电压互感器，其额定一次电压为设备额定电压值的 $1/3$。

（2）额定二次电压。额定二次电压是作为互感器性能基准的二次电压值。对于三相电压互感器及相与相间连接用的电压互感器，其额定二次电压为 100V；对于相对地连接的电压互感器，其额定二次电压为 $100/\sqrt{3}$ V。用于接地保护的电压互感器，其剩余电压绕组的额定电压视互感器所接系统状况而定，对于中性点有效接地系统为 100V，对于中性点非有效接地系统为 $100/\sqrt{3}$ V。这是由于在系统发生单相接地故障时，其开口三角电压必须保证 100V。

（3）额定输出或额定负载。互感器的额定输出，按互感器二次绕组所带的计量、测量、保护装置的实际负荷提出，按国家标准规定的额定输出标准值确定。按国家标准规定，电压互感器测量误差极限在二次负荷在额定输出的 $25\%\sim100\%$ 范围内，因此选择额定输出时，只要略大于实际负荷即可，一般裕度系数为 $1.3\sim1.5$。如果额定输出选择过大，实际负荷就可能小于 25%，误差值将不能保证在规定的范围内。

（4）准确度等级及误差限值。误差性能是电压互感器的主要技术要求以准确度等级衡量其优劣。电压互感器和变压器一样，一次电压变换到次电压时，由于励磁电流和负载电流在绕组中产生压降，因而二次电压折算到一次侧与一次电压比较，大小及相位均有差别，即互感器出现了误差数量上的误差称为电压误差，相位上的差别称为相位差。

（5）测量、计量电压互感器的准确度等级，以该准确度等级在额定电压下规定的最大允许电压误差的百分数标称。测量、计量用电压互感器的标准准确度等级有 0.1、0.2、0.5 级。保护用电压互感器的准确度等级，以该准确度等级在 5% 额定电压到额定电压因数相对应的电压范围内最大允许电压误差的百分数标称，其后标以字母"P"（表示保护级）。保护用电压互感器的标准准确度等级为 3P 和 6P。电压互感器各标准准确度等级的误差限值见表 8-1。

表 8-1　　　　　　　　　　电压互感器各标准准确度等级的误差限值

电压互感器	准确度等级	电压误差（％）	相位差（′）	保证误差条件	
				电压范围	二次负载范围
测量用	0.1	±0.1	±5		
	0.2	±0.2	±10	$(0.8\sim1.2)U_{1N}$	$(0.25\sim1.0)S_{2N}$
	0.5	±0.5	±20		
保护用	3P	±3.0	±120	$(0.05\sim K)U_{1N}$	$(0.25\sim1.0)S_{2N}$
	6P	±6.0	±240		

注　U_{1N} 为额定电压；S_{2N} 为二次负荷；K 为额定电压系数（1.2、1.5、1.9）。

（6）额定电压因数。额定电压因数是在规定时间内能满足互感器温升要求及准确度等级要求的最大电压与额定一次电压的比值，它与系统最高电压及接线方式有关，其标准值见表 8-2。

表 8-2　　　　　　　　　　电压互感器额定电压因数标准值

额定电压因数	额定时间	适用范围
1.2	连续	任一地网
1.5	30s	110～500kV 中性点有效接地系统，相对地之间
1.9	80s	66kV 中性点非有效接地系统的相对地之间

二、电磁式电压互感器介绍

（一）电磁式电压互感器结构

电磁式电压互感器产品型号说明如图 8-1 所示。

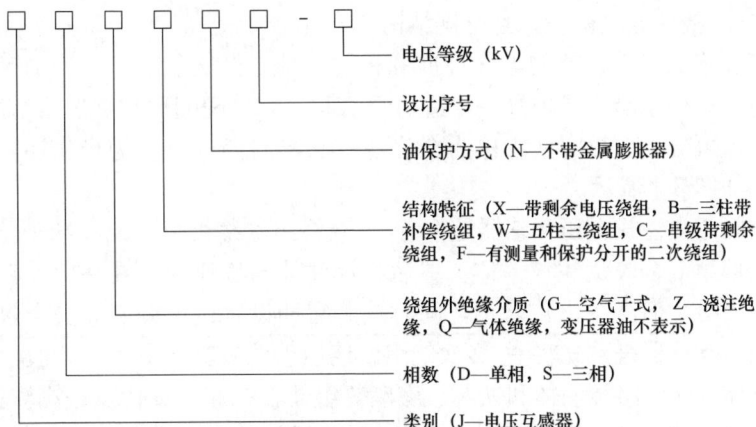

图 8-1　电磁式电压互感器产品型号说明

以电磁感应为其工作原理的电压互感器均称为电磁式电压互感器。按其绝缘介质不同，电磁式电压互感器可分为干式及浇注式电压互感器、油浸式电压互感器、SF_6 气体绝缘电压互感器等。电压互感器虽然采用的绝缘介质不同，但总体结构相似，其主要部件均为由铁芯、绕组组成的器身、绝缘套管及零部件等。

电磁式电压互感器最常采用的铁芯材料为冷轧硅钢片，常用的结构形式是叠片铁芯。近年来，卷铁芯在较低电压等级的电压互感器上得到广泛应用。电磁式电压互感器铁芯结构如图 8-2 所示。

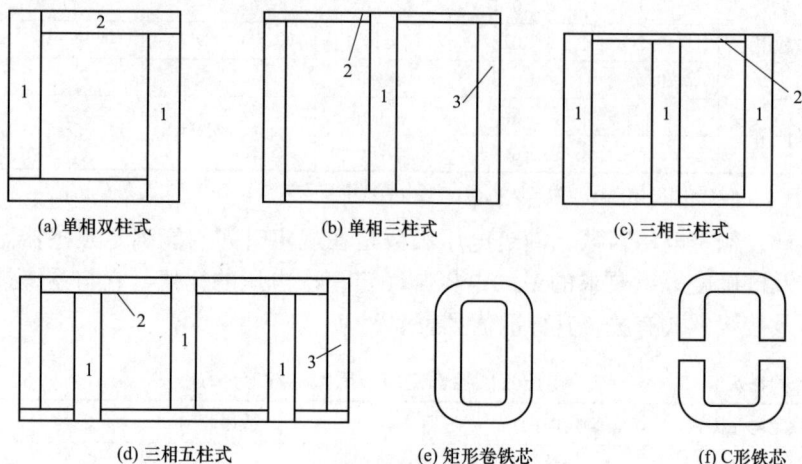

(a) 单相双柱式　　　(b) 单相三柱式　　　(c) 三相三柱式

(d) 三相五柱式　　　(e) 矩形卷铁芯　　　(f) C形铁芯

图 8-2　电磁式电压互感器铁芯结构

电磁式电压互感器绕组结构大多数采用同心圆筒式，少数电压较低的互感器，如干式或浇注式电压互感器采用同心矩形筒式。绕组导线类型应考虑互感器的绝缘介质对导线本身绝缘的相容性而有所不同。为了改善电场分布，一般在一次绕组首尾端分别加静电屏，绕组分段或绕制成宝塔形，并辅以角环、端圈、隔板以加强绝缘。

（二）浇注式电磁电压互感器结构

浇注绝缘有其独特的电气性能和机械性能，防火、防潮，寿命长，制造简单，结构紧凑、维护方便，适用于 35kV 及以下电压互感器。浇注式电压互感器可分为全封闭（或称为全浇注）和半封闭（或称为半浇注）两种结构，如图 8-3 所示。

全封闭浇注式电压互感器是将一/二次绕组、绕组引线及其端子，加上铁芯全部用混合胶浇注成一体，然后将浇注体与底座组装在一起。其特点是结构紧凑，但浇注比较复杂，同时铁芯缓冲设置也比较麻烦。半封闭浇注式电压互感器是预先将一/二次绕组、绕组引线及其端子用混合胶浇注成一个整体，然后将浇注体和铁芯、底座等组装在一起。其特点是浇注简单、制造容易，缺点是结构不够紧凑、铁芯外露易锈蚀。

浇注式电压互感器的铁芯一般采用旁轭式，也有采用 C 形铁芯的。一次绕组为分段式，二次绕组为圆筒式，绕组同心排列，导线采用高强度漆包线。层间和绕组间绝缘均用电缆纸或复合绝缘纸。为了改善绕组在冲击电压作用时的初始电压分布，降低匝间和层间的冲击梯度，一次绕组首、末端均设有静电屏。

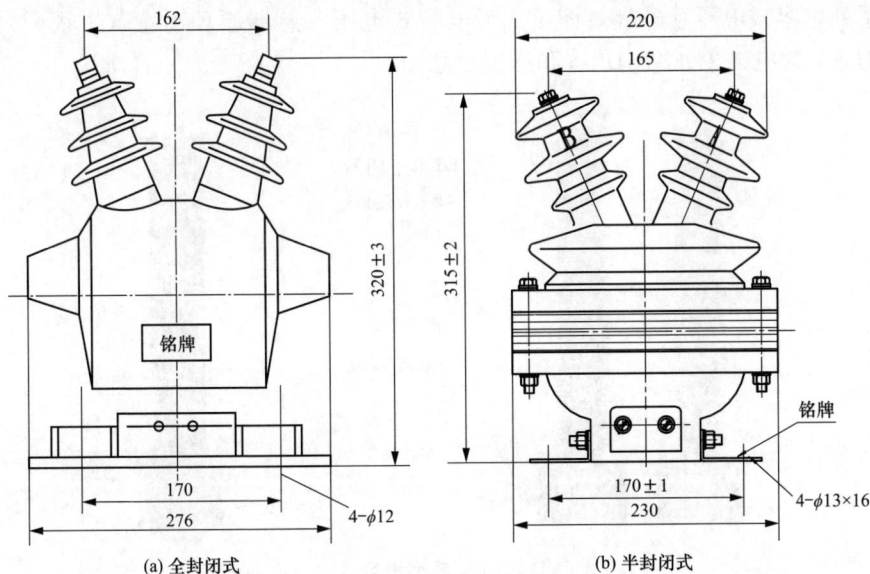

图 8-3　浇注式电压互感器（单位：mm）

三、电容式电压互感器介绍

电容式电压互感器产品型号说明如图 8-4 所示。

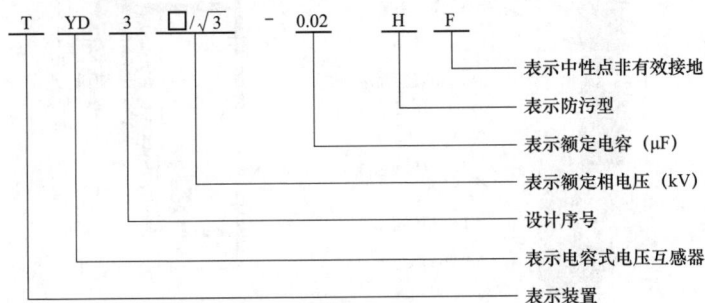

图 8-4　电容式电压互感器产品型号说明

电容式电压互感器由电容分压器和电磁单元组成。电容分压器由高压电容和中压电容串联组成。电磁单元由中间变压器、补偿电抗器串联组成。

电容分压器可作为耦合电容器，在其低压端 N 端子连接结合滤波器以传送高频信号，电抗器补偿。

通过电容分压器的分压，将分压后得到的中间电压（一般为 10～20kV）通过中间变压器降为 $100/\sqrt{3}$ V 和 100V（或 $100/\sqrt{3}$ V，用于中性点非有效接地系统），为电压测量及继电保护装置提供电压信号。为了补偿由于负载效应引起的电容分压器的容抗压降，使二次电压随负载变化减小，在中压回路中串接有电抗器，设计时使回路等效容抗和感抗值基本相等，以便得到规定的负荷范围和准确级的电压信号。在中间变压器二次侧的一个绕组上接有阻尼器，以便能够有效地抑制铁磁谐振。图 8-5 为 TYD 220kV

253

系列电容式电压互感器，图 8-6 为电容式电压互感器原理示意（主视图），图 8-7 为电磁单元结构顶视和透视示意图。

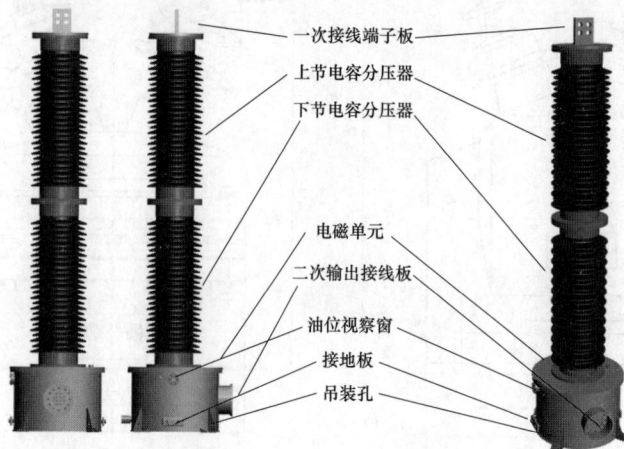

一次接线端子板
上节电容分压器
下节电容分压器
电磁单元
二次输出接线板
油位视察窗
接地板
吊装孔

图 8-5　TYD 220kV 系列电容式电压互感器

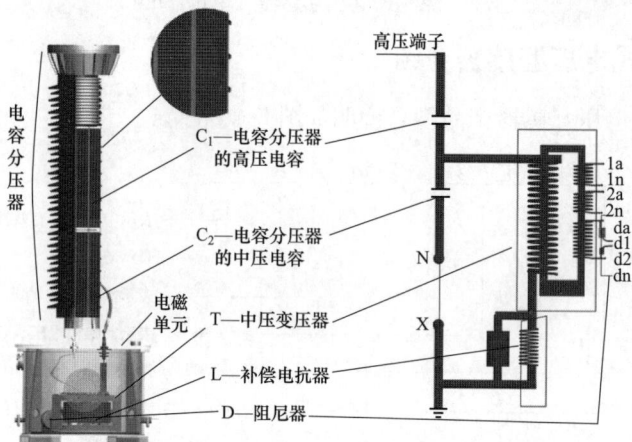

电容分压器
高压端子
C_1—电容分压器的高压电容
C_2—电容分压器的中压电容
电磁单元
T—中压变压器
L—补偿电抗器
D—阻尼器
1a
1n
2a
2n
da
d1
d2
dn
N
X

图 8-6　电容式电压互感器原理示意（主视图）

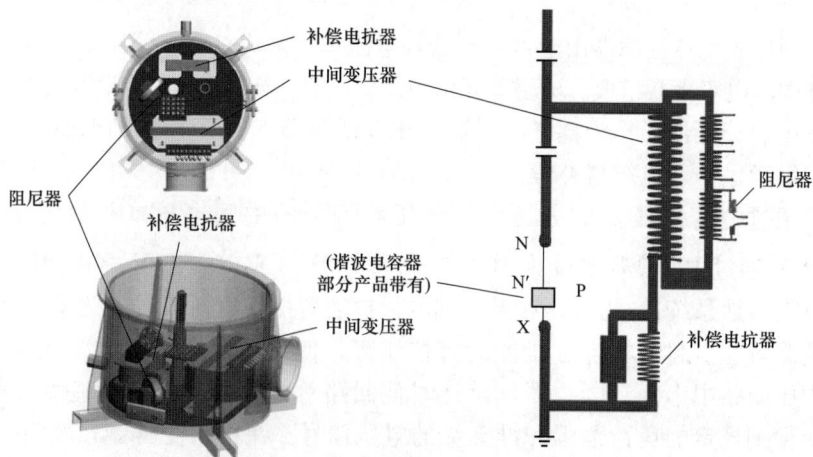

补偿电抗器
中间变压器
阻尼器
补偿电抗器
中间变压器
（谐波电容器部分产品带有）
阻尼器
补偿电抗器
N
N′　P
X

图 8-7　电磁单元结构顶视和透视示意图

第二节　电压互感器日常维护

一、日常巡检

(1) 本体应无渗漏，如有渗油，应立即停运并予以更换。

(2) 绝缘子应清洁、无裂纹、无放电现象。

(3) 均压环外表面应无锈蚀、无变形，安装应端正、牢固，无放电现象。

(4) 接地线截面积应足够，压接螺栓紧固、接地良好。

二、电容式电压互感器小修的内容及质量要求

1. 分压电容器的检查

(1) 检修内容：瓷套外观检查、清扫，增爬裙或防污涂层检查，分压电容的密封情况检查。

(2) 检查方法：目测。

(3) 质量要求如下：

1) 瓷套无破损、裂痕、掉釉现象。

2) 瓷套破损可用环氧树脂修补裙边小破损，或用强力胶黏接修复碰掉的小瓷块。如瓷套径向有穿透性裂纹，外表破损面超过单个伞裙10%，或破损总面积虽不超过单个伞裙10%但同一方向破损伞裙多于2个的，应整体更换。

3) 检查增爬裙的黏着情况及憎水性。若有黏着不良，应补粘牢固；若老化失效，应予更换。检查防污涂层的憎水性，若失效，应擦净重新涂覆。

4) 分压电容器应密封良好，无渗漏。

2. 电磁单元油箱、二次引线及接线板的检修

(1) 检修内容：电磁单元外观、油位表油位、电磁单元密封情况，二次接线板及二次引线。

(2) 检查方法：目测。

(3) 质量要求如下：

1) 电磁单元铭牌清晰、油箱外观完好无锈蚀、油位正常。

2) 油箱、放油阀、二次接线端子等各部位密封良好，无渗漏，螺栓紧固；二次引线及接线板密封良好，无渗漏。

3) 二次引线及接线板清洁，无受潮，无异常放电烧伤痕迹。电磁单元接地可靠、接地标识清晰。

3. 外表面的检查

(1) 检修内容：清洁度。

(2) 检查方法：目测。

(3) 质量要求：外面洁净、无锈蚀，漆膜完整。

三、电压互感器的试验项目

电压互感器的试验项目见表8-3。

表 8-3

电压互感器的试验项目

序号	项目	周期	判据	方法及说明
1	红外测温	1) 不小于330kV：1个月。 2) 220kV：3个月。 3) 不大于110kV：6个月。 4) 必要时	参考DL/T 664 各部位不应有明显温升现象，检测和分析方法参考DL/T 664	
2	分压器绝缘电阻		不低于5000MΩ	采用2500V绝缘电表
3	分压电容器低压端对地绝缘电阻	1) A、B级检修后。 2) 不小于330kV：≤3年。 3) 不大于220kV：≤6年。 4) 必要时	不低于1000MΩ	采用2500V绝缘电表
4	分压器介质损耗因数及电容量测量		10kV下的介质损耗因数值不大于下列数值： 1) 油纸绝缘：0.5%。 2) 膜纸复合绝缘：0.2%。 3) 电容量初值差不超过±2%	额定电压下的误差特性满足误差限制要求的，可以替代介质损耗因数及电容量测量
5	中间变压器绝缘电阻	必要时	一次绕组对二次绕组及地（箱体）绝缘电阻大于1000MΩ，二次绕组之间及对地（箱体）绝缘电阻大于1000MΩ	采用1000V绝缘电表，从X端测量
6	中间变压器一、二次绕组直流电阻测量	1) A、B级检修后。 2) 不小于330kV：≤3年。 3) 不大于220kV：≤6年。 4) 必要时	与初值比较，无明显变化	额定电压下的误差特性满足误差限制要求的，可以替代直流电阻测量；当一次绕组与分压器在内部连接而无法测量时可不测
7	交流耐压试验	必要时	一次绕组按出厂值的80%进行；二次绕组之间及其对地的工频耐受电压为2kV，可用2500V绝缘电表代替	

相关反事故措施内容如下：

（1）新采购的电容式电压互感器电磁单元油箱排气孔应高出油箱上平面 10mm 以上，且密封可靠。

（2）电容式电压互感器的中间变压器高压侧不应装设金属氧化物避雷器。

（3）故障抢修安装的油浸式互感器，应保证绝缘试验前静置时间，其中 500（330）～750kV 设备静置时间应大于 36h，110（66）～220kV 设备静置时间应大于 24h。

（4）110（66）～750kV 油浸式电流互感器在出厂试验时，局部放电试验的测量时间延长到 5min。

（5）110（66）kV 及以上电压等级的油浸式电流互感器，应逐台进行交流耐受电压试验，交流耐压试验前后应进行油中溶解气体分析。

（6）220kV 及以上电压等级油浸式电流互感器运输时，应在每辆车的产品上至少安装一台冲击记录仪。设备运抵现场后应检查确认，记录数据超过 5g（g 为重力加速度，9.8m/s^2）应进行评估，超过 10g 应返厂检查。110kV 及以下电压等级电流互感器应直立运输。

第三节　电流互感器结构及主要技术参数

电流互感器（TA）是依据电磁感应原理，将一次侧大电流转换成二次侧小电流来测量的仪器。电流互感器是由闭合的铁芯和绕组组成，其一次侧绕组匝数很少，串在需要测量的电流的线路中，因此，电流互感器经常有线路的全部电流流过；二次侧绕组匝数比较多，串接在测量仪表和保护回路中，电流互感器在工作时，其二次侧回路始终是闭合的，因此，测量仪表和保护回路串联线圈的阻抗很小，电流互感器的工作状态接近短路。电流互感器是把一次侧大电流转换成二次侧小电流来测量，二次侧不可开路。

一、电流互感器型号说明

电流互感器型号如图 8-8 所示。

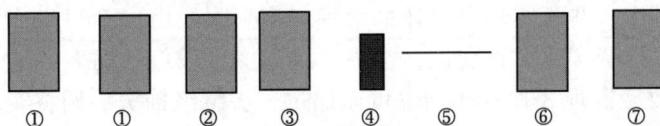

图 8-8　电流互感器型号说明

图中序号释义如下：

① 互感器代号：L 为电流互感器。

② 结构特点：M 为母线式；D 为单匝式；F 为复匝式；R 为装入式；B 为支持式。

③ 绝缘方式：C 为瓷绝缘；Z 为浇注绝缘；YD 为电容式。

257

④ 使用特点：D 为差动保护用；B 为保护用；J 为加大容量；W 为屋外用。

⑤ 设计序号。

⑥ 额定电压。

⑦ 特殊标识。

二、结构与原理

(一) 工作原理

电流互感器是一种电流变换装置，其作用是把大电流变成小电流，供给测量仪表和继电器的电流线图，间接测出大电流。而且还可隔离高压，保证工作人员及二次设备的安全。电流互感器的二次侧电流均为 5A。电流互感器的构造基本上与变压器一样，工作原理也一样，其一、二次电流之间的关系为：

$$\frac{I_1}{I_2} = \frac{N_2}{N_1} = K \tag{8-2}$$

从式 (8-2) 可以看出，只要二次线圈的匝数 N_2 比一次线圈的 N_1 多，就可以把一次侧的大电流变为二次侧的小电流。测量出的二次电流 I_2 乘以变比 K 即可获得一次侧电流的数值。

(二) 基本结构

(1) 电流互感器铁芯。电流互感器铁芯材料一般采用冷轧硅钢片、坡莫合金和铁基超微晶合金等。硅钢片应用普遍，价格也较低廉，适用于保护级和一般测量级铁芯；坡莫合金和铁基超微晶合金铁芯，价格较高，具有初始导磁率高、饱和磁密低的特点，只宜用于要求测量精度较高、仪表保安系数要求严格的测量铁芯。电流互感器常用的铁芯结构有叠片铁芯、卷铁芯等，其形式如图 8-9 所示。

(2) 电流互感器绕组。绕组分一次绕组和二次绕组，都用铜导体制成。一次绕组通常用铜母线、铜棒、铜管、圆铜线、扁铜线、软铜带或软电缆等，根据铁芯和绝缘结构可绕成方形、圆形等，如图 8-10 所示。高压电流互感器常见一次绕组形状如图 8-11 所示。一次绕组可由相同的几段组成，通过段间的串、并联实现电流比的变换。当一次绕组由 2 段组成时，可通过串、并联改变实现 2 种变比；当一次绕组由 4 段组成时，可通过串、并联及串合改变实现 3 种变比。也可以通过一次绕组抽头的调整实现电流比的变换。

二次绕组都采用圆铁线，导线截面应满足误差要求、温升要求以及机械强度的要求。二次绕组分矩形绕组和环形绕组两种，矩形绕组用于叠片铁芯，环形绕组用于卷铁芯。

三、电流互感器主要技术参数

(1) 额定一次电流和额定二次电流。额定一次电流是作为电流互感器性能基准的一次电流值。额定二次电流是作为电流互感器性能基准的二次电流值。

（2）额定电流比。是额定一次电流与额定二次电流之比。并且，由于电流互感器存在误差，额定电流比与实际电流比是不相等的。额定电流比

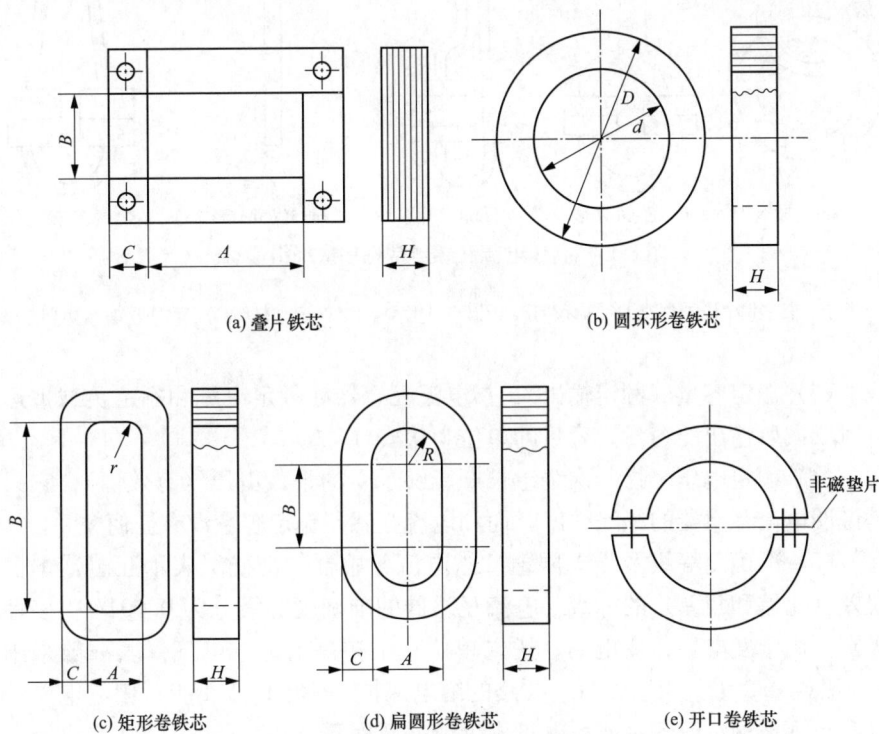

(a) 叠片铁芯   (b) 圆环形卷铁芯

(c) 矩形卷铁芯   (d) 扁圆形卷铁芯   (e) 开口卷铁芯

图 8-9 电流互感器铁芯形式

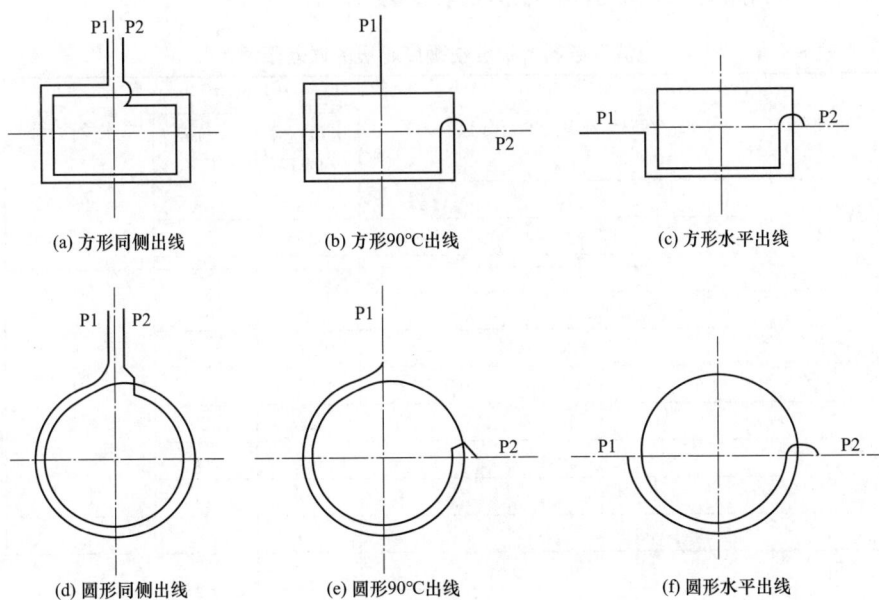

(a) 方形同侧出线   (b) 方形90℃出线   (c) 方形水平出线

(d) 圆形同侧出线   (e) 圆形90℃出线   (f) 圆形水平出线

图 8-10 一次绕组形状及出线方式

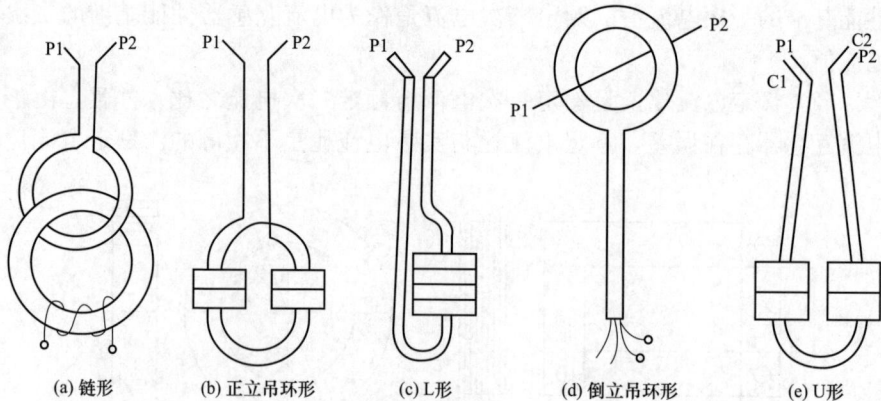

图 8-11　高压电流互感器常见一次绕组形状

一般用不约分的分数形式表示，如：10/5、50/5、100/5、200/5、600/5、3150/5 等。

（3）额定容量（额定输出）：指电流互感器在额定电流和额定负载下运行时二次所输出的容量，容量的单位为伏安（VA）。

（4）额定电压。指一次绕组长期能够承受的最大电压（有效值），它只是说明电流互感器的绝缘强度，而和电流互感器额定容量没有任何关系。

（5）准确度等级及误差限值。指电流互感器的准确级表示互感器本身误差（比差和角差）的等级。电流互感器的准确度等级分为 0.001~1 多种级别。用于发电厂、变电站、用电单位配电控制盘上的电气仪表一般采用 0.5 级或 0.2 级；用于设备、线路的继电保护一般不低于 1 级；用于电能计量时，视被测负荷容量或用电量多少依据规程要求来选择。表 8-4 为电流互感器各标准准确度等级的误差限值，表中的 S_{2n} 为二次负荷。

表 8-4　　　　　电流互感器各标准准确度等级的误差限值

准确级次	一次电流为额定电流的百分数（%）	误差限值		二次负荷范围
		电流误差（A）	相位差（°）	
0.2	10	0.5	20	
	20	0.35	15	
	100~120	0.2	10	
0.5	10	1	60	
	20	0.75	45	$(0.5~1)\ S_{2n}$
	100~120	0.5	30	
1	10	2	120	
	20	1.5	90	
	100~120	1	60	
3	50~120	3.0		$(0.5~1)\ S_{2n}$
5P	100	1.0	60	S_{2n}
10P	100	3.0		

四、浇注式电流互感器

由树脂、填料、固化剂等按一定比例混合，浇注到装有电流互感器一、二次绕组及其附件的模具内，固化成型后即成为浇注式电流互感器。

浇注式电流互感器又分为半浇注（或称半封闭）和全浇注（或称全封闭）两种。半浇注结构是将互感器的电气回路，即一、二次绕组及其引线，引线端子用环氧树脂混合胶浇注成一个整体，再将这个整体与铁芯、底座等组装在一起。半浇注电流互感器采用叠片铁芯，铁芯表面要进行防锈处理，半浇注式电流互感器只能用于户内。半浇注式电流互感器如图 8-12 所示。

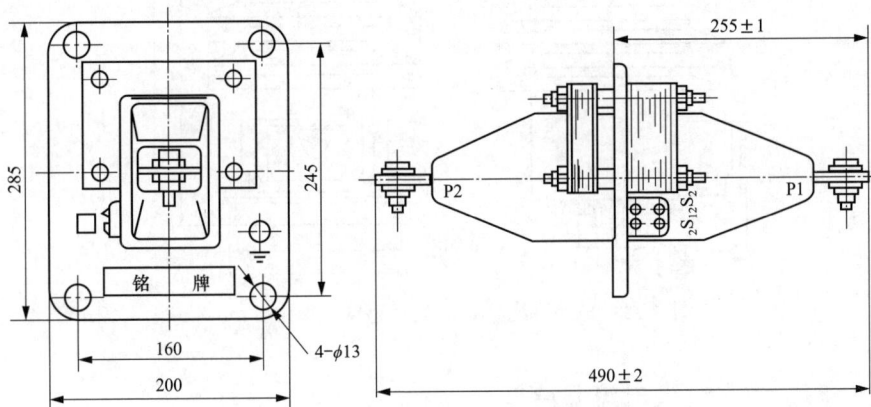

图 8-12　半浇注式电流互感器（单位：mm）

全浇注结构是将电流互感器的电回路、磁回路，包括一、二次绕组及其引线、铁芯等，全部用环氧树脂混合胶浇注成一个整体，再将整体与底座等组装在一起，如图 8-13 所示。全封闭电流互感器多采用环形铁芯。

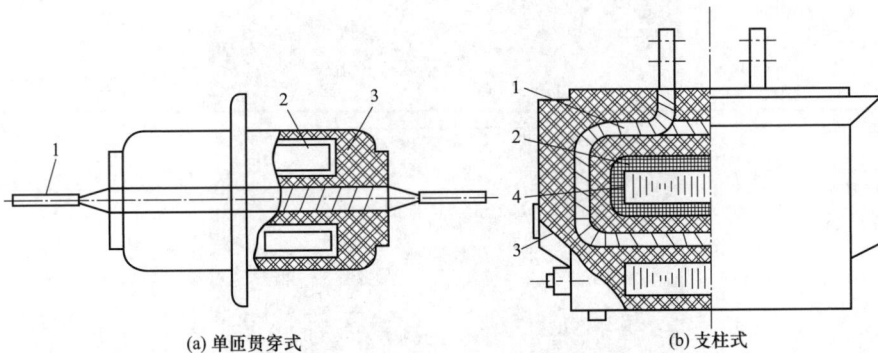

(a) 单匝贯穿式　　　　　　　(b) 支柱式

图 8-13　全浇注绝缘电流互感器

1——次绕组；2—二次绕组；3—树脂混合料；4—铁芯

户外型浇注式电流互感器（见图 8-14）只采用全浇注结构，内部绝缘结构与户内全浇注互感器大致相同。外绝缘浇注成一个真空的圆柱体，并从一次绕组引线端子到底座之间浇注出适用于户外绝缘要求的伞裙，以满足不同污秽等级环境条件要求。

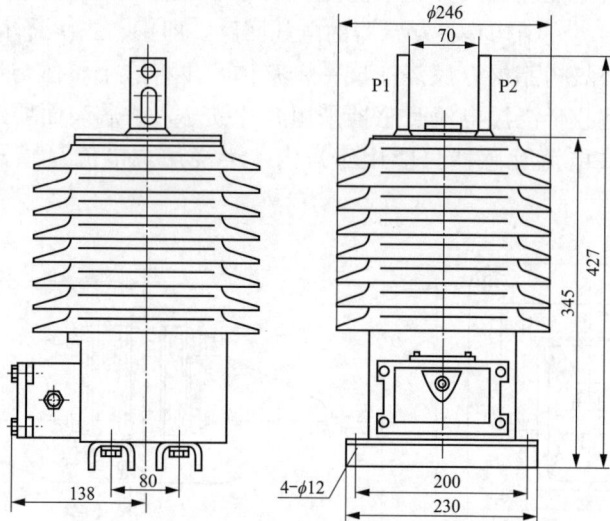

图 8-14 户外型浇注式电流互感器（单位：mm）

五、SF$_6$ 气体绝缘电流互感器

SF$_6$ 气体绝缘电流互感器分独立式和套装式两类。独立式即单独安装使用，套装式即与其他变电装置配套使用，GIS 使用的是套装式结构。SF$_6$ 气体绝缘电流互感器如图 8-15 所示，套装式 SF$_6$ 气体绝缘电流互感器结构如图 8-16 所示。

图 8-15 SF$_6$ 气体绝缘电流互感器

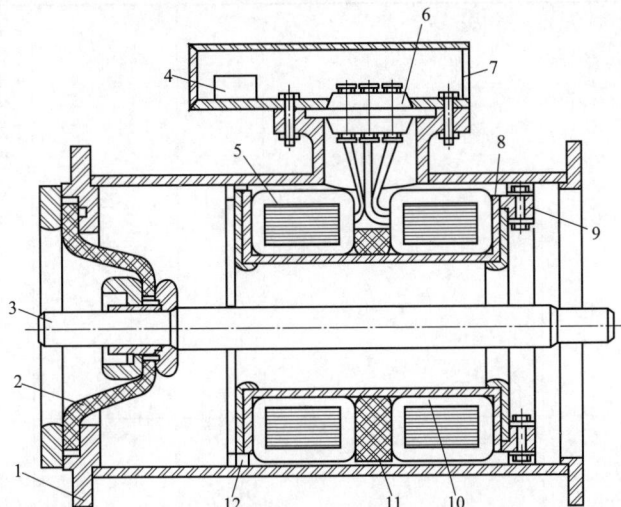

图 8-16　套装式 SF_6 气体绝缘电流互感器结构

1—GIS外壳；2—盆式绝缘子；3——次导体；4—二次接线柱；5—二次绕组和铁芯；6—二次小瓷套；
7—二次接线盒；8—玻璃胶布垫；9—止退螺钉；10—圆筒；11—玻璃胶布垫；12—黄铜止退垫圈

第四节　电流互感器日常维护

一、日常维护

（1）绝缘子应清洁、完好，无放电现象。

（2）红外成像检查一次引线接头螺栓紧固，无发热现象。

（3）接地线截面积足够、压接螺栓紧固、接地良好、无锈蚀。

检修项目及工艺标准见表 8-5，电流互感器的试验项目见表 8-6。

表 8-5　　　　　　　　　　电流互感器检修项目及工艺标准

序号	检修项目	工艺步骤
1	外部检查及清扫	1）清除瓷套外表积污，注意不得刮伤釉面。 2）用环氧树脂修补裙边小破损，或用强力胶（如 502 胶水）黏接修复碰掉的小瓷块；如瓷套径向有穿透性裂纹，外表破损面超过单个伞裙 10％或破损总面积虽不超过单伞 10％，但同一方向破损伞裙多于 2 个以上者，应更换瓷套。 3）在污秽地区若爬距不够，可在清扫后涂覆防污闪涂料或加装硅橡胶增爬裙。 4）检查防污涂层的憎水性，若失效应擦净重新涂覆，增爬裙失效应更换。 5）密封处有渗漏应查明原因，按生产厂提供渗漏处理方法处理
2	检查各螺栓接部位	1）引线接头和串并接头螺栓有无松动。 2）二次接线盒密封检查。 3）二次接线检查。 4）地线螺栓检查。 5）小瓷套检查。 6）运行中每月用红外热像仪对一次电流回路和瓷套进行检查，应无明显过热
3	检查油箱和底座	检查清扫油位指示器、放油阀门及油箱外壳

表 8-6

电流互感器的试验项目

序号	项目	周期	判据	方法及说明
1	红外测温	1) ≥330kV：1 个月。 2) 220kV：3 个月。 3) ≤110kV：6 个月。 4) 必要时	各部位无异常温升现象，检测和分析方法参考 DL/T 664	
2	油中溶解气体分析	1) A 级检修后。 2) 必要时	A 级检修后： H_2：≤50μL/L 总烃：≤40μL/L C_2H_2：0μL/L H_2：≤150μL/L 投运中： 总烃：≤100μL/L C_2H_2：≤110kV 为 2μL/L；≥220kV 为 1μL/L	
3	绝缘油试验	1) A 级检修后。 2) 必要时	见预防性试验规程	
4	绝缘电阻测量	1) A、B 级检修后。 2) ≥330kV：≤3 年。 3) ≤220kV：≤6 年。 4) 必要时	1) 一次绕组对地：≥10000MΩ。 一次绕组段间：≥10MΩ。 2) 二次绕组间及对地：≥1000MΩ。 3) 末屏对地：≥1000MΩ	使用 2500V 绝缘电阻表
5	介质损耗因数及电容量测量	1) A 级检修后。 2) ≥330kV：≤3 年。 3) ≤220kV：≤6 年。 4) 必要时	1) 主绝缘介质损耗因数（%）不应大于下表中的数值，且与历年数据比较，不应有显著变化。	1) 主绝缘介质损耗因数试验电压为 10kV，有疑问时试验绝缘电压提高至额定工作电压；末屏对地介质损耗因数试验（仅限于正立式结构）电压为 2kV。

续表

序号	项目	周期	判据			方法及说明
5	介质损耗因数及电容量测量		**类型**	**A级检修后**	**运行中**	2) 主绝缘介质损耗因数一般不进行温度换算；当介质损耗值比较有明显增长或与出厂试验值比较有明显差异时，应综合分析介质损耗因数与温度的关系；当介质损耗因数随温度增加显著或电压由 $0.5U_m/\sqrt{3}$ 升至 $U_m/\sqrt{3}$ 时，介质损耗对地绝缘增量超过0.0015，不宜继续运行
			电容型	1) ≤110kV: ≤0.01。 2) 220kV: ≤0.007。 3) ≥330kV: ≤0.006。	1) ≤110kV: ≤0.01。 2) 220kV: ≤0.008。 3) ≥330kV: ≤0.007。	
			充油型	1) ≤110kV: ≤0.02。 2) 220kV: —。 3) ≥330kV: —	1) ≤110kV: ≤0.025。 2) 220kV: —。 3) ≥330kV: —	
			胶纸型	1) ≤110kV: ≤0.02。 2) 220kV: —。 3) ≥330kV: —	1) ≤110kV: ≤0.025。 2) 220kV: —。 3) ≥330kV: —	
			2) 电容型电流互感器主绝缘电容量与初始测量值或出厂测量值相比较不应大于5%。 3) 末屏对地绝缘电阻小于1000MΩ时，末屏对地介质损耗因数不应大于0.02			
6	交流耐压试验	1) A级检修后。 2) 必要时	1) 一次绕组按出厂试验值的80%进行。 2) 二次绕组之间及对地、末屏对地（箱体）为2kV			二次绕组及末屏交流耐压试验，可用2500V绝缘电阻表绝缘电阻测量项目代替
7	局部放电测量	1) A级检修后。 2) 必要时	系统接地方式	局部放电测量电压（方均根值，kV）	局部放电允许水平（pC）	试验按 GB/T 20840.2 进行
			中性点接地系统	U_m $1.2U_m/\sqrt{3}$	50 20	
			中性点绝缘或非有效接地系统	$1.2U_m$ $1.2U_m/\sqrt{3}$	50 20	

续表

序号	项目	周期	判据	方法及说明
8	极性检查	必要时	与铭牌标志相符	
9	变比检查	必要时	与铭牌标志相符	
10	励磁特性曲线校核	必要时	1）与同类型、同规格、同参数互感器相比较，应无明显差别。特性曲线由制造厂提供的 2）多抽头电流互感器可使用抽头或最大抽头测量	更换二次绕组或继电保护有要求时进行
11	绕组直流电阻测量	1）A级检修后。 2）必要时	与初值或出厂值比较，应无明显差别	
12	密封检查	A级检修后	应无渗漏油现象	试验方法按制造厂规定

二、反事故措施要求

（1）检查中发现主保护或断路器失灵保护存在保护死区，可通过更改电流互感器二次绕组接线予以解决的，应立即进行整改。

（2）电流互感器二次绕组排列配置不满足配置原则，无法通过更改二次绕组接线予以解决的保护死区问题，按以下原则处理：

1）仅在二次绕组内部故障时存在保护死区的，可结合电流互感器的更新改造进行整改。

2）非二次绕组内部故障（如断路器本体故障）时也存在保护死区的，应立即进行整改。

（3）电流互感器二次绕组更改接线后，按相关规程规定做好带负荷测试及图纸修改等工作，确认无误后方可将保护装置重新投入运行。

第五节 案例分析

一、电流互感器高压介质损耗超标原因分析

(一) 概述

在传统的介质损耗测试中,由于试验电压不大于 10kV,与设备实际的运行电压相差甚远,所以,即便是在运行电压下绝缘下降,但在 10kV 左右的试验电压下,设备的绝缘缺陷并不一定能反映出来。许多情况下,测试的数值可能符合规定值,但电气设备实际的绝缘状况却与测试结果并不一致,尤其是在外界干扰较大时,测量的误差就更大,因此,高电压下的介质损耗测量就更加显示出重要的现实意义。

测量电压从 10kV 到 $U_m/\sqrt{3}$,电容量的变化量不得大于 1%,介质损耗因数增量不得大于 0.003。

(二) 缺陷发现情况

110kV 某站 112 电流互感器型号为 LCWB4-110W1,出厂编号分别为 A:X,B:Y,C:Z,某互感器厂 1993 年产品,1995 年投入运行,为老旧互感器,2010 年 9 月 4 日在某站例行试验中,按照要求增加了高电压介质损耗试验,发现 112TA 0.5$U_m/\sqrt{3}$ kV 试验电压下介质损耗超标,各项试验数据见表 8-7 和表 8-8。

表 8-7 常规试验数据

测试相别	主绝缘 (MΩ)	$\tan\delta$	C_x (pF)	C_o (pF)	$\Delta C\%$	末屏 (MΩ)
A	100000	0.0089	614.9	614.7	+0.03	20000
B	100000	0.0098	605.0	606.0	−0.16	20000
C	100000	0.0066	597.3	598.2	−0.15	20000

表 8-8 高压介质损耗数据

相别	主绝缘 (MΩ)	10kV		36.5kV		73kV	
		$\tan\delta$	C_x (pF)	$\tan\delta$	C_x (pF)	$\tan\delta$	C_x (pF)
A	100000	0.0114	582.2	0.0158	609.1	0.0115	610.8
B	100000	0.0113	570.5	0.0192	597.8	0.0114	601.2
C	100000	0.0085	564.0	0.0156	591.1	0.0109	592.5

(三) 缺陷分析及处理情况

1. 缺陷分析

测量电压从 10kV 到 0.5$U_m/\sqrt{3}$ kV,三相介质损耗增量均超过 0.003,电容量的变化量远超 1%,而电压升至 $U_m/\sqrt{3}$ kV 时,介质损耗又降至 10kV 电压下水平,电容量变化量仍远超 1%。经分析,造成介质损耗随电压升高先升高后下降的主要原因是油中含有离子杂质。

电流互感器在运行中会产生一些水分和杂质，主要原因如下：

（1）纸吸湿性高，容易受潮。

（2）纸中的杂质和纤维会脱落在油中。

（3）零部件中残存的水分在使用过程中会逐渐挥发出来。

（4）绝缘油老化过程中会产生气体、有机酸和蜡状物等。

（5）水分容易吸附杂质，在电场作用下电离产生离子，溶解到油中并逐渐渗透到绝缘纸中，使得绝缘纸电导增大，损耗增加。

（6）油中离子主要封闭在固体介质（主要是绝缘纸）内部和固体介质间很小的孔隙里，在没有外电场作用时杂乱无章地运动，并不消耗能量；在有外电场作用时会沿电场方向往复运动，产生离子振荡运动损耗，见图 8-17。电流互感器低电压下损耗很小，介质损耗容易受离子振荡运动损耗的影响。

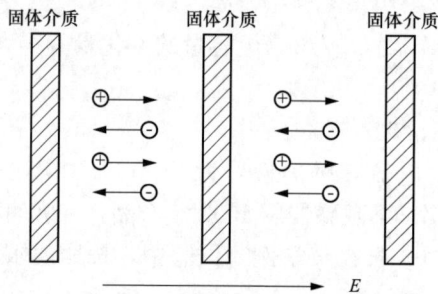

图 8-17　离子振荡运动损耗

当外场强很低时，离子运动速度很慢，一个频率内多数离子未到达对端固体介质，就又随电场交变返回到起始固体介质，运动距离很短。随着场强的升高，离子运动速度加快，运动距离增加，到达固体介质的离子增加。而且在电场作用下水分和杂质离解的离子增加，离子浓度升高，导致离子振荡运动损耗增加，从而使电流互感器介质损耗随测试电压升高而增加。

当外场强较高时，离子运动速度较快，一个频率内多数离子能到达对端固体介质，但不能穿过固体介质，所以运动距离受限；随场强的升高，一方面到达固体介质的离子趋于饱和；另一方面随离子浓度增加，离子相遇机会增多，复合概率增大，浓度也趋于饱和，导致离子振荡运动损耗增加趋缓，这时无功容量随电压平方快速增加，从而使电流互感器介质损耗随测试电压升高而下降。

2. 处理情况

由试验数据说明，这 3 只电流互感器绝缘油中存在离子性杂质，考虑到其为主变压器侧总电流互感器，重要程度较高，而且该互感器为 1993 年的产品，运行年限较长，现场进行了更换。

（四）小结

电气设备在试验电压 5~10kV 下，介质损耗随电压的变化不大，检测

不到 $\tan\delta$ 随电压变化的现象，不能够准确判断设备的绝缘状况。在较高电压下测量介质损耗，可以检查出绝缘中是否夹杂有气隙、受潮等缺陷，准确分析设备绝缘健康水平。

二、220kV 电容式电压互感器（CVT）故障案例

（一）故障情况概述

2011 年 9 月 8 日晚约 22 时，某变电站 220kV Ⅲ号变压器母差及 220kV 281、283 线路保护各两套装置均报"TV 断线"告警（两套保护装置分别取自电压互感器的两个二次绕组），站内从后台机监测 220kV Ⅰ段母线 B 相电压在逐渐降低，约 10min 后显示母线 B 相一次电压为 11kV（正常电压应为 132kV），A、C 两相电压正常。

（二）设备参数及结构简介

1. 设备参数

设备铭牌主要参数见表 8-9。

表 8-9　　　　　　　　　　设备铭牌主要参数

总型号	TYD220/$\sqrt{3}$-0.01H	出厂总序号	71050	额定总电容 C_{11}	10000pF
电容单元上节型号	OWF2110/$\sqrt{3}$-0.02H	出厂序号	71042	实测电容 C_{12}	20180pF
电容单元下节型号	OWF1110/$\sqrt{3}$-0.02H	出厂序号	71050	实测电容 C_2	64330pF
额定中间电压	20kV	额定电压	220/$\sqrt{3}$/0.1/$\sqrt{3}$/0.1/$\sqrt{3}$/0.1/$\sqrt{3}$/0.1kV		
投运日期	2008-6-30	生产日期	2007-11		

2. 设备结构

该电容式电压互感器为组合式结构，由 2 节瓷套外壳的电容分压器和安装在下部油箱的电磁单元两部分构成，其中，C_{11} 安装在上节瓷套内，C_{12} 和分压电容 C_2 共装在下节瓷套内，该 CVT 的实际外形如图 8-18 所示。中间变压器二次绕组共有 4 个线圈，分别是 1a、1n，2a、2n，3a、3n，da、dn，通过接线盒引出，X 端在出线盒内接地，二次绕组接线板如图 8-19 所示。

（三）故障诊断过程

1. 现场试验

2011 年 9 月 9 日在现场进行了高压诊断试验，详细数据见表 8-10。

试验数据分析如下：

（1）绝缘电阻试验：电容单元从 C_{21} 高压端测试高压对地绝缘电阻 50000MΩ，在正常合格范围，从 C_{22} 尾端测试绝缘电阻 3000MΩ，绝缘略低（考虑到接线端子表面清洁程度及试验时的空气湿度，此值也在正常范围）。

（2）介质损耗试验，使用正常二次励磁法测试（使用 9001 和 AI6000D 交流介质损耗仪），两套介质损耗仪显示回路错误信息，无法测试。采用正接线 C_{21}、C_{22} 整体测试介质损耗值 0.08，电容量 20.17nF，与出厂值 20.19nF 比

图 8-18　故障 CVT

图 8-19　故障 CVT 二次绕组接线板

表 8-10　　　　　　　　　　　　高压诊断试验数据

项目	相序	试验内容		C_{11}	C_{21}、C_{22} 串联值	C_{22}	$C_总$
电容单元	1	绝缘电阻（MΩ）		60000	—	—	—
	2	介质损失角	23℃tanδ%	0.07	0.08	5.77	—
	3	电容量	C_{e1}（pF）交接值	20340	20492	65270	10200
			C_{e2}（pF）出厂值	20180	20190	64330	10095
			C_x（pF）实测值	20080	20170	64940	10060
			δ%（最大误差值）	1.29	1.59	0.51	1.44
电磁单元	1	绝缘电阻（MΩ）	一次对二次及地	15000			
			二次对一次及地	13000			
	2	伏安特性（A）	da、dn 加压 6.5V	15			
	3	变比试验		无法测试			

较一致。反接线测试电容尾端介质损耗值 5.78，电容量 64.94nF，因原始报告没有此项数据，虽试验数据严重超标，但只做参考。

（3）电磁单元（使用 2500V 绝缘电阻表），一次尾端对二次及地绝缘电阻 10000MΩ，二次所有绕组分别测试的绝缘电阻均在 10000MΩ 以上，均在正常范围。

（4）负载试验，从电压互感器辅助绕组加压，电压 6.5V 时电流 15A，升压过程电流较稳定，试验另外一只正常的电压互感器，电压 6.5V 时电流 15A。

（5）油化试验，油化报告显示 H_2、C_2H_2、乙烯数值较大，乙烯达 1201.39μL/L，表明设备内部不光有过热（高于 500℃）还有放电现象且故障点能量较大（如电弧放电）。报告中 CO、CO_2 较大，说明故障涉及绝缘纸和绝缘纸板。详细试验数据见表 8-11。

由上述数据初步分析，设备所有二次绕组电压降低，故障部位应在电磁单元一次绕组与电容单元的下节 C_{22} 部分，设备的各个部位绝缘电阻正常，整体电容单元试验合格，二次励磁介质损耗无法测试，负载试验电流与正常设备数值近似，但设备的油箱中的绝缘油反映内部有严重的过热现象，可分析为电容单元正常，电磁单元的一次高压绕组中有短路匝，短路匝中的环流产生热量，反映到绝缘油中，而短路匝也形成一次侧负载，使负载试验误为正常。

表 8-11 　　　　　　　　　**详细试验数据** 　　　　　　　　μL/L

天气：晴	温度：21℃	
设备名称	TV	
相别	B 相	
出厂编号	—	
出厂日期	—	
序号	气体	数值
1	H_2（氢）	437.87
2	CO（一氧化碳）	3308.6
3	CH_4（甲烷）	387.31
4	CO_2（二氧化碳）	46046.05
5	C_2H_4（乙烯）	1201.39
6	C_2H_6（乙烷）	188.14
7	C_2H_2（乙炔）	12.66
8	总烃	1789.5

现场试验结论为不合格，立即停止运行，进行更换。

2. 故障 CVT 运回后在试验大厅复试

2011 年 9 月 9 日在修试所试验大厅进行了解体前高压诊断试验，详细试验数据见表 8-12 和表 8-13。

表 8-12 　　　　　　**解体前 C_{21}、C_{22} 串联电容单元复试**

序号	试验情况			
1	绝缘电阻（MΩ，C_2 尾端对地）	50000		
2	介质损失角 20℃ tanδ%	0.044		
3	电容量	C_e（pF）初值		C_x（pF）
		出厂试验值	交接试验值	现场测试值	实测值
		20190	20492	20170	20400
		δ%（最大误差值）	1.6		

表 8-13 　　　　　　　　　**解体前电磁单元复试**

序号	试验情况		
1	绝缘电阻（MΩ）	一次对二次及地	20000
		二次对一次及地、二次之间	20000

续表

序号	试验情况						
2	绕组直流电阻（Ω）	二次	项目	1a1n	2a2n	3a3n	dadn
			交接5℃	0.025	0.027	0.026	0.098
			实测20℃	0.01025	0.01038	0.01135	0.0349
3	空载电流（A）	dadn加压		3V	4V	4.5V	5V
				7	9	10	11
4	变比试验	无法测试					

使用 2500V 绝缘电阻表进行绝缘电阻试验，检查电容式电压互感器电磁单元的绝缘是否有异常。分别测试二次绕组对一次及地绝缘电阻均在 20000MΩ，一次尾端绝缘电阻 20000MΩ，电容尾端对地绝缘电阻 50000MΩ，未发现异常。

使用 QJ44 双臂电桥进行二次绕组直流电阻试验，检查互感器二次绕组是否有匝间短路或回路接触不良现象。经检查，未发现异常。

使用 PH2801 交流电桥进行二次励磁介质损耗及变比试验，检查互感器电容单元是否有缺陷以及互感器高压绕组是否正常。但电桥显示信息错误，无法测试。因互感器二次已施加了电压，电桥是从互感器的电容单元 C_{21} 的顶端采集电压信号，错误信息应是电桥输入的电流太大，而又未采集到高压信号所致，此现象表明故障部位应在电磁单元的一次绕组回路。

使用 PH2801 交流电桥进行电容单元 C_2 整体介质损耗试验，检查电容单元是否有异常，同时这也是判断故障部位做排除法。试验采用正接线 C_{21}、C_{22} 整体测试介质损耗值 0.044，电容量 20.40nF，与交接值 20.19nF、出厂值 20.492 比较均合格。反接线测试电容尾端介质损耗值 12.808，电容量 10.13nF。正接线的试验数据与设备的原始参数基本一致，也符合电气设备试验规程规定要求，表明电容单元合格，反接线试验的数据是电容单元的尾端与绝缘油串联值，而绝缘油已严重劣化，又因电容单元是在一个独立的容器中，与电磁单元只有电气连接，此项试验表明故障部位在电磁单元。

将电容单元的尾端解开不接地，电磁单元正常接线，进行二次空载试验。绕组直流电阻和绝缘电阻试验结果表明，互感器二次绕组无异常，此项检查是判断互感器一次绕组是否有异常而最终判定故障部位。通过励磁电流试验，疑似中间变压器一次绕组有匝间、层间短路的可能。

（四）故障原因分析

从 CVT 的工作原理分析，可能引起 CVT 的二次电压偏低或没有电压的原因如下：①二次绕组有匝间短路；②C_{11}、C_{12} 电容值变小；③C_2 电容值变大或 C_2 电容器损坏；④中间变压器一次绕组有断线或虚接以及短路。

根据两次试验数据综合分析如下：

（1）可以确定，电磁单元二次绕组没有问题。

（2）从介质损耗和电容值试验数据分析，介质损耗试验数值合格。C_{11}、C_{12}、C_2 电容值与出厂和交接试验数值相比均无明显变化，在合格范围内。

（3）通过励磁电流试验，疑似中间变压器一次绕组有短路或虚接的可能，同时不排除一次绕组与电容器连接点、串联的电抗器，以及连线存在接触不良现象。

（4）绝缘电阻试验合格，结合油中含气量的试验报告，H_2（氢）、C_2H_2（乙炔）、C_2H_4（乙烯）、CO、CO_2 含量较高，可以确定中间变压器油箱内电器元件的绝缘有击穿放电现象，但不会是整体受潮。

（5）变比试验采用高精度介质损耗电桥无法测试。

（五）解体检查与试验

2011 年 9 月 13 日上午，在修试所试验大厅进行了解体检查与试验。

1. 解体第一步

将中间变压器与分压电容器分离后数据见表 8-14。将互感器电容单元从油箱中吊出，当电容单元吊离油箱时，从油箱中传出强烈的刺激性气味。观察互感器电磁单元发现二次绝缘引线的绝缘塑料外皮有部分开裂，如图 8-20 和图 8-21 所示。

测量电磁单元一次绕组的直流电阻，因无厂家数据，仅作参考。变比试验用变比电桥测试误差不合格，用双电压表法，无法加压。

表 8-14　　　　　　　　　中间变压器与分压电容器分离后数据

1	绕组直流电阻	一次绕组	771.1Ω		
2	变比试验	变比电桥	AN/1a1n	K_n	K	$\Delta\%$
				346	899	159%
		双电压表法	项目	电压表 1	电流表	电压表 2
			从一次加压	3V	5A	不起
			从二次励磁	0	7A	3V
				0	10A	4.2V

图 8-20　将电容单元与电磁单元分离　　　图 8-21　电磁单元外皮开裂

2. 解体第二步

将中间变压器从油箱内取出，发现在互感器一次绕组的边缘有物质被烧焦后溢出的焦煳物，如图 8-22 所示。在互感器角差接线板下部的二次绝缘引线的绝缘外皮开裂严重，如图 8-23 所示。

图 8-22　互感器绕组边缘焦煳物

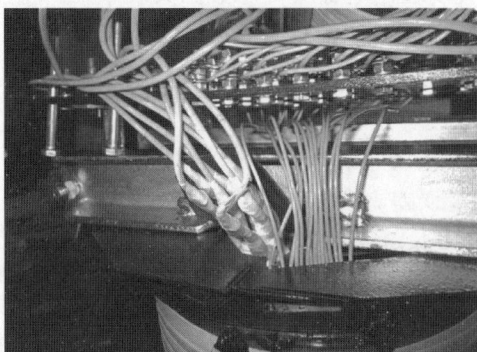

图 8-23　互感器二次引线外皮开裂

3. 解体第三步

拆除互感器附件，将互感器一、二次线包分离，焦煳溢出物在一次线包处，如图 8-24 所示。

图 8-24　拆除互感器附件后

4. 解体第四步

拆解一次线包外部绝缘最外的部分（大约有十层多）基本看不到异常现象，当拆解到近导线层时可看到线包发热引起的绝缘包裹层烧焦的痕迹，拆出全部绝缘物，线包的部分导线已完全烧毁，并在线包中形成几个洞，如图 8-25、图 8-26 所示。油箱内互感器绕组与阻尼电感、阻尼电阻的连接引线绝缘外皮也因过热而发黑变色，如图 8-27 所示。

图 8-25　拆除线包绝缘包薄膜

图 8-26　线包发热形成的洞

图 8-27　互感器绕组与阻尼电感、阻尼电阻的连接引线绝缘外皮而发黑

通过解体，因中间变压器一次绕组已全部烧毁，故障性质已确定，无须进行其他试验项目。

（六）总结

通过对该站 220kV 2 号母线 A 相 CVT 的解体，结合高压试验、油化数据以及故障发生时的现象，故障原因已明确，故障部位是电磁单元的一次绕组有匝间短路，此类故障应不属于个案现象。断定该厂生产的 CVT 存在设计或质量问题。

第九章　避雷器

第一节　避雷器结构及组成

一、避雷器分类

避雷器用于保护电气设备免受雷击时高瞬态过电压危害，并限制续流时间，也常限制续流赋值的一种电器。避雷器有时也称为过电压保护器，或过电压限制器。

目前使用的避雷器主要有四种类型，即保护间隙、管型避雷器、阀型避雷器和氧化锌避雷器。

1. 保护间隙

保护间隙可以说是一种最简单的避雷器，按其形状可分为棒形、角形、环形、球形等，它是由主间隙和辅助间隙串联而成的。

保护间隙的优点是结构简单、造价低。但是，由于放电间隙暴露在空气中，放电特性受环境影响大，放点分散性大，并且由于一般保护间隙的电场属于极不均匀电场，因此，它的伏秒特性曲线比较陡，与被保护设备的绝缘配合不理想；同时，放电时会产生截波，对有线圈的设备造成危害。保护间隙弧灭能力差，对于间隙动作后流过的工频续流往往不能自行熄灭，将引起断路器的跳闸，为了保护安全供电，往往与自动重合闸装置配合使用。因此，保护间隙主要用于 10kV 以下的配电线路中。

2. 管型避雷器

管型避雷器有两个相互串联的间隙，一个在大气中称为外间隙 S2，另一个间隙 S1 装在产气管内，称为内间隙或灭弧间隙。管型避雷的熄弧能力与工频续流的大小有关，续流太大产气过多，管内气压太高，会使管子炸裂；续流太小产气太少，管内气压太低，则不足以熄灭电弧。

管型避雷器采用了强制熄弧的装置，因此，比保护间隙熄弧能力强。但由于管型避雷器具有外间隙，受环境的影响大，故与保护间隙一样，仍具有伏秒特性曲线较陡、放电分散性大的缺点，不易与被保护设备实现合理的绝缘配合；同时，动作后也会产生截波，不利于变压器等有线圈设备的绝缘。因此，管型避雷器目前只用于输电线路个别地段的保护，如大跨距和交叉档距处，或变电站的进线段保护。

3. 阀型避雷器

阀型避雷器是由火花间隙和非线性电阻这两种基本元件组成的，间隙与非线性电阻相串联。阀型避雷器分为普通阀型避雷器和磁吹阀型避雷器两大类。普通阀型避雷器有 FS 和 FZ 两种系列；磁吹阀型避雷器有 FCD 和

FCZ 两种系列。

4. 氧化锌避雷器

氧化锌避雷器也称金属氧化物避雷器，这种避雷器的阀片以氧化锌（ZnO）为主要原料，它的结构非常简单，仅由相应数量的 ZnO 阀片密封在瓷套内组成。ZnO 具有理想的伏安特性曲线，因而具有以下一系列的优点：通流容量大、无间隙、无续流、保护性能优越。

氧化锌电阻片是由氧化锌为基体，附加少量氧化铋等材料制成的非线性电阻片，它具有比碳化硅电阻片较好的非线性特性。氧化锌避雷器工作原理是在工频电压下呈现极大的电阻，因此续流极小。当作用在氧化锌避雷器上电压超过设计电压值时，电流将急骤增大，压降迅速较低，使过电压降低，起到保护设备的作用。氧化锌避雷器的保护性能优于阀型避雷器，氧化锌电阻片的通流容量较大，避雷器可以做得较小。

保护间隙和管型避雷器主要用于配电系统、线路和发电厂、变电站进线段的保护，限制入侵的大气过电压。阀型避雷器和氧化锌避雷器用于变电站、发电厂及变压器的保护，在 220kV 及以下系统中主要用于限制大气过电压，在超高压系统中还用来限制内过电压或作内过电压后备保护。阀型避雷器和氧化锌避雷器的保护性能对变电器或其他电气设备的绝缘水平的确定存在着直接影响。

二、避雷器型号说明

举例避雷器型号如图 9-1 所示。

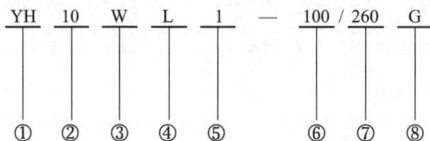

图 9-1 避雷器型号举例

型号说明：

① 产品形式：Y 为瓷外套避雷器、YH 为复合外套避雷器。

② 10 为标称放电电流。

③ 结构特征：W 为无间隙、C 为串联间隙、B 为并联间隙。

④ 使用场所：S 为配电、Z 为电站、R 为电容器用、T 为铁电、FGIS用、L 为直流。

⑤ 设计序号。

⑥ 避雷器的额定电压。

⑦ 标称电流下的最大残压。

⑧ 附加特征代号：G 为高原、W 为耐污、K 为抗震、T 为湿热。

三、基本结构

氧化锌避雷器的基本结构是阀片、绝缘部分，具体结构如图 9-2 所示。

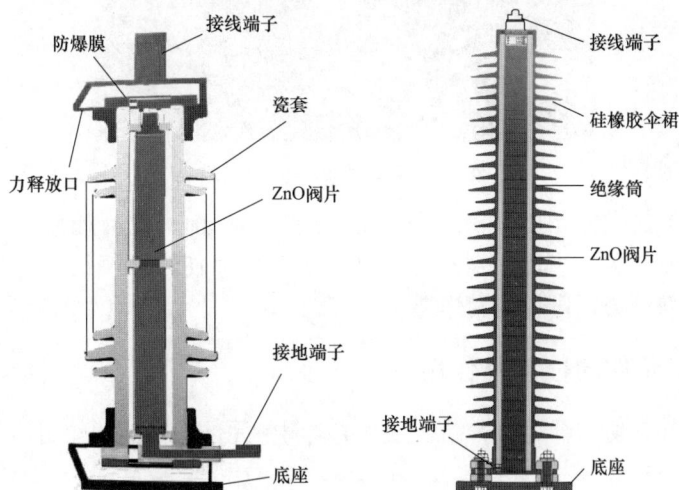

图 9-2　氧化锌避雷器结构图

阀片是以氧化锌为主要成分，并附加少量的 Bi_2O_3、CO_2O_3、MnO_2、Sb_2O_3 等金属氧化物添加物，将它们充分混合后造粒成型，经高温焙烧而成。这种阀片具有优良的非线性，大的通流性。由于氧化锌避雷器的阀片是由金属氧化物组成的，所以也称为金属氧化物避雷器，并用 MOA 表示。

金属氧化物阀片置于带有电极的高强度绝缘筒内，再经硅橡胶整体模压成型，并在避雷器芯体外表面与硅橡胶界面处涂刷了促进相互渗透的催化物，实现了芯体与硅橡胶界面的良好结合，杜绝了避雷器因绝缘外套密封不严而发生的产品质量事故。在工作电压下，氧化锌阀片是一个绝缘体，只能通过几十微安电流；在过电压下，它又是一个良好导体。

四、氧化锌阀片特点

氧化锌阀片的非线性特性主要是由晶界层形成的。晶界层的电阻率是变化的，在低电场下为 $1010\sim1014\Omega/cm$。而电场强度达到 $104\sim105V/cm$ 时，其电阻率骤然下降到 $1\Omega/cm$，从而进入低电阻状态。阀片在运行状态下呈绝缘状态，通过的电流很小（一般为 $10\sim15\mu A$）。由于阀片有电容，在交流电压下总电流可达数百微安，阀片承受电压升高，电流也随之增大，当电流达 1mA 时，它开始动作，此时电压称为起始动作电压，用 U_{1mA} 表示。氧化锌避雷器限制过电压的作用就由此开始，随后逐渐加强。氧化锌避雷器外形如图 9-3 所示。

图 9-3　氧化锌避雷器外形图

避雷器的主体元件是密封的，每台产品出厂前均进行检漏。避雷器带有压力释放装置，当避雷器在异常情况下动作而使内部气压升高时，能及时释放内部压力，避免外套炸裂。

五、各个元件的性能及作用

以瓷外套避雷器为例，结合图 9-4 说明各元件的性能和作用。

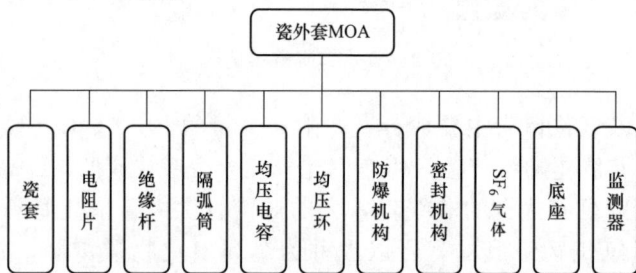

图 9-4　瓷外套避雷器的元件

（1）瓷套（伞裙）的作用延长爬电距离。

（2）电阻片的性能（优异的非线性伏安特性）。

（3）绝缘杆的作用（固定电阻片）。

（4）密封圈（密封机构）（60％的事故率是由于密封不良引起的）。

（5）均压环和均压电容（一般 220kV 以上才设计均压电容）的作用改善电压分布。

（6）防爆机构及隔弧筒的作用（一般 220kV 以上才设计隔弧筒）故障时泄放内部压力，避免瓷套炸裂。

（7）监测器的作用监测运行时的全电流。

六、使用时的注意事项

避雷器在装箱、开箱、运输、储存和安装过程中，都必须"正置立放"，不得倒放、斜放或倒运。注意要避免避雷器受到冲击和碰撞，特别不能损坏主体元件两端的法兰。如发现"倒置"或"碰撞"应经过仔细检查，确认内部结构无损坏时，方可安装使用。若有损坏，则应更换。

注意：避雷器产品绝对不能放倒运输和保管。

用汽车运输避雷器的时速为：高速路不大于 90km/h，二级路不大于 60km/h，三级路不大于 30km/h。

避雷器在安装使用前，应存放在清洁、干燥的房间内，不得受到腐蚀性气体或液体的腐蚀。

第二节　避雷器的日常维护

（一）检修项目

（1）避雷器整体或元件更换。

（2）避雷器连接部位的检修。

（3）外绝缘的处理。

（4）放电动作计数器及在线监测装置的检修。

（5）绝缘基座的检修。

（6）避雷器引流线及接地装置的检修。

（7）气体介质的补充。

（二）检修工艺

检修项目见表 9-1。

表 9-1　　　　　　　　　　　　　检修项目

序号	检修项目	工艺步骤
1	避雷器整体或元件更换	1）金属氧化物避雷器不得进行元件更换。 2）避雷器更换前应先检查备品包装是否受潮，对照包装清单检查备品附件是否缺少或损坏，检查避雷器的外观和铭牌是否缺少或损坏，压力释放板是否完好无损，铭牌与所需更换的避雷器是否一致。 3）避雷器的拆除工作应自上而下进行，即先拆除避雷器的引流线，然后拆除均压环，之后拆除避雷器或避雷器元件。拆除前应先将被拆除部分可靠地固定，避免引流线突然滑出、均压环坠落或避雷器的倒塌。 4）避雷器组装时，其各节位置应符合产品出厂标志的编号。 5）避雷器各连接处的金属接触表面，应除去氧化膜及油漆，并涂一层电力复合脂。 6）并列安装的避雷器三相中心应在同一直线上；铭牌应位于易于观察的同一侧。避雷器应安装垂直，其垂直度应符合制造厂的规定，如有歪斜，可在法兰间加金属片校正，但应保证其导电良好，并将其缝隙用腻子抹平后涂以油漆。 7）拉紧绝缘子串必须紧固；弹簧应能伸缩自如，同相各拉紧绝缘子串的拉力应均匀。 8）均压环应安装水平，不得歪斜。 9）放电计数器应密封良好、动作可靠，并应按产品的技术规定连接，安装位置应一致，且便于观察；接地应可靠，放电计数器宜恢复至零位。 10）金属氧化物避雷器的排气通道应通畅；排出的气体不致引起相间或对地闪络，并不应喷及其他电气设备。 11）避雷器引线的连接不应使端子受到超过允许的外加应力。

续表

序号	检修项目	工艺步骤
1	避雷器整体或元件更换	12）当避雷器安装中需要吊装时，必须采取有效措施防止瓷套受损及避雷器侧倒坠落。安装时还应注意防止保护压力释放板被扎破或碰伤。避雷器各连接部位必须紧固可靠，使用螺栓必须与螺孔尺寸相配套且具有良好的防锈蚀性能
2	连接部位的检修	1）如果仅为连接螺栓松动，则只需将螺栓上紧即可。若螺栓无弹簧垫片，则应添加弹簧垫片。 2）如原螺栓规格与螺孔不配套、螺栓严重锈蚀或螺纹连接损伤，则应进行更换。更换前，应先将连接部位进行可靠固定
3	外绝缘的处理	1）如果仅对外绝缘进行清扫，则应根据外表面的积污特点选择合适的清扫工具和清扫方法。 2）如果对外绝缘涂敷 RTV 涂料，则应在外表面清扫干净后方可进行。涂敷工作不应在雨天、风沙天气及环境温度低于 0℃时进行。涂敷方法可参照 RTV 涂料使用说明书。涂敷工作完成后，在涂层表干前（一般为涂料涂敷后 15min 内）不可践踏、触摸，也不可送电
4	放电动作计数器的检修	放电动作计数器的检修应先检查避雷器基座的情况，如避雷器基座良好，则对放电动作计数器小套管进行检查，若小套管已损伤或表面严重脏污，则对其进行更换或擦拭。如未发现放电动作计数器小套管存在问题，则应对放电动作计数器进行更换
5	绝缘基座的检修	绝缘基座的检修应先检查绝缘基座是否严重积污或穿芯套管螺栓锈蚀，如严重积污或螺栓锈蚀，则将污秽清除。如无严重积污或螺栓锈蚀或清除后，绝缘基座的绝缘电阻仍然很低时，应更换绝缘基座。避雷器拆除后，安装前应妥善放置
6	引流线及接地装置的检修	1）引流线的检修。若引流线断股或烧伤不严重时，可用与引流线规格相同的导线的单根铝线将损伤部位套箍处理。若引流线已严重损伤，则应进行更换。在拆除原引流线时，应注意将引流线端部绑扎牢靠后缓缓落地。所更换的引流线的截面应满足要求，拉紧绝缘子串必须紧固；弹簧应能伸缩自如，同相各拉紧绝缘子串的拉力应均匀，引线的连接不应使端子受到超过允许的外加应力。此外，系统标称电压 110kV 及以上避雷器的引流线接线板严禁使用铜铝过渡，而应采用爆压式线夹。 2）装置的检修。接地装置的检修工作应先对避雷器安装处附近的地网进行开挖，找到配电装置的主接地网与避雷器的最近点及避雷器附属的集中接地装置。采用截面积足够的接地引下装置进行可靠的焊接。若主接地网或避雷器附属的集中接地装置已严重锈蚀，则应先对其进行彻底改造
7	气体介质的补充	避雷器的气体介质补充应按照有关使用说明书进行。所补充的气体应经过检验合格
8	调试、试运	1）清理现场，清点工具等。 2）检修人员撤离工作现场。 3）工作负责人向运行人员交代注意事项，办理工作票终结手续。 4）整理检修记录，填写检修报告

（三）避雷器的试验项目和标准

避雷器的试验项目和标准见表 9-2。

表 9-2

避雷器的试验项目和标准

序号	项目	周期	判据	方法及说明
1	红外测温	1) 不小于330kV: 1个月。 2) 220kV: 3个月。 3) 不大于110kV: 6个月。 4) 必要时。	红外热像图显示无异常温升，温差和相对温差，符合DL/T 664的要求	1) 检测温升所用的环境温度参照体应尽可能选择与被测设备类似的物体。 2) 在安全距离范围外选取合适位置进行拍摄，要求红外热像仪拍摄内容应清晰、易于辨认，必要时可使用中、长焦距镜头。 3) 为了准确测温或便于跟踪，应确定最佳检测位置，并可作上标记，以供今后的复测用，提高互比性和工作效率。 4) 将大气温度、相对湿度、测量距离等补偿参数输入，进行必要修正，并选择适当的测温范围
2	避雷器用监测装置检查	巡视检查时	1) 记录放电计数器指示数。 2) 避雷器用监测装置指示应良好、量程范围恰当	1) 电流值无异常。 2) 电流值明显增加时应进行带电测量
3	运行电压下阻性电流测量	1) 不小于330kV: 6个月（雷雨季前）。 2) 不大于110kV: 1年。 3) 必要时。	初值差不明显。当阻性电流增加50%时，应适当缩短监测周期，当阻性电流增加1倍时，应停电检查	1) 宜采用带电测量方法，注意瓷套表面状态，相同电压的影响。 2) 应记录测量时的环境温度、相对湿度和运行电压
4	绝缘电阻	1) A、B级检修后。 2) 不小于330kV: ≤3年。 3) 不大于220kV: ≤6年。 4) 必要时。	自行规定	采用2500V及以上绝缘电阻表
5	底座绝缘电阻	必要时	自行规定	采用2500V及以上绝缘电阻表

续表

序号	项目	周期	判据	方法及说明
6	直流参考电压（U_{1mA}）及 0.75 倍 U_{1mA} 下的泄漏电流	1) A 级检修后。 2) 不小于 330kV：≤3 年。 3) 不大于 220kV：≤6 年。 4) 必要时	1) 不得低于《交流无间隙金属氧化物避雷器》（GB/T 11032）的规定值。 2) 将直流参考电压实测值与初值或产品技术文件要求值比较，变化不应超过±5%。 3) 0.75 倍 U_{1mA} 下的泄漏电流初值差不大于 30%或不大于 50μA（注意值）	1) 应记录试验时的环境温度和相对湿度。 2) 应使用屏蔽线作为测量电流的导线
7	测试避雷器放电计数器动作情况	1) A 级检修后。 2) 每年雷雨季前检查 1 次。 3) 必要时	测试 3～5 次，均应正常动作，测试后记录放电计数器的指示数	

（四）日常巡检

（1）监测器（放电计数器）显示是否正常，有无破损。

（2）全电流有无突变，如有突变，进行阻性电流测量。

（3）计数器动作次数。

（4）三相监测器参数是否一致。

（5）红外监测温度是否一致。

（五）反事故措施相关内容

（1）220kV及以上电压等级瓷外套避雷器安装前应检查避雷器上下法兰是否胶装正确，下法兰应设置排水孔。

（2）依据生产运行实际，避雷器运行中持续电流检测（带电）每年检测1次，测试数据应包括全电流及阻性电流。宜在每年雷雨季节前进行。

（3）对运行15年及以上的避雷器应重点跟踪泄漏电流的变化，停运后应重点检查压力释放板是否有锈蚀或破损。

第三节　案例分析

一、避雷器泄漏电流超标的分析

（一）情况简介

2007年4月11日，对某站212-4避雷器进行预防性试验时，发现212-4避雷器C相（Y5W2-200/520，1992年10月1日出厂，1993年12月20日投运，出厂编号31）上节泄漏电流（$U_{1mA75\%}$）达82μA，超过规程规定的50μA。当时考虑该组避雷器靠近220kVⅠ段母线，为防止由于电场干扰造成误判断，在现场采用多种接线方法对212-4避雷器C相进行了多次测试，测试结果没有明显的变化。为了保障电网的安全可靠运行，和现场的工作负责人协商后，决定把该支避雷器吊下来试验，避雷器吊下后发现避雷器的上法兰盖板的紧固螺栓锈蚀严重，吊下后的试验数据和未吊下前的试验相符。判定该支避雷器已损坏，不能在网继续运行，随即对该避雷器进行了更换。该只避雷器历年试验数据见表9-3。

表9-3　　　　　　　　　　避雷器历年试验数据

安装位置	绝缘电阻（MΩ）	U_{1mA}（kV）	$I_{U1mA75\%}$（μA）	试验日期
212-4 C相上节	100000+	140.7	82	2007年4月11日
212-4 C相下节	100000+	145.4	30	2007年4月11日
212-4 C相上节	100000+	144.0	48	2004年3月1日
212-4 C相下节	100000+	147.0	13	2004年3月1日
212-4 C相上节	100000+	143.0	39	2003年11月14日
212-4 C相下节	100000+	146.0	15	2003年11月14日
212-4 C相上节	100000+	141.2	48	2002年4月3日

续表

安装位置	绝缘电阻（MΩ）	U_{1mA}（kV）	$I_{U1mA75\%}$（μA）	试验日期
212-4 C 相下节	100000＋	145.5	16	2002 年 4 月 3 日
212-4 C 相上节	100000＋	142.0	34	2001 年 3 月 30 日
212-4 C 相下节	100000＋	148.0	13	2001 年 3 月 30 日

使用仪器：3122 电子型绝缘电阻表，输出电压 5000V，有效读数 0～100000MΩ；ZV-200 高压直流发生器。

（二）解体分析

2007 年 4 月 27 日，在高压试验大厅对该站 212-4 避雷器 C 相上节进行解体分析。

在拆除上法兰金属盖板上的三条紧固螺栓时，发现有一条紧固螺栓锈蚀严重，螺栓已经锈蚀掉螺栓直径的 1/3，锈蚀长度为大约 7cm。拿掉上盖板后发现上法兰的内壁有明显的锈蚀痕迹（见图 9-5），拆下上密封金属盖板后发现密封金属盖板和瓷套接触的部位锈蚀严重，有几个螺栓孔的锈蚀也很严重（见图 9-6），拿出瓷套内部的绝缘隔板发现绝缘隔板上有明显的不连贯的受潮色变痕迹（见图 9-7），在瓷套的上端面上有两处水印痕迹（见图 9-8），避雷器内下部金属袋内的变色硅胶颗粒已受潮变色（见图 9-9）。从解体所见的情况看，该只避雷器是由于密封效果变差，导致避

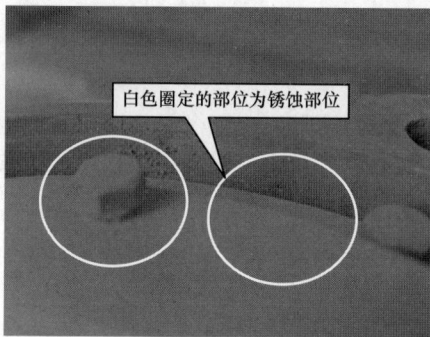

图 9-5　法兰的内壁有明显的锈蚀痕迹

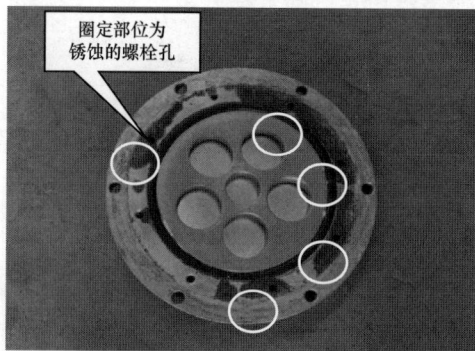

图 9-6　螺栓孔的锈蚀

雷器内部进水受潮，流过避雷器的全电流增大，阻性电流也随之增大，当电阻片通过阻性电流时会发热，使电阻片温度升高，将潮气赶出，形成微量水分，从而加大了避雷器内腔的相对湿度。当周围环境温度降低时，密封在避雷器内部的水分预冷凝结吸附在电阻片和瓷套内壁表面，造成避雷器泄漏电流增大。

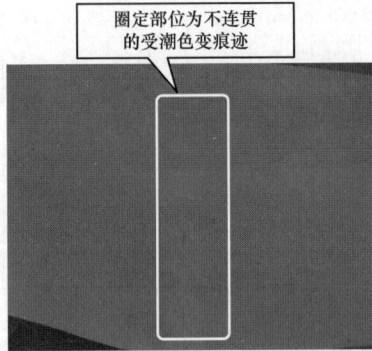

图 9-7　绝缘隔板上受潮色变痕迹

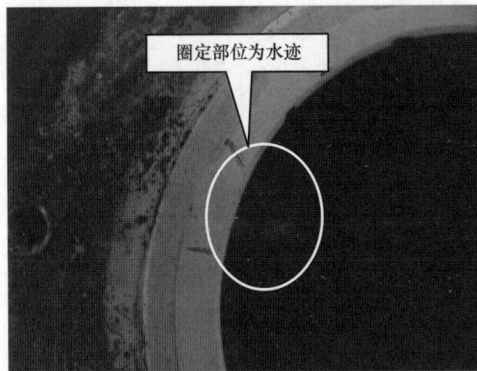

图 9-8　瓷套的上端面上有两处水印痕迹

图 9-9　变色硅胶颗粒已受潮变色

（三）在线监测数据分析

事后调取了 212-4 避雷器的全电流在线监测仪数据，见表 9-4。

表 9-4　　　　　　　　避雷器的全电流在线监测仪数据

某站	2006 年 1 月 记录数据			2006 年 2 月 记录数据			2006 年 3 月 记录数据			2006 年 4 月 记录数据		
212-4	A	B	C	A	B	C	A	B	C	A	B	C
5 日	0.25	0.5	0.25	0.25	0.5	0.25	0.25	0.5	0.25	0.25	0.5	0.25
10 日	0.25	0.5	0.25	0.25	0.5	0.25	0.25	0.5	0.25	0.25	0.5	0.25
15 日	0.25	0.5	0.25	0.25	0.5	0.25	0.25	0.5	0.25	0.25	0.5	0.25
20 日	0.25	0.5	0.25	0.25	0.5	0.25	0.25	0.5	0.25	0.25	0.5	0.25
25 日	0.25	0.5	0.25	0.25	0.5	0.25	0.25	0.5	0.25	0.25	0.5	0.25
（30）31 日	0.25	0.5	0.25	—	—	—	0.25	0.5	0.25	0.25	0.5	0.25

某站	2006 年 5 月 记录数据			2006 年 6 月 记录数据			2006 年 7 月 记录数据			2006 年 8 月 记录数据		
212-4	A	B	C	A	B	C	A	B	C	A	B	C
5 日	0.3	0.55	0.3	0.3	0.6	0.3	0.4	0.6	0.35	0.45	0.6	0.3
10 日	0.3	0.55	0.3	0.3	0.6	0.3	0.4	0.6	0.35	0.4	0.6	0.35
15 日	0.3	0.55	0.3	0.3	0.6	0.3	0.3	0.35	0.3	0.35	0.4	0.35
20 日	0.3	0.55	0.3	0.3	0.6	0.3	0.3	0.35	0.3	0.3	0.35	0.3
25 日	0.3	0.55	0.3	0.3	0.6	0.3	0.4	0.36	0.35	0.45	0.45	0.4
（30）31 日	0.3	0.55	0.3	0.3	0.6	0.3	0.4	0.6	0.35	0.4	0.6	0.35

某站	2006 年 9 月 记录数据			2006 年 10 月 记录数据			2006 年 11 月 记录数据					
212-4	A	B	C	A	B	C	A	B	C			
5 日	0.4	0.73	0.3	0.4	0.75	0.35	0.4	0.75	0.35			
10 日	0.4	0.73	0.35	0.4	0.73	0.35	0.4	0.73	0.35			
15 日	0.35	0.73	0.35	0.35	0.73	0.35	0.35	0.73	0.35			
20 日	0.3	0.73	0.35	0.3	0.73	0.35	0.3	0.73	0.35			

某站	2007 年 1 月 记录数据			2007 年 2 月 记录数据			2007 年 3 月 记录数据			2007 年 4 月 记录数据		
212-4	A	B	C	A	B	C	A	B	C	A	B	C
5 日	0.3	0.75	0.35	0.3	0.75	0.35	0.3	0.75	0.35	0.4	0.75	0.35
10 日	0.3	0.75	0.35	0.35	0.75	0.4	0.35	0.75	0.4	0.4	0.75	0.35
15 日	0.3	0.75	0.35	0.35	0.75	0.4	0.35	0.75	0.4	0.7	0.7	0.7
20 日	0.3	0.75	0.35	0.35	0.75	0.4	0.35	0.75	0.4	0.7	0.7	0.7
25 日	0.3	0.75	0.35	0.35	0.75	0.4	0.35	0.75	0.4	0.7	0.7	0.7
（30）31 日	0.3	0.75	0.35	0.35	0.75	0.4	0.35	0.75	0.4	0.7	0.7	0.7

注　1. 该避雷器在线监测仪原始数据：A＝0.25，B＝0.73，C＝0.25。

　　2. 2007 年 4 月 15 日及以后的监测数据为更换 A、C 两相避雷器后的数据。

从 2006 年 1 月至 2007 年 4 月 10 日的监测数据的分析看，2006 年 5 月 212-4A、B、C 相避雷器的全电流有所增长，2006 年 7、8 月全电流的增长速度较快，这是由于每年这个季节属于雨季，湿度较大，避雷器密封性能已经下降，进入避雷器内部的潮气较多造成的。2007 年 2、3 月由于此时气温较低，避雷器内部的潮气凝结，附着在电阻片和避雷器内壁表面，也造成全电流的增大。但是呈增长趋势的数据并没有引起运行人员的注意，直到预试发现泄漏电流超标，事后才引起注意。

通过对比分析发现在线监测的数据和停电试验的数据基本相符，都呈历年增长的趋势。说明在线监测数据是准确可靠的，通过分析数据的变化趋势是可以反映避雷器性能的。

二、避雷器在线监测仪指针异常摆动的分析

（一）情况简介

2008 年 2 月 3 日，某站运行人员报 212-4 避雷器 C 相（Y10W-200/520，2002 年 4 月出厂，2007 年 4 月 12 日投运，出厂编号 D67）在线监测仪指针异常摆动。修试所派出高压试验人员前去检查试验。现场发现在线监测仪指针在 0.85~1.2mA 范围内摆动，摆动频率不固定。试验人员对三只避雷器进行全电流测试，分别为 A：0.76mA；B：0.8mA；C：0.89~0.96mA。C 相数据还是不稳定，通过上述现象分析造成在线检测仪指针摆动的原因有两个：①怀疑是在线检测仪内部元件异常，造成在线检测仪指针摆动；②怀疑避雷器进水受潮造成有内部放电现象。针对上述分析，现场对在线监测仪进行了更换，但是，更换后在线监测仪指针继续摆动，因此怀疑避雷器进水受潮造成有内部放电现象，使在线检测仪指针摆动。于是对该避雷器进行了更换。更换避雷器后在线监测仪指针恢复正常。

2 月 14 日，在修试所试验大厅再次对更换下来的避雷器进行了试验，试验数据见表 9-5。

表 9-5   避雷器试验数据

安装位置	绝缘电阻（MΩ）	U_{1mA}（kV）	$I_{U1mA75\%}$（μA）
212-4 C 相上节	100000+	144.7	19
212-4 C 相下节	100000+	150.9	30
212-4 C 相上节	0	升不起压	升不起压
212-4 C 相下节	100000+	154.1	4

使用仪器：某型电子型绝缘电阻表，输出电压 5000V，有效读数 0~100000MΩ；ZV-200 高压直流发生器。

（二）解体分析

试验完毕后对该避雷器进行解体。拆掉上节接线板后露出防爆膜，可

以看到防爆膜已经塌陷（见图 9-10），避雷器内部充有氮气，微正压，正常情况应鼓起而现已塌陷，说明避雷器内部已经和大气相通。拆掉固定防爆膜的上盖板，拿下防爆膜发现防爆膜内部有水滴，上盖板有严重的锈蚀痕迹（见图 9-11）。取出内部围屏和阀片，发现围屏外部从顶部到中部有贯穿性放电痕迹（见图 9-12）。把阀片从围屏里拿出发现起固定支撑作用的三根绝缘棒上有明显水滴，阀片表面有发白现象（见图 9-13）。固定在阀片底部的变色硅胶已全部变成粉红色，装硅胶的白布袋一角有被烧蚀痕迹（见图 9-14）。

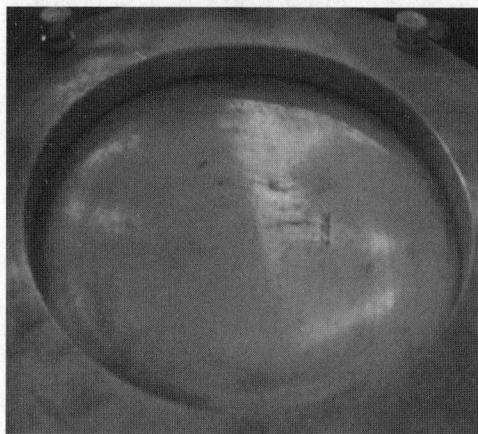

图 9-10　防爆膜已经塌陷

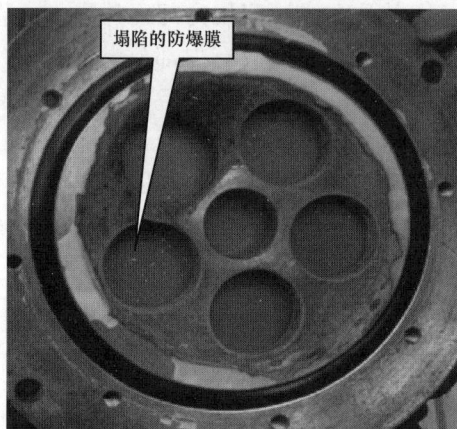

图 9-11　上盖板有严重的锈蚀痕迹

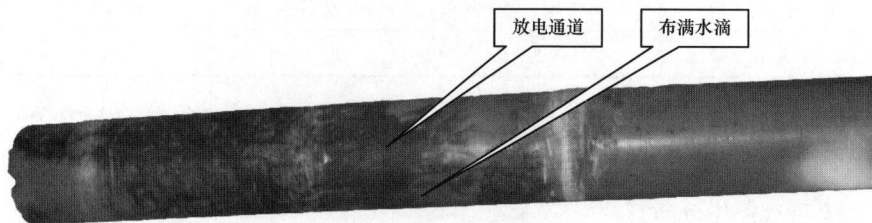

图 9-12　贯穿性放电痕迹

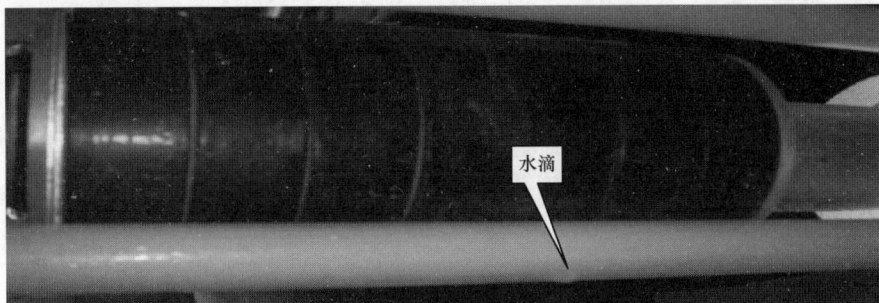

图 9-13　三根绝缘棒上有明显水滴

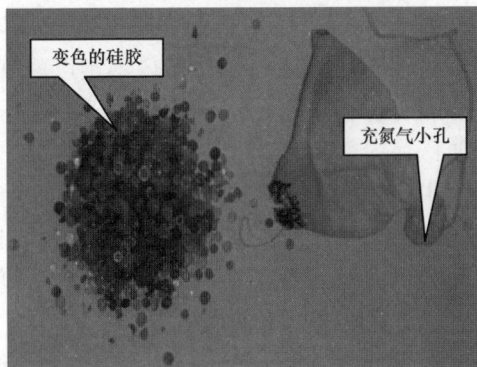

图 9-14　变色硅胶已全部变成粉红色

对下节避雷器解体未发现受潮痕迹。

避雷器解体后分别测量上节避雷器芯子（阀片）、围屏的绝缘电阻。测得数据为：芯子 5000～11000MΩ（有吸收）；围屏 30～110MΩ。

种种迹象都表明上节避雷器已严重受潮，导致内部放电。那么避雷器是从哪里进水受潮的呢？为此对避雷器进行了仔细检查，发现在上盖板有一个小孔，是用来抽真空、充氮气的，在小孔周围锈蚀最严重（见图 9-15）。上盖板的密封胶垫弹性很好，取下密封胶垫在胶垫槽内没有发现锈痕，在胶垫外侧也没有发现锈痕。可以判断进水受潮不是由于胶垫密封不严造成的，

图 9-15　小孔周围的锈蚀

充氮气小孔周围锈蚀最严重，可以断定是从该小孔处进的水分。在上盖板的外面有一内空的螺栓与充氮气小孔连通，比较上、下节避雷器充气螺栓，发现下节的螺栓内有一金属堵头，而上节的没有，下节螺栓内壁有锈迹，而上节螺栓内壁比较光亮。通过解剖上节的螺栓，发现其是直接通过锡焊进行密封的，因此怀疑此充气孔密封不严、存在砂眼等是导致避雷器受潮的主要原因。

充气孔密封不严应该是出厂时就带有的缺陷，该避雷器是某厂 2002 年 4 月的产品，2007 年 4 月 12 日投入运行，而直到 2008 年才出现异常。分析如下：砂眼很小，漏气现象不是很严重。从 2002 年出厂到 2007 年 4 月这一段时间里，由于没有投入运行，该避雷器内部温度和环境温度基本相同，使其有轻微的受潮，2007 年投入运行时试验还不足以发现其受潮缺陷。投入运行后由于内部已经有轻微的受潮，流过避雷器阀片的阻性电流增加，造成阀片发热量增加，将内部潮气赶出，形成微量水分，从而加大了避雷器内腔的相对湿度，从 2007 年 4 月到 2008 年 2 月中间经历了一个气温高、湿度大的夏季，大气中的水分不断通过该砂眼吸入避雷器内部，越积越多，当周围环境温度降低时，密封在避雷器内部的水分遇冷凝结吸附在瓷套内壁、围屏外表面，最终造成围屏的沿面闪络。

由于受潮造成上节避雷器围屏闪络后，其绝缘电阻和等值电阻下降，会使下节承受较高的运行电压。随着电压的升高，阀片的非线性电阻将会下降，这就使得下节避雷器承受的电压不会成倍增加。但是通过阀片的电流还是明显增大，会使阀片加速老化，事后对下节避雷器进行了阻性电流测试，电流超前电压角度 φ 为 69.7°，证明下节避雷器确已发生中等程度劣化。

（三）在线监测数据分析

该站 212-4 避雷器在线监测数据见表 9-6。

表 9-6　　　　　　　　　　避雷器在线监测数据

某站	2007 年 4 月记录数据			2007 年 5 月记录数据			2007 年 6 月记录数据			2007 年 7 月记录数据		
212-4	A	B	C	A	B	C	A	B	C	A	B	C
5 日	—	—	—	0.7	0.75	0.75	0.4	0.75	0.35	0.4	0.75	0.35
10 日	—	—	—	0.7	0.75	0.75	0.4	0.75	0.35	0.4	0.75	0.35
15 日	0.7	0.7	0.7	0.7	0.7	0.7	0.7	0.7	0.7	0.7	0.7	0.7
20 日	0.7	0.7	0.7	0.7	0.7	0.7	0.7	0.7	0.7	0.7	0.7	0.7
25 日	0.7	0.7	0.7	0.7	0.7	0.7	0.7	0.7	0.7	0.7	0.7	0.7
（30）31 日	0.3	0.75	0.35	0.7	0.75	0.75	0.75	0.75	0.75	0.75	0.75	0.75
某站	2007 年 8 月记录数据			2007 年 9 月记录数据			2007 年 10 月记录数据			2007 年 11 月记录数据		
212-4	A	B	C	A	B	C	A	B	C	A	B	C
5 日	0.4	0.75	0.35	0.4	0.75	0.35	0.7	0.75	0.75	0.7	0.75	0.75
10 日	0.4	0.75	0.35	0.4	0.75	0.35	0.7	0.75	0.75	0.7	0.75	0.75

续表

某站	2007 年 8 月记录数据			2007 年 9 月记录数据			2007 年 10 月记录数据			2007 年 11 月记录数据		
15 日	0.7	0.7	0.7	0.7	0.7	0.7	0.7	0.7	0.7	0.7	0.7	0.7
20 日	0.7	0.7	0.7	0.7	0.7	0.7	0.7	0.7	0.75	0.7	0.7	0.75
25 日	0.7	0.7	0.7	0.7	0.7	0.7	0.75	0.7	0.75	0.75	0.7	0.75
(30) 31 日	0.75	0.75	1.05	0.7	0.7	0.7	0.75	0.7	1.0	0.75	0.7	1.0

某站	2007 年 12 月记录数据			2008 年 1 月记录数据								
212-4	A	B	C	A	B	C						
5 日	0.7	0.75	0.75	0.7	0.75	0.75						
10 日	0.7	0.75	0.75	0.7	0.75	0.75						
15 日	0.7	0.7	0.7	0.7	0.7	0.7						
20 日	0.7	0.7	0.75	0.7	0.7	0.75						
25 日	0.75	0.7	0.75	0.75	0.7	0.75						
(30) 31 日	0.75	0.7	1.0	0.75	0.7	1.0						

从在线监测数据来看，2007 年 8 月 31 日 C 相数据相比以前有个突变，达到最大值 1.05mA，说明此时避雷器受潮已经非常严重。从 2007 年 10 月开始 C 相数据基本在 0.75～0.7、0.7～1.0 内徘徊，和运行人员发现的在线监测仪指针摆动情况吻合。但是这些数据的异常变化并没有引起运行人员的注意，导致没有及时停电对该只避雷器进行停电试验，所幸后来发现在线监测仪指针摆动上报缺陷，并没有造成严重后果。

三、结论

（1）两起受潮的 220kV 氧化锌避雷器均为某厂的产品，一只为该厂 1992 年的产品，另一只为该厂 2002 年的产品，说明该厂在产品质量方面把关不严。

（2）通过对这两只氧化锌避雷器解体检查并查阅相关资料，金属氧化物避雷器受潮的原因主要有：

1）金属氧化物避雷器的密封胶圈永久性压缩变形的指标达不到设计要求，装入金属氧化物避雷器后，易造成密封失效，使潮气或水分侵入。

2）金属氧化物避雷器的两端盖板加工粗糙、有毛刺，将防爆板刺破导致潮气或水分侵入。

3）组装时漏装密封胶圈或将干燥剂袋压在密封圈上，或是密封胶圈位移，或是没有将充氮气的孔封死等。

4）装氮气的钢瓶未经干燥处理，就灌入干燥的氮气，致使氮气受潮，在充氮时将潮气带入避雷器中。

5）瓷套质量低劣，在运输过程中受损，出现不易观察的贯穿性裂纹，致使潮气侵入。

（3）避雷器内部如进水受潮后，在运行电压下通过的全电流会增大，严重时会造成避雷器爆炸。结合停电试验结果，分析受潮的两只避雷器在线监测数据，可以看出在线监测数据是准确可靠的，通过分析数据的变化趋势可以反映避雷器的性能。

四、避雷器管理方法

（1）加强对在线监测数据的统计和分析，由于在线监测的数据是以Word的数据格式上报的，对数据的统计和分析不方便，为了统计和分析，在线监测的数据做成数据库的格式挂在管理信息系统（management infor-mation system，MIS）中。

（2）对瓷陶管的氧化锌避雷器，在停电预防性试验时，重点检查各紧固螺栓的紧固状态，发现有螺栓锈蚀的要重点进行密封性检查。

（3）今后要注意对避雷器在线监测数据的比较分析，及时掌握避雷器的状况，然而不能用全电流的绝对值作为判断避雷器状况的依据，而应与前几次测得的数据做纵向比较，三相之间做横向比较。

第十章　母线及绝缘子

第一节　母　线

一、母线的定义

母线是一种用于输送电能的导体，通常是由多个同种导体拼接而成，其截面积和电流容量较大。母线的主要功能是将发电机或变电站输出的电能分配到各个负载设备中，同时还能承受较大的电流和短路电流。母线外形如图 10-1 所示。

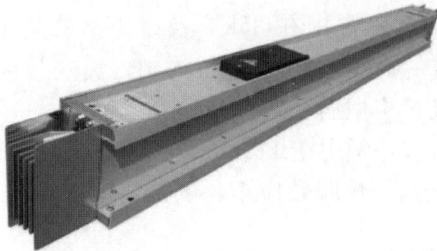

图 10-1　母线外形图

二、母线的分类

（1）主母线：主要用于输送大电流的电能，通常是由多根同种导体拼接而成的，其截面积和电流容量较大。

（2）分支母线：用于将主母线输送的电能分配到各个负载设备中，通常是由多根同种导体拼接而成的，其截面积和电流容量较小。

（3）桥母线：用于连接两个母线，通常是由多根同种导体拼接而成的，其截面积和电流容量一般与主母线相同。

（4）母排：用于连接多个设备的导体，通常是由多根同种导体拼接而成的，其截面积和电流容量较小。

三、母线的结构类型

（一）母线的结构类型

1. 按母线的使用材料分类

（1）铜母线：铜具有导电率高、机械强度高、耐腐蚀等优点，但在工业上有很多重要用途，而且产量低、价格贵，故主要用在易腐蚀的地区（如化工厂附近或沿海地区等）。

（2）铝母线：铝的导电率仅次于铜，且质轻、价廉、产量高，在屋内和屋外配电装置中广泛采用。

（3）铝合金母线：有铝锰合金和铝镁合金两种。铝锰合金母线载流量大，但强度较差，采用一定的补强措施后可广泛使用；铝镁合金母线机械强度大，但载流量小，焊接困难，使用范围较小。

（4）钢母线：钢的机械强度大，但导电性差，仅用在高压小容量电路（如电压互感器回路以及小容量厂用、所用变压器的高压侧）、工作电流不大于200A的低压电路、直流电路以及接地装置回路中。

2. 按母线的截面形状分类

（1）矩形截面母线：常用在35kV及以下、持续工作电流在4000A及以下的屋内配电装置中。优点：散热条件好，集肤效应小，安装简单，连接方便。每相矩形母线的条数不宜超过三条。

（2）圆形截面母线：用在110kV及以上的户外配电装置中以防止发生电晕。

（3）槽形截面母线：常用在35kV及以下，持续工作电流在4000～8000A的配电装置中。优点：电流分布均匀，集肤效应小、冷却条件好、金属材料的利用率高、机械强度高。

（4）管形截面母线：常用在110kV及以上，持续工作电流在8000A以上的配电装置中。优点：集肤效应小，电晕放电电压高，机械强度高，散热条件好。

（5）绞线圆形软母线：钢芯铝绞线由多股铝线绕单股或多股钢线的外层构成，一般用于35kV及以上屋外配电装置中。组合导线由多根铝绞线固定在套环上组合而成，用于发电机与屋内配电装置或屋外主变压器之间的连接。

（二）敞开母线

大电流敞开母线的导体主要采用两根轧制的槽铝组成，即所谓双槽形母线。这两根槽铝形成一个空心方管，中间留有间隙以加强散热。不同尺寸的双槽母线可用于2～9kA线路。虽然从减小集肤效应的角度来看，这种母线不如圆管，但它的四个平面可供两端作电气连接之用。特别是具有圆角的双槽母线集肤效应比方角的小，更为优越。除了双槽形母线外，可供使用的其他截面形状还有由四片矩形导体拼成的菱形和圆管形等，但实际应用不多。

敞开母线按照导体的支持方式又分两类，即支持式和悬挂式。

（三）封闭母线

封闭母线是用外壳将母线封闭起来，用于单机容量在200MW以上的大型发电机组、发电机与变压器之间的连接线以及厂用电源和电压互感器等分支线。

1. 封闭母线的结构类型

《低压成套开关设备和控制设备》（GB/T 7251.2—2006）是中国发布的关于低压成套开关设备和控制设备中成套母线系统的标准，但是这一标准并没有具体给出封闭母线的统一分类方式。

封闭母线按外壳材料进行分类，可分为塑料外壳母线和金属外壳母线。

按外壳与母线间的结构形式进行分类，分为：

（1）不隔相式封闭母线：三相母线设在没有相间板的公共外壳内，只能防止绝缘子免受污染和外物所造成的母线短路，而不能消除发生相间短路的可能性，也不能减少相间电动力和钢构的发热。

（2）隔相式封闭母线：三相母线设在相间有金属（或绝缘）隔板的金属外壳之内，可较好地防止相间故障，在一定程度上减少母线电动力和周围钢构的发热，但是仍然可能发生因单相接地而烧穿相间隔板造成相间短路的故障。

（3）分相封闭式母线：每相导体分别用单独的铝制圆形外壳封闭。根据金属外壳各段的连接方法，又可分为分段绝缘式和全连式两种。

2. 全连式分相封闭母线的基本结构

构成：载流导体、支持绝缘子、保护外壳、金具、密封隔断装置、伸缩补偿装置、短路板、外壳支持件。

载流导体：一般用铝制成，采用变电站结构以减小集肤效应。当电流很大时可采用水内冷圆管母线。

支柱绝缘子：采用多棱边式结构以加长漏电距离，每个支持点可采用一个至四个绝缘子支持。一般采用三个绝缘子支持的结构，具有受力好、安装检修方便、可采用轻型绝缘子等优点。

保护外壳：由5、8mm的铝板制成圆管形，在外壳上设置检修与观察孔。

伸缩补偿装置：在一定长度范围内设置焊接的伸缩补偿装置；在与设备连接处适当部位设置螺接伸缩补偿装置。

密封隔断装置：封闭母线靠近发电机端及主变压器接线端和厂用高压变压器接线端，采用大口径绝缘板作为密封隔断装置，并用橡胶圈密封，以保证区内的密封维持微正压运行的需要。

3. 全连式分相封闭母线的特点

（1）优点。

1）运行安全、可靠性高。各相的外壳相互分开，母线封闭于外壳中，不受自然环境和外物的影响，能防止相间短路，同时外壳多点接地，保证了人员接触外壳的安全。

2）母线附近钢构中的损耗和发热显著减小。三相外壳短接，铝壳电阻很小，外壳上感应产生与母线电流大小相近而方向相反的环流，环流的屏蔽作用使壳外磁场减小到敞露母线的10％以下，壳外钢构发热可忽略不计。

3）短路时母线之间的电动力大为减小，可加大绝缘子间的跨距。当母线通过三相短路电流时，由一相电流产生的磁场，经其外壳环流屏蔽削弱后所剩余的磁场再进入别相外壳时，还将受到该相外壳涡流的屏蔽作用，使进入壳内磁场明显减弱，作用于该相母线电动力一般可减小到敞露母线电动力的1/4左右。同时，各壳间电动力也减小很多。

（2）缺点。

1）有色金属消耗约增加一倍。

2）外壳产生损耗，母线功率损耗约增加一倍。

3）母线导体的散热条件较差时，相同截面母线载流量减小。

（四）绝缘母线

绝缘母线由导体、环氧树脂渍纸绝缘、地屏、端屏、端部法兰和接线端子构成，最适用于紧凑型变电站、地下变电站及地铁用变电站，占地面积减少，运行可靠。

主要优点如下：

（1）绝缘母线全绝缘，相间距不受电压等级的限制，只取决于安装尺寸，相间距大大减小，且运行可靠。

（2）单根绝缘母线可根据通过的电流的大小设计，可满足任何电流的要求，避免了电流较大时使用多根电缆并用所带来的电流不平衡问题。

（3）绝缘母线绝缘层的无模具浇注故意使得母线的形状尺寸可根据需要做随意调整，满足各种需要。

（4）绝缘母线连接装置的使用使得绝缘母线的安装非常灵活，可根据不同的空间位置、安装尺寸做随意分段组合。

（五）全浇注母线

全绝缘浇注母线导体采用铜排或铝排，导体外表面采用复合绝缘材料浇注而成，该复合绝缘材料由环氧树脂和石英砂等多种惰性无机矿物材质按特定配方及工艺要求精确配制整体浇注成型，具有优越的电气绝缘性能、机械性能及良好的散热性能，且防水、防火、防爆、防腐蚀。

全浇注母线性能优势如下：

（1）防火：复合绝缘材料不易燃烧且具有自熄性、低烟无毒、满足750℃ 3h燃烧试验。可应用于消防安全高要求场合。

（2）防水：环氧树脂整体浇注后的绝缘具有较高的密封性能，隔绝带电部件接触到可燃性气体。

（3）防腐：耐受酸碱类物质或油脂、液体的腐蚀性佳、抗霉菌，可在高污染、高腐蚀环境下长期安全运行。

（4）整体机械强度高、防撞性佳：固化后的复合绝缘材料具有机械强度高、耐磨、耐冲击，产品防撞等级高达IK10。

（5）体积小、便于布置及安装：全绝缘浇注母线结构紧凑，其体积仅为传统空气绝缘型母线的17%，占据空间小，现场布置方便，母线出厂前已按具体工程布置要求制作相应直线段、转弯段、T接段及盘头等，现场安装方便。

（6）散热性佳、耐老化、防开裂：复合绝缘材料采用多种惰性无机矿物与少量特种环氧树脂最佳配方及特殊工艺真空混合浇注而成，导热系数高、散热性佳；独特的复合绝缘材料配方设计确保绝缘材料热膨胀系数与导体一致，有效防止绝缘体开裂。

四、母线的运行及维护要求

（一）母线运行要求

（1）母线的电流应不超过其额定电流。

（2）母线的温度应不超过其允许的温升限制。

（3）母线的电压应稳定，不应出现过高或过低的情况。

（4）母线的防腐措施应有效，以防止腐蚀。

（5）母线的接头应定期检查和紧固，以保证其连接可靠。

（二）母线维护的要求

（1）定期检查母线的接头，及时发现并处理接头松动、腐蚀等问题。

（2）定期检查母线的温升，及时发现并处理过热问题。

（3）定期检查母线的绝缘性能，及时发现并处理绝缘损坏问题。

（4）定期清洗母线的表面，保持其表面的清洁和光滑。

（5）定期检查母线的防腐措施，及时发现并处理腐蚀问题。

第二节 绝缘子

一、绝缘子的定义

绝缘子是安装在不同电位的导体之间或导体与地电位构件之间，能够耐受电压和机械应力作用的器件。

绝缘子（俗称瓷瓶）由瓷质部分和金具两部分组成，中间用水泥黏合剂胶合。瓷质部分是保证绝缘子有良好的电气绝缘强度，金具是固定绝缘子用的。绝缘子的作用有两个方面：一是牢固地支持和固定载流导体，二是将载流导体与地之间形成良好的绝缘。图 10-2 所示为绝缘子外形。

图 10-2 绝缘子外形

二、绝缘子种类

绝缘子按安装方式不同，可分为悬式绝缘子和支柱绝缘子；按照使用的绝缘材料的不同，可分为瓷绝缘子、玻璃绝缘子和复合绝缘子（也称合成绝缘子）；按照使用电压等级不同，可分为低压绝缘子和高压绝缘子；按照使用的环境条件的不同，派生出污秽地区使用的耐污绝缘子；按照使用电压种类不同，派生出直流绝缘子。还有各种特殊用途的绝缘子，如绝缘横担、半导体釉绝缘子和配电用的拉紧绝缘子、线轴绝缘子和布线绝缘子等。图 10-3 所示为复合绝缘子结构图。

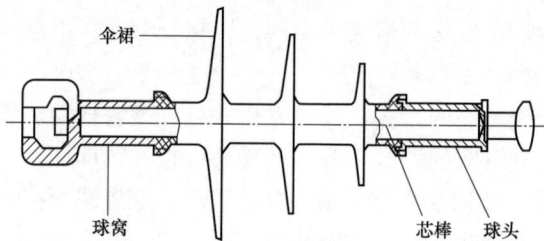

图 10-3　复合绝缘子结构图

下面对几类常用绝缘子进行重点介绍。

（1）悬式绝缘子：广泛应用于高压架空输电线路和发、变电站软母线的绝缘及机械固定。在悬式绝缘子中，又可分为盘形悬式绝缘子和棒形悬式绝缘子。盘形悬式绝缘子是输电线路使用最广泛的一种绝缘子。

（2）支柱绝缘子：主要用于发电厂及变电站的母线和电气设备的绝缘及机械固定。此外，支柱绝缘子常作为隔离开关和断路器等电气设备的组成部分。在支柱绝缘子中，又可分为针式支柱绝缘子和棒形支柱绝缘子。针式支柱绝缘子多用于低压配电线路和通信线路，棒形支柱绝缘子多用于高压变电站。

（3）瓷绝缘子：绝缘件由电工陶瓷制成的绝缘子。电工陶瓷由石英、长石和黏土做原料烘焙面成。瓷绝缘子的瓷件表面通常以瓷釉覆盖，以提高其机械强度，防水浸润，增加表面光滑度。在各类绝缘子中，瓷绝缘子使用最为普遍。

（4）玻璃绝缘子：绝缘件由经过钢化处理的玻璃制成的绝缘子。其表面处于压缩预应力状态，如发生裂纹和电击穿，玻璃绝缘子将自行破裂成小碎块，俗称"自爆"。这一特性使得玻璃绝缘子在运行中无须进行"零值"检测。

（5）复合绝缘子：也称合成绝缘子。其绝缘件由玻璃纤维树脂芯棒和有机材料的护套及伞裙组成的绝缘子。其特点是尺寸小、重量轻，抗拉强度高，抗污秽闪络性能优良。但抗老化能力不如瓷和玻璃绝缘子。复合绝缘子包括：棒形悬式绝缘子、绝缘横担、支柱绝缘子和空心绝缘子。复合套管可替代多种电力设备使用的瓷套，如互感器、避雷器、断路器、电容式套管和电缆终端等。与瓷套相比，它除具有机械强度高、重量轻、尺寸公差小的优点外，还可避免因爆碎引起的破坏。

（6）低压绝缘子和高压绝缘子：低压绝缘子是指用于低压配电线路和通信线路的绝缘子。高压绝缘子是指用于高压、超高压架空输电线路和变电站的绝缘子。为了适应不同电压等级的需要，通常用不同数量的同类型单只绝缘子组成绝缘子串或多节的绝缘支柱。

（7）耐污绝缘子：主要是采取增加或加大绝缘子伞裙或伞棱的措施以增加绝缘子的爬电距离，以提高绝缘子污秽状态下的电气强度。同时，还采取改变伞裙结构形状，以减少表面自然积污量来提高绝缘子的抗污闪性能。耐污绝缘子的爬电比距一般要比普通绝缘子提高 20%～30%，甚至更多。我国电网污闪多发的地区习惯采用双层伞结构形状的耐污绝缘子，此种绝缘子自清洗能力强，易于人工清扫。

（8）直流绝缘子：主要指用在直流输电中的盘形绝缘子。直流绝缘子一般具有比交流耐污型绝缘子更长的爬电距离，其绝缘件具有更高的体电阻率，其连接金具应加装防电解腐蚀的牺牲电极。

三、绝缘子的零值检测

绝缘子在运输、存储、使用过程中可能会产生缺陷和损伤，因此，需要进行定期零值检测。绝缘子零值检测是保证电力系统安全稳定运行的必要措施，但是绝缘子的零值检测也需要遵守相关的标准和方法。国内外的标准和方法都比较成熟和完善，简述如下。

（一）绝缘子零值检测标准

参照《劣化悬式绝缘子检测规程》（DL/T 626），500kV 及以上电压等级运行的绝缘子的绝缘电阻低于 500MΩ，330kV 及以下电压等级运行的绝缘子的绝缘电阻低于 300MΩ，为低（零）值绝缘子。

（二）绝缘子零值检测方法

1. 外观检查

（1）绝缘子各部尺寸是否符合要求，装配是否合适。

（2）铁件与瓷件结合是否紧密牢固，铁件镀锌层是否完好。

（3）瓷轴表面是否光滑，有无裂纹、掉渣、缺釉、斑点、烧痕、气泡或瓷轴烧坏现象。

（4）检查时应清除瓷件表面的灰尘、附着物和有的涂料。

2. 干工频耐受电压试验

300kN 以上机械强度等级的绝缘子，在安装前应逐只进行干工频耐受电压试验。300kN 及以下瓷绝缘子，应抽取不少于批量 5%～10%的产品进行干工频耐受电压试验。当击穿率大于 0.02%时，应加倍抽样进行试验。

当其击穿率仍大于 0.02% 时，应分析原因，并逐只进行干工频耐受电压试验。

3. 绝缘电阻测量

瓷绝缘子安装时，按 GB 50150 所规定的试验方法，逐只用不小于 5000V 的绝缘电阻表测量绝缘电阻。在干燥情况下，规定 500kV 及以上电压等级绝缘子的绝缘电阻值不小于 500MΩ，330kV 及以下电压等级绝缘子的绝缘电阻值不小于 300MΩ。检验不合格的绝缘子不可安装使用。同一批量中不合格数大于 0.02% 时，应分析原因，并逐只进行干工频耐受电压试验。

（三）瓷绝缘子检测方法

瓷绝缘子投运后 3 年内应普测一次，并可根据所测劣化率和运行经验适当延长检测周期，但最长不能超过 10 年。瓷绝缘子检测方法、要求和判定标准见表 10-1。

表 10-1　　　　　　瓷绝缘子检测方法、要求和判定标准

序号	检测项目	判断标准
1	测量绝缘电阻	1）电压等级 500kV 及以上：绝缘子绝缘电阻低于 500MΩ，判为劣化绝缘子。 2）电压等级 500kV 以下：绝缘子绝缘电阻低于 300MΩ，判为劣化绝缘子
2	工频耐受电压试验	对额定机电破坏负荷为 70~550kN 的瓷绝缘子，施加 60kV 干工频电压耐受 1min；对大盘径防污型绝缘子，施加对应普通型绝缘子干工频闪络电压值。未耐受者判为劣化绝缘子
3	外观检查	瓷件出现裂纹、破损，釉面缺损或灼伤严重，水泥胶合剂严重脱落，铁帽、钢脚严重锈蚀等，判为劣化绝缘子
4	机电破坏负荷试验	当机电破坏负荷低于 85% 额定机械负荷时，则判该只绝缘子为劣化绝缘子
5	测量电压分布（或火花间隙）	1）被测绝缘子电压值低于 50% 标准规定值，判为劣化绝缘子。 2）被测绝缘子电压值高于 50% 的标准规定值，同时明显低于相邻两侧合格绝缘子的电压值，判为劣化绝缘子。 3）在规定火花向隙距离和放电电压下未放电，判为劣化绝缘子

第三节　母线、绝缘子及构架维护

一、检修周期和项目

1. 检修周期

每 1~3 年至少 1 次，环境恶劣场所适当缩短检修周期。

2. 检修项目

（1）清扫灰尘、油垢，按绝缘子的有关使用要求检查其完好情况。

（2）检修母线构架的接地部分。

（3）检修母线补偿器。

（4）检修母线连接部分及夹紧装置。

（5）校正软母线张弛度，检查有无损伤。

（6）核定母线对地和相间安全距离。

（7）绝缘子在必要时涂刷耐污闪的绝缘加强层。

（8）金属构架及构件防腐。

（9）混凝土构架及构件防腐。

（10）检修后的调整试验。

二、检修质量标准

（1）母线、绝缘子等更换性检修请参照《电气装置安装工程母线装置施工及验收规范》（GB 50149）的有关规定执行。

（2）检修母线所属绝缘子等部件，应完整无裂纹、无变形，表面清洁光亮，胶合处填料完整，结合牢固。

（3）母线表面应光洁平整，不得有裂纹及夹杂物，管型、槽型母线不应有变形、扭曲现象，软母线不得有扭结、松股、断股等缺陷。

（4）封闭母线的各分段应标志清晰，附件齐全牢固，外壳无变形，内部无损伤。

（5）母线的相色、标记应完整、清晰、正确。

（6）母线构架和支持绝缘子底座等接地线完好。

（7）母线在支持绝缘子上的固定，应符合下列要求：

1）母线固定金具与支柱绝缘子间的固定应平整牢固，不应使其所支持的母线受到额外应力。

2）当交流母线工作电流大于 1500A 时，每相交流母线的固定金具或其他支持金具不应成闭合磁路，否则应按规定采用非磁性固定金具或其他措施。

3）当母线平置时，母线支持夹板的上部压板应与母线保持 1～1.5mm 的间隙；当母线立置时，母线支持夹板的上部压板应与母线保持 1.5～2mm 的间隙。

4）母线固定装置应无明显棱角和毛刺，以防尖端放电。

（8）重型多片矩形母线在固定点的活动滚杆应无卡阻，部件的机械强度应符合要求。

（9）母线补偿器不得有裂纹、折皱或断裂现象。补偿器采用多片螺栓连接时，各片间应除去氧化层，铝质者应涂中性凡士林或复合脂；铜质者应搪锡，用于封闭母线应镀银。

（10）母线与母线或母线与电器端子的搭接应符合下列要求：

1）母线连接用紧固件应采用镀锌螺栓、螺母和垫圈。

2）接触面应保持清洁，并涂导电膏或中性凡士林。

3）母线平置时，贯穿螺栓由下向上穿，在其余情况下，螺母应置于维护侧，螺栓长度宜露出螺母 2～3 螺纹。

4）螺栓两侧均应有垫圈，相邻螺栓的垫圈间有 3mm 以上的间隙，螺母侧应装有弹簧垫圈或锁紧螺母，垫圈厚度应符合规定。

5）螺栓受力应均匀，不应使电器端子受到额外应力。

6）接触面连接应紧密、牢固，连接螺栓宜使用力矩扳手紧固，其紧固力矩值应符合有关要求。用 0.05mm×10mm 塞尺检查时，母线宽度在 63mm 及以上者，不得塞入 6mm；母线宽度在 56mm 及以下者，不得塞入 4mm。

（11）母线用螺栓连接时，母线的孔径不应大于螺杆直径 1mm，螺纹连接的氧化膜应刷净，螺母接触面必须平整，螺母与母线间应加铜质搪锡平垫圈，但不应加弹簧垫圈。

（12）多片矩形母线间应保持与母线厚度相同的间隙，两相邻母线衬垫的垫圈间应有 3mm 以上的间隙，不应相互碰撞。

（13）室外、高温且潮湿以及特殊潮湿或对母线有腐蚀性气体的室内，在母线搭接面紧固后，应清除接触面的油污，并以能产生弹性薄膜的透明漆，将接头边的缝隙涂刷 2～3 层。

（14）铝线或钢芯铝线用螺栓型线夹或悬垂线夹连接时，必须包绕铝包带，其包绕方向应与外层铝股旋向一致，两端露出线夹 30mm，且应将铝带断口压住或回到线夹内。

（15）用压接型线夹连接时，导线的端头伸入耐张管或设备夹的长度应达到规定压接的长度。

（16）导线和各种连接线夹连接时，连接部分的表面应清刷干净，无氧化膜，钢芯有防腐油的导线，必须散股清洗，清洗长度应不少于连接长度的 1.2 倍。

（17）母线的张弛度应符合设计要求，其允许误差为 5%、−2.5%，同一档距内三相母线的张弛度应一致。

（18）支持绝缘子叠装时，中心线应一致，固定牢固，连接螺栓齐全。

（19）悬式绝缘子串连接金具的螺栓，穿钉及弹簧销子必须完整齐全，穿向一致，耐张绝缘子串的碗口应向下。

（20）弹簧销应有足够的弹性，开口销必须分开，并不得有折断或裂纹，禁止用线材代替开口销。

（21）构架上支持绝缘子的底座、保护罩（网）等不带电的金属部分应接地良好，接地线应排列整齐，配置方向一致。

（22）金属构架应镀锌或防腐处理，防腐油漆应涂刷均匀，黏合牢固。

（23）水泥构架表面应光滑，不得露出内部钢筋的破损面，其本身所附有的金属预埋件及焊接件，不应有锈蚀现象。

（24）母线应符合室内外配电装置安全距离的规定。

三、检修后试验

参照 DL/T 596 的有关规定执行。

四、维护

1. 检查周期

有人值班时，每班至少检查 1 次；无人值班时，每周至少检查 1 次；环境恶劣场所或气候异常时，应适当增加检查次数。

2. 维护检查项目与标准

（1）所有电气连接部位应接触紧密，螺栓齐全、紧固，无发热变色现象。

（2）软母线应无断股、扭结、松股及其他明显的损伤或严重腐蚀等缺陷。

（3）母线的构架、绝缘子底座等应接地良好，无松动、断裂现象。

（4）金具的表面应光滑，无裂纹、伤痕、锈蚀、滑扣等缺陷，锌层不应剥落。

（5）母线应无异常声音。

第十一章 电力电缆和接地装置

第一节 电力电缆

一、电缆定义

电力电缆是一种用于输送电能的电气设备，通常由电线芯和绝缘层、填充和护套等构成。它是将发电厂或变电站发出的电能输送到其他场所的重要组成部分，同时也是电器电子设备中不可缺少的部分。电力电缆中的电线芯通常是由纯铜或铜合金制成，确保电缆对电流的导电性能。

电力电缆的主要特点是承受高压和大电流，同时也需要具有良好的阻燃、耐高温、耐湿等性能。电力电缆的电压等级在 220V～220kV，功率大小则根据不同需要而有所变化。在高压电力传输中，电力电缆起着重要的作用，不仅可以保证电量的传输，同时也能够提高电能的稳定性和可靠性。

1. 电线电缆型号的选择

选用电线电缆时，要考虑用途，敷设条件及安全性等；根据用途的不同，选用电力电缆、架空绝缘电缆、控制电缆等；根据敷设条件的不同，选用一般塑料绝缘电缆、钢带铠装电缆、钢丝铠装电缆、防腐电缆等；根据安全性要求，可选用阻燃电缆、无卤阻燃电缆、耐火电缆等。

2. 电线电缆规格的选择

确定电线电缆的使用规格（导体截面积）时，应考虑发热，电压损失，经济电流密度，机械强度等条件。

根据经验，低压动力线因其负荷电流较大，故一般先按发热条件选择截面积，然后验算其电压损失和机械强度；低压照明线因其对电压水平要求较高，可先按允许电压损失条件选择截面积，再验算发热条件和机械强度；对高压线路，则先按经济电流密度选择截面积，然后验算其发热条件和允许电压损失；而高压架空线路，还应验算其机械强度。

塑料绝缘电缆和橡皮绝缘电缆属于一类。

二、电缆种类

（1）按电压等级分类：①低压电力电缆（1kV）；②中压电力电缆（6～35kV）；③高压电力电缆（110kV 及以上）；④超高压电缆（275～800kV）；⑤特高压电缆（1000kV 及以上）。

（2）按导电线芯截面积分类：我国电力电缆标称截面系列为 1.5～2000mm²，共 26 种。

（3）按导电线芯数分：按导线导电线芯数分有单芯、二芯、三芯、四芯、五芯五种。

（4）按绝缘材料分类：油浸纸绝缘电力电缆、橡塑料绝缘电缆。

三、电缆型号

电力电缆的型号说明了电缆的结构特征，同时也表明了电缆的使用场合。电缆型号由电缆结构各部分代号组成，代号的排列一般依照下列次序：绝缘种类—导线材料—内护层—其他特点—外护层。

（1）用汉语拼音第一个字母的大写表示绝缘种类、导线材料、内护层材料和结构特点。①YJ—交联聚乙烯绝缘；②V—聚氯乙烯绝缘；③X—橡皮绝缘；④Z—纸绝缘导体；⑤T—铜芯（一般省略）；⑥L—铝芯内护层；⑦V—聚氯乙烯；⑧Y—聚乙烯特征；⑨P—屏蔽；⑩Z—直流。

（2）用数字表示外护层结构。①0—无；②1—双钢带；③2—细圆钢丝；④3—粗圆钢丝外护层。

（3）用数字表示铠装层。①0—无；②1—纤维层；③2—聚氯乙烯套；④3—聚乙烯套。

根据《电缆在火焰条件下的燃烧试验　第3部分：成束电线或电缆的燃烧试验方法》（GB/T 18380.3—2001），每种类型的长度为3.5m，阻燃电缆在代号前加ZR，耐火电缆在代号前加NH。其中，阻燃电缆分为A、B、C三级。

A类：每米非金属材料的总体积应为7L。阻燃性最好，阻燃最严格，表示为：ZRA-YJV。

B类：每米非金属材料的总体积应为3.5L。阻燃要求也很高，适用于阻燃要求严格的场合，表示为：ZRB-YJV。

C类：每米非金属材料的总体积应为1.5L。为一般阻燃，适用于大多数阻燃场合，一般民用建筑常用阻燃电缆均为C类，表示为：ZRC-YJV、ZR-YJV、ZC-YJV。

电缆产品用型号和规格表示，其方法是在型号后再加上说明额定电压、芯数和截面的阿拉伯数字。电缆产品型号说明如图11-1所示。

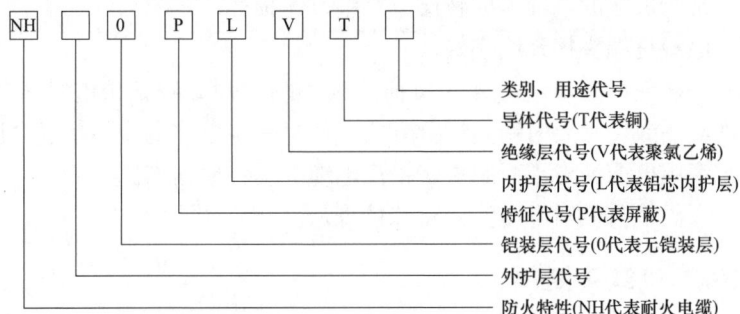

图 11-1　电缆产品型号说明

四、电力电缆的运行要求

电力电缆运行电压不应高于额定电压的 115%，投入运行前应做电气试验，具体试验项目见表 11-1。

1. 运行温度

电缆长期运行允许的最高运行温度见表 11-2，系统短路故障时电缆导体允许的最高温度见表 11-3。

2. 运行负荷

电缆一般不得过负荷运行。只是在系统发生故障时，可以在短时间内过负荷。这个过负荷的时间与电缆的结构、周围环境、原来电缆线路的负荷大小以及过负荷的大小等诸多因素有关，允许过负荷的时间长短应由电缆线路运行管理的专职人员计算决定，其他人员无权决定。一般应遵守下列规定：

（1）低压电缆允许过负荷 10%，6kV 电缆允许过负荷 15%，时间均为 2h。

（2）对于间歇过负荷，必须在前一次过负荷 10～12h 以后才允许再次过负荷。

（3）端头、套管无裂纹和放电现象、外皮接地良好。

（4）电缆终端头与其他配电装置的接头无过热现象。

五、日常巡视检查内容

电力电缆投入运行后，巡视检查是及时发现和消除隐患、避免引发事故的有效措施。具体内容如下：

（1）观察电缆线路的电流表，看实际电流是否超出了电缆允许载流量。

（2）支架完整，电缆放置平稳，无挤压、鼓包现象。

（3）电缆周围无积水、积灰、积油及堆放杂物，电缆孔洞封堵完整、规范。

（4）电缆无火花、放电声响及异常气味。

（5）带有屏蔽的电缆，屏蔽层应完整、无损坏。

（6）电缆终端头接地线完好。

（7）并联使用的电缆有无因负荷分配不均匀而导致某根电缆过热，其每根温度应一致，必要时调整运行方式，使每一根电缆电流不超过允许值。

（8）钢甲电缆沥青不应脱落，铅皮电缆外皮不应损伤。

（9）雷雨季节应对电缆沟做特殊检查。

六、110kV 电缆头制作

以 110kV 交联聚乙烯电力电缆复合外绝缘户外终端头制作为例，说明 110kV 电缆头制作的流程。

电缆试验项目

表 11-1

序号	项目	周期	判据	方法及说明
1	红外测温	1) 6 个月。 2) 必要时	各部位无异常温升现象，检测和分析方法参考 DL/T 664	用红外热像仪测量，对电缆终端接头和非直埋式中间接头进行
2	主绝缘电阻	1) A、B 级检修或新作终端或接头后。 2) ≤6 年。 3) 必要时	一般不小于 1000MΩ	额定电压 0.6/1kV 电缆用 1000V 绝缘电阻表； 6/10kV 及以上电缆也可用 2500V 或 5000V 绝缘电阻表
3	电缆外护套绝缘电阻	1) A 级检修或新作终端或接头后。 2) 必要时	每千米绝缘电阻值不小于 0.5MΩ	采用 500V 绝缘电阻表
4	铜屏蔽层电阻和导体电阻比 (R_p/R_x)	1) A 级检修（新作终端或接头后）。 2) 必要时	1) 投运前首次测量的电阻比为初值，重做终端或接头后测量的电阻比应作为该线路新的初值。 2) 较初值增大时，表明铜屏蔽层被腐蚀；较初值减小时，表明附件中的导体连接点的接触电阻有可能增大。 3) 数据自行规定	1) 用双臂电桥在同温度下测量铜屏蔽层和导体的直流电阻。 2) 本项试验仅适用于三芯电缆
5	主绝缘交流耐压	1) A 级检修（新作终端或接头后）。 2) 必要时	施加表中规定的交流电压，要求在试验过程中绝缘不击穿	耐压试验前后应进行绝缘电阻测试，测得值应无明显变化
6	局部放电试验	1) A 级检修（新作终端或接头后）。 2) 必要时	无异常放电信号	可在带电或停电状态下进行，可采用高频电流、振荡波、超声波、超高频等检测方法
7	相位检查	1) 新作终端或接头后。 2) 必要时	与电网相位一致	

表 11-2 电缆长期运行允许的最高运行温度

额定电压（kV）	0.4	6	220
允许最高温度（℃）	70	90	90

表 11-3 系统短路故障时电缆导体允许的最高温度

额定电压（kV）	0.4	6	220
允许最高温度（℃）	120	250	250

（1）检查所有部件的数量及外观。主要是检查各部件数量符合材料表所列数量，外观无缺陷。

（2）固定支撑绝缘子。固定支撑绝缘子，并测量螺栓孔距离保证 300mm×300mm±1mm；在终端支架与电缆水平的位置用电工带做一标记。

（3）预切断多余电缆。把距标记 1798mm 处的多余电缆去掉，距标记 1790mm 处为最终切断点；从电缆最终切断点起，向下在 1790mm 处的护层做标记。

（4）剥切外护层。在标记 1790mm 位置向电缆终端部 500mm 处，将外护套去掉。

（5）去除石墨层。在电缆外护层端部向下至少 300mm 范围，将电缆外石墨层处理干净。

（6）处理金属护层。用清洗剂将金属护层表面涂层清洗干净，并用钢刷打磨波纹铝护套表面，打磨长度为 280mm。

（7）预封铅。在露出的波纹铝护套下端 160mm 处进行预封铅，长度为 100mm。

（8）切割电缆铝护套。把距最终切断点 1402mm 部分金属护套和处护套去掉，并用锂鱼钳将金属护层切断处的端口适当扩张。

（9）金布处理。去掉金布，保留 20mm，把金布在波纹铝护套端口处缠绕，填入铝护套端口内，金布端头用打火机烧掉布质成份，然后缠绕到铝护套上，并用铜扎丝捆扎，同时焊接在铝护套上。

（10）电缆校直准备。在电缆上绕耐温带，使缠绕后的外径满足校直管的内径；安装校直管，并在校直管的上下部位各放一个热电偶；在校直管外绕加热带，然后用耐热带缠绕好，外包保温布。

（11）电缆加热校直。通电加温，温度升至 80℃时，保持加温 2h，自然冷却后，检查电缆的校直情况。

（12）校直后检查，用钢直尺在电缆圆周上每 90°测量一个方向，共 4个方向。

（13）切割电缆。由最终切断点锯掉多余电缆，电缆线芯截面要与电缆轴线垂直。

（14）清洗附件部件。清洗附件各部件，使部件内外表面无污物，尤其是垫圈槽口密封面。

（15）安装下部金具。将下部金具、支撑板套入电缆并固定。

（16）去掉绝缘。用电缆剥削器削去绝缘并在绝缘边缘处倒角，去掉导体的内半导电层。

（17）压接导电棒。将导体内分隔层去掉；将导电棒套入电缆线芯，并在电缆线芯上做记号；依次用 $1000mm^2$ 椭圆和圆形模具压接导电棒；用锉或砂纸处理压接表面，去掉毛刺，并用清洗剂清洗。

（18）去掉外屏蔽层。这一步应该保证处理绝缘屏蔽端时刀口应朝向绝缘屏蔽，绝缘端部要尽可能处理成斜坡，绝缘与绝缘屏蔽之间应光滑过渡，端部应整齐。

（19）绝缘抛光处理。在距半导体端部 40mm 处的半导体上绕包 10 层电工带；将绝缘表面用砂布按先粗后细的原则将距半导体端部 500mm 范围电缆绝缘，40mm 范围半导体处理圆滑、平坦、过渡均匀。

（20）清洗电缆绝缘及附件。用清洗剂清洗电缆绝缘表面，稍后，涂硅脂在电缆绝缘表面上；用清洗剂清洗应力锥内腔及绝缘表面，稍后，在应力锥内腔涂些硅脂。

（21）套入应力锥。用导入锥将应力锥套上，推至绝缘屏蔽端部 100mm 处去掉导入锥，清洗干净多余的硅脂，然后将应力锥一直套到电工带标记处；把应力锥向后拉 100mm，擦掉硅脂，再重新推到原来位置，并且应按顺时针，逆时针方向反复旋转应力锥一、二周后至固定位置。

（22）组装前准备。擦去应力锥前面电缆绝缘上的硅脂，将接地编织带应力锥半导体部分搭接 100mm，另一端用铜扎丝捆扎在铝护套上并用电烙铁焊接；从应力锥端部起，以半搭盖往应力锥上绕包 5 层绝缘自粘带，应力锥半导体表面上 100mm 长，电缆屏蔽上 50mm；绝缘带外层再绕包 2 层 PVC 保护带；从导电棒压接部位以上 20mm 处绕包 3 层绝缘自粘带，一直绕到电缆绝缘锥体以上 30mm 处，再在绝缘自粘带上绕包 2 层 PVC 保护带。

（23）组装。把下部金具套入应力锥，将下端法兰用螺栓与支撑板固定。用不锈钢软管夹将应力锥固定，用连接片将两个软管夹及法兰进行电位连接；检查一下法兰的"O"形圈位置；认真清洗已安装部位表面；安装复合套，将 M12 螺栓紧固，力矩 40Nm。

（24）封铅。将铅垫均匀放入下部金具，管口与电缆金属护套间隙；将管口与金属防护层进行焊接，封铅抹平；待焊接处冷却后，用热收缩管保护，再在热收缩管端口上绕 2 层 PVC 保护带。

（25）注入填充剂。把 25 升绝缘液加热到 80℃，然后注入套管，液面距复合套上平面 300～350mm，待其冷却到 30℃。

（26）安装上部金具。安装上部金具，压紧金具，导体固定金具，最后安装屏蔽罩；将屏蔽罩套入导体引出棒用螺栓固定在上部金具上。

（27）安装接地电缆、接地盒。去掉绝缘，然后用压钳将接线端子压到接地线线芯上。最后，用螺栓将接线端子同保护管上的端子接到一起。

七、电缆敷设要求

（一）敷设步骤

直埋电缆敷设步骤：准备工作→直埋电缆敷设→铺砂盖砖→回填土→埋标桩→管口防水处理→剥麻刷油→挂标志牌。

（1）准备工作：施工前应对电缆进行详细检查；进行绝缘摇测或耐压试验；安装放电缆的机具；设置好电缆敷设时的临时联络指挥系统；画出电缆的排列用图表；架设电缆支架等。

（2）直埋电缆敷设：清除沟内杂物，铺完底砂或其他垫层材料；用人力拉引或机械牵引完成铺设，注意电缆在沟内敷设应有适量的蛇形弯，电缆的两端、中间接头、电缆井内、过管处、垂直位置处均应留有适当的余量。

（3）铺砂盖砖：电缆敷设完毕，应经业主及监理和施工方的质量检查部门共同进行隐蔽工程验收。隐蔽工程验收合格后，电缆上下分别铺盖100mm砂子，然后用砖或电缆盖板将电缆盖好，覆盖宽度应超过电缆两侧50mm。使用电缆盖板时，盖板应指向受电方向。

（4）回填土：回填土前再作一次隐蔽工程验收，合格后，应及时回填土并进行夯实。

（5）埋标桩：在电缆拐弯、接头、交叉、进出建筑物等地段设置明显方位标桩。标桩露出地面以150mm为宜。

（6）管口防水处理：直埋电缆进出建筑物，室内过管口低于室外地面者，对其过管按设计或标准图集要求做防水处理。

（7）剥麻刷油：有麻皮保护层的电缆，进入室内部分，应将麻皮剥掉，并涂防腐漆。

（8）挂标志牌：标志牌规格应一致，并有防腐性能，挂装应牢固。标志牌上应注明电缆编号、规格、型号及电压等级。直埋电缆进出建筑物、电缆井及两端应挂标志牌。沿支架敷设电缆在其两端、拐弯处、交叉处应挂标志牌，直线段应适当增标志牌。

（二）敷设时应该注意的质量问题

（1）直埋电缆铺砂、盖板或砖时应防止不清除沟内杂物，不用细砂或细土，盖板或砖不严，有遗漏部分。施工负责人应加强检查。

（2）电缆进入室内电缆沟时，防止套管防水处理不好，沟内进水。应严格按规范和工艺要求施工。

（3）有麻皮保护层的电缆进入室内，防止不作剥麻刷油防腐处理。

（4）油浸电缆要防止两端头封铅不严密、有渗油现象。应对施工操作人员进行技术培训，提高损作水平。

（5）为了防止电缆排列不整齐，交叉严重。电缆施工前须将电缆事先排列好，划出排列图表，按图表进行施工。电缆敷设时，应敷设一根整理一根，卡固一根。

（6）防止电缆标志牌挂装不整齐，或有遗漏。应由专人复查。

八、反事故措施相关内容

（1）应避免电缆通道邻近热力管线、腐蚀性、易燃易爆介质的管道，确实不能避开时，电缆通道与其他管道、道路、建筑物等之间平行和交叉时的最小净距应符合相关标准要求。

（2）电缆主绝缘、单芯电缆的金属屏蔽层、金属护层应有可靠的过电压保护措施。统包型电缆的金属屏蔽层、金属护层应两端直接接地。

（3）合理安排电缆段长，减少电缆接头的数量，严禁在变电站电缆夹层、竖井、50m 及以下桥架等缆线密集区域布置电力电缆接头。110（66）kV 电缆线路在非开挖定向钻拖拉管两端工作井内不应布置电力电缆接头。

（4）重要电力电缆及通道应合理部署状态监测装置，掌握运行状态。

在电缆通道、夹层内动火作业应办理动火工作票，并采取可靠的防火措施。在电缆通道、夹层内使用的临时电源应满足绝缘、防火、防潮要求。工作人员撤离时应立即断开电源。

第二节　接地装置

一、概述

为了保证电力系统在正常及故障情况下的安全运行，通常发电厂、变电站中设置可靠的接地点，以保证设备和人员的安全。所谓接地，就是将电气装置中必须接地的部分与大地作良好的连接。发电厂和变电站的接地有工作接地和保护接地之分，工作接地是为了保证电力系统正常运行所需要的接地，保护接地是为了保证人身安全而在平时不带电的电气设备外壳和金属构架上进行的接地。

二、电气设备接地分类

接地装置是由埋入土中的金属接地体（如角钢、扁钢、钢管、铜棒等）和连接用的接地线构成。按接地的目的，电气设备的接地可分为工作接地、防雷接地、保护接地和仪控接地。

（1）工作接地是为了保证电力系统正常运行所需要的接地。例如，中性点直接接地系统中的变压器中性点接地，其作用是稳定电网对地电位，从而可使对地绝缘降低。

（2）保护接地也称安全接地，是为了人身安全而设置的接地，即电气设备的外壳（包括电缆皮）必须接地，以防外壳带电危及人身安全。

（3）防雷接地是针对防雷保护的需要而设置的接地。例如，避雷针（线）、避雷器的接地，目的是使雷电流顺利导入大地，以利于降低雷过电压，故又称为过电压保护接地。

（4）仪控接地指发电厂的热力控制系统、数据采集系统、计算机监控系统、晶体管或微机型继电保护系统和运动通信系统等，为了稳定电位、防止干扰而设置的接地。仪控接地也称电子系统接地。

三、接地线、接地极的连接

（1）接地极的连接应采用焊接，接地线与接地极的连接应采用焊接。异种金属接地极之间连接时接头处应采取防止电化学腐蚀的措施。

（2）电气设备上的接地线，应采用热镀锌螺栓连接；有色金属接地线不能采用焊接时，可用螺栓连接。螺栓连接处的接触面应按 GB 50149 的规定执行。

（3）热镀钵钢材焊接时，在焊痕外最小 100mm 范围内应采取可靠的防腐处理。在做防腐处理前，表面应除锈并去掉焊接处残留的焊药。

（4）接地线、接地极采用电弧焊连接时应采用搭接焊缝，其搭接长度应符合下列规定：

1）扁钢应为其宽度的 2 倍且不得少于 3 个棱边焊接。

2）圆钢应为其直径的 6 倍。

3）圆钢与扁钢连接时，其长度应为圆钢直径的 6 倍。

4）扁钢与钢管、扁钢与角钢焊接时，除应在其接触部位两侧进行焊接外，还应由钢带或钢带弯成的卡子与钢管或角钢焊接。

（5）接地极（线）的连接工艺采用放热焊接时，其焊接接头应符合下列规定：

1）被连接的导体截面应完全包裹在接头内。

2）接头的表面应平滑。

3）被连接的导体接头表面应完全熔合。

4）接头应无贯穿性的气孔。

（6）采用金属绞线作接地线引下时，宜采用压接端子与接地极连接。

（7）利用各种金属构件、金属管道为接地线时，连接处应保证有可靠的电气连接。

（8）沿电缆桥架敷设铜绞线、镀拌扁钢及利用沿桥架构成电气通路的金属构件，如安装托用的金属构件作为接地网时，电缆桥架接地时应符合下列规定：

1）电缆桥架全长不大于 30m 时，与接地网相连不应少于 2 处。

2）全长大于 30m 时，应每隔 20～30m 增加与接地网的连接点。

3）电缆桥架的起始端和终点端应与接地网可靠连接。

（9）金属电缆桥架的接地应符合下列规定：

1）宜在电缆桥架的支吊架上焊接螺栓，和电缆桥架主体采用两端压接铜鼻子的铜绞线跨接，跨接线最小截面积不应小于 $4mm^2$。

2）电缆桥架的镀钵支吊架和镀锌电缆桥架之间无跨接地线时，其间的连接处应有不少于 2 个带有防松螺母或防松垫圈的螺栓固定。

（10）发电厂、变电站 GIS 的接地应符合设计及制造厂的要求，并应符合下列规定：

1）GIS 基座上的每一根接地母线，应采用分设其两端且不少于 4 根的接地线与发电厂或变电站的接地装置连接。接地线应与 GIS 区域环形接地母线连接。接地母线较长时，其中部应另设接地线，并连接至接地网。

2）接地线与 GIS 接地母线应采用螺栓连接方式。

3）当 GIS 露天布置或装设在室内与土壤直接接触的地面上时，其接地开关、金属氧化物避雷器的专用接地端子与 GIS 接地母线的连接处，宜装设集中接地装置。

4）GIS 室内应敷设环形接地母线，室内各种设备需接地的部位应以最短路径与环形接地母线连接。GIS 置于室内楼板上时，其基座 F 的钢筋混凝土地板中的钢筋应焊接成网，并和环形接地母线连接。

5）法兰片间应采用跨接线连接，并保证良好的电气通路；当制造厂采用带有金属接地连接的盆式绝缘子与法兰结合面可保证电气导通时，法兰片间可不另做跨接连接。

（11）电动机的接地应符合下列规定：

1）当电动机相线截面积小于 $25mm^2$ 时，接地线应等同相线的截面积；当电动机相线截面积为 $25\sim50mm^2$ 时，接地线截面积应为 $25mm^2$；当电动机相线截面积大于 $50mm^2$ 时，接地线截面积应为相线截面积的 50%。

2）保护接地端子除作保护接地外，不应兼作他用。

四、避雷设备的接地

（1）避雷针、避雷线、避雷带、避雷网的接地除应符合本章的相关规定外，还应符合下列规定：

1）避雷针和避雷带与接地线之间的连接应可靠。

2）避雷针和避雷带的接地线及接地装置使用的紧固件均应使用镀辞制品。当采用没有镀辞的地脚螺栓时应采取防腐措施。

3）构筑物上的防雷设施接地线，应设置断接卡。

4）装有避雷针的金属简体，当其厚度不小于 4mm 时，可作避雷针的接地线。简体底部应至少有 2 处与接地极对称连接。

5）独立避雷针及其接地装置与道路或建筑物的出入口等的距离应大于 3m；当小于 3m 时，应采取均压措施或铺设卵石或沥青地面。

6）独立避雷针和避雷线应设置独立的集中接地装置，其与接地网的地中距离不应小于 3m。当小于 3m 时，在满足避雷针与主接地网的地下连接点至 35kV 及以下设备与主接地网的地下连接点间沿接地极的长度不小于

15m 的情况下，该接地装置可与接地网连接。

7）发电厂、变电站配电装置的架构或屋顶上的避雷针及悬挂避雷线的构架应在其接地线处装设集中接地装置，并应与接地网连接。

（2）生产用建（构）筑物上的避雷针或防雷金属网应和建（构）筑物顶部的其他金属物体连接成一个整体。

（3）装有避雷针和避雷线的构架上的照明灯，其与电源线、低压配电装置或配电装置的接地网相连接的电源线，应采用带金属护层的电缆或穿入金属管的导线。电缆的金属护层或金属管应接地，埋入土壤中的长度不应小于 10m。

（4）发电厂和变电站的避雷线线档内不应有接头。

接闪器及其接地装置，应采取自下而，上的施工程序。应先安装集中接地装置，再安装接地线，最后安装接闪器。

五、继电保护及安全自动装置的接地

（1）装有微机型继电保护及安全自动装置的 110kV 及以上电压等级的变电站或发电厂，应敷设等电位接地网。等电位接地网应符合下列规定：

1）装设保护和控制装置的屏柜地面下设置的等电位接地网宜用截面积不小于 $100mm^2$ 的接地铜排连接成首末可靠连接的环网，并应用截面积不小于 $50mm^2$、不少于 4 根钢缆与厂、站的接地网一点直接连接。

2）保护和控制装置的屏柜内下部应设有截面积不小于 $100mm^2$ 的接地铜排，屏柜内装置的接地端子应用截面积不小于 $4mm^2$ 的多股铜线和接地铜排相连，接地铜排应用截面积 $5mm^2$ 的铜排或铜缆与地面下的等电位接地母线相连。

（2）分散布置的就地保护小室、通信室与集控室之间的等电位接地网。

（3）继电保护装置屏柜内的交流电源的中性线不应接入等电位接地网。

（4）公用电压互感器的二次回路应只在控制室内一点接地，公用电流互感器二次绕组及其回路应在相关保护屏柜内一点接地，独立的、与其他电压互感器和电流互感器的二次回路没有电气联系的二次回路应在开关场一点接地。

（5）控制等二次电缆的屏蔽层接至等电位接地网，应符合下列规定：

1）屏蔽电缆的屏蔽层应在开关场和控制室内两端接地。在控制室内屏蔽层应接于保护屏柜内的等电位接地网，开关场屏蔽层应在与高压设备有一定距离的端子箱接地。

2）互感器经屏蔽电缆引至端子箱，应在端子箱处一点接地。

3）高频同轴电缆屏蔽层应在两端分别接地，并紧靠同轴电缆敷设截面积不小于 $100mm^2$ 两端接地的铜导线。

4）传送音频信号应采用屏蔽双绞线，其屏蔽层应两端接地。

5）对于低频、低电平模拟信号的电缆，屏蔽层应在最不平衡端或电路本身接地处一点接地。

6）对于双层屏蔽电缆，内屏蔽应一端接地，外屏蔽应两端接地。

（6）等电位接地网与接地网连接时，应远离高压母线、并联电容器、电容式电压互感器、结合电容、电容式套管等设备及避雷器和避雷针的接地点。

（7）固定在电缆沟金属支架上的等电位接地网铜排应按设计要求施工。

（8）控制电缆铠装层应直接接地。

六、建筑物电气装置的接地

（1）接地装置的设置应符合设计要求。

（2）电气装置的系统接地、保护接地及建筑物的防雷接地等采用同一接地装置，接地装置的接地电阻值应符合其中最小值的要求。

（3）当采用总等电位方式时，自接地装置引至总等电位端子箱的接地线不应少于 2 根。

（4）变电室或变压器室内设置的环形接地母线应与接地装置或总等电位端子箱连接，连接接地线不应少于 2 根。

（5）接地线与变压器中性点的连接处应牢固可靠，且防松垫圈等零件应齐全。

（6）变电室或变压器室内高压电气装置外露导电部分，应通过环形接地母线或总等电位端子箱接地。

（7）低压电气装置外露导电部分，应通过电源的 PE 线接至装置内设的 PE 排接地。

（8）电气装置应设专用接地螺栓，防松装置应齐全，且有标识，接地线不得采用串接方式。

（9）接地线穿过墙、地面、楼板等处时，应有足够坚固的保护措施。

（10）总等电位的保护连接线截面积应符合设计要求，其最小值应符合下列规定：

1）铜保护连接线截面积不应小于 6mm^2。

2）铜覆钢保护连接线截面积不应小于 25mm^2。

3）铝保护连接线截面积不应小于 16mm^2。

4）钢保护连接线截面积不应小于 50mm^2。

（11）辅助等电位、局部等电位连接线截面积应符合设计要求，其最小值应符合下列规定：

1）有机械保护时，铜电位联结线截面积不应小于 2.5mm^2，铝电位连接线截面积不应小于 16mm^2。

2）无机械保护时，铜电位连接线截面积不应小于 4mm^2。

七、电力电缆金属护层的接地

（1）交流系统中三芯电缆的金属护层，应在电缆线路两终端接地；线路中有中间接头时，接头处应直接接地。

（2）交流单芯电力电缆金属护层接地方式选择及回流线的设置应符合设计要求。

电缆接地线应采用铜绞线或镀锡铜编织线与电缆屏蔽层连接，其截面积不应小于表 11-4 中的规定。铜绞线或镀锡铜编织线应加包绝缘层。110kV 及以上电压等级的电缆接地线截面积应符合设计规定。

表 11-4　　　　　　　　　电缆终端接地线截面积　　　　　　　　　mm²

电缆截面积 S	接地线截面积
S≤16	接地线截面积与芯线截面积相同
16<S≤120	16
S≥150	25

（3）统包型电缆终端头的电缆铠装层、金属屏蔽层应使用接地线分别引出并可靠接地；橡塑电缆铠装层和金属屏蔽层应锡焊接地线。

（4）当电缆穿过零序电流互感器时，其金属护层和接地线应对地绝缘且不得穿过互感器接地；当金属护层接地线未随电缆芯线穿过互感器时，接地线应直接接地，当金属护层接地线随电缆芯线穿过互感器时，接地线应穿回互感器后接地。

八、发电厂的接地装置

接地装置由接地体和连接导体组成。接地体可分为自然接地体和人工接地体。自然接地体包括埋在地下的金属管道、金属结构和钢筋混凝土基础，但可燃液体和气体的金属管道除外；人工接地体是专为接地需要而设置的接地体。

人工接地体有垂直接地体和水平接地体之分。垂直接地体一般是用长 2.5～3m 的角钢、圆钢或钢管垂直打入地下，顶端深入地下 0.3～0.5m；水平接地体多用扁钢或者直径不小于 6mm 的圆钢，埋于地下 0.5～1m 处或埋于厂房、楼房基础底板以下，可构成环形或网格形等接地系统。

发电厂要求良好的接地装置以满足工作、安全和防雷保护的接地要求。一般是根据安全和工作接地要求设置一个系统的接地网，然后在避雷器和避雷针下面增加接地体以满足防雷接地的要求。

发电厂的接地装置除利用自然接地体外，还应装设人工接地网。人工接地网应围绕设备区域连成闭合形状，并在其中敷设若干均压带（见图 11-2）或敷设成方格网状。水平接地网应埋入地下 0.6m 以下，以免受到机械损伤，并可减少冬季土壤表层冻结和夏季地表水分热发对接地电阻的影响。

随着电力系统的发展，电力网的接地短路电流日益增大。在大接地短路电流系统的发电厂和变电站内，接地网电位的升高已成为重要问题。为了保证人身安全，除适当布置均压带外，还采取以下均压措施：

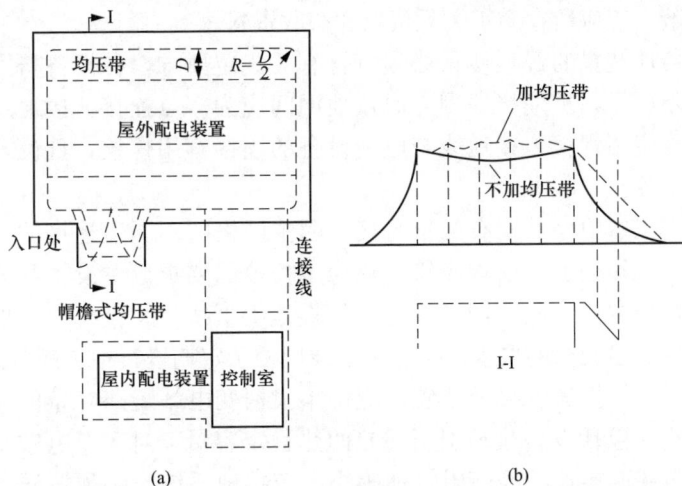

图 11-2　人工接地网示意图

（1）因接地网边角外部电位梯度较高，边角处应做成圆弧形。

（2）在接地网边缘上经常有人出入的走道处，应在该走道下不同深度装设与地网相连的帽檐式均压带或者将该处附近铺成具有高电阻率的路面。

对于 660MW 及以上机组电厂，其 220kV 及以上电压等级配电装置、汽轮机房、锅炉房号等主要电气建筑物下面常将深埋的水平接地体敷设成方格网。一般在主厂房接地网和升压站接地网连接处设有可拆部件，以便分别测试各个主接地网的接地电阻。主接地网的接地电阻一般在 0.5Ω 以内。

地下接地网在一些适当部位连接有多股绞线引出地面，以便连接需要接地的设备或接地母线（总地线排），或与厂房钢柱连接并形成整个建筑物接地。室外防雷保护接地引下线与接地体的连接点通常设在地表下 0.3～0.5m。

发电厂中接地的交流系统必须设有接地线，并使其与接地体或接地网连接。大量电气设备或其他非载流金属部分都必须接地，如配电盘的框架、开关柜或开关设备的支架、电动机底座、金属电缆架、导线的金属外包层、断路器和断路器的外壳或其他电气设备的外壳、移动式或手持式电动工具等。电气设备的接地，可用直接的金属接触固定在已接地的建筑金属结构上，也可用适当截面的接地线连接到已接地的接地端子或接地母线上，还可用单独的绝缘地线与电路导线敷设在同一条电缆走道、管道、电缆或软线内，再接到适当的接地端子或接地母线上。

九、相关反事故措施内容

（1）施工单位应严格按照设计要求进行施工，预留设备、设施的接地引下线必须经确认合格，隐蔽工程必须经监理单位和建设单位验收合格，在此基础上方可回填土。同时，应分别对两个最近的接地引下线之间测量其回路电阻，测试结果是交接验收资料的必备内容，竣工时应全部交甲方备存。隐蔽工程应留存施工过程资料和验收资料。

（2）接地装置的焊接质量必须符合有关规定要求，各设备与主接地网的连接必须可靠，扩建接地网与原接地网间应为多点连接。接地线与主接地网的连接应用焊接，接地线与电气设备的连接宜用螺栓，且设置防松螺母或防松垫片。

（3）变压器中性点应有两根与接地网主网格的不同边连接的接地引下线，并且每根接地引下线均应符合热稳定校核的要求。主设备及设备架构等应有两根与主接地网不同干线连接的接地引下线，并且每根接地引下线均应符合热稳定校核的要求。接地引下线应便于定期进行检查测试。

（4）对于已投运的接地装置，应每年根据变电站短路容量的变化，校核接地装置（包括设备接地引下线）的热稳定容量。对于变电站中的不接地、经消弧线圈接地、经高阻接地等小电流接地系统，必须按异点两相接地故障校核接地装置的热稳定容量。

（5）投运 10 年及以上的非地下变电站接地网，应定期开挖（间隔不大于 5 年），抽检接地网的腐蚀情况，每站抽检 5～8 个点。铜质材料接地体地网整体情况评估合格的不必定期开挖检查。

第十二章　汽轮发电机

第一节　汽轮发电机基本原理与主要技术参数

蒸汽轮机是用蒸汽来推动轮机转动的，它运转的基本原理和常见的风车相似，蒸汽轮机是由一个中央很厚的钢盘及钢盘外沿有很多密排的叶片组成的主体结构。从锅炉里出来的高压过热蒸汽从喷嘴喷到叶片上时，轮机就转动起来，蒸汽速度越大，轮机转动得越快，也就是蒸汽的内能在喷射中变成蒸汽的动能，它的动能又转变为机轴旋转的机械能。

一、发电机的分类方式

1. 按转换的电能方式分类

按转换的电能方式分为交流发电机和直流发电机两大类。交流发电机分为同步发电机和异步发电机两种。同步发电机分为隐极式同步发电机和凸极式同步发电机两种。现代发电站中最常用的是同步发电机，异步发电机很少用。

2. 按励磁方式分类

按励磁方式分为有刷励磁发电机和无刷励磁发电机两类。有刷励磁发电机的励磁方式为自并励和他励式（三级励磁、两级励磁）。他励式发电机的整流装置是在副励磁机定子出线后。无刷励磁发电机的励磁方式为旋转式励磁，旋转式励磁的整流装置是在发电机的转轴上，和转子一起旋转。

3. 按发电机的冷却方式分类

按发电机的冷却方式分为空冷方式（30 万 kW）、全氢冷方式（50 万 kW）、双水内冷方式（水水空，66 万 kW）、定子绕组水冷其余为氢冷方式（水氢氢，110 万 kW）4 种冷却方式。

4. 按驱动动力分类

发电机驱动动力的形式有多种，按驱动力分为以下几种：

（1）风力发电机：风力发电机就是依靠风力驱动发电机转动，产生电流。这种发电机不需要消耗额外能源，是一种无污染的发电机。

（2）水力发电机：水力发电机是利用水流的落差，产生动力，驱动发电机发电，也是利用绿色自然资源发电的设备，又称水轮发电机。

（3）燃油发电机：燃油发电机是依靠柴油或汽油燃烧产生动力驱动发电机组的。使用小型燃油发电机可以起到应急的作用。遇到停电，就可启动燃油发电机发电，以维持正常工作。

（4）汽轮发电机：汽轮发电机是用汽轮机驱动的发电机。由锅炉产生的过热蒸汽（或核反应堆加热水产生蒸汽）进入汽轮机内膨胀做功，使叶片转动而带动发电机发电，做功后的废汽经凝汽器、循环水泵、凝结水泵、给水加热装置等送回锅炉循环使用。

国内发电机采用的技术有以下几种：哈尔滨发电机厂—引用西屋电气公司技术；东方发电机厂—引用日立公司技术；上海发电机厂—引用西屋电气公司技术（其中，100 万 kW 机组发电机为西门子技术）以及北京重型电机厂—引用美国通用电气公司技术。

国内火电发电机组类型通常有以下三种：

（1）国内 30 万 kW 机组等级发电机（含 35 万 kW 机组发电机）主要类型：北京重型电机厂 30 万 kW 机组发电机氢冷器纵向布置在顶部左右两侧，东方 30 万 kW 机组发电机和哈汽 30 万 kW 机组发电机 2 台 4 组背包式氢冷器横向布置在机座顶部两端，上汽 30 万 kW 机组发电机氢冷器放置在汽励两侧四角立式布置。

（2）国内 60 万 kW 机组等级发电机（含 66 万 kW 机组发电机）主要类型：东方 60 万 kW 机组发电机氢冷器在汽励两侧四角立式布置。上汽 60 万 kW 机组发电机、哈汽 60 万 kW 机组发电机 2 台 4 组背包式氢冷器横向布置在机座顶部两端。

（3）国内 100 万 kW 机组等级发电机（含 105 万 kW 机组、110 万 kW 机组）主要类型：东方 100 万 kW 机组发电机 2 台 4 组背包式氢冷器横向布置在机座顶部两端。上汽 100 万 kW 机组发电机 2 台 4 组立式氢冷器布置在汽端转轴两侧。上汽 100 万 kW 机组发电机 2 台 4 组立式氢冷器布置在汽端转轴两侧，其中上汽 100 万 kW 机组发电机体积最小。

二、发电机基础知识

导线切割磁力线能够产生感应电动势，将导线连成闭合回路，就有电流流通，发电机就是基于这个原理工作的。

图 12-1 为最简单的两极同步发电机。定子上有 AX、BY、CZ 三相对称绕组，转子是直流励磁的主磁极。当转子磁极上的励磁绕组通以直流励磁电流时，转子形成 N 与 S 极的主磁极磁场，磁通 Φ_0 从 N 极出来，经气隙—定子铁芯—气隙，进入 S 极而形成回路，如图 12-1 中所示。

若发电机转子由原动机拖动逆时针方向以速度 n 旋转时，主极磁通 Φ_0 会切割定子绕组而感应出对称的三相电动势，其电动势频率表示如下：

$$f = \frac{np}{60} \tag{12-1}$$

式中：n 为转子转速；p 为极对数；f 为频率，Hz。

定子每相绕组电动势的有效值表示如下：

$$E = 4.44 f W K_{\mathrm{w}} \Phi \tag{12-2}$$

式中：W 为每相绕组匝数；K_{w} 为电动势绕组系数；Φ 为每极磁通，Wb。

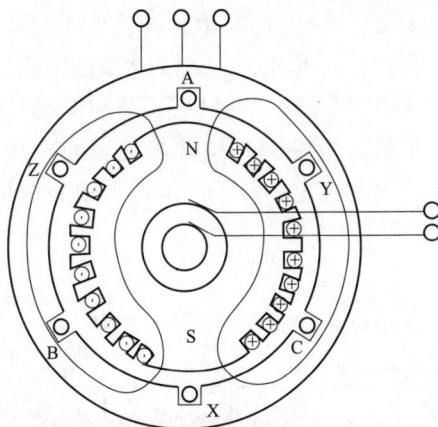

图 12-1　两极同步发电机

每相绕组电动势的波形，取决于气隙磁密沿圆周的分布以及定子绕组的具体结构。电力系统中应用的同步发电机，线电动势波形都具有很好的正弦性。但是，由于高次谐波的存在，实际线电动势波形与正弦波形有一定偏差，只要高次谐波的幅值限制在规定范围内，即可认为线电动势是正弦波形。

当发电机带上负载，三相定子绕组中将产生电流，三相电流又产生一个合成的旋转磁场，该磁场与转子以相同的转速和方向旋转，这就叫"同步"。

发电机是将其他形式的能源转换成电能的机械设备，发电机由水轮机、汽轮机、柴油机或其他动力机械驱动。水流、气流、燃料燃烧或原子核裂变产生的能量转化为机械能传给发电机，再由发电机转换为电能。发电机的形式很多，但其工作原理都基于电磁感应定律和电磁力定律，用适当的导磁和导电材料构成互相进行电磁感应的磁路和电路，以产生电磁功率，达到能量转换的目的。原动机拖动同步发电机带对称负荷稳定运行时，原动机输入到发电机的机械功率称为输入功率。扣除发电机的机械损耗、铁耗和附加损耗后，通过电磁感应、定子磁场相互作用，将剩余的机械功率转变为电功率，称为电磁功率。对于全氢冷及水氢氢冷却方式由于转子采用氢内冷，不会发生水内冷转子的绝缘引水管漏水而导致的故障，运行安全性较水内冷转子高。发电机通常由定子（包括定子铁芯、绕组、机座以及固定部分）、转子（包括转子铁芯绕组、护环、中心环、滑环、风扇及转轴等部件）、端盖及轴承等部件构成。

三、发电机本体结构

下面以 QFSN-600-2 型发电机本体结构为例介绍三相交流隐极式同步发电机，符号说明如下。

QF—汽轮机拖动的发电机；S—定子绕组水内冷；N—转子绕组氢内冷；600—额定功率 600MW；2—极数为 2，即一对极。

发电机由定子、转子、端盖及轴承、油密封装置、冷却器及其外罩、出线盒、引出线及瓷套端子、集电环及隔声罩刷架装配、内部监测系统等部件组成（见图 12-2 和图 12-3）。发电机采用整体全封闭、内部氢气循环、定子绕组水内冷、定子铁芯及端部结构件氢气表面冷却、转子绕组气隙取氢气内冷的冷却方式。发电机定、转子绕组均采用 F 级绝缘。

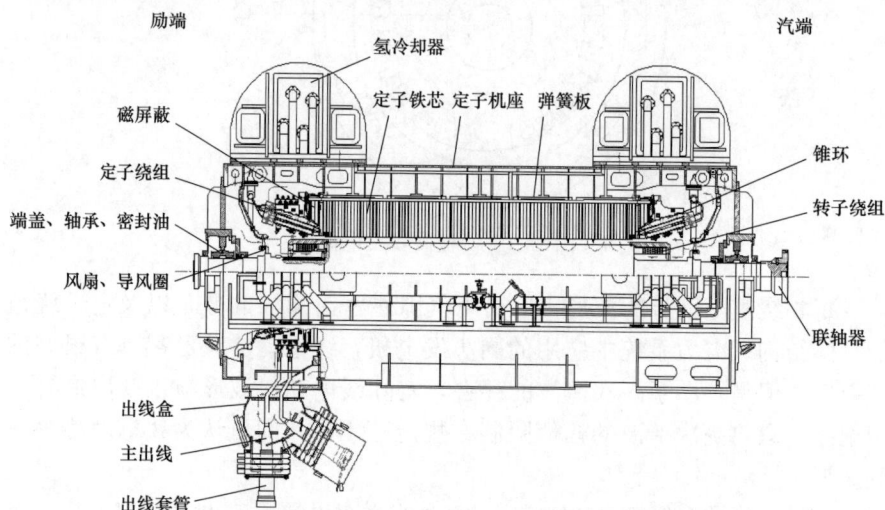

图 12-2　QFSN-660-2 型发电机总装配

图 12-3　QFSN-600-2 型发电机总装外形示意图

发电机还配有机端励磁变压器、静止励磁控制系统及发电机氢、油、水控制系统，发电机的轴承润滑油由汽轮机油系统供给，这些发电机的辅助系统设备结构、原理和性能参数需要参照这些设备的使用说明书专门学习。

四、发电机技术数据

下面以 QFSN-600-2 型汽轮发电机为例，在表 12-1 中列举其技术数据。

表 12-1　　　　　　　　QFSN-600-2 汽轮发电机额定数据表

序号	名称	单位	设计值	试验值	保证值	备注
1	发电机型号		QFSN-600-2			
	额定容量 S_N	MVA	667		667	
	额定功率 P_N	MW	600		600	
	最大连续输出功率 P_{max}	MW	645		（与汽轮机匹配）	
	对应汽轮机 VWO 工况下输出功率	MW	667		（与汽轮机匹配）	
	对应汽轮机 VWO 工况下功率因数		0.9		0.9	
	对应汽轮机 VWO 工况下氢压	MPa	0.4			
	对应汽轮机 VWO 工况下发电机冷却器进水温度	℃	30			
	额定功率因数 $\cos\varphi_N$		0.9		0.9	
	定子额定电压 U_N	kV	20			
	定子额定电流 I_N	A	19245		19300（含励磁功耗）	
	额定频率 f_N	Hz	50			
	额定转速 n_N	r/min	3000			
	额定励磁电压 U_{fN}	V	407			
	额定励磁电流 I_{fN}/空载励磁电流 I_{fo}	A	4145/1480			
	定子绕组接线方式		YY			
	冷却方式		水氢氢			
	励磁方式		自并励静态励磁			
	通风方式		气隙取气			
2	参数性能					
	定子每相直流电阻（75℃）	Ω	1.51×10^{-3}	1.443×10^{-3}		
	转子绕组直流电阻（75℃）	Ω	0.0936	0.0945		
	定子每相对地电容					
	A 相	μF	0.213	0.210		
	B 相	μF	0.213	0.209		
	C 相	μF	0.213	0.2095		
	转子绕组自感	H	0.701			
	直轴同步电抗 X_d	%	215.5	217		
	横轴同步电抗 X_q	%	210			
	直轴瞬变电抗（不饱和值）X'_{du}	%	30.1	30.63		
	直轴瞬变电抗（饱和值）X'_d	%	26.5			
	横轴瞬变电抗（不饱和值）X'_{qu}	%	44.8			
	横轴瞬变电抗（饱和值）X'_q	%	39.5			
	直轴超瞬变电抗(不饱和值)X''_{du}	%	22.3	21.12		
	直轴超瞬变电抗(饱和值)X''_d	%	20.5			

续表

序号	名称	单位	设计值	试验值	保证值	备注
2	横轴超瞬变电抗（不饱和值）X_{qu}''	%	21.8			
	横轴超瞬变电抗（饱和值）X_q''	%	20.1			
	负序电抗（不饱和值）X_{2u}	%	22.1	19.3		
	负序电抗（饱和值）X_2	%	20.3			
	零序电抗（不饱和值）X_{ou}	%	10.1	9.42		
	零序电抗（饱和值）X_0	%	9.59			
	直轴开路瞬变时间常数 T_{do}'	s	8.61	9.01		
	横轴开路瞬变时间常数 T_{qo}'	s	0.956			
	直轴短路瞬变时间常数 T_d'	s	1.058	0.702		
	横轴短路瞬变时间常数 T_q'	s	0.180			
	直轴开路瞬变时间常数 T_{do}''	s	0.045			
	横轴开路瞬变时间常数 T_{qo}''	s	0.069			
	直轴短路超瞬变时间常数 T_d''	s	0.035	0.024		
	横轴短路超瞬变时间常数 T_q''	s	0.035			
	灭磁时间常数 T_{dm}	s	3			
	转动惯量	kg·m^2	38	37.6		
	短路比		0.542	0.54	0.54	
	稳态负序电流 I_2	%	10		10	
	暂态负序电流 $I_2^2 t$		10		10	
	允许频率偏差	±%	+2 −3		+2 −3	
	允许定子电压偏差	±%	5		5	
	失磁异步运行能力	MW				
	失磁异步运行时间	min				
	进相运行能力	MW	600			
	进相运行时间	h	0.95 倍功率因数（超前）长期连续运行			
	电话谐波因数	%		0.15	<1.5	
	电压波形正弦畸变率	%		0.38	<5	
	三相短路稳态电流	%	152			
	暂态短路电流有效值（交流分量）					
	相—中性点	%	594			
	相—相	%	413			
	三相	%	421			
	次暂态短路电流有效值（交流分量）					
	相—中性点	%	649			
	相—相	%	462			
	三相	%	531			

续表

序号	名称	单位	设计值	试验值	保证值	备注
2	三相短路最大电流值（直流分量峰值）	‰	1230			
	相—相短路最大电磁转矩	N·m	2129			
	转子轴电压	V		3	<10	
	轴承绝缘电阻正常/最小值	Ω			>1MΩ	
	最大允许超速	‰	120	120	120	
	失步功率	MW	1012			
	电动机状态运行能力	s	60		60	
	调峰能力		允许 10000 次启停机			
	发电机使用寿命	年	30			
	噪声	dB			<90	
3	振动值					
	临界转速（一阶）	r/min	740	780		
	临界转速（二阶）	r/min	2044	1970		
	临界转速轴承振动值					
	垂直	mm			<0.08	
	水平	mm			<0.08	
	超速时轴承振动值					
	垂直	mm			<0.08	
	水平	mm			<0.08	
	额定转速时轴承振动值					
	垂直	mm			<0.025	
	水平	mm			<0.025	
	临界转速轴振动值					
	垂直	mm			<0.15	
	水平	mm			<0.15	
	超速时轴振动值					
	垂直	mm			<0.15	
	水平	mm			<0.15	
	额定转速时轴振动值					
	垂直	mm			<0.076	
	水平	mm			<0.076	
	定子绕组端部振动频率 f_v	Hz		$f_v \geq 115$ 或 $f_v \leq 94$		
	定子绕组端部振动幅值	mm			<0.25	
	轴系扭振频率（发电机—滑环轴）	Hz	58.6 110.03	$f_v \geq 55$ 或 $f_v \leq 45$ $f_v \geq 105$ 或 $f_v \leq 95$		
4	损耗和效率（额定条件下）					
	定子绕组铜耗 Q_{cu1}	kW	1692	1603.3		
	定子铁耗 Q_{fe}	kW	579	580		
	励磁损耗 Q_{cu2}	kW	1612	1595.8		

续表

序号	名称	单位	设计值	试验值	保证值	备注
4	短路附加损耗 Q_{Kd}	kW	772	833.3		
	机械损耗 Q_m	kW	1320	1320		
	励磁变压器+整流柜	kW	64	64		
	电刷摩擦耗+风扇耗	kW	46	46		
	总损耗 ΣQ	kW	6085	6042.4		
	满载效率 η	%	99.00	99.01	99.00	
5	绝缘等级和温度					
	定子绕组绝缘等级		F		F	B级使用
	定子绕组 THA 工况下绕组出水温度	℃	71	70	≤85	进水按50℃计
	定子绕组 T-MCR 工况下绕组出水温度	℃	73.4	72.3	≤85	
	定子绕组 VWO 工况下绕组出水温度	℃	74		≤85	
	定子绕组 THA 工况下层间温度	℃	77	76	≤100	
	定子绕组 T-MCR 工况下层间温度	℃	78.4	79	≤100	
	定子绕组 VWO 工况下层间温度	℃	79		≤100	
	定子铁芯绝缘等级		F		F	B级使用
	定子铁芯 THA 工况下最热点温度	℃	88	91	≤120	进风按46℃计
	定子铁芯 T-MCR 工况下最热点温度	℃	91	94	≤120	
	定子端部结构件 THA 工况下温度	℃				
	定子端部结构件 T-MCR 工况下温度	℃			≤120	
	定子端部结构件 VWO 工况下温度	℃				
	转子绕组绝缘等级		F		F	B级使用
	转子绕组 THA 工况下温度	℃	90	86	≤110	
	转子绕组 T-MCR 工况下温度	℃	95	91.7	≤120	
	集电环温度	℃		70	≤120	

328

续表

序号	名称	单位	设计值	试验值	保证值	备注
6	冷却介质的压力、流量和温度					
(1)	定子水冷却器					
	定子线棒冷却水流量	t/h	105			
	每个冷却器百分比容量	%	100			
	定子冷却水进口水温	℃	46~50		≤50	
	定子冷却水 THA 工况下出口水温	℃	71	70	<85	
	定子冷却水 T-MCR 工况下出口水温	℃	73.4	72.3	<85	
	定子冷却水 VWO 工况下出口水温	℃			<85	
	定子冷却水电导率	μS/cm	0.5~1.5			
	定子冷却水压力 P	MPa（g）	0.15~0.2			
	定子冷却器堵管率	%	5			
(2)	氢气冷却器（B10）					
	气体冷却器数目		2 台 4 组			
	每组冷却器百分比容量	%	25			
	退出一组冷却器发电机出力	MW	480			
	气体冷却器进水温度	℃	38			
	气体冷却器出水温度	℃	43			
	气体冷却器水流量	t/h	900			
	发电机进口风温	℃	46~48			
	发电机 THA 工况下出口风温	℃			≤80	
	发电机 T-MCR 工况下出口风温	℃			≤80	
	发电机 VWO 工况下出口风温	℃			≤80	
	额定氢压	MPa（g）	0.4			
	最高允许氢压	MPa（g）	0.5			
	发电机机壳容量	m³	90			
	发电机漏氢量（保证值/期望值）	N·m³/24h	10/9	7.6	10/9	
	氢气干燥器形式		冷冻式			全自动
(3)	密封油系统					
	轴承润滑油进口温度	℃	35~45			
	轴承润滑油出口温度	℃	<70		<70	
	轴承润滑油流量	L/min	930			
	密封瓦进油温度	℃	40~49			
	密封瓦出油温度	℃	≤65			
	密封瓦油量					
	氢侧	L/min	51			
	空侧	L/min	220			
	密封瓦温度	℃	<90		<90	

续表

序号	名称	单位	设计值	试验值	保证值	备注
7	主要尺寸和电磁负荷					
	定子铁芯内径 D_i	mm	1316			
	定子铁芯外径 D_a	mm	2673			
	定子铁芯长度 L_i	mm	6300			
	气隙（单边）g	mm	93			
	定子外壳压力	MPa	1.0	1.0	1.0	
	定子槽数 Z_i		42			
	定子绕组并联支路数 a_1		2			
	变电站定子绕组尺寸 $m \times h$—壁厚	mm	4.7×7.5−1.35			
	实心定子绕组尺寸 $m \times h$	mm	2.24×7.5			
	变电站每槽线圈股数		上层 4×5，下层 4×4			
	实心每槽线圈股数		上层 4×10，下层 4×8			
	定子电流密度 J_1	A/mm²	上层：8.5，下层：10.6			
	定子线负荷 A_{st}	A/cm	1955			
	定子槽主绝缘单边厚度	mm	5.4			
	定子总质量	t	320			
	定子运输质量	t	345			
	定子运输尺寸 $L \times W \times H$	mm	10520×4020×4350			
	转子质量	t	66			
	转子外径 D_2	mm	1130			
	转子本体有效长度	mm	6250			
	转子运输长度 L_2	mm	12420			
	转子槽数		32			
	转子槽尺寸 $m \times h$	mm	平行梯形槽			
	转子每槽线匝数		8			
	每匝铜线尺寸 $m \times h$	mm	多种规格			
	转子电流密度 J_1	A/mm²	9.23			
	定子槽绝缘单边厚度	mm	1.3			
	气隙磁密 B_s	Gs	10160			
	转子匝间绝缘厚度	mm	0.4			
	护环直径 D_K	mm	1228			
	护环长度 L_K	mm	825			
	集电环外径	mm	380			
8	主要材质和应力					
	定子硅钢片型号		50W290			
	硅钢片厚度	mm	0.5			
	铜线型号		无氧铜空导			
	转轴材料型号		25Cr2Ni4MoV			
	转轴材料脆性转变温度 FATT	℃	≤−23			

续表

序号	名称	单位	设计值	试验值	保证值	备注
8	转轴屈服极限 σ_s	N/mm²	≥650			
	转轴屈服极限 $\sigma_{0.02}$	N/mm²	≥620			
	转轴安全系数 K		1.8			
	转子铜线型号		含银无氧铜排			
	转子铜线屈服极限 σ_s	N/mm²	≥240	转子铜线屈服极限 σ_s		
	护环材质型号		Mn18Cr18	护环材质型号		
	护环屈服极限 σ_s	N/mm²	≥1030	护环屈服极限 σ_s		
	护环安全系数 K		>1.6	护环安全系数 K		
	转子槽楔材质型号		铍钴锆铜＋LY12CZ			
	集电环材质		40Cr2MoV			
	电刷材质		NCC634			
	定子冷却水系统密封材料		聚四氟乙烯			
	定子冷却水管更换周期		2个大修期			
9	发电机综合尺寸					
	长度（包括滑环轴）	mm	15251			
	宽度（包括发电机底座）	mm	6448			
	高度（包括发电机底座）	mm	8278			

第二节 汽轮发电机日常维护

一、发电机充氢置换和排氢置换

（1）发电机充氢置换和排氢置换。必须使用中间介质间接置换，一般建议使用 CO_2 进行置换。考虑 H_2 易燃易爆的特点，在不能保证绝对安全的情况下，严禁使用真空充、排氢法。

（2）充氢顺序。先用 CO_2 驱赶机内空气，再用氢气驱赶机内的 CO_2，最后升高氢压。

（3）排氢顺序。发电机排氢顺序与充氢顺序相反。

（4）发电机充氢和排氢的技术操作步骤。发电机充氢和排氢的技术操作步骤详见氢气控制系统产品说明书，在充氢和排氢过程中应使被驱赶气体（空气除外）维持一定的压力。

二、轴承和油密封装置的维护

（1）发电机轴承润滑油回油温度、润滑油油压及流量，由装在进油管路上的节流孔板和改变进油温度来控制和调整。

（2）发电机油密封装置的密封油流量及回油温度由外部密封油控制系统调节控制。

（3）在机组运行过程中，为避免轴电流损伤轴颈表面、轴瓦及密封瓦内表面，必须保证对轴承及油密封装置的绝缘进行严格的维护。发电机轴承及油密封装置所使用的全部绝缘零件（如垫板、垫圈、套管等）应注意不得脏污。如有脏污须用挥发性溶剂清理或擦净。

（4）不允许被绝缘的轴承和油密封装置通过任何金属物或其他导体接地。

（5）每月至少测量一次转子端头之间以及轴承与大地之间的电位差-轴电压，以评价轴承绝缘状况。通过引出端子定期检测励端轴承座及轴承止动销、轴承顶块、间隔环的对地绝缘，并将测量结果记录存档。

（6）在确保轴承、油密封装置达到规定绝缘水平的同时，要对大轴接地装置进行定期检查和维护。

三、集电环和电刷的维护

（一）概述

电刷在高度抛光的集电环上运行，其最优运行工况为集电环及电刷零振动、运行温度不超过 $100℃$，冷却介质无灰尘及污染。虽然在实际运行中不能满足所有这些条件，但越接近这些条件越好。同时，要保证集电环及电刷具有良好的运行性能还有赖于以下因素：

正确的安装和首次运行（发电机小轴、隔声罩刷架及隔声罩的安装工艺参考厂家随机安装说明书）。如果安装出现错误，即使在其他条件比较优良的状态下，也未必能保证集电环的优质性能，为此。启动前和启动中应对下列各项进行检查。

（1）集电环应满足图纸要求的粗糙度；环上应无斑纹、锈蚀、脏污和油类。油和脏污可用汽油清除，油污清除后用酒精清洗，然后用干布擦去残留的水分。清洗时要特别小心以防液体滴入绝缘部件。环上应避免留下手印或指印，因为这样的印记所留下的身体水分会引起锈蚀。如果在处置过程中电刷的支撑面出现划痕或小的破损，要手工用细砂布磨平。

（2）安装刷握时，应参考发电机外形图确认刷握适当的轴向位置。以保证正常负荷条件下当汽轮发电机转子膨胀时电刷能够完全置于集电环上。也能够确保集电环与风扇罩、风扇与风扇罩间隙满足图纸要求，至少保证运行中不会相互接触碰磨。在某些情况下，在合格的启动状态中，离汽轮机最远的环边缘附近的电刷要求可能与环岔开达 1/2 电刷宽度。保持弹簧与集电环之间的径向距离应为 $2\sim4mm$ 或满足刷盒底面距离集电环 $5\sim7mm$。间隔过大会使电刷得不到适当支撑，在运行中切向力作用下折断，降低其使用寿命。

（3）刷盒与电刷应充分接触、清洁而无任何障碍。电刷安装后应能够活动自如。新电刷和刷盒之间的间隙推荐为单面 0.10mm，并要求运行前必须对其进行检查。在刷盒中一次插入一个电刷，如果不能自由移动，则检查刷盒内表面及电刷的外表面来确定有关原因并修理。修理电刷时必须用铺在平板上的细砂纸研磨，以保证其与刷盒间的平行度；刷盒内表面的修理采用机械加工方式进行处理，要同时满足粗糙度及平面度要求。

（4）投入运行前，电刷与集电环接触面积应在 80% 以上。如不满足接触条件需要研磨时，可以采用人工方式用砂纸或任何一个可旋转的滚筒或固定器替代集电环黏合工业砂纸的方法对其进行研磨。研磨的砂纸尽量不用普通砂纸，因为工业砂纸相对普通砂纸其沙粒固定更好，不容易像普通砂纸一样被电刷黏着。同时，研磨集电环时禁止采用在集电环与电刷之间放入砂纸的方法来修整刷面的方法，因为这样可能擦伤环的抛光或使沙粒进入环槽并在以后摔入刷面。电刷研磨完成后应注意检查研磨刷面上有无嵌入磨料。

（5）为了延长集电环的寿命，要经常更换两极极性，对于运行时间比较长（通常指十年以上）的机组更是如此。一般通过颠倒整体母线的连线来实现。同时也需要在励磁控制装置中做相应的改变。

（6）防止和清除基座顶部、地面或其他地方的油的蓄积，它们可能会被气流吸收并以雾气的形式带至集电环，这一点非常重要。油和炭末的聚集会降低集电环的对地绝缘并影响电刷氧化膜的有效性。在施工阶段，进风区域可能会聚集对集电环运行有害的脏污或水泥灰尘。因此，可考虑增加一套临时滤网，机组运行正常后进行更换或移除。

（7）在启动前，有必要进行彻底的清扫，避免有水泥灰尘、沙粒、油或其他建筑碎屑的聚集物堵塞入口空气影响气体流量，造成因通风不畅而使集电环等部件快速发热。同时，相应的杂质进入集电环后会对其表面造成冲击，使集电环表面受损而影响其正常运行。

（二）集电环、电刷的运行维护

集电环在运行中会出现磨损，其磨损率取决于电刷氧化膜的有效性。在良好的运行条件下环的磨损率相当小。集电环的磨损主要由于电刷的机械研磨以及电刷电流引起的电或电弧侵蚀。在两者中，电磨损通常是较大的。通常的结果是机械磨损在集电环外表面形成一个或更多凹痕而使电刷滑动接触面发生变化，小电弧开始加速磨损。如果继续使用，那么电弧热量会增加电刷的摩擦，集电环上的凹痕逐渐加深，造成电刷振动加大而使其损伤和破裂。在此情况下，要经常检查电刷的跳动情况来确认集电环的表面是否磨损。如果出现磨损，可以定期对集电环表面进行修整来纠正这种状态，对其进行常规维护。同时，应注意查找集电环表面恶化的原因并加以纠正。一般情况下，集电环直径可减小至一定的尺寸，如果因重大问题需要对集电环进行大尺寸切削时，应与制造厂联系对其进行尺寸确认。

电刷磨损在运行中因电刷材料、弹簧压力、磁场电流负荷、冷却空气温度、集电环空气通路的清洁度、冷却空气中脏污的类型和数量、环膜、环极性、电刷振动幅度和频率、运行速度等影响，在运行中电刷磨损有明显的差别。一般情况下，电刷的典型平均寿命为 3~5 个月，而正极环上的电刷磨损相对另一极更快一些。为了保证电刷良好的使用性能，推荐的电刷恒压弹簧的压力在 12~15N（1N＝1kg·m/s^2）的范围内，并使电刷的振动值在合理的范围内。过大的振动可导致电刷反弹、电弧，最后形成闪络。这样，要求运行中必须监控电刷振幅和频率。一般来说，在 3000r/min（转/分）的集电环上小于 0.15mm 的电刷振幅可达到合格运行性能。电刷和集电环表面振动可通过在绝缘棒顶部安装一个振动探测器（加速计等）并将绝缘棒小心放置于接触电刷顶部表面来测量。

（三）定期检查

（1）集电环的日维护包括：①检查火花；②电刷振动及消除；③电刷的松动、磨损或氧化发蓝的铜辫线的更换；④灰尘或油的检查清理；⑤原先状态发生的变化；⑥短电刷更换。

运行中的电刷磨损到其顶部仅高出刷盒上设置的观察槽底约 3mm 时，应更换新电刷，所有的电刷应采用同一牌号。新电刷开始使用前必须进行磨弧，然后才允许投入使用，磨弧专用工具按集电环、电隔声罩刷架装置仿制。

（2）集电环的周维护如下：

1）检查过热。

2）逐点检查振动并记录。

3）逐点检查电刷的拆除。

4）检查电刷弹簧和连接。

5）检查异常电刷并更换。

6）检查空气过滤器。

7）检查电刷的活动情况。

用提刷的方法检查鉴定电刷在刷盒内上下是否自由活动，有无卡刷和电刷焊附在刷盒壁的现象（电刷与刷盒配合的间隙太小会产生卡刷现象。电刷受力不合理时，会产生电刷焊附现象，当电刷在工作时上下微动，电刷与刷壁之间的接触电阻逐渐降低达到一定程度时，由于热和电的作用，电刷就黏附在刷盒上而失去了上下活动的能力）。当发生有卡刷和电刷焊附现象时，应立即研磨电刷和清理刷盒内壁，使电刷恢复上下自由活动的能力。

8）检查电刷的连接状况。检查电刷是否有脱辫现象，装配时的固紧部件是否松动现象，导线是否有氧化、烧断股线现象等。电刷的接触面要求和集电环表面相吻合。在运行期间由于发热或振动的影响而使刷握、刷辫的螺钉发生松动时，应立即予以紧固。

9）检查隔声罩内环境状况。可用压缩空气和吸尘器清理集电环、隔声罩刷架装置附近特别是绝缘部件上的炭粉及灰尘，以避免减低励磁回路的绝缘电阻。注意隔声罩内的座式轴承下绝缘垫片表面及周围也不许附着碳尘、灰尘和油污等。

（3）集电环的停机维护如下：

1）记录每个刷径的偏差。

2）检查磨损部件并更换。

3）检查螺栓紧度。

4）清除脏污和灰尘。每次停机期间，应清除集电环通风沟、孔内的炭粉等粉尘，以免影响通风效果。同时应特别注意检查集电环底部（运行中不易检查）的电刷情况。

5）检查空气通道。

6）更换集电环极性。为了使两集电环的磨损均匀，每隔一段时间（至少每年一次）将发电机的集电环极性交换。如集电环有凸凹点及变形偏心，应进行处理。对于集电环表面的凸凹点，轻者用细砂布打磨（用专用木瓦辅助）；由划伤或灼伤造成较严重的凸凹点，用重新精车的方法处理。

需要注意的事项：①使用制造厂规定的电刷，如需更换，需制造厂进行计算及认可；②在每次检修维护对集电环进行清理时，必须将清洗剂清除，不能残留在集电环上；③电刷更换时，应注意使用同一牌号、同批次电刷，不同牌号电刷不能混用，每次更换数不超过6；④电刷长度尽量统一，避免长短偏差较大的电刷一起使用。

四、氢气冷却器的维护

（一）设计要求

（1）氢气冷却器投入工作时，必须根据其技术数据及技术要求保持额定的运行方式。

（2）运行中不允许受到水的冲击。

（3）不允许发生冷却水温急剧变化的情况。

（4）不允许使用不符合冷却器标准的腐蚀性化学物质，不能使任何颗粒进入冷却器中。

（5）为防止腐蚀或脏污，每年应清理一次水室、盖板、管板表面（并涂防腐层）。根据冷却水的状况定期清理冷却水管内表面。

（6）发电机拆开检修时，应将氢气冷却器抽出进行外部检查和清理，检查密封件、冷却水管散热片的状况。必要时应将冷却器用蒸气和热水清洗散热片，随后用干燥空气吹干。

（7）每次检修和清理之后，应进行0.8MPa（表压）的耐水压试验，历时30min。

（8）发电机长期停机且不需要投入冷却器时（超过5昼夜），建议将冷却器内部的水排净或吹干。

（二）运行中维护

（1）由于冷却器是并行连接，就有可能使冷却器出现局部或完全气塞。为了避免这种情况，必须采取空气排除措施。通过连接端的排气孔排放水中的气体至漏斗或其他排放孔，当排放口处出现连续水流时，表明冷却器二次水循环正常。

（2）在氢气区域外部的冷却器部件，如水室等，在对其进行泄漏管封堵、重新滚压管子处理冷却水管胀口、拧紧或更换垫圈、清洗冷却器冷却管等正常维护或修理工作时，可以不拆发电机冷却器进行上述工作。但在冷却器段发生故障并对其进行处理时，应切断这个冷却器的水流并使冷却器排水。此时发电机应按一组或多组冷却器关闭情况下规定的运行等级（80％负荷）运行，并逐步排放发电机内的氢气直至氢气全部清除为止。

（3）需要注意的事项：①发电机运行，机壳内有氢气的情况下维护和修理冷却器是极端危险的，不应该试图进行这类维护和修理作业；②只有在发电机中的氢气排空后才能修理冷却器。

五、水管修理和清洗

（一）泄漏冷却水管修理

如出现冷却器水管漏水必须对泄漏水管进行修理时，应切断该冷却器的进水并使冷却器排空。在发电机内的氢气排空后，通过测试查找出现故障的冷却水管。并通过酚醛塞或软木塞或锥堵等将冷却水管的两端塞住。一般情况下，如果水温和冷却水管的内壁处于正常状态，并且塞住的冷却水管不是集中在某一区域内，即使有5％冷却水管封堵的情况下也能满足机组的运行要求。此时，这些无效的水管不会对冷却器性能造成太大的危害。如果现场出现5％～10％的冷却水管出现问题需封堵时，可以结合运行中的风温、绕组温度等参数对其试验性的封堵。10％以上的冷却水管出现问题时，应考虑及时更换冷却器。

（二）冷却水管清洗

定期清洗冷却水管，一方面能够提高氢气冷却器的热传递效率，另一方面通过清除引起腐蚀的沉积物和障碍物也可以防止冷却水管的腐蚀。清洗的频率取决于当地循环水的条件，并在一定程度上与其他热交换器的清洗问题有关。如果必须在运行期间清洗冷却器，可每次使一个冷却器退出运行进行清洗而不必完全关停整个机组。在一个冷却器退出运行情况下，冷却器可能承担的最大负荷必须限制在发电机数据表给出的数值内。如果管板周围的氢气密封未破坏，则不必要清除氢气。一般情况下，用高压水或水和高压空气喷洗非常有效。但要获得更加有效的清洗效果，可根据实际情况特别设计橡胶塞、纤维刷或尼龙刷用高压水压缩空气送入管子进行清洗。对于较难处理的脏污，通常可使用带有尼龙鬃的电动旋转刷达到满意的清洗效果。虽然氢气冷却器比较适用于机械清洗，但也可选择化学清洗。通常要选择使用适当的清洗剂去除管内的脏污。

（三）需要注意的事项

（1）不应该使用金属刮板塞、钢丝刷和会破坏这层薄膜并擦伤管子金属表面的类似工具。

（2）清洗、修理时，冷却器的管板外部和板表面不要弄脏或破损，否则会影响氢气冷却器的冷却性能。

（3）用清洗剂对冷却器进行清洗时，应在对清洗剂等化学物品比较熟悉的专家严格监督下进行。

六、转子的维护

（一）概述

发电机转子属发电机重要组成部分，因此制订和执行发电机的维护程序的方法是非常必要的。因用户不同其维护检修存在一定的差异，在指导用户进行检修维护时应结合以下因素制定相应的检修维护范围：①机器的年龄以及预期使用寿命；②机组运行中转子自身状态，以及被迫停机的后果，可以根据实际情况等待检修或维持运行，直到进行下一次检验时才做处理；③必须立即停机进行检查维护的，则应立刻停机；④随着工艺不断进步，技术改进的持续进行，对老机组的检修维护中应指明改进范围，只要有可能，可建议用户将改进工作与正常的维护检验一同完成；⑤在检修维护时，应根据检修维护范围帮助业主预先制订材料计划，预先考虑工作范围及工器具准备等，以保证业主在合理的控制工期内确认检验时间；⑥由于每台发电机均有一套专用的转子装配图纸，在开始进行任何作业前，除了要对全部组装图进行研究外，还要对其装配图进行研究。避免根据经验对不同类型的发电机进行统一操作。

（二）检查频率

建议在投运后的第一年底对发电机转子进行一次完整的检验。以后每次检验的间隔长短可能不同，但是建议间隔一般为3～5年，《燃煤火力发电企业设备检修导则》（DL/T 838）建议间隔一般为4～6年，同时根据上一次检验中发现异常情况或制造厂商给出的建议确定时间间隔，也可以选择不到3年打开发电机，做到机组的状态检修。

需要注意的事项：①拆卸转子时应小心操作，避免损坏电枢扇形片或绕组、定子和转子机加工表面或集电环、风扇、轴颈或转子上的护环；②转子拆下后，用木块进行支撑，木块放置在转子本体的磁极区下面，或放置在轴颈下面，按照转子组装和拆卸图所示对它们先进行防护处理。不要在线圈楔槽区或护环处支撑转子。

（三）转子部件的检查

每次运行后停机时，必要时，应对发电机转子的联轴器、轴径、转子本体和护环、槽楔等进行外观检查、绝缘试验，根据实际情况进行必要的维护。

1. 转子清洗

清洗前，参看"清洗和清洗液"说明。任何清洗剂对于绝缘漆或多或少都是一种溶剂，因此应避免大量使用这些清洗液。而且清洗剂与绕组接触的时间不应超出清除油剂和脏污所需要的时间。在许多情况下，清洗液可通过喷洒的方式施加于绕组，从而代替使用刷子或擦布。喷嘴应接近机件以获得清洗最佳效果。使用任何清洗液的目的都是为了软化积聚的杂质。因此，清洗时每次湿润一个小的区域，然后在溶剂还未干燥、积聚的脏污未重新变硬前将其擦抹干净。进行了上述清洗时，尽量较少使用清洗液，这样可降低火灾危险，同时也将清洗工的工作量减少至最低限度。根据油剂和脏污的程度，可能需要施加 2～3 次清洗液，应在每次施加清洗液后将部件擦干。如需要进行手工刮擦，应使用木棍而不能使用金属刮具，以免损伤绝缘或机加工表面。

集电环、刷握以及它们的壳体内部也应用上述的材料和方法进行清洁处理。首先清除所有松动的尘土聚积物和碳尘，并用压缩空气吹掉。然后使用干净布和清洁剂来清除所有能够到部位的残留尘土、灰尘或油膜。保证集电环、刷握、碳架等处全部清理干净。

2. 检查、检修范围

除对转子进行必要的清洗及对转子的状态进行外观检查外，还应进行必要的电气试验，对转子的状态的进行确认。详细的检查检修范围见转子的检修。

七、定子的维护

（一）内部供水管路的维护

（1）要求所有的水路密封垫应满足电力系统的二十五项反事故措施要求，发电机内的金属软管等处的密封垫聚四氟乙烯垫或紫铜垫。

（2）在运行中，应定期观察水箱内含氢情况，并根据实际情况对内冷水管路进行试验或维护（装设漏氢监测装置测点）。

（3）应特别注意水路中瓷套端子处的密封垫、密封圈的定期更换。

（4）当机组进行氢气置换后，在进入发电机内检查时或拆下发电机端盖时，应对发电机内部定子绕组供水管路的金属软管和波纹补偿器进行检查并及时更换，否则会留下故障隐患。

（5）中性点母线板、绝缘子等处应定期进行外观检查、气密、水压检查，及时发现并处理问题。

（6）应根据图纸的要求，确认发电机"定子引出线内冷水回水管"的外部连接满足随机图纸要求，一般要求此管路应从发电机出线盒侧面的接口引出，经内径为 38mm 的不锈钢管接至随机图纸发电机汽端的定子绕组供水管排水接口，经汽端汇流管后，从汽端汇流出水回到内冷水箱，请按要求对此管路的连接及管首的内、外径进行测量。在每次检修或巡检时，应注意该段管路上的流量计、阀门等必须常开，以保证机组的正常运行。

（二）气隙隔板拆装及维护

（1）安装转子前应清洁所有气隙隔板安装螺栓，除去所有脏污和油脂。检查并清除毛刺。最好用保护套管保护好隔板螺栓的螺纹，在转子就位后将其拆下。

（2）在每次安装前后，应检查气隙隔板的内径尺寸保证满足图纸的安装要求。

（3）所有的气隙隔板螺栓、螺母需要涂胶，必须按照图纸的涂胶要求进行涂胶。

（4）在穿、抽转子时，注意应通过热吹风加热的方式，将厌氧胶加热后，再松动气隙隔板的锁紧螺母。

（三）铁芯的检查及维护

（1）为避免铁芯松动故障的发生，应充分利用机组停机、检修等机会重点对定子铁芯内膛表面（主要是边段铁芯）和铁芯背部进行检查：当铁芯齿部、背部出现铁红色油污时，可判定铁芯处于早期松动阶段；当铁芯齿部出现大量黑色油泥状物，齿部外观有松动现象时，可判定铁芯处于严重松动阶段。当定子铁芯出现松动后，要及时对油泥状物进行化验，同时检查铁芯的松动程度。检测手段：多数采用铁损试验和发电机绝缘过热报警装置进行故障判断。但是，这两种检测方法都是被动式的诊断方法，即只有当铁芯出现故障后才能被检测发现，因此，在发电机定子铁芯故障的早期诊断及预防上，应以检查为主，测试为辅。无论利用哪种方法对发电机定子铁芯进行故障诊断，都应结合多方面的检查结果进行综合分析，特别应重视对油泥状物的化验结果进行分析，以便及时准确地判断铁芯故障。

（2）除了上述检查外，在停机或检修中还应对铁芯及其紧固件等进行以下方面的检查：

1）定子铁芯经吹扫、清理后，应清洁无垢、无灰尘及粉末。

2）检查铁芯各部位有无因松动引起矽钢片间相互碰磨产生粉末、油泥等情况出现。

3）检查铁芯是否存在锈蚀、磕碰伤的情况。

4）齿部叠片密实紧固。通风沟通畅无阻，工字钢紧固无位移，工字钢两侧冲片无倒塌变形。

5）检查两端阶梯形边段铁芯有无松动、过热、折断和变形。检查两端铁芯压圈环是否有过热、变形及松动现象。

6）检查各部通风孔是否有堵塞，各通风孔应干净。

7）检查定位筋螺母及穿心螺杆螺母是否有松动、磨损等现象。

8）检查运行时铁芯是否存在异常声音。

9）铁芯背部风区挡风板应无变形、开焊、脱落。铁芯背部叠片应紧固牢靠，无过热症状。测温元件的连线无脱落，固定牢靠。

10）检查铁芯背部夹紧环等处的螺栓、锁紧绳是否松动，并进行有关处理。

（3）铁芯的检修。

1）发现铁芯表面有锈斑或氧化铁粉末时，可用压缩空气吹扫，再用木片或竹片制作的铲子状工具，清除锈斑痕迹，最后用毛刷清理干净后刷绝缘漆。

2）若铁芯片间绝缘损坏较严重，可用合适的螺栓刀或专用插漆刀轻轻撬开矽钢片，一般每隔3～4片撬开，用干燥清洁的压缩空气彻底吹扫，再用四氯化碳进行清洗，灌入绝缘漆或环氧胶（环氧胶配方为6101环氧树脂：650聚酰胺为1∶1，再用甲苯稀释到所需浓度）；然后在每两片矽钢片间塞入天然云母薄片，塞入深度越深越好，待完全自然固化或加热固化后，剔除挤出的多余的绝缘漆。注意处理过程勿损伤线圈绝缘。如短路部位较浅，又无法撬开叠片时，可用手提砂轮机顺径向打磨铁齿，直至消除短路部位为止。处理时，应用布条塞堵通风沟，并用强力吸尘器不间断地吸出铁末。

3）若铁芯表面有局部短路现象，在其周围用医用棉或腻子将缝隙塞严，用30％～35％浓度的硝酸溶液，反复用毛刷进行刷洗，当溶液出现铁红色说明硝酸和矽钢片中的铁元素发生了化学反应，生成了硝酸铁和硝酸亚铁悬浮在溶液中，当溶液变为深红色后，用医用棉球擦掉，使用蒸馏水反复擦洗，注意水不得漏到线圈上。然后再用同样硝酸溶液刷洗，重复上述过程，至铁芯试验合格为止。由于矽钢片绝缘漆和线圈绝缘材料均是黄绝缘呈现酸性，所以稀硝酸不会同它们发生化学反应，虽然如此，但也不准许将硝酸滴漏到线圈和其他铁芯上。处理时，也可以使用磷酸替代硝酸，方法相同。在硝酸或磷酸刷洗处理不掉的情况下可以用电解法进行处理。

4）若矽钢片齿根部出现金属疲劳，应设法将其除掉，以免运行中脱落引起后患。如矽钢片倒伏，但无金属疲劳时无须扶直。因矽钢片硬度大，扶直处理后可能会使其根部断裂。发现硅钢片倒伏，可扶直。但注意勿因扶直处理导致其根部断裂。如倒伏的冲片，疑似齿根处金属疲劳造成，应将该片拔除，防止在运行中脱落后损伤线圈绝缘。

5）若发现铁芯有多处机械损伤及过热痕迹，应进行铁芯发热试验，查明过热点加以消除。背部挡风板变形时，可捶打校直。对开焊、脱落的挡风板需补焊。补焊前应做好防止人身感电、防火和防熔渣飞溅的措施。施工地点铺好石棉布，进入机壳内施工人员穿绝缘衣帽、戴绝缘手套，电焊把线接头用绝缘布包好，工作地点设专人监护，在出口处设专人控制电源开关，并装设内外联系的通话设备。开工前，从机壳内死角处取样比验，气体中含氢需小于1％，并应备好灭火器。补焊结束后应彻底清理现场，焊渣用面团沾净，带进机内的屯焊条应清点数量拿出，不得遗留。

6）背部发现铁芯锈斑或红色粉末，可用前述方法处理。

7）如发现铁芯轭部松动，可从背部塞入云母片或楔片处理。楔片厚 2～3mm，宽度略宽于通风沟内两根小工字钢之间的距离，前端锉成斜面。长度不超过轭部高度。从叠片与风道片的小工字钢之间将此种楔片塞入撑紧。

8）测温元件的连线用万用表测量应无断路或短路，否则应查明原因加以处理。用 500V 绝缘电阻表测检温计回路，绝缘电阻应大于 1MΩ。出水温度测温元件对汽侧汇水管的绝缘，用 250V 绝缘电阻表测不应小于 1MΩ。如查出外部回路绝缘损坏，应局部或全部更换引出线；如属测温元件绝缘损坏，检修中又无法处理时，可在槽入口处剪断导线，留下 500mm 长的线头，并对线头进行处理，保证其可靠的对地绝缘，留待以后有机会时再更换。

9）如属因定位筋、穿心螺杆松动引发的定子铁芯的齿、轭部出现松动，应采用厂家制订的专用工艺对定位筋螺母进行紧固。

（四）定子端部及绕组的检查、维护

定子端部及绕组的检查、维护与转子的检查同等重要。其检查频率为第一次检修一般要在一年内进行。以后每隔六年进行一次大修。大修时进行发电机端部模态试验，执行《隐极同步发电机定子绕组端部动态特性和振动测量方法及评定》（GB/T 20140）。定子绕组端部起晕试验，起晕电压满足《隐极同步发电机技术要求》（GB/T 7064）的规定。

1. 定子槽楔的检查处理

（1）因运行中各种应力和振动作用、线圈的弹性形变以及绝缘材料的自身挥发、收缩，都会对定子槽楔的松紧度会产生影响。因此在机组检修、维护中应对定子槽楔的松紧度进行检查。一般此项检查在机组运行一年时必须进行，并根据检查情况对定子槽楔进行相关处理。

（2）外观检查槽楔应无过热、无黄粉、无油泥、无断裂等情况。

（3）若槽楔需要处理时，应使用专用工具敲打槽楔。并注意进入铁芯及在槽口施工时，应垫上绝缘纸板或橡胶板，保护线圈端部绝缘以免损坏。

（4）用专用槽楔松紧度测量仪测量槽楔松紧度时，槽楔小孔深度最大与最小的差值应在 0.25～0.64mm 中间。无孔的槽楔应使用硬度仪测试其硬度，来检测槽楔的松紧度，一般要求其硬度在 700Leeb 以上为合格。

（5）如定子槽楔存在破损、松动情况，需重配槽楔，加固所有紧固件，并装好止动件。松动的槽楔应加垫垫条或更换局部波纹板、槽楔。

2. 绕组端部的检查和修理

检查绕组端部及支承绑扎部件是否有油垢，如有油垢，可能因油密封处存在问题，向发电机内漏油而成的，应先清除油垢（应注意保护好绕组绝缘），并用干净的白布浸清洗剂进行清洗。

（1）检查线圈手包绝缘是否有膨胀、开裂现象，造成膨胀、开裂的原因大概有两个。一是由于绝缘包扎不紧密、硅橡胶带老化造成绝缘包扎不严密，密封油浸入后引起的。一般应将绝缘拆开，清除里面的硅橡胶套及环氧泥填料，重新按照绝缘工艺进行手包绝缘，加热固化成型，试验合格后喷漆。二是由于线圈、水盒、绝缘引水管漏水造成绝缘膨胀，应将其漏点补焊，焊接时应注意速度，避免其他股线超温引起焊接点开焊，并注意焊接处周围绝缘用潮湿的石棉纸保护好，同时应将线圈水分吹净，以免高温使水分蒸发造成砂眼。

（2）检查是否有绝缘引水管破裂、管夹松动或关闭不严现象，如有，应更换引水管、管夹，处理后应满足水路气密试验要求。同时，应注意检查绝缘引水管有无裂纹、磨损及折曲、挤压变形等现象。如有，即使打水压、气密试验合格也要更换新管，更换新绝缘引水管时要同时更换管夹。

（3）检查并联引线、主引线的绝缘是否有损伤、起皱和过热、碳化现象，如需局部处理或重新包扎绝缘，要将损坏部分剥除，刷上一层 YQ 胶或环氧胶，将云母带半叠绕包至原来厚度，其绕向应与原绝缘方向相同，每包一层刷一遍 YQ 胶或环氧胶，最后包两层无碱玻璃丝带，刷 YQ 胶或环氧胶。包扎的新绝缘要与原绝缘搭接严密。

（4）检查极相组连接，并联引线、主引线的接头处是否漏水，绝缘是否有因漏水而膨胀，如有漏水，应对接头按照焊接工艺要求进行补焊或更换引线。

（5）定子绕组端部渐伸线部分在运行中受到的交变电磁应力相对槽内部分要大得多，特别是当外部短路情况出现时，所产生的交变电磁应力比额定运行时大近百倍。因此，绕组端部的支架、绑环、支撑环、绑带等在检修、维护中都要认真检查，不得有绝缘螺杆松动、出现绝缘粉末、支架位移、适型材料与引线剥离、局部过热等情况，对于底层看不到的位置，要用反光镜或内窥镜检查，如发现问题，应及时处理。出现绝缘磨损现象时，必须查明原因，并对磨损部分的绝缘重新绑扎、固化。如绝缘磨损严重，要详细检查并分析原因，做出技术鉴定，及早做好相关的更换准备；同时，应检查绕组端部绝缘有无裂纹、漆膜脱落等现象，如有，应借助电气试验确认其是否合格，如合格，可暂不处理。在具备条件时，应与制造厂联系，及时对存在问题部位进行恢复。

（6）检查铜屏蔽环是否有局部脱漆、过热和裂纹现象，铜屏蔽与压圈的固定螺栓是否松动，铜屏蔽环与压圈处把合螺栓是否紧固，如出现过热、脱漆或微小裂纹时，应喷漆或对裂纹进行处理。

（7）检查线圈防晕情况要结合处理槽楔同时进行，检查防晕层如出现小黑点或小黑面、防晕层表面呈现灰白色等情况，即说明有电腐蚀或导磁性物质存在。在线圈低阻部分防晕层如出现电腐蚀，应测量线圈表面电位，如线圈表面电位大于 10V，说明防晕层处存在问题。高阻部分存在电位阶梯突变时，也应注意检查防晕层处是否存在问题。在确认防晕层处存在问题且需要对其处理时，可用毛刷将线圈表面黑色粉末清扫干净后，刷防晕漆进行处理。必要时，可根据绝缘的损伤情况，根据绝缘规范对线圈作相应的处理。

（8）绕组的端部和槽部检修工作全面结束后，要求在端部喷 9130 环氧红瓷漆。

第三节 汽轮发电机的检修及质量标准

一、检修的周期

发电机在其整个使用寿命期间，必须有计划地定期进行大修和小修。一般推荐在发电机运行的第一年对定子、转子等部件进行彻底检查。随后的检查间隔可以根据运行情况做适当调整，但一般建议为 3～5 年。最近一次检查中发现的情况或者厂家的建议会影响检查间隔的选择，具体应由电厂技术人员根据实际情况再行商定。

需要注意的是，由于发电机部件设计中的不同，在开始任何工作前，设备管理人员除了要详细研究每一部分装配装图，还要对零件图仔细研究。推荐初次大修应与制造厂联系以获得相应技术服务。制造厂会根据具体情况，确认某些部件必须立即停机进行检验以及确认某些部件可合理等待，直到进行下一次检验时再作处理。电厂设备管理人员应预先制订适当的计划及可能应用的资料，并预先考虑某些工作，提前从制造厂采购备件材料等，从而将总的发电机检修时间缩到最短。发电机辅助设备的检修维护工作必须与本体同时进行。

二、计划检修的工作内容

检修工作应按以下程序及相应的安全措施和技术规范进行。发电机的检修包括下列工作：①常规的检查、测试及维护工作；②消除在机组运行期间发现的，但无法在运行中消除的故障及缺陷；③提高发电机组运行可靠性方面的工作，如预防事故的措施及各种改造项目；④在停机后进行检查时及在检修中发现的未预料的问题，由其所造成的必须增加的工作项目。

三、检修技术规则

检修技术规则主要包括：①只有在确认机内无残余氢气之后以及机内空气压力为 0（表压）的情况下，才允许拆卸发电机气、油、水管路、人孔板、外端盖、冷却器、观察孔板、测温端子板等密封部件；②被拆开的所有气、油、水管路的接口，应对其施以封护，防止灰尘、杂物等掉入其中；③在检修过程中，检修人员带入机的工具、仪器及有关材料等，必须严格执行"注册登记"制度。检修结束时应逐项进行"注销"，此项措施由使用单位负责；④被拆开后的发电机组所有零部件在检修期间应满足所有的防护要求。

四、检修的标准项目

（一）小修的标准项目

（1）发电机本体小修标准项目：①排氢置换；②检查出线盒、定子端部、主引线及瓷套端子；③测定子绕组绝缘电阻、转子绕组绝缘电阻、励磁回路绝缘电阻，对定子绕组进行一次的直流耐压试验；④定子回路整体反冲洗；⑤发电机整体气密试验及漏点处理，端盖补充注胶；⑥集电环、隔声罩刷架及电刷清扫、检查、调整。充氢置换等恢复工作。

（2）氢气系统及油、水系统小修标准项目：①氢气冷却器入口检查、清理；②氢气干燥器检查、更换硅胶、缺陷处理；③气管路、阀门清扫检查；④内冷水管路、阀门清扫、检查。

（二）发电机大修的标准项目

（1）发电机本体检修项目：①发电机解体、抽转子；②绕组修前的绝缘试验、定子绕组直流电阻测试；③绕组水路反冲洗；④定子绕组手包绝缘部位测试及处理；⑤绝缘引水管、汇水管检查处理；⑥子绕组水路水压试验及处理；⑦定子绕组、并联环引线及紧固件的检查处理；⑧定子槽楔、气隙隔板检查处理；⑨铁芯检查处理；⑩元件的检查处理；⑪瓷套端子及出线盒的检查处理；⑫内端盖、导风环的检查处理；⑬喷漆；⑭转子绕组修前的绝缘试验；⑮转子气密试验；⑯转子护环、中心环、风扇叶的检查、探伤；⑰转子通风孔试验；⑱转子槽楔的检查处理；⑲转子绕组端部吹扫与检查；⑳转子绕组直流电阻、交流阻抗的测试；㉑定、转子气隙测量；㉒集电环、隔声罩刷架的检查处理；㉓密封瓦及密封油系统的检查、调整及处理；㉔发电机回装、转子就位；㉕隔声罩刷架吹扫、检查、就位、调整、回装。

（2）氢气冷却系统大修标准项目：①氢气冷却器吊出、清扫、水压试验；②氢气冷却器回装、复原；③氢气循环干燥器及其管路清扫检查；④供氢和置换管路吹扫、检查、滤网、安全阀等检查处理；⑤气管路阀门的拆下清扫、打压、处理；⑥气管路组装后整体风压试验，消除漏点；⑦氢气冷却器水管路、阀门、滤网检查、清扫；⑧冷却水泵、电机及其管路检查、处理、试运；⑨气、水管路上所有的热工表计校验合格、安装就位；⑩气水管路刷防腐漆及标志漆，阀门补全编号、标牌。

（3）机外内冷水系统大修标准项目：①内冷水管路的阀门拆洗、清扫、检查；②内冷水管路逐段反冲洗；③过滤器滤网清扫、检查；④内冷水箱清洗；⑤内冷水箱液位计、电磁阀、电导率仪等所有热工元件校验合格，安装就位；⑥离子交换器检查清扫、树脂更换；⑦内冷水冷却器检查、清扫，冷却水泵、电机及其回路的检查、处理、试运；⑧内冷水管路必要时刷防腐及标志漆，阀门补全编号标牌。

（4）小轴大修标准检查项目：①检查扬度及连接螺栓；②轴瓦及轴颈

检查；③电气性能检查。

五、大修标准项目的施工步骤、工艺措施及质量标准

（一）解体前准备工作

所有以下工作都必须在解体前完成：①检查各项准备工作的落实、到位情况；②检修人员各工种配合要齐全，分工要明确；③按大修进度统筹图或网络图排定的发电机组检修的各段工序、日程是否都已了解；④专用的工器具、起重工具、电、气焊工具等是否已清点、修好、备齐；⑤专用材料（绝缘材料、焊接材料、密封材料等）及检修用水源、电源（照明及动力）、气源（压缩空气）是否已齐全，主要备品备件是否齐全；⑥检修的工艺措施、质量标准是否已通过培训，为检修人员所掌握；⑦检修的施工场地是否已划分妥当，常用检修工器具保管箱及试验设备是否已运现场，临时照明是否已架设，工作台及砂轮、台钻等是否已布置就绪；⑧专用记录表格、工序卡、验收单及必需图纸是否备齐。

（二）排氢置换

应该注意以下要点：

（1）排氢气采用中间介质法置换，中间介质为二氧化碳气体或氮气。排氢气置换一般在转子处于静止状态下进行。

（2）排氢气置换前，首先断开发电机的供氢管路，不仅要有明显的断开点，还应在该管路的来氢侧加装严密的堵板。

（3）打开发电机排氢气阀门开始排氢，排氢气速度要缓慢均匀。

（4）排氢置换的顺序如下：

1）打开氢母管放气门，将机内氢压降至 $0.01\sim0.03$MPa。

2）从二氧化碳母管通入 CO_2 气体，同时打开原供氢管排出 H_2 气体。1h 后，从排氢出口及死区取样化验，当 CO_2 含量大于 98% 时，排氢工作可以结束。

3）从氢母管通入压缩空气，同时打开原二氧化碳母管，驱出 CO_2 气从排 CO_2 出口及死区取样化验，当 $CO_2<10\%$ 时，置换工作结束。

4）打开所有排污门、放气门泄压。

5）停密封油泵，从油水分离器中放掉密封油。工作负责人必须确认置换合格后方可进入下一步工作。

6）在排氢过程中注意检查调整密封油压，排氢置换过程中各个阀门的具体操作顺序，按现场的运行规程执行。

需要注意的事项：①置换氢气工作应在转子静止（必要时盘车）状态下进行，虽然氮气可以作为中间介质进行置换，但因其相对密度与空气比较接近，建议现场在不能保证绝对安全的情况下要尽量使用二氧化碳作为中间置换介质；②搬运二氧化碳气体或氮气时要小心轻放，防止碰坏瓶嘴，充气时气瓶要立放，瓶嘴不准正对工作人员；③从发电机内部排出的氢气

一定要通过管道排到机房外，氮气在发电机内不宜存留过长时间；④置换过程中不得进行预防性试验和发电机本体其他检修工作。

（三）定子绕组大修前的绝缘试验

拆开发电机出线及中性点各相软连接，在定子绕组通入合格的内冷水的情况下，进行下列项目的试验，此时要求汇水管不再接地。

（1）测绝缘电阻与吸收比。用万用表测量每个汇水管绝缘需在 20kΩ 以上，汇水管并联后绝缘电阻不能低于 15kΩ。定子绕组绝缘电阻不作规定。在温度、湿度相近的试验条件下，若绝缘电阻降低到历年正常值的 1/3 以下时，应查明原因，设法消除。各项绝缘电阻值的差不应大于最小值的 100%，吸收比不应小于 1.6。

（2）直流耐压及泄漏电流。按照大修标准加试验电压，各项泄漏电流之差不应大于最小值的 100%。泄漏电流不随时间的延长而增大（试验电压按每级 0.5 倍额定电压分段升高。每阶段停留 1min）。否则，应注意分析原因。

（3）交流耐压。按大修标准分相加压，时间为 1min。试验前、后应测定子绕组绝缘电阻。上述试验也可在转子抽出后立即进行。详细标准可以参照发电机试验标准。

需要注意的事项：①试验前应要求现场将发电机出线及中性点与外部设备拆开，并保持一定的安全距离，必要时可用绝缘垫隔开，以防试验时对地或其他设备放电；②直流试验后应对发电机绕组对地，用放电棒充分放电（以防人员触电并保证下一相数据准确性）；③加压现场试验设备周围应设遮栏、围栏，并向外悬挂"止步，高压危险"的警示旗，注意不要误入试验现场引发触电；④拆装过程中，禁止交叉作业，拆卸有关部件时不得损伤导电接触面，注意用白布等对其进行可靠保护；⑤需将拆下的螺栓和软连接等部件进行妥善保管；⑥置换过程中不得进行预防性试验和发电机本体其他检修工作。

（四）整体气密试验——大修前检漏试验

参照安装时整体气密的试验方法及标准进行，并将检查的结果及机组运行漏氢情况结合，作为大修漏点消除的主要依据。

（五）抽转子前的部件拆除

拆除发电机转子与汽轮机转子的联轴器、发电机转子与小轴联轴器、发电机轴承及油管路、隔声罩刷架，拆除测温装置的引线、机座上的温度、压力表计等。

六、发电机组解体及抽转子

（一）吊走隔声罩

吊走隔声罩的步骤如下：

（1）拆除刷握、隔声罩刷架；拆开转子与小轴的连接引线、联轴器螺栓、隔声罩刷架与励磁系统的母线等，将各部分进行良好保护，并做好标记。

（2）拆除小轴承座上的油管及测温线，将小轴吊走并用 3mm 厚胶皮板把集电环表面包住。

（3）测量刷盒、风扇处的径向间隙，测量隔声罩刷架对地的绝缘电阻，做好记录。断开与隔声罩刷架相连接的励磁回路铜排。拆下隔声罩刷架的地脚螺栓。做好隔声罩刷架与轴的相对位置记号后，将每极隔声罩刷架拆成两半，一一吊走。起吊时防止碰伤集电环表面。

（4）拆下隔声罩刷架底架的地脚螺栓及下部风筒的连接螺栓，吊走隔声罩刷架的底架。注意对空出的基础孔洞盖好以保证检修安全。

（二）拆开并吊出氢气冷却器

拆开并吊出氢气冷却器的步骤如下：

（1）关闭氢冷泵出口水门，打开氢冷却水管路排污门，将管路及氢气冷却器中的存水放掉。然后关好氢气冷却器出入口水门，并将附近及下方的电气设备用塑料布盖好，以防水淋，做好吊出氢气冷却器的准备。

（2）拆下氢气冷却器进出水口法兰螺栓。拆下氢气冷却器上连接的所有排气管。

（3）拆卸氢气冷却器罩人孔盖板、冷却器罩与冷却器框板等处结合面的联结螺栓，并做好定位标记，拆除冷却器与冷却器罩内连接的顶丝、挡板等，做好检修记录。

（4）连接冷却器装拆工具，用葫芦或钢丝绳吊住冷却器端部的吊环，找好中心线位置，确认冷却器与罩壳滑动顺畅。一切正常后，用葫芦或钢丝绳将冷却器抽出机壳。然后移动到指定位置，建议水平放置并做好保护，以备进行下一步检修及相关试验。

（5）用盖板盖好冷却器室外罩上的孔，用塑料布将氢气冷却器进出水口法兰断开的冷却水管路法兰包好。

（三）拆下并吊走两侧上半端盖

（1）拆下两侧端盖外挡油盖、轴承顶块、上半轴瓦，接着拆密封座上半与机座相连接的螺栓、拆开密封瓦结合面的销钉，取出密封瓦，为拆下上半端盖做好准备。

（2）取下两侧上半端盖与下半端盖水平结合面定位销，同时做好位置记号与记录。

（3）用专用扳手拆下上半端盖与垂直结合面的紧固螺栓（左右两边各保留一个，暂不拆）、水平结合面的紧固螺栓，拆下的螺母套在原螺杆上，与定位销一起放入专用箱保管。

（4）用钢丝绳吊住上半端盖两侧的耳环，指挥吊钩对准端盖中心缓缓上提。直到钢丝绳吃力后，拆下端盖两边最后 2 个螺栓。

（5）吊钩上提，晃动钢丝绳使端盖与结合面分离。然后继续提升，当端盖高出轴承外壳原位置 10～15mm 时，使端盖向外侧移动。然后吊至指定位置，将端盖结合面朝上，平放在枕木上。

（四）拆下并吊出两侧上半导风环，拆下两侧风扇叶片

（1）用塞尺测量风叶与导风环的间隙，在水平、垂直方向各测四点，做好记录。

（2）做好标记后，拆开上下两半导风环接口螺栓，从内端盖上拆下上半导风环，并将上半导风环吊出。

（3）两侧风扇叶片全部拆下。拆卸前应检查风叶是否完好无损，并用小锤敲打叶片，根据声音判断装配有无松弛。还应检查叶片上原有的字码、号码是否明显齐全。拆卸时使用专用力矩扳手。敲击扳手可用铜锤，但不可用力过大。拆下的每个风叶应和原配装的止动垫片及螺母拧在一起集中保管。拆完风叶后，盘动转子，恢复转子大齿的垂直位置。

（五）测量定转子气隙

测量发电机定转子气隙值并做好记录，测值互差应小于平均值的10%。

（六）拆下两侧下半导风环及下半内端盖

按操作要求拆下两侧下半导风环及下半内端盖。

（七）密封座的拆吊

拆下密封座上半、密封瓦、密封座下半，并用专用工具吊走。

（八）轴瓦的拆吊

用专用工具拆走两侧上、下半轴瓦，安装轴瓦支撑工具。

（九）拆开气隙隔板螺母

用电热风加热气隙隔板的锁紧螺母，用扳手将气隙隔板螺母拆开。拆前各段隔板做好位置标记将拆下的螺母、垫圈、各段隔板集中保管。

（十）抽转子

根据抽转子的方法，将所需的专用工具清点齐全，并运至现场；进行操作人员的培训工作，满足抽转子时的工作要求及相关的注意事项；进行抽转子工作。

1. 抽转子前准备

（1）检查确认抽转子具备条件，然后按照下列步骤进行操作：①联系热工人员拆除相关热工元件及接线；②低—发联轴器已解开；③盘车齿轮已吊开；④复查低—发联轴器原始中心，并做好记录；⑤发电机集电环已吊离；⑥发电机两端轴承及密封瓦座已解体拆除；⑦发电机两端上半端盖已拆除；⑧发电机两端内端盖已拆除；⑨发电机两端风扇挡风圈已拆除；⑩发电机汽端转子风扇叶片已拆除；⑪发电机两端气隙隔板已拆除；⑫专用工具及材料已准备齐全；⑬转子专用支架已准备好，并已放置在规定的检修位置；⑭安全、组织措施已落实，并已进行技术、安全交底；⑮工作人员已明确职责与分工；⑯起吊工具已经检查并确认完好；⑰将转子的磁极中心线调整在垂直位置上。

（2）测量记录好定、转子磁中心位置，并做好标记。

（3）测量记录好定、转子空气间隙。

（4）将轴颈托架朝上安装在汽端轴颈上。

（5）两台行车经试吊，刹车性能良好，行走平稳，各部件运转正常。

（6）划出工作区并挂警告标示牌。

2. 安装抽转子专用工具

（1）用事先准备好的铁丝从励端定转子间穿进，在汽端端部穿出，注意铁丝不得损坏铁芯。

（2）在铁丝励端装上有足够大的钩环以连接 3 根尼龙绳（直径大于 $\phi6.5mm$）或类似材料的绳索，长度约 11m；抽铁丝将 3 根绳引至励端，松开铁丝和尼龙绳索，将 3 根绳索扎在定子铁芯保护板的 3 个钩攀上。

（3）从汽端用绳索拉定子铁芯保护橡皮板，使其覆盖住定子铁芯底部区域。

（4）用行车抬高励端转子，将凹面涂有石蜡的弧形滑板 T6B 从励端插入定子铁芯膛内。

同时注意以下事项：①弧形滑板不准搁在定子线圈上或端部线圈的支承环上；②不准站在或用手撑在定子线圈或端部线圈的支承环上；③弧形保护板不准与定子铁芯内圆接触，不能碰伤定子铁芯；④不能碰伤励端端部绕组和绝缘引水管等部件；⑤将弧形滑板和定子铁芯保护橡皮垫的四角系上绳索并固定，以防轴向移动；⑥确认转子两端轴颈上的保护橡皮完好，并将轴颈托架装在汽端轴颈上（轴颈托架底部涂一层石蜡）；⑦在汽、励两端定子端部及定子铁芯外露部分铺上胶垫，并和弧形滑板搭接，以防异物进入端部绕组的夹缝内；⑧用螺栓将转子托架装在转子励端联轴器上；⑨用螺栓将吊攀 T6G 固定在机座上，将吊攀 T6A 固定在励端下半端盖上；⑩用手拉葫芦将励端下半端盖垂直下沉 500mm，并在本体端面与端盖间插入垫块电流互感器 2（木制），注意垫块要用白布包扎；⑪将拉转子吊攀 T6D 固定在转子励端托架上，便于将转子拉出定子膛外；⑫在汽机房固定端中间立柱（发电机中心线励端对应）为抽转子的着力点安装好拉转子器具（两个 10t 手拉葫芦、一个 10t 固定转向滑轮），注意着力点与发电机转子中心线一致；⑬使用发电机抽转子专用牵引工具进行牵引；⑭卸转子汽端的风扇叶片，注意拆卸时要做好标记，并放到专用箱中；⑮检查所有专用工具安装正确。

3. 抽转子

（1）用两台行车在汽励两端缓缓升起转子，将转子调整水平（且吊绳与垂线的夹角不大于 15°），使转子中心线在定子铁芯中心线下约 6mm。

（2）用两台行车将转子缓慢向励端水平移动，直到汽端转子行车钢丝绳靠近定子端面约 25mm 处停止移动。注意：移动时，要防止转子两端晃动，以免转子碰撞定子。

（3）将励端转子稍微抬高，把转子托扳从励端插入，再在汽端拉转子托板（滑块）的绳索，使转子托架放在距汽端护环约 76mm 处，并找正使其与转子在同一轴线上。注意在励端用尼龙绳固定托板，尼龙绳绑扎联轴器上。

（4）下落汽端转子，使转子汽端重量落在转子托架上，降低汽端行车，拆除汽端钢丝绳。

（5）调整转子水平，用牵引装置拉动转子向励端移动。

（6）待汽端轴颈托架接近汽端端部时停止移动，将轴颈托架翻转 180°至轴颈的正下方。

（7）继续移动转子，当轴颈托架靠近汽端定子铁芯时，停止移动，稍降低转子励端，再继续移动转子，当轴颈托架进入定子铁芯保护板时停止移动。注意：轴颈托架决不允许落在定子铁芯的端部。

（8）轴颈托架必须仔细地沿轴向找正。否则，若托板与定子铁芯不平行或托板歪斜，就有可能引起转子滚开托架而损伤铁芯。

（9）抬高励端转子，使转子汽端的重量从转子托板上转移到轴颈托架上，重新调整中心后，继续移动转子（让转子托板随转子向励端移动，当托板近定子端部时迅速抽出。注意：防止砸伤定子端部线棒、气隙隔环等部件）。

（10）当轴颈托架接近励端定子铁芯时（或转子重心已移到定子外壳端面外合适的位置时）停止移动，将转子缓缓落下，使转子汽端重量落在轴颈托架上，励端重量落在联轴器专用支架上（支架底部垫上垫块），注意平台上的受力情况。

（11）解开牵引绳。具体步骤及注意事项：①将两件转子保护套捆扎在转子上，再用吊绳环绕转子保护套一圈；②为了起吊安全，采用双包兰形吊结，注意转子保护套下包一层白布，以防钢丝上的油污等杂物落入转子通风孔；③转子外圆始终应妥善保护，以防损伤和擦伤；④吊绳决不允许捆扎在护环处或碰伤护环，护环也不允许用作转子重量的支撑。

（12）实测试探找出转子的重心（转子重心：本体中心线往汽端偏移 120mm），并调整转子水平（且吊绳与垂线的夹角不大于 15°），使转子中心线在定子铁芯中心线下约 6mm。

（13）用行吊钩吊住转缓缓向励端移，使转子移出定子并吊放在定置图规定位置的转子专用支架上（注意：在支架上垫好胶垫及涂上润滑油）。

（14）用专用橡皮塞封住转子通风孔。

（15）用帆布将转子盖好。

4．拆卸专用工具

（1）拆除拉转子的吊攀及牵引工具。

（2）拆除轴颈托架，在转子两端轴颈上涂抹油脂，并用羊毛毡或橡皮将转子两端轴包扎好。

（3）拆去弧形钢板和定子铁芯保护板（注意：不能碰伤励端端部绕组

和绝缘引水管等部件）。

（4）用吊绳或手拉葫芦抬起励端端盖，将端盖吊出放在规定的位置。同时注意：①在机内作业要做好防止损坏绝缘引水管及遗留异物的措施；②进到机内要穿专用的衣服及鞋，所用的工具在进出时要清点，防止遗留；③机内照明要用小于 36V 的行灯；④机外的供油可拆式管道若拆开，应用堵板或其他干净物品将法兰封堵好。

七、定子检修

（一）定子膛内工作的注意事项

（1）定子膛内和端部绕组表面应铺以胶皮板，防止异物落入铁芯通风沟内，保护好端部绕组，避免检修中受损伤。

（2）进入膛内工作人员，应穿无纽扣、连体的专用工作服。衣服口袋内不得装有小刀、硬币、钥匙。只允许穿布鞋。

（3）带入膛内的工具材料应逐一登记。每班收工时应将工具和剩余材料，如数清点带出，不得遗留在膛内。

（4）膛内工作照明一律使用 36V 电源。

（5）无关人员禁止进入膛内。外来人员参观学习确需进入膛内，需经批准。

（6）每天工作结束后，定子膛两端应用苫布遮盖或设专人值班保卫。

（二）定子清扫前的宏观检查

为了不遗漏检查发现的问题和保证发电机定子的检修质量，以下检查结果均应做好标记和记录，作为下一步详查和处理的重要依据。

（1）检查定子两侧进油情况、端部各处附着油污程度、绕组紧固件表面及背部存在油污状况以及内端盖外侧底部存油程度。

（2）端部手包绝缘、绝缘引水管处有无漏水迹象。

（3）端部槽口块有无松动、移位情况。紧固螺杆、螺母、锁片是否齐全，有无松弛。

（4）绝缘引水管有无磨碰、发瘪、变形异常情况。

（5）端部线圈有无机械损伤，绝缘表面是否完整。

（6）边段槽楔有无松动、移位，甚至脱落情况、碰磨现象。

（7）并联环引线是否坚固，有无移位痕迹；固定引线的支架、螺栓有无松动；并联环引线表面有无磨损。

（8）瓷套端子瓷件有无损坏。铁芯表面有无机械损伤或撞击伤痕，定子膛内和端部有无脱落的异物或异样粉末。

（9）其他可疑情况。

（三）定子吹扫及清理

（1）用 0.2～0.3MPa 干燥洁净的压缩空气，反复吹扫定子表面、通风沟及端部背面的灰尘。

（2）端部油污较重、油垢较厚时，先用竹片或木片刮掉表面污垢，再用抹布蘸清洗剂（推荐使用"爱斯-25"）逐个擦拭。线圈之间缝隙小，更要仔细擦净，注意不得碰伤绝缘。

（3）最后用专用喷枪或用压缩空气喷吹清洗剂，吹扫各处油污。尤其是对手工操作不易擦拭的部位更要吹扫干净。此时周围不得动用明火，并准备足够的灭火用具（CO_2 或 CCl_4 灭火器）。

（四）定子绕组水路整体反冲洗

（1）大修开始后，机外内冷水系统的检修进度，根据整台机组检修工序的安排，开工需适当错后。竣工需适当提前。除满足定子绕组绝缘试验时通水的要求外，还需满足定子绕组水路反冲洗时供水的要求和恢复后整个内冷水系统的通水试验。

（2）首先将定子绕组内的存水全部排净。关闭内冷水进出发电机的管路上的出入口门，打开内冷水管路在发电机入口处的排水门（即反冲洗的排水门），然后打开内冷水管路在发电机出口的旁路门（即反冲洗的入口门），并通过此门通入 0.4MPa 的干净的压缩空气，反向吹扫 5min。随即再通入 0.2MPa 的内冷水或外引的出盐水（或凝结水）。继续进行反冲洗。

（3）关闭反冲洗的入口门、出口门，打开正常的内冷水出入口门，通入 0.1～0.2MPa 的内冷水进行正冲洗。冲洗至无污物时，重复上述步骤进行反冲洗，先用压缩空气反吹，后用水反冲洗，最后通水正冲洗。如此交替进行，直至排出水质清洁为止。

（4）如受条件限制，反冲洗或正冲洗时，如没有内冷水需使用外引的带压力的除盐水或凝结水时，应在入口处加装滤网。

（5）行热水流试验，测量每个绕组相对其他绕组的流量偏差及出水测温元件的温差变化来确认绕组是否存在堵塞现象。发电机里通入冷却水后用超声波流量仪在汽、励两侧的聚四氟乙烯绝缘管上测得进、出水的流量，用表格形式做每根线棒的流量记录，进行数值比较。进水总流量近似等于出水总流量，每根聚四氟乙烯绝缘管的流量与所在侧的平均流量差不大于 15％。

（五）端部手包绝缘部位局部泄漏电流测试及处理

（1）试验需在定子绕组通入合格的内冷水条件下进行，试验电压为一倍额定电压的直流电压。试验前需先将下列测试部位用铝箔包紧，务必使铝箔与绝缘表面充分贴靠。①汽、励两端端部手包绝缘；②引线线圈与并联引线接头的手包绝缘；③主引线接头处手包绝缘。测试时，按规定接好仪表。用测杆触碰上述各处，测取读数，做好记录。

（2）测试结果，一般应符合下列标准：

1）与异相相邻的部位不大于 $8/20\mu A$（在 $100M\Omega$ 电阻上的压降为 800/2000V）。注意：此标准为出厂/大修的不同试验标准，具体可参照电厂的检修标准执行。

2）与同相相邻的部位（包括引水管锥体绝缘和过渡引线接头）小于

8/30μA（在 100MΩ 电阻上的压降为 800/3000V）。注意：此标准为出厂/大修的不同试验标准，具体可参照电厂的检修标准执行。

3）端部手包绝缘所测结果不合格，区别情况采用不同方法处理。如手包外观尚属良好，绝缘内部未发现进油，测试结果刚刚超出标准要求的，可将手包绝缘表面清理干净后，刷涂环氧树脂处理。如绝缘局部泄漏电流过大，远超出标准要求时，则可剥去绝缘引水管根部的绝缘数层，清理干净后再重新加包绝缘带，固化后复测。在进行绝缘包扎时应注意加包的绝缘层应与原有的绝缘进行有效搭接，一般要求搭接长度 50mm 以上。

（六）绝缘引水管及汇水管检查处理

（1）逐根检查绝缘引水管两端管夹处有无渗水痕迹，管夹是否松动、螺栓是否有效锁紧。

（2）检查绝缘引水管表面有无磨损伤痕。位于出线盒附近的绝缘引水管不得与机座、出线盒接触，要求绝缘引水管与机座、出线盒的距离应保持 20mm 以上。

（3）发现绝缘引水管处有下列情况之一者，应予更换：①引水管夹或把合螺栓螺母出现裂纹；②引水管老化，柔韧性降低或有龟裂迹象；③引水管表面出现瘪坑；④引水管表面磨损深度超过 0.5mm；⑤引水管内壁用内窥镜检查（必要时）消除现有缺陷。

（4）新换的绝缘引水管进行水压试验，合格后方可使用。新换的绝缘引水管安装完成后，应通过 0.5MPa、8h 的水压试验（整机一起做）。

（5）绝缘引水管内壁积存污垢时（积存污垢严重时，会在测量定子绕组对地绝缘电阻时暴露出来）可拆下一根绝缘引水管仔细检查。如发现该管内壁确有污垢黏附，则应将绝缘引水管逐根拆下，刷洗内壁，并进行定子线圈水路反冲洗和流量试验。

（6）检查汇水管固定是否牢靠，所用垫块、卡板及紧固螺栓是否齐全，有无移位、脱落、松弛等异常情况；检查汇水管与上水接头的焊缝处有无渗漏痕迹。汇水管支架螺栓松动时，可重新拧紧螺栓，锁好止动垫圈固定。

（7）汇水管对地绝缘应无破损。在不通水，且吹干的情况下，其对地绝缘电阻不得小于 1MΩ（1000V 绝缘电阻表），在通水且水质合格的情况下，用万用表测两侧汇水管并联的绝缘电阻不得小于 15kΩ。汇水管绝缘如不合格，查找原因，一般属外接热电偶或汇流管自身绝缘存在缺陷，更换热电偶或对汇流管绝缘缺陷处进行相关处理。汇流管绝缘缺陷包括：波纹补偿器或金属软管处的锁片与法兰导通；绝缘法兰表面有油污等脏物。固定汇流管的支架对地绝缘低、汇流管对地绝缘测量线破损接地、汇流管测量线与接线板导通、测温元件接地等。

（8）汇水管进出水管接口法兰处，绝缘法兰、密封垫、绝缘件等如发现龟裂老化，破损应及时更换。考虑密封垫受热膨胀的影响，更换的胶垫的内孔要大于法兰的内孔，以免因受热膨胀堵塞进出水影响实际流量。

（七）定子绕组水路水压/气密试验

定子绕组水路水压/气密试验可参照相关规程规定进行。

（八）端部绕组及紧固件的检查处理

（1）仔细检查端部绕组表面有无裂纹、磨损、移位或其他机械损伤，槽口块是否齐全、紧固，绑绳有无松脱。所垫适形材料是否完整，绑绳是否牢靠，绝缘表面有无磨损腐蚀。发现异常情况应分别修整处理。

（2）检查端部紧固螺杆、气隙隔板螺母有无松动，止动垫圈、锁片有无变形破损。发现松动时应先检查螺杆，再查螺母，如无损伤可粘胶后分别拧紧，存在损伤的应立即更换。变形或破损的锁片应立即更换，并按规定要求正确安装。

（3）绝缘支架的固定螺栓应逐一检查，不得遗漏。发现有松动的，应用专用扳手拧紧，并注意用涤波绳粘胶锁紧。

（4）端部的手包绝缘应无变色、爬电现象。

（5）端部可调绑环每次大修仍应检查各个拉紧楔、螺母有无松动，绑环与线圈表面有无磨损，发现线圈表面绝缘有磨损痕迹时应及时处理。

（6）对端部进行固有频率的测试。这种测试在投运后第一次大修和以后隔一次大修都应进行，并应对测量值加以对比。固有频率在倍频的±10%范围时，应设法处理。

（7）下层线圈的背面和端部的绑环应紧密贴靠，不得出现缝隙，更不得磨损线圈绝缘。若出现缝隙应充填适型材料或环氧胶进行处理。

（8）并联环引线固定应牢靠。固定用的夹板螺栓应无松动、无移位、紧固件齐全。固定部位无磨损，附近无粉末。

（九）槽楔的检查处理

1. 槽楔的检查

检查槽楔附近是否有黄粉出现，如有黄粉说明槽楔松动后振动磨损造成，用小锤敲击一块槽楔当2/3发清脆声则认为紧固，如整个槽内连续有两块松动均应进行处理。封口槽楔的绑线不应有断股现象。各槽楔封口应与铁芯通风孔对齐，无突出铁芯及破裂，变形老化现象。

2. 槽楔的处理

（1）若槽楔需要处理时，应使用木槌和环氧布板敲打，不得使用金属工具。在封口槽外处理时，应垫上绝缘纸板，以免损坏线棒端部绝缘。

（2）间段槽楔松动，可能是因为楔下绝缘波纹板热变形长期受压后失去弹性，应进行打紧槽楔处理。

（十）铁芯的检查处理

检查发电机铁芯，无过热、位移松动、短路、氧化、变形等情况。

（十一）定子绕组直流电阻测量

分别测量每相的直流电阻。测量时，绕组表面温度与周围空气温度之差不应超过±3℃。为测准绕组温度，使用的温度计应经过校验，并不得小于 6 支，分别置于槽都、端都、通风沟和其他靠近线圈的地方。各相直流电阻的相互差别，在校正了由于引线长度不同而引起的误差后，不得大于最小值的 1.5%；与初次（出厂或交接时）测量值比较在相同温度下也不得大于最小值的 1.5%。相间差别及其与历年的相对变化大于 1% 时，应引起注意。否则应对引线接头及水电连接处进行检查处理。

（十二）励端主引出线、瓷套端子、出线盒处的检查处理

（1）检查主引线两端手包绝缘处有无渗水、爬电痕迹。如有怀疑，应扒开包缠的绝缘查明原因，处理完成后经水压试验 0.5MPa、8h 通过后（与整体水路一起进行）恢复外包绝缘。

（2）主引线固定应牢靠，无松动，无磨损。主引线与夹板间应有效固定，紧固用的夹紧件不得松弛、脱落。螺栓、螺母均应用非磁性材料。紧固件的螺母均应拧紧后，应用止动垫片或涤波绳缠绕进行锁紧。

（3）主引线变电站铜管与上、下端接触板的焊接、接触板与水接头的焊接应牢靠，无渗漏。如有渗漏应进行补焊，钎焊料为 HLAgCu30-25，焊后须通过水压试验合格后包绝缘。

（4）检查瓷套端子处手包绝缘是否完好，绝缘表面有无放电、渗漏痕迹及油污。发现异常情况需查明原因，并应扒开该处绝缘层进一步查清缺陷所在。此时应检查瓷套端子与引线接头的联结应紧密牢靠，紧固螺栓、螺母应无松弛、烧伤变色异常情况。

（5）检查瓷套端子绝缘子表面有无裂纹、破损，绝缘子与铜法兰之间黏合处有无裂缝，套管附近的排污管处是否发现漏氢，瓷套端子与出线盒固定是否紧固牢靠，此处封氢的密封胶圈和密封胶垫是否存在因装配不当或被油浸泡而变质失效的情况，如有应立即处理。处理时应更换专用的密封垫。

（6）瓷套端子绝缘子上、下端与导电杆之间均用橡胶圈密封，并借助螺母的紧力，使两端橡胶垫受压而封氢。若发现此处漏氢，应检查密封垫是否老化变质、变形甚至损坏。更换新垫时应用专用工具拆卸螺母。处理完成后应进行气密试验，合格后可以使用。

（7）出现下列情况时，瓷套端子应更换：①绝缘子表面出现裂纹、脱釉、掉渣或其他损伤；②绝缘子上的铜法兰存在裂纹，无法就地灌注黏合剂处理时；③导电杆与两端水接头之间焊接不良或无法修理时；④套管上发现其他重大缺陷而无法就地处理时。

（8）如需更换绝缘子或导电杆时，使用前先分解检查，打压试验。抽出的导电杆仔细冲洗后，打水压不得渗漏。套管在 1.5MPa 气压下，1h 不得漏气。表面擦拭干净后，进行工频交流耐压试验，电压 43kV，1min 应无放电现象；内部无击穿响声，仪表指示稳定。试验前后测绝缘子对法兰绝缘电阻应不小于 1000M/2500V。回装瓷套端子时，其余出线盒结合面密封垫应更换。瓷套端子与引线及出线盒的安装应满足图纸及安装说明书要

求。装好的瓷套端子和定子绕组一起进行整体水压试验，水压 0.5MPa，8h 内不得渗漏。然后恢复该处的绝缘。

（9）检查出线盒焊缝及出线盒与励侧机壳的焊缝是否完好，如有裂痕应补焊。出线盒与机壳结合面处密封胶应全部注满，并将注胶孔用螺钉拧紧，防止密封胶遇空气出现硬化。

（10）检查出线盒人孔盖板及机壳下部人孔盖板的密封垫，如有变质，损坏的需要及时更新。盖板的结合面应清理打磨干净，不平度用 0.05mm 塞尺不得通过。组装时垫好新衬垫，再按照力矩要求均匀地拧紧把合螺栓。

（11）用压力为 0.6～0.8MPa 的压缩空气吹扫通风及排污管路，消除可能出现的堵塞。法兰衬垫应完好，螺栓紧固，不漏风。

（十三）端盖、内端盖、导风环、机座等的检查处理

（1）清除各部件上的油垢，并用清洗机彻底清洗干净。检查各部件有无变形、开焊裂纹、紧固螺栓有无损坏。如有缺陷应分别处理完好。

（2）将内端盖上、下两半分解检查，重点检查每个螺栓孔、钢丝螺套是否因磨损变大、拔出等情况。如有应及时恢复。

（3）刮去端盖密封槽内旧密封胶，并用丙酮或酒精将密封槽和结合面清洗干净。必要时用纱布擦净结合面，用角磨砂轮打平出现的毛刺及螺栓凸出的棱刺，不平度应小于 0.05mm，表面粗糙度达到 1.6 以上。端盖结合面及密封槽修整合格后应注意遮盖保护，待回装时再注入 HDJ892 密封胶。

（4）机座与端罩结合面应结合紧密，螺栓完整。大修中将结合面的密封胶全部更换注满。

（十四）定子喷漆

（1）定子检修工作结束后，彻底清理定子膛、端部、出线盒，清除可能遗留的杂物。

（2）回装边段铁芯外的气隙隔板，测量气隙满足图纸要求后拆下，待转子穿完后回装。

（3）在定子膛表面、端面、端部绕组、引线及结构件表面、背面以及汇水环表面喷漆，但绝缘引水管应遮盖不喷漆。

（4）机座、端盖表面喷漆需要待全部组装后进行。

八、转子检修

（一）转子清扫前的宏观检查，测转子绕组绝缘电阻

为了不遗漏检查发现的问题和保证发电机转子的检修质量，以下检查结果应做好记录与标记，作为下一步详细检查、同时应用 1000V 绝缘电阻表测量转子绕组的绝缘电阻，查明绝缘情况。一般应不小于 0.5MΩ。

（1）查看转子表面有无油膜或油垢，有无过热变色或机械伤痕，表面覆盖漆有无脱落。查看槽楔有无移动、风孔内垫条有无移动而使风路受阻，

风斗有无损伤或油垢。

（2）查看平衡块固定是否完整，有无松动现象。

（3）查看集电环表面磨损情况、炭粉附着情况。

（4）检查风孔内是否有绝缘粉末、玻璃丝纤维等物质。

（5）查转子引线槽楔端部固定的不锈钢垫片、引线槽楔是否松动。

（6）检查转子风区挡板、绝缘块、转子引线、导电螺钉是否有松动、位移。

（二）吹扫、擦拭

（1）转子风路的吹扫。用 $3\sim4kg/cm^2$ 的压缩空气，接至专供吹扫风斗的风嘴，首先逐个从每个出风区的风斗，向进风区的进风斗反吹扫，然后再逐个从每个进风区的进风斗，向出风区正吹扫，要对每个风斗进行正反吹扫两次，在吹扫过程中要用手的感觉判断每个风斗的出风大小。如果发现有的风斗出风不畅或有堵塞时，应反复多次进行正反吹扫；如果仍然不能奏效，可将该风区同槽风路的风斗用橡胶塞塞住，留下不畅或堵塞的风斗，再反复进行正反吹扫，直至手感有风为止。如果在同一槽内连续有三个风斗堵塞，则应分析原因，制定出处理方案后再处理。否则发电机不能投入运行。线圈端部只用压缩空气将大护环下的汽室和大齿上的甩风槽吹扫干净即可。对风道的吹扫要按照进、出风相反的方向进行。

（2）用干净的白布蘸清洗剂擦拭转子表面和转子轴等处的油垢。

（三）转子气密性试验

（1）将联轴器上的排气孔用专用的螺钉封堵（注意气密试验完成后应将其拆除）。

（2）安装励端气密工具堵板，通入干净的压缩空气及氟利昂，在 $0.5MPa$ 下，用检漏仪检查轴两端中心孔盖板结合面和打压工具接头有无漏气。如无法保证压缩空气质量，应使用瓶装氮气打压。

（四）转子槽楔、护环、心环、轴颈、平衡块的检查

（1）转子槽楔不应断裂、凸出和位移，进出风斗要与线圈通风孔对齐，通风孔畅通、进出风斗无变形，无积灰和油垢，导风板不应歪斜；检查转子槽楔是否紧固适度，沿轴向有无移位。若有偏移应敲击扶正，使其通风孔对准线圈铣孔，并在该楔两侧本体处用冲子铆住（只在楔上铆），同时做好记录。

（2）槽楔上风斗不应有碰撞、歪瘪、损伤现象。

（3）仔细检查护环与转子本体、护环与中心环结合处有无异常情况，并用白布蘸丙酮擦拭干净，使用放大镜检查表面有无裂痕、磕碰等痕迹。测量护环与本体、护环与中心环之间相对轴向位置看有无变化，并与以往记录比较。

（4）检查平衡块固定是否牢靠。如有松动迹象，应拧紧顶丝，用扁铲锁牢，在顶丝与平衡块之间用冲子铆住。有两个或两个以上平衡块相邻时，

可在顶丝螺母上钻孔，再用细钢丝穿入，将所有平衡块链在一起，钢丝接头用气焊焊成一体。

（5）检查护环与转子本体搭接处有无变色及电腐蚀、电烧伤现象。如有轻微的变色和电腐蚀可以不做处理，但要记下位置，以便进一步观察，并向有关领导汇报、分析原因。如果烧伤和电腐蚀严重，要会同制造厂研究处理方案。

（6）检查转子本体表面是否有变色，锈斑现象，有变色现象说明转子铁芯过热，要设法进行处理，同时做好标记和记录，以便今后进一步观察。有锈斑时说明氢气湿度大，应向制氢站人员反应以加强氢气的干燥。

（7）检查护环环键的搭子有无变形、松动现象。

（五）风扇叶片检查及金属探伤

（1）检查风扇座环与转轴配合处有无位移痕迹。用放大镜检查叶片与座环间有无裂痕、伤痕及其他异常情况。检查座环平衡槽内的平衡块有无松动。如果松动可将平衡块固定螺栓旋紧后用洋冲封住，再将两端头的平衡块中心环槽用洋冲封住。转子本体上的平衡螺钉也是容易松动的零件，必须逐个认真检查。如有松动将其旋紧后用洋冲封住。

（2）检查风扇叶片应无裂纹、变形和锈斑，螺母应紧固，止动垫应板边销紧。叶片抛光面应光滑，可用小铜锤逐个轻轻敲打叶片应无破裂音响。叶片根部 R 角处是应力集中点，要细心检查该处，进行金属探伤。不合格的叶片不得使用。需要更换新叶片时，应将新旧叶片严格称重，新旧叶片的重量要相同，如有差别，挑选合适的叶片，仍然有微小差别时，可将新叶片用锉刀从叶片顶部锉去，直至重量合乎要求为止，挫去部分要整形圆滑，不得有尖角，也不得划伤叶片，并进行目测和探伤检查，合格后方可安装。新换的叶片角度，要与旧叶片相同。

（六）护环、中心环金属探伤

检查中心环、风扇座环和风扇环，应无裂纹、变形，对可疑点要用砂布打磨后用放大镜仔细观察，并请金属试验人员检查鉴定，如有必要，要对以上部件进行金属探伤检查。如果存在护环或中心环有裂纹或变形等情况，无法继续使用时，必须更换护环及中心环。

（1）转子通风孔通风试验。

（2）试验前必须把转子按原始 N 极（A 大齿）和 S 极（B 大齿）标记，在汽端逆时针方向给各槽的风斗标上槽号，然后再从汽端开始给每个风斗标上座号，这样就清楚地表示出某槽某号风斗的位置（或按原制造厂的原始编号）。为避免风路混风，各个风斗要用橡胶塞塞紧。大齿月牙槽也用木块垫毛毡塞紧。

（3）试验端部风路通风时，应严格执行通风检验标准。

（4）对于低于标准的通风孔，用 0.3～0.4MPa 洁净、无水的压缩空气进行正、反吹，然后重新测试。

（七）转子绕组端部底匝的检查

从中心环内圆孔处用小型玻璃反光镜或窥镜检查底部线圈是否开焊、虚焊、有无变形移位、匝间绝缘垫条有无损坏、各部垫块是否齐全紧固。若发现底匝线圈变形不大且对绝缘无损时，可不处理，做好记录，以后观察有无发展再行处理。若底匝附近线匝变形较大，可以进行临时处理，同时做好记录，下次大修检查其发展趋势。若发现绝缘有破损，线匝严重变形且无法处理时，可考虑扒下护环进行处理。

（八）转子绕组绝缘电阻、直流电阻及交流阻抗的测试

（1）用1000V绝缘电子表测转子绕组对地绝缘电阻。在室温时一般不小于0.5MΩ。

（2）在冷态下测量转子绕组直流电阻。与初次（交接或第一次大修）所测值比较，其差别一般不超过2%。

（3）在试验电压峰值不超过额定励磁电压条件下，测量转子绕组的交流阻抗和功率损耗。所测值与历年数值比较，在相同试验条件下不应有显著变化。在转子回装，进入定子膛内时，以及在启动后不同转速条件下，还要测量交流阻抗和功率损耗值。

（九）集电环及隔声罩刷架及电刷的检查、测量、处理

（十）转子线圈拆除和安装

（1）为了拆除或修理局部的转子线圈，必须首先拆下发电机转子并拆卸护环。护环应作出标记以便放回原先位置。

（2）出现匝间短路需对转子绕组焊接处理时，周围有问题的绝缘必须拆除。线圈之间的连接用铜焊，焊接材料应使用银焊料。线圈的拆除应每次一匝，从一端并沿槽逐步进行。如果还要再次使用该线圈，就应该特别小心不要弯曲线匝，否则会不能继续使用。重新使用的线圈应进行清洗、拉直，最好经过端部退火处理并重新加垫绝缘。安装新绕组或经过修理的转子绕组时，必须使用新的匝间绝缘。为了将线圈装入槽内，线圈要用加垫的钩子或脚手架（一般是竹质或木质的）悬吊在转子上方，用此方法每次将一匝线圈放入槽内见下图。为了保证下线顺利，线匝的锐角弯曲或扭结应及时消除。在铜焊和夹紧操作过程中，应采用硬木做成的临时垫块来支撑单根绕组。

（3）槽楔小心安装在转子本体的燕尾槽内，并注意如果原先没有标号，应在拆除前标记号码。然后将槽楔压入燕尾槽内，将每个槽楔放置在原先位置。

（4）按照制造厂工艺程序恢复套护环及喷漆等。

九、氢系统及机外内冷水系统检修

（一）氢气冷却器清扫、水压试验及检查处理

（1）修前水压试验。在氢气冷却器的进出水法兰接口处，一个法兰加

堵板，另一个法兰联结打压泵和水源。在排水管处加装一阀门。打开排气门，然后缓缓升压。当水压升至 0.5Pa 时，将打压水门关闭。稳定一会，仔细检查每一根铜管及两端胀口处有无渗漏。并按照水压试验标准检查合格后待用。否则应查出漏点，并参照氢气冷却器的维护进行处理。

（2）漏点如发生在管子与管板的胀口，可用胀管器重新扩张管口，重涂防腐漆来处理。如系铜管本身泄漏，若该管位于外层，并且条件允许，可用磷银铜补焊处理。若无法补焊或铜管位于内层，则在确认无误后，用锥度合适的铜堵或木塞，将该泄漏铜管从两端堵死。每台冷却器堵死铜管数量，不超过铜管总数的 5％。

（3）清洗铜管内壁的方法是，用 $\phi1.5mm$ 钢丝将 $\phi21mm$ 硬鬃刷（马莲根刷）与 $\phi30mm$ 软毛刷串接起来依次穿入每根管子，一边拉动一边用清水冲洗，直至清洁为止。对结垢严重的铜管，可用 $\phi14mm$ 紫铜管焊死头部后钻出孔眼，并将头部表面钳修光滑，通入 1.0～1.5MPa 水源，缓缓通过被堵铜管，然后再用 $\phi20mm$ 长柄刷，洗刷水垢，接着再用 1.0～1.5MPa 水柱冲洗。如此反复交替，直至清洗干净。若铜管内壁有硬垢沉积，则需用机械方法，使用特殊工具和特殊工艺清理。此时应注意防止因清理积垢而损伤管壁。也可考虑采用化学酸洗方法。

（4）检查铜管外壁缠绕的螺旋状散热片和铜丝有无倒伏、开焊、脱落现象。如有应分别采取扶起、补焊（锡焊）的方法处理。对铜丝上的油垢，可用热水冲洗，必要时可加入一些磷酸三钠。冲洗干净后再用压缩空气吹干。如油污积垢严重，可将冷却器放入专用水箱中，通入 70～90℃ 热水，浸泡冲洗干净。

（5）检查铜管的固定框架是否牢固。所有紧固螺栓均须拧紧，发现开焊部位必须补焊。清除水室端板、盖板等处的结垢、锈斑，修刮盖板结合面达到光洁平整。在水室内表面、端板上涂刷防腐漆，注意不要让漆流入铜管内。

（6）组装两端水室。检查盖板结合面上的螺孔及螺杆应无磨损。更换新的密封胶垫。组装盖板时均匀把紧螺栓。

（7）冷却器修后水压试验，标准和方法可参照氢气冷却器维护的相关内容进行。

（二）供氢及置换管路吹扫、检查、试验

（1）气管路上全部阀门拆下清洗、检查、研磨。对磨损大，无法修复的阀门应更换备品。隔膜衬胶阀门的隔膜胶垫应无压裂损伤、龟裂或油浸膨胀、无弹力现象。衬胶门口和隔膜阀应有较好的吻合弧线，其弧线宽度应超过 8mm。

（2）对每个阀门单独进行严密性打压试验。先将阀门关闭，在其进气端连接打压工具，并放在水中，再用 0.6MPa 氮气向阀门打压，持续 1min，以不冒泡为合格。再在阀门一侧加堵板，另一侧接打压工具，在阀门打开的条件下，进行同样的打压试验，检查阀门是否外漏。对不严密或外漏的阀门均应进行修理，修理后仍应试验，合格后方可使用。

（3）过滤网应完整、清洁、无损坏，否则应更换 80 目新滤网。

（4）安全阀门口应光滑平整、无损伤，压力弹簧无锈蚀断裂，调整时动作灵活无卡涩，阀内无灰尘、锈垢，不漏气，不串气。调整范围是：运行氢压为 0.3MPa 时，启动值为 0.35MPa，返回值为 0.33MPa。

（5）气管路连接法兰的密封胶垫，全部取下换新。胶垫要使用丁腈橡胶或其他耐油橡胶制成的整体模压件，不得使用拼接而成的密封垫。材质要求质地均匀，柔软富弹性，厚 3~4mm。

（6）管路用干净的 0.6~0.8MPa 的压缩空气进行吹扫，清除管路内积垢存油。检查管路焊口有无裂纹、气孔，管路交叉处有无磨损，发现缺陷应补焊消除。无法躲开的管路交叉处，可垫毛毡后绑扎固定。

（7）空气干燥器清理、检查，更换合格硅胶及密封垫。

（8）各压力表经热工校验合格组装就位。液位指示器（油水继电器）动作灵活，并经试验合格。

（9）在气管路全部阀门回装，法兰连接更换新垫片并均匀把紧后，对管路进行整体气密性风压试验。在发电机下部第一道法兰处加堵板，并通入干净压缩空气，检验严密性。试验压力 0.6MPa，持续时间 4h，每小时压力降平均不超过 667Pa（5mmHg）为合格。

（10）管路刷防腐漆及颜色标志漆。在各阀门上补全编号标牌。

（三）氢气循环干燥器及其管路吹扫、检查、处理

（1）拆开顶盖，取出器内硅胶。如硅胶已变粉红色应换新，如稍有变色，还可干燥后使用。

（2）拆下干燥器进、出口及顶部、底部的阀门，并单独进行严密性打压试验和吹扫、检查、研磨。

（3）用 0.6~0.8MPa 的干净的压缩空气吹扫干燥器及其进出管路，清除杂物、油垢。用抹布蘸清洗剂擦净干燥器内油污。

（4）更换法兰胶垫，回装试验合格的阀门，装入干燥的硅胶（蓝色），并扣上顶盖，均匀把紧结合螺栓后，进行循环干燥器及其管路的气密性试验。试验时通入干净的压缩空气，在试验压力 0.5MPa 下，用肥皂液涂刷管路连接处及干燥器所有结合面，应无气泡出现。

（5）喷刷防腐漆及标志漆。

（6）如现场使用冷凝式干燥器，应按厂家规定对各制冷部件进行检查、调整、处理。

（四）氢气冷却器冷却水管路及水泵检查、处理

（1）清除水管路及滤网上的积垢、杂物。检查滤网应完好无损，否则应修好或更换。检查水管路的阀门，应动作正常，气密封试验合格，门杆不漏水。

（2）检查氢冷水泵、电机及回路应完整、无损，发现缺陷随即处理。电机带泵试运应正常，并且联动试验良好。

（3）压力表、温度计经热工检修人员检验合格，组装就位。

（4）供水管路必要时刷防腐漆，并涂刷进出水方向标志。

（五）机外内冷水系统的清洗、检查、处理

（1）发电机汇水管进出水接口法兰以外的内冷水系统属于外部内冷水系统。由于在发电机大修期间，在开始阶段需要供水，在结尾阶段还要及时通水以满足定子绕组水路检查、试验的要求，所以本系统的检修工作必须排好进度，抓紧完成。

（2）管路和阀门均系不锈钢材质。检修中发现缺陷需要处理时，不能用其他材质的管路、阀门替代，使用焊条需用不锈钢焊条。

（3）外部水管路应分段用除盐水进行反冲洗，清除积垢或杂质。

（4）阀门应拆下清洗检查，研磨修理，并进行严密性打压试验，确保不漏。无法修复的阀门应更换合格的备品。

（5）不锈钢水过滤器的滤网，不论是装在主回路上的（共两台，均为Dg65），还是装在水处理回路上的（一台，Dg25），都要清理干净。表面出现破裂、孔洞或者不易清理的均应更换 80～100 目的尼龙丝网或不锈钢丝网，并用 $\phi0.5mm$ 尼龙胶丝线绑扎在滤网架构上。

（6）管路上各处法兰连接处的密封垫，逐个检查。发现失去弹性或有老化龟裂现象的，应换新。

（7）内冷水箱彻底清扫，清除锈垢、沉积物，用除盐水冲刷干净。水箱如发现漏渗现象应及时处理。

（8）检查内冷水箱的水面液面计应指示正常。并应由热工检修人员检查调试液面信号器与补水电磁阀的配合动作以及其他热工保护装置（内冷水进水压力高低、进出水温度高低、进水电导率高、内冷水流量低、断水等）的动作是否符合要求。

（9）检查并清洗内冷水冷却器。对板式冷却器须进行反冲洗。检查冷却水泵及其电机、回路应完好无损，发现缺陷随即处理。电机带泵试运正常，并且联动试验良好。

（10）离子交换器，由化学人员更换器内阴阳树脂。

（11）表、流量计、温度表、电导率仪，由热工检修人员校验合格组装就位。

（12）必要时刷防腐漆及颜色标志漆。在各阀门上补全编号标牌。

十、端轴油密封检修及维护

参考发电机制造厂安装说明书中端盖轴承油密封部套安装相关内容进行。

十一、发电机回装

按照安装说明书的安装顺序并结合大修的检验标准安装发电机各部套。

十二、整体试验

（一）发电机整体气密性试验

（1）发电机本体回装工作及氢冷系统、内冷水系统检修工作全部完成，轴承润滑油系统及密封油系统检修工作结束，热工检修人员负责的发电机及其氢、油、水系统的所有热工表计及保护装置校验工作结束，发电机具备运行条件时，方可进行整体气密试验。试验在静止状态下进行。密封油系统需启动投入。

（2）试验使用干净的压缩空气。该气源需通过气体干燥器再送入机内。在充入压缩空气的过程中，应该及时调整密封油压；当机内风压达0.05MPa时，可投入自动跟踪的压差阀回路，继续充入压缩空气。当风压升至0.2MPa时，用毛刷蘸肥皂液涂刷检查下列各部件：①发电机机壳四周所有结合面；②两端轴密封处；③密封油系统氢测回油管焊缝、油封箱附件结合面及其连接的氢管路焊缝；④瓷套端子导电杆下端及瓷套端子与出线罩把合处；⑤氢系统管路焊缝、法兰结合面、阀门，氢气循环干燥及其出入管路。

（3）发现漏气点应立即消除。然后将机内风压充至0.3MPa，随即关闭充气入口的截门。一面继续查漏，另一面开始计时，进行气密试验。

（4）整体气密性试验应在起始风压达0.3MPa下开始，一般需历时24h（特殊情况下不少12h）。在此期间设专人每小时记录一次机内风压、风温、室温及大气压。为使测值准确，建议使用数字式精密压力表测量机内风压（单位为MPa），用膜盒式大气压力计测量周围大气压（单位为kPa），机内风温取9个风区检温计指示值和机壳上3个温度计测值得平均温度。室温取与机组相同标高、相距不超过5m处的机房温度。

（5）参照实测值进行计算，求得大修后在静止状态下机内充压缩空气时的漏气率（单位为%/d）或漏气量（单位为m^3/d）。合格标准参照以往运行的记录及相关标准。

（二）大修后电气试验

下列试验需在发电机瓷套端子与封闭母线连接前且必须在定子绕组内通入合格内冷水的情况下进行。

（1）测定子绕组绝缘电阻与吸收比。使用水内冷定子绕组专用绝缘电阻表（2500V），各相对另两相及地的绝缘电阻值得差不大于最小值的100%，吸收比大于等于1.6。

（2）定子绕组直流耐压、测泄漏电流。各相泄漏电流的差不应大于最小值的100%。

（3）测转子绕组绝缘电阻。用 1000V 绝缘电阻表测量转子绕组绝缘电阻，一般应不小于 0.5MΩ。

（4）测转子绕组交流阻抗和功率损耗。与以往在膛内静止条件下所测值比较，不应有显著变化。

（三）充氢置换

一般在转子静止状态下进行充氢置换，充氢时采用中间介质法置换，不得使用抽真空法置换。中间介质使用二氧化碳气体时，其纯度按容积计不得低于 93%，水分的含量按质量计不得大于 0.1%。用氮气作为中间时，纯度按容积计不得低于 97.5%，水分的含量按质量计不得大于 0.1%，并不得含有带腐蚀性的杂质。

向机内充氢时，新鲜氢气的纯度，按容积计不得低于 99.9%，湿度不得大于 $2g/m^3$（常压下）在转子静止状态下充氢置换，所需二氧化碳气体至少为发电机气体容积的 1.5 倍，所需氢气至少为发电机气体容积的 2 倍。

充氢置换的顺序如下：

（1）从 0m 层的 CO_2 母管通入 CO_2 气体，同时打开原供氢口排出空气。从排气出口和死区取样化验，当 CO_2 含量大于 85% 时，驱出空气工作可告结束。

（2）从氢母管通入新鲜氢气，从排氢出口和死区取样化验。当 H_2 含量大于 96%，O_2 含量小于 2% 时，充氢工作方告结束。

（3）打开各死区的放气门、放油门、吹扫死角。

充氢置换过程中各个阀门的具体操作顺序，按相关运行规程执行。

（四）大修后机组启动状态下的试验

（1）在不同转速下测转子绕组的交流阻抗和功率损耗：在盘车状态以及 500、1000、1500、2000、2500、3000r/min 下分别测量转子绕组的绝缘电阻及交流阻抗值（避开临界转速）。测量交流阻抗时用 1000V 绝缘电阻表测量，1min 值应不小于 0.5MΩ。功率损耗应在相同条件下（转速、通入电压）与前次测值比较，不应该有显著变化。

（2）发电机空载特性曲线实验、发电机短路特性曲线实验。试验标准参照大修标准进行，并注意在额定转速下，测无励磁空转和有励磁空载时轴承的振动，在轴承盖上 3 个方向（垂直、轴向水平、横向水平）测得的双振幅均不得超过 0.05mm。

第四节　防止发电机损坏事故的检查

一、防止定子绕组端部松动引起相间短路

200MW 及以上容量汽轮发电机安装、新投运 1 年后及每次大修时都应检查定子绕组端部的紧固、磨损情况，并按照 GB/T 20140 的要求进行模态

试验，不合格或存在松动、磨损情况应及时处理。多次出现松动、磨损情况应重新对发电机定子绕组端部进行整体绑扎；多次出现大范围松动、磨损情况应对发电机定子绕组端部结构进行改造，如设法改变定子绕组端部结构固有频率，或加装定子绕组端部振动在线监测系统监视运行，运行限值按照 GB/T 20140 的要求设定。

二、防止定子绕组绝缘损坏和相间短路

（1）加强大型发电机环形引线、过渡引线、鼻部手包绝缘、水电接头等部位的绝缘检查，并对定子绕组端部手包绝缘施加直流电压测量试验，及时发现和处理设备缺陷。

（2）严格控制氢气湿度。

1）按照《氢冷发电机氢气湿度的技术要求》（DL/T 651）的要求，严格控制氢冷发电机机内氢气湿度。在氢气湿度超标情况下，禁止发电机长时间运行。运行中应确保氢气干燥器始终处于良好工作状态。氢气干燥器的选型宜采用分子筛吸附式产品，并且应具有发电机充氢停机时继续除湿功能。

2）密封油系统回油管路必须保证回油畅通，加强监视，防止密封油进入发电机内部。密封油系统油净化装置和自动补油装置应随发电机组投入运行。发电机密封油含水量等指标，应达到《运行中氢冷发电机用密封油质量》（DL/T 705）的规定要求。

3）水内冷定子绕组内冷水箱应加装氢气含量检测装置，定期进行巡视检查，做好记录。在线监测限值按照 GB/T 7064 设定，氢气含量检测装置的探头应结合机组检修进行定期校验，具备条件的宜加装定子绕组绝缘局部放电和绝缘局部过热监测装置。

汽轮发电机新机出厂时应进行定子绕组端部起晕试验，起晕电压满足 GB/T 7064 的要求，大修时应按照《发电机定子绕组端部电晕检测与评定导则》（DL/T 298）进行电晕检查试验，并根据试验结果指导防晕层检修工作。

三、防止定、转子水路堵塞、漏水

（一）防止水路堵塞过热

（1）水内冷系统中的管道、阀门的橡胶密封圈宜全部更换成聚四氟乙烯垫圈，并应定期 1～2 个大修期更换。

（2）安装定子内冷水反冲洗系统，定期对定子线棒进行反冲洗，定期检查和清洗滤网，宜使用激光打孔的不锈钢板新型滤网，反冲洗回路不锈钢滤网应达到 200 目。

（3）大修时对水内冷定子线棒应分路做流量试验。必要时应做热水流试验。

(4) 扩大发电机两侧汇水母管排污口，并安装不锈钢阀门，以利于清除母管中的杂物。

(5) 水内冷发电机的内冷水质应按照《大型发电机内冷却水质及系统技术要求》(DL/T 801) 进行优化控制，长期不能达标的发电机宜对水内冷系统进行设备改造。

(6) 严格保持发电机转子进水支座石棉盘根冷却水压低于转子内冷水进水压力，以防石棉材料破损物进入转子分水盒内。

(7) 按照《汽轮发电机运行导则》(DL/T 1164) 的要求加强监视发电机各部位温度当发电机绕组、铁芯、冷却介质的温度、温升、温差与正常值有较大的偏差时，应立即分析、查找原因。温度测点的安装必须严格执行规范，要有防止感应电影响温度测量的措施，防止温度跳变、显示误差。

对于水氢冷定子线棒层间测温元件的温差达 8℃或定子线棒引水管同层出水温差达 8℃报警时，应检查定子三相电流是否平衡，定子绕组水路流量与压力是否异常，如果发电机的过热是由于内冷水中断或内冷水量减少引起，则应立即恢复供水。当定子线棒温差达 14℃或定子引水管出水温差达 12℃，或任一定子槽内层间测温元件温度超过 90℃或出水温度超过 85℃时，应立即降低负荷，在确认测温元件无误后，为避免发生重大事故，应立即停机，进行反冲洗及有关检查处理。

(二) 防止定子绕组和转子绕组漏水

(1) 绝缘引水管不得交叉接触，引水管之间、引水管与端罩之间应保持足够的绝缘距离。检修中应加强绝缘引水管检查，引水管外表应无伤痕。

(2) 认真做好漏水报警装置调试、维护和定期检验工作，确保装置反应灵敏、动作可靠，同时对管路进行疏通检查，确保管路畅通。

(3) 水内冷转子绕组复合引水管应更换为具有钢丝编织护套的复合绝缘引水管。

(4) 为防止转子线圈拐角断裂漏水，100MW 及以上机组的出水铜拐角应全部更换为不锈钢材质。

(5) 机组大修期间按照《汽轮发电机漏水、漏氢的检验》(DL/T 607) 对水内冷系统密封性进行检验。当对水压试验结果不确定时，宜用气密试验查漏。

(6) 水内冷发电机发出漏水报警信号，经判断确认是发电机漏水时，应立即停机处理。

四、防止转子匝间短路

(1) 频繁调峰运行或运行时间达到 20 年的发电机，或者运行中出现转子绕组匝间短路迹象的发电机（如振动增加或与历史比较同等励磁电流时对应的有功和无功功率下降明显），或者在常规检修试验（如交流阻抗或分包压降测量试验）中认为可能有匝间短路的发电机，应在检修时通过探测线圈波形法或重复脉冲法（repetitive surge oscilloscope，RSO）等试验方法进行动态及静态匝间短路检查试验，确认匝间短路的严重情况，以此制订安全运行条件及检修消缺计划，有条件的可加装转子绕组动态匝间短路在线监测装置。

（2）经确认存在较严重转子绕组匝间短路的发电机应尽快消缺，防止转子、轴瓦等部件磁化。发电机转子、轴承、轴瓦发生磁化（参考值：轴瓦、轴颈大于 10×10^{-4} T，其他部件大于 50×10^{-4} T）应进行退磁处理。退磁后要求剩磁参考值为：轴瓦、轴颈不大于 2×10^{-4} T，其他部件小于 10×10^{-4} T。

五、防止漏氢

（1）发电机出线箱与封闭母线连接处应装设隔氢装置，并在出线箱顶部适当位置设排气孔。同时应加装漏氢监测报警装置，当氢气含量达到或超过 1％时，应停机查漏消缺。

（2）应监测氢冷发电机油系统、主油箱内、内冷水箱内的氢气体积含量，防止发生氢爆（氢气爆炸条件在空气中体积含量在 4％～75％、起爆能量 0.02mJ）。当内冷水箱内的含氢量达到 2％时应报警，超过 10％时必须停机消缺。内冷水系统中的漏氢量大于 5m³/d 时应立即停机处理。漏氢量的增加除可能发生氢爆外，漏氢的原因可能是因引水管破裂、密封接头松动、定子线棒绝缘磨损等故障引起，为防止扩大为定子绕组绝缘事故，一旦发现内冷水系统漏入大量氢气，或确认已经机内进水，应立即停机处理。有条件的应在上述地点安装漏氢在线监测装置，并有防氢爆措施。

（3）密封油系统压差阀必须保证动作灵活、可靠，密封瓦间隙必须调整合格。发现发电机大轴密封瓦处轴颈存在磨损沟槽，应及时处理。

（4）对发电机端盖密封面、密封瓦法兰面以及氢系统管道法兰面等所使用的密封材料（包含橡胶垫、圈等），必须进行检验合格后方可使用。严禁使用合成橡胶、再生橡胶制品。

（5）大修后气密试验不合格的氢冷发电机严禁投入运行。

六、防止发电机局部过热

（1）发电机绝缘过热监测器发生报警时，运行人员应及时记录并上报发电机运行工况及电气和非电量运行参数，不得盲目将报警信号复位或随意降低监测仪检测灵敏度。经检查确认非监测仪器误报，应立即取样进行色谱分析，必要时停机进行消缺处理。

（2）大修时对氢内冷转子进行通风试验，发现风路堵塞及时处理。

（3）全氢冷发电机定子线棒出口风温差达到 8℃或定子线棒间温差超过 8℃时，应立即停机处理。

（4）发电机定、转子表面喷漆前，做好其表面油污清理工作。防止运行中漆皮脱落造成定、转子通风孔堵塞。

七、防止发电机内遗留金属异物故障的措施

（1）规范现场作业标准化管理，防止锯条、螺钉、螺母、工具等杂物遗留定子内部，特别应对端部线圈的夹缝、上下渐伸线之间位置做详细检查。

（2）大修时应对端部紧固件（如压板紧固的螺栓和螺母、支架固定螺母和螺栓、引线夹板螺栓、汇流管所用卡板和螺栓、定子铁芯穿心螺栓等）紧固情况以及定子铁芯边缘硅钢片有无过热、断裂等进行检查。

（3）大修中进行表面电位外移测量工作中，进行铝箔纸包扎和铝箔纸去除工作时，应防止铝箔纸碎片掉入定子端部间隙。

八、防止环境开裂

（1）发电机转子在运输、存放及大修期间应避免受潮和腐蚀。发电机大修时应对转子护环进行金属探伤和金相检查，检出有裂纹或蚀坑应进行消缺处理，必要时更换为 18Mn18Cr 材料的护环。

（2）大修中测量护环与铁芯轴向间隙，做好记录，与出厂及上次测量数据比对，以判断护环是否存在位移。

（3）对参与调峰运行的 200MW 及以上容量的汽轮发电机，尤其对结构上未做调峰运行考虑的大型汽轮发电机，机组投运 1 年后，应进行检查和必要的修理。重点是拔下转子护环检查与本体嵌装部位有无裂纹和蚀坑，转子绕组端部有无变形，端部垫块有无松动和移位等。

九、防止发电机非同期并网

（1）微机自动准同期装置应安装独立的同期鉴定闭锁继电器。

（2）新投产、大修机组及同期回路（包括电压交流回路、控制直流回路、整步表、自动准同期装置及同期把手等）发生改动或设备更换的机组，在第一次并网前必须进行以下工作：

1）对装置及同期回路进行全面、细致的校核、传动。

2）利用发电机—变压器组带空载母线升压试验。校核同期电压检测二次回路的正确性并对整步表及同期检定继电器进行实际校核。

3）进行机组假同期试验，试验应包括断路器的手动准同期及自动准同期合闸试验、同期继电器闭锁等内容。

十、防止发电机定子铁芯损坏

（1）检修时对定子铁芯进行仔细检查，发现异常现象如局部松齿、铁芯片短缺、外表面附着黑色油污等。应结合实际异常情况进行发电机定子铁芯故障诊断试验，或温升及铁损试验，检查铁芯片间绝缘有无短路以及铁芯发热情况，分析缺陷原因并及时进行处理。

（2）为实现定子铁芯故障的早期诊断及预防，应以检查为主，辅以测试手段相结合的综合方法进行监控。检修时若发现铁芯存在较轻微的松弛现象，有条件时采取措施进行处理。当铁芯存在严重松弛时，例如局部铁芯出现裂齿、断齿等现象。必须采取措施及时处理，并应查找形成缺陷的原因，及时纠正。避免故障现象的重复产生。防止扩大为定子绕组绝缘事故。

十一、防止发电机转子绕组接地故障

（1）当发电机转子回路发生一点接地故障时，应立即查明故障点与性质，如系稳定性的金属接地且无法排除故障时，应立即停机处理。当发生两点接地故障时，应立即停机。

（2）机组检修期间要对交直流励磁母线箱内进行清擦、连接设备定期检查，机组投运前励磁绝缘应无异常变化。

十二、防止次同步谐振造成发电机损坏

送出线路具有串联补偿的发电厂，应准确掌握汽轮发电机组轴系扭转振动频率，以配合电网管理单位或部门共同防止次同步谐振。

十三、防止励磁系统故障引起发电机损坏

（1）有进相运行工况的发电机，其低励限制的定值应在制造厂给定的容许值和保持发电机静稳定的范围内，并定期校验。

（2）自动励磁调节器的过励限制和过励保护的定值应在制造厂给定的容许值内，并定期校验。

（3）励磁调节器的自动通道发生故障时应及时修复并投入运行。严禁发电机在手动励磁调节（含按发电机或交流励磁机的磁场电流的闭环调节）下长期运行。在手动励磁调节运行期间，在调节发电机的有功负荷时必须先适当调节发电机的无功负荷，以防止发电机失去静态稳定性。

（4）运行中应进行红外成像检测滑环及电刷温度，及时调整，保证电刷接触良好；必要时检查集电环椭圆度，椭圆度超标时应处理，运行中电刷打火应采取措施消除，不能消除的要停机处理，一旦形成环火必须立即停机。

十四、防止封闭母线凝露引起发电机跳闸故障

（1）加强封闭母线微正压装置的运行管理。微正压装置的气源宜取用仪用压缩空气，应具有滤油、滤水过滤（除湿）功能，定期进行封闭母线内空气湿度的测量。有条件时在封闭母线内安装空气湿度在线监测装置。

（2）机组运行时微正压装置根据气候条件（如北方冬季干燥）可以退出运行，机组停运时投入微正压装置，但必须保证输出的空气湿度满足在

环境温度下不凝露。有条件的可加装热风保养装置，在机组启动前将其投入，母线绝缘正常后退出运行。

（3）利用机组检修期间对封闭母线内绝缘子进行耐压试验、保压试验，保压试验不合格禁止投入运行，并在条件许可时进行清擦；增加主变压器低压侧与封闭母线连接的升高座应设置排污装置，定期检查是否堵塞，运行中定期检查是否存在积液；封闭母线护套回装后应采取可靠的防雨措施；机组大修时应检查支持绝缘子底座密封垫、盘式绝缘子密封垫、窥视孔密封垫和非金属伸缩节密封垫，如有老化变质现象，应及时更换。

（4）发电机封闭母线的运行、维护应严格按照《金属封闭母线》（GB/T 8349）执行。

第五节　发电机试验、检验和检测

一、发电机试验项目

发电机在出厂后的试验分为交接试验和定期试验。交接试验在发电机安装施工期间及安装后的启动试运行期间进行，定期试验在每次检修期间及两次检修之间进行。所有试验工作都必须有详细的记录存档。应特别注意记录被试部件的温度，以便能够将不同时期所进行的同类试验的结果进行比较，试验应当按相关国家标准有关规定的方法进行。

采用以下符号代表相应的试验种类：①JJ—交接试验；②DX—大修试验；③XX—小修试验；④ZJ—两次检修之间的试验。

（一）绝缘电阻的测量

绝缘电阻值的测量按表 12-2 中的规定进行。

表 12-2　　　　　　　　发电机各部件绝缘电阻检测

序号	被测部件名称	试验条件及标准	绝缘电阻表电压（V）	试验种类
1	定子绕组	在发电机出口与封闭母线断开时，每相对接地的机壳和接地的其他两相的绝缘电阻值应不低于 200MΩ	2500	JJ DX XX
2	定子汇流管及出线盒内汇流管	在未与外部冷却水系统连接前当温度在 10～30℃范围内，其绝缘电阻值应不低于 1MΩ	1000	JJ DX XX
3	转子绕组	当温度在 10～30℃范围内，其绝缘电阻应不低于 5MΩ	500	JJ DX XX
4	热电阻测温元件	元件本身及连接导线对地或绕组导体的绝缘电阻值应不低于 1MΩ	250	JJ DX

续表

序号	被测部件名称	试验条件及标准	绝缘电阻表电压（V）	试验种类
5	轴承	在油管路完全装好，轴承与轴颈接触情况下，励端轴承垫块与端盖之间的绝缘电阻值应不低于 1MΩ	1000	JJ DX XX
6	油密封装置	密封座及挡油盖与端盖之间的绝缘电阻值应不低于 1MΩ	1000	JJ DX
7	铁芯穿心螺杆、分块压板	穿心螺杆之间，穿心螺杆与铁芯分块压板之间及铁芯分块压板之间的绝缘电阻值不低于 100MΩ	500	JJ DX
8	隔声罩刷架	导电板与底架及隔声罩之间的绝缘电阻值应不低于 1MΩ	1000	JJ DX
9	座式轴承	轴承座对地绝缘电阻值应不低于 1MΩ	1000	JJ DX XX

（二）绝缘的介电强度试验

绝缘的介电强度（耐电压）试验按照表 12-3 中的规定进行，时间为 1min。此项试验不得在机组并网后补做。

定子绕组绝缘介电强度试验必须具备下列条件：

（1）定子绕组与引线的连接处绝缘包扎完毕并烘干固化。

（2）定子绕组内冷水路与外部水系统接通，水质经化验确认合格，内冷水可正常循环。

（3）定子绕组的各相绝缘电阻值（相间及对地）均不低于 1000MΩ（用 2500V 水内冷电机定子绝缘测试仪分相试验 1min 时数值）。

（4）当任何一相的绝缘电阻值因受潮而低于上述要求时，应对其进行干燥处理。可用加热的内冷水通入定子绕组水路进行循环，水温控制在 70～80℃ 范围内。

转子绕组（及引线装置）对地绝缘介电强度试验，根据现场情况与制造厂（或代表）协商确定是否进行。在进行试验前，应测量其绝缘电阻值。如果转子绕组绝缘电阻值低于合格证之值的一半时，应对其进行干燥处理。发电机绝缘强度试验要求见表 12-3。

表 12-3　　　　　　发电机绝缘强度试验要求

序号	被测部件名称	试验电压标准（kV）	试验种类
1	定子绕组（连接引出线及瓷套端子后）	见表下注	JJ
2	发电机转子绕组	$10U_{fN} \times 75\%$ 或用 2500V 绝缘电阻表代替	

续表

序号	被测部件名称	试验电压标准（kV）	试验种类
3	定子绕组	$1.5U_N$	DX
4	定子绕组	U_N	大、小修后投入运行前

注 1. 无论是绝缘的直流介电强度试验，还是交流工频介电强度试验，均必须在通水情况下进行，其流量应不小于额定值的75%，水质必须合格。

2. 直流介电强度试验的最高施加电压值，为3倍额定电压值。交流介电强度试验的最高施加电压值为制造厂出厂试验值（见产品合格证书）的75%。

3. 发电机的安装交接绝缘介电强度试验只能进行一次，不许重复。在以后的检修中需要进行介电强度试验时，必须适当递减施加电压值，时间均为1min。

（三）测量绕组冷态直流电阻值

绕组冷态直流电阻值测量按表12-4中的规定进行。

表12-4 发电机绕组冷态直流电阻检测

序号	被测部件名称	试验条件及标准	试验种类
1	定子绕组	分别测得每相电阻值，测得的各相电阻值（扣除引线电阻值）相差不得超过1%。同一相电阻测量结果与以前测得值相差不得超过2%（同一温度下）	JJ DX
2	转子绕组	测得的电阻值与以前测得值相差不得超过1%（同一温度下）	JJ DX
3	铂电阻测温元件	测量每个元件及其接到端子板的引线的电阻值	JJ DX

注 在记录电阻值的同时，应认真测取被试部件的平均温度并记录。

（四）测量转子绕组交流阻抗及漏磁波形（JJ、DX）

（1）在静止及不同转速下（从500r/min至3000r/min分成若干段）测量发电机转子的交流阻抗值。还应在其他情况下（如转子在机内、外及定子绕组开路和短路等）测量转子绕组的交流阻抗值，并与以前测得的结果进行比较。

（2）如发电机装有漏磁波形在线监测，在发电机开路、短路及实负荷工况下，测量转子在定子腔内的漏磁波形，以判断转子绕组匝间绝缘状态。

（五）轴承室及油密封的严密性检查试验（JJ、DX）

将发电机轴承室内外清理干净后，封好下部所有的孔。然后注入煤油进行严密性检查试验，历时12h以上，不得有渗漏现象。

（六）发电机定子绕组水路（包括引线、引出线、中性点引线及出线端子）的严密性试验

按《汽轮发电机绕组内部水系统检验方法及评定》（JB/T 6228）进行严密性试验。

（七）发电机气密试验（JJ、DX和XX）

按《氢冷电机气密封性检验方法及评定》（JB/T 6227）进行气密性试验。

（八）转子绕组通风道检查试验（JJ、DX）

按《隐极同步发电机转子气体内冷通风道检验方法及限值》（JB/T 6229）进行风道检查试验。

（九）空载特性和短路特性试验（JJ）

此两项试验以制造厂提供的首台机型式试验结果为准。

（十）温升试验

此项试验根据需要有选择性地进行。

（十一）振动测量（JJ、DX、XX 和 ZJ）

在额定转速不带励磁、空载以及带负荷运行工况下，在轴颈上和（必要时）在轴承座上测量振动。

（十二）气体成分的监测分析（JJ、DX、XX 和 ZJ）

氢控站制出的氢气纯度应不低于 99.7%。氢气中不许含有硫化氢和水分。

（十三）内冷水水质的监测分析（JJ、DX、XX 和 ZJ）

内冷水水质应达到冷却介质及润滑油的基本数据中所规定值。

（十四）气隙测量

按中心对称法测量发电机定、转子之间气隙值，相对两点测量之差的绝对值，应不大于 0.88mm。

（十五）发电机噪声等级的测量

发电机噪声级的测量方法按《旋转电机噪声测定方法及限值　第 1 部分：旋转电机噪声测定方法》（GB 10069.1）~《旋转电机噪声测定方法及限值　第 3 部分：噪声限值》（GB 10069.3）的规定。带负荷及空载情况下测量的平均噪声级应不超过 90dB（A）。

二、发电机试验和检验

发电机试验项目和判断依据详见 GB 50150、DL/T 596、DL/T 1768、JB/T 6227、JB/T 6228 等相关标准和规程。

（一）发电机绝缘电阻值及吸收比的测量

发电机绝缘的吸收比是在同一次试验中，用 2500V 绝缘电阻表测得 60s 时的绝缘电阻值与 15s 时的绝缘电阻值之比。测量吸收比的目的是发现绝缘受潮。吸收比除反映绝缘受潮情况外，还能反映整体和局部缺陷。吸收比在常温下不低于 1.3；当 R_{60s}（60s 时的电阻）大于 3000MΩ 时，吸收比可不做考核要求。DL/T 596 规定：

（1）发电机绝缘吸收比要大于 1.3。

（2）容量为 6000kW 及以上的同步发电机的定子绕组的绝缘电阻、吸收比或极化指数这一项在机组运行时间每次小修、大修前后，正常运行每一年都要测定。

（3）绝缘电阻值自行规定。

（4）若在相近试验条件（温度、湿度）下，绝缘电阻值降低到历年正常值的 1/3 以下时，应查明原因。

（5）各相或各分支绝缘电阻值的差值不应大于最小值的 100%。

（6）吸收比或极化指数：沥青浸胶及烘卷云母绝缘吸收比不应小于 1.3 或极化指数不应小于 1.5；环氧粉云母绝缘吸收比不应小于 1.6 或极化指数不应小于 2.0；水内冷定子绕组自行规定。

（7）附加说明：①额定电压为 1000V 以上者，采用 2500V 绝缘电阻表，量程一般不低于 10000MΩ；②水内冷定子绕组用专用绝缘电阻表；③200MW 及以上机组推荐测量极化指数。

（8）发电机测温元件绝缘电阻检测如下：

1）发电机组温度的测量监控主要包括机组轴瓦、发电机铁芯及绕组、发电机冷却水（风、油）等部位的运行温度监测。发电机组的运行温度是电厂最主要的非电气量监控参数，它直接关系到发电机组的安全稳定运转和发电机组的工作寿命。

2）测温热电阻是发电机组最主要的非电量传感器之一。由于发电机组的特殊性，测温元件的安装和工作环境相对较差，这使得热电阻（含引接线）容易出现断线、短路、受强磁场干扰等故障，从而导致整个测温系统工作的稳定性和可靠性很差。热电阻误发误报温度信号可能造成运维人员对机组运行工况的误判断，可能导致继电保护动作使机组跳闸停机，造成发电厂和电网不必要的损失。

3）通过测量发电机测温元件绝缘电阻可以及时发现的热电阻常见故障和处理。

（二）绝缘的介电强度试验

（1）发电机定子直流泄漏及耐压试验。发电机直流泄漏的测量，在原理上和兆欧计测量绝缘电阻的性质相同。而直流耐压是施加较高的直流电压，能进一步发现绝缘的缺陷。其方法和泄漏电流试验没有什么区别，直流耐压一般是直流泄漏测量做出分析判断之后进行的。在耐压过程中要分阶段测量泄漏电流，了解绝缘状态。

直流耐压主要考核发电机的绝缘强度，如绝缘有无气隙或损伤等缺陷，而泄漏电流主要是反应线棒绝缘的整体有无受潮，有无劣化，也能反映线棒端部表面的洁净情况，通过泄漏电流的变化能更准确予以判断。

直流泄漏及直流耐压试验时，对发电机的绝缘是按电阻分压的，能够有效地暴露间隙性的缺陷，它比交流耐压更有效地发现发电机的端部缺陷，直流试验击穿时对绝缘的损伤程度较小，所需的试验设备容量也小。

（2）发电机定子交流耐压试验。发电机定子交流耐压加压到 $2U$（额定电压）＋1000V 1min 耐压试验，只要在这 1min 内发电机绕组不对地击穿就可以判定合格。其目的是检查定子绕组的主绝缘是否存在局部缺陷，检查其绝缘水平，确定发电机能否投入运行。交流耐压试验是考核发电机主绝缘耐电强度的关键项目，一台发电机是否允许投入运行，这项试验起决定性的作用。交流耐压试验的试验电压标准应按规程规定，一般在额定电压的 1.3～1.5 倍范围内。击穿电压与加压持续时间是有关系的，试验持续时间为 1min。

（3）发电机定子端部手包绝缘施加直流电压试验。发电机定子绕组端部手包绝缘施加直流电压测量，可以发现发电机端部手包绝缘的缺陷；在发电机三相线圈泄漏电流严重不平衡时可以避免采用烫开定子接头的方法，在不损坏定子结构的条件下查找局部缺陷；可以发现定子接头处变电站铜线焊接及质量造成的渗漏隐患。

（三）发电机绕组冷态直流电阻值的测量

（1）发电机定子直流电阻检测。发电机定子绕组的直流电阻包括线棒铜导体电阻、焊接头电阻及引线电阻。测量发电机定子绕组的直流电阻可以发现绕组在制造或检修中可能产生的连接错误、导线断股等缺陷。另外，由于工艺问题而造成的焊接头接触不良（如虚焊），特别是在运行中长期受电动力的作用或受短路电流的冲击后，使焊接头接触不良的问题更加恶化，进一步导致过热，而使焊锡熔化、焊头开焊。在相同的温度下，线棒铜导体及引线电阻基本不变，焊接头的质量问题将直接影响焊接头电阻的大小，进而引起整个绕组电路的变化，所以，测量整个绕组的直流电阻，基本上能了解焊接头的质量状况。

（2）发电机转子直流电阻检测。测量发电机转子绕组的直流电阻的目的是检查线圈内部，端部引线处的焊接质量以及连接点的接触情况，实际上是检查这些接头的接触电阻是否有变化，若接触电阻大，则说明接触不良。转子绕组绝缘电阻测量和判断标准。转子绕组绝缘电阻不小于 0.5MΩ；测量用 500V 绝缘电阻表测量。

（四）测量转子绕组交流阻抗

测量发电机转子绕组交流阻抗和功率损耗，与历次试验数据相比，可以有效地判断转子绕组是否有匝间短路，如果转子绕组出现匝间短路，则转子绕组有效匝数就会减小，其交流阻抗就会减小，损耗会有所增大。

（五）发电机定子绕组水路的严密性试验

发电机的定子绕组及其水电联结管路如果机械强度不够和密封不严，发电机在运行当中由于各通水部位长期承受较高的水压，长时间运行就有可能存在部分承压薄弱环节，就会发生渗漏水现象，使绕组的绝缘降低，发生匝间短路，甚至单相接地或相间短路故障。另外，发电机在运行中如果定子线棒存在漏点，会使氢气向冷却水中泄漏，如果泄漏量较大，则有可能在绕组中汇集，使冷却水流量降低，严重时可形成气堵，使绕组过热甚至熔断，损坏发电机定子绕组绝缘甚至铁芯，造成发电机严重损坏的事故。因此，为了检验发电机定子绕组水路的承压能力、定冷水系统的密封性，防止发电机在运行中发生定冷水渗漏，必须对水冷发电机进行水压和严密性试验。

（六）发电机气密试验

（1）发电机整体气密试验。发电机大修后在充氢前，用压缩空气和氟利昂混合气体充入发电机内，并升压到正常运行压力，通过仪器和检漏液检查发电机本体及管道系统各密封点是否存在漏点并消除，使发电机在后面的运行中日漏氢量在合格的范围内。

（2）发电机转子气密试验。发电机转子密封试验是氢气冷却的发电机转子抽出后要做的试验之一，可以检查转子导电螺钉、锁片等转子密封件是否紧固良好，目的是防止发电机膛内的氢气进入发电机转子内部，经发电机转子漏入励磁装置的外罩内而产生氢爆的危险。

（七）转子绕组通风道检查试验

用专用鼓风机将转子进风口压力调整到（1000±50）Pa，接通切向光电风速仪对各风区的风孔逐个测量，记录数据。端部通风道平均等效风速不许低于 10m/s；不许存在低于 6m/s 的；低于 8m/s 的不许超过 10 个，每端每槽不许超过 1 个；各风区通风道平均风速不允许低于 4m/s；不允许有低于 2m/s 的；整个转子槽不低于 2.5m/s 的不许超过 15 个，每端每槽不允许超过 2 个，且 2 个不允许在相邻位置。以检查转子通风道有无堵塞。

（八）空载特性和短路特性试验

（1）发电机空载试验。发电机的空载试验是发电机的基本试验项目。发电机空载特性是指发电机在额定转速下，定子绕组中电流为零时，绕组端电压和转子励磁电流之间的关系曲线，发电机的空载特性试验就是实测这条特性曲线。从 0～1.3 倍额定电压，一般取 10～12 点，在做发电机空载试验时应注意，发电机已处在运行状态，所以它的继电保护装置除强行励磁及自动电压调整装置外应全部投入运行。试验中三相电压应接近相等，相互之间的不对称性应不大于 3%，发电机的端电压超过额定值时，铁芯温度上升很快，所以此时应尽量缩短试验时间，在 1.3 倍额定电压下不得超过 5min。试验中还应注意，当励磁电流由大到小逐级递减或由小到大递升时，只能一个方向调节，中途不得有反方向来回升降。否则，由于铁芯的磁滞现象会影响测量的准确性。

（2）发电机短路试验。发电机短路特性是指在额定转速下，定子绕组三相短路时，这个短路电流与励磁电流之间的关系。利用短路特性，可以判断转子绕组有无匝间短路，因为当转子绕组存在匝间短路时，由于安培匝数减少，同样大的励磁电流，短路电流也会减少。此外，计算发电机的主要参数（同步电抗、短路比）以及进行电压调整器的整定计算时，也需要短路特性。

（九）温升试验

进行发电机温升试验主要目的是：

（1）了解发电机运行时各部分的发热情况，核对所测得的数据是否符合制造厂的技术条件或有关国家标准，为电机安全可靠运行提供依据。

（2）确定发电机在额定频率、额定电压、额定功率因数和额定冷却介质温度、压力下，机端能否连续输出额定功率值，以及在上述条件下的最大出力。

（3）确定发电机在冷却介质温度和功率因数不同时的 P 与 Q 关系曲线，为发电机提供运行限额图。

（4）确定发电机的温度分布特性，即测量出发电机各部分的温度分布，找出规律，为评价和改进发电机结构设计和冷却系统提供依据。

（5）测量定子绕组的绝缘温降，研究其绝缘温降变化，在一定程度上可以反映出绝缘的老化状况。

（6）测量发电机检温计指示温度、铜导体温度及绕组平均温度，从而确定该发电机监视温度的限额。

（十）发电机端部固有频振测试及模态分析

随着发电机单机容量的增加，定子绕组端部受到的倍频电磁力随之增大。如果定子绕组端部的固有频率接近 100Hz，在运行中绕组端部将会产生较大的谐振振幅。近年来，国产和进口大型汽轮发电机由于定子绕组端部谐振，而引起绑绳、支架固定螺栓、槽内紧固件松动和线棒绝缘磨损的现象时有发生，因而开展发电机定子绕组端部动态特性的测量和评定工作十分必要。

发电机定子线圈端部主要采用压板固定。通过定子绕组端部固有频率测试及模态分析试验，可以确定发电机定子绕组端部的动态特性，确认定子绕组端部是否存在 95～110Hz 范围内的固有频率及椭圆振型模态；同时测量引出线的固有频率，确认是否存在 95～108Hz 范围内的固有频率。

发电机定子绕组端部动态特性试验主要包括：发电机定子绕组端部整体模态试验、定子绕组鼻端接头固有频率测量、定子绕组引出线和过渡引线固有频率测量，通过检测判断发电机本体各部件是否避开了二倍频电磁共振；同时测量发电机定子绕组端部及其支承结构的振动，考核发电机振动保证值指标。

（十一）发电机定子进、出水流量检测

测量发电机线棒、绕组出线等各绝缘引水管的定冷水冷却效果，以检查定子线棒及冷却水管是否存在堵塞现象，测量方法使用超声波测量线棒水流量。

（十二）发电机空载及负载下轴电压测试

由于发电机轴电压存在以下危害：当过高的轴电压足以击穿轴与轴承间的油膜时，就会发生放电，其放电回路为发电机大轴—轴颈—轴瓦—轴承支架—机组底座。虽然，轴电压不高，通常 600～1000MW 为 10～15V，但因为回路电阻很小，因此，产生的轴电流可能很大，有时会达到数百安。

轴电流会使轴瓦冷却润滑的油质逐渐劣化，严重时会使轴瓦烧坏，发电机被迫停机造成事故。所以在安装调试和运行中，需要测量检查发电机组的轴及轴承间的电压。通过测量比较发电机两端的电压和轴承与底座的电压，检查判断发电机轴承支架和底座之间的绝缘好坏，以保证机组安全运行。

（十三）定子铁损试验

及时地检查出定子铁芯局部过热，是防止发电机运行中损坏定子绝缘事故和烧熔铁芯的主要措施之一。发电机交接时；重新组装或更换、修理硅钢片后；运行 15 年以上的发电机，每隔 5～7 年大修时；局部或全部更换定子绕组前后，认为有必要时，均应进行铁芯损耗试验。

（十四）转子绕组匝间短路试验

当转子绕组发生匝间短路时，严重者将使转子电流增大、绕组温度升高、限制发电机的无功功率；有时还会引起机组的振动值增加，甚至被迫停机。因此，当发生上述现象时，必须通过试验找出匝间短路点，并予以消除，使发电机恢复正常运行。

（1）测量转子绕组的直流电阻。DL/T 596 中规定，在交接和每次大修时，都应对转子绕组的直流电阻进行测量（冷态下），并与原始数据比较，其变化应不超过 2%。在测量直流电阻准确的条件下，仅当绕组短路匝的数量超过总匝数的 2% 时，直流电阻减小的数值才能超过规定值 2%，并且在实际测量时还会有些测量误差。因此，比较直流电阻法的灵敏度是很低的，不能作为判断匝间短路的主要方法，只能作为综合判断的方法之一。

（2）测量发电机的空载、短路特性曲线。当转子绕组发生匝间短路时，其三相稳定的空载特性曲线与未短路前的比较将会下降；短路特性曲线的斜率也将会减小。但由于受测量精度的限制，一般在转子绕组短路的匝数超过总匝数的 3%～5% 时，才能在空载和短路特性曲线上反映出来。所以，其灵敏度较低，也只能作为综合判断转子绕组有无匝间短路的方法之一。同时还应说明，因空载特性曲线与发电机的转速有关，并且是非线性函数，在测量时因转速不同会造成一定的误差，而短路电抗和短路电动势，均与转速成正比。一般在 1/3 额定转速以上时，短路电流 I_K 即与转速无关，因而避免了由于转速不同而引起的测量误差。所以，一般采用比较短路特性曲线作为判断转子绕组有无匝间短路，比空载特性曲线准确。

（3）测量转子绕组的交流阻抗和功率损耗。测量转子绕组的交流阻抗和功率损耗，与原始（或前次）的测量值比较，是判断转子绕组有无匝间短路比较灵敏的方法之一。这是因为当绕组中发生匝间短路时，在交流电压下流经短路线匝中的短路电流，约比正常线匝的电流大 n（n 为一槽线圈总匝数）倍，它有着强烈的去磁作用，并导致交流阻抗大大下降，功率损耗却明显增加。

（4）发电机转子绕组 RSO 试验。在检测发电机转子绕组的多种类型故障上有独到之处，尤其可以较好地判断和分析匝间短路故障，一能定位故障位置，二能在相当程度上知道故障的严重程度。对于匝间短路来说，反射波是一个断路型反射波和接地型反射波的合成。反射波的波形，其中 TF 相当于脉冲在短路匝间环路的传播时间。在输入点，示波器监视的波形是输入波和反射波的相加。RSO 试验采用的是在转子绕组两端同时加脉冲的方法，因此，只要故障点不在绕组的绝对中间，就可以利用双踪示波器看到两端信号的不一致，进而通过相加、相减来分析故障波形，两者叠加可以看到不能完全重合的地方，而相减就可以看到直线波形上的不连续。

（5）发电机转子绕组的极平衡试验方法。测量转子绕组转子两极间的电压分布情况，可以作为判断转子匝间绝缘情况的原始数据。隐极式转子在膛外 0 转速下测量，每次试验应在相同条件相同电压下进行，试验电压峰值不超过额定励磁电压，一般选取 100V。此种方法更为准确。

（十五）发电机进相试验

发电机的进相运行，是由于系统电压太高，影响电能质量，而采取的一种运行方式。目的是让发电机吸收系统无功功率，从而达到降低系统电压作用，这是由调度部门下令执行的。发电机能不能进相运行，取决于发电机的无功进相能力，是由发电机生产厂家在发电机设计制造时确定的。但是，由于制造工艺和安装质量不一样，每台机的进相情况是不同的。所以每台机都必须单独做进相试验，然后得出在不同负荷下的进相深度，再将这些数据写入运行规程加以规定。在做进相试验时，先是维持发电机有功负荷某一固定值（如空载、50％、75％、100％），再按要求的速度进行减磁，直到励磁调节器低励限制动作为止，记录各点的相关数据。目的是在不破坏机组静态稳定性前提下，得出机组对系统调压的能力。

（十六）发电机轴电压

发电机轴电压所引起的轴电流会使轴承、汽轮机蜗母轮等产生严重的电腐蚀。为了切断轴电流的通路，在发电机励磁侧的轴承下、励磁机轴承下及轴承的各个油管接头处都要垫上绝缘垫。在运行中，绝缘垫可能因油污堆积、损坏或老化等原因而失去作用，使轴电流能够流通而造成设备损坏。为了检查运行中发电机轴承与轴承座之间的绝缘状况，应定期测量发电机的轴电压。

1. 发电机轴电压的合格标准

按照国内标准，发电机轴电压的标准是：在负载最大时，轴电压不得低于额定电压的 95％；在负载最小时，轴电压不得高于额定电压的 105％；在其他负载时，轴电压不得低于额定电压的 90％。

2. 发电机轴电压的测量方法

发电机轴电压的测量方法主要有直接测量法、间接测量法和电磁法等。

（1）直接测量法：利用电压表或万用表直接将测量引线接在发电机的轴上，通过仪表上的读数来测量轴电压。这种方法简单直接，但需要采用合适的仪表，且测量结果受测量引线和接触点等因素的影响。

（2）间接测量法：通过测量发电机输出电压和转速，再结合发电机的设计参数，计算得到轴电压。间接测量法相对精确，但需要知道发电机的设计参数，并且在实际应用中容易受到测量误差的影响。具体的测量步骤如下：①使用电压表或万用表测量发电机的输出电压。②使用转速表或测速器测量发电机的转速。③根据发电机的设计参数（如极对数、转子绕组数等），使用计算公式计算轴电压。

（3）电磁法：利用电磁感应原理间接测量发电机轴电压。这种方法灵敏度高，测量结果比较准确，但需要专用的测量设备和技术。具体的测量步骤如下：①将感应线圈绕在发电机轴上，使其与磁场垂直。②当发电机旋转时，感应线圈会受到磁场的影响而产生感应电动势。③使用示波器或特定的测量仪器，通过测量感应线圈上的电压信号来间接测量轴电压。

三、发电机漏氢检测

发电机在运行中或检修后都会存在不同程度的漏氢，为了保证泄漏量在合格的范围之内，需要通过各种检测手段来发现泄漏点，并进行及时消除。根据发电机的运行状态，我们可以使用可燃气体检测仪或氦质谱分析仪进行检测。但是发电机氢系统相关的连接及密封点较多，使得检漏工作不能快速准确地进行。为了能够比较快速、准确地检测出泄漏点，绘制了发电机漏氢检查见表12-5。

表 12-5　　　　　　　　　　发电机漏氢检查

氢系统相关设备	序号	检测点位置	泄漏情况	
			是	否
发电机本体	1	中间环与密封座之间密封		
	2	中间环与机座间的密封		
	3	中间环中分面		
	4	励端端盖人孔 1、2、3		
	5	励侧端盖中分面结合面		
	6	励端端盖与机座把合面		
	7	励侧氢冷器密封 1、2、3、4		
	8	汽端端盖人孔 1、2、3		
	9	汽端端盖中分面结合面		
	10	汽侧氢冷器密封条 1、2、3、4		
	11	顶部人孔 1-9		
	12	氢冷器排空门 1、2、3、4		
	13	定冷水汇流管底部放水门 1、2		
	14	排污液位检测装置 1、2、3、4、5		
	15	底部排污管 1、2、3		
	16	引线室与本体焊缝		

续表

氢系统相关设备	序号	检测点位置	泄漏情况	
			是	否
发电机本体	17	引线室内人孔及充氢管		
	18	温度测点航空插头1、2、3、4、5		
	19	转子匝间短路故障探测器		
	20	定冷水箱顶部排空门		
氢系统	1	充氢管道截门出口		
	2	压缩空气入口阀门		
	3	机内氢气排空管出口（室外）		
	4	充排氢架所有阀门		
	5	氢气压力表座		
氢干燥装置及纯度仪	1	氢干燥装置取样管		
	2	氢干燥装置内部管道		
	3	氢干燥装置排污管		
	4	氢气纯度检测仪		
油系统及管道	1	油烟机出口		

第六节 汽轮发电机在线监测装置

一、发电机在线局部放电监测装置

电力设备的主要监测项目是绝缘监测，而电力设备的绝缘在线测量则是通过"局部放电（局放）"信号的测量来实现的。接线方式如下：在发电机出口处通过耦合电容、电容加TA、接地线加TA，发电机中性点柜接地线加TA；使用较多的是在发电出口出线上处通过耦合电容和发电机中性点柜接地线加TA，精确度较高的是发电出口母线上处通过耦合电容。射频仪是从发电机的中性点接地线取信号，但放电点通常远离中性点，其信号相对较微弱，射频仪型号SJY-1和SD-1A。射频仪为发电机早期局部放电监测装置，后期发电机局部放电装置产品，普遍采用耦合电容的型式，准确性得到了提高。

二、发电机绝缘过热监测装置

发电机绝缘过热监测装置通过专用采样管道并入发电机氢气（或空气）冷却系统运行，通过监测氢气（或空气）内是否含有绝缘过热分解物质来判断发电机的工况。

发电机绝缘过热监测装置通过"进气口"（Inlet）和"出气口"（Outlet）与发电机内部相连构成密闭循环系统，在发电机风扇压力作用下，冷却气体进入装置内的"离子室"，在受到离子室内放射源 Am241 所释放出的 α 射线轰击后，冷却气体介质电离，产生正、负离子对（氢气为氢离子对，空气为氮离子对），此时再给离子室附加上直流电场，电场使正、负离子对发生定向移动形成极为微弱的电离电流（10～12A），此电流经放大器放大（1010 倍）后被显示在液晶屏上。

如果发电机运行中，其部件绝缘局部过热时，导致温升过高绝缘材料被分解，产生冷凝核，冷凝核随冷却气体进入装置内的离子室。由于冷凝核远比气体介质分子的体积大而重，被电离出的负离子附着在冷凝核表面上，负离子运行速度受阻，而使电离电流大幅度下降。电离电流下降率与发电机绝缘过热程度有关。当电离电流下降低于整定值75％时，代表着绝缘早期故障的发生和存在，装置将及时发出报警信号。装置气路框见图 12-4。

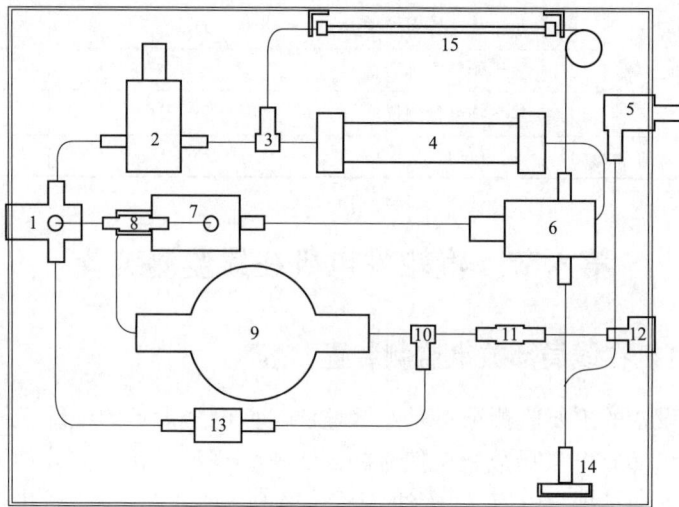

图 12-4　装置气路框图

1—装置进气四通；2、6—二通电磁阀（24V）；3—过滤器前端三通（短）；4—过滤器；

5—取样排气口；7—三通电磁阀（24V）；8—气阻平衡调节阀；9—离子室；

10—离子室后端三通（长）；11—检测流量调节阀；12—检测出气口；13—微差压计；

14—取样流量计；15—取样管

三、发电机漏氢监测装置

发电机漏氢监测装置工作时，漏氢监测探头部分被安装在测点处，它由氢敏传感器和金属结构的气室组成。其中的传感器由气—电转换器、补偿器、加热器和测温器构成。气—电转换器和补偿器均与仪表部分的仪表放大和线性校正单元电路相连。加热器、测温器与仪表部分中的温控单元电路联合作用，可使传感器始终在设定温度下稳定工作，以消除外界温度变化对传感器正常工作的影响。测量内冷水箱和中性点接线盒的测点；测量 A、B、C 相出线罩处及发电机汽侧和励侧密封瓦回油管道上的测点；测量屋顶发电机排烟处测点。

四、发电机转子匝间短路在线监测装置

发电机转子匝间短路在线监测装置，汽轮发电机工作所需的旋转磁场，是由转子来完成的，即转子绕组通入直流电后产生磁场，转子的转动将使磁场产生旋转，转子产生的磁通势与转子绕组中电流和绕组匝数有关。当转子绕组匝间短路时，将使转子励磁电流增加、磁场分布不对称、绕组局部温度升高、加速转子绕组损坏的现象和异常事件，危害机组的安全运行。方法是在发电机定子铁芯槽楔上安装探头的方式实现在线监测，通过对转子磁场波形的对称度进行动态监测，提高设备可靠性。

五、发电机封闭母线干燥装置

空气循环干燥装置是发电机离相封闭母线新型防潮结露装置，可彻底避免离相封闭母线内部潮湿结露的发生，切实提高发电机组运行安全性，是微正压装置、热风保养装置等防潮结露装置的理想升级替代产品。

空气循环干燥装置以母线内部空气相对湿度为考核指标，当其相对湿度值高于设定值时，该装置自动投入运行。干燥气体通过连接管路从离相封闭母线 A、C 相外壳进入母线内部，在各回路末端汇入 B 相后流回干燥装置，经干燥处理后再次进入母线 A、C 相外壳内，形成闭式循环干燥系统，有效提高母线内部空气干燥度，从而防止结露的发生。

六、发电机端部振动在线监测装置

发电机端部振动在线监测，国内使用较多的是光纤振动系统，它用于监测发电机端部绕组的振动状况，在发电机端部线棒上安装固定光纤探头，但发电机运行中本身存在振动，探头固定不良会造成线棒磨损，因此不建议采用此种方式。

第七节　案例分析

一、发电机定子出线中性点 B 相绝缘引水管脱落

（一）事件经过

2008 年 9 月 11 日，发现发电机定子出线中性点联箱往下漏水，定冷水箱水位下降，初步判断中性点联箱内部发生泄漏。停运定冷水系统后，打开 7 号发电机定子出线中性点联箱盖板，发现定子出线中性点 B 相绝缘引水管接头松动漏水。

先将 B 相绝缘水管和两只固定卡箍进行了更换紧固，之后将其余引水

管的卡箍进行了检查，发现剩余的 10 个卡箍均有不同程度的松动。其中有 4 只卡箍方向装反，对其进行了纠正和紧固，发电机定子出线中性点 B 相绝缘引水管卡箍松动漏水。

（二）原因分析

（1）引水管卡箍螺栓锁紧装置由于安装时没有锁紧，在长期震动下造成螺栓松动。

（2）卡箍安装方向不正确，导致卡箍不能有效起到固定作用。

图 12-5 为发电机中性点绝缘引水管拆下后的情况，图 12-6 是发电机中性点绝缘引水管卡箍的安装方向示意图。

图 12-5　引水管拆下后情况

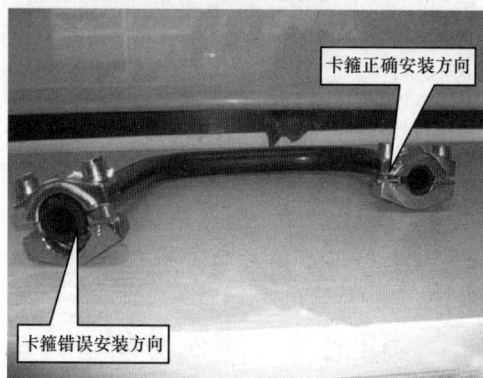

图 12-6　发电机中性点绝缘引水管卡箍安装方向示意图

（三）存在的问题

（1）设备维护人员和技术管理人员对电气设备结构、工艺掌握不够细致；对引水管卡箍结构掌握程度不够，机组大小修时虽然进行过检查，但未掌握绝缘引水管安装工艺要求，所以未能及时发现存在的隐患。

（2）检修工艺要求不够细致，没有对设备检修细节的提出具体的工艺要求。

二、发电机定子接地故障

（一）事件经过

2020年8月31日，某电厂发电机定子A相发生接地故障后，发展为定子A、B两相相间短路接地故障，发变组差动保护动作，跳灭磁断路器，厂用电切换正常，检查确认发电机A相出线柔性连接片烧损、断开（见图12-7）；B相出线柔性连接片部分断裂（见图12-8）。

图12-7　A相出线柔性连接片烧损、断开

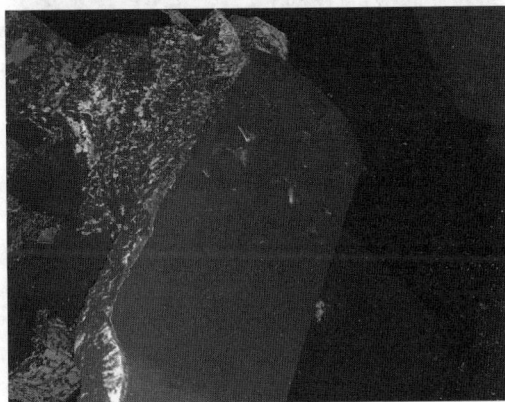

图12-8　B相出线柔性连接片固定螺栓及锁片局部烧熔

（二）原因分析

发电机A相出线柔性连接制造工艺不良导致受力，造成柔性连接局部应力增加，加上发电机固有的振动，导致柔性连接铜片疲劳断裂、过热、电弧，最终发展为接地短路故障。

（三）处理措施

发电机柔性连接铜片更换为铜编织柔性连接；新建机组发电机首次安装时须在厂家指导下进行，避免出现因制造安装工艺导致局部受力。

三、发电机定冷水出入口差压异常升高

(一)事件经过

发电机自 2006 年正式投产以来,发电机定子冷却水出入口差压不断升高。特别是进入 2009 年后,为保证发电机定冷水流量维持在 102~105t/h,发电机定子冷却水出入口差压由 0.304MPa 增至 0.435MPa,接近定子冷却水系统正常运行极限。

2009 年 7 月 2 日,对打开的部分绝缘引水管和汽、励两侧汇水总管用内窥镜进行检查(见图 12-9),发现绝缘引水管内壁积垢,在汽侧汇水总管内壁附着类似铁锈的异物(见图 12-10)。黑色微小颗粒可能为水质腐蚀产生的氧化铜,采用物理吹扫无法彻底清除。

外壁附着类似
铁锈的异物

图 12-9　内窥镜检查总水管

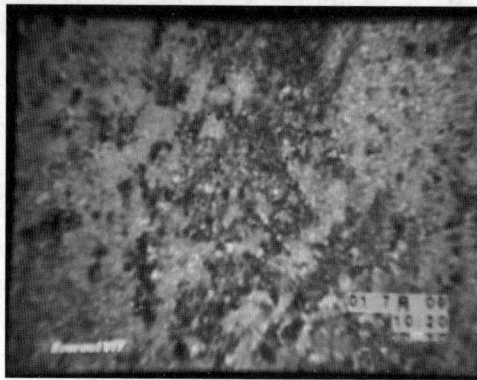

图 12-10　励侧总进水管内部结垢情况

(二)原因分析

根据发电机定子绕组吹扫结果及发电机汇水管内壁检查情况,确定发电机绕组存在腐蚀,导致发电机定冷水系统出入口差压升高,影响发电机正常运行。

处理方法:为彻底消除发电机定冷水进出口差压异常,决定对发电机

进行酸洗。

酸洗前、后 7 号发电机出入口差压及定冷水流量见表 12-6。

表 12-6　　　酸洗前、后发电机出入口差压及定冷水流量

参数	定冷水出入口差压（MPa）	定冷水系统流量（t/h）
酸洗前	0.435	103.7
酸洗后	0.27	110.0

酸洗后发电机定子绕组出入口压差降低了 0.2MPa，通过酸洗清除了发电机定子绕组通流部分表面沉积的金属腐蚀物，使发电机定子冷却水系统运行参数达到规程及设备制造厂要求。

（三）存在的问题

发电机冷却水水质不合格，长期运行会使其变电站导线内壁结垢严重，轻者造成线棒内部温升升高，重者可能造成水路局部堵塞现象。由于水质不合格，往往会造成电导率增大，还会引发绝缘水管绝缘内烁击穿事故。

四、发电机定子绕组端部问题

（一）事件经过

某电厂 1 号机组停备检查，发现发电机定子励端 18 个绝缘支架引线绑扎处存在不同程度松动磨损（共 54 处），两处滑动销断裂掉落缺陷，如图 12-11 所示。

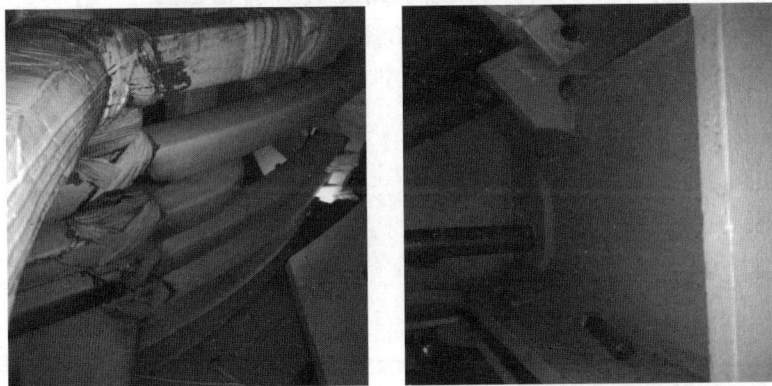

图 12-11　绝缘支架引线绑扎松动磨损

（二）原因分析

（1）环形引线松动磨损原因：在制造过程中，环形引线绑扎后在环氧胶未干的情况下滚动进行其他位置的绑扎作业。因环氧胶未固化，强度尚未形成，导致绑扎位置微观上有脱壳，加之运行中端部固有振动，最终产生绑扎松动磨损现象。

（2）滑动销断裂脱落原因：滑动销本身不承担定子端部绕组和引线的重量，主要是在径向和切向限位作用。滑动销装配时预紧力过大，运行中

在端部振动剪切力的作用下，螺栓在应力集中部位发生断裂。

（三）存在的问题

设备引线绑扎工艺质量不良，运行中端部振动大。

五、发电机定子端部环引线间适形垫块绑扎松动

（一）事件经过

2019年2月27日，某电厂2号发电机定子绕组绝缘故障，发电机差动保护动作，机组跳闸。发电机解体检查发现，环引V1（B相首端）引线已熔断；环引U2（A相尾端）引线烧熔，未烧断；环引V2（B相尾端）2处烧损露铜；V1和U2引线之间的绑带及垫块有明显的放电通道，确定并联环引线V1与U2之间发生短路故障，如图12-12所示。

图 12-12　定子绕组绝缘故障位置图

（二）原因分析

故障发电机定子返厂后检查，发现故障部位U2引线绑绳下有磨损露铜情况，判断为发电机运行中并联环引线V1与U2间适形垫块绑扎松动导致引线绝缘损伤进而引发短路故障，属于发电机制造质量原因。

六、发电机出口电压互感器问题

（一）案例一

1. 事件经过

2015年3月1日，某电厂3号机组发电机—变压器组定子零序电压保护动作，机组跳闸。对发电机出口3组电压互感器开展试验，发现第一组电压互感器B相一次绕组直阻与同组其他两相比较偏小（A相1640Ω，B相1583Ω，C相1683Ω，相间超差6.3%），进行感应耐压试验时未达到额定试验电压即过载无法再升压，空载试验时空载电流激增而使试验设备跳闸（故障电压互感器型号为JDZX9-20Q，出厂日期2008年5月）。

2. 原因分析

3号发电机出口第一组电压互感器B相内部存在绝缘缺陷，运行中发生

绕组匝间短路故障，造成发电机出线三相电压不平衡，发电机定子接地保护动作。属于设备制造质量问题，故障电压互感器返厂解体后确认电压互感器一次绕组匝间短路，第一级的 11 层至第二级的第 33 层的层间绝缘已经碳化损坏，漆包线表皮绝缘存在过热而漆皮脱落现象。电压互感器 B 相内部存在匝间短路所致。

（二）案例二

1. 事件经过

2013 年 10 月 3 日，某电厂 2 号机组"发电机—变压器组 220kV 故障""发电机—变压器组保护 I 屏 985 跳闸""发电机—变压器组保护 II 屏 985 跳闸"声光报警，2 号发电机跳闸。对发电机出口电压互感器回路检查试验未见异常，对电压互感器 1A 相熔断器进行破碎检查，发现熔丝熔断且紧贴瓷管内壁，存在熔断放电痕迹。

2. 原因分析

发电机出口电压互感器 1A 相熔断器存在制造缺陷，熔丝紧贴瓷管，运行中熔断器熔丝多次熔断，励磁误升高电压，发电机电压高保护动作，机组跳闸，为电压互感器 A 相熔断器慢熔所致。

第十三章　柴油发电机组

第一节　柴油发电机组结构及工作原理

一、柴油发电机组的结构

柴油发电机组的作用是保证机组的安全停机。当 400V 工作电源失去时向机组的保安负荷供电,因此该设备的快速启动和带负荷能力以及可靠性都将成为该设备的重要特性指标。如图 13-1 所示为柴油发电机组示意。

图 13-1　柴油发电机组

柴油发电机组由柴油发动机、发电机、控制箱、散热水箱、燃油箱、消声器及公共底座等组件组成刚性整体。除以上配件外,还包括散热装置、启动电瓶、消声器、柔性波纹排烟管、排烟弯管、机组高效减震器等。

柴油发电机组总体结构由以下几大系统或机构组成:机体、曲轴连杆机构、配气机构、燃油系统、润滑系统、冷却系统、启动系统。

(1)机体组件:包括机体(气缸—曲轴盖)、气缸、气缸盖和油底壳等。这些零件构成了柴油机骨架,所有运动件和辅助系统都支承在它上面。

(2)曲轴连杆机构:气缸内燃烧气体的压力推动曲轴连杆机构,并将活塞的直线运动变为曲轴的旋转动力。主要部件有:活塞、连杆、曲轴、飞轮等。

(3)配气机构:适时向气缸内提供新鲜空气,并适时地排出气缸中燃料燃烧后的废气。它由进气门、排气门、凸轮轴及其传动零件组成。

(4)燃油系统:燃料供给系统是按照内燃式燃气轮机工作所要求的时间,供给气缸适量的燃料。它由燃油箱、燃油滤清器、油泵、喷油器等组成。

(5)润滑系统:润滑系统是向柴油机各运动机件的摩擦表面,不断提供适量的润滑油。它由机油泵、机油滤清器、机油散热器等组成。

(6)启动系统:以外力转动内燃式燃气轮机曲轴,使内燃式燃气轮机由静止状态转入工作状态的装置，由蓄电池、启动电动机等组成。电磁线圈及保持线圈通电，铁芯移动带动驱动杆摆动，使启动机的齿轮与飞轮齿圈啮合，铁芯继续移动接通直流电动机电路开始运转工作，直至柴油机启动。

柴油发电机为无刷自励/永磁、AVR 自动调压系统，H 级绝缘。

二、柴油发电机组的工作原理

在柴油机的汽缸内，洁净空气与高压雾化柴油充分混合，在活塞上行的挤压下，体积缩小，温度迅速升高，达到柴油的燃点。柴油被点燃，混合气体剧烈燃烧，体积迅速膨胀，推动活塞下行，称为"做功"。各汽缸按一定顺序依次做功，作用在活塞上的推力经过连杆变成了推动曲轴转动的力量，从而带动曲轴旋转。柴油发动机驱动发电机运转，从而输出电能的设备。柴油发电机的工作原理与汽轮发电机的工作原理类似。

三、柴油发电机组的工作参数

柴油发电机组的主要工作参数如下：

（1）额定功率：即为发电机在额定运行情况时所能输出的最大有功功率。

（2）额定电压：指柴油发电机组在正常运行时的线电压，一般为 400/230V，即三相额定电压为 400V，单相额定电压为 230V。

（3）额定频率：国家标准规定工频机组额定频率为 50Hz，中频机组额定频率为 400Hz。

（4）额定电流：指柴油发电机组在额定状态运行时的线电流，单位为安培（A）。

（5）额定功率因数：三相发电机为 0.8，单相发电机为 0.9 和 1.0。

（6）额定转速：指对应额定功率下发电机转子的转速。目前，三相发电机组使用较多是 1500r/min，单相发电机组一般是 3000r/min。

（7）额定励磁电流：指交流发电机处于额定负载条件时励磁绕组中通过的直流电流。

（8）额定励磁电压：指额定励磁电流时加在励磁绕组上的直流电压。

（9）励磁方式：提供励磁电流的电源，来自发电机外部的称为他励，来自发电机本身的称为自励。他励和自励统称为励磁方式。

（10）可靠性指标：柴油机平均故障间隔时间为 500、800、1000h。

第二节　柴油发电机组的日常维护

一、柴油发电机组的日常维护

（1）检查燃油箱燃油量观察燃油箱存油量，根据需要添足。

（2）检查油底壳中机油平面油面应达到机油标尺上的刻线标记，不足时，应加到规定量。

（3）检查喷油泵调速器机油平面油面应达到机油标尺上的刻线标记，不足时应添足。

（4）检查"三漏"（水、油、气）情况消除油、水管路接头等密封面的漏油，漏水现象；消除进/排气管、气缸盖垫片处及涡轮增压器的漏气现象。

（5）检查柴油机各附件的安装情况，包括各附件安装的稳固程度，地脚螺钉及与工作机械相连接的牢靠性。

（6）检查各仪表观察读数是否正常，否则应及时修理或更换。

（7）检查喷油泵传动连接盘连接螺钉是否松动，否则应重新校喷油提前角并拧紧连接螺钉。

（8）清洁柴油机及附属设备外表，用干布或浸柴油的抹布揩去机身、涡轮增压器、气缸盖罩壳、空气滤清器等表面上的油渍、水和尘埃，揩净或用压缩空气吹净充电发电机、散热器、风扇等表面上的尘埃。

（9）经常整理，保持发电机房干净、整洁，通风良好，严禁杂物堆放。

二、柴油发电机组的检修

（一）柴油发电机组检修类别、周期及检修工期

柴油发电机组检修类别、周期及检修工期见表 13-1。

表 13-1　　　　　柴油发电机组检修类别、周期及检修工期表

检修类别	周期（年）	检修工期（d）
大修	6	10
小修	3	5

（二）检修项目

1. 小修检修标准项目

（1）柴油发电机引线、电缆、电缆接头检查。

（2）柴油发电机表面灰尘及通风系统清理。

（3）轴承检查，增添轴承润滑脂，必要时应更换轴承润滑脂。

（4）柴油发电机电气试验（测绝缘、直流电阻）、组装就位。

（5）柴油发电机二极管检查。

（6）柴油发电机冷却液加热器检查（每两年更换），测量直阻绝缘。

（7）工作结束，发电机试运。

2. 大修检修标准项目

（1）柴油发电机引线，电缆、电缆接头检查。

（2）柴油发电机解体，清除灰尘、污垢。

（3）柴油发电机定子的检修。

（4）柴油发电机转子的检修。

（5）柴油发电机轴承的检修。

（6）柴油发电机其他部件检修。

（7）柴油发电机更换二极管。

（8）柴油发电机冷却液加热器检查（每两年更换），测量直阻绝缘。

（9）柴油发电机电气试验（测绝缘、直流电阻）、组装就位。

（10）工作结束，柴油发电机试运。

（三）检修前的准备工作

（1）填写设备检修文件包，办理相关的审批手续。

（2）准备设备检修所需工具、材料、备件、照明设施以及抽芯起吊工具。

（3）检修场地布置，检查起吊用的电葫芦应满足起吊重量的要求。

（4）了解所修设备运行工况、存在的缺陷、历次检修中发现的缺陷及历次检修过程中的经验教训。

（5）办理检修设备工作票、动火票。

（6）工作负责人检查所做的安全措施与工作票内容相符、完备。

（7）工作负责人对检修班成员进行检修交底。

（8）准备备件、材料、工器具，主要工器具准备见表 13-2，主要材料准备见表 13-3，主要备件见表 13-4。

表 13-2　　　　　　　　　主要工器具表

序号	名称	数量	单位	备注
1	撬棍	2	根	
2	拉马	1	个	
3	套筒扳手	1	套	
4	梅花扳手	1	套	
5	绝缘电阻表	1	台	500V
6	抽转子专用工具	1	套	
7	千斤顶	1	台	10t
8	铜棒	1	根	
9	枕木	4	根	
10	手电	1	把	
11	毛刷	2	把	
12	钢丝刷	1	把	
13	油盘	1	个	

表 13-3　　　　　　　　　主要材料准备表

序号	名称	数量	单位	备注
1	机电设备清洗剂	20	kg	CX-25
2	塑料布	5	kg	

续表

序号	名称	数量	单位	备注
3	抹布	5	kg	
4	白布	2	m	
5	铁红环氧漆	5	kg	9130 号
6	汽油	2	L	
7	树脂胶	1	套	
8	801 胶	1	桶	
9	润滑脂	1	桶	
10	高压自黏带	1	盘	
11	胶皮垫			3mm

表 13-4 主要备件准备

名称	数量	单位	备注
轴承	2	套	

（四）柴油发电机检修工序、工艺标准及注意事项

1. 柴油发电机解体注意事项

（1）使用抽转子的工具，如假轴、拐臂、倒链、钢丝绳、卡环应符合受力标准并完好。

（2）检修所用工具清点、记录，使用的电动工具、如手电钻、手提砂轮、电动吹尘器等，使用时外壳一定要接好接地线，并要可靠，使用时按要求佩戴好防护用具。

（3）在解体过程中，端盖、钢丝绳、工具等任何东西都切勿碰触定子线圈端部，轴头、风扇等部位也要保护好。

（4）转子端部线圈、引线绝缘套，均不得作为着力点及支撑点。

（5）用钢丝绳吊起转子、大盖等重物时，要绑扎或挂牢，防止起吊后滑动或滑脱，避免发生设备及人身事故。

（6）阴雨天或周围环境湿度大时，要注意防止发电机绝缘受潮，工作间断时，定、转子要用帆布（塑料布）盖好，室外长期存放，要做好防淋防锈措施。

（7）柴油发电机解体时，所拆下的螺栓、垫圈及其他零部件要做好标记，妥善保管，以备复装使用，装转子前清点所有的工具及零部件，并仔细检查定子腔内，防止金属小用具、垫圈、锯条等物品遗留于内。

（8）如遇有高空作业，要扎好安全带，并遵守高空作业规程，使用火焊时应由具有专业资格人员进行工作，并遵守其注意事项，并做好防火措施。

（9）起吊所用单轨吊、倒链应由工作负责人指定专人操作，操作时应精力集中，听从指挥，起吊重物时应有专业人员进行操作。

（10）如遇有其他工作小组或其他班组在工作现场有交叉作业时，应互

相照顾，注意安全。

2. 柴油发电机的解体工序及工艺标准

柴油发电机机断引，电缆检查如下：

（1）柴油发电机修前办理相关工作票，准备检修场地、工具、备件、材料，了解设备运行状况、存在的缺陷及历次检修中发现的问题。

（2）断开蓄电池供柴油发电机的直流电源，拆除柴油发电机接线与地脚螺栓及外壳接地线，做好永久性标记及相关记录，检查电缆接线鼻子无裂纹、变色过热现象，检查电缆绝缘层良好无破损，采用 16mm^2 铜编织短路线配合螺栓将三相电缆牢靠地短路接地，通知热工、机械部分有关班组，解开联轴器及测温元件。

（3）根据柴油发电机现场条件，准备吊车、倒链、钢丝绳、卡环等。倒链无卡涩或不灵活，钢丝绳应无断股、锈蚀，钢丝绳与起吊设备垂直方向的角 $\alpha < 60°$。用行车将发电机吊起用车运至检修现场，放在检修场地用方木垫好，准备检修。如果吊车行程有限，可将发电机原地吊起，调整角度，用方木垫平待修。起吊发电机不得触碰电缆引线，发电机要放稳，运输途中不得颠簸，起吊发电机时执行起重标准，由专业人员进行。

（4）将柴油发电机地脚拆下的螺栓、垫圈及找正用的垫片做好标记、记录并保存好。

（5）测量联轴器凸出或凹入轴端尺寸，扒下柴油发电机联轴器，扒时应用火焊加热，扒卸过程中要求对轮受力均匀，联轴器加热温度一般为 200℃ 左右，加热要均匀迅速，并用钢丝绳将千斤顶、三爪拉马及联轴器连在一起吊起，以防联轴器扒下时砸伤脚。联轴器加热时应由具有专业资格人员进行工作，并遵守其注意事项，并做好防火措施。

（6）测量柴油发电机修前绝缘、直阻，做好检修记录。

3. 柴油发电机解体

（1）拆开柴油发电机整流装置防护罩，并应做好记号，以便于复装。使用吊车时执行起重标准，由专业人员进行，做好防止砸伤脚的安全措施。

（2）拆除柴油发电机整流装置连接线，将所有电子部件、电子保护装置等接地装置的连线断开，将旋转整流装置上的二极管短路。

（3）确保定、转子周围有足够的空间以便于抽出转子。

（4）由柴油发电机对轮侧安装拐臂，拐臂装于联轴器轴面，拐臂套尽可能地装到轴的根部，如果轴面与拐臂套间隙超过 10mm 时，应用木条或橡胶垫填充其间隙，使其紧固，防止转子滑脱，目测调整吊环于转子重心处。

（5）使用手拉葫芦反复试验调整重心及转子水平，调整重心后，紧固滑动套头上的螺栓，小心地吊起转子，小幅度指挥行车行走，转子重心及转子水平变化情况随时及时调整手拉葫芦，使转子处于定子膛内中心位置，起吊转子，调整重心、平移或升降转子时，钢丝绳不得碰及线圈。

（6）转子抽出后，应放在方便的场地上并用木板或专用工具垫好，在转子两边适当的位置塞住，以防滑动，转子所带的风扇禁止作为着力点。工作间断期间，为防止损伤转子，应用篷布或塑料布将其盖好，以免损坏设备。此刻定转子的内部就可以仔细地检查维修了。

4. 定子的检修

（1）使用吸尘器吸尘，用 $2\sim3\text{kg/cm}^2$ 的干净无油水的压缩空气或风葫芦吹扫线圈，采用机电清洗剂擦拭线圈的油垢。

（2）端部线圈检查，线圈清洁，无油垢、锈蚀，端部线圈无弯曲、变色、变形，绝缘层良好，绕组表面漆膜良好，无变色裂纹，端部固定良好，绑线无断裂松动现象，端部过线绝缘良好。清理线圈时不得使用金属工具。

（3）检查铁芯紧固平整无毛刺，无松动、锈斑及过热、张口现象，无定转子擦痕，铁芯压紧压指无松动现象，焊口无裂纹。

（4）检查槽楔应无损伤，变色现象，槽楔应紧固、完整、无空洞声，若有空洞或烧焦现象，更换新槽楔，增添槽下绝缘垫片。工作时不要碰伤线圈绝缘。

（5）检查接线螺栓、接线板应完好无损，接线柱无脱扣烧伤现象，电机电缆引线绝缘及电缆引线鼻子容量与电流相匹配，焊接良好且无断股现象。断股超过10％时，应进行处理。引线螺栓应紧固清洁无滑丝现象。接线盒盖螺栓应紧固，接线盒复装后应密封良好。

（6）用万用表测量其正反向电阻，如果反向电阻小应更换，安装二极管。安装二极管需保证良好的机械和电气连接。

5. 转子的检修

（1）用 $2\sim3\text{kg/cm}^2$ 清洁、无油水的压缩空气或风葫芦对转子清理，或用吸尘器吸尘，使转子清洁、无油垢。

（2）用布擦拭转子，检查转子绕组无变形、变色、损伤、裂纹和断裂现象。

（3）检查转子铁芯无松动、过热变色、损伤，应紧密整齐，无锈蚀，绝缘漆完好无脱落。

（4）检查通风道，无异物堵塞，畅通清洁。

（5）转子风扇完好无变形，无损伤、裂纹，固定良好无开焊等情况。用敲击听声法检查其整体完好性，敲击声音应清脆连续，声振时间较长。

（6）检查平衡环、平衡块应无位移且固定良好。

（7）检查大轴与铁芯的配合情况，大轴应无弯曲、变形及裂纹，与铁芯配合良好，轴颈和轴肩应完好，无磨损、无毛刺。

6. 轴承的检修

（1）检查轴承内套与轴结合面、外套与轴承室结合面应无转动磨损的痕迹。

（2）用毛刷，煤油或汽油将轴承清洗干净，检查轴承滑道磨损情况，检查滚珠及保持架应完好，无麻点松动现象，如轴承出现明显缺陷，应更换同型号新轴承。

（3）拆轴承时应用专用拉盘或三爪拉马，工具应装正，尽量使其内套两侧均匀受力，防止扒偏。

（4）更换安装新轴承，用加热器加热到 80～100℃（最高不得超过 120℃），轴承型号向外装到轴肩，不得敲击轴承外套及保持架。稍紧些的可用一与内套直径相当的铜管套入轴端顶住内套，从铜管外端用手锤敲打，直至轴承到位为止。轴承在冷态下测量轴承内套与转子轴颈配合间隙，尺寸为 -0.04～-0.02mm。

（5）轴承内外套滑道及滚动体表面必须光滑无伤痕，无孔洞及锈斑、脱皮、破碎、麻点现象。保持架应无松动裂纹，破碎现象，且不摩擦内外套。毛刷毛不能遗留在轴承上，为防止棉纱头遗留在轴承内，禁止使用棉纱清洗轴承。

（6）清洗检查轴承套轴承盖，轴承套应清洁无弯曲、裂纹、变形及磨损痕迹，轴承套和轴承及轴承盖的配合要严密，尺寸为 0～0.02mm，不应有瓢偏现象。

（7）采用压铅丝法测量滚珠式轴承间隙数值，采用塞尺法测量滚柱式轴承间隙数值，做好记录。

（8）按发电机说明书要求加添新润滑脂，记录润滑脂型号。加油时，轴承及轴承盖内须清洁干净，不得留有煤油等其他异物。新润滑脂应清洁无变质，型号必须正确，不得同时使用不同型号的油脂。加油量应为轴承容积的 1/2～2/3。

7. 柴油发电机其他部件检修

（1）清理机壳内灰尘、异物，紧固螺栓。

（2）检查接地线螺栓与机壳的接触情况。

（3）检查端盖与机身的接触情况。

（4）检查轴承与轴承室配合情况。

（5）检查励磁护罩的固定情况。

（6）更换柴油发电机二极管。

8. 柴油发电机组装就位

柴油发电机组装就位按照解体相反的程序进行。

（1）检查柴油发电机定/转子、铁芯、线圈、端盖、外壳、风道、风扇、接线各部位应无灰尘、油垢、锈斑，应清洁，槽楔紧固，定子膛内严禁有任何遗留物。

（2）回装前清点工具、设备零部件等物品，数量正确后柴油发电机进行穿转子，装两侧端盖、油盖、对轮等部件。发电机整体组装完毕后，用手转动转子，应灵活，无卡涩及摩擦。

（3）测量柴油发电机绝缘、直阻，并与修前值进行比较。

（4）检查柴油发电机就位所用的倒链、钢丝绳，清理发电机基座与地脚，清理垫片并按原记号放好，柴油发电机就位时不能碰伤电缆及地脚螺栓。

（5）柴油发电机就位后，接引柴油发电机接地线，并检测接地线接触良好。

（6）检查清理接线柱，接原记号的相序接线，正确无误。引线截面积应足够，线鼻子焊接或压线应牢靠，两线鼻子结合面应无氧化层及污物螺栓压接应紧固，引线接触良好。

（五）检修质量标准

1. 定子检修标准

（1）定子各部清洁无灰尘、油污、杂物，螺栓紧固，接地线螺栓与机壳接触良好。

（2）铁芯紧固平整无毛刺和锈斑现象，无定转子擦痕，铁芯压紧和固定机构良好，焊口无裂纹。

（3）绕组表面漆膜良好，无变色裂纹，端部固定良好，绑线无断裂松动现象，端部过线绝缘良好，无过热现象，固定良好。

（4）槽楔无损伤，变色现象。

（5）引出线绝缘良好，无损伤，接线柱无脱扣烧伤现象，线鼻子容量与电流相匹配，焊接应良好。

（6）柴油发电机油漆完整无缺损，铭牌清洁、牢固。

2. 转子检修标准

（1）转子各部清洁、无油污、无杂物。

（2）铁芯紧固无张口、变色、毛刺、锈斑现象，笼条与短路环焊接良好，强度足够，绕组无变形变色现象，焊接良好，各紧固件防松措施良好，无松动现象。

（3）外观检查转子风扇无变形，无损伤、裂纹，固定良好无开焊等情况，敲击声音应清脆连续，声振时间较长。

（4）转子轴颈各部良好，无损伤，转子上各紧固螺栓无松劲，防滑垫片无松劲，焊口无开焊现象，平衡块固定良好，无磨损松劲，联轴器无变形、裂纹、损伤。

3. 轴承检修标准

轴承应清洗清洁、无异物，滚珠及滑道光滑无麻点、锈斑，保持架无变形，铆钉无松动，轴承转动灵活，轴承加润滑油油量为轴承室容量的 $1/2 \sim 2/3$，润滑油应清洁、无杂物，质量可靠，轴承内套与转子轴颈配合尺寸为 $-0.04 \sim -0.02$mm。

4. 其他部件检修标准

（1）柴油发电机固定环键式螺栓无变形、损伤，各部无积尘、油污。

（2）电缆接线鼻子无裂纹、变色、过热现象，电缆绝缘层良好无破损。

第三节　柴油发电机组常见故障及处理

柴油发动机的启动运转过程中很容易发生无法正常启动运行的现象，导致柴油发动机无法正常运行，柴油发电机组常见故障及处理方法详见表13-5。

表 13-5　　　　　　　　　柴油发电机组常见故障及处理方法表

序号	故障现象	故障原因	判断处理方法
1	不能盘车发动机或盘车转速过低	1）电池充电不足	1）检查电解液位，如果需要则补充。给蓄电池充电
		2）主开关断开	2）合上主开关
		3）接线盒的一个半自动保险管脱开	3）按下保险管上的按钮，使保险管复位
		4）接触不良、线路短路	4）排除任何断路、接触不良，检查接头有无氧化，如果必要则清洗
		5）钥匙开关故障	5）更换钥匙开关
		6）启动继电器故障	6）更换启动继电器
		7）启动电动机故障	7）联系检修处理
		8）任何线路故障	8）检查启动线路
		9）发动机中有水	9）联系检修处理
		10）润滑油温度低	10）安装油底壳润滑油加热器
		11）使用错误类型的润滑油	11）更换润滑油和滤清器，确保使用正确类型的润滑油
		12）影响发动机旋转的其他内外原因	12）检查曲轴是否可以灵活盘动
2	发动机启动困难或启动不了，但排气管冒烟	1）启动电动机驱动发动机转速太低	1）发现不能盘动发动机或盘车转速过低
		2）发动机的驱动装置与发动机啮合	2）脱开发动机启动装置
		3）错误使用冷启动装置	3）检查冷启动装置
		4）预热不足	4）检查半自动熔断器管。如果需要则按下按钮复位，检查电线、联锁按钮和预热继电器
		5）燃油滤清器阻塞	5）更换燃油滤清器
		6）燃油系统中有空气	6）排出燃油滤清器
		7）进气系统阻塞	7）清理管路
		8）燃油中有水	8）清理进气管
		9）喷油器故障	9）更换燃油，加装油水分离器
		10）喷油器进、回油管接头松动	10）用一个临时油箱开动发动机来判别
		11）输油泵故障	11）进行压力试验，调整更换喷油器
		12）喷油泵故障	12）拧紧管接头
		13）供油定时不对	13）检查、修理输油泵

续表

序号	故障现象	故障原因	判断处理方法
2	发动机启动困难或启动不了，但排气管冒烟	14）配气正时不对	14）检查喷油泵并调整，调整至规定数据
		15）压缩压力低	15）处理压缩力低的故障
		16）燃油关闭阀阻塞	16）处理燃油关闭阀可能出现的故障
		17）排气管阻塞	17）检查排气管是否阻塞
3	发动机可以盘车但不能启动，排烟管无烟	1）燃油箱无油	1）加注燃油
		2）停止电磁铁故障	2）检查停机电磁铁
		3）燃油关闭阀故障	3）处理燃油关闭阀可能出现故障
		4）喷油器无油喷出	4）拧紧喷油泵至缸盖之间的油管，同时启动发动机，检查有无燃油溢出
		5）输油泵吸油管接头松动	5）拧紧油箱至油泵之间的所有滤清器管接头
		6）燃油滤清器阻塞或吸油管阻塞	6）更换燃油滤清器，检查燃油软管有无阻塞
		7）油泵中无燃油	7）给油泵泵油
		8）进气或排气系统阻塞	8）检查进气或排气系统有无阻塞
		9）油泵驱动轴折断	9）联系检修处理
		10）齿轮泵拉伤或齿轮磨损	10）联系检修处理
		11）输油泵故障	11）检查输油泵
		12）喷油泵喷孔阻塞	12）检查清理或更换喷油器
4	发动机能启动但不能保持运行	1）燃油系统中有空气	1）排出燃油中空气，拧紧油管接头和滤清器
		2）燃油系统泄漏或阻塞	2）检查油箱直立管
		3）发动机驱动装置与发动机啮合	3）脱开发动机驱动装置
		4）燃油滤清器阻塞或因温度过低造成燃油冻结	4）更换燃油滤清器，加装燃油加热器
		5）吸油管路阻塞	5）清理管路
		6）检查燃油型号	6）用一个临时油箱开动发动机来判别
		7）燃油中有水	7）更换燃油，加装油水分离器
		8）预热不足	8）检查保险管，按下按钮复位，检查预热继电器，更换预热元件
		9）进气系统阻塞	9）清理进气管道
		10）压力管损坏	10）安装新压力管
5	冒黑烟	1）进气系统阻塞	1）检查进气系统有无阻塞
		2）喷油器故障	2）检查、调整更换喷油器
		3）冷启动系统故障	3）检查修理冷启动装置
		4）使用错误型号燃料	4）用临时油箱开动发动机来判别
		5）排气管阻塞	5）检查排气管是否阻塞

续表

序号	故障现象	故障原因	判断处理方法
5	冒黑烟	6）发动机温度过低	6）处理冷却液温度低于正常温度的故障
		7）气门间隙不对	7）调整气门间隙
		8）涡轮增压器与缸盖之间进气管路漏气	8）检查回油管有无阻塞
		9）回油管路阻塞	9）检查回油管路有无扭曲、凹陷
		10）气温过高	10）联系检修处理
		11）供油定时不对	11）调整喷油泵
6	冒蓝烟或冒白烟	1）使用错误类型的润滑油	1）更换润滑油和滤清器，确保正确类型的润滑油
		2）冷却启动系统故障	2）安装冷启动装置，检查、修理，必要时更换
		3）发动机温度过低	3）处理冷却液温度低于正常温度的故障
		4）发动机润滑油过多	4）检查润滑油位
		5）涡轮增压器密封圈和轴承磨损	5）修理、更换涡轮增压器
		6）使用错误类型或牌号的燃油	6）用一个临时油箱开动发动机来判别
		7）发动机已达大修期限	7）大修发动机
		8）气缸头漏水	8）检查缸头，必要时更换
7	发动机达不到额定转速	1）相对于额定功率发动机负载过大	1）降低车辆负载或用低挡位
		2）转速表有问题	2）用手持转速表或数字转速表检查
		3）油门控制杆调整不当	3）检查油门行程
		4）吸油管阻塞	4）检查吸油管有无阻塞；检查、调整调速器；更换燃油，加装油水分离器
8	发动机不能停机	1）接线盒的一个熔断器管脱开	1）按下熔断器管上的按钮时熔断器管复位
		2）接触不良，线路断路	2）排除任何短路、接触不良故障，检查接头有无氧化，必要时清洗
		3）停机按钮故障	3）更换停机按钮
		4）停机电磁铁故障	4）检查、更换停机电磁铁
		5）燃油关闭阀故障	5）处理燃油关闭阀可能出现的故障
		6）回油管阻塞	6）检查回油管有无阻塞、扭曲或凹陷
9	发电机输出功率不足	1）相对于额定功率发动机负载过大	1）排出燃油中的空气，拧紧油管接头和滤清器

序号	故障现象	故障原因	判断处理方法
9	发电机输出功率不足	2）海拔过高造成功率不足	2）检查油箱直立管
		3）燃油管阻塞	3）检查回油系统有无阻塞、扭曲或凹陷
		4）润滑油位过高	4）调整、检查气门间隙
		5）油门控制杆移动受阻	5）用一个装有合适燃油的临时油箱开动发动机来判别
		6）进气或排气系统阻塞	6）气温较高时从室外引入空气至增压器
		7）燃油中有空气，油路中有气泡现象	7）气温较低时将机罩下的空气引入发动机
		8）回油管路阻塞或油箱通气不畅	8）给油箱加油，关闭燃油加热器，最高燃油油温温度为70℃
		9）气门间隙不对	9）检查、更换喷油器
		10）使用错误类型或牌号的燃油	10）检查、修理输油泵
		11）进气温度过高（40℃以上）	11）更换燃油滤清器
		12）进气温度过低（0℃以下）	12）联系检修处理
		13）燃油温度过高（70℃以上）	13）联系检修处理
		14）喷油器故障或喷油器型号不对	14）检查、调整调速器
		15）输出泵故障	15）检查喷油泵
		16）燃油滤清器脏污	16）查看喷油泵并调整
		17）调速器阻力过高：有故障或设置错误	17）清理。修理或更换涡轮增压器
		18）压力调节器：有故障或设置错误	18）查出原因，清理、修理或更换废气门
		19）调速器最高限速设置过低	—
		20）喷油泵故障	—
		21）供油定时不对	—
		22）压缩压力低	—
		23）涡轮增压器叶轮损坏或脏污	—
		24）废气门工作不正常	—
10	润滑油压过低	1）润滑油位不合适	1）检查有无润滑油泄漏，添加或排放润滑油
		2）润滑油压表有问题	2）检查润滑油尺刻度
		3）润滑油被燃油稀释	3）检查润滑油压力表

序号	故障现象	故障原因	判断处理方法
10	润滑油压过低	4）润滑油牌号不对	4）更滑润滑油。如果润滑油再次被稀释，联系检修处理
		5）润滑油温度超过正常值（120℃）	5）更换润滑油，检查润滑油牌号
		6）润滑油滤清器脏污	6）检查、清理或更换润滑油冷却器
		7）曲轴轴承磨损或损坏	7）更换润滑油滤清器
		8）润滑油泵磨损	8）检查、更换曲轴轴承
		9）减压阀不关闭	9）检查、修理、更换润滑油泵
		10）减压阀损坏	10）更换减压阀
		11）润滑油泵吸油管故障	11）更换减压阀
		12）油底壳吸滤器阻塞	12）检查、修理、更换吸油管，清洗吸滤器
11	润滑油压力过高	减压阀不开启	更换减压阀
12	冷却液温度低于正常温度	1）冷却液位过低	1）添加冷却液
		2）散热器阻塞或损坏	2）进行清洗
		3）散热器软管凹陷或阻塞	3）检查软管
		4）风扇传动皮带松弛	4）检查风扇皮带张紧进度，并将它拧紧
		5）润滑油位不合适	5）添加或排放润滑油，检查机油尺刻度
		6）冷却风扇罩损坏或丢失	6）检查风扇罩。修理、更换
		7）散热器压力盖有问题	7）检查散热器压力盖
		8）温度表有问题	8）检测、修理温度表
		9）散热器百叶窗没有完全打开	9）检查、修理百叶窗
		10）空气滤清器阻塞	10）检查更换空气滤清器
		11）喷油器故障	11）检查、调整喷油器
		12）排气管阻塞	12）检查排气管有无阻塞
		13）风扇损坏	13）更换风扇
		14）散热器气路或水路阻塞	14）添加冷却液
		15）系统中冷却液不足	15）排出冷却系统中的空气
		16）冷却系统中有空气凝聚	16）检查、修理水泵
		17）水泵故障	17）检查、更换节温器
		18）节温器故障	18）检查吸水测的软管夹有无泄漏，检查缸盖有无漏气
		19）冷却系统中有空气	19）检查喷油泵
		20）喷油泵故障	20）查看喷油泵
		21）供油定时不对	—
		22）配气正时不对	—
		23）气缸垫漏气	23）检查气缸垫
		24）活塞损坏	24）更换缸套和活塞

第十四章　电动机

电动机也称为"马达"，依据电磁感应定律把电能转变为机械能的机器。电动机构造和发电机基本上一样，原理却正好相反，电动机是通电于定子绕组以引起运动，而发电机则是借助在磁场中转子运动产生电流。

对电动机进行分类。

（1）按工作电源种类，电动机划分见图 14-1。

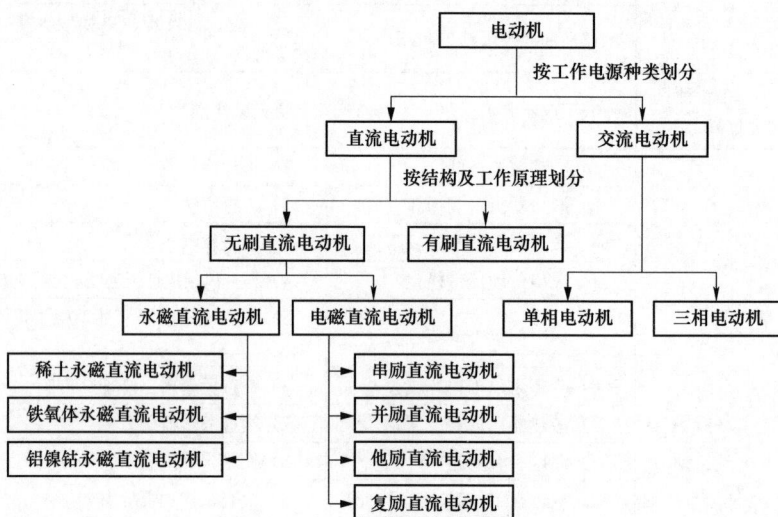

图 14-1　电动机按工作电源种类分类

（2）按结构和工作原理，电动机划分见图 14-2。

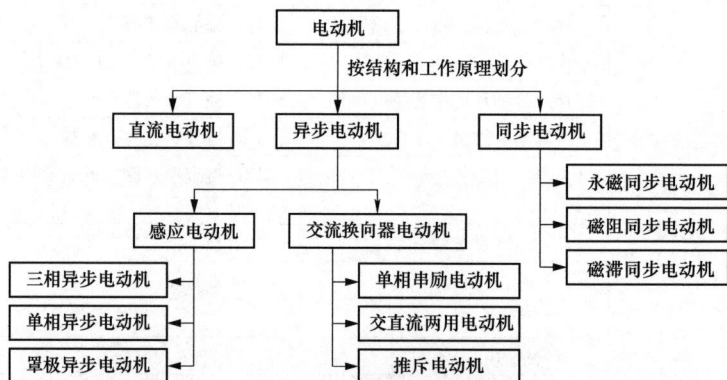

图 14-2　电动机按结构和工作原理分类

（3）按启动与运行方式，电动机划分为：电容启动式单相异步电动机、电容运转式单相异步电动机、电容启动运转式单相异步电动机和分相式单相异步电动机。

（4）按用途，电动机划分为驱动用电动机和控制用电动机。

驱动用电动机又分为：电动工具用电动机、家电用电动机，及其他通用小型机械设备用电动机。

控制用电动机又分为：步进电动机和伺服电动机等。

（5）按转子的结构，电动机划分为：笼型感应电动机（鼠笼型异步电动机）、绕线转子感应电动机（绕线型异步电动机）。

（6）按运转速度，电动机划分为：高速电动机、低速电动机、恒速电动机、调速电动机。

火电厂使用最多的是异步电动机和直流电动机，本章介绍异步交流电动机和直流电动机。

异步电动机又称感应电动机，是由气隙旋转磁场与转子绕组感应电流相互作用产生电磁转矩，从而实现机电能量转换为机械能量的一种交流电动机。

三相异步电动机主要用作拖动各种生产机械，例如风机、泵、压缩机、机床等，结构简单、制造容易、价格低廉、运行可靠、坚固耐用、运行效率较高并具有适用的工作特性。

第一节　异步电动机

一、异步电动机的结构及工作原理

（一）异步电动机的结构

三相异步电动机由定子和转子两大部分组成，电动机的主要部件有：机座、定子、转子、上、下轴承装置、防护罩或冷却器、出线盒等。电动机通过以上主要部件的不同形式的组合来满足用户的各种用途的需要。三相异步电动机的结构如图 14-3 所示。

1. 机座

机座为方形焊接结构。在机座的两侧可以安装空—水冷却器、空—空冷却器、防护罩、百叶窗等附件，以达到不同防护等级和冷却方式的要求。

2. 定子

定子的作用是产生旋转磁场。主要包括定子铁芯、定子绕组、机座等部件。

（1）定子铁芯是电动机磁路的一部分，定子铁芯一般由 $0.35 \sim 0.5\text{mm}$ 厚、表面具有绝缘层的硅钢片冲制、叠压而成，在铁芯的内圆冲有均匀分布的槽，用以嵌放定子绕组。线圈为双层叠绕组，绝缘等级为 F 级或 B 级，

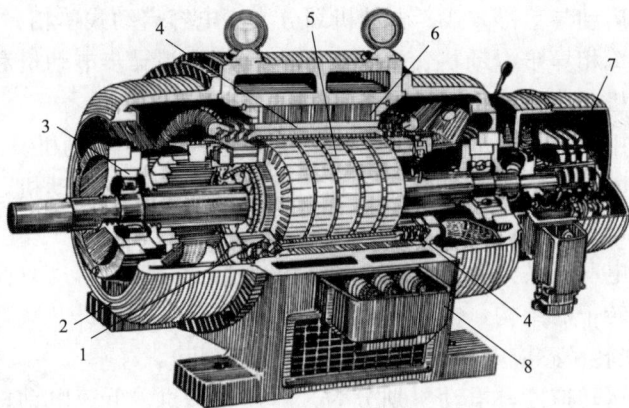

图 14-3 三相异步电动机结构图

1—转子绕组；2—端盖；3—轴承；4—定子绕组；5—转子；6—定子；7—集电环；8—出线盒

10kV 及以上工作电压的电动机均有防电晕措施。槽楔的作用是将线圈在定子槽内固紧，根据需要，槽楔可以是磁性槽楔或非磁性槽楔。定子嵌线后，定子线圈端部之间用适型材料垫紧，然后与端箍、支撑件扎牢在一起，经过真空压力整浸无溶剂漆（F 级）或淋 1032 漆（B 级），整个定子成为一个牢固的整体。在单速电动机中，主引出线以 U、V、W 作标志，如果绕组尾端也引出的话，则以 U1-U2、V1-V2、W1-W2 作标志。

（2）定子绕组是电动机的电路部分，通入三相对称交流电，产生旋转磁场。小型异步电动机定子绕组通常用高强度漆包线绕制成线圈后再嵌放在定子铁芯槽内。大中型电动机则用经过绝缘处理后的铜条嵌放在定子铁芯槽内。三相绕组的三个首端、三个尾端接在电动机外壳的接线盒上，以便与三相电源连接。三相绕组有两种接法：星形和三角形。

3. 转子

转子是电动机的旋转部分，包括转子铁芯、转子绕组和转轴等部件。

（1）转子铁芯。作为电动机磁路的一部分，一般用 0.5mm 厚相互绝缘的硅钢片冲制叠压而成，硅钢片外圆冲有均匀分布的槽，放置转子绕组。

（2）转子绕组。根据构造的不同分鼠笼式和绕线式两种结构。

1）鼠笼转子。鼠笼转子主要包括转轴、转子铁芯等。鼠笼式通常有两种结构型式，中小型异步电动机的鼠笼转子一般为铸铝式转子，即将融化了的铝浇铸在转子铁芯槽内连同两端的短路环成为一个完整体。另一种结构为铜条转子，即在转子铁芯槽内放置铜条，铜条的两端用短路环焊接起来，形成一个鼠笼的形状。

2）绕线转子。绕线转子主要包括转轴、转子铁芯、绕组及滑环等。转子绕组绝缘等级与定子相同。转轴是用以传递转矩及支承转子的重量，一般都由中碳钢或合金钢制成。转子有效部分（带绕组的转子铁芯）整浸无溶剂漆。绕线式异步电动机的定子绕组结构与鼠笼式异步电动机完全一样，但其转子绕组与鼠笼式异步电动机则不同。绕线式转子绕组也和定子绕组一样做成三相对称绕组，每相绕组的始端连接在三个铜制的滑环上，滑环固定在转轴上。环与环，环与转轴之间都是互相绝缘的。在环上用弹簧压着碳质电刷。滑环一般置于电动机的顶部。转子引出线以 K、L、M 作标志。转子绕组与外接变阻器连接，启动电阻和调速电阻借助于电刷同滑环和转子绕组连接，改变电阻阻值可以调节电动机转速，所以绕线式异步电动机调速性能好。但其成本高。

4. 轴承

（1）轴承的工作原理。电动机轴承是一种用于支撑和减少电动机转动时的摩擦和摩擦力的器件。电动机轴承的工作原理基于滚动摩擦，即利用滚动体在内外圈之间的滚动而减少摩擦力和能量损失。当电动机转动时，轴承通过滚动体的滚动来使内外圈相对转动，并将电动机产生的力转移到外界。同时，轴承也需要承受来自电动机产生的径向和轴向负荷，以及一定的振动和冲击力。轴承的密封和润滑装置也非常重要，它们能够有效减少摩擦和磨损，延长轴承的使用寿命。

（2）轴承的结构。电动机轴承包括内圈、外圈、滚动体和保持架。内圈和外圈是由高强度的钢材加工而成。滚动体有钢球、钢柱或滚子，它们能够在内外圈之间滚动，并承受来自电动机运转时的载荷。保持架则起到定位和安装滚动体的作用。轴承外观如图 14-4 所示。

图 14-4　轴承外观

（3）轴承的分类。根据摩擦性质，轴承分为滑动轴承和滚动轴承，二者的区别如下：①滚动轴承有滚动体（球、圆柱滚子、圆锥滚子、滚针），滑动轴承没有滚动体。②在结构上，滚动轴承是靠滚动体的转动来支撑转动轴的，因而接触部位是一个点，滚动体越多，接触点就越多；滑动轴承是靠平滑的面来支撑转动轴的，因而接触部位是一个面。③运动方式不同，滚动轴承的运动方式是滚动；滑动轴承的运动方式是滑动，因而摩擦形势上也就完全不相同。

5. 防护罩

防护罩用于防护等级为 IP23、IPW23 的电动机，进出风口装有百叶窗，也有直接将百叶窗安装在电动机机座上的结构。

6. 冷却器

（1）空—空冷却器。适用于全封闭式电动机，主要包括外罩、隔板、冷却管（一般为轧制的铝管）等。

（2）空—水冷却器。用于全封闭式电动机，主要包括外罩、冷却器（冷却管构成），冷却管可以是铝管或铜管。冷却器采抽屉式，可以从外罩中抽出，便于检修。

7. 出线盒

（1）电源出线盒。主要由出线盒座、出线盒盖、绝缘套管组成，可以上、下、左、右4个方向安装。整个出线盒是密封的，出线盒与电动机之间也是密封的，能够防止水和灰尘进入出线盒和电动机内部，防护等级达到 IP54，根据需要也可设计达到 IP55。在出线盒下部装有固定引接电缆的线夹，如果由于电缆较小，线夹不能将其夹紧，可使用绝缘带缠绕在电缆上将所夹部位加大，并用胶将绝缘带粘牢。根据用户要求，电源出线盒内也可安装电流互感器。

（2）中性点出线盒。结构与电源出线盒基本相同，一般是根据用户要求而设置的。根据用户要求，出线盒内还可装设避雷器或电流互感器，互感器二次接线引出到出线盒外壁的小出线盒中。

（3）所有带电出线盒内均设有接地装置。

8. 测温元件

根据用户要求，定子绕组和轴承中均可埋设测温元件，测温元件型号及数量见电动机外形图。

9. 加热器

根据用户要求，电动机可装设电加热器。当电动机停止运转或绕组绝缘电阻较低时，将加热器通电加热，以防止凝露或提高绕组绝缘电阻。

（二）异步电动机的工作原理

当定子绕组接通三相电源后，绕组中便有相交变电流通过，并在空间产生一旋转磁场。设旋转磁场按顺时针方向旋转，则静止的转子同旋转磁场间就有了相对运动，转子导线因切割磁力线而产生感应电动势，由于旋转磁场按顺时针方向旋转，即相当于转子导线以反时针方向切割磁力线，所以根据右手定则，确定出转子上半部导线的感应电动势方向是出来的，下半部的是进去的。由于所有转子导线的两端分别被两个铜环连在一起，因而相互构成了闭合回路。在此电动势的作用下，转子导线内就有电流通过，此电流又与旋转磁场相互作用而产生电磁力。力的方向可按左手定则求出。这些电磁力对转轴形成电磁转矩，其作用方向同旋转磁场的旋转方向一致，因此，转子就顺着旋转磁场的旋转方向而转动起来。如使旋转磁场反转，则转子的旋转方向也随之而改变。

转子的转速永远小于旋转磁场的转速，这是因为，如果转子的转速达到同步转速，则它与旋转磁场之间就不存在相对运动，转子导线将不再切割磁力线，因而其感应电动势、电流和电磁转矩均为零。由此可见，转子总是紧跟着旋转磁场转速而旋转，因此把这种交流电动机称作异步电动机。这种电动机的转子电流是由电磁感应而产生的，所以又把它叫作感应电动机。

电动机在空载时，轴上的反抗转矩是由轴与轴承之间的摩擦及旋转部分受到的风阻力等所产生，其值极小，因而此时转子产生的电磁转矩也很小，但其转速较高，接近于同步转速。

如把电动机的负载增大（即加大转子轴上的反抗转矩），则在开始增大的一瞬间，转子所产生的电磁转矩小于轴上的反抗转矩，因而转子减速。但定子的电流频率和极对数通常均为定值，故旋转磁场的同步转速不变。随着转子转速的逐步下降，转子与旋转磁场间的转速差逐渐增大，于是，转子导线中的感应电动势和电流及其产生的电磁转矩也就随之而增大。

二、异步电动机的点检要求与设备管理

（一）电动机的点检要求

电动机点检可以防止设备发生故障，确保电动机稳定顺行。

1. 火电厂电动机

火电厂用电动机按照工作电源主要分为交流电动机（见图 14-5）和直流电动机（见图 14-6）两种。

图 14-5　交流电动机

图 14-6　直流电动机

2. 电动机点检部位

（1）电动机的视觉点检要点。

1）电动机的转速是否正常，有无转速抖动、堵转现象（可用转速表检查）。

2）电动机的地脚螺栓是否松动，基础是否完好，周围有无杂物等。

3）电动机的罩壳、联轴器是否完好，联轴器的连接螺栓是否松动。电动机本体上有无杂物或污迹，通风槽是否被堵塞等。

4）风冷电动机应注意空气管路是否畅通，各连接部位是否紧密，管路上的闸门位置是否正确，自然通风的通风是否良好。水冷电动机注意冷却水管路是否畅通，是否有冷却水泄漏，冷却水温度、流量是否正常。

注意要点：①同步电动机、绕线电动机等还应检查电刷与集电环的接触情况是否良好，是否存在换向火花，火花的颜色和形态是否异常；②同步电动机的励磁系统是否正常；③电动机的接线、接地线的连接是否松动。

特别要点：①运行的电动机其电流是否超过允许值，是否与实际负荷相对应，是否存在突变，电压是否在允许范围以内，是否缺相；②电动机各部位的温度是否超过允许值；③轴承是否过热，润滑油脂是否足够，油位指示器的油位是否正常，油环转动是否灵活；④电动机是否有冒烟、绕组是否有变色等过热情况。

（2）电动机的听觉点检要点。电动机运行声音是否正常，有无异常声音。

（3）电动机的嗅觉点检要点。有无异常气味、焦煳味等异常现象。

（4）电动机的触觉点检要点。

1）电动机运行中的振动是否正常，有无异常振动根据手模的感觉来判断，振动大时用振动计测定。（一般滚动或滑动轴承运转声音均匀，手感轴承没有明显振动，振动大时用振动计测定一般小于 3.5mm/s 为良好）。

2）电动机运行中的温度是否正常，有无异常温升（使用埋入式温度计的读出其读数，不能安装这种温度计的，根据手模的感觉来判断，或者用棒式温度表、红外点温仪测定）。

3）手感轴承外表面温度一般以很热（手摸 3～4s）为上限，即滚动轴承温度上限一般为 80℃。

电动机点检提示要点：①检查人容易碰触的传动部位的保护措施要牢固可靠；②电动机停止使用 3 个月及以上时，再次投入运行前应测量绝缘电阻，额定电压为 500V 以上者，应使用 1000V 或 2500V 的绝缘电阻表；③由室外供给冷却空气的电动机，在停机后应立即停止冷却空气的供给，以防止电动机受潮，停机超过 24h 的电动机，应开启加热器，以防止电动机绝缘电阻下降；④运行中的电动机，如绕组的绝缘电阻值与上次相比较（换算到同一温度下）降低 50％ 及以上时，应查明原因，必要时做耐压试验；⑤铁芯温度用酒精温度计测量，在有磁场的地方，不能用水银温度计测量，以免水银中产生涡流损耗而发热；⑥绕线电动机电刷、集电环要检查电刷铜辫子是否完好、接触是否紧密、是否与外壳有短路及过热现象，电刷与刷握内应无污垢，如有积炭应及时清除干净，电刷磨损到 2/3 时应更换；⑦电动机现场安装后外部情况检查重点：外部引接线（相序是否正确、连接是否可靠）、接地线（可靠）、温度计、风扇的电动机（转动方向）、冷却水管连接、阀门状态等电气部件的接线和连接情况是否正常。

（二）异步电动机设备管理

为保证电动机的平稳运行，降低电动机相间短路烧毁电动机的电气事故，应遵守以下规则。

1. 启动前的检查

（1）启动前由操作运行人员对电动机上及周围进行检查，确保无人工作以及影响电动机启动的杂物。

（2）电动机及所带负载盘车是否良好。

（3）电动机前后轴承（轴瓦）油位是否在规定范围内。

（4）电动机冷却系统是否投运正常（水冷、风冷）。

（5）启动高压机组（10kV 及以上）电动机必须通知电修人员，得到最终允许后才能进行开机，以便监视电压、电流波动情况。

2. 启动

（1）电动机在正常情况下，冷状态（线圈温度 40℃ 以下）允许连续启动两次，但每次间隔时间不得小于 5min，在热状态下（线圈温度 40℃ 以上）只允许启动一次。只有在处理事故时，以及启动时间不超过 2～3s 的电动机，允许多启动一次。其中，热态指线圈温度 40℃ 以上；冷态指线圈温度 40℃ 以下。

（2）电动机不允许带负荷启动。

（3）一次启动跳闸，要对电动机及所属机械部分进行检查，并测量电动机绝缘，确认良好后在专人监护下启动，如出现异常现象，则应立即停机，通知有关人员检查，未查明原因不准再次启动。

（4）电动机启动电流在规定时间内不返回时（表卡涩除外），应立即停止其运行，未查明原因不准再次启动。

（5）设有水循环冷却的电动机（制氢原料气压缩机、解析气压缩机），在启动前应先通水，确保循环水循环正常，方可启动电动机。

（6）启动电动机时，应根据电流表或转速声音，监视启动过程，发现异常立即停止运行。

3. 停机

（1）无变频调速的高压电动机在负载降到最低时，停机。

（2）有变频调速的电动机需要将频率降为 0Hz 或负载 0％ 时再停机。

4. 备用情况

对于各车间备用设备电动机，必须保持电动机处于通电备用状态，对于电气设备"二拖一"情况，电动机备用情况单独做好挂牌标识。

三、异步电动机检修及质量标准

（一）高压电动机检修周期、标准检修项目及质量标准

严格按照电动机检修滚动计划进行，一般随机组的大修而进行。检修滚动计划的制定遵循以下原则：对启动频繁、环境恶劣、易出故障的电动机适当缩短大修周期，如磨煤机等；对于运行情况良好、环境干燥、洁净、利用小时数比较低的电动机，可酌情延长大修周期，但应适当加强小修维护，以免失修。

1. 高压电动机检修级别

（1）大修定义及标准项目。高压电动机的大修见表 14-1，即电动机在解体情况下进行的全面检修。

表 14-1　　　　　　　　高压电动机大修标准项目

序号	检修标准项目
1	电动机解体，清除灰尘、油垢
2	定子检修
3	转子检修
4	轴承检修
5	冷却系统的检修
6	电气预防性试验
7	组装
8	试运转，验收

（2）中修定义及标准项目。高压电动机中修见表 14-2，即电动机部分解体，不抽转子情况下进行的检修。

表 14-2　　　　　　　　高压电动机中修标准项目

序号	检修标准项目
1	电动机冷却系统并检修
2	轴承检修
3	检查附属设备
4	电动机回装
5	检查引线、接头，定子做电气试验（测绝缘、直流电阻）
6	试运转，验收

（3）小修定义及标准项目。电动机小修见表 14-3，即电动机不解体情况下进行的检修。电动机小修一年一次，如遇大修，小修不另进行。

表 14-3　　　　　　　　高压电动机小修标准项目

序号	检修标准项目
1	电动机表面灰尘及通风冷却系统清理
2	检修轴承，增补或更换润滑脂

序号	检修标准项目
3	检查附属设备
4	检查引线、接头，定子做电气试验（测绝缘、直流电阻）

2. 高压电动机大修

（1）大修前的准备工作。

1）项目（包括非标项目）的制订、审批程序：大修前 45d，制定项目计划上报审批后执行。其内容包括：大修标准项目、特殊项目、经批准的技改项目。

2）备品备件的准备：大修前 3 个月，应将大修中所需的备品、备件，特殊材料计划上报采购，一般材料计划提前 45d 上报采购。

3）检修网络进度的编制：根据大修项目计划，于修前 15d 制订出大修网络图上报审批后执行。内容包括：检修项目、人员分工、负责人、工时定额、进度。

4）检修文件包编制：检修文件包根据已批准的大修标准项目结合现场设备实际状况编制，并于计划开工前 15d 编写完成，上报审批后执行。特殊项目，经批准的技改项目专门组织编写检修文件包，并经审批后执行。

5）异动设备的台账及图纸的编制：异动设备的台账及图纸的编制应在大修开工前完成，并分类汇总录入生产管理系统。大修中所用图纸、资料、表格、记录本准备齐全，指定专人负责记录。组织检修人员学习安全规程，特别项目和改进项目、检修措施，企业有关规定。

6）专用工器具及消耗性材料：大修前 2d 将常用工具、专用工具、备品、备件、材料备齐登记，指定专人保管，并设专用箱运至现场。

（2）大级检修的工艺及质量标准。

1）解体。①进行大修前的准备工作（质量标准：对设备运行情况及可能出现问题做到心中有数）；②拆开电动机引线（质量标准：按相序做好标记）；③测量电动机的绝缘及三相直流电阻并做好记录（质量标准：高压电动机用 2500V 绝缘电阻表进行测量，并将测量结果做好记录，绝缘电阻要求大于 $1M\Omega/kV$）；④拆开联轴器、风罩、风扇、轴瓦，电动机轴瓦放油。（质量标准：拆下联轴器时，一般采用拉马，并在拉马顶端与转轴中心孔处加活动顶头，绝不允许用铁器敲打）；⑤测量轴瓦间隙、测量电动机的风扇与护环的间隙（质量标准：将测量结果做好记录）；⑥拆下端盖（质量标准：拆端盖时做好标记，以便组装复位，拆下的零件应专门运至安全地点并妥善保存）；⑦抽转子，转子与钢丝绳不要直接接触，转子抽出过程中应用透光法进行检查，转子抽出后或移动时，应用木垫垫稳（质量标准：不碰伤定子线圈，不碰轴径、滑环、绑线、风扇、高压电动机要注意测量定、转子间隙、最大与最小值的误差不超过 10%）。

2）定子检修。①用 2～3 个表压力的干燥压缩空气或其他吹灰工具吹净各部灰尘，用 CCl_4 或带电清洗剂洗净油垢（质量标准：定子各部无积灰，无油垢，清理定子时不得用金属工具）；②检查电动机外壳，接地线（质量标准：接地必须可靠）；③检查线圈端部（质量标准：无鼓泡、焦裂、碰伤及变色等现象，绑线垫块完好，无松动、无脱落）；④检查铁芯（质量标准：无松动、无斑锈、无毛刺、无变形，过热等现象，通风孔应畅通无阻，大型电动机铁芯处理时，常需做铁芯损耗试验，以检查铁芯故障修理后的铁芯质量）；⑤检查槽楔。松动和损伤的槽楔应更换和紧固，并注意不要损伤线圈和铁芯（质量标准：无松动、变焦、断裂和凸出现象）；⑥检查接线盒及接线板，绝缘子、接线鼻（质量标准：螺栓连接部位紧固，绝缘子接线板无破裂，烧焦现象，引出线绝缘良好，铜线无断股，接线鼻无松动）。

3）转子检修。

a. 鼠笼式电动机转子检修：

a）检查转子外壳，高压电动机应特别注意检查转子笼条（质量标准：转子各部应清洁、无油垢、无灰尘，表面无裂纹及过热现象，笼条无断裂）。

b）检查转子平衡，螺栓、风扇及转子铁芯（质量标准：螺栓应紧固无位移，风扇连接牢靠，无变形，转子铁芯应无松动）。

c）检查转轴，焊修或更换笼条，要特别注意检查转轴的平衡（质量标准：转轴无变形，轴伸端与联轴器连接牢靠，销键完好，如损坏应更换）。

b. 绕线式电动机转子检查：

a）吹灰除垢，检查线圈、铁芯、槽楔（质量标准：无鼓泡、焦裂、碰伤及变色等现象，绑线垫块完好，无松动、无脱落）。

b）检查转子绑线和绝缘（质量标准：绑线应紧固，绑线下绝缘应完好）。

c）转子重绕线圈后检查平衡（质量标准：转子应平衡）。

d）转子耐压试验：转子绑线耐压试验（质量标准：电压 1000V，时间 1min，也可用 2500V 绝缘电阻表代替）；转子绕组耐压试验（质量标准：时间 1min，绝缘应合格）。

4）轴承检修。

a. 滚动轴承检修：

a）清洗轴承，用汽油或清洗剂洗净轴承内的废润滑脂（质量标准：轴承转动自如、无杂声、无残留杂质）。

b）检查滚柱、滚珠、滚道和轴承的保持架（质量标准：表面及内外圈应光滑无裂纹，无锈斑，无疤痕及过热变色等现象，轴承的保持器铆钉紧固，表面无裂纹锈蚀，与内外环应没有直接接触）。

c）用手转动轴承外圈（质量标准：应无杂声、摇摆及轴向窜动现象，且转动灵活）。

d）测量轴承间隙（质量标准见表 14-4）。

e）原有轴承损坏需更换新轴承时，旧轴承应用拉马拉下（质量标准：

拉下旧轴承时，不得损伤转轴）。

f）装新轴承，新轴承要加热后进行组装，轴承套上转轴后应使其自然冷却并仔细检查，用汽油洗过以后必须擦干，方可添润滑脂（质量标准：轴承加热后温度应不超过100℃，有尼龙保持架的轴承应不超过80℃，轴承受热要均匀，加热时温度应缓慢上升；严禁用明火直接加热，安放轴承时，有型号的一面朝外，另一面安放在转轴尽头）。

g）应注意选择适当牌号的润滑脂，同时掌握添油量，并注意润滑脂必须合乎质量，同一轴承内不得使用两种型号不同的润滑脂（质量标准：滚动轴承一般采用3号锂基脂，润滑脂添加量一般为轴承容量2/3，加油前应检查油中无杂质，无水分）。

表 14-4 　　　　　　　　　　　　　滚动轴承允许间隙

轴径（mm）	深沟球轴承间隙（mm）	滚柱轴承间隙（mm）
50～80	2.4～4.0	3.0～9.0
80～100	2.6～5.0	3.5～11.0
1000～120	3.0～7.0	4.0～13.0
120～140	3.4～8.5	4.5～15.0

b. 滑动轴承的检修：

a）轴瓦中的油放尽后，测量轴瓦间隙，认真做好记录。

b）滑动轴承的间隙应符合规定（质量标准见表14-5）。

c）检查轴瓦（质量标准：无砂眼、刮削面光滑）。

d）用色印张检查它的接触面积应满足要求。

e）检查油环是否为正圆形，椭圆度是否超过允许值（质量标准：油环椭圆度不超过±1mm，表面光洁，无破损、毛刺、裂纹，转动应灵活、不跳动）。

f）检查瓦套的生铁铸件（质量标准：无破裂、装入端盖后无松动，固定螺栓应加帽，使轴承固定牢固）。

g）清理轴瓦上油（质量标准：瓦内不得留有杂物，所上透平油型为3号）。

表 14-5 　　　　　　　　　　　　　滑动轴承允许间隙

转速（r/min）	750 以下			750 以上		
轴径（mm）	30～50	50～80	80～130	30～50	50～80	80～130
顶部间隙（mm）	0.12～0.15	0.15	0.15～0.23	0.15	0.17	0.2～0.25

5）冷却系统的检修。

a. 风冷却器的检修。风冷却器冷却方式：电动机内部密封的热空气循环通过冷却器的风道，空气被冷却后，回到电动机内部，内部的空气循环是靠转子上的风扇，将一部分空气穿过定子端部，其余的空气进入并穿过转子通道气隙和定子通道，然后，这些空气与循环通过端部的空气汇合，进入上部冷却器，被冷却的空气再次分开，达到冷却器顶端，空气在此处被吸引向下回到转子风扇处。空气冷却器的冷却是靠安装在电动机两端的风扇，使冷却器内不断进入冷空气，并排出冷却后的热空气，从而带走电动机产生的热。

检查冷却器冷却管内是否沉积灰尘和进入异物，发现有应进行清除，并用圆形毛刷，刷净冷却管内的积尘，再用压缩空气 $2\sim3kg/cm^2$（无油水，干净）吹净管内的灰尘（质量标准：管内不应有异物和积尘，管路畅通无阻）。

冷却器局部地方有锈蚀，应用砂布打光，刷上防锈漆，检查电动机各部结合严密情况（质量标准：无漏风、无裂纹、开焊、无损伤、无锈蚀，且冷却效果良好）。

b. 水冷却器检修。水冷却器的冷却是靠在冷却器的冷却管内通入冷却水，并不断循环，从而带走电动机产生的热量。

c. 冷却器的解体。检查冷却器进出水门确已关闭，水已放完后，拆除进出水管法兰（此项在吊离电动机时进行）；将冷却器拆下（视其情况在抽转子前或后进行），吊至检修地点，拆除冷却器时应做好记号。拆开冷却器端盖做好记号，拆下的螺杆、螺母和销垫，应查明数量并专门放好。

a）冷却器刷洗。端盖拆除后应立即进行刷洗，防止泥垢干固。将直径25mm 的圆毛刷在合适的铁管一端进行刷洗，并不断用水冲刷，直至干净为止。清除端盖管板的泥垢和锈斑，刷上防锈漆。刷洗铜管和清理管板时，不得损伤铜管的胀口。更换冷却器所有密封胶垫，大小形状要合适。待端盖管板防锈漆干后，按原记号将端盖上好，并紧固。冷却器各部件组装完后进行水压试验应合格。

b）冷却器水压试验及标准。用堵板和橡胶垫将出水法兰密封，在进水法兰装堵板的打磅机，待注满水后，整组打水压试验（质量标准：0.3MPa，30min，无渗漏），如有渗漏及压力下降时，需拆开端盖单根管寻找漏管，如有铜管渗漏，应在漏管两端用合适的锥形紫铜堵，经退火后打紧堵死，如铜管胀处渗漏时，应用胀管器将胀口胀紧，并经再次打水压试验合格（质量标准：堵塞的渗漏铜管不能超过一个冷却器总数的 5%，如超过应更换新的冷却器）。

6）电动机组装。

a. 检查电动机水路、水质，做水压试验（质量标准：水路畅通，水质清洁、无杂质，无漏水现象）。

b. 检查冷却通风系统冷却器，应经水压试验合格。

c. 质量标准：清洁干净，无泥垢堵塞或漏水现象。试验水压：3 个表压加 30min。

d. 组装程序与解体相反。组装前，需要按规定进行验收认可。

e. 联系机务方面，其轴瓦和轴承座的检修应完毕。

f. 穿转子时可用透光法进行检查，严防转子碰伤，定子绕圈测量轴瓦间隙，测量电动机风扇与护板的间隙并做记录（质量标准：对 100kW 以上的电动机，有条件的应测量定子与转子空气间隙，各点气隙与平均值之差不应大于平均值的 5%）。

g. 待机务轴承安装好并初步找好中心后，测量定子、转子之间的气隙并做好记录。

h. 测量电动机绝缘。判断是否受潮，并采取干燥工艺（质量标准：绝缘电阻应大于 1MΩ/kV）。

i. 装风扇、外罩（质量标准：风扇与外罩不得摩擦）。

j. 按拆卸时所对好的相序接线（质量标准：相序正确，螺栓压紧，无松动）。

k. 清理现场（质量标准：现场清洁，无杂物）。

7）电气预防性试验（执行标准 DL/T 596）。

a. 测量线圈直流电阻，如不符合标准查明原因（质量标准：40kW 及以上的电动机进行，各相绕组直流电阻相互差别不应超过最小值的 2%，并应注意相间差别的历年相对变化。中性点未引出时可测量线间电阻其相互差别不应超过 1%）。

b. 测量线圈绝缘电阻和吸收比，高压电动机用 2500V 绝缘电阻表测量〔质量标准：额定电压为 1000V 及以上者，在接近运行温度时绝缘电阻不应低于每千伏 1MΩ，吸收比（$K = R_{60''}/R_{15''}$）应不小于 1.3〕。

c. 交直流耐压试验：高压电动机大修后应作交直流耐压试验，先进行直流耐压试验合格后方可进行交流耐压试验。直流耐压试验电压为 2.5 倍额定电压（质量标准：泄漏电流相互差别一般不大于最小值的 100%，20μA 以下者不作规定）。交流试验电压为 1.5 倍额定电压，时间为 1min（质量标准：耐压试验通过，无焦煳、冒烟、击穿等现象）。

8）试运验收。电动机组装完毕后应由点检员与工作负责人一起验收，重要的大型电动机须由点检长或设管部专工验收，特殊情况企业参与验收。

a. 检查各项检修记录及电气试验记录（质量标准：记录完好，各项试验合格）。

b. 检查电动机外壳接地线（质量标准：接地线完好，现场清洁）。

c. 经预防性试验合格填写试运行通知单，取得运行人员、机械检修人员负责人以及热控人员同意后进行通电试运转（质量标准：运行时声音正常，转向正确）。

d. 测量三相空载电流基本平衡，否则应查明原因（质量标准：不平衡电流不应超过三相电流算术平均值的 10%）。

e. 电动机空转 4h，轴承温度正常，电动机外壳以及电动机引出线与电缆的连接处无过热现象（质量标准：滑动轴承及带有尼龙保持器的滚动轴承不超过 80℃，无漏油现象，其他形式的滚动轴承不超过 95℃）。

f. 电动机带额定负荷运行，其稳定后的允许温升值应符合要求，标准见表 14-6。

g. 电动机带负荷连续启动次数不能太多（质量标准：鼠笼式电动机允许冷装启动 2 次，每次间隔时间不小于 5min，在热状态下启动 1 次）。

表 14-6 电动机各部分允许温升 ℃

各部分名称	允许最高温度		允许最高温升	监视温度
定子线圈	Y 级	90	50	65
	A 级	105	65	90
	E 级	120	80	100
	B 级	130	80	105
	F 级	155	105	130
	H 级	180	125	155
	C 级	180 以上		
电动机轴承或轴瓦	轴承	95		85
	轴瓦	80		70

h. 电动机振动及串轴不得超过表 14-7 所示的标准。

表 14-7 电动机振动及串轴质量标准

电动机振动标准				
额定转速（r/min）	3000	1500	1000	750 及以下
振动值（mm，双幅值）	0.05	0.085	0.10	0.12
轴向窜动不大于 2～4mm				

（二）低压电动机检修周期、标准检修项目及质量标准

1. 检修周期

低压电动机的标准检修周期和高压电动机基本相同，一般根据运行情况随机组大、小修时进行。

但是，对于不能随同机组同步停役的低压电动机，应该和其拖动的工艺设备运行检修周期配套制订对应的检修计划。

2. 标准检修项目

（1）大修定义及标准项目。低压电动机的大修见表 14-8，是指电动机在解体情况下进行的全面检修。

表 14-8 低压电动机大修标准项目

序号	大修项目
1	电动机解体，清除灰尘，污垢
2	定子检修
3	转子检修

续表

序号	大修项目
4	轴承检修
5	直流电动机：滑环，换向器及电刷装置的检修
6	电气预防性试验
7	电动机的组装试运转及验收

（2）小修定义及标准项目。低压电动机小修按照表14-9，一年一次，如遇大修，小修不另进行。

表14-9　　　　　　　　　　低压电动机小修标准项目

序号	小修标准项目
1	电动机表面及通风系统吹灰清扫
2	检修轴承，增补或更换润滑脂
3	接线盒的检查，螺栓紧固清理
4	检查滑环，换向器及电刷装置，适量更换电刷
5	检查引线、接头，定子做电气试验（测绝缘、直流电阻）
6	电动机试运及验收

3. 低压电动机大级检修

低压交流电动机大修工作和高压电动机基本相同。低压交流电动机大修的工艺及质量标准如下。

1）解体。

a. 办理开工手续。

b. 电动机外部清灰。

c. 打开定子接线盒，做好接线标记，拆除电源进线电缆，并将电缆三相短路接地，解开外壳接地线（质量标准：做好标记，使检修前后电源进线相序一致）。

d. 测量电动机绝缘及三相直流电阻，并做好记录（用500V绝缘电阻表测绝缘不低于0.5MΩ）。

e. 联系机务解开电动机联轴器，拆开底脚螺栓，将电动机送至划定的检修位置。

f. 扒下电动机风扇罩，取下风扇挡圈，用撬棍将风扇撬出（质量标准：将拆开的零部件在划定的检修区域摆放整齐）。

g. 做好前后端盖及挡油盖标记，拆开两侧端盖及挡油盖。

h. 将转子两头用棉布包好，分别将两根管子套入轴颈，慢慢将转子抽出。

2）定子。

a. 定子各部位清扫灰尘，清理油污及铁芯通风孔（质量标准：每日收工前将定子、转子盖好防水防潮）。

b. 检查定子槽楔有无松动、磨损、断裂，如有松动，加垫处理，如有磨损断裂等需要换新的槽楔，检查定子端部线圈绝缘，如有过热老化等现象，应加强绝缘（质量标准：定子铁芯清洁无油污，通风孔畅通，槽楔无松动，磨损，断裂，过热，膨胀等现象；绑线无松动，断裂；铁芯无过热，松散、磨损现象）。

c. 检查端部线圈绑线如有松动应加固处理（质量标准：定子铁芯清洁无油污，通风孔畅通，槽楔无松动，磨损，断裂、过热，膨胀等现象；绑线无松动，断裂；铁芯无过热，松散、磨损现象）。

d. 检查定子铁芯有无过热松散、磨损、通风孔是否畅通，否则进行处理（质量标准：定子铁芯清洁无油污，通风也畅通，槽楔无松动，磨损，断裂、过热，膨胀等现象；绑线无松动，断裂；铁芯无过热，松散、磨损现象）。

e. 检查电动机引线，线鼻接线栓等有无破损、老化等现象（质量标准：接线板完好，接线螺栓螺母、垫片完好，紧固螺栓无滑丝现象；引线绝缘无破损、老化，线鼻无过热、开焊现象）。

f. 用 500V 绝缘电阻表测量电动机定子线圈绝缘电阻及三相直流电阻，并做好记录（质量标准：电阻值不小于 $0.5M\Omega$，三相直流电阻误差不超过最小值的 2%，线电阻误差不超过最小值的 1%）。

3）转子（质量标准：如下列缺陷多，则更换转子）。

a. 清理转子各部灰尘、油垢、检查铁芯通风沟有无堵塞等现象。

b. 检查转子铁芯应压紧无开缝开焊、过热变色、磨损、烧伤、锈蚀等现象。

c. 检查转子鼠笼无断条或裂纹等现象。

d. 清洗风扇叶片，检查风扇有无变形、裂纹等。

e. 检查转子平衡应紧固无位移。

4）轴承及端盖。

a. 用拉马取出旧轴承。

b. 用汽油清洗两侧内、外挡油盖及转子轴承部件油污（质量标准：清洁干净）。

c. 先将内挡油盖放好，用热套法装上同型号新轴承。

d. 待其冷却后，用汽油清洗轴承，晾干后填充润滑脂。

e. 用汽油清洗前后端盖及其他零件，检查各部件有无裂纹、变形、损伤（质量标准：如有，则更换）。

f. 检查所有紧固件有无裂纹、滑丝等现象，各平垫弹垫有无变形、失效等（质量标准：如有，则更换）。

5）组装。

a. 电动机组装工艺流程与解体相反，注意事项相同。

b. 测量电动机绝缘电阻及直流电阻（质量标准：测量达到电气试验规程及出厂文件标准）。

c. 联系机务完成其他工序。

d. 试运。

6）联系运行人员试运，转向正确，声音正常，电动机各部分温升正常。

a. 测量电动机振动，并做好记录（质量标准：水平、垂直、轴向各振动值均测）。

b. 用钳形电流表测量三相电流值，并做好记录（质量标准：三相电流平衡）。

c. 试运正常：然后移交运行。

四、异步电动机故障分析及处理

异步电动机故障的形成也有一个从发生、发展到损坏电动机的过程，在这个过程中必然会出现一些异常现象，因此，应加强对运行中的电动机的监视和检查，温度有无变化，声音是否正常，发现问题，认真分析，及时处理，是非常重要的。当电动机发生故障原因不明时，可按下列步骤进行检查：

（1）检查电动机的电源电压是否正常。

（2）如电源电压正常，应检查开关和启动设备是否正常。

（3）如果开关和启动设备都完好，应检查电动机所带动的负载是否正常，必要时可卸下皮带或联轴器，让电动机空载运转。如电动机本身发生故障，可卸下接线盒检查接线有无断裂和焦痕。

（4）如果接线良好，应检查轴承是否损坏，润滑油是否干涸、变质或缺油。

（5）如果轴承和润滑油都正常，这时需要打开电动机检查定子绕组有无焦痕和匝间短路，并检查转子是否断条，气隙是否均匀，有无扫膛现象。

（6）无论故障大小，发现故障都应立即采取措施进行消除，否则，这些故障会引起事故。处理故障前必须切断电动机一切电源。最常遇到的故障有下述几个方面。

（一）轴承发热、响声不正常

轴承发热、响声不正常的原因和修理方法见表 14-10。

表 14-10　　　　轴承发热、响声不正常的原因和修理方法

故障原因	修理方法
润滑脂、油不足或过多	补充润滑脂、油或清除过多的润滑脂、油
润滑脂、油变质或含异物	清洗轴承或轴瓦、轴颈，更换润滑脂、油
轴承、轴瓦磨损烧坏	更换轴承或轴瓦
负载过大，转轴弯斜	检查轴线对准情况，是否存在轴向推力负荷，校正转轴、降低载荷
滑动轴承绝缘垫老化或损坏、进油温度高	更换绝缘垫，降低进油温度
轴承内外圈或轴瓦松动	紧固螺栓、止动螺钉或圆螺母。轴承套、转轴、端盖或轴瓦被磨损时，应修理或更换

（二）轴承漏油

轴承漏油的原因和修理方法见表 14-11。

表 14-11 轴承漏油的原因和修理方法

故障原因	修理方法
密封件之间的间隙过大或密封件变质、损坏	加厚密封件或更换密封件
润滑脂、油过多	清除过多的润滑脂或油
润滑脂变质、稀化	清洗轴承，更换润滑脂
压力润滑油压或油量过大	调整油压或油量
轴承发热	排除轴承发热故障

（三）电动机振动、噪声偏大

电动机振动、噪声偏大的原因和修理方法见表 14-12。

表 14-12 电动机振动、噪声偏大的原因和修理方法

故障原因	修理方法
转子不平衡	将电动机与负载不对接，若电动机振动再校转子动平衡
安装不紧固或基础不好	重新拧紧螺栓，检查垫片，加强安装基础刚度
转轴弯曲，轴颈振动	校直转轴，校正轴伸档、轴承档、铁芯档的同轴度或轴颈不圆度
鼠笼转子笼条端环断裂	更换转子导条、端环或整个转子
联轴器不平衡或配合不良	联轴器重校动平衡，校正联轴器的配合
机组轴中心线未对准	机组重新对中心线，对准机组轴线
底板与电动机（机组）共振	调整底板的振动周期，使与电动机（机组）振动周期不同
轴承或轴瓦损坏	更换轴承或轴瓦
底板不均匀下沉	增加安装基础刚度
底板刚度不够	加强底板刚度
垫板接触面积不够	更换符合要求的垫板
被拖动机械工作不良	按被拖动机械的使用说明书修好被拖动机
机组轴向窜动	修理或更换被磨损或损坏的转轴、轴承装置零部件

（四）转轴断裂

转轴断裂的原因和修理方法见表 14-13。

表 14-13 转轴断裂的原因和修理方法

故障原因	修理方法
机组轴线没有对准	更换转轴和损坏的零部件，对准机组轴线
冲击负载超过外形图允许的最大转矩	更换转轴和损坏的零部件，尽量减少冲击负荷，采取措施杜绝超标冲击负荷
机组突然逆转	更换转轴和损坏的零部件，采取措施杜绝逆转事故发生
电动机使用年限过长，转轴疲劳断裂	更换转轴和损坏的零部件，或更换整台电动机

（五）启动不正常

启动不正常的原因和修理方法见表 14-14。

表 14-14　　　　　　　启动不正常的原因和修理方法

故障	故障原因	修理方法
电动机完全不动	至少有两根电源引线开路	查对熔丝、电源进线及引线端子，接通线路
	无电压，接线错误	查对电源进线
电动机有交流声，但不能启动	定子或转子一相开路	查对电源进线及修理断路器。若电动机外部线路无断路处，则应检查电动机内部定子线圈、定子连接线、转子线圈的断路位置。若是定子连接线断路，接通即可；若是定子线圈或转子线圈断路，则需更换定子线圈或转子线圈，最好送制造厂修理，以便保证质量
电动机不能带负载启动，但发出正常的电磁噪声	负载转矩或静转矩过大，超过订货标准	修理被传动装置的故障，不对接电动机并检查空载运转。若两者均好则重新订货，更换大功率电动机
	电源电压太低	提高电源电压，使与额定电压的偏差不超过±5%
	绕线转子开路，鼠笼转子导条或端环断开	检查转子电路，修理启动变阻器，接通转子电路，更换鼠笼转子
电动机空转，但不能带负载	启动后，一根电源进线断开	检查电源进线，接通线路

（六）电动机过热

电动机过热的原因和修理方法见表 14-15。

表 14-15　　　　　　　电动机过热的原因和修理方法

故障	故障原因	修理方法
电动机空转时过热	定子绕组连接错误（例如将星形接法接成三角形接法）	按正确规定重新接线
	主电源电压太高	检查主电源电压及空载电流，调整电源电压至与额定电压偏差不超过±5%
	通风道堵塞	清扫通风道
	单向旋转电动机风扇旋转方向错误	核对风扇及旋转方向
电动机负载时过热	电动机过负载	核对额定电流，降低负荷使额定电流不超过铭牌上的数值，若实际负荷需要超过，则属选型不当，需更换大功率电动机
	电源电压太高或太低	核对电压，使电源电压与额定电压的偏差不超过±5%
	电动机单相运行	查出电源进线或定子接线的断开处接好

续表

故障	故障原因	修理方法
电动机负载时过热	冷却器堵塞或不清洁	清理冷却器
	冷却水进水温度过高	降低冷却水进水温度至33℃以下
	冷却空气或环境温度超过铭牌值	降低冷却空气或周围环境温度
	冷却水水压过低或水量不足	提高水压或加大水量，达到外形图上的规定
	冷却空气不足或风压过低	清除进出风口或通风管道的杂物，或增加强迫通风机的风量和风压
定子局部过热，某些线圈过热，并有嗡嗡声	定子线圈匝间短路	更换被烧坏的线圈或整台定子，最好送制造厂修理，以便保证质量
转子局部过热	绕线转子线圈短路或开焊，鼠笼转子导条断裂或有气孔	仔细检查开焊处并焊牢，更换烧坏的线圈，或更换整台转子

1. 空—空冷却器的维护

（1）应经常检查冷却器内是否沉积灰尘和进入异物，发现有灰尘和异物要进行清除，否则会影响散热和通风，降低冷却效果，同时灰尘还会腐蚀冷却管，降低冷却器的使用寿命。

（2）清理冷却管时，只能采用毛刷，不允许使用钢丝刷。

（3）应经常检查清除外风扇上和风罩内的灰尘和异物。

（4）定期检查密封垫是否密封良好，密封垫若有老化、损坏，应及时更换。

2. 水—空冷却器维护

（1）通入冷却器的冷却水的压力和水量要每天进行检查，保证水的压力在 0.1~0.2MPa 范围内，最大不允许超过 0.3MPa，保证水量满足外形图上的规定，以保证冷却管内有足够的水量带走电动机的热量。压力太大容易损坏冷却器，缩短冷却器的使用寿命。

（2）通入冷却器的冷却水必须经常检查，应保证水质干净，要求达到工业用自来水标准，冷却水进水水温不得超过33℃，但不低于5℃。

（3）冷却器应定期进行检查清理（每年检查一次），将冷却管中的沉积物清理干净（可用毛刷清洗、不能使用钢丝刷清洗），以便减轻污物对冷却器的腐蚀，延长冷却管使用寿命。这样可使冷却管经常保持较好的传热效果，同时使有充分的水量通过冷却管将热量带走。

（4）定期检查密封垫是否密封良好，密封垫若有老化、损坏，应及时更换。

注意：要经常检查冷却器是否漏水，发现有漏水现象（从冷却器后端罩下面两个小孔漏出），应立即检修，否则会损坏绝缘，甚至引起事故。

（七）绝缘损坏

1. 绝缘损坏的原因

绝缘损坏的原因如下：①电源电压过高；②周围空气中有腐蚀性气体或盐雾；③绝缘层外表长时间未进行清理，大量的灰尘、油污等沉积在绝缘层表面；④电动机超负荷运行，线圈发热超过表 14-6 规定的允许温升；⑤线圈端部绑扎松动，振动磨损；⑥周围环境湿度超过 70％（一般电动机）或 95％（TH 型电动机）；⑦机械碰伤；⑧冷却器漏水，水分浸入绝缘层；⑨储存室的温度低于 3℃。

2. 修理方法

修理方法如下：①连接线绝缘损坏时，将损坏的绝缘剥掉，包上新的绝缘层，涂漆后烘干；②线圈绝缘损坏时，需更换线圈，若只是线圈端部局部击穿或机械碰伤，可以不更换线圈，将损坏处重新包扎绝缘，涂漆烘干即可；③修理的同时，排除造成绝缘损坏的原因。

（八）绝缘电阻低

绝缘电阻低的原因和修理方法见表 14-16。

表 14-16　　　　　　　绝缘电阻低的原因和修理方法

故障原因	修理方法
周围环境湿度太大	加强通风，降低周围环境湿度
绝缘层表面不干净	清理绝缘层表面沉积的灰尘、油污等
环境温度变化大，绝缘层表面凝露	烘干处理，烘烤的温度不能超过铭牌上绝缘等级的允许温度
绝缘损坏或老化	更换定子
冷却器漏水，水分浸入绝缘层	按文（空—水冷却器漏水）的内容修理冷却器，排除漏水现象
电动机停止运行后，没有采取防潮措施	电动机停止运行时，采取必要防潮措施
空间加热器发生故障	修理或更换加热器

（九）空—水冷却器漏水

空—水冷却器漏水的原因和修理方法见表 14-17（修理后按 2 倍进水水压进行水压试验，应无漏水现象）。

表 14-17　　　　　　　空—水冷却器漏水的原因和修理方法

故障原因	修理方法
冷却水水质不符合要求，腐蚀了冷却管	净化冷却水，使达到工业用自来水标准要求，并更换损坏的冷却管
冷却水进水压力过高	控制冷却水进水压力在规定范围内
冷却器内的密封垫损坏	更换密封垫
紧固件松动，造成密封不良	旋紧紧固件，压紧密封垫
冷却管损坏	更换冷却管或整个冷却器
冷却管松动	挤压冷却管管口，使管口与端板紧密贴紧

（十）电刷火花（绕线式转子电动机）

电刷上产生火花，就会烧坏电刷和集电环，并且是恶性连锁反应，所以发现电刷上产生火花，应立即修理，消除火花。电刷上产生火花的原因和修理方法见表 14-18。

集电环应有良好的磨光表面，而且电刷应紧贴集电环。必要时对于石墨电刷用玻璃砂纸研磨，对于铜石墨电刷可用砂纸研磨。研磨时将砂纸或玻璃砂纸裁成狭条，放在集电环表面和电刷之间，沿集电环表面贴紧（弧形），并应沿电动机的旋转方向拉动；同时，电刷只能靠刷握上的弹簧来压紧，不许用手来压。

表 14-18　　　　　　　电刷上产生火花的原因和修理方法

故障原因	修理方法
电刷与集电环接触面太小	重磨电刷，保证电刷与集电环的接触面不少于 80%
电刷在刷盒内卡住	调整电刷在刷盒内的位置，使电刷在刷盒内能上下自由滑动
集电环和电刷表面有污垢	清除表面污垢，使电刷与集电环接触良好
集电环跳动量偏大	校正集电环不圆度和与转轴轴承挡的同轴度，集电环表面光刀，保证集电环跳动量不超过 0.2mm
电刷压力不够	调整电刷压力，正常工作压力为 0.0143～0.0255MPa
电刷牌号不对	更换电刷
导电板和电刷连接线接触不良	旋紧紧固电刷连接线的紧固件
电刷数量不足或截面积太小	增加电刷数量
集电环表面不光	用 00 号细砂布加油轻轻擦洗表面污垢，严重时可进行集电环表面光刀
电动机振动大	参照表 14-12 中电动机振动、噪声偏大的原因和修理方法进行

（十一）集电环间跳弧（绕线式转子电动机）

集电环间跳弧的原因和修理方法见表 14-19。

表 14-19　　　　　　　集电环间跳弧的原因和修理方法

故障原因	修理方法
集电环和刷握机件染上电刷的粉末	清除集电环和刷握机件上的电刷粉末
周围环境的湿度超过 70%（一般电动机）或 95%（TH 型电动机）的规定	采取加强通风等措施，使环境湿度符合 70%（一般电动机）或 95%（TH 型电动机）的规定
周围环境空气中含有酸碱等腐蚀性气体和盐雾	清除周围环境空气中的腐蚀性气体或盐雾
集电环间的绝缘损坏	更换集电环间的绝缘
转子回路断路	检查转子回路中的断路位置，接通回路
变阻装置断路	检查变阻装置断路的位置，接通回路

（十二）转子线圈接头处开焊

绕线型电动机的转子，当转子线圈并头采用锡焊时，在使用中常有开焊的现象发生。转子线圈并头处开焊的原因和修理方法见表 14-20。

表 14-20　　　　转子线圈并头处开焊的原因和修理方法

故障原因	修理方法
超负荷运行	降低负荷，使额定电流不超过铭牌规定值，重新焊牢
启动不正常	按表 14-13～表 14-16（启动不正常的原因和修理方法）排除启动不正常故障并进行修复
焊接质量不好	仔细检查并头焊接质量，对焊接不牢和不满的进行补焊
并头处有灰尘、油污等	经常清除并头处的灰尘、油污，保持清洁，杜绝开焊、短路的隐患

（十三）定、转子相刮擦

定、转子相擦的原因和修理方法见表 14-21。

表 14-21　　　　定、转子相擦的原因和修理方法

故障原因	修理方法
轴承发热导致轴承、轴瓦损坏	参照表 14-10（轴承发热、响声不正常的原因和修理方法）进行检查和修理
电动机振动未及时进行修理	参照表 14-12（电动机振动、噪声偏大的原因和修理方法）进行检查和修理
转轴断裂	参照表 14-13（转轴断裂的原因和修理方法）进行检查和修理
电动机过热未及时进行修理	参照表 14-15（电动机过热的原因和修理方法）进行检查和修理
气隙不匀	测量气隙，排除气隙不匀的原因
电动机内部有铁屑等异物造成假擦	清理电动机内部异物

第二节　直流电动机的维护

一、直流电动机的结构

由直流电动机和直流发电机工作原理可知，直流电动机的结构由定子和转子两大部分组成。直流电动机运行时静止不动的部分称为定子，其主要作用是产生磁场，由机座、主磁极、换向极、端盖、轴承和电刷装置等组成。运行时转动的部分称为转子，其主要作用是产生电磁转矩和感应电动势，是直流电动机进行能量转换的枢纽，所以通常又称为电枢，由转轴、电枢铁芯、电枢绕组、换向器和风扇等组成。如图 14-7 所示为直流电动机结构图。

（一）定子

主要包括主磁极、换向极、机座、端盖、电刷装置。

作用：产生主磁场和作为机械的支撑。

（二）转子

主要包括电枢铁芯、电枢绕组和换向器。

作用：用来产生感应电动势、电流、电磁转矩、实现能量转换的部件。

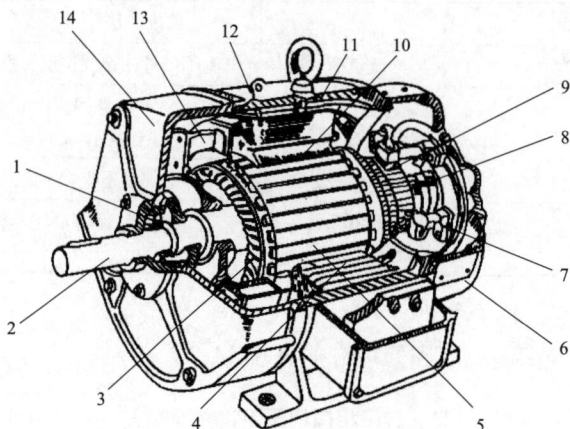

图 14-7　直流电动机的结构图

1—轴承；2—轴；3—电枢绕组；4—换向极绕组；5—电枢铁芯；6—后端盖；7—刷杆座；
8—换向器；9—电刷；10—主磁极；11—机座；12—励磁绕组；13—风扇；14—前端盖

二、直流电动机的维护和保养

（一）保持电动机清洁

保持电动机清洁是保持电动机运行稳定及延长电动机寿命的必要措施。应经常把电动机表面及通风道内部的杂物清除，采用无尘吹气或用温水加清洗剂擦洗等方式。

（二）定期检查机体部分

（1）定期检查安装法兰、联轴器和轴承、定子绕组接线柱、通风道、温度探头及刷炭等部件是否松动或断裂。

（2）检查定子和转子，特别是定子绕组和转子表面是否有损伤或烧黑，如发现应当及时排除。

（三）轴承的维护保养

（1）定期添加润滑油脂，应将老油用干净的布擦净后加满新油。

（2）更换滚珠轴承灰尘罩上的密封圈。

（3）定期检查轴承是否磨损，如有明显磨损应立即更换。

（四）通风系统的维护保养

（1）定期清除通风风道内的尘土和油污。

（2）检查风扇的紧固螺栓是否松动，风扇盖板是否破损，如有则应及时处理。

（3）检查风扇叶片是否弯曲破损，风扇轴承是否磨损。

（五）电动机绝缘的测验和保养

（1）定期进行电动机的绝缘电阻测验。

（2）测出的绝缘电阻值应符合《电动机动态测量绝缘电阻值的技术规范》（GB 755）的要求。

（3）应有绝缘测量记录。

（六）刷炭的检查和更换

（1）检查刷炭的接触面是否平整，炭条是否碎裂或过短。

（2）如发现异常应及时拆下刷盒，清洗刷炭腔，用细砂纸清洗刷炭表面。

（3）如果炭条磨损超过限度或已碎裂，应及时更换。

三、直流电动机常见故障的处理

直流电动机常见故障以及处理方法，见表14-22。

表 14-22　　　　　　　　　直流电动机常见故障的处理

故障现象	可能原因	排除方法
不能启动	1）电源无电压。 2）励磁回路断开。 3）电刷回路断开。 4）有电源但电动机不能转动	1）检查电源及熔断器。 2）检查励磁绕组及启动器。 3）检查电枢绕组及电刷换向器接触情况。 4）负载过重或电枢被卡死或启动设备不合要求，应分别进行检查
转速不正常	1）转速过高。 2）转速过低	1）检查电源电压是否过高，主磁场是否过弱，电动机负载是否过轻。 2）检查电枢绕组是否有断路、短路、接地等故障；检查电刷压力及电刷位置；检查电源电压是否过低及负载是否过重；检查励磁绕组回路是否正常
电刷火花过大	1）电刷不在中性线上。 2）电刷压力不当或与换向器接触不良或电刷磨损或电刷牌号不对。 3）换向器表面不光滑或云母片凸出。 4）电动机过载或电源电压过高。 5）电枢绕组或磁极绕组或换向极绕组故障。 6）转子动平衡未校正好	1）调整刷杆位置。 2）调整电刷压力、研磨电刷与换向器接触面、淘换电刷。 3）研磨换向器表面、下刻云母槽。 4）降低电动机负载及电源电压。 5）分别检查原因。 6）重新校正转子动平衡
过热或冒烟	1）电动机长期过载。 2）电源电压过高或过低。 3）电枢、磁极、换向极绕组故障。 4）启动或正、反转过于频繁	1）更换功率较大的电动机。 2）检查电源电压。 3）分别检查原因。 4）避免不必要的正、反转
机座带电	1）各绕组绝缘电阻太低。 2）出线端与机座相接触。 3）各绕组绝缘损坏造成对地短路	1）烘干或重新浸漆。 2）修复出线端绝缘。 3）修复绝缘损坏处

四、直流电动机检修

（一）检修周期

（1）直流电动机随机组检修同时进行大、小修。

（2）小修中若发现较大的缺陷应改为大修。

（二）检修项目

检修项目见表 14-23。

表 14-23　　　　　　　　直流电动机检修项目表

大修项目	非标项目	小修项目
1）电动机的解体及抽出转子； 2）定子的修理； 3）转子的修理； 4）轴承的更换； 5）启动装置的修理； 6）清理检查电刷，调整电刷压力中心位置，更换电刷，检查调整刷架、刷握； 7）测量、修刮及打磨整流子； 8）电动机的组装； 9）大修中电动机的电气预防性试验； 10）大修后的试转及验收	1）部分更换或重绕电动机定子、转子绕组； 2）转子笼条补焊； 3）更换引线及引线和重新绝缘； 4）旋转整流子故障处理	1）检查外壳并进行清扫； 2）检查轴承； 3）检查整流子及启动装置； 4）电气预防性试验

（三）检修工艺及质量标准

1. 电动机解体

（1）大修前了解设备运行情况，并查看缺陷记录。

（2）拆开电动机引线做好记录，用 1000V 绝缘电阻表分别测量电动机和电缆的绝缘电阻，做好记录，松开地脚螺栓，移动电动机时，注意保持电缆勿使其受伤损。

（3）有条件应测量定子和转子的空气间隙。

（4）拆下联轴器，用拉马拆联轴器时，需要在拉马顶杆尖端与转轴中心孔处加活动顶头。

（5）拆开端盖应做好记录，拆开的各种零件应妥善保管。

（6）拆开刷架，拆下先做好位置记号，然后测量刷握与整流子间隙和各组电刷间的距离，检查电刷情况。

（7）抽出转子，抽转子时应注意：

1）使用钢丝绳不要直接套在轴颈及轴伸上。使用假轴时，轴伸部分应用干净、破布等保护，防止轴颈和轴伸部分受伤。

2）轴转子时应监视转子与定子的间隙，不得碰伤铁芯及线圈。

3）转子抽出后，应稳妥放置，整流子部分用青壳纸或厚纸包起来前用绳子绑好。

2. 定子检修

（1）清扫吹灰，用 $2\sim3kg/cm^2$ 干燥的压缩空气将定子转子各部灰尘吹净，然后将各部油泥擦净。

（2）检查定子外壳。

1）外壳油漆应无脱落。

2）接地线应完好无断裂松动现象。

3）引线绝缘和绝缘子应完好，引线绝缘无老化。鼓泡现象，接线螺栓齐全，端盖应完好无裂纹及破损。

4）定子磁极与外壳连接螺栓应紧固。

（3）检查磁极线圈。

1）线圈绝缘应良好无发胖，鼓泡，枯裂及过热变色等现象。

2）磁极间连接绝缘及接头良好，联结螺栓紧固。

3）用 1000V 绝缘电阻表测量磁极线圈绝缘电阻，应不低于 $0.5M\Omega$。

4）测量线圈直流电阻与厂家数据或以前测得值比较其差别应不大于 2%。

（4）检查磁极铁芯。

1）磁极铁芯应清洁干净，无松动现象。

2）磁极铁芯无锈斑、无毛刺和过温现象，如有锈斑可用 0 号砂布轻轻打磨，用布擦净，毛刺可用锉刀或刮刀修平，将铁芯表面残留铁屑清干净后用绝缘漆涂刷，处理铁芯表面。

（5）定子转子喷漆，如果定子（转子）表面绝缘漆损坏脱落严重时应按下列步骤进行喷漆。

1）将原有起泡的漆膜清除，并将电动机表面油垢清理干净，清理时应注意不得损伤绝缘。

2）喷绝缘漆一层，喷漆应均匀，漆膜不宜过厚。

3）喷转子时整流子应包扎起来。

3. 转子检修

（1）检查电枢铁芯。

1）铁芯应清洁干净没有灰尘油垢及电刷粉末。

2）铁芯应紧固，无松动、无变形。

3）通风沟应清洁、畅通。

（2）检查电枢线圈。

1）槽楔良好无松动。

2）线圈表面应光滑无破裂，磨损及烧伤等现象。

3）用 1000V 绝缘电阻表测量电枢线圈对铁芯和绑线的绝缘电阻，其值不应低于 $0.5M\Omega$。

（3）检查电枢绑线。

1）绑线清洁无松动。

2）焊锡无熔化开焊现象。

3）绑线下所垫的绝缘应完好。

（4）检查风扇。

1）风扇应清洁，无灰尘油垢。

2）风扇叶片应无破裂变形，并应牢固，进行检查时，除主要检查外，可用小锤轻轻敲打风叶，根据声音来判断风扇有无损坏。

4.整流子检修

（1）检查整流子表面应清洁、干净、无黑斑，若在运行中不冒火花应保护整流子表面的氧化膜（紫褐色）不受损伤。

（2）整流子表面应为圆柱形，如表面不光滑可用 0 号玻璃砂纸打磨至光滑（但不能用金刚砂纸打磨）打磨完后应吹净碎屑。

（3）整流子间云母沟深 1～1.5mm，整流片与线圈焊接处无过热松动，脱焊等现象。

（4）整流子的偏心值应不大于 0.05mm（对 3000r/min）和 0.07mm（1500r/min）。

5.刷架及刷握检修

（1）检查刷架及刷握。

1）刷架应无破损、裂纹、刷握内表面光滑无烧伤、变形。固定螺钉完好。

2）刷架引线绝缘及接线鼻子应完好，连接螺栓紧固。

（2）检查电刷，电刷磨石是否光滑有无夹砂和灼烧痕迹并检查电刷与整流子接触情况，作为电刷调整时参考。

6.启动调整装置检修

（1）清扫磁场变阻器内各处灰尘油垢。

（2）检查磁场变阻器，磁场变阻器的电阻线应无断裂，各部分螺栓应紧固，滑动触点与固定触点的接触良好，调整装置转动灵活无长涩现象。

（3）测量磁场可变电阻器绝缘电阻和直流电阻绝缘电阻应不低于 0.5MΩ。

（4）直流电阻与铭牌数据或最初测量数值比较其值不应超过 10%，在不同静触点位置测量的直流电阻的变化应有规律性。

7.电气试验

绕组交流耐压，电动机检修清理后，磁场绕组对机壳，电枢绕组对轴进行交流 1000V 耐压，时间 60s。

8.组装

（1）组装电动机。

1）组装前应检查机内不得遗留任何工具及其他物品。

2）穿转子。

3）接解体时做好记号，上端盖各处螺栓。

4）测量电枢与磁极之间的空气间隙，各点气隙与平均值的差别不应超过下列数据值：3mm 以下的间隙为平均值的±10％，3mm 及以上的间隙为平均值的±5％。

（2）组装刷架调整电刷。

1）按原有记号装好刷架。

2）调整刷握，刷握应达到下列要求。

a. 同一刷杆各刷握应排列整齐，其边缘形成直线应与整流子表面云母沟平行。

b. 刷握至整流子表面的距离为 2～4mm。

c. 沿整流子圆周各组电刷之间的距离应相等，其相互间差值对小电动机一般应不大于 1.5％～2％对于大电动机应不大于 0.5％～1％，测量各组电刷之间距离可用白纸将整流子表面包好，预装好电刷然后用铅笔沿电刷同一侧面画线，最后拿下白纸用其进行测量。

d. 各组电刷应错开排列，使整流子均匀磨损。

e. 刷架绝缘电阻应大于 1MΩ。

3）安装电刷：安放电刷时应注意所使用的电刷牌号及尺寸与原有电刷一致，装上电刷后应用 0 号玻璃砂纸磨出弧面使其与整流子表面圆弧接触良好。

4）电刷安装后应达到下列要求。

a. 电刷在刷握内应有 0.1～0.2mm 间隙，电刷能上下活动自如。

b. 各电刷压力应保持一致，其压差尽量不超过 10％。

c. 电刷与流子表面接触应在 90％以上。

5）调整电刷的中心位置。

（3）接线，按原有记号将电动机端子各出线联好，接线时要求接触良好螺栓紧固。

（4）测量绝缘电阻，直流电动机全部组装完后用 1000V 绝缘电阻表测量电阻及电缆绝缘电阻值。

9. 试运转及验收

（1）试运。

1）全部检修工作结束，应对电动机本体进行一次全面检查。

2）电动机试运转应符合下列要求：

a. 转动方向正确，转速正常。

b. 直流电动机的启动电流正常，直流发电机的电压正常，调整平稳。

c. 转动部件无摩擦，电动机振动不超过标准值。

d. 轴承温度正常。滚动轴承不得超过 100℃，滑动轴承不得超过 80℃。

e. 电刷良好，整流子火花不超过 1 级，电动机试运转 1～1.5h。

（2）验收。

1）试运正常，符合各项技术要求，做验收记录。

2）工具材料整理完毕，现场清洁干净。

第三节　永磁电动机

永磁电动机可以是直流的，也可以是交流的，具体取决于是否使用了永磁材料以及如何利用这些材料产生磁场。应用最广泛的是永磁同步电动机。永磁同步电动机结合了直流电动机和交流电动机的特点。它们的转子上有一个永磁体，产生一个恒定的磁场。当交流电通过定子绕组时，会产生变化的旋转磁场，与永磁体的磁场相互作用，使转子旋转。由于其工作原理类似于直流电动机，永磁同步电动机有时也被认为是直流电动机。

一、永磁电动机

（一）永磁电动机的结构

永磁同步电动机（permanent magnet synchronous motor，PMSM）主要是由转子、端盖及定子等各部件组成。永磁同步电动机的定子结构与普通感应电动机的结构非常相似，转子结构与异步电动机的最大不同是在转子上放有高质量的永磁体磁极，根据在转子上安放永磁体的位置的不同，永磁同步电动机通常被分为表面式转子结构和内置式转子结构。

永磁同步电动机的转子主要包括永磁体磁极和启动鼠笼两个部分，永磁体的放置方式对电动机性能影响很大。表面式转子结构—永磁体位于转子铁芯的外表面，这种转子结构简单，但产生的异步转矩很小，仅适合于启动要求不高的场合，很少应用内置式转子结构—永磁体位于鼠笼导条和转轴之间的铁芯中，启动性能好，目前的绝大多数永磁同步电动机都采用这种结构。永磁同步电动机的结构见图 14-8。

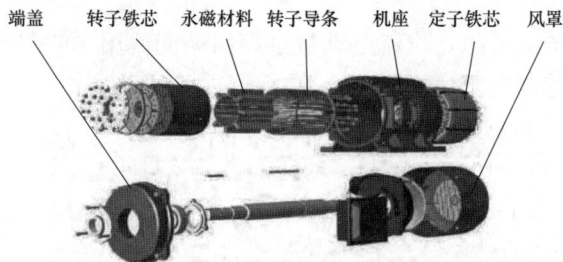

图 14-8　永磁电动机结构

（二）永磁电动机的工作原理

永磁同步电动机的启动和运行是由定子绕组、转子鼠笼绕组和永磁体这三者产生的磁场的相互作用而形成。电动机静止时，给定子绕组通入三相对称电流，产生定子旋转磁场，定子旋转磁场相对于转子旋转，在笼型绕组内产生电流，形成转子旋转磁场，定子旋转磁场与转子旋转磁场相互作用产生的异步转矩使转子由静止开始加速转动。在这个过程中，转子永磁磁场与定子旋转磁场转速不同，会产生交变转矩。当转子加速到速度接近同步转速的时候，转子永磁磁场与定子旋转磁场的转速接近相等，定子旋转磁场速度稍大于转子永磁磁场，它们相互作用产生转矩将转子牵入到同步运行状态。在同步运行状态下，转子绕组内不再产生电流。此时转子上只有永磁体产生磁场，它与定子旋转磁场相互作用，产生驱动转矩。永磁同步电动机是靠转子绕组的异步转矩实现启动的。启动完成后，转子绕组不再起作用，由永磁体和定子绕组产生的磁场相互作用产生驱动转矩。

（三）永磁电动机的优点

1. 损耗低、温升低

由于永磁同步电动机的磁场是由永磁体产生的，从而避免通过励磁电流来产生磁场而导致的励磁损耗，即铜耗；转子运行无电流，在相同负载情况下温升低 20K 以上。异步电动机工作时，转子绕组有电流流动，而这个电流完全以热能的形式消耗掉，所以在转子绕组中将产生大量的热量，使电动机的温度升高，影响了电动机的使用寿命。但是永磁电动机效率高，转子绕组中不存在电阻损耗，定子绕组中较少有或几乎不存在无功电流，使电动机温升低，延长了电动机的使用寿命。

2. 功率因数高

永磁同步电动机功率因数高，且与电动机级数无关，电动机满负载时功率因数接近 1，这样相比异步电动机，其电动机电流更小，相应地电动机的定子铜耗更小，效率也更高。而异步电动机随着电动机级数的增加，功率因数越来越低，见图 14-9。而且，因为永磁同步电动机功率因数高，电动机配套的电源（变压器）容量理论上可以降低，同时可以降低配套的开关设备和电缆等规格。

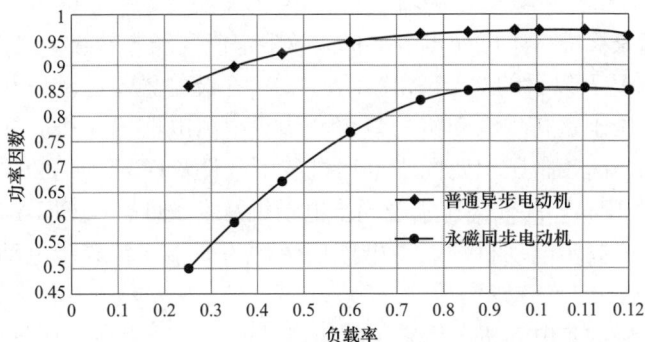

图 14-9　永磁同步电动机与异步电动机功率因数曲线

3. 效率高

相比异步电动机，永磁同步电动机在轻载时效率值要高很多，其高效运行范围宽，在 25%～120% 范围内效率大于 90%，永磁同步电动机额定效率可达现行国家标准的 1 级能效要求，这是其在节能方面相比异步电动机最大的一个优势。

实际运行中，电动机在驱动负载时很少以满功率运行。分析其原因：一是设计人员在电动机选型时，依据负载的极限工况来确定电动机功率，而极限工况出现的机会是很少的，同时，为防止在异常工况时烧损电动机，设计时也会进一步给电动机的功率留裕量；二是电动机制造商为保证电动机的可靠性，通常会在用户要求的功率基础上，留一定的功率裕量。这样就导致实际运行的电动机，大多数工作在额定功率的70%以下，特别是驱动风机或泵类负载，电动机通常工作在轻载区。对异步电动机来讲，其轻载效率很低，而永磁同步电动机在轻载区，仍能保持较高的效率。

二、永磁电动机的维护和保养

（一）永磁电动机在火力发电厂中的选用

根据永磁同步电动机的特点以及制造和价格因素，在工程设计中建议从以下方面考虑，慎重选用相关设备。

（1）优先考虑工程中运行时间长，年运行小时多、负荷变化率大的电动机。

（2）优先考虑工程中厂用电压等级高，同时消耗厂用电大的大功率电动机。据统计，全国火力发电厂的八种风机和水泵，即送风机、引风机、一次风机、排粉风机、锅炉给水泵、循环水泵、凝结水泵和灰浆泵，其配套电动机的总功率为15000MW，年总用电量为520亿kWh，占全国火电发电量的5.8%。提高这些风机和水泵系统运行效率的节能潜力可达300亿～500亿kWh/年。上述这些高压辅机所耗的总电量占电厂厂用电量的65%～70%，合理地选用永磁同步电动机，是降低耗电量和运行厂用电率的关键。

（二）永磁电动机设计和运行时注意事项

（1）国家标准《永磁同步电动机能效限定值及能效等级》（GB 30253），适用于1140V及以下的0.55～375kW、2～16极的异步起动三相永磁同步电动机。高压永磁同步电动机的效率，参照中国电器工业协会标准《TYC系列（IP23）高效高压永磁同步电动机技术条件》（CEEIA 229）和《TYCKK系列（IP44）高效高压永磁同步电动机技术条件》（CEEIA 230）。

（2）永磁同步电动机的启动电流倍数约为9倍，较异步电动机的启动电流大10%。

（3）永磁同步电动机不能采用降压启动方式。因为在降压供电条件下，其异步启动转矩下降比异步电动机大，会造成启动困难。

（4）关于永磁同步电动机的自启动特性和系统短路时的反馈电流，不同设备制造厂的参数差别较大，且由于相关数据获取较难，永磁同步电动机的应用，对厂用电系统的短路水平和启动计算校验带来一些不确定的因素。

（5）永磁同步电动机的日常维护与异步电动机相当，但需要注意的是，永磁电动机在断电停机过程中，由于转子永磁体磁场的存在，电动机的接线端子上还存在电压，操作人员不能接触接线端子，以免危及人身安全。

（三）永磁电动机的安装

为了保证永磁电动机的装配精度，安装时不需要启动电动机，不破坏密封胶。打开油盖或用煤油（柴油）清洗齿轮表面的防锈脂即可检查。永磁电动机安装应平稳牢固，底座调整垫片必须切实（选用钢制垫片）。与联轴器之间的同轴度偏差不应大于所使用的联轴器的许用值。检查集装箱各密封面螺栓是否松动，如果松开了，需再拧紧。

永磁电动机使用前必须进行负荷试验。负荷试验前，应按油标位置加润滑油，用手转动输出轴，使其旋转，保证其灵活运行 2h 没有任何异常的噪声。负荷试验时，应逐步加载至满负荷（有条件时应处于 25％、50％、75％和全负荷 4 个阶段），每个阶段的运行时间不少于 2h，应平稳无冲击振动，并放掉机器内的润滑油后确定无故障或用 200 目滤芯滤油后方可使用。过程中如有异常情况，应查明原因排除，并立即通知厂家。

（四）永磁电动机的日常维护和保养

（1）清洗：定期对永磁电动机进行清洗是非常必要的。由于永磁电动机通常用在各种恶劣环境中，例如潮湿、油腻等，所以对电动机进行彻底的清洗很重要。清洗时要用干净的抹布、棉签、刷子等工具，慎用金属工具，以免刮花永磁电动机表面或者影响电动机的性能。尤其是要定期清洗电动机的散热器和风扇，并检查其是否存在损坏或堵塞。

（2）检查位移：为了保证永磁电动机正常工作，需要对永磁电动机进行位移的检查。在工作时，如果永磁电动机的位移超出规定范围，则会影响电动机的性能和使用寿命。因此，应该经常检查永磁电动机的位移是否正确，如不正确应及时调整，以保障正常使用。

（3）油润滑：永磁电动机的运行需要润滑，要定期加油以确保电动机的正常运行。使用时加油，起到保护电动机、减少摩擦、降低噪声的作用，并且加油的时候一定要选择适当的油，以确保电动机的长时间使用。

（4）防潮：永磁电动机避免长时间处于潮湿的环境中，尽量选择通风、干燥的场所进行存放，以免永磁体与金属结构之间的氧化加剧或者电氧化生锈，影响机器性能。可以在永磁电动机表面喷涂一些防氧化剂，起到保护制作永磁体的材料和机器表面的作用。

（5）定期检测：为确保永磁电动机正常运转，应该定期检测机器的状况，检测主要包括机器级别、极数、额定功率、工作电压、额定电流等参数的变化，因为这些值的变化可能导致电动机工作性能下降。另外，也需要定期进行通电检测，对电动机各部分进行电学检测，最好的方法是使用万用表来检测通电情况。定期检查电动机的电缆和插头，确保其连接牢固、无损坏，并且没有松动或脱落现象。还需要定期检查电动机的轴承、绝缘和连接器等部件，确保其正常运作。如果发现问题，要及时更换或修复，以保证机器的完整性和性能。

（6）定期养护：永磁电动机的日常养护工作可以使机器保持较新的状态，用一些常规的方法进行保养，定期更换机器部分的电子元件、清洗机器表面、防止刮花等。在操作机器时要按规定使用，不要超负荷使用，用完后定期保养，长时间不使用要拆下部分机器进行存放，以免机器出现各种松动现象和相关的故障。

三、永磁电动机故障分析及处理

永磁电动机的常见故障如下：

（1）电动机启动故障：电动机启动时出现明显的噪声，启动时间延长或无法正常启动。这种故障一般是由于定子绕组或转子损坏引起的。处理方法：如果定子绕组受损，需要更换定子绕组或局部修补。如果转子损坏，需要更换转子。

（2）轴承故障：永磁电动机的轴承是支撑电动机转子的重要部件，经常受到高速旋转和工作负载的影响，容易出现磨损或损坏。处理方法：及时更换损坏的轴承，并保证润滑油的质量和使用周期，同时也要加强日常维护和保养。

（3）定子绕组故障：定子绕组是永磁电动机的一个重要部件，由于长期运行和工作负载的影响，容易出现绕组短路、开路、绝缘老化等问题。处理方法：对于定子绕组故障，可以进行断续电阻测试或绝缘测试，确诊故障位置，并进行及时的更换或修复。

（4）电动机过热故障：永磁电动机在长期运行和高负载状态下，易出现过热现象，造成电动机性能下降，甚至引起电动机故障。处理方法：对于电动机过热故障，需要加强电动机散热系统的设计和维护，如增大散热片面积、更换高效散热风扇、增加风道等方法，提高电动机的散热效率。

第四节　故障案例分析

一、电动机轴承损坏

（一）事件经过

2016 年 1 月 8 日，某电厂 1 号机组 11 保安段发接地报警，检修确认接地点在 11 空气预热器主电动机回路，11 空气预热器由主电动机切换至辅电动机运行，接地报警消失。故障点 174 对 11 空气预热器主电动机解体检查，发现电动机非驱动端轴承（型号为 6209-Z-C3）外圈跑套；非驱动轴承室碟形垫片断裂；电动机定转子扫堂；V 相绕组槽口部位绝缘变色。

（二）原因分析

11 空气预热器主电动机非驱动端轴承外圈与轴承室紧力不足、跑套，轴承外圈在旋转的过程中造成蝶形垫片断裂、轴承室磨损、电动机转子下沉扫堂，将电动机 V 相槽口部位绝缘损坏，最终引起接地故障。

二、电动机轴承损坏

（一）事件经过

2016 年 9 月 20 日，某电厂 1 号机组汽动给水泵组 A 润滑油泵电流突然由 42A 升至 512A，润滑油压从 0.59MPa 降至 0.38MPa，备用油泵及直流润滑油泵联启成功，润滑油压降低至 0.23MPa，1s 后润滑油压低保护动作（保护定值：润滑油压低于 0.23MPa，延时 1s），汽动给水泵组保护跳闸。之后 A 润滑油泵过载保护跳闸。现场检查汽动给水泵组 A 润滑油泵电动机无法盘动，解体后发现非驱动端轴承保持架损坏。

（二）原因分析

（1）A 润滑油泵电动机故障的原因为电动机轴承损坏抱死。

（2）汽动给水泵组润滑油泵低油压保护定值设置不合理，备用泵和直流泵虽联启成功，但润滑油压低保护仍动作出口不合理。

三、电动机槽楔问题

（一）事件经过

2016 年 7 月 27 日，某电厂 31 一次风机跳闸，机组 RB 动作。就地检查，31 一次风机开关保护"C 相故障"和"故障涉及接地"报警。测量 31 一次风机电动机对地绝缘为 0。返厂检修发现位于电动机上部 12 点钟 W 相第三槽第五段铁芯位置线棒最下层绝缘损坏。铁芯接地位置见图 14-10，线棒损坏的情况见图 14-11。

图 14-10　铁芯接地位置

（二）原因分析

31 一次风机电动机原为磁性槽楔，在 2015 年 9 月机组大修时，发现 31 一次风机电动机槽楔出现大面积碎裂脱落和松动现象，进行了更换槽楔处理。本次故障解体检修发现，上次更换槽楔时有固体颗粒物遗留在槽楔

图 14-11　线棒损坏的情况

底（侧）部，且该固体颗粒物未被槽楔压实，在电动机运行状态下，颗粒物与定子线圈摩擦，导致定子线圈绝缘破损，引起绕组接地。

四、电动机内部引线磨损问题

（一）事件经过

2017 年 1 月 18 日，某电厂 22 引风机跳闸，2 号机组 RB 动作，机组降负荷运行。检查后发现 22 引风机电动机开关零序保护动作，检修人员采用 5000V 绝缘电阻表测量电动机三相绝缘电阻时，发现 C 相绕组对地绝缘电阻为 0MΩ，同时电动机内部有放电声音。对 22 引风机电动机进行吊罩检查，发现电动机 C 相引线与电动机定子铁芯之间有放电现象。电动机引线与铁芯接触位置见图 14-12，引线绝缘损坏的情况见图 14-13。

图 14-12　电动机引线与铁芯接触位置

（二）原因分析

22 引风机电动机 C 相引线与铁芯拉筋有接触，在电动机运行过程中引线与铁芯拉筋接触部位长时间振动摩擦，造成引线绝缘损伤对铁芯拉筋放电接地，开关接地保护动作跳闸。

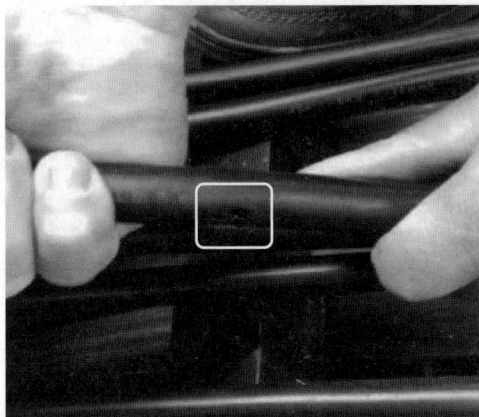

图 14-13 引线绝缘损坏的情况

（三）防范措施

（1）高压电动机引线应固定牢固，不得与电动机铁芯及夹件等金属部件碰磨搭接。

（2）在电动机解体检修文件包中，应将电动机定子引线固定情况的检查单独列出，并设定质检点。

（3）电动机检修时，应严格按照预防性试验规程开展相关试验工作。

五、电动机接线盒内故障问题

（一）事件经过

2016 年 5 月 26 日，某电厂 12 前置泵开关综保装置零序保护动作出口，电动机断路器跳闸，1 号机组 RB。现场检查发现 12 前置泵电动机接线盒盖有焦煳味，拆除接线盒后发现 C 相电动机引线与接线柱压接处烧断，A、B 两相无异常，对 12 前置泵电动机 A、B、C 相引线与接线柱进行银焊接处理，引线重新加装热缩管，更换引线绝缘子，测绝缘合格后重新启动正常。前置泵电动机 C 相引线烧断图见图 14-14。

图 14-14 前置泵电动机 C 相引线烧断图

（二）原因分析

12 号前置泵电动机引线与接线柱为点压接方式，运行中压接不实导致发热，绕组引线过热烧断，发生接地故障。

六、电动机接线盒内故障问题

（一）事件经过

2011 年 11 月 2 日，某电厂 1 号机组由于"发电机定冷水中断"保护动作机组跳闸。

（二）原因分析

21 定子冷却水泵检修消缺，22 定子冷却水泵电动机运行中电源电缆 A相在接线盒处由于防护不到位造成绝缘破损，电动机接地跳闸，造成发电机定子冷却水中断，断水保护动作机组跳闸。电缆放电损伤情况见图 14-15，电缆放电位置见图 14-16。

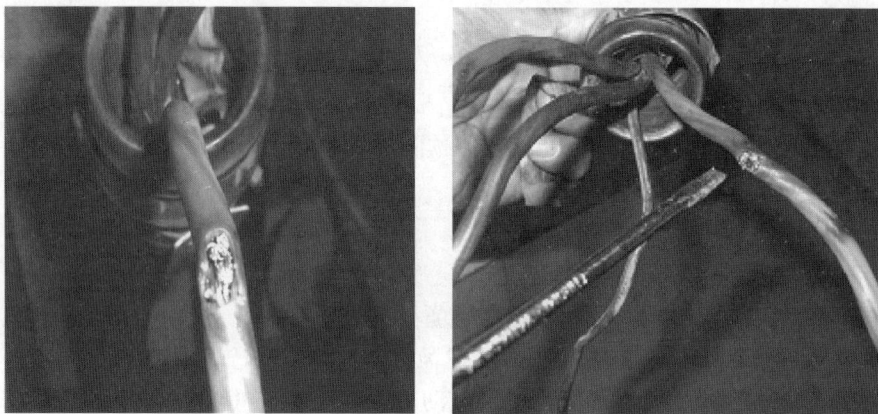

图 14-15　电缆放电损伤情况

图 14-16　电缆放电位置

（三）防范措施

加强接线盒的接线工艺管控，重要辅机电动机设专人进行验收把关。严格监督锁母、平垫、弹簧垫装配工艺，避免接线柱螺纹滑扣或螺母裂损，防止电动机接线盒内引线和电缆端子焊接或压接不良、接线端子虚接、电气距离不够、电缆受力、电缆绝缘碰磨割伤等造成的短路故障。

第十五章 直流系统及电源装置

第一节 直流系统

一、概述

在发电厂和变电站中，直流系统在正常情况下为控制信号、继电保护、自动装置、断路器跳合闸操作回路等提供可靠的直流控制电源，在正常及事故状态下，为事故照明、交流不停电电源和事故润滑油泵等提供直流动力电源。直流系统可靠性对发电厂和变电站的安全运行起着至关重要的作用，是安全运行的保障。

直流系统是由直流电源装置、直流配电装置、控制和监测装置等构成的直流供电网络（见图 15-1），其中直流电源装置包括蓄电池组、高频开关整流模块（又称充电模块）；直流配电装置包括直流母线、交流开关、接触器、雷电浪涌吸收器（防雷器）、熔断器、调压开关、降压硅堆、馈电开关等；控制和监测装置包括微机监控单元、电池巡检仪、绝缘巡检装置、表计等。

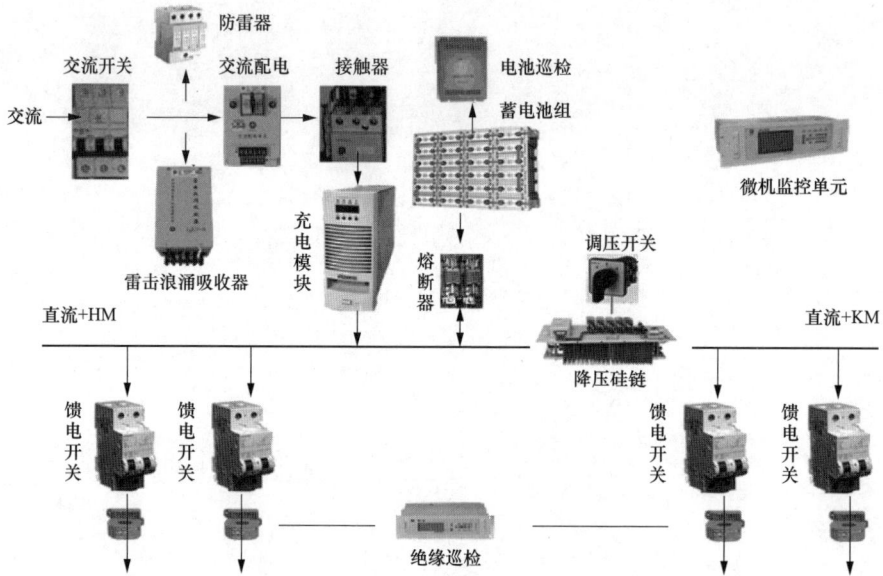

图 15-1 直流系统设备连接示意图

二、直流系统设置与运行方式

（一）直流系统设置

为了保障机组的稳定性、电网安全可靠运行，在新建、扩建和技改工程中，应按《电力工程直流电源系统设计技术规程》（DL/T 5044）和《电气装置安装工程　蓄电池施工及验收规范》（GB 50172）的规定进行设计和交接验收，并重点满足如下要求：

（1）升压站电压等级在 220kV 及以上时，发电机组用直流电源系统与升压站用直流电源系统必须相互独立，并应充分考虑设备检修时的冗余，直流电源供电质量应满足微机保护运行要求，通信电源应双重化配置，满足"双设备、双路由、双电源"的要求。

（2）发电厂直流系统应采用主充、浮充充电装置，两组蓄电池组的供电方式。每组蓄电池和充电机应分别接于一段直流母线上，第三台充电装置（备用充电装置）可在两段母线之间切换，任一工作充电装置退出运行时，手动投入第三台充电装置。每组蓄电池组的容量，应能满足同时带两段直流母线负荷的运行要求，且满足在正常运行中两段母线切换时不中断供电的要求。

（3）直流电源系统馈出网络应采用集中辐射或分层辐射供电方式，严禁采用环状供电方式。

（4）新建或改造后的直流电源系统应具有直流电源系统母线及馈线接地、蓄电池接地、瞬时接地、交流窜入和直流互窜等绝缘故障的测量、记录、选线、报警、录波及蓄电池内阻监测功能。

（5）直流电源系统除蓄电池组出口保护电器外，应使用直流专用断路器。蓄电池组出口回路保护用电器宜采用熔断器，也可采用具有选择性保护的直流断路器。直流高频模块和通信电源模块应加装独立进线断路器。

根据需要，一般设置单元控制室直流系统、网络控制室直流系统、输煤（化学、脱硫等辅助厂房）直流系统等。

1）单元控制室直流系统。对于 600MW 机组的电厂，一般每台发电机组设置两套 110V 直流电源系统，为继电保护、控制操作、信号设备及自动装置等直流负荷供电。其主要负荷是控制操作回路设备，因此电厂中又常称这种直流电源为操作电源。除设置 110V 直流系统外，每一台机组另设一套 220V 直流系统，为发电机组直流润滑油泵、直流密封油泵、汽动给水泵的直流润滑油泵、UPS 及控制室的事故照明等直流动力负荷供电。220V 直流系统的特点是，平时运行负荷很小，而机组事故时负荷很大。每台机组装设三组蓄电池，其中一组 220V 蓄电池组，两组 110V 蓄电池组。110V 蓄电池组采用单母线分段接线，220V 蓄电池组采用单母线接线。110V 直流系统采用辐射网络供电方式，在各配电室设置直流分屏。蓄电池型式均采用阀控免维护蓄电池。两套 110V 直流系统和一套 220V 直流系统均采用两线制、不接地系统。

上述各直流系统中，工作充电装置的电源均从相应机组的 0.4kV 交流保安母线引接；备用充电装置的电源，一般也从 0.4kV 交流保安母线引接，有的则从其他厂用低压母线上引接，以防保安母线故障造成所有充电装置失去电源。

2）网络控制室直流系统。网络控制室直流系统，又常称为升压站直流系统。当发电厂升压站的控制对象有 500kV 的设备时，根据保护与控制双重化配置要求，一般设置两套 110V（或 220V）直流系统，两套直流系统均采用单母线、二线制、不接地的接线方式。每套直流系统配置一组蓄电池、一套工作充电装置、另设一套可切换的跨接在两套直流系统母线上的公共备用充电装置。两套独立的直流系统一起用于向网络控制室的控制、保护、信号等直流负荷供电。

对于升压站的 110V 直流系统，通常其接线形式及有关的技术条件等参数与单元控制室的 110V 直流系统相同；所不同之处在于升压站 110V 直流系统的充电装置电源，接自升压站的低压厂用母线，并且设置公共备用充电装置。

3）输煤（辅助厂房）直流系统。输煤系统一般有 6kV（或 3kV）交流配电装置，为了便于对其集中管理、提高可靠性并与其他直流电源不相干扰，相应地设置了输煤（辅助厂房）直流系统。

输煤直流系统一般为 110V 单母线、两线制不接地系统，设置一组蓄电池配置两套充电装置（一套工作、一套备用）。输煤系统对防酸要求较高，因此多采用阀控式蓄电池。

（二）直流系统运行一般规定

现以某电厂 110V 直流系统为例，说明直流系统运行一般规定（见图 15-2）。

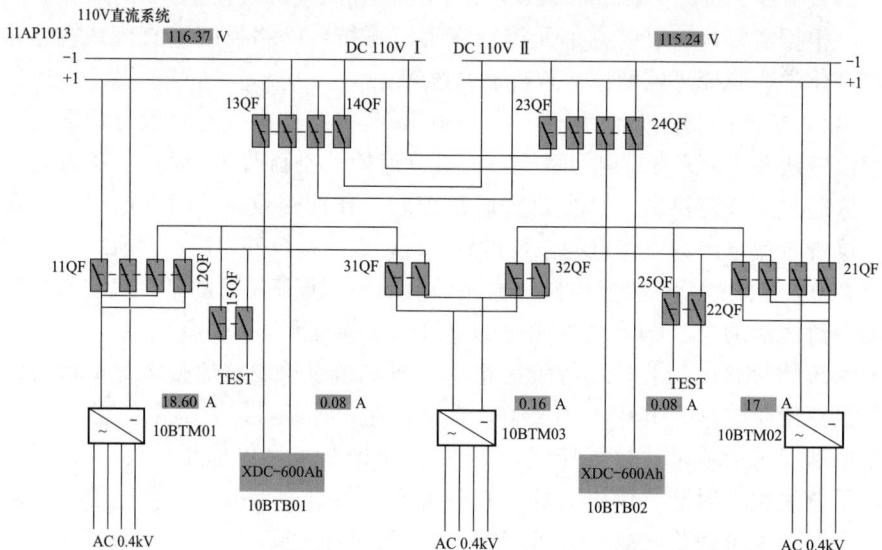

图 15-2　某电厂 110V 两组蓄电池三台充电装置单母线分段接线图

（1）110V 直流系统正常运行方式为Ⅰ、Ⅱ段母线分段运行，母线联络断路器在断开位置。110V 蓄电池Ⅰ组和Ⅰ充电装置运行在Ⅰ母线，Ⅰ充电装置供电Ⅰ段母线上的负荷及对Ⅰ组蓄电池浮充电。110V蓄电池Ⅱ组和Ⅱ充电装置运行在Ⅱ母线，Ⅱ充电装置供电Ⅱ段母线上的负荷及对Ⅱ组蓄电池浮充电。

（2）蓄电池组以稳压浮充电方式运行，对一般阀控密封蓄电池，可控制单只蓄电池的浮充电压在2.23～2.28V范围内运行。110V直流系统母线电压应维持在110～120V范围内。

（3）浮充电运行的蓄电池组，应严格控制所在蓄电池室环境温度不能长期超过30℃。为防止因环境温度过高使蓄电池容量严重下降，运行寿命缩短，蓄电池室应配置防爆空调。

（4）当任一段母线充电装置由于某种原因退出运行时，由另一组充电装置投入代其运行对该母线负荷供电和对该蓄电池浮充电，另一组蓄电池必须退出运行，此时母线联络断路器应合上。禁止两组母线充电装置或蓄电池同时退出运行。

（5）当机组正常运行时，直流系统的任何操作均不应使直流母线瞬时停电。一般情况下，不允许充电装置单独向直流负荷供电。

（6）直流母线并列操作前，必须检查两段母线均无接地故障，否则不得并列，直流母线并列运行时，应退出一套绝缘监察装置。

（7）母线联络断路器在断开时，不在同一段上的负荷禁止在负荷侧并环。

（8）充电装置一般应运行在自动稳压方式。正常运行时，各高频开关整流模块的限流挡应处于同一挡，浮充电压及均充电压应基本一致，各高频开关整流模块运行方式应保持一致。

（9）正常运行时，充电装置各高频开关整流模块均应投入运行，每台高频开关整流模块原则上可单独投、停，当部分高频开关整流模块故障时，应根据高频开关整流模块电流情况，将此段母线倒至另一母线充电装置运行，防止高频开关整流模块过负荷。

（10）正常运行时，绝缘监察装置应投入运行，当直流系统发生接地时，及时利用绝缘监察装置查找。

（11）正常运行时，集中监控器应投入运行，直流系统应通过集中监控器进行运行调整。

（12）充电装置在检修结束恢复运行时，应先合交流侧开关，再带直流负荷。

三、直流系统检查与定期维护

（一）直流系统的检查

所有已运行的直流电源装置、蓄电池、充电装置、微机监控器和直流系统绝缘监测装置都应按《电力系统用蓄电池直流电源装置运行与维护技术规程》（DL/T 724）和《电力用高频开关整流模块》（DL/T 781）的要求进行维护、管理，并重点满足以下要求：

（1）加强蓄电池组的维护检查，保证蓄电池安全完好，做好蓄电池的防火防爆工作。直流电源系统的电缆应采用阻燃电缆，两组蓄电池的电缆应分别铺设在各自独立的通道内，避免与交流电缆并排铺设，在穿越电缆竖井时，两组蓄电池电缆应分别加穿金属套管。对不满足要求的应采取防火隔离措施。

（2）加强直流断路器上、下级之间的级差配合的运行维护管理。新建或改造的发电机组、变电站、升压站的直流电源系统，设计资料中应提供全站直流电源系统上下级差配置图和各级断路器（熔断器）级差配合参数。投运前，应进行直流断路器的级差配合试验。

（3）浮充电时，严格控制单体电池的浮充电压上、下限，每个月至少一次对蓄电池组所有的单体浮充端电压进行测量记录，防止蓄电池因充电电压过高或过低而损坏。

（4）严防交流窜入直流故障。变电站内端子箱、机构箱、智能控制柜、汇控柜等屏柜内的交直流接线，不应接在同一段端子排上。控制箱、端子箱内要装设加热驱潮装置并保证运行状态良好，直流接线端子保持清洁和接线盒密封严密，防止受潮、凝露引发直流接地、交窜直等故障。试验电源屏交流电源与直流电源应分层布置。严禁从控制箱、端子箱内引接检修电源。

（5）查找直流接地要采取安全措施并有专业人员监护。及时消除直流电源系统接地缺陷，当同一段直流母线出现两点同时接地时，应立即采取措施消除，避免同一直流母线两点接地造成继电保护、开关误动或拒动故障。当出现直流电源系统一点接地时，应及时消除。

（6）正常运行中，应检查各绝缘监察装置、集中监控器、充电装置、蓄电池组、直流屏运行是否正常。检查直流室内各直流配电盘上直流母线电压、浮充电流是否在允许范围内。定期测试电池电压、内阻、温度，并进行记录。

1）绝缘状态监视：运行中的直流母线对地绝缘电阻值应不小于$10M\Omega$。值班员每天应检查正母线和负母线对地的绝缘值。若有接地现象，应立即寻找和处理。

2）电压及电流监视：值班员对运行中的直流电源装置，主要监视交流输入电压值、充电装置输出的电压值和电流值，蓄电池组电压值、直流母线电压值、浮充电流值及绝缘电压值等是否正常。

3）信号报警监视：值班员每日应对直流电源装置上的各种信号灯、声响报警装置进行检查。

4）自动装置监视：①检查自动调压装置是否工作正常，若不正常，启动手动调压装置，退出自动调压装置，通知维护人员修复；②检查微机监控器工作状态是否正常，若不正常应退出运行，通知维护人员调试修复。微机监控器退出运行后，直流电源装置仍能正常工作，运行参数由值班员进行调整。

5）直流断路器及熔断器监视：

a. 在运行中，若直流断路器动作跳闸或者熔断器熔断，应发出报警信号。维护人员应尽快找出事故点；分析出事故原因，立即进行处理和恢复运行。

b. 若需更换直流断路器或熔断器时，应按图纸设计的产品型号、额定电压值和额定电流值去选用。

6）熔断器日常巡视检查：①负荷电流应与熔体的额定电流相适应；②熔断信号指示器信号指示是否弹出；③与熔断器相连的导体、连触点以及熔断器本身有无过热现象，连触点接触是否良好；④熔断器外观有无裂纹、脏污及放电现象；⑤熔断器内部有无放电声。

7）蓄电池日常巡视检查：①检查外部是否完整、有无破裂，各接头连接是否牢固，有无松动发热、溢酸现象；②检查各蓄电池有无发热或大量冒气现象；③检查蓄电池室内是否清洁，电池及台架有无污损现象，室温是否经常保持在 15～25℃内；④检查蓄电池室房屋是否完整，通风是否良好，有无酸味；⑤严禁烟火靠近蓄电池室，易燃物品不得携入蓄电池室内。

（二）蓄电池组定期维护

（1）每个月至少一次对蓄电池组所有的单体浮充端电压进行测量记录。测量时，必须使用经校验合格的四位半数字式电压表。记录单体电池端电压数值必须精确到小数点后三位。

（2）对蓄电池组的均衡充电一般在 3 个月左右进行一次。

（3）对蓄电池组所有单体内阻的测量，在新安装时进行一次，投运后必须每一年至少一次。蓄电池内阻的实际测试值应与制造厂提供的数值一致，允许偏差范围为±10%。

（4）新安装的阀控密封蓄电池组，应进行全核对性放电试验。以后每隔两年进行一次核对性放电试验。运行了四年以后的蓄电池组，每年做一次核对性放电试验。

（三）充电装置定期维护

运行维护人员每月应对充电装置作一次清洁除尘工作。大修做绝缘试验前，应将电子元件的控制板及硅整流元件断开或短接后，才能做绝缘和耐压试验。若控制板工作不正常、应停机取下，换上备用板，启动充电装置，调整好运行参数，投入正常运行。

（四）微机监控器定期维护

（1）微机监控器一旦投入运行，只能通过显示按钮来检查各项参数，若均正常，就不能随意改动整定参数。

（2）微机监控器若在运行中控制不灵，可重新修改程序和重新整定，若都达不到需要的运行方式，就启动手动操作，调整到需要的运行方式，并将微机监控器退出运行，交专业人员检查修复后再投入运行。

（五）直流屏定期维护

（1）检查直流屏内直流电源、负荷电缆的接引有无松动、过热变色现象。

（2）直流断路器的检修按低压断路器的检修规程执行。

（3）直流母线的检修按低压母线的检修规程执行。

四、直流系统接地危害及接地点寻找

直流系统发生正极接地时，有可能造成保护误动，因为电磁机构的跳闸线圈通常都接于负极电源，倘若这些回路再发生接地或绝缘不良就会引起保护误动作。当直流系统对地电容增大到一定数值时，一点接地，也有可能致使继电器误动。直流系统负极接地时，如果回路中再有一点接地时，就可能使跳闸或合闸回路短路，造成保护装置和断路器拒动，烧毁继电器，或使熔断器熔断，对安全运行有极大的危害性。当直流系统发生一点接地时，应迅速寻找接地点，并尽快消除，以防止发展成两点接地。

（一）直流系统接地的处理原则

根据运行方式、操作情况、气候影响等，判断可能接地的地点，按以下原则进行：①先检查信号和照明部分，后检查操作部分；②先检查室外部分，后检查室内部分；③先检查负荷部分，后检查电源部分。

根据以上原则，采取拉路寻找、分路处理的方法。在切断各专用直流回路时，切断时间不得超过 3s，不论回路接地与否，均应在 3s 内合上。当发现某一专用直流回路有接地时，应及时找出接地点，尽快排除接地故障。若设备不允许短时停电（失去电源后引起保护误动作），则应将直流系统解列运行后，再寻找接地点。

（二）直流系统接地处理步骤

值班人员听到警铃响，看到"直流母线接地"光字牌亮时，应判明直流接地的极性。当判明接地的极性后，向值长汇报直流系统接地情况，然后作如下处理：

（1）拉、合临时工作电源、试验室电源、事故照明电源。

（2）拉、合备用设备电源。

（3）拉、合绝缘薄弱、运行中经常发生接地的回路。

（4）按先室外后室内的顺序、拉、合断路器合闸电源。

（5）拉、合载波室通信电源及远动装置电源。

（6）按先次要设备后主要设备的顺序拉、合信号电源、中央信号电源及操作电源。

（7）试解列充电设备。

（8）将有关直流母线并列后，试解列蓄电池，并检查端电池调节器。

（9）倒换直流母线。

值班人员在切断上述每一直流回路后，应迅速恢复送电。在切断每一回路过程中，值班人员可根据仪表和信号装置的指示，判断是否有接地。

如切断某直流回路时，接地消失，恢复送电后又出现接地，即可判断接地发生在该回路上，应设法排除。

（三）检查直流系统接地时的注意事项

（1）禁止使用灯泡寻找接地点，以防止直流回路短路。

（2）使用仪表检查接地时，所用仪表的内阻不应小于 $2000\Omega/V$。

（3）当直流系统发生接地时，禁止在二次回路上工作。

（4）检查直流系统一点接地时，应防止直流回路另一点接地，造成直流短路。

（5）寻找和处理直流系统接地故障时，必须由两人进行。

（6）在拉路寻找直流系统接地前，应采取必要措施，防止因直流电源中断而造成保护装置误动作。

五、直流系统中的监控装置

（一）微机型直流绝缘监察装置

微机型直流绝缘监察装置用于监测直流系统电压及其绝缘情况，在直流电压过、欠压或直流系统绝缘强度降低等异常情况下发出声光告警，并将对应告警信息发至集中监控器。该装置监测正负直流母线的对地电压和绝缘电阻，当正、负直流母线的对地绝缘电阻低于设定的报警值时，自动启动支路巡检功能。

微机型直流绝缘监察装置应具有如下功能：①正常运行时，能显示母线电压值，正、负极对地绝缘电阻值；②兼有直流电压监察功能，母线电压过高、过低或欠压时应能报警；③监测误差小；④自动弹出发生接地故障的回路；⑤微处理器和智能型电流互感器均应具有良好的抗干扰性能；⑥当系统发出多处接地故障时，能逐一显示故障点，故障消除后，显示方能消除；⑦具有标准串行通信接口。

微机型直流绝缘监察装置的工作原理如下：

（1）发电厂和变电站的直流系统与继电保护、信号装置、自动装置以及屋内配电装置的端子箱、操动机构等连接，因此直流系统比较复杂，发生接地故障的机会较多。当发生一点接地时，无短路电流流过，熔断器不会熔断，所以可以继续运行；但当另一点接地时，可能引起信号回路、继电保护等不正确动作。微机型直流绝缘监察装置，具有绝缘监察、电压监视及报警功能。可在不切断支路电源及直流消失的情况下检查支路绝缘，并可自动巡查，数字显示被测参数。常规监测是通过两个变换的分压器取出正对地电压和负对地电压，送入 A/D 转换器，经微机处理和数字计算后，数字显示电压值和绝缘电阻值，监测无死区。当电压过高或过低、绝缘电阻过低时发出互感器的直流分量大小相等，方向相反，它产生的磁场相互抵消，而通过发送器发送至正负母线的交流信号电压幅值相等，方向相同。这样，在互感器二次侧就可反映出正、负极对地绝缘电阻和分布电容的泄漏电流相量和，然后取出阻性分量，经 A/D 转换器微机处理后数字显示。整个绝缘监测是在不切断回路的情况下进行的，因而提高了直流系统的供电可靠性，且无死区。

（2）如果直流系统存在多点非金属性接地，启动信号源，该装置可将所有接地支路找出。如果这些接地点中存在一个或一个以上的金属性接地；该装置只能寻找距该装置最近的一条金属性接地支路。该电压表在正常情况时，测量的是直流母线电压。当转换开关切换至接地时，如出现接触器或出口继电器线圈端也处于接地状态时，表计无内阻或内阻较低会造成误跳闸或合闸事故，所以要采用高内阻电压表。一般情况下，110V 直流系统的电压表的内阻在 $50\sim70\text{k}\Omega$，220V 直流系统电压表的内阻在 $100\sim150\text{k}\Omega$。

（3）绝缘监察及信号报警试验：

1）直流电源装置在空载运行时，额定电压为 220V，用 $25\text{k}\Omega$ 电阻；额定电压为 110V，用 $7\text{k}\Omega$ 电阻；额定电压为 48V，用 $1.7\text{k}\Omega$ 电阻。分别使直流母线接地，应发出声光报警。

2）直流母线电压低于或高于整定值时，应发出低压或过压信号及声光报警。

3）充电装置的输出电流为额定电流的 $105\%\sim110\%$ 时，应具有限流保护功能。

4）若装有微机型绝缘监察仪的直流电源装置，任何一支路的绝缘状态或接地都能监测、显示和报警。

5）远方信号的显示、监测及报警应正常。

（二）微机型集中监控器

微机型集中监控器为电力用高频开关直流电源成套装置的主要部件（见图 15-3）。配有大屏幕全中文显示和输入键盘，面板同时有报警指示灯。软件设计菜单操作简单、灵活、方便。设有多种通信协议，通过电话网、光纤、标准串行口或网络，可与后台的监控调度中心计算机组成一个对直流系统的智能监控系统。集中监控器通过分散控制方式，对直流系统

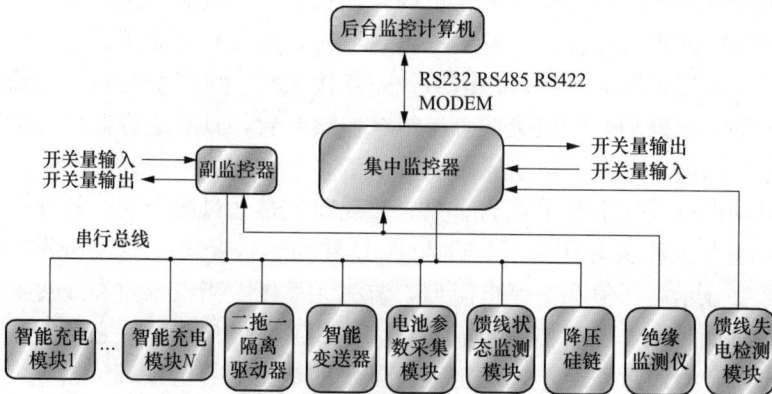

图 15-3 直流系统监控网络图

的充电机、蓄电池组、直流母线、绝缘监测装置、交/直流配电装置等进行实时监控，并完成与上位计算机的通信，实现直流系统的"四遥"功能（即遥信、遥测、遥控、遥调）。监控调度人员可在监控调度中心监视各个现场的直流系统的运行情况，一旦发现某个系统出现异常或告警，则可以通过访问该系统的集中监控器，获取必要的详细信息，实施必要的应急操作，然后根据需要做好准备，再赴现场进行故障处理，实现无人值守，提高运行维护工作的效率。

集中监控器组成（见图 15-4），主要由 CPU 单片机电路、隔离输入回路、隔离输出回路、显示器与键盘、通信回路、工作电源等部分组成。隔离输入回路设有 16 路光电隔离开关量信号输入，可任意配置。可接入直流系统的一些主要状态信号，如主开关、熔断器、交流输入电源等；设有 5 路带光电隔离的 RS485 通信接口，高频开关整流模块、智能变送器、馈线盒、电池巡检仪微机型绝缘监测仪具有内置 CPU，完成本身的信号采样及协调控制，输出设有隔离的 RS485 接口，这些模块通过串口通信接受集中监控器的监控。隔离输出回路设有 8 路各自独立的无源干触点信号输出，可将直流系统的一些主要故障报警信号通过隔离输出板输出；另还设有 1 路监控器装置故障的无源干触点信号输出。

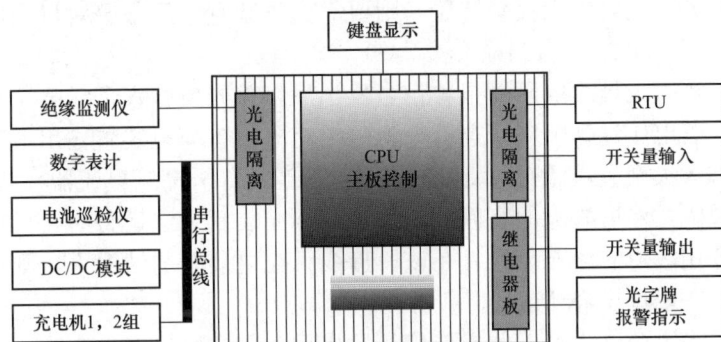

图 15-4　集中监控器组成

六、直流系统异常的处理

（一）直流系统接地异常处理

（1）直流系统发生一点接地时，值长应立刻联系有关专业人员，取得同意后方可试拉电源，并且要通知运行等有关岗位做好事故预想，试拉中尽量缩短断电时间。接地时间不得超过 2h。

（2）试拉设备涉及其他部门时，应事先通知有关方面，取得同意，并做好预想。先拉次要设备，后拉主要设备；先拉故障可能性较大的设备，后拉故障可能性较小的设备。试拉中尽量缩短断电时间。

（3）有高频保护（或 500、220kV 线路差动保护等）继电保护电源，在试拉前先汇报省网调将两侧高频保护停用。

（4）如电源电线异常，有备用电源者改备用电源供电，无备用电源者允许带缺陷运行，但应尽量设法消除故障。

（5）若查出一路电源接地，且该电源有分路时，应继续试拉分路，以寻找故障设备。

（6）如果接地系统母线所属出线均试拉过，仍未找出异常设备时，可试停充电设备，以观察现象，若需试拉蓄电池组，以检查是否接地时，应事先将有关直流母线并列，以免失电。

（7）当确定接地范围时，如该设备无法停用，则应通知有关检修班组查明接地点并予以消除，当查找接地范围有困难时，也应及时通知检修人员协助查找。

（二）直流系统电压降低的处理

（1）若直流系统电压严重降低是由于蓄电池或充电装置设备异常引起，应改由另一段直流母线供电，并隔绝故障后通知检修人员检修。

（2）若由于厂用电系统故障引起充电装置失去交流电源，致使蓄电池组过度放电，导致直流电压严重降低时，应设法迅速恢复充电设备电源，同时通知各部门停用不重要的直流负载，如事故照明等。

（三）直流母线电压高、低报警的处理

（1）若母线电压无报警装置，则要靠充电装置电压报警对母线电压进行监视。

（2）当直流母线电压高报警信号发出后，首先要检查母线电压是否确实过高，若电压过高则应检查蓄电池的浮充电设备充电装置输出电流是否太大，如太大则应降低充电装置输出电流（退出部分高频整流器）。若为充电装置故障，停运故障的高频整流器，若浮充装置无法运行时，投用主充装置，停用故障的浮充装置，在该段母线无充电装置的情况下，则可将该母线与另一段母线合环运行。

（3）当直流母线电压低报警信号发出后，首先要检查母线电压是否确实过低，若确实过低则应检查是否由于负荷过大，若由于负荷过大引起则可适当提高充电装置的输出电流，维持母线电压正常。若由于充电装置故障引起，则将充电装置退出运行，该段母线则切至另一段直流母线供电，并通知检修人员处理。

（四）充电装置设备的异常处理

当充电装置运行异常及发生异常时，一般应检查其电源及直流回路部分是否正常，熔断器是否熔断；开关是否跳闸，如是则设法消除。若属充电装置设备故障，可将其停用，通知检修人员处理。

（五）阀控蓄电池壳体异常的处理

造成的原因有：充电电流过大，充电电压超过了 $2.4V \times N$（N 为蓄电池个数），内部有短路或局部放电、温升超标、阀控失灵。处理方法：减小充电电流，降低充电电压，检查安全阀体是否堵死。

（六）阀控蓄电池变质、硫化的处理

阀控蓄电池运行中浮充电压正常，但一放电，电压很快下降到终止电压值，原因是蓄电池内部失水干涸、电解物质变质、极板硫化。处理方法是更换蓄电池。

七、直流系统事故案例

（1）直流油泵启动试验时，误跳开 220kV 升压站母联断路器。发电机组用直流电源系统与发电厂升压站用直流电源系统必须相互独立。这项规定是为了机组直流系统如果出故障时，把故障范围减少到最小，不影响电网的稳定性，保证电网安全可靠运行。

案例：2004 年×月×日，某电厂在做直流油泵启动试验时，误跳开 220kV 升压站母联断路器。后查明由于该厂 3 台机组和升压站直流系统是一个系统，馈出线采用环路接线，非常紊乱。在启动直流油泵时，同时在 220kV 升压站母联断路器跳闸线圈中记录到跳闸电流。因此，保证机组（包括外围设备）用直流系统应与升压站直流系统相互独立，是非常必要的。

（2）直流系统两点接地的故障。当出现直流系统一点接地时，应及时消除。发电厂和变电站的直流系统是控制、保护和信号的工作电源，直流系统的安全、稳定运行对防止发电厂和变电站全停起着至关重要的作用。直流系统作为不接地系统，如果一点及以上接地，可能引起保护及自动装置误动、拒动，引发发电厂和变电站停电事故。因此，当发生直流一点及以上接地时，应在保证直流系统正常供电情况下及时、准确排除故障。

案例：某 220kV 重要负荷站，220kV 母线带 180MVA 和 120MVA 主变压器各 1 台。2010 年 11 月某日，220kV 进线断路器非全相跳闸，继电保护没有任何动作信号记录，后非全相保护动作，跳开断路器。经查，一继电保护柜中一根直流电缆出现两点接地。造成环流流过中间继电器线圈，造成保护误动。当时Ⅳ母线负荷 100MW。这次两点接地现象早已存在，没有引起重视。

（3）未能及时发现电池容量不足缺陷。新安装的阀控密封蓄电池组，应进行全核对性放电试验。以后每隔两年进行一次核对性放电试验。运行了四年以后的蓄电池组，每年做一次核对性放电试验。

案例 1：某 35kV 变电站事故处理过程中，发现该站阀控密封蓄电池组端电压下降较快，约 10h 后就降至 160V，严重影响事故处理。经核查该站蓄电池自 2009 年 10 月安装至今，未进行过维护检测且查看其电压记录数据不全面，而该站蓄电池组自 2009 年装设后未能按要求进行核对性放电试验，也就无法及时发现电池容量不足这一缺陷。

案例 2：2004 年 5 月，某电厂有一组机组用蓄电池组，做核对性放电试验，有些电池按 10h 放电率放电，5min 后电池端电压就降到最低允许放电电压以下了。经对多个蓄电池打开安全阀检查，其内部电解液已干涸。

这组蓄电池运行还不到 5 年，期间没有进行任何大容量放电使用，且浮充状态良好，后经调查发现，其运行环境恶劣，长期超过 35℃，而没有有效的通风降温措施。这是造成蓄电池组运行寿命过早终结的主要原因。此案例说明做核对性放电试验必要性，同时也说明应严格保证蓄电池组运行环境符合要求。

（4）交流电混入直流系统造成的故障。制定并落实防止交流电混入直流系统的技术措施，防止由此造成全厂停电。雨季前，加强现场端子箱、机构箱封堵措施的巡视，及时消除封堵不严和封堵设施脱落缺陷。现场机构箱、端子箱内应避免交、直流接线出现在同一段或串端子排上。直流电源端子与交流电源端子应具有明显的区分标志，两种电源端子间应为接线等工作留有足够的距离。直流电源系统绝缘监测装置，应具备交流窜直流故障的测记和报警功能。

案例 1：2011 年 8 月 19 日，某供电局一座 330kV 变电站因雨水进入断路器操动机构箱，引起 220V 交流电源窜入直流系统，致使主变压器断路器操作屏中非电量出口中间继电器触点受电动力影响持续抖动，引起断路器跳闸，造成 330kV 某变电站 2 台主变压器及 110kV 母线失压，15 座 110kV 变电站全停，减供负荷 147GW，停电用户数 44008 户。

案例 2：2005 年 10 月 25 日，某电厂 1、4、5 号机组相继跳闸，当时 2、3 号机组处于检修状态，6 号机组未并网，1、2 号联络变压器同时被切除，500kV 三条线路仍在运行。事故原因为检修维护人员工作不规范，在未取得运行人员同意并查清图纸的情况下，仅根据自己的判断任意短接端子，误使 500kV 网控 220V 直流混入交流所致。

案例 3：1996 年 5 月 28 日，某电厂高压试验人员在进行某 220kV 开关试验时，误将交流接入直流系统，造成三条 500kV 线路掉闸，220kV 系统发生振荡，系统频率大幅度降低，最低达到 49.5Hz，致使该电厂及另一电厂发生全停事故。

（5）蓄电池充电装置送电顺序错误导致故障。蓄电池充电装置在检修结束恢复运行时，应先合交流侧断路器，再合直流侧断路器带直流负荷。蓄电池充电装置在恢复运行时，如果先合直流侧断路器，再合交流断路器很容易引起充电装置启动电流过大，而引起交流进线断路器跳闸。这时容易引起操作人员误判蓄电池充电装置故障，延误送电。

案例：某 500kV 枢纽变电站在蓄电池充电装置检修结束恢复运行时，带直流负荷启动充电装置，交、直流侧断路器由于启动电流过大，引起同时跳开。有关人员当时对这个现象处理不当，误认为直流母线出现短路故障，就拉开蓄电池组熔断器，造成一段直流母线完全失去直流电源故障。

（6）直流系统的电缆未采用阻燃电缆导致故障扩大。由于交流电缆过热着火后，引起并行直流馈线电缆着火，可能会造成全站直流电源消失情况，从而导致全站停电事故。

案例：2003 年 4 月 16 日，某电厂 500kV 升压站一段 0.4kV 交流电缆阴燃。由于直流系统馈出的两根主电缆在电缆沟里与阴燃电缆混装，没有隔离措施，电缆沟出口紧连一电缆竖井，竖井中直流电缆没有用穿金属管隔离，造成电缆全部烧损，事故扩大。使全站失去直流电源，500kV 两条输电线路失去继电保护，被迫跳开，4 台发电机退出运行。

第二节　阀控式铅酸蓄电池

一、概述

蓄电池具有可靠性高、容量大、承受冲击负荷能力强及原材料取用方便等优点，故在发电厂和变电站中广泛采用。以往固定型蓄电池分为开口式、防酸式和防酸隔爆式等，它们存在体积大，电解液为流体，如溅出会伤人和损物，使用过程产生氢、氧气体，伴随着酸雾，给环境带来污染，维护运行操作复杂等缺点。近年来，阀控式蓄电池基本上克服了一般蓄电池的缺点，逐步取代了其他型式的蓄电池。阀控式蓄电池主要分为贫液式和胶体式两类。发电厂阀控式蓄电池安装方式有单层和双层两种（见图 15-5 和图 15-6）。

图 15-5　蓄电池组（单层安装）

图 15-6　蓄电池组（双层安装）

归纳起来，阀控式蓄电池有以下特点：

（1）阀控式蓄电池属于贫电解液蓄电池，其内部电解液全都吸附在隔膜和极板中，隔膜处于约 90％的饱和状态，电池内无游离电解液，不会有电解液溢出。无须添加水和调酸的密度等维护工作，具有免维护功能。

（2）大电流放电性能优良，特别是冲击放电性能极佳。

（3）自放电电流小，25℃下每天自放率 2％以下，约为其他蓄电池的 1/4～1/5。

（4）不漏液、无酸雾、不腐蚀设备及不伤害人，对环境无污染。

（5）电池寿命长，25℃浮充电状态使用，电池寿命可达 10～15 年。

（6）结构紧凑，密封性好，可与设备同室安装，可立式或卧式安装，占地面积小，抗震性能好。

（7）不存在镉镍电池的"记忆效应"（指在循环工作时，容量损失较大）的缺点。

二、阀控式蓄电池结构

阀控式蓄电池由电极（正、负极柱、汇流排、栅板）、隔板、电解液、安全阀、电池槽（外壳、上盖）等组成（见图 15-7）。

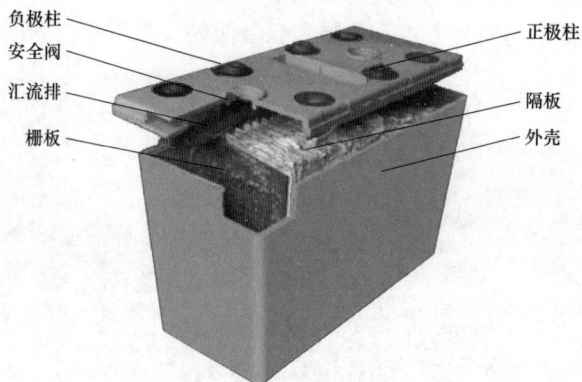

图 15-7　阀控式蓄电池结构

（一）电极

电极分为正极和负极，由正、负极柱、汇流排、栅板组成。蓄电池极柱，指的是一端直接与汇流排连接，另一端或与外部导体连接（在这种情况下也称端子）。不同的蓄电池极柱材料不尽相同，阀控式蓄电池的极柱材料是铅。汇流排的另一端连接栅板，组成极板，极板分正极板和负极板两种，均由栅架和填充在其上的活性物质构成。蓄电池充、放电过程中，电能和化学能的相互转换，就是依靠极板上活性物质和电解液中硫酸的化学反应来实现的。栅架的作用是容纳活性物质并使极板成形。为增大蓄电池的容量，将多片正、负极板分别用汇流排并联焊接，组成正、负极板组。安装时正负极板相互嵌合，中间插入隔板。在每个单体电池中，负极板的数量总比正极板多一片。正极活性物质为褐色的二氧化铅（PbO_2），负极活性物质为灰色的绒状铅（Pb）。正极采用管式正极板或涂膏式正极板，通常

458

固定式电池采用管式正极板，移动型电池采用涂膏式极板。负极采用涂膏式极板。板栅材料采用铅钙合金。

（二）隔板

隔板的作用是防止正负极板短路，但要允许导电离子畅通，同时要阻挡有害杂质在极间串通。对隔板的要求：

隔板材料应具有绝缘和耐酸好的性能，在结构上应具有一定的孔率。由于正极板中含锑、砷等物质，容易溶解于电解液，如扩散到负极上将会发生严重的结氢反应，要求隔板孔径适当，起到隔离作用。隔板和极板采用紧密装配，要求机械强度好、耐氧化、耐高温、化学特性稳定。隔板起酸液储存器作用，使电解液大部分被吸引在隔板中，并被均匀、迅速地分布，而且可以压缩，并在湿态和干态条件下保持弹性，以保持导电和适当支撑性物质作用。当隔板吸收足够的电解液，具有相对小的曲径通路防止结晶生长，相当高的孔率使电阻降低，在使用中应保持电解液吸收性以防干竭，不含增加析气速率的杂质和增大自放电率的杂质，耐酸腐蚀和抗氧化能力强。阀控式蓄电池的隔板普遍采用超细玻璃纤维和混合式隔板两种。

（三）电解液

电解液是由纯硫酸（H_2SO_4）和蒸馏水配制而成的稀硫酸。电解液密度的高低，影响着蓄电池容量的大小。电解液密度过小，产生的离子少，蓄电池的内阻相应加大，使放电时消耗的电能加大，容量减小。电解液密度越大，蓄电池容量越大。但如果电解液密度过高，蓄电池极板受腐蚀和隔离物损坏也就愈快，缩短了蓄电池的寿命。

制取纯水的方法有蒸馏法、阴阳树脂交换法、电阻法、离子交换法等，因水中的杂质是盐类离子，所以水的纯度可用电阻率来表示。国内制造厂主要用离子交换法制取的总含盐量和水电阻率分别为大于 1mg/L 和 80～1000×$10^4\Omega \cdot mm$（25℃）。

浓硫酸加入水稀释，会发生体积收缩，故混合体积值应适当增大。

（四）电池槽

对电池槽的要求：耐酸腐蚀，抗氧指标高。电池槽盛密度为 1.25～1.32g/m^3 的硫酸溶液，必须能耐酸。电池在充电过程中，活性物质 PbO_2 在正极逐渐形成。PbO_2 为强化剂，充电时在正极板上产生，因此，电池槽必须抗氧化。密封性能好，要求水汽蒸发泄漏少、氧气扩散渗透小。电池在运行过程中，若蓄电池渗透水气压过大，会使电池失水严重，若渗透氧率高，会破坏电池内部氧循环。失水和氧气扩散均会影响电池的循环寿命。机械强度好，耐振动、耐冲击、耐挤压、耐颠簸。

因蓄电池的搬运、安装过程要叠放，有时要倾倒，还要有抗震能力。在高放电率下，有时极板会发生变形，电池槽也要能承受其应力作用。蠕动变形小、阻燃。电池槽硬度大，要求槽在温度变化过程蠕动变形小，气胀时伸缩小。同时，要求材料为阻燃型。

（五）安全阀

在正常浮充状态，安全阀的排气孔能逸散微量气体，防止电池的气体聚集。电池如过充等原因产生气体使阀到达开启时，打开阀门，及时排出盈余气体，以减少电池内压。气压超过定值时放出气体，减压后自动关闭，不允许空气中的气体进入电池内，以免加速电池的自放电，故要求安全阀为单向节流型。安全阀主要由安全阀门、排气通道、阀罩、气液分离器等部件构成。安全阀开启压力为 10～49kPa，返回压力为 1～10kPa。

安全阀门与盖之间装设防爆过滤片装置。过滤片采用陶瓷或其他特殊材料，既滤酸又能隔爆。过滤片具有一定厚度和粒度，如有火靠近时，能隔断引爆电池内部气体。陶瓷安全阀开阀压和闭阀压有严格要求，根据气体复合压力条件确定。开阀压太高，易使电池内气体超出极限，导致电池外壳膨胀或炸裂，影响电池安全。如开阀压力太低，气体和水蒸气严重损失，电池可能失水过多而失效。闭阀压防止外部气体进入电池内部，因气体会破坏电池性能，故要及时关闭阀。开阀压稍低些为好，而闭阀压接近于开阀压为好。

三、阀控式蓄电池工作原理

（一）阀控式蓄电池的化学反应原理

铅酸密封电池分排气式和非排气式两种。阀控式蓄电池是一种用气阀调节的非排气式电池，采用气体重新组合技术，使正极板产生的氧气在充电时很快与负极板的活性物质起反应并恢复成水，以免水分消耗，从而实现全密封式蓄电池，而无须加酸加水和检查电解液密度，对内部实现了免维护，为了防止蓄电池内压力异常升高而损坏电池，阀控式蓄电池设置了安全阀。"双极硫酸盐化理论"可以说明阀控式蓄电池和其他型铅酸电池的化学反应原理一样的，两组极板插入稀硫酸溶液里发生化学变化就产生电压（见图 15-8）。放电过程是负极进行氧化，正极进行还原的过程，正负极的活性物质吸收硫酸起了化学变化均逐渐变成硫酸铅（$PbSO_4$）；充电过程是负极进行还原，正极进行氧化的过程，即正极转变成二氧化铅（PbO_2），

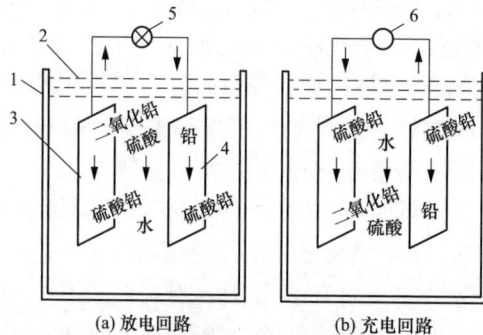

图 15-8　蓄电池的工作原理

1—容器；2—电解液；3—正极；4—负极；5—灯泡；6—直流发电机

负极转变成海绵状铅（Pb）。

（1）蓄电池放电，把正、负极板互不接触而浸入容器的电解液中，在容器外用导线和灯泡把两种极板连接起来，如图15-8（a）所示，此时灯泡亮，因为二氧化铅板和铅板都与电解液中的硫酸起了化学变化，使两种极板之间产生了电压（电动势），在导线中有电流流过，即化学能变成了使灯泡发光的电能。这种由于化学反应而输出电流的过程称为蓄电池放电。

放电时，正负极板上的活性物质都与硫酸发生了化学变化，生成硫酸铅 $PbSO_4$。当两极板上大部分活性物质都变成了硫酸铅后，蓄电池的端电压就下降。当端电压降到1.8V以后，放电不宜继续下去，此时两极板间的电压称为终止放电电压。整个放电过程中，蓄电池中的硫酸逐渐减少而形成水，硫酸的浓度减少，电解液密度降低。蓄电池内阻增大，电动势下降，端电压也随之减小，此时，正极板为浅褐色，负极板为深灰色。

（2）铅酸蓄电池充电，如果把外电路中的灯泡换成直流电源，即直流发电机或其他充电设备，并且把正极板接外电源的正极，负极板接外电源的负极，如图15-8（b）所示，当外接电源的端电压高于蓄电池的电动势时，外接电源的电流就会流入蓄电池。电流的方向刚好与放电时的电流方向相反，于是在蓄电池内就产生了与上述相反的化学反应，就是说硫酸从极板中析出。正极板又转化为二氧化铅，负极板又转化为纯铅，而电解液中硫酸增多，水减少。经过这种转化，蓄电池两极之间的电动势又恢复了，蓄电池又具备了放电条件。这时，外接电源的电能充进了蓄电池变成化学能而储存了起来，这种过程称为蓄电池充电。

充电过程使硫酸铅小晶块分别还原为二氧化铅（正极板）和铅绵（负极板），极板上的硫酸铅消失。由于充电反应逐渐深入到极板上活性物质内部。硫酸浓度就增加，水分减少，溶液的密度增大，内阻减小，电动势增大，端电压随之上升。

在充电的最终阶段或过充电，正极板上的水产生氧气，在负极板上被还原成水，使水没有损失，所以阀控式蓄电池可做成密封结构，不会使水消失。阀控蓄电池做成全密封结构，充电时产生的气体是通过内部复合还原成水，如此循环保证蓄电池内部不失水。当充电电流过大时，复合速度跟不上产生气体的速度，过多的气体使蓄电池内压增高，到了一定程度将顶开气阀，这样就造成失水，缩短蓄电池寿命。为此阀控蓄电池充电要限流。

（二）阀控式蓄电池免维护特性原理

蓄电池实现密封免维护的难点就是充电后期水的电解，阀控式蓄电池采取了以下几项重要措施，从而实现了密封性能。

（1）采用铅钙合金板栅，提高了释放氢气电位，抑制了氢气的产生，从而减少了气体释放量，同时使自放电率降低。

（2）阀控式蓄电池利用了负极活性物质海绵状铅的特性，这种物质在潮湿条件下活性很高，能与氧快速反应。

（3）在充电最终阶段或在过量充电情况下，充电能量消耗在分解电解液的水分，因而正极板产生氧气，此氧气与负极板的海绵状铅以及硫酸起反应，使氧气再化合为水。同时一部分负极板变成放电状态，因此也抑制了负极板氢气产生。与氧气反应变成放电状态的负极物质经过充电又恢复到原来的海绵状铅。

（4）为了让正极释放的氧气尽快流通到负极，采用了新型超细玻璃纤维隔板，其孔率可达 90% 以上，贫液紧装配设计使氧气易于流通到负极再化合为水。

四、阀控式蓄电池组的运行及维护

（一）阀控式蓄电池组的运行方式及监视

阀控式蓄电池组在正常运行中以浮充电方式运行，浮充电压值宜控制为 $(2.23\sim2.28)V\times N$（N 为蓄电池个数）、均衡充电电压值宜控制为 $(2.30\sim2.35)V\times N$，在运行中主要监视蓄电池组的端电压值，浮充电流值，每只蓄电池的电压值、蓄电池组及直流母线的对地电阻值和绝缘状态。蓄电池组浮充电方式运行的特点是：充电装置经常与蓄电池组并列运行，充电装置除供给经常性直流负荷外，还以较小的电流，即浮充电电流向蓄电池组进行浮充电，以补偿蓄电池的自放电损耗，使蓄电池经常处于完全充足电的状态；当出现短时大负荷时，例如当断路器合闸、许多断路器同时跳闸、直流电动机、直流事故照明等，则主要由蓄电池组以大电流放电来供电的，而充电装置一般只能提供略大于其额定输出的电流值（由其自身的限流特性决定）。

在充电装置的交流电源消失时，充电装置便停止工作，所有直流负荷完全由蓄电池组供电。

浮充电电流的大小取决于蓄电池的自放电率，浮充电的结果，应刚好补偿蓄电池的自放电。如果浮充电的电流过小，则蓄电池的自放电就长期得不到足够的补偿，将导致极板硫化（极板有效物质失效）。相反，如果浮充电的电流过大，蓄电池就会长期过充电，引起极板有效物质脱落，缩短电池的使用寿命，同时还多余地消耗了电能。

（二）阀控式蓄电池的充放电规定

（1）恒流限压充电：采用 I_{10}（10h 率放电电流，数值 $C_{10}/10$，A）电流进行恒流充电，当蓄电池组端电压上升到 $(2.30\sim2.35)V\times N$（N 为蓄电池个数）限压值时，自动或手动转为恒压充电。

（2）恒压充电：在 $(2.30\sim2.35)V\times N$ 的恒压充电下，I_{10} 充电电流逐渐减小，当充电电流减小至 $0.1I_{10}$ 电流时，充电装置的倒计时开始，当整定的倒计时结束时，充电装置将自动或手动地转为正常的浮充电运行，浮充电压值宜控制为 $(2.23\sim2.28)V\times N$。

（3）均衡充电：为了弥补运行中因浮充电流调整不当造成了欠充，补偿不了阀控式蓄电池自放电和爬电漏电所造成蓄电池容量的亏损，根据需要设定时间（一般为3个月）充电装置将自动地或手动进行一次恒流限压充电→恒压充电→浮充电过程，使蓄电池组随时具有满容量，确保运行安全可靠。

（三）阀控式蓄电池的核对性放电

长期使用限压限流的浮充电运行方式或只限压不限流的运行方式，无法判断阀控式蓄电池的现有容量，内部是否失水或干裂。只有通过核对性放电，才能找出蓄电池存在的问题。

（1）一组阀控式蓄电池：发电厂或变电站中只有一组电池，不能退出运行、也不能做全核对性放电、只能用 I_{10} 电流恒流放出额定容量的 50%，在放电过程中，蓄电池组端电压不得低于 $2V \times N$。放电后应立即用 I_{10} 电流进行恒流限压充电→恒压充电→浮充电，反复放充（2~3）次，蓄电池组容量可得到恢复，蓄电池存在的缺陷也能找出和处理。若有备用阀控式蓄电池组作临时代用，该组阀控式蓄电池可做全核对性放电。

（2）两组阀控式蓄电池：发电厂或变电站中若具有两组阀控式蓄电池，可先对其中一组阀控式蓄电池组进行全核对性放电，用 I_{10} 电流恒流放电，当蓄电池组端电压下降到 $1.8V \times N$ 时，停止放电，隔（1~2）h后，再用 I_{10} 电流进行恒流限压充电→恒压充电→浮充电。反复2~3次，蓄电池存在的问题也能查出，容量也能得到恢复。若经过全核对性放充电，根据厂家说明书寿命要求或蓄电池组容量小于额定容量的 80%，可认为此组阀控式蓄电池使用年限已到，应安排整组更换。

（3）阀控式蓄电池核对性放电周期：新安装或大修后的阀控式蓄电池组，应进行全核对性放电试验，以后每隔2年进行一次核对性试验，运行了4年以后的阀控式蓄电池，应每年做一次核对性放电试验。

（四）阀控式蓄电池的维护保养

（1）加强蓄电池组的维护检查，保证蓄电池安全完好，做好蓄电池的日常检测及防火、防爆工作。每个月至少一次对蓄电池组所有的单体浮充端电压进行测量记录并对蓄电池进行清洁保养。对蓄电池的外壳进行清扫、各连接部位无松动，检查蓄电池壳体无鼓胀，安全阀体无堵死现象。测量时，必须使用经校验合格的四位半数字式电压表。记录单体电池端电压数值必须精确到小数点后三位。严格控制单体电池的浮充电压上、下限，防止蓄电池因充电电压过高或过低而损坏。蓄电池室严禁烟火，应定期检查蓄电池室通风设施是否完好。氢气浓度不应超过 1%，蓄电池充放电时通风设施应打开，充放电结束后，通风设施一般再连续运行2h。正常的蓄电池工作温度应保持在 $15 \sim 25℃$，最佳温度为 $25℃$。

（2）均衡充电是对蓄电池的特殊充电。在蓄电池长期使用期间，可能由于充电装置调整不合理产生低浮充电电压或使用表盘电压表读数不正确（偏高）等原因造成蓄电池自放电未得到充分补偿，也可能由于各个蓄电池的自放电率不同和电解液密度有差别使它们的内阻和端电压不一致，这些都将影响蓄电池的效率和寿命。为此，必须进行均衡充电（也称过充电），使全部蓄电池恢复到完全充电状态。对蓄电池组的均衡充电一般在 3 个月左右进行一次。蓄电池均衡充电电压为 2.35V/只，初始充电电流为 $0.1C_{10}$（C_{10} 为 10h 率额定容量，单位为 Ah）A。一般充电 10 小时即可充足。如有下列情况需进行均衡充电：①正常浮充时，电压偏差大于±50mV；②个别单体电池电压低于 2.20V；③长期浮充电压偏低，每半年一次；④放电后，搁置期超过 24h；⑤深度放电放出容量大于 $0.7C_{10}$；⑥长期小电流放电。

（3）对蓄电池组所有单体内阻的测量，在新安装时进行一次，投运后必须每一年至少一次。蓄电池内阻的实际测试值应与制造厂提供的数值一致，允许偏差范围为±10%，若测量结果高出投运时原值 25%，应进行全容量核对性放电试验。

（4）新安装的阀控密封蓄电池组，应进行全核对性放电试验。以后每隔两年进行一次核对性放电试验。运行了四年以后的蓄电池组，每年做一次核对性放电试验。发现蓄电池组容量不满足要求时，应尽快做好蓄电池组的技术改造。①当蓄电池按 $0.1C_{10}$ 的放电电流不间断放电 10h 后，说明已达放电要求容量，虽然电压未达到放电终止的电压，也应停止放电；②当蓄电池在放电过程中出现单体电池达到放电终止的电压 1.80V 时，虽未放出要求容量，也应停止放电。

（5）阀控式蓄电池在运行中电压偏差值及放电终止电压值应符合表 15-1 的规定。阀控式蓄电池温度和容量关系如图 15-9 所示。

表 15-1　阀控式蓄电池在运行中电压偏差值及放电终止电压值的规定　　　　V

阀控式蓄电池	标称电压		
	2	6	12
运行中的电压偏差值	±0.05	±0.15	±0.3
开路电压最大最小电压差值	0.03	0.04	0.06
放电终止电压值	1.80	5.40（1.80×3）	10.80（1.80×6）

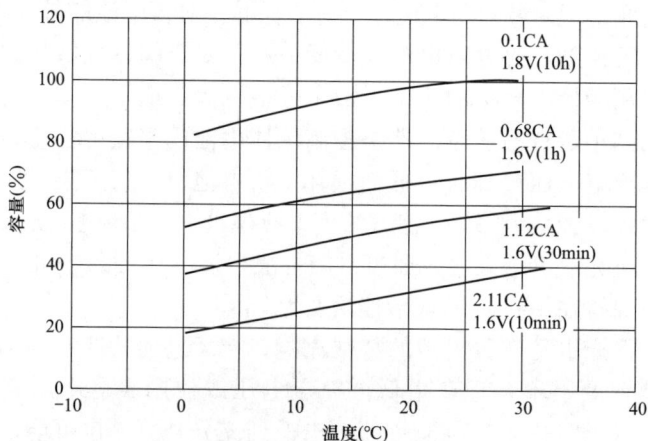

图 15-9　阀控式蓄电池温度和容量关系图

（五）阀控式蓄电池维护流程及质量标准

阀控式蓄电池维护流程及质量标准见表15-2。

（六）蓄电池常见异常及消除方法

蓄电池常见异常及消除方法见表15-3。

表15-2 阀控式蓄电池维护流程及质量标准

序号	检修项目	维护流程	质量标准
1	蓄电池组放电前准备工作	1）做好蓄电池充放电的技术措施、安全措施以及作业指导书。 2）准备蓄电池充放电工器具、万用表、蓄电池放电仪、记录表格、测温计、风机等。 3）开蓄电池充放电工作票。 4）进行蓄电池的充放电工作应戴好口罩	1）工器具齐全、合格且在有效期内。 2）安全措施执行到位
2	蓄电池组核对性放电	1）先将蓄电池与直流系统断开。 2）再将与直流系统断开的蓄电池采用均衡充电的方法，进行20h均充，直至电池充满为止。 3）将蓄电池与充电装置断开后，静止1h，然后接到蓄电池放电仪。调整电流达到10h率的放电电流进行放电。 4）放电过程中，要每隔1h记录一次蓄电池的放电电流、单体电池电压、总电压，以及蓄电池的温度和环境温度。在临近放电终期时，要缩短记录时间，防止过放电。可在蓄电池最低电压降到1.9V时，找出3～5个落后电池，每5min观测一次最低电压，放电接近终止前抄一次全表。 5）按0.1C_{10}（C_{10}为10h率额定容量，单位为Ah）A的放电电流，放电终止的电压是1.80V。当蓄电池按0.1C（10h率）的放电电流不间断放电10h后，说明已达放电要求容量，虽然电压未达到放电终止的电压，应停止放电。当蓄电池在放电过程中出现单体电池达到放电终止的电压1.80V时，虽未放出要求容量，也应停止放电。并查找分析原因	1）调整电流达到10h率的放电电流进行放电。放出额定容量的80%以上，单体电池放电电压不能低于1.8V；放电时间为10h，放电期间，蓄电池的温度不能有明显的升高。 2）若经过3次全核对性放充电，蓄电池组容量均达不到额定容量的80%以上，可认为此组电池使用年限已到，应安排更换。 3）放电时，如果温度不足25℃，则需将实测容量按以下公式换算成25℃基准温度时实际容量C_{25}。 $C_{25}=C_r/[1+K(t-25)]$ 式中：C_r为非基准温度时的放电容量，Ah；t为放电开始时的蓄电池温度，℃；K为温度系数，10h率容量试验时$K=0.006/℃$。 电池温度和容量关系（见图15-9）。 4）绘制蓄电池整组充、放电特性曲线
3	蓄电池组充电	1）蓄电池的充电方法采用恒压限流法充电。2V蓄电池充电电压为2.35V/只，初始充电电流为0.1C_{10}A。一般充电24～36h即可充足。 2）将放电终了的蓄电池立即接到充电装置上（注意：蓄电池组的正极接充电装置的正极，蓄电池组的负极接充电装置的负极）。不应停留过长时间，以免造成蓄电池过放电，缩短蓄电池的使用寿命。	充电过程中检查和测量蓄电池，蓄电池应不鼓包，无发热，电压不超过2.35V

续表

序号	检修项目	维护流程	质量标准
3	蓄电池组充电	3）充电期间，蓄电池的温度一般保持在5～35℃范围内，低于5℃或高于35℃都有可能因充电不足或过热而降低寿命。如蓄电池的温度高于35℃，应减小充电电流，采取降温措施，或停止充电，待温度降低到规定范围内再进行充电。充电时间应当延长。 4）充电期间，应每隔1h记录电池的电压、温度及充电电流、环境温度。充电末期间隔时间可适当延长。 5）蓄电池充足电的标志：充电末期，充电电流值连续3h无变化，已表明电池充足电。 6）将充足电的蓄电池转为浮充电运行。 7）用棉布和毛刷清洁蓄电池，清理现场，结束蓄电池的充放电工作	
4	蓄电池外壳进行清扫、紧线	1）因长期运行，蓄电池外壳积灰尘，应用干抹布进行清扫，防止造成短路或接地。 2）热胀冷缩会导致铜排连接螺母松动，紧固螺母时，扭矩一般为12～15N·m，防止损坏极柱。 3）将蓄电池室地面垃圾清理干净	蓄电池外表清洁干净，无鼓包、漏液、积灰，铜排连接牢靠稳固

表15-3　　　　　　　　　　蓄电池常见异常及消除方法

序号	异常现象	异常状态	消除方法
1	浮充运行电压太高（大于2.3V）	耗水量大，温度升高快，电池的寿命减短	调整电压控制值，或者是更换有缺陷的电池控制部件
2	均衡充电或者补充电压控制太高（大于2.4V）	耗水量更大，温度升高更快，电池的寿命减短	调整电压控制值
3	浮充运行电压太低（小于2.2V）	硫酸盐化，容量降低	调整电压控制值
4	浮充电电流太大（大于0.2CA）	耗水量大，温度升高快，电池的寿命减短，电池变形	降低充电电流，停电修理设备
5	平均环境温度过高	由于蒸发，水损失大，浮充电流太大，腐蚀加快，寿命短	通风和加空调
6	充电不能按时断开	耗水量大，温度升高快，长期可能导致电池的损坏	停电修理设备
7	充电长时间不足或中断	硫酸盐化，电池放电加快，有深放电和硫酸盐化的危险	立即进行必要的充电
8	出厂后长期没有使用	自放电大，硫酸盐化，电压不均	充电，包括均衡充电然后进行浮充
9	深度放电	硫酸盐化，容量下降	均衡充电，或者采用比正常容量大的充电

续表

序号	异常现象	异常状态	消除方法
10	深度放电频繁	使用寿命减短	应绝对避免，安装容量更大些的电池
11	电池放电后，开路放置24h以上没有充电	硫酸盐化	立即进行充电，小心进行均衡充电
12	整个电池组或者是单个电池发生短路	烧毁端子，损坏电池组和电池	使用绝缘工具检查连接导线
13	个别电池接反	反电极充电，损坏电池组和电池，后果和短路效果相同	一旦发现要对调电极极性
14	新、老电池在同一电路下运行	充电电压不均，电池的寿命减短	新、老电池不能串联在同一电路下运行
15	螺栓未紧固	火花放电，导线或电池发热大，甚至导致火灾	将螺栓紧牢固
16	安全阀处漏液	减少电解液	及时清除漏液，拧紧安全阀，严重时更换安全阀
17	端子处漏液	腐蚀连接件	及时清除漏液并且做防腐处理，严重时更换电池联络部件

第三节　高频开关电源

一、概述

发电厂阀控式密封蓄电池采用高频开关电源作为充电设备，是因为阀控蓄电池对充电设备的要求较高。与常规硅整流电源稳压、稳流精度不超过±2%、纹波系数达2%相比，高频开关电源模块稳压、稳流精度不超过±0.5%、纹波系数仅为0.1%，能够保证对蓄电池的平稳充放电，不至于造成过大的冲击和过充电，从而有利于蓄电池长期运行。通过高频开关电源模块的智能监控器，可以建立合理的充放电方式，对蓄电池进行智能化管理。在蓄电池深度放电或多次大电流放电后，在初充电期，高频开关电源可以根据设定限流值进行恒流充电，不受负荷影响，不致使充电电流过大而对蓄电池造成冲击，从而延长了蓄电池的使用寿命。使用常规硅整流电源，蓄电池的使用寿命为5～6年，采用高频开关电源，使用寿命可以延长到10年。传统硅整流充电装置发生故障时，必须将整台装置退出运行，然后进行维护和检修。高频开关电源采用模块化结构和N+1备份方式，可根据实际负荷容量的大小，选择合适的整流模块数量。当1台电源故障时，只需将该模块退出检修，其他模块仍可继续运行，在保证系统充电容量的前提下，为负载的正常供电提供了更加可靠的保障。传统硅整流直流系统的备件需要 1 个同样大小的硅整流模块，而高频开关电源只需备份 1～2 个高频开关电源模块即可。

二、高频开关电源技术特点及组成

高频开关技术是采用高频功率半导体器件和脉冲宽度调制（pulse width modulation，PWM）技术的新型功率变换技术。开关电源的逆变单元工作在高频开关状态。由于工作频率高，电路中滤波电感及电容的体积可大大缩小；同时，高频变压器取代了传统的工频变压器，变压器的体积减小、重量降低；另外，由于开关管高频工作，功率损耗小，因而开关电源效率高。开关管采用 PWM 控制方式，稳压稳流特性较好。将高频开关技术应用于充电电源，不仅有利于充电电源的小型化和高效化，而且易于产生极性相反的高频脉冲电流，从而实现蓄电池脉冲快速充电。

高频开关充电装置为模块化结构，模块冗余配置。为满足直流负荷的容量要求，充电装置由多个模块并联组成。充电装置设公用的控制监控单元，每个模块设有简单的控制功能，如均充转浮充、稳流和均流功能，当公用的控制监控单元损坏时不会停止各高频开关整流模块的运行，所以不设备用装置。高频开关充电装置在直流系统中的接线框图（见图 15-10）。

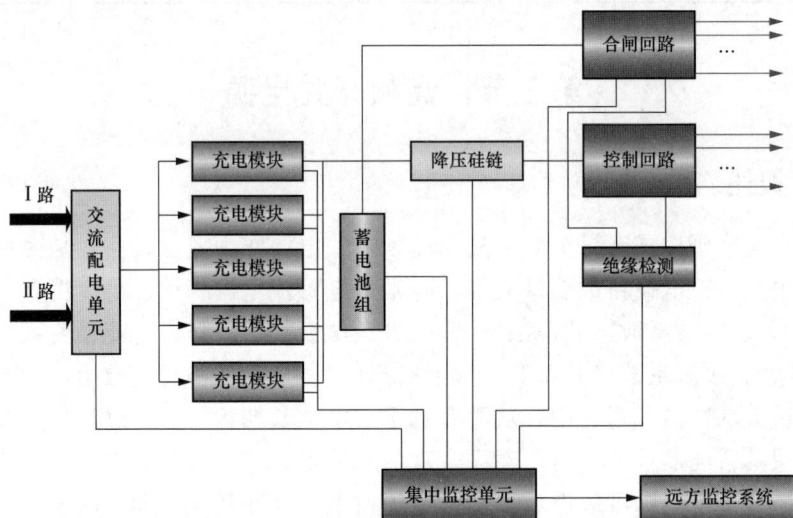

图 15-10　高频开关充电装置在直流系统中的接线框图

三、高频开关电源工作原理

高频模块由交流输入整流单元、高频逆变单元（DC/AC）、直流输出单元和控制监测单元等组成。高频开关电源模块原理框图（见图 15-11）。交流输入单元由交流 380/220V 输入，经过电压抑制设备、滤波和阻容保护器、三相全波整流器输出电压经滤波器后变成直流。高频逆变单元将直流变为高频交流电，逆变器的高频开关由脉冲调制电路输出信号控制，输出高频方波或正弦波电压，接到高频变压器的输入侧，PWM 脉宽调制电路及部分软开关谐振回路，根据电网和负载的变化自动调节高频开关的脉冲宽度和移相角，使输出电流在任何允许的情况下保持稳定。高频变压器铁芯为铁氧体或非晶体制成，有很好的高频传递特性，效率高，体积小，变压器输出经整流桥和滤波器等组成的直流输出单元后，输出平稳直流。

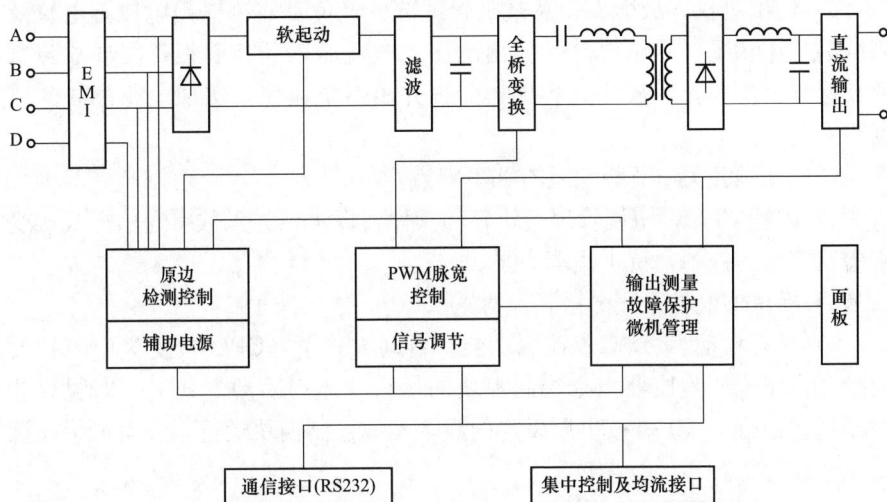

图 15-11　高频开关电源模块原理框图

两路交流输入经交流配电单元选择其中一路交流提供给高频开关整流模块，高频开关整流模块输出稳定的直流，一方面对蓄电池进行浮充电，另一方面为控制负荷提供工作电流。绝缘监测单元可在线监测直流母线和各支路的对地绝缘状况。集中监控单元可实现对交流配电单元、高频开关整流模块、直流馈电、绝缘监测单元、直流母线和蓄电池组等运行参数的采集与各单元的控制和管理，并可通过远程接口接受分散控制系统（distributed control system，DCS）的监控。

（1）交流电源：各充电装置交流电源均采用双路交流自投电路，由交流配电单元和两个接触器组成。交流配电单元为双路交流自投的检测及控制元件，接触器为执行元件。切换开关共有"退出""1 号交流""2 号交流""互投"四个位置，切换开关处于"互投"位置时，工作电源失压或断相，可自动投入备用电源。

（2）高频开关整流模块：高频开关电源模块工作原理：三相交流输入电源经输入三相整流、滤波变换成直流，全桥变换电路再将直流变换为高频交流，高频交流经主变压器隔离、全桥整流、滤波转换成稳定的直流输出，其中各部分的作用如下：

1）一次侧检测控制电路：监视交流输入电网的电压，实现输入过压、欠压、缺相保护功能及软启动的控制。

2）辅助电源：为整个模块的控制电路及监控电路提供工作电源。

3）电磁干扰（electromagnetic interference，EMI）输入滤波电路：实现对输入电源作净化处理，滤除高频干扰及吸收瞬态冲击。

4）软启动部分：用作消除开机浪涌电流。

5）信号调节、PWM 控制电路：实现输出电压、电流的控制及调节，确保输出电源的稳定及可调整性。

6）输出测量、故障保护及微机管理部分：负责监测输出电压，电流及系统的工作状况，并将电源的输出电压、电流显示到前面板，实现故障判断及保护，协调管理模块的各项操作，并跟系统通信，实现电源模块的高度智能化。

（3）高频开关电源模块具有如下特点：

1）内置 CPU，协调管理模块各项操作及保护，并以数字通信方式接受集中监控器的控制，抗干扰能力强。

2）模块的监控采用分散控制方式。

3）具有自动/手动双重控制功能。自动方式下，CPU 接受集中监控器的指令，完全按监控器指令控制模块的运行状态；手动方式下（即脱离监控器独立运行），CPU 按出厂设定的默认参数控制模块运行，此时可手动调节模块运行状态和运行参数。

4）模块能监测集中监控器的工作，当集中监控器故障时，自动转为本机手动控制。

5）模块故障时，自动退出，不影响系统正常运行。高频开关整流模块采用（$N+1$）冗余方式供电，即在用 N 个模块满足电池组的充电电流（$0.1C_{10}$）加上经常性负荷电流的基础上，增加 1 个备用模块。备用模块采用热备用方式，直接参与正常工作，模块可带电插拔。

（4）控制监控单元由微处理器组成，可为液晶显示器或 CRT 显示，采集直流母线、充电装置和蓄电池等的信息，实现以下功能：

1）按蓄电池充放电程序自动控制充放电过程。根据蓄电池不同种类，确定不同的充电率进行恒流充电，蓄电池组端电压达到某一整定值时，控制充电装置将自动转为恒压充电，当充电电流逐渐减小到某一整定值时，控制充电装置将自动转为浮充电运行，始终保证蓄电池组具有额定容量。交流电源中断时，蓄电池组将无时间间断地向直流母线供电，交流电源恢复送电时，充电装置将进入恒流充电，再进入恒压充电和浮充电，并转入正常运行。

2）显示直流系统的运行状态及故障和异常信号报警。

3）设置运行状态和报警信号与发电厂、变电站控制系统的标准通信接口，实现遥信（直流母线过高或过低信号、直流母线接地信号，充电装置故障信号）、遥测（直流母线电压及电流值、蓄电池组电压值，充电电流值等参数）、遥控（直流电源装置的开机、停机、充电装置的切换）和自检功能，便于集中监控和智能化管理。

四、高频开关电源日常检查和维护

(一) 日常维护检查

(1) 检查周围环境的温度、湿度、震动等情况，有无灰尘、气体、凝露。

(2) 高频开关电源周围有无堆积杂物。

(3) 检查指示灯、控制板面显示是否正常。

(4) 检查系统有无异常的震动或噪声和异味。

(5) 检查控制板面显示有无报警信息，如有告警信息进行分析处理。

(6) 风扇运转是否正常。

(7) 记录高频开关电源输出电压与电流，并记录相对应时间。

(二) 定期维护及保养

(1) 观察高频开关电源状态是否正常，柜面开关、仪表等器件是否洁净、完好。

(2) 定期检查柜内冷却风机运行状况，必要时维修或更换。

(3) 注意柜内电缆、器件是否完好，有无破损、变色、断裂等异常现象。

(4) 定期进行防尘滤网清洁并检查高频开关电源房间是否有漏雨、结露等隐患。

(5) 定期进行转换开关、熔断器、断路器、接触器、防雷保护单元等元件外观及状态检查，检查转换开关旋钮或扳键紧固，无松动，指示灯显示正常，核对标识标签准确、齐全，查看设备面板指示灯状态，如有告警，进入高频开关电源控制器菜单，查看当前告警信息并处理。

五、高频开关电源检修工艺步骤及质量标准

高频开关电源检修工艺步骤及质量标准见表 15-4。

表 15-4　　高频开关电源检修工艺步骤及质量标准

序号	检修项目	工艺步骤	质量标准
1	外观及接线检查	1) 外观检查。 2) 清洁处理。 3) 接线紧固	外观良好，接线牢固
2	绝缘电阻检测	用 1000V 绝缘电阻表分别测量交流回路，控制回路，信号回路绝缘	绝缘电阻均应大于 $10M\Omega$
3	高频开关整流模块进行检查和试验	1) 开机试验。 2) 均充、浮充试验	开机正常，装置能按设定的时间进行浮充或均充
4	蓄电池巡检仪进行检查和试验	检查巡检仪与监控器的通信	巡检仪与监控器的通信应良好
5	集中监控器进行检查和试验	1) 监控器报警功能检查。 2) 监控器控制功能检查	监控器报警功能正确，监控器控制充电机的功能良好

续表

序号	检修项目	工艺步骤	质量标准
6	绝缘监测仪进行检查和试验	额定电压 220V 用 25kΩ 电阻，额定电压 110V 用 7kΩ 电阻，分别使直流母线接地，发出声光报警信号	接地选线报警正确

六、高频开关电源常见异常原因及处理方法

高频开关电源常见异常原因及处理方法见表 15-5。

表 15-5　　　　　　高频开关电源常见异常原因及处理方法

序号	异常	异常原因	消除方法
1	监控器显示蓄电池温度跳变	蓄电池巡检仪装有的室温探头故障	检查是否探头松动，如已损坏则更换探头
2	蓄电池欠压或者过压报警	1) 蓄电池老化，导致欠压或者过压。 2) 蓄电池巡检仪与蓄电池连接的导线保险断开或者损坏	1) 检查更换蓄电池。 2) 将断开的导线重新接好，更换损坏的熔断器
3	绝缘报警	负荷接地导致支路和母线绝缘低	根据绝缘监测仪报警，找到接地支路，断开接地点
4	馈线故障	负荷空气断路器跳闸	检查是否短路等原因造成空气断路器跳闸，消除短路点

第四节　交流不间断电源

一、概述

（一）UPS 简介

火力发电厂中 DCS、数字式电液调节器、热工仪表、自动调节装置以及其他自动和保护装置等设备的供电质量要求越来越高。为了解决供电中断或瞬变对计算机、数字化仪表等负荷产生的不良影响，保证优质正弦波形供电，通常需要采用 UPS。对一般通用 UPS 的交流输出电压有如下要求：具有自动稳压功能；输出纯正弦波交流，非线性失真小；能与市电或并机运行电源锁相同步；动态特性要好，控制电路简单。

（二）UPS 分类

UPS 可按多种方法进行分类。按工作原理分，有动态式和静态式，而静态式又分为后备式和在线式，在线式有三端口式和串联在线式；按输入、输出方式分，有单相输入单相输出，三相输入单相输出和三相输入三相输出；按输出波形分，有方波、梯形波和正弦波；按输出功率分，有小功率、中等功率和大功率。一般来说，中小功率 UPS 容量是指单机容量在

100VA~1000kVA，大功率 UPS 容量是多个 UPS 构成的冗余并联系统所能供给的功率。按使用场所分，小型商用，电力专用；小型商用 UPS 一般配置比较简化，可靠性差。运行实践表明小型 UPS 电源往往由于内置蓄电池故障，在需要放电支持交流输出时放不出电。另一方面小型 UPS 一般不具备交流输入、输出隔离功能，在大型变电站中由于地线干扰导致 UPS 损坏。因此变电站需要符合自己要求的电力专用 UPS 电源。电力专用 UPS 与小型商用 UPS 主要差别在于：

（1）电力专用 UPS 使用变电站直流系统，取消商用 UPS 内置蓄电池及电池管理系统。直流电压在 80％~120％变化时电力专用 UPS 输出交流电技术性能指标不变。

（2）由于电力专用 UPS 挂靠在直流系统的直流母线上，因此 UPS 输入特性必须满足电力系统的要求，对变电站直流系统影响尽可能小。如输入端的反灌杂音要小，加装防反隔离二极管等。

（3）有输入、输出交流隔离变压器，不受外界电气干扰。

（4）UPS 有较强的抗短路能力，加大了旁路开关容量，使馈线开关能按级差进行保护，而不是先行关闭 UPS 保护自己。

二、UPS 结构与原理

（一）UPS 结构与原理

典型 UPS 系统原理框图（见图 15-12），UPS 装置由整流器、逆变器、静态开关、手动旁路开关、隔离变压器、自动调压器等组成。其基本结构是一套将交流电变为直流电的整流器及一套把直流电再转变为交流电的逆变器和一套用于电源切换的静态开关。UPS 系统直流电源从本机组 220V 直流蓄电池系统取得，当正常交流电源故障或 UPS 系统的整流器故障时，UPS 可以无扰动不间断地切换到由蓄电池供电状态，即由直流蓄电池组向

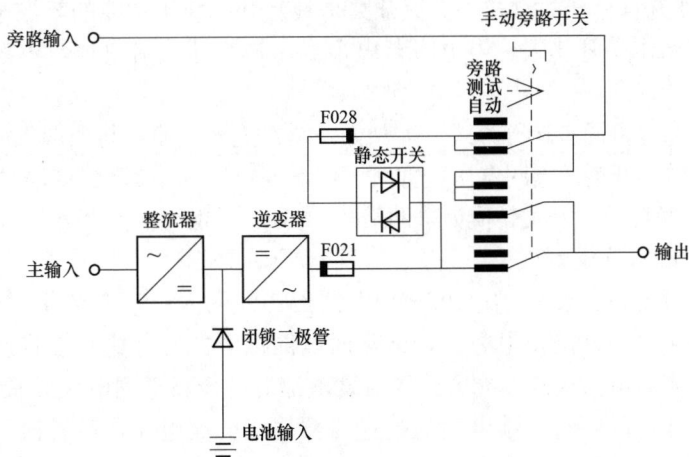

图 15-12　典型 UPS 系统原理框图

逆变器供电，此时逆变器的输入和输出不中断。除向逆变器供电之外，整流器不需向直流负荷供电，也不需向蓄电池充电，蓄电池与 UPS 之间设置闭锁二极管，以防止直流电从 UPS 系统流向直流蓄电池系统，闭锁二极管反向耐压为 1500V。

（二）UPS 供电方式

1. 常时逆变器供电方式

中小型 UPS 系统的供电方式有常时逆变器供电方式和常时电网供电方式两种。常时逆变器供电方式是一种不停电而稳压的供电方式，它由电网经整流器供电给逆变器，再经逆变器供给负荷恒压恒频的电压。当电网电压下降时，由蓄电池供给逆变器电压，再经逆变器供电给负荷，达到交流不停电的目的。具体运行方式有以下两种：

（1）单机运行方式。这是 UPS 的基本供电方式。根据蓄电池接续方式的不同，又有 4 种不同方式：

1）浮充方式。特点是可靠性高，平时它采用整流器把电网交流输入电压变换为直流电压，一方面给蓄电池供电，另一方面供给逆变器直流电压。整流器采用晶闸管等可控整流元件。这种方式的整流器虽体积大，效率低，但电路简单，适用于小容量 UPS。

2）直流开关方式。平时由整流器把电网输入电压变为直流供给逆变器，蓄电池为备用直流电源。停电时，根据停电检测信号控制直流开关导通，由蓄电池供电给逆变器。蓄电池由专用充电装置进行充电。这种方式的整流器效率与功率因数都较高，但电路较复杂。

3）二极管方式。其直流开关采用二极管，蓄电池电压设定低于整流器输出电压。平时电网电压经整流器供给逆变器直流电压，再经逆变器供给负荷。当整流器输出电压低于蓄电池电压时，二极管开关导通，由蓄电池通过逆变器供电。

4）浮充直流开关方式。直流开关是具有升、降压功能的斩波电路。平时斩波器用作充电装置，停电时蓄电池供给逆变器直流电压，再经逆变器供电给负荷。

（2）与电网同步运行方式。这种方式是在逆变器输出与电网供电之间接有半导体转换开关，电网电压正常时，UPS 与电网同步运行，当负载电流过大或 UPS 故障时，开关转换为电网供电，实行不间断供电，系统可靠性高。

2. 常时电网供电方式

一般电子设备要求供电电压变化在 ±10% 以内，频率变化在 ±1% 以内，可采用电网直接供电方式，即常时电网供电方式。这种方式就是平时由电网直接供电给负载，充电装置对蓄电池充电，当电网电压异常（停电、电压上升或下降）时，蓄电池通过逆变器输出交流电压，经转换开关转换为逆变器对负载供电。这种方式要求提前检测出电网电压异常情况，转为逆变器供电。

在电网电压比较稳定时，这种方式是有效的。根据逆变器待机方式，可分为两种：①逆变器不工作的冷待机方式；②逆变器处于无负载运行状态的热待机方式。

冷待机方式时，平时逆变器不工作，损耗小，无噪声。转换瞬间断电时间约1ms。随着检测与转换技术的发展，瞬间断电时间将会缩短。这种方式是常时电网供电的主流。

热待机方式时，平时逆变器处于无负载运行，要消耗能量，产生噪声，但切换时间仅为开关转换时间，瞬间断电时间较短。

此外，还有并联供电方式，它也是一种热待机方式。因电网加有稳压装置，不需要转换开关，逆变器输出与电网输出并联，平时由电网供电。具体方案有以下几种：

（1）铁磁谐振稳压器方式：这种方式用铁磁谐振稳压器稳压，逆变器输出矩形波，效率高，但成本也高，体积大。

（2）变压器抽头方式：变压器一次侧接有交流开关，开关高速度转换变压器一次抽头达到稳压目的。逆变器是一种高频载波PWM方式，停电时输出上升很快（数毫秒以内）。但其主回路元部件多，可靠性差。

（3）无充电装置方式：这种方式是逆变器为正反两用变换器，具有逆变器和充电装置的功能。平时通过交流开关由电网供电给负载，停电时交流开关断开，由逆变器供电。可吸收负载产生的高次谐波，做到高效率、小型轻量化。但逆变器发生故障时，造成系统停电。

（4）串联补偿方式：这种方式是利用电容储存能量补偿瞬时电压的跌落。

（三）UPS主回路形式

1. 整流电路

10kVA以下UPS系统的交流输入一般为单相输入，直流开关方式采用二极管桥式电路，浮充方式采用晶闸管桥式电路。为了防止高次谐波产生干扰而降低电源设备的容量，近来采用PWM控制方式加上有源滤波器电路。

（1）倍压整流方式：这种方式不采用变压器，可得到高于交流电源电压的直流电压，适用于配合高电压的蓄电池。由于是电容输入型，电流突变大，输入电流峰值大。但体积小、价格低。

（2）晶闸管可控整流方式：采用晶闸管的半控桥式整流电路，这种方式易于稳压控制，并可用作充电装置。它可通过控制来抑制输入突变电流。但因是电容输入型，输入电流峰值较大。由于采用移相控制，输入功率因数低，所要求的交流输入电压高。

（3）升压斩波方式：升压斩波方式是一种能抑制输入高次谐波干扰、改善输入功率因数的实用方式。采用PWM控制及跟踪输入电流正弦控制，使输入电流为正弦波而输入功率因数接近1，降低所要求的输入电压。

2. 隔离/电压匹配电路

传统 UPS 的输入/输出之间采用工频变压器进行隔离，但其体积大，不利于 UPS 系统的小型化与轻量化。为此，目前采用了 DC/DC 变换器，输入/输出采用高频变压器进行隔离，可减小 UPS 体积。

（1）DC/DC 变换器：DC/DC 变换器的负载是 PWM 逆变器，其输出电流峰值高，电流变动较大。为减轻主元件的电流负担，采用全波桥式电路。若是采用两组开关构成的电路，开关以相位差 $180°$ 工作，频率一般在 20kHz 以上。隔离变压器体积小，质量轻，无噪声。

（2）开关模式整流器方式：这种方式在输入侧接入 AC 电抗器，整流器输出设置有高频逆变器，可通过高频变压器隔离而抑制高次谐波的干扰。

3. 逆变器部分

逆变器有 PWM 方式和循环换流器两种电路。

（1）正弦波 PWM 逆变器：正弦波逆变器控制方式一般采用三角波 PWM 方式，但 UPS 负载一般为电容输入型，因输出电流峰值高，使输出电压波形畸变。因此，要采取相应措施使输出电压接近正弦波。目前采取的措施是通过提高载波频率，加快控制响应，并采用瞬时波形控制方式。

（2）循环换流器方式：循环换流器方式是目前小容量 UPS 的一种实用方式。用高频逆变器进行 PWM 调制，得到高频矩形波电压，用循环换流器变换为工频电源。隔离/电压匹配由逆变器进行，它不需要直流滤波器，电路简单。

三、UPS 日常检查和维护

（一）日常维护检查

日常维护检查内容如下：

（1）检查周围环境的温度、湿度、震动等情况，有无灰尘、气体、凝露。

（2）UPS 周围有无堆积杂物。

（3）检查指示灯、控制板面显示是否正常。

（4）检查系统有无异常的震动或噪声和异味。

（5）检查控制板面显示有无报警信息，如有告警信息进行分析处理。

（6）风扇运转是否正常。

（7）记录 UPS 输出电压与电流，并记录相对应时间。

（二）定期维护及保养

定期维护及保养内容如下

（1）观察 UPS 状态是否正常，柜面开关、仪表等器件是否洁净、完好。

（2）定期检查柜内冷却风机运行状况，必要时维修或更换。

（3）注意柜内电缆、器件是否完好，有无破损、变色、断裂等异常现象。

（4）定期进行防尘滤网清洁并检查 UPS 房间是否有漏雨、结露等隐患。

（5）定期进行转换开关、熔断器、断路器、接触器等原件外观及状态检查，检查转换开关旋钮或扳键紧固，无松动，指示灯显示正常，核对标识标签准确、齐全。查看设备面板指示灯状态，如有告警，进入 UPS 控制器菜单，查看当前告警信息并处理。

四、UPS 检修工艺步骤及质量标准

UPS 检修工艺步骤及质量标准见表 15-6。

表 15-6   UPS 检修工艺步骤及质量标准

序号	检修项目	工艺步骤	质量标准
1	外观及接线检查	检查 UPS 各元器件的材料质量、焊接等工艺质量	外观良好，无虚焊及老化现象
		检查 UPS 各元器件标志、回路标号	各元器件标志和标号正确、完整、清晰
		检查 UPS 各板卡	接头固定良好，无松动现象，板卡无明显损坏及变形现象
		检查柜内二次回路接线	连接良好，所有端子应紧固，无松动现象，标号齐全完整
		检查控制开关、电源开关、负荷开关操作	应灵活无卡涩现象，各开关触头及触点接触良好，无烧损
		检查柜内各速熔保险	应正确完好
		主机冷却风扇	转动灵活并工作正常
2	盘柜卫生清扫	清扫 UPS 主机柜、旁路柜及电源馈线柜	柜内清洁、无灰尘
3	信号检查	各单元指示灯、至 DCS 的信号	应完好、齐全、信号正常，仪表指示正确
4	电容器更换	对电容器进行更换，更换进行测量，并记录数值	UPS 电容更换周期依照大修周期更换，新电容测量值应与设计值偏差不超过±5%，安装、连接紧固牢靠
5	电容器检查	进行电容外观清扫检查，测量电容，并记录数值	检查电容外观，有无漏液，鼓包现象。测量电容值应与设计值偏差不超过±20%
6	切换试验	主路向自动旁路的切换试验	符合厂家设计要求，切换无延时、无扰动
		自动旁路向维修旁路切换试验	符合厂家设计要求，切换无延时、无扰动
		维修旁路向自动旁路切换试验	符合厂家设计要求，切换无延时、无扰动
		自动旁路向主路的切换试验	符合厂家设计要求，切换无延时、无扰动

续表

序号	检修项目	工艺步骤	质量标准
7	检查恢复	检查所有拆动的端子	恢复检修前状态
		检查所有开关、把手	恢复检修前状态
		检查所有信号	无异常报警

五、UPS 常见异常分析

虽然 UPS 的品种、规格和电路原理各异,异常现象表现不一,但也有一些具有一定共性的常见异常形式,需要在 UPS 运行和维护工作中引起注意。UPS 常见异常及原因见表 15-7。

表 15-7 　　　　　　　　　　UPS 常见异常现象、原因及异常处理

序号	异常现象	异常原因	异常处理
1	整流器不启动	1）整流器输入断路器断开。 2）整流器输入电压超限或相序错。 3）存在整流器功率单元温度高信号	1）检查输入断路器合闸良好。 2）检查整流器输入电压正常。 3）相序调整。 4）消除整流器功率单元温度高信号
2	逆变器不启动	1）直流电压超限。 2）线路板电源故障或超限。 3）存在逆变器功率单元温度高信号	更换线路板消除整流器功率单元温度高信号
3	不能转换	1）逆变输出电压超限。 2）过载。 3）同步异常	检查逆变输出电压是否超限,过载或同步异常
4	整流器市电异常	整流器输入电压超限	检查整流器输入电压在合格范围
5	整流器异常	1）电子线路和电源。 2）整流器温度高	检查散热元件
6	直流超限	1）整流器退出运行。 2）电池放电。 3）电池断路器。 4）直流电压过高。 5）整流器输出熔断器	检查整流器是否退出运行
7	电池运行	整流器异常	检查整流器是否退出运行
8	电池放电	1）一或多节电池坏。 2）电池放电（进入均充方式）	检测电池,更换损坏电池
9	直流接地异常	电池接地异常	检测电池,更换接地电池
10	逆变器异常	1）逆变器输出电压超限。 2）逆变器温度高	检查逆变器
11	逆变器过载/旁路	负载电流比系统额定电流大	检测电流

续表

序号	异常现象	异常原因	异常处理
12	逆变器熔断器熔断	功率熔断器	检查逆变元件
13	同步异常	旁路频率或电压超限	检测旁路频率或电压
14	旁路市电异常	旁路市电超限	检查旁路市电是否正常
15	手动旁路开关导通	手动旁路开关不在 AUTO 位置	将手动旁路开关放在 AUTO 位置
16	面板指示灯全部不亮	显示控制板连接不良或异常	检查连线
17	UPS 空载时正常，但负载一开机，UPS 随即发生异常，转旁路供电	可能 IGBT 驱动信号少一路	检查 IGBT 驱动信号
18	温度高	1）功率单元散热器温度高。 2）线圈绕组温度高。 3）环境温度高。 4）空气入口堵塞	检查空气滤网是否堵塞，清理
19	风扇异常	1）风扇。 2）风扇检测器。 3）风扇变压器板。 4）风扇电源	检查风扇电源及控制器
20	内部控制电源异常	1）电源。 2）交流、直流电源异常。 3）熔丝板 A001＋A006	检查电源及熔丝板
21	开机后工作一段时间，输入显示正常，蜂鸣器间歇性鸣叫同时显示电池欠压	厂用电电压太低所致，已低于 −25％，使得 UPS 处于电池供电，终因电池欠压而保护。可采用调压适当提升输入交流电压，或加一级交流稳压器，将交流电压提高到 UPS 的输入范围	检查厂用电电压，调整至合格范围
22	开机后 UPS 显示和输出正常，但接入负载立即停止输出	UPS 严重超载或输出回路短路，应减轻负载至合适量或查明短路原因。常见的是输出转接插座发生短路或者设备损坏后发生输入短路异常	检查负载短路异常点
23	合上电闸或打开 UPS "ON" 键，会烧熔断器或跳闸	UPS 输入的三线接错，如中性线或相接到 UPS 地线（机壳），或者输出的三线接错	检查接线
24	市电正常，开机以后 UPS 可输出交流 220V，但处于电池逆变状态	连接 UPS 的电网馈电线路，包括各个触点、接插座等接触不良导致交流电源输入不畅通	检查连接 UPS 的电网馈电线路

第五节　电除尘高频高压整流设备

一、概述

电除尘器电源发展分为工频电源、高频电源、脉冲电源三个阶段。目前广泛使用的是高频/高压脉冲电源电除尘，本章以福建龙净环保公司GGYAj-STR03-1.8A/60kV电除尘用高频高压整流设备（以下简称高频电源）为例进行介绍。

工频电除尘是通过高压控制柜把单相的 380V 交流电变成可调节的 0～380V 单相交流电送给整流变压器，整流变压器是个特殊的升压变压器，它除具有一般的变压器功能外，在它的内部高压侧还装有一个整流用的硅堆，能直接将整流变压器高压侧的交流电整流成直流电，这样，整流变压器的输入是 0～380V，而它的输出侧是直流 0～72kV，再通过高压隔离开关送入电除尘器内部电场的负极板，利用极板间电晕放电使粉尘荷电的原理，把烟气中的粉尘吸附到极板上，再通过振打装置把吸附到极板上的粉尘除去，这就是普通电除尘的工作原理，因为频率是不变的，所以，这种电除尘也叫工频电除尘。

高频除尘是在工频电除尘的基础上发展起来的新型除尘方式，工作原理与工频电除尘大致相同，不同的是高频电除尘采用的是三相 380V 交流电源，在控制柜内通过整流变成直流电，再把直流逆变成高频交流电，再通过整流变压器升压、整流，变换成直流负高压输出，经过高压隔离开关进入电场除尘，使进入电场的粉尘在荷电后被捕集到极板，从而达到清灰的目的。工频电源与高频电源原理框图对比（见图 15-13）。

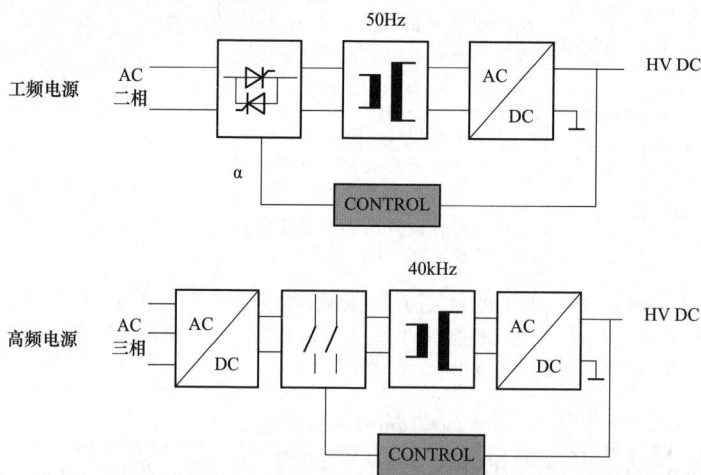

图 15-13　高频电源与工频电源原理对比框图

脉冲电源是通过调整逆变频率实现对窄脉冲电压的输出频率的调整，

在直流基础高压叠加脉冲高压，使电除尘器得到更高的电晕电压和电流。逆变频率调整范围 $1\sim50kHz$，脉冲电源脉冲宽度在 $50\sim100\mu S$，脉冲重复频率为 $100Hz$，除尘器放电电极的电压以负 $60kV$ 的直流电压为基础，再叠加负 $60kV$ 的脉冲电压的除尘脉冲电源装置。除尘脉冲电源可以使得粉尘获得更大的驱进速度，有利于微小粉尘收集。

二、高频电源系统构成

高频电源结构上由高频控制柜、高频变压器两大部件组成（见图 15-14）。高频控制柜用螺栓固定在高频变压器上，内部的连接线已接好。变压器部分采用油浸整流变压器，控制柜部分采取高频控制全密封措施，采用机柜空调，实现控制柜密封式散热。机柜空调内部设有换热芯，分为内循环和外循环两个工作循环进行热量交换，而且相互隔绝，防水、防尘，防护等级为 IP56。

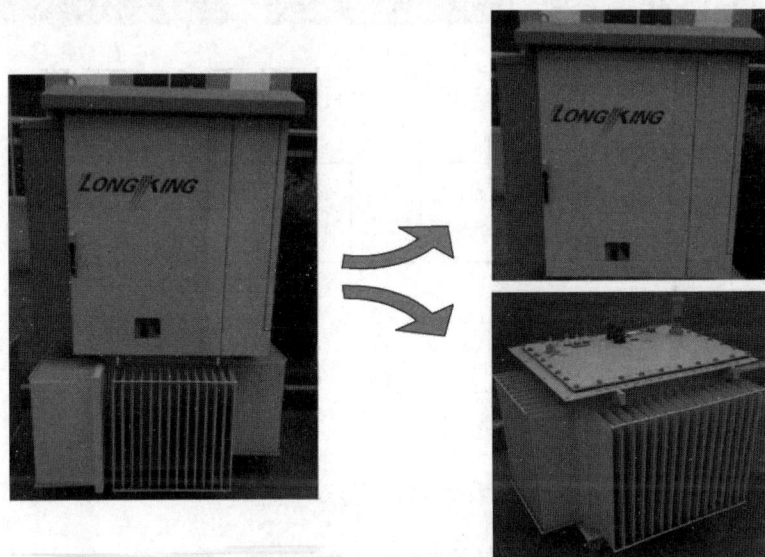

图 15-14　高频电源一体化结构

高频控制柜分为前腔、后腔和侧腔三个部分。前腔安装变换器、整流桥、电抗器、侧部安装机柜热交换器对腔内器件进行散热，同时设有仪表板，可清楚地观察母线电压、一次电流、二次电压、二次电流以及操作终端的内容。侧腔安装断路器、接触器、控制回路。后腔安装散热风机、谐振电容等。前后侧腔隔离有利于电磁屏蔽和人身操作安全。高频控制柜结构（见图 15-15）。

三、高频电源工作原理

（一）工作原理

高频电源系统上主要由三大块组成，即变换器、高频变压器、控制

481

器（见图 15-16）。三相交流输入整流为直流电源，经逆变为高频交流，最后整流输出直流高压。变换器实现直流到高频交流的转换，高频变压器/高频整流器实现升压整流输出，为电除尘器提供供电电源，高频电源主回路原理图（见图 15-17）。

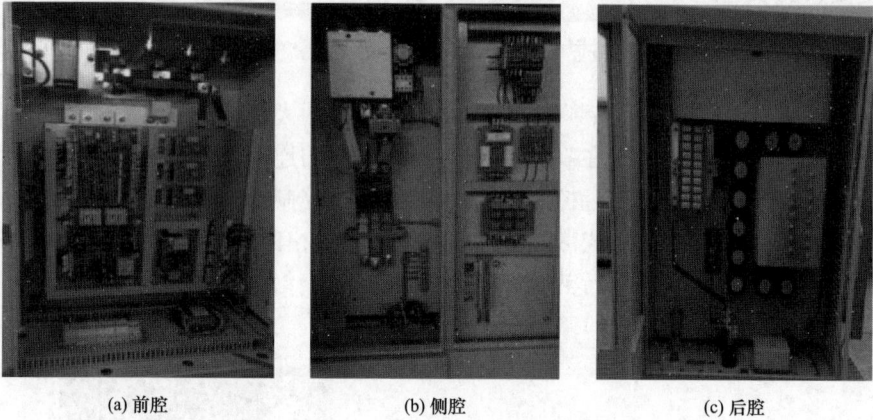

(a) 前腔　　　　　　　　(b) 侧腔　　　　　　　　(c) 后腔

图 15-15　高频控制柜结构

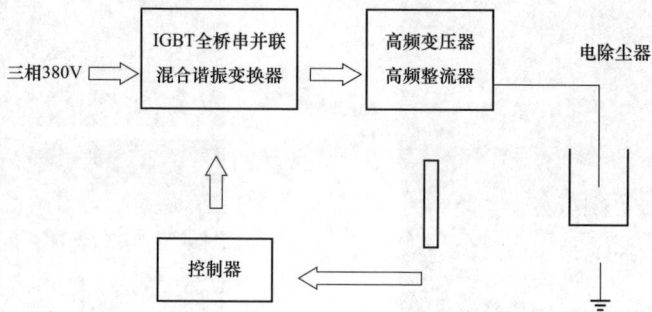

图 15-16　高频电源系统框图

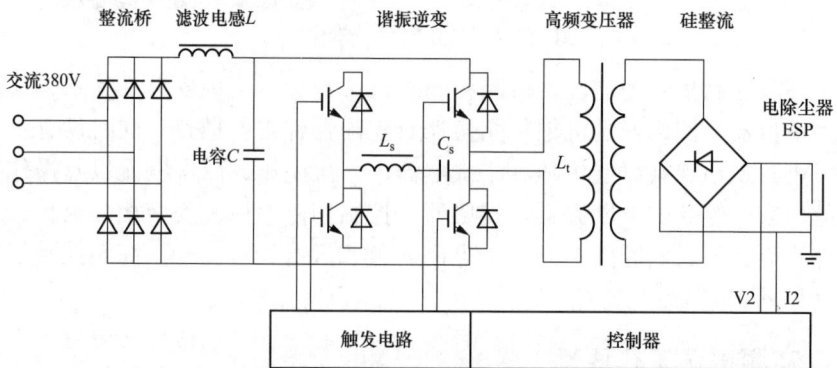

图 15-17　高频电源主回路原理图

（二）设备的功能

（1）设备运行方式有自动和手动两种运行方式。控制方式转换为纯直流供电、间歇供电控制方式。设备火花检测控制功能灵敏可靠。闪络特性参数可根据需要设定。设备能数字显示运行参数和设定参数，控制器终端面板上设有大屏幕液晶显示器，可显示一次电流、母线电压、二次电流、二次电压、火花率、控制方式等运行参数。当系统异常跳闸或自检出系统异常时，由显示器显示异常的类型性质。设备具有重载、轻载保护功能。设备重载、轻载时，设备的二次电流、二次电压应限制在额定值以下。

（2）设备异常保护功能：

1）设备自检和自恢复功能：设备启动后，MHC 控制器自动进行自检，如有异常能自动停机并显示异常类型。在运行过程中，当由于某种特殊原因（如强干扰）引起控制程序的不正常运行或程序运行出错时，控制系统看门狗电路能在一定时间后自动重新启动运行，恢复系统的正常工作。

2）设备短路保护功能。

3）设备一次过电流保护功能。

4）高频变压器油温超限保护功能。

5）IGBT（IPM）异常保护功能。

6）设备开路保护功能。

（3）设备耐冲击功能：设备能承受在额定负载条件下，开机和停机的冲击。

（4）通信功能：通信设备能与计算机通信，能接受计算机的各种设定命令，并将设备运行参数、设定参数、异常状态传送到计算机。

四、高频电源日常检查和维护

（一）正常运行维护

（1）严格监视供电装置的母线电压、一次电流、二次电压和二次电流。

（2）监视高频整流变压器的油温，油温不得超过 80℃，无异常声音，高压输出网络无异常放电现象。

（3）正常运行期间高频电源发生异常或误动作，值班人员接到报警通知应立即前往确认异常点，分析原因，联系处理。

（4）安排设备维护人员进行巡检工作，每班应对高频电源进行检查，以及做好本岗管辖范围内的清洁工作，详细记录本班运行中所发生的异常情况及设备缺陷，做好交接班工作。

（二）定期维护及保养

（1）根据环境条件定期对设备进行清扫和擦拭，保持设备内部和变压器套管清洁。

（2）每大修期进行一次变压器油的试验，其耐压值应大于 35kV/2.5mm。

（3）每年测量一次接地电阻，不应大于 2Ω。

五、高频电源检修工艺步骤及质量标准

高频电源检修工艺步骤及质量标准见表 15-8。

表 15-8 高频电源检修工艺步骤及质量标准

序号	检修项目	工艺步骤	质量标准
1	整流变压器外观检查、吊芯	1) 清理整流变压器外壳的灰尘及油污，检查外壳的油漆是否剥离，外壳是否锈蚀，并进行整修处理。 2) 检查油位计。 3) 检查渗漏点，查明渗漏点及渗漏原因。 4) 检查控制箱与变压器连接。 5) 进行变压器油的试验，其耐压值应大于 35kV/2.5mm。 6) 吊芯检查应在干燥、清洁的环境下进行。 7) 吊芯检查应选择晴朗天气进行，并采取防风、防尘措施。 8) 冬天吊芯时，周围气温应不低于 0℃，变压器铁芯温度应不低于周围空气温度，否则应将变压器加热，使铁芯温度高于周围空气温度 10℃，防止受潮。 9) 吊芯检查防止受潮。 10) 铁芯在室外空气中停放时间尽可能短，避免绕组受潮。 11) 断开变压器高低压两侧引线，注意不得碰坏绝缘子。 12) 断开二次接线。 13) 拆掉上盖螺栓，并注意妥善保管。 14) 详细检查铁芯表面及压紧情况。 15) 检查铁芯上下轭铁，支架应完好。 16) 检查各部螺栓，应紧固、无松动。 17) 穿芯螺栓应紧固，并用 2500V 绝缘电阻表测穿芯螺杆与铁芯轭夹件间的绝缘电阻（应拆开接地片）。 18) 检查线圈的固定及绝缘情况，对松动部位进行固定绑扎，高、低压线圈无绝缘开裂、变色、发脆等绝缘损坏痕迹，对于发热严重的部位，要查明原因并进行局部加强绝缘的处理。 19) 引出线绝缘良好，焊接头处不能过热，连接处牢固，支架不能损坏。 20) 用白布或塑料泡沫清理线圈表面杂物。 21) 吊芯时要有专人指挥，四角放人监视，经试吊无问题后再开始起吊，在起吊过程中一定要平稳，严防碰伤绝缘，当铁芯绕组离开器身时，再慢慢放到枕木上	1) 无灰尘、油污及无锈蚀。 2) 清洁透明，油位指示正确。 3) 螺栓齐全，无松动。 4) 干燥天气（相对湿度不大于 65%）时，器身允许暴露时间为 16h。 5) 应清洁，无油垢，无局部过热变形情况，铁芯绝缘良好。 6) 绝缘电阻应大于 5MΩ。 7) 绝缘良好，焊接头处不能过热，连接处牢固

续表

序号	检修项目	工艺步骤	质量标准
2	整流变压器就地高频控制箱检修	1) 外壳无变形、无锈蚀。 2) 电缆接头无过热现象，接线紧固，电缆进线封堵。 3) 更检查变压器一次进线处无渗漏，螺母紧固，橡胶垫无变形、损坏。 4) 清洁、无油垢。 5) 接触器连接触头无过热、拉弧现象。 6) 控制箱散热通道通风良好，无堵塞，无积灰，检查散热风扇是否灵活无卡涩。 7) 检查控制熔断器无损坏，接触良好。 8) 检查主控制器外观无损坏，接线插头无松动，电压表、电流表指示正确归零，控制器电源熔断器无损坏，接触良好。 9) 检查 IGBT 外观清洁完整，接线插头无松动。 10) 检查继电器无损坏，动作灵活，触点接触良好。 11) 检查三相整流桥外观清洁完整，接线牢固，无过热、拉弧等。 12) 检查充放电电容外观清洁完整，电容无变形，接线牢固无松动。 13) 检查按钮指示灯无损坏，接线牢固	外观无损坏，接线插头无松动，电压表、电流表指示正确归零，控制器电源熔断器无损坏，接触良好
3	阻尼电阻检修	1) 检查各接线端子。 2) 柜门密封。 3) 阻尼电阻检查，清理阻尼电阻表面积灰	1) 固定螺栓应无松动、脱落等现象，校紧固定螺栓。 2) 良好，内部应清洁无灰尘。 3) 外观检查应无断线、破裂，绝缘表面无烧灼与闪络痕迹，连接部位无烧熔、接触不良现象，阻尼电阻值应符合标准（500Ω±5%）
4	冷却装置的检修	1) 检查散热器固定牢固，运行中无摇晃现象。 2) 检查散热器有无渗漏油现象	1) 固定牢固。 2) 油无渗漏
5	瓷缸检修	1) 清理瓷缸表面，检查有无破损及放电痕迹。 2) 清理瓷缸内部积粉，封闭严密。 3) 加热器固定牢固，接线紧固	1) 无破损及放电痕迹。 2) 密封良好。 3) 接线牢固
6	瓷轴检修	1) 清理瓷轴表面，检查有无破损及放电痕迹。 2) 检查瓷轴固定牢固，上下与机务连接可靠。 3) 瓷轴门外观完好，无破损，密封严密，螺栓紧固牢靠。 4) 瓷轴加热器接线紧固	1) 无破损及放电痕迹。 2) 固定牢固。 3) 密封良好、牢固

续表

序号	检修项目	工艺步骤	质量标准
7	整流变高压隔离柜检修	1) 接线端子无过热、松动现象。 2) 清理各瓷件表面，检查有无破损及放电痕迹。 3) 隔离开关旋转灵活，开关接触良好，指示标示位置正确。 4) 检查隔离柜门密封严密，门销转动灵活情况	1) 无过热、松动现象。 2) 无破损及放电痕迹。 3) 旋转灵活，开关接触良好，指示标示位置正确。 4) 密封严密，门销转动灵活

六、高频电源常见异常处理

高频电源常见异常处理见表15-9。

表 15-9　　　　　　　　　高频电源常见异常处理

序号	异常现象	异常状态	消除方法
1	油温超限报警	1) 异常现象：高频控制主板输出报警信号并跳闸，IPC对应编号的高频电源"异常状态"显示："油温临界报警"或"油温危险跳闸"。 2) 报警条件：油温临界报警：变压器油温检测值不小于80℃；油温危险跳闸：变压器油温检测值不小于85℃	1) 当IPC监测界面出现"油温临界报警"或"油温危险跳闸"时，应及时用其他温度测量设备如"测温枪"等测量高频电源变压器桶壁温度。 2) 若其他温度测量设备测量温度值与高频控制主板检测值差距较大，应更换变压器油温采样板。 3) 若其他温度测量设备测量温度值与高频控制主板检测值相符，应对高频变压器进行吊芯检查
2	一次电流过电流报警	1) 异常现象：高频控制主板输出报警信号并跳闸，IPC对应编号的高频电源"异常状态"显示：过电流。 2) 报警条件：一次电流值不小于$105\%I_{1e}$	1) 检查柜内各器件和线路是否存在过热等现象：若存在，需更换对应器件。 2) 若器件和线路均正常，则降低高频电源运行电流极限，查看一次电流表头显示值和高频终端显示值是否相符：若不相符，调节高频控制主板电位器RP7使高频终端显示值与表头显示值相同。 3) 将高频电源电流极限恢复至报警前的数值，查看异常是否消除
3	负载开路报警	1) 异常现象：高频控制主板输出报警信号并跳闸，IPC对应编号的高频电源"异常状态"显示：负载开路。 2) 报警条件：二次电压值不小于$90\%U_{2e}$；二次电流值小于20mA	1) 查看表头值与终端显示值是否相同，若不相同，则更换高频控制主板，查看异常是否消除；若相同，则执行下一步。

序号	异常现象	异常状态	消除方法
3	负载开路报警		2) 进行变压器短路试验，查看高频电源负载短路报警是否正常：若不正常，可更换高频电源取样板再次进行短路试验，如异常依旧，可判断为高频变压器异常，需吊芯检查；若正常，可排除高频电源电气异常，检查阻尼电阻。 3) 检查阻尼电阻是否开路：若存在开路，需更换阻尼电阻。 4) 若以上步骤均不能解决此异常，可判断为本体异常，需停炉时检查或改变振打强度和周期排除此异常
4	负载短路报警	1) 异常现象：高频控制主板输出报警信号并跳闸，IPC 对应编号的高频电源"异常状态"显示：负载短路。 2) 报警条件：二次电压值小于 10kV，二次电流值不小于 200mA	1) 查看表头值与终端显示值是否相同，若不相同，则更换高频控制主板，查看异常是否消除。若相同，则执行下一步。 2) 断开高频电源所有断路器，测量高频控制主板线号 199 和 00 之间电阻值应约为 20kΩ；若数值小于 15kΩ，应更换取样板。 3) 若 119 和 00 之间阻值正常，去除高频电压器取样板，用 2500V 绝缘电阻表测量高压侧与高压侧输出电阻是否约为 250MΩ；若数值不符，为降压电阻异常（如果因相邻电场高压电源投运有感应电压，为安全考虑，可考虑跳过此步骤）。 4) 若降压电阻正常，则进行变压器开路试验，查看高频电源负载开路报警是否正常：若正常，可排除高频电源电气异常。若不正常，为高频变压器异常，需吊芯检查。 5) 若以上步骤仍不能解决此异常，建议改变振打高度和周期、检查灰斗是否存在堵灰的现象或停炉时检查保温箱内高压回路或电场内部是否短路，排除此异常。 注：高频电源现场开路实验，必须在高频电源启动前将 I_L 和手动（man）值设为 0。非专业人员严禁做此实验，否则有可能造成设备严重损坏
5	IGBT 异常报警	1) 异常现象：高频控制主板输出报警信号并跳闸，IPC 对应编号的高频电源"异常状态"显示：IGBT 异常。 2) 报警条件：逆变器回路输出报警信号	1) 检查从高频电源控制主板至脉冲板的连接线（线号为 255）连接是否可靠。 2) 更换高频电源控制主板查看异常是否消除。 3) 更换脉冲板查看异常是否消除。 4) 更换驱动接口板查看异常是否消除

序号	异常现象	异常状态	消除方法
6	IGBT 温度超限报警	1）异常现象：高频控制主板输出报警信号并跳闸，IPC 对应编号的高频电源"异常状态"显示：IGBT 温度超限。 2）报警条件：温度检测回路中检测功率器件温度超过 85℃或热交换器有报警信号输出	1）检查热交换器报警灯是否常亮：若常亮，需对热交换器进行检查处理。 2）检查各功率器件是否存在过热发黑的情况
7	无异常跳闸	无异常报警	1）检查继电器板 JDQB（QT）线号 249-232-237，线路是否松动。 2）检查继电器板 JDQB（QT）线号 249-238，线路是否松动。 3）尝试短连安全联锁线 221 和 222，查看异常是否消除。 4）更换一次电压检测板，查看异常是否消除
8	IPC 出现通信异常	无法通信	1）检查通信线连接是否可靠。 2）查看高频终端供电 235～236 范围内＋5V DC 电源是否正常。异常则查看开关电源 P3 输出 V1 是否正常和检查线路连接。 3）若电源均正常，通信异常仍存在，查看高频终端与高频电源控制主板通信是否正常：若异常，将高频终端进出通信线 301 与 311、302 与 312、303 与 313、304 与 314、305 与 315 短连，查看通信是否正常。并相应更换高频终端和高频控制主板
9	高频电源无法正常升压	升不起压	1）检查确保高频电源控制柜内断路器 QF1、QF2、QF4、QF7 已置于"通"的位置。 2）高频电源启动后，检查线号 237 与 236，238 与 236 之间＋12V DC 是否正常。如测量电压值小于 11V DC，应检查线路器件是否正常工作。 3）检查脉冲板上 F1、F2、F3、F4 分别与 GND 之间＋15V DC 是否正常。如测量电压值低于 14.85V，应检查驱动接口板与脉冲板连接是否可靠

第六节　等离子点火、电解水制氢整流装置

一、概述

电厂采用等离子煤粉点火燃烧器，用直流空气等离子体作为点火源，可点燃挥发分较低的（10％）贫煤，实现锅炉的冷态启动而不用一滴油。

大型发电机广泛采用氢气进行冷却，发电厂用的氢气一般采用电解水的方法制备。等离子点火、电解水制氢整流装置电源均采用全波整流并具有恒流性能。其特点是大功率整流装置二次电压低，电流很大。

二、等离子点火与电解水制氢装置原理

（一）等离子点火原理

利用直流电流在一定介质气压的条件下接触引弧，并在强磁场控制下获得稳定功率的定向流动空气等离子体，该等离子体在点火燃烧器中形成 $T>4000K$ 的梯度极大的局部高温火核，煤粉颗粒通过该等离子体火核时，在千分之一秒内迅速释放出挥发物，再造挥发分，并使煤粉颗粒破裂粉碎，从而迅速燃烧。由于反应是在气相中进行，高温等离子体使混合物发生了一系列物理化学变化，使煤粉的燃烧速度加快，达到点火并加速煤粉燃烧的目的，大大地减少了促使煤粉燃烧所需要的引燃能量。煤粉锅炉等离子发生器简图如图 15-18 所示。

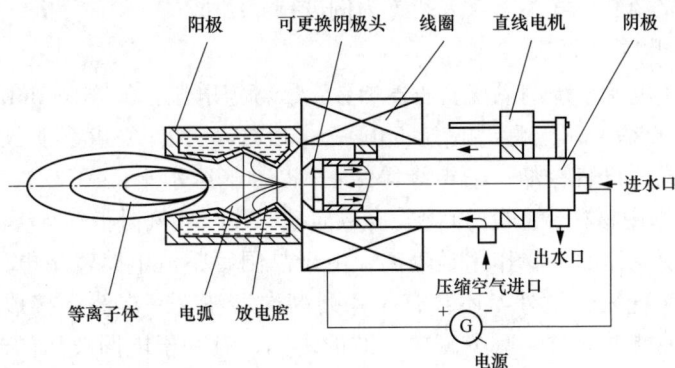

图 15-18　煤粉锅炉等离子发生器简图

（二）电解水制氢原理

电解水制氢的工作原理是采用直流电电解除盐水，使水分子分解，并在直流电的两极分别产生氢气和氧气的过程，也就是工业制氢法，制氢过程中经常在电解槽内加入适量氢氧化钾作为导电介质，以降低水的电阻值和提高水的电解效率。

在充满氢氧化钾或氢氧化钠的电解槽中通入直流电，水分子在电极上发生电化学反应，分解成氢气和氧气。其化学反应式如下：

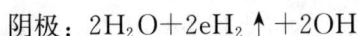

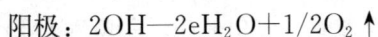

$$阴极：2H_2O+2e H_2\uparrow+2OH$$
$$阳极：2OH-2e H_2O+1/2O_2\uparrow$$
$$总反应式：2H_2O 2H_2\uparrow+O_2\uparrow$$

根据库仑定律，气体产量与电流成正比，与其他因素无关。氢氧化钾的作用在于增加水的电导，本身不参加电解反应，理论上是不消耗的。电解液中加入五氧化二矾的作用是在于降低电解电压。单位气体产量的电耗，

取决于电解电压，电解槽的工作温度越高，电解电压越低，同时也增加了对电解槽材料，主要是隔膜材料的腐蚀。石棉在碱液中长期使用温度不能超过 100℃，因此操作温度选择在 80～85℃为宜。电解压力的选择主要根据用氢的需要。气体纯度决定于制氢机结构和操作情况。在设备完好（主要是电解槽隔膜无损坏）操作压力正常（主要是压差控制正常）的条件下，纯度是稳定的。

三、等离子发生器及电解水制氢电源系统原理

等离子发生器电源系统是用来产生维持等离子电弧稳定的直流电源装置。电解水制氢电源系统是用来产生稳定的电解电流的直流电源装置。其基本原理是通过三相全控桥式晶闸管整流电路将三相交流电源变为稳定的直流电源。其由隔离变压器和电源柜两大部分组成。电源柜内主要有由六组大功率晶闸管组成的三相全控整流桥、大功率直流调速器、直流电抗器、交流接触器、控制 PLC 等。现以烟台龙源电力技术股份有限公司的等离子设备，DLZ-200 型等离子点火装置为例进行介绍。

（一）隔离变压器

等离子电源系统用隔离变压器参数：①额定电压：0.38/0.36kV；②额定功率：200kVA；③额定频率：50Hz；④相数：三相；⑤接线方式：D，y；⑥冷却风式：自然冷却；⑦绝缘等级：F；⑧绝缘水平：AC3/3；⑨温升：100K；⑩选用材料：30Q130 冷轧有取向硅钢片、环氧树脂真空浇注。

隔离变压器的主要作用是隔离。由于晶闸管整流电路输出电压为缺角正弦波，除直流分量外，还含有一系列高次谐波。一次绕组接成三角形，使三次谐波能够通过，减少高次谐波的影响，有利于电网波形的改善；二次绕组接成星形，可得到中性线，特别是三相半波整流电路，必须要有中性线。

（二）电源柜

电源柜技术参数如下：①额定输入电压：3AC400（＋15％/－20％）；②额定输入电流：332A；③额定频率：45～65Hz；④额定直流输出电压：485V；⑤额定直流输出电流：400A；⑥过载能力：180％；⑦额定输出功率：194kW；⑧额定直流电流下的功耗：1328W。

电子电路电源参数如下：额定供电电压：2AC380（－25％）～460（＋15％）；I_n＝1A 或 1AC190（－25％）～230（＋15％）；I_n＝2A。

冷却风扇技术参数如下：①额定电压：3AC400（15％）50Hz；②额定电流：0.3A；③额定流量：570m³/h；④噪声等级：73dBA；⑤运行环境温度：0～40℃，强迫风冷；⑥存储和运输温度：－25～＋70℃；⑦安装海拔：额定直流电流下不超过 1000m；⑧环境等级（DINIEC721-3-3）：$3K_3$；⑨防护等级（DIN40050IEC144）：IP00。

说明：①电源柜进线电压可低于额定电压（由参数 P078 设置，400V

装置可用于 85V 输入电压），输出电压也相应降低；②指定的直流输出电压，在进线电压低于 5% （额定输入电压）时也能达到；③负载系数 K_1（直流电流）同冷却温度有关；④负载系数 K_2 与安装高度有关；⑤总的衰减系数 $K=K_1\times K_2$。

（三）整流电路

三相桥式全控整流电路为三相半波共阴极组与共阳极组的串联，V1～V6 六个晶闸管（KP1000A/1200V）接成三相全控整流桥，整流电路原理图见图 15-19。因此整流电路在任何时刻都必须有两个晶闸管导通，才能形成导电回路，其中一个晶闸管是共阴极的，另一个晶闸管是共阳极的，所以必须对两组中要导通的一对晶闸管同时给触发脉冲。可采用两种办法：一种是给每个触发脉冲的宽度大于 60°（一般取 80°～100°），称宽脉冲触发；另一种是在触发某一号晶闸管的同时给前一号晶闸管补发一个脉冲，相当于用两个窄脉冲等效替代大于 60°的宽脉冲，称双脉冲触发。等离子电源柜采用的是双脉冲触发方式。晶闸管对触发电路的要求如下：①触发时，触发的电压应有足够大的电压和电流；②不该触发时，触发回路电压应小于 0.15～0.25V；③触发脉冲的上升前沿要陡；④触发脉冲要有足够的宽度，一般应保持 20～50μs；⑤触发脉冲应与主电路同步，脉冲发出时间前后能平稳地移动，而移动的范围要宽。

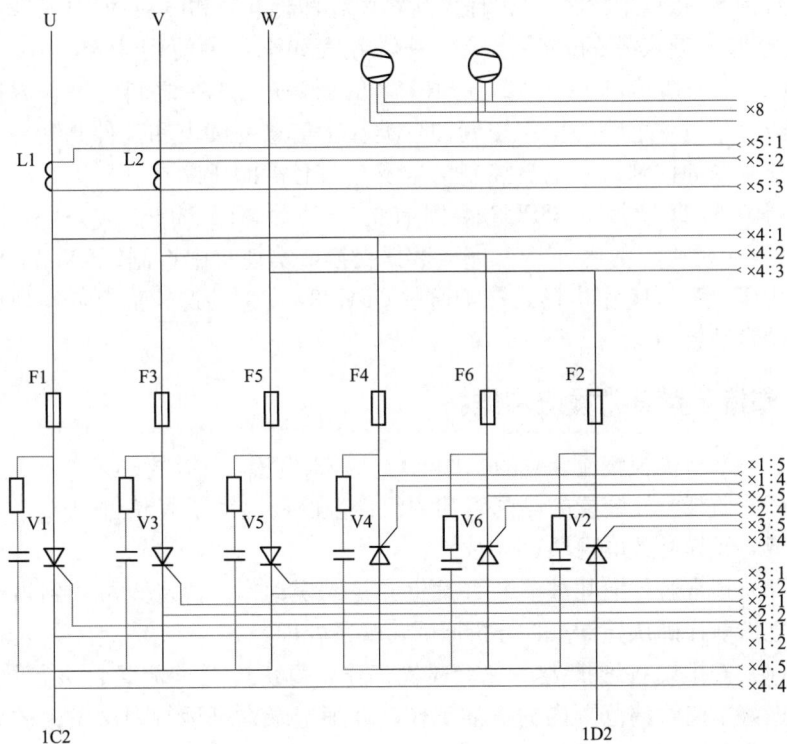

图 15-19　整流电路原理图

（四）SIEMENS 大功率直流调速装置 6RA28（三相全控桥式整流电路部分）

SIEMENS 大功率直流调速装置 6RA28 是给直流调速电动机配备的调速器，其内部有两套整流电路分别用于电动机的电枢回路和励磁回路。电动机电枢回路采用的是三相全控桥式整流电路，励磁回路采用的是单向全控桥式整流电路。等离子电源柜正是采用 6RA28 的电枢回路来提供稳定的直流电源。

（五）直流电抗器

直流平波电抗器，由于 DLZ-200 型等离子发生器是直流接触引弧，因此在启动阶段电源要工作在低电压（0～20V），大电流（260～300A）的短路状态，这对功率组件是极其不利的。同时，由于等离子发生器在引弧瞬间会产生强烈的冲击负荷，即使是在正常工作情况下，由于电弧在阴极和阳极之间旋转产生电压跳变，也要求电源要有极强的恒流能力。这就要求平波电抗器要有足够的感抗。从平波的角度讲当然是电感量越大越好，但是一味地增加电感抗，不仅会增加设备的成本，同时由于其尺寸过于庞大而不利于设备的推广使用。因此，在电抗容量设计上，通过大量实验工作最后定为 500A，2.1mH 的电抗器，其平波效果较为理想。

（六）控制 PLC

选用 S7-200CPU224 可编程控制器来对直流电源和电极动作进行控制，实现等离子点火器的自动点火。具体方案如下：①使用 USS 协议通过 CPU224 上的通信口 PORT0 与 6RA28 的通信口 X172 之间的进行数据交换，以完成对主电路的操作控制和各类状态信息的读出和条件判断等，实现直流电源的控制；②电极控制信号及点火必需的压缩空气压力、冷却水压力等信号直接接入 CPU224 固有的开关量输入输出；③通过扩展 EM277DP 模块与主站 S7-300 完成数据交换，实现集中控制。EM277 模块配置为 16 字入/16 字出模式；④通过 CPU224 内部的逻辑运算，实现点火装置的自动控制。

四、整流装置日常检查和维护

（1）严格监视整流装置的一次电压、一次电流、二次电压和二次电流。

（2）监视整流装置的晶闸管功率组件温度，温度不得超过 90℃，无异常声音，无异常放电现象。

（3）正常运行期间整流装置发生异常或误动作，值班人员接到报警通知应立即前往确认异常点，分析原因，联系处理。

（4）安排设备维护人员进行巡检工作，每班应对整流装置进行检查，以及做好本岗管辖范围内的清洁工作，详细记录本班运行中所发生的异常情况及设备缺陷，做好交接班工作。

（5）定期维护及保养。

（6）观察整流装置状态是否正常，柜面开关、仪表等器件是否洁净、完好。

（7）定期检查柜内晶闸管功率组件冷却风机运行状况，必要时报修。

（8）注意柜内电缆、器件是否完好；有无破损、变色、断裂等异常现象。

（9）注意定期除尘防护并检查整流柜房间是否有漏雨等隐患。

五、整流装置检修工艺步骤及质量标准

整流装置检修工艺步骤及质量标准见表15-10。

表 15-10　　　　　　　整流装置检修工艺步骤及质量标准

序号	检修项目	工艺步骤	质量标准
1	就地控制箱及二次回路清扫	1）就地控制箱清扫。 2）二次回路清扫	1）外观清洁、无污物。 2）控制箱进出线封堵良好
2	就地控制箱及元件检查	1）控制柜检查。 2）空气断路器、熔断器检查。 3）接触器、继电器检查。 4）按钮检查。 5）指示灯检查。 6）电源模块检查。 7）三相全控桥式整流电路检查。 8）PLC检查	1）二次端子无过热变色、变形现象；连接螺栓紧固。 2）空气开关、接触器动作无卡涩现象
3	二次回路紧固	1）二次线检查、清扫。 2）用毛刷清除端子排上的灰尘、紧固端子。 3）用万用表对照图纸校对二次线。 4）用500V绝缘电阻表测二次线对地绝缘	1）二次端子排上的接线紧固。 2）二次线对地绝缘应不小于3MΩ。 3）用万用表对照图纸校对二次线正确
4	进出线电缆端子检查	进出线电缆端子检查	端子接线牢固，无过热现象
5	辅助触点检查	1）检查辅助触点有无氧化、发热、变色。 2）检查辅助触点接线有无松动	动合、动断触点指示正确

六、整流装置常见异常分析

虽然等整流装置的品种、规格和电路原理各异，异常现象表现不一，但也有一些具有一定共性的常见异常形式，需要在整流装置运行和维护工作中引起注意。整流装置常见异常及原因见表15-11。

表 15-11　　　　　　　　整流装置常见异常现象、原因及处理方法

序号	现象	原因	处理方法
1	晶闸管在运行中过热	1) 过负荷。 2) 通态平均电压（即管压降）偏大。 3) 门极触发功率偏高。 4) 晶闸管与散热器接触不良。 5) 环境温度与冷却介质温度偏高。 6) 冷却介质流速过低	1) 检查负荷是否过大，调整负荷。 2) 更换晶闸管。 3) 更换晶闸管。 4) 调整晶闸管与散热器安装位置，工具拧紧使接触良好。 5) 检查环境温度与冷却介质温度，进行温度调整。 6) 提高冷却介质流速
2	主回路电压正常，但门极加上触发电压后晶闸管却不导通	1) 触发电路功率不足。 2) 脉冲变压器极性接反。 3) 负荷断开。 4) 门极—阴极间并联的二极管短路。 5) 晶闸管损坏	1) 检查触发电路。 2) 改变脉冲变压器极性。 3) 检查负荷。 4) 消除短路。 5) 更换晶闸管
3	主回路加电源电压后，不加触发脉冲晶闸管就导通	1) 晶闸管本身触发电压低，门极引线受干扰，引起误触发。 2) 环境温度和介质温度偏高，使晶闸管结温偏高，导致晶闸管触发额定电压降低，在干扰信号下造成误触发。 3) 晶闸管额定电压低，使晶闸管在电源电压作用下"硬开通"。 4) 晶闸管的断态电压临界上升率偏低或晶闸管侧阻容回路短路	1) 检查触发电压，消除干扰。 2) 检查环境温度与冷却介质温度，进行温度调整。 3) 修理或更换晶闸管。 4) 更换晶闸管或阻容元件
4	晶闸管元件，在使用过程中突然损坏	1) 电流方面的原因：输出发生短路或过载而保护不完善，熔断器性能不合格，快速性不合要求。输出接大电容，触发导通时电流上升速度过快，时间长了造成损坏。元件性能不稳定，正向电压降太高，温升太高。 2) 电压方面的原因：没有适当的过电压保护，外界因开关操作，雷击等有过电压侵入，或整流电路本身因换相造成换相过电压，或是输出回路突然切断造成过电压，均可能损坏元件。元件特性不稳定，正向电压定额下降，造成连续的正向转折引起损坏，反向电压定额下降，引起反向击穿。	1) 检查保护元件，选用快速熔断器，更换电容或晶闸管。 2) 检查过电压保护，在晶闸管整流电路的交流输入端，直流输出端及元件上，都接有 RC 吸收网络或硒堆等过压保护，因为晶闸管的耐受过压能力较差，而在交流侧及直流侧会经常产生一些过电压，如电网操作过电压，雷击过电压，直流侧电感负载电流突变时感应过电压，熔丝熔断引起过电压，晶闸管换向时的过电压等，都有可能导致元件损坏或性能下降，所以要采取过电保护措施。硅整流器普遍采用了阻容过电压保护，其原理是电容 C 和电阻 R 串联后，并联在隔离变压器二次路中，当回路中产生过电压时，由于电容 C 上的电压不能变，延缓了过电压的上升速度，同

续表

序号	现象	原因	处理方法
4	晶闸管元件，在使用过程中突然损坏	3）控制极方面的原因：控制极所加最高电压电流，或平均功率超过允许值，控制极与阳极发生短路异常，触发电路有短路异常，加在控制极上的电压太高，控制极反向电压太大（10V以上），造成反向击穿。 4）散热器冷却方面的原因：散热器没拧紧温升超过允许值	时过滤掉了一部分高次谐压分量，使硅元件上出现的过电压不会在短时间内增至很大。串联电阻R是用来限制电容器充放电电流和防止回路中生电容电感振荡的。 3）检查控制极所加电压、电流及短路点。按规定控制极电压、电流瞬时值，不能超过10V、2A；在宽脉冲下，控制极所加的平均功率，即电流、电压乘积，乘以脉冲宽度的百分数，不能超过500MW。但是额定电流100A及以上的元件、控制极的面积增大，能够耐受的外加控制信号的功率也可以增大，100～200A的元件可以允许平均损耗2W，300～500A元件为4W。 4）调整晶闸管与散热器安装位置，工具拧紧使接触良好
5	在夏天工作正常的晶闸管装置到冬天变得不可靠了，冬天工作正常，夏天工作不正常	冬天温度降低时，晶闸管要求的触发功率增大，可能因为触发电路提供的功率不够大，造成晶闸管不能触发，如有个别晶闸管不能触发，整个装置就可能工作不正常。夏天温度高，晶闸管触发电流降低，容易误触发。另外，如果原来的电压裕量不大，在温度升高时，晶闸管的正向转折电压和反向击穿电压可能下降，致使正向误导通或反向击穿	提高触发电路功率，选用触发电流高，电压裕量大的晶闸管
6	送上触发信号晶闸管还不导通	1）晶闸管门极断开或短路。 2）触发电路输出功率小。 3）主回路没有接负载。 4）脉冲变压器二次侧极性接错，或者门极与阴极之间并接的二极管被击穿短路	1）用三用表检查晶闸管门极与阴极的阻值，若发现损坏，则更换晶闸管。 2）改进触发电路，增大触发电流幅值。 3）接上主回路负载。 4）纠正脉冲变压器二次侧接线，或者调换一只二极管
7	晶闸管在轻载时工作正常但是，通大电流时造成失控	1）晶闸管高温特性差，在大电流时失去正向阻断能力。 2）整流变压器漏抗引起波形畸变	1）更换晶闸管。 2）解决整流变压器漏抗匹配问题

续表

序号	现象	原因	处理方法
8	水冷型晶闸管整流器运行时突然击穿烧坏几只晶闸管	1）断水使晶闸管工作结温急剧上升，致使晶闸管击穿短路。 2）晶闸管管壳绝缘陶瓷圈表面有水珠或积尘导电，使阳极与阴极、门极与阴极之间形成短路。 3）晶闸管绝缘底座积尘导电，使阳极或阴极对地短路。 4）主回路过电流保护环节不起作用	1）检查水路，保证畅通无阻。 2）清除灰尘，擦干水珠。 3）检测晶闸管阳极或阴极对地之间耐压绝缘状况；清除灰尘，保证晶闸管底座对地绝缘性能良好。 4）合理调整过电流保护环节的整定值

第十六章　无功补偿装置

第一节　无功补偿装置

无功补偿装置是一种通过电容器或电感器等无源器件进行调节的无功电源。为了克服电网的无功损耗，电力行业通常会采用无功补偿装置。电力系统中现有的无功补偿设备按照电路中连接方式，可以分为串联无功补偿装置和并联无功补偿装置。并联无功补偿器又可以分为并联电容补偿装置、并联电抗补偿装置。按照补偿是否可以调节，又可以分为静态无功补偿装置和动态无功补偿装置。

一、串联无功补偿装置

串联无功补偿器是指将电容器或电感器等无功补偿器连接在负载设备的电路上，并且和负载设备是串联连接的。通过串联无功补偿器可以抵消负载电路中产生的无功电流，提高电路的功率因数。但是串联无功补偿器需要和负载设备一起投入使用，如果负载设备变化，需要重新调整补偿器，因此不太灵活。串联无功补偿器应用较少，主要还是使用并联无功补偿装置。

二、并联电容补偿装置

并联电容器由于通过电容器的交变电流在相位上正好超前于电容器极板上的电压，相反于电感中的滞后，由此可视为向电网发无功功率。它的主要作用是就近向负荷供给无功，提高用电功率因数、改善电压质量、降低线路损耗，具有运行简便、经济可靠等优点。

并联补偿设备的主要问题在于除同步调相机外，均为负调压特性，补偿容量与其装设地点端电压平方成正比，在电压较低时补偿容量下降，不利于电压的恢复。

三、并联电抗补偿装置

并联电抗补偿装置通过并联电抗器吸收容性电流，补偿容性无功，使系统达到无功平衡，可削弱电容效应，限制系统的工频电压升高及操作过电压。其不足之处是容量固定的并联电抗器，当线路传输功率接近自然功率时，会使线路电压过分降低，且造成附加有功损耗，但若将其切除，则线路在某些情况下又可能因失去补偿而产生不能允许的过电压。

四、静态无功补偿装置

（一）静态无功补偿装置概述

静态无功补偿装置（static var compensator，SVC）是一种没有旋转部件，快速、平滑可控的动态无功功率补偿装置。它是将可控的电抗器和电力电容器（固定或分组投切）并联使用。电容器可发出无功功率（容性的），可控电抗器可吸收无功功率（感性的）。通过对电抗器进行调节，可以使整个装置平滑地从发出无功功率改变到吸收无功功率（或反向进行），并且响应快速。

静态无功补偿器不再采用大容量的电容器、电感器来产生所需无功功率，而是通过电力电子器件的高频开关实现对无功补偿技术质的飞跃，特别适用于中高压电力系统中的动态无功补偿。

（二）静态无功补偿装置种类

静态无功补偿器根据其控制和投切的元件不同可分为机械投切电容器（mechanical switching capacitor，MSC）、晶闸管投切电容器（thyristor switched capacitor，TSC）、晶闸管投切电抗器（thyristor switched reactor，TSR）、晶闸管控制电抗器（thyristor controlled reactor，TCR）、磁控电抗器（magnetically controlled reactor，MCR）、晶闸管投切滤波器（thyristor switched filter，TSF）等多种类型。下面重点介绍应用最广泛的 TSC、TCR 和 MCR 型无功补偿器。

1. TSC

TSC 是断续可调的吸收容性无功功率的动态无功补偿装置。和机械断路器相比，晶闸管具有很强的操作寿命，而且晶闸管的投切时刻可以精确控制，以减少投切时的冲击电流和操作困难。TSC 的基本结构如图 16-1 所示。

2. TCR

TCR 原理为：在普通的电容器组上并联套相控电抗器（相控电抗器一般由晶闸管、平衡电抗器、控制设备及相应的辅助设备组成）。

通过对晶闸管导通时间进行控制，控制角（相位角）为 α，电流基波分量随控制角 α 的增大而减小，控制角 α 可在 $0° \sim 90°$ 范围内变化。控制角 α 的变化，会导致流过相控电抗器的电流发生变化，从而改变电抗器输出的感性无功的容量。普通的电容器组提供固定的容性无功，感性无功和容性无功相抵消，从而实现总的输出无功的连续可调。

TCR 的基本结构如图 16-2 所示。

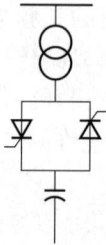

图 16-1　TSC 的基本结构　　图 16-2　TCR 的基本结构

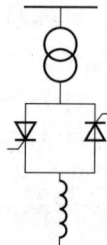

3. MCR

MCR 原理为：在普通的电容器组上并联一套磁控电抗器。磁控电抗器采用直流助磁原理，利用附加直流励磁磁化铁芯，改变铁芯磁导率，实现电抗值的连续可调，从而调节电抗器的输出容量，利用电抗器的容量和电容器的容量相互抵消，可实现无功功率的柔性补偿。能够实现快速平滑调节，响应时间为 $100\sim300\text{ms}$。磁控电抗器采用低压晶闸管控制，无需串、并联，不容易被击穿，安全可靠。设备自身谐波含量少，不会对系统产生二次污染。占地面积小，安装布置方便。装置投运后功率因数可达 0.95 以上，可消除电压波动及闪变，三相平衡符合国际标准。免维护，损耗较小，年损耗一般在 0.8% 左右。

MCR 的基本结构如图 16-3 所示。

图 16-3　MCR 的基本结构

五、动态无功补偿装置

动态无功补偿装置（static var generator，SVG）是当今无功补偿装置领域最新技术的代表。SVG 并联于电网中相当于一个可变的无功电流源，其无功电流可以快速地跟随负荷无功电流的变化而变化，自动补偿系统所需的无功功率。可直接发感性或容性无功，补偿效果好。

由于 SVG 响应速度极快，所以又称静止同步补偿器，其响应时间为 5ms。SVG 是动态无功补偿装置的换代产品，占地面积极小，免维护，一般年损耗在 0.3% 以下，设备紧凑，可布置在户内。但价格最贵，当其价格合理时，应优先选用。同时，SVG 还具有如下优点：

（1）节能效果明显，节能率达到 10%～40%。

（2）实时跟踪电动机的负载变化，对其进行实时精确补偿。

（3）不存在过补偿和欠补偿，平衡内网各相电流差。

（4）有效降低内网电能损耗，提高功率因数达 0.95 以上。

（5）不会产生电网污染，不会产生高次谐波，不会造成浪涌。

（6）电容寿命长，性能稳定。柜体分体式设计，不受运输、场地限制。

SVG 是一种使用全控型高速电力电子器件作为开关控制电流的装置。其基本工作原理是：通过对系统电参数的检测，预测出一个与电源电压同相位的幅度适当的正弦电流波形。当系统瞬时电流大于预测电流的时候，SVG 将大于预测电流的部分吸收进来，储存在内部的储能电容器中。当系统瞬时电流小于预测电流的时候，SVG 将储存在电容器中的能量释放出来，填补小于预测电流的部分，从而使得补偿后的电流变成与电压同相位的正弦波。

根据 SVG 的工作原理，理论上 SVG 可以实现真正的动态补偿，不仅可以应用在感性负荷场合，还可以应用在容性负荷的场合，并且可以进行谐波滤除，起到滤波器的作用。

SVG 电路图如图 16-4 所示。

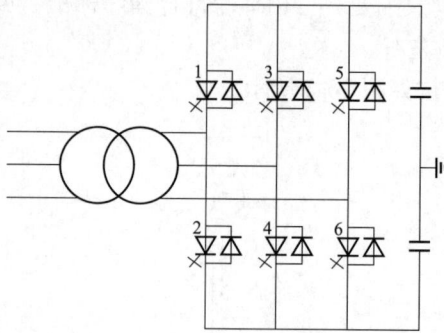

图 16-4　SVG 电路图

六、SVC 和 SVG 的区别

（1）SVG 响应速度快，可取得更好的电压波动和闪变抑制效果。SVG 闭环响应速度快（10ms），SVC 响应速度慢（40～60ms），SVG 中采用的 IGBT 10μs 开关一次，SVC/MCR 中的晶闸管 10ms 开关一次。

（2）SVC 利用晶闸管控制电抗器的等效基波阻抗，不仅受到系统谐波影响大，而且自身会产生大量的谐波，必须配套采用滤波器组，消除 SVC 自身产生的谐波含量。SVG 中采用逆变器，不仅受系统谐波影响小，还可以有效抑制系统的谐波。

（3）SVC 以晶闸管调节电抗加多组 FC 作为无功补偿的主要手段，极容易发生谐振放大现象，导致安全事故，系统电压波动大时，补偿效果受很大影响，并且运行损耗大。SVG 补偿则 IGBT 功能强大，具有很好的过载能力，运行过程中电磁噪声低。

（4）SVG 链式直挂，可以省去连接变压器，减小了占地面积（不到 SVC 的一半），降低了装置成本和损耗，效率可达 99.2％及以上。SVG 由于无大型变压器及电抗器，可制造成移动式设备，大大提高设备的使用率。

（5）SVG 采用柜式结构，设计安装简单，模块化结构设计，安装与维护简单，工作量小，可采用远程监测方式，实时上传运行状态，实现无人值守运行。

对各种无功补偿装置进行比较，见表 16-1。

第十六章 无功补偿装置

表 16-1

各种无功补偿装置的比较

大类	名称	型号	工作原理	技术指标	优点	缺点	应用场合
旋转式无功补偿	同步发电机/调相机		欠励磁运行,向系统发出有功,吸收无功,系统电压偏低时,过励磁运行提供无功功率,将系统电压抬高		可双向/连续调节;能独立调节同磁调节无功功率,有较大的过载能力	损耗、噪声都很大,设备投资高、启动、运行,动态响应速度慢、维修复杂,不适应太大或太小的补偿,只用于三相平衡补偿,增加系统短路容量	适用于大容量的系统中枢点无功补偿
静止式静态无功补偿	机械投切电容器	MSC	用断路器/接触器分级投切电容	投切时间 10~30s	控制器简单,市场普遍供货,价格低,投资成本少,无漏电流	不能快速跟踪负载无功功率的变化,而且投切电容器时常会引起较为严重的冲击电流和操作过电压,这样不但易造成接触点烧焊,而且使补偿电容器内部击穿,所受的应力大,维修量大	适用无功量比较稳定,不需频繁投切电容补偿的用户
	机械投切电抗器	MSR	并联在线路末端或中间,吸收线路上的无电功率	补偿度 60%~85%	防止长线路在空载或轻载时末端电压升高	不能跟踪补偿,为固定补偿	超高压系统(330kV 及以上)的线路上
	自饱和电抗器	SSR	依靠自饱和电抗器自身固有的能力来稳定电压,利用铁芯的饱和特性来控制发出或吸收无功功率的大小	调整时间长,动态补偿速度慢	动态补偿	原材料消耗大,噪声大、震动大,补偿不对称,电炉负荷自身产生较多谐波有功负荷的能力,制造复杂,造价高	超高压输电线路
静止式动态无功补偿	晶闸管投切电容器	TSC	分级用晶闸管在电压过零时投入电容,在 380V 低压配电系统中应用较多	10~20ms	无涌流,无触点,投切速度快,级数分得足够细,基本上可以实现无级调节	晶闸管结构复杂,需散热,损耗大,遇到操作过电压及雷击等电压突变情况下易误导通而被涌流损坏,有漏电流	需快速频繁投切电容补偿的用户
	复合开关投切电容器	TSC+MSC	分级先由晶闸管在电压过零时投入电容,再由磁保持交流接触器触点并联闭合,晶闸管退出,电容器在磁保持交流触点闭合下运行	0.5s 左右	无涌流,不发热,节能	使用寿命短,故障较多,有漏电流	一般工厂/小区和普通设备,无功量变化大于 30s

续表

大类	名称	型号	工作原理	技术指标	优点	缺点	应用场合
	晶闸管控制电容器	TCC	采用同时选择截止角 β 和导通角 α 的方式整控电容器电流，实现补偿电流无级、快速跟踪	20ms	价格低廉、效率非常高	产生谐波	低压小容量，非常适合广大终端低压用户
	晶闸管阀控制高阻抗变压器	TCT	通过调整触发角的大小就可以改变高阻抗变压器所吸收的无功分量，达到调整无功功率的效果	阻抗最大做到85%	和TCR型差不多	高阻变压器制造复杂、谐波分量也略大一些，价格较贵，不能得到广泛应用	容量在30Mvar以上时价格较贵，而不能得到广泛应用
	晶闸管投切电抗器	TSR＋FC	分级用可控硅作为无触点的静止可控投止开关投切电抗器电流	功率因数0.95	不会产生谐波，而且响应速度快、不会产生冲击电流	分级多成本高、制造复杂、维护频项	与TSC配合使用在牵引变电站
静止式动态无功补偿	晶闸管控制空芯电抗器	TCR	通过调整触发角的大小就可以改变电抗器所吸收的无功分量，达到调整无功功率的效果	40ms	可以实现较快、连续的无功功率调节，具有反应时间快、运行可靠、无级补偿、可分相调节，能平衡有功、适用范围广	结构复杂、损耗大，任何一只SCR击穿，都会使晶闸管整体损坏；对冷却要求严格，设备造价、建设施工及运行维护费用很高，对维护人员要专门培训以提高维护水平；占地面积大、产生谐波等	35kV及以下系统，与FC/MSC/TSC配合
	磁控可调电抗器	MCR	采用直流励磁原理，利用附加直流励磁化铁芯，改变铁芯磁化导率，实现电抗值的连续可调，改变电抗感抗电流，以投入的电抗器感性无功容量变化来补偿系统容性无功	300ms	功率因数达到0.90～0.99，无功补偿容量自动无级调节，不产生谐波，维护性简单、可靠性高，使用寿命长，应用电压等级广泛	相对于TCR型SVC，其谐波水平、有功损耗、占地面积都要小，但调节时间长、成本高，温升和噪声是需要控制的	0.4～500kV系统，适用于冲击性负荷

大类	名称	型号	工作原理	技术指标	优点	缺点	应用场合
静止式动态无功补偿	磁控可调电抗器	MCR				SVC是阻抗型补偿装置，对系统参数很敏感，当SVC参数配置不合理或者运行一段时间后，系统参数发生变化时，很容易引起系统谐振或谐波放大，诸振或谐波放电流不仅危害SVC自身的设备安全，对系统其他设备身的设备安全也是隐患的安全也是隐患	
高级动态无功补偿	新型静止无功发生器	SVG	动态补偿装置SVG是基于大功率逆变器的动态无功补偿装置，它以大功率逆变电压型逆变器为核心，其输出电压型通过连接电抗串入系统，与系统侧电压保持同频、同相，通过调节其输出电压幅值与系统侧电压幅值的关系来确定输出功率的性质，当其幅值大于系统侧电压幅值时输出容性无功，小于时输出感性无功	响应时间10ms，从容性无功到到感性无功连续平滑调节	除较低次的谐波，并使用直流限波限制在一定范围内；使用直流电容来维持稳定的直流电源电压，和SVC使用的交流电容相比，直流电容量相对较小，成本较低；另外，在系统电压很低的情况下，仍能输出额定无功电流，而SVC补偿的无功电流随系统电压的降低而降低	控制复杂，成本高，35kV以上系统没有产品（占地面积小，安全性高SVG是电流可控型，对系统参数不敏感，安全性与稳定性较好，不会发生谐波放大的情况，根据需要，还可以补偿谐波电流，起到抑制谐振的效果）	中低压系统（指各电力行业（指各省大电网公司，各省电力公司，各地的供电公司），电气化铁道及城市轨道交通行业，石化和天然气行业，冶金、钢铁与矿山造船业

续表

大类	名称	型号	工作原理	技术指标	优点	缺点	应用场合
有源滤波器		APF	由电力电子元件和 DSP 等构成的电能变换设备，检测对应负载谐波电流并主动提供对应的补偿电流，补偿后的源电流几乎为纯正弦波，其行为模式为主动式电流源输出	响应时间小于 $300\mu s$	可动态滤除各次谐波	有源滤波器不受系统阻抗变化、频率变化、负载增加的影响；设备造价大、容量单套不超过 $100kVA$，不能或很少提供无功功率补偿	目前最高适用电网电压不超过 690V
无源滤波器	LC 滤波器		由 LC 等被动元件组成，将其设计为某频率下极低阻抗，对相应频率谐波电流进行分流，其行为模式为被动式谐波电流旁路提供谐波通道	单调谐滤波器、双调谐滤波器、高通滤波器都属于无源滤波器	只能滤除固定次数的谐波；但完全可以解决系统中的谐波问题，解决企业用电过程中的实际问题，且可以达到国家电力部门的标准	1) 无源滤波器一般只能滤除某阶次谐波，且要求系统符合相对稳定，适用于谐波单一、负荷稳定的场景。2) 无源滤波器受系统阻抗影响严重，存在谐波放大和共振的危险。3) 无源滤波器补偿效果随着负载的变化而变化	设备造价较低，同时提供无功率补偿，最高适用电网电压可达 3000V。由于其价格优势，且不受硬件限制，广泛用于电力、油田、钢铁、冶金

第二节　无功补偿装置维护

一、无功补偿装置的日常维护

1. 定期巡视

定期巡视是维护无功补偿设备的重要环节。在巡视过程中，应仔细观察设备的运行情况，检查其线路连接是否松动，确保设备的运行稳定性。如发现任何异常，应及时采取措施进行处理。

2. 清洁保养

无功补偿设备的外观及内部元件都需要定期进行清洁保养。外观清洁可采用软布擦拭；内部元件清洁则需要专业技术人员进行，如清除污垢、灰尘等，确保设备的正常运行。

3. 线路检测

无功补偿设备的线路连接是否稳固、接触是否良好是影响设备运行的重要因素。定期对设备的线路进行检测，确保连接牢固，防止因线路故障导致设备失效。

4. 冷却系统维护

无功补偿设备中的冷却系统对设备的工作温度起到重要作用。定期检查冷却系统的工作状态，确保冷却设备的正常运行，防止因过热导致设备故障。

5. 维护记录

对于无功补偿设备的维护工作，必须做好详细的维护记录。

二、维护项目及周期

保证无功补偿系统的长期可靠运行，需要对其进行定期检修。检修周期视无功补偿系统产品运行环境而定，一般为一年一次。

1. 检修项目

（1）无功补偿设备室内外部绝缘清扫，检查引线接头紧固、无松动，电缆和母线无过热现象。

（2）电抗器本体无渗漏油，无鼓肚现象，连接线接头牢固。

（3）无功补偿设备外观检查无异常、无异音、无放电现象。

（4）二次回路控制柜显示正确，无异常。

（5）检查所有电力电缆、控制电缆有无损伤，电力电缆端子是否松动，高压绝缘热缩管是否松动。

（6）检查设备构架无倾斜，检查设备构架各螺栓连接可靠、不松动，垫圈齐全。

（7）检查设备接地良好，并符合规范。

（8）检查交直流电源是否正常。

（9）检查电抗器引线有无过度松弛或异物搭接，声音是否正常，震动有无异常。

（10）校验所有保护装置及二次接线，所有保护装置应正常工作、二次接线无松动虚接现象。

（11）系统运行正常，无告警信号产生，所有测量值均正常。

2. 电抗器检修项目

电抗器检修项目见表16-2。

表16-2 电抗器检修项目

序号	检修项目	检修要求
1	电抗器包封与支架间紧固带	电抗器包封与支架间紧固带螺栓不存在松动、断裂
2	接线桩头	接线桩头螺栓无烧伤痕迹，接触良好
3	紧固件	紧固件螺栓紧固无松动
4	器身及金属件	器身及金属件连接件、螺栓无变色、过热现象
5	支座绝缘及支座	支座绝缘及支座绝缘良好，支座紧固且受力均匀
6	器身表面涂层	器身表面涂层完好无龟裂
7	器身表面	器身表面无浸润现象
8	电抗器整体	电抗器整体外观清洁，完好无缺损；支持绝缘子接地良好；线圈无变形，绝缘良好；螺栓齐全紧固；油漆完整无变色

3. 电抗器试验项目

电抗器试验项目见表16-3。

表16-3 电抗器试验项目

序号	试验项目	周期	要求
1	直流电阻测量	必要时	换算至同一温度下与出厂值相比串联电抗器不大于2%、并联电抗器不大于1%；三相间的差别不大于三相平均值的2%
2	绝缘电阻测量（并联电抗器的径向必要时进行）	1~5年	同一温度下与历年数据比较无明显变化
3	外施交流耐压试验	必要时	无闪络、击穿
4	阻抗（或电感）测	必要时	与出厂值比无明显变化；符合运行要求
5	表面憎水性试验	必要时	无浸润现象

4. 电容器检修项目

电容器检修项目见表16-4。

5. 电容器试验项目

电容器试验项目见表16-5。

表 16-4　　　　　　　　　　　　　　　　电容器检修项目

序号	项目	检修工艺	质量标准
1	检查金属膨胀器（金属膨胀器式）	1）检查膨胀器的波纹片焊缝是否渗漏，如波纹片焊接处开裂或永久变形，应更换。 2）检查膨胀器放气阀内有无气体，如有气体，应查明原因，并放掉残存气体。 3）检查膨胀器的油位指示机构或油温压力指示机构是否灵活可靠，如有卡滞，应打磨光滑后涂黄油。 4）检查波纹式膨胀器顶盖外罩的连接螺栓是否齐全，有无锈蚀，若短缺应补齐，并清除顶盖与外罩的锈蚀	1）膨胀器密封可靠，无渗漏，无永久变形。 2）放气阀内无残存气体。 3）油位指示或油温压力指示机构灵活，指示正确。 4）波纹片膨胀器上盖与外罩连接可靠，不得锈蚀卡死，保证膨胀器内压力异常增大时能顶起上盖
2	检查储油柜（储油柜式）	检查一次引线的连接紧固情况	一次引线连接可靠
3	检查瓷套	1）清除瓷套外表积污，注意不得划伤釉面。 2）用环氧树脂修补碰掉的瓷裙边小破损，或用强力胶修复；如瓷套径向有穿透性裂纹，外表破损面积超过单个伞裙的10％或破损总面积虽不超过单伞的10％，但同一方向破损伞裙多于两片，应更换	1）瓷套外表清洁无积污。 2）瓷套外表应光洁完好
4	检查油箱底座	1）检查并配齐设备铭牌及标示牌。 2）清扫外表积污与锈蚀。 3）清扫二次接线端子与接线板。 4）清擦电压电容器 N 端小瓷套、电流电容器末屏及监测屏小瓷套。 5）检查放油阀	1）铭牌及标示牌齐全。 2）外表清洁。 3）二次接线板及端子密封完好，无渗漏，无氧化，无放电烧伤痕迹。 4）小瓷套清洁，无渗漏，无放电烧伤痕迹。 5）放油阀密封完好，无渗漏

表 16-5　　　　　　　　　　　　　　　　电容器试验项目

序号	项目	周期	要求	说明
1	极间绝缘电阻	1）投运后 1 年内。 2）1～3 年	一般不低于 5000MΩ	用 2500V 绝缘电阻表
2	电容值	1）投运后 1 年内。 2）1～3 年	1）每节电容值偏差不超出规定值的−5％～+10％范围。 2）电容值大于出厂值的102％时应缩短试验周期。 3）一相中任两节实测电容值相差不超过 5％	用电桥法

续表

序号	项目	周期	要求	说明
3	tanδ	1) 投运后 1 年内。 2) 1～3 年	10kV 下的 tanδ 值不大于下列数值： 油纸绝缘：　　　0.005 膜纸复合绝缘：0.002	1) 当 tanδ 值不符合要求时，可在额定电压下复测，复测值如符合 10kV 下的要求，可继续投运。 2) 电容式电压互感器低压电容的试验电压信号自定
4	渗漏油检查	6 个月	渗漏时停止使用	用观察法
5	低压端对地绝缘电阻	1～3 年	一般不低于 100MΩ	采用 1000V 绝缘电阻表
6	局部放电试验	必要时	预加电压 $0.8 \times 1.3 U_m$，持续时间不小于 10s，然后在测量电压 $1.1 U_m / \sqrt{3}$ 下保持 1min，局部放电量一般不大于 10pC	如受试验设备限制预加电压可以适当减低
7	交流耐压试验	必要时	试验电压为出厂试验电压的 75%	

6. SVG 装置检修项目

SVG 装置检修项目见表 16-6。

表 16-6　　　　　　　　　　SVG 装置检修项目

序号	检修工序步骤及内容	质量标准
1	检查所有电力电缆、控制电缆有无损伤，电力电缆端子是否松动，高压绝缘热缩管是否松动	各接线桩头螺栓无烧伤痕迹，接触良好，紧固件螺栓紧固无松动，器身及金属件连接件、螺栓无变色、过热现象，并及时更换锈蚀、损坏的螺栓
2	更换进气口滤棉	滤网应无杂质
3	检查冷却装置正常	冷却装置应正常平稳、无振动、无异响
4	校验所有保护装置及二次接线	所有保护装置应正常工作、二次接线无松动虚接现象
5	电器元件的试验	试验结果满足厂家
6	将功率单元进出线电缆紧固一遍，并用吸尘器清除柜内灰尘	各功率单元电缆连接紧固无松动，连接螺栓齐全、牢固，接头接触良好，清理设备灰尘

三、无功补偿装置常见故障及处理

1. 电容器常见故障及处理

电容器常见故障及处理见表 16-7。

表 16-7 电容器常见故障及处理

故障现象	原因分析	处理方法
套管破裂外壳损伤	运输或安装时不小心，有碰撞现象	损坏轻微的可自行修补，损坏严重的须有专业人员修理
温升过高	1) 环境温度过高。 2) 高次谐波电流过大。 3) 投切过于频繁。 4) 介质老化，损耗角正切值增大	1) 检查装置。 2) 设法消除谐波。 3) 限制操作过电压和过电流。 4) 更换该电容器
噪声过大	1) 电抗器松动，门、侧板松动。 2) 高次谐波超标	1) 紧固电抗器和门、侧板等。 2) 设法消除谐波
电流过大	1) 电网电压升高。 2) 高次谐波电流过大。 3) 有损坏电容器	1) 调整电网电压。 2) 消除谐波。 3) 及时查找损坏电容
验收试验的击穿	1) 产品运输损坏。 2) 试验电压过高或持续时间过长。 3) 测量电压的方法错误	1) 更换该电容器。 2) 验收试验严格按 GB 50150 的要求执行
电容显著增大	可能是元件击穿	更换该电容器
损耗增大	电容器质量恶化	更换该电容器
外壳鼓肚	1) 介质内有局部放电发生。 2) 元件击穿或极对壳击穿	检查线路并更换鼓肚电容器

2. 电抗器常见故障及处理

电抗器常见故障及处理见表 16-8。

表 16-8 电抗器常见故障及处理

故障现象	原因分析	处理方法
局部温度过高	1) 电抗器在运行时温度过高。 2) 焊接质量问题，接线端子与绕组焊接处焊接电阻产生附加电阻而发热	应改善电抗器通风条件，降低电抗器运行环境温度，从而限制温升
沿面放电	表面污尘受潮，导致表面泄漏电流正大	1) 为避免电抗器发生树枝状放电和匝间短路故障，涂刷憎水性涂料抑制表面放电。 2) 端部预埋环行均流电极，可克服下端表面泄漏电流集中现象
振动噪声故障	引起震动的主要原因是磁回路有故障和制造安装时铁芯未压紧或压件松动	对紧固件再次紧固

3. SVG 设备异常及事故处理

SVG 设备异常及事故处理见表 16-9。

表 16-9   **SVG 设备异常及事故处理**

序号	异常现象	处理方法
1	SVG 无法工作	检查充电接触器是否吸合，控制柜电源是否正常，连接电缆及螺栓是否松动
2	SVG 运行中停机	检查网侧是否停电，控制柜电源是否正常，控制柜中各电路板输出信号是否正常
3	功率单元无法工作	检查功率单元控制电源是否正常，控制柜中发出的驱动信号是否正常
4	功率单元板上的指示灯全熄灭	检查功率单元控制电源是否正常，功率单元板是否正常
5	工控机显示器不显示或显示异常	检查工控机中电源是否正常，显示器驱动板是否正常
6	功率单元光纤通信故障	检查功率单元控制电源是否正常，功率单元以及控制柜的光纤连接头是否脱落，光纤是否折断

参考文献

[1] 张道民. 电流互感器和电压互感器 [M]. 北京：水利电力出版社，1960.

[2] 徐名通. 电力变压器的运行与检修 [M]. 北京：水利电力出版社，1976.

[3] 清华大学高压教研组编. 高压断路器（上）[M]. 北京：水利电力出版社，1978.

[4] 清华大学高压教研组编. 高压断路器（下）[M]. 北京：电力工业出版社，1980.

[5] 王春生，卓乐友，艾素兰. 母线保护 [M]. 北京：水利电力出版社，1987.

[6] （苏）B. B. 阿法纳西耶夫. 电流互感器 [M]. 北京：机械工业出版社，1989.

[7] （加拿大）马绍尔，R. M. 等. 静止无功补偿装置 [M]. 肖立军等译. 长沙：湖南大学出版社，1989.

[8] 熊泰昌. 电力避雷器的原理试验与维修 [M]. 北京：水利电力出版社，1993.

[9] 刘跃凌. 高压绝缘子和避雷器 [M]. 北京：机械工业出版社，1995.

[10] 涂光瑜. 汽轮发电机及电气设备 [M]. 北京：中国电力出版社，1998.

[11] 华东六省一市电机工程学会. 600MW 火力发电机组培训教材　电气设备及系统 [M]. 北京：中国电力出版社，2001.

[12] 蒋庆其，彭石明. 300MW 火电机组危险点预测预控　检修部分 [M]. 北京：中国电力出版社，2003.

[13] 白忠敏，等. 现代电力工程直流系统 [M]. 北京：中国电力出版社，2003.

[14] 郭延秋. 大型火电机组检修实用技术丛书　电气分册 [M]. 北京：中国电力出版社，2004.

[15] 《低压开关柜安装调试运行与维护手册》编委会. 低压开关柜安装调试运行与维护手册 [M]. 北京：中国电力出版社，2005.

[16] 西安电力高等专科学校，大唐韩城第二发电有限责任公司. 600MW 火电机组培训教材　电气分册 [M]. 北京：中国电力出版社，2006.

[17] 涂光瑜. 汽轮发电机及电气设备　第2版 [M]. 北京：中国电力出版社，2007.

[18] 姚俊琪. 现代柴油发电机组技术 [M]. 北京：电子工业出版社，2007.

[19] 宋志明，李洪战. 超超临界火电机组丛书　电气设备与运行 [M]. 北京：中国电力出版社，2008.

[20] 肖增弘. 火电机组汽轮机运行技术 [M]. 北京：中国电力出版社，2008.

[21] 赵家礼. 直流电动机检修技术问答 [M]. 北京：化学工业出版社，2008.

[22] 中国大唐集团公司，长沙理工大学. 600MW 火力发电机组系列培训教材　电气设备检修 [M]. 北京：中国电力出版社，2009.

[23] 中国大唐集团公司，长沙理工大学. 600MW 火电机组系列培训教材　第6分册：电气设备检修 [M]. 北京：中国电力出版社，2009.

[24] 张立人. 大型火电机组电气运行技术问答 [M]. 北京：北京理工大学出版社，2009.

[25] 王晓春. 大型火电机组运行维护培训教材　电气分册 [M]. 北京：中国电力出版社，2010.

[26] 淮南市电机工程学会. 火电机组典型案例技术分析及防范措施 [M]. 北京：中国电力出版社，2012.

[27] 原钢. 600MW 火电机组检修文件包范本 [M]. 武汉：武汉大学出版社，2012.

[28] 高亮. 超超临界火电机组培训系列教材 电气分册 [M]. 北京：中国电力出版社，2013.

[29] 左亚芳. GIS 设备运行维护及故障处理 [M]. 北京：中国电力出版社，2013.

[30] 郝思鹏，黄贤明，刘海涛. 1000MW 超超临界火电机组电气设备及运行 [M]. 南京：东南大学出版社，2014.

[31] 谢毓城. 电力变压器手册 [M]. 北京：机械工业出版社，2014.

[32] 苗世洪，朱永利. "十二五"普通高等教育本科国家级规划教材 发电厂电气部分 [M]. 北京：中国电力出版社，2015.

[33] 大唐国际发电股份有限公司. 火电机组集控值班员岗位认证题库 电气分册 [M]. 北京：中国电力出版社，2015.

[34] 王维洲. 无功补偿装置技术与应用 [M]. 北京：中国电力出版社，2015.

[35] 尹静，谢新. "十二五"职业教育国家规划教材 火电机组集控运行 [M]. 北京：中国电力出版社，2016.

[36] 崔景春. 高压交流隔离开关和接地开关 [M]. 北京：中国电力出版社，2016.

[37] 雷红才，漆铭钧. 电力设备技术监督典型案例 避雷器及开关类设备 [M]. 北京：中国电力出版社，2016.

[38] 国网浙江省电力公司. 电力电缆 [M]. 北京：中国电力出版社，2016.

[39] 段玉强. 永磁同步电动机在火力发电厂的应用探讨 [J]. 神华科技，2017（5）：53-56.

[40] 张润怀，徐桂岩. 异步电动机及低压电气控制 [M]. 成都：电子科技大学出版社，2018.

[41] 高鹏义. 火电机组调整试验技术手册 [M]. 长春：吉林科学技术出版社，2021.

[42] 曹忠友，李跃林，刘继锋，等. 火电机组典型事件案例分析 [M]. 北京：中国电力出版社，2021.

[43] 包神铁路集团. 隔离开关操作培训教材 [M]. 北京：北京交通大学出版社，2021.

[44] 国家电网有限公司设备管理部. GIS 绝缘子技术及故障案例分析 [M]. 北京：中国水利水电出版社，2021.

[45] 孙洋，马亮亮. 电动机维修实用手册 [M]. 北京：化学工业出版社，2021.

[46] 陈长金. 电力电缆运行及检修 [M]. 长沙：湖南科学技术出版社，2022.

[47] 长沙理工大学，华能秦煤瑞金发电有限责任公司. 1000MW 超超临界火电机组系列培训教材 汽轮机分册 [M]. 北京：中国电力出版社，2023.

[48] 长沙理工大学，华能秦煤瑞金发电有限责任公司. 1000MW 超超临界火电机组系列培训教材 电气设备分册 [M]. 北京：中国电力出版社，2023.

[49] 华能山东发电有限公司，西安热工研究院有限公司. 火电机组事故隐患重点排查手册 [M]. 北京：中国电力出版社，2023.